聚氨酯硬泡节能建筑保温系统应用技术

韩喜林　编著

中国建材工业出版社

图书在版编目（CIP）数据

聚氨酯硬泡节能建筑保温系统应用技术/韩喜林编著. —北京：中国建材工业出版社，2010.5

ISBN 978-7-80227-742-7

Ⅰ. ①聚… Ⅱ. ①韩… Ⅲ. ①聚氨酯－节能－建筑物－保温－技术 Ⅳ. ①TU111.4

中国版本图书馆 CIP 数据核字（2010）第 059311 号

内 容 简 介

本书从聚氨酯硬泡原料到硬泡制品应用都作了较系统的介绍。在详细介绍聚氨酯硬泡外保温系统性能、原（材）料性能、合成聚氨酯硬泡配方，以及工程设计和质量控制等内容的同时，重点介绍聚氨酯硬泡在节能建筑墙体、屋面保温（防水）等系统工程中采用喷涂、浇注、干挂和粘贴等工法的应用技术。

本书具有图文并茂、系统、全面和实用等特点，可供生产、设计、施工、监理、质检和科研人员参考使用。

聚氨酯硬泡节能建筑保温系统应用技术
韩喜林 编著

出版发行：中国建材工业出版社
地　　址：北京市西城区车公庄大街 6 号
邮　　编：100044
经　　销：全国各地新华书店
印　　刷：北京鑫正大印刷有限公司
开　　本：787mm×1092mm　1/16
印　　张：24.25
字　　数：602 千字
版　　次：2010 年 5 月第 1 版
印　　次：2010 年 5 月第 1 次
书　　号：ISBN 978-7-80227-742-7
定　　价：**50.00 元**

本社网址：www.jccbs.com.cn
本书如出现印装质量问题，由我社发行部负责调换。联系电话：(010)88386906

前　言

在节能建筑保温系统工程中，应用保温材料可简单划分为有机类型、无机类型，它们之间或与其他材料进行适当配套复合使用，由此构成多类外保温系统。

聚氨酯硬泡属有机类型泡沫保温材料中的一种，其性能和应用技术与其他保温材料相比具有许多独特优势，它以能耗较低和节能显著而著称，不仅成熟应用在石油化工、热力管道工程、轻工冷藏等诸多行业隔热（冷）节能工程，而且随着我国建筑节能率的逐步提高，已越来越多地应用于节能率为50%的公用建筑和65%以上的民用建筑节能工程，并初步取得可喜的节能效果。

国家相关部门先后发布了聚氨酯硬泡的产品标准、《聚氨酯硬泡外墙外保温工程技术导则》、《硬泡聚氨酯保温防水工程技术规范》和聚氨酯硬泡的《国家建筑标准设计图集》等技术规定，使聚氨酯硬泡在节能建筑工程上应用、设计、施工更加规范化，可推进、扩大聚氨酯硬泡在节能建筑业的广泛使用，甚至可继续提高建筑节能率。为使更多读者能够了解聚氨酯硬泡应用技术，作者尽微薄之力，编写本书。

本书编写主要参照聚氨酯硬泡现行国家、行业和地方相关标准、引用有关单位技术资料，并结合实际经验将其内容具体化，使其更加通俗易掌握。

在编写本书过程中，邀请了行业专家赵亚明、陈德龙、刘策、包淑兰、刘钢、沙丰、康玉范、魏毅新、孟令霁和韩硕同志参加部分内容编写，在此，对提供资料的单位及参加编写人员一并表示感谢。由于我们经验和技术水平有限，加之聚氨酯硬泡应用技术仍在不断完善和发展当中，因此本书所编内容存在错误和不足在所难免，恳请读者予以批评指正，以资改进。

作者
2010年1月

目　录

概述	1
第一章　基本知识	5
第一节　材料分类、反应原理、原料及参考配方	6
一、聚氨酯硬泡及复合面材分类	6
二、聚氨酯硬泡简要化学反应原理	7
三、聚氨酯硬泡原料及参考配方	10
第二节　聚氨酯硬泡特点及应用范围	21
一、聚氨酯硬泡特点	21
二、聚氨酯硬泡应用特点及应用范围	26
第三节　工程常用术语、发泡设备	28
一、外保温工程设计与施工常用术语	28
二、聚氨酯硬泡发泡设备	32
第二章　基本规定	35
第一节　聚氨酯硬泡外保温系统性能	35
一、聚氨酯硬泡外墙外保温系统性能要求	35
二、屋面保温系统使用年限	36
第二节　聚氨酯硬泡外保温工程设计要点	36
一、设计基本原则	36
二、设计程序	41
第三节　编制工程施工方案的依据和内容	42
一、编制外保温施工方案的依据和内容	42
二、编制屋面防水（保温）工程施工方案的依据和内容	44
第三章　聚氨酯硬泡外墙外保温系统施工	46
第一节　外墙外保温系统基本优点与常用工法	46
一、聚氨酯硬泡外墙外保温系统基本优点	46
二、聚氨酯硬泡施工常用工法	47
第二节　喷涂聚氨酯硬泡外墙外保温系统施工	51
一、喷涂聚氨酯硬泡复合轻质浆料涂料、面砖饰面系统	52
二、喷涂聚氨酯硬泡涂料、面砖饰面系统	89
三、喷涂聚氨酯硬泡复合防水涂膜稀浆涂料、面砖饰面系统	97

四、喷涂聚氨酯硬泡与外挂板饰面系统 ································· 101
第三节　模浇聚氨酯硬泡外墙外保温系统施工 ······························· 104
　　一、可拆模浇聚氨酯硬泡涂料、面砖饰面系统 ························· 105
　　二、免拆模浇聚氨酯硬泡一体化系统 ··································· 123
第四节　干挂板材外墙外保温一体化系统施工 ······························· 127
　　一、干挂聚氨酯硬泡保温装饰复合板系统 ······························· 128
　　二、干挂饰面板浇注聚氨酯硬泡系统 ··································· 141
　　三、干挂金属压花面复合保温板系统 ··································· 145
　　四、在龙骨上固定保温装饰复合板系统 ································· 156
第五节　粘贴板材外墙外保温系统施工 ······································· 163
　　一、发泡粘贴聚氨酯硬泡保温装饰复合板一体化系统 ················· 163
　　二、无机浆料粘贴聚氨酯硬泡板材涂料、面砖系统 ···················· 170
　　三、粘贴硬泡聚氨酯水泥层复合板涂料、面砖系统 ···················· 179
　　四、粘贴锚固硬泡聚氨酯水泥层装饰复合板一体化系统 ·············· 189
　　五、粘锚聚氨酯硬泡保温装饰复合板一体化系统 ······················ 197
第六节　模板内置板外墙保温系统施工 ······································· 206
　　一、聚氨酯硬泡板现浇混凝土系统 ····································· 207
　　二、钢丝网架聚氨酯硬泡板现浇混凝土系统 ··························· 222

第四章　聚氨酯硬泡夹芯复合墙体系统施工 ······························· 225

第一节　砌体夹芯聚氨酯硬泡板复合墙体系统 ······························· 225
　　一、夹芯复合墙体特点及适用范围 ····································· 225
　　二、材料要求与设计要点 ··· 225
　　三、砖砌体夹芯复合墙体系统施工 ····································· 228
　　四、混凝土空心砌块夹芯复合墙体系统施工 ··························· 230
　　五、质量标准 ·· 232
第二节　空心墙体浇注聚氨酯硬泡复合墙体系统 ···························· 232
　　一、浇注保温墙体特点及适用范围 ····································· 233
　　二、空心墙体浇注聚氨酯硬泡现场施工 ································ 233
　　三、质量标准 ·· 236

第五章　聚氨酯硬泡围护结构内保温系统施工 ··························· 237

第一节　喷涂聚氨酯硬泡保温（冷）隔热系统 ······························· 238
　　一、冷藏库喷涂聚氨酯硬泡系统 ······································· 238
　　二、大型公共设施喷涂聚氨酯硬泡系统 ································ 244
第二节　聚氨酯硬泡板安装系统 ··· 244
　　一、冷藏库凹凸槽夹芯聚氨酯硬泡板拼装系统 ························ 244
　　二、聚氨酯硬泡板材粘结固定保温系统 ································ 246

第六章　聚氨酯硬泡屋面防水保温系统施工 … 247

第一节　聚氨酯硬泡屋面保温系统施工 … 248
一、屋面聚氨酯硬泡及配套材料性能 … 248
二、屋面聚氨酯硬泡设计 … 250
三、屋面聚氨酯硬泡施工 … 254

第二节　聚氨酯硬泡屋面复合防水材料施工 … 275
一、保温屋面防水材料性能 … 275
二、聚氨酯硬泡保温屋面防水材料设计 … 284
三、聚氨酯硬泡保温屋面防水材料施工 … 286

第三节　彩钢夹芯聚氨酯硬泡保温板安装 … 294
一、彩钢夹芯板主要特点、适用范围 … 294
二、彩钢夹芯板分类、性能和细部节点 … 295
三、施工要点 … 299
四、质量标准 … 300

第七章　聚氨酯硬泡保温管道系统安装 … 302

第一节　聚氨酯硬泡热力供暖管道安装 … 302
一、设计要点 … 302
二、管道安装 … 303
三、质量标准 … 306

第二节　聚氨酯硬泡铝箔复合空调风管安装 … 306
一、空调风管性能、应用范围 … 307
二、空调风管性能参数、检验结果 … 308
三、空调风管制作安装 … 309
四、质量标准 … 310

第八章　聚氨酯硬泡系统工程项目管理 … 311

第一节　工程质量与控制管理 … 311
一、工程材料质量检验 … 311
二、分项工程质量管理 … 313
三、工程出现质量具体缺陷及防治措施 … 323

第二节　施工管理 … 333
一、施工技术管理 … 333
二、工程质量验收记录管理 … 335

第三节　安全技术管理 … 341
一、安全管理 … 342
二、安全与文明施工措施 … 343

第九章　聚氨酯硬泡系统材料及系统性能试验方法 ………………………………… 353

第一节　聚氨酯硬泡性能试验方法 …………………………………………………… 353
一、喷涂法聚氨酯硬泡材料性能试验方法 ………………………………………… 353
二、浇注法聚氨酯硬泡材料性能试验方法 ………………………………………… 360
三、粘贴法聚氨酯硬泡保温板材料性能试验方法 ………………………………… 361
四、硬泡聚氨酯不透水性试验方法 ………………………………………………… 363

第二节　聚氨酯硬泡配套材料性能试验方法 ………………………………………… 363
一、胶粘剂（抹面胶浆）拉伸粘结强度试验方法 ………………………………… 363
二、耐碱玻纤网格布耐碱拉伸断裂强力试验方法 ………………………………… 365
三、免拆模浇注法施工专用模板性能试验方法 …………………………………… 366

第三节　聚氨酯硬泡外保温系统性能试验方法 ……………………………………… 366
一、抗风荷载性能 …………………………………………………………………… 366
二、抗冲击 …………………………………………………………………………… 367
三、吸水量 …………………………………………………………………………… 368
四、耐冻融性能 ……………………………………………………………………… 368
五、热阻 ……………………………………………………………………………… 369
六、抹面层不透水性 ………………………………………………………………… 369
七、水蒸气渗透阻 …………………………………………………………………… 369
八、系统耐候性 ……………………………………………………………………… 370

附录1　居住建筑和公共建筑聚氨酯硬泡厚度选用表 ……………………………… 371
附录2　常用材料及施工构造名称缩写 ……………………………………………… 373
附录3　住房和城乡建设部　公通字［2009］46号《民用建筑外保温系统及外墙装饰防火暂行规定》………………………………………………………………… 376
主要参考文献 ……………………………………………………………………………… 379

概　　述

一、建筑节能意义重大

建筑节能是指通过采取合理的建筑设计和选用符合节能要求的墙体材料、屋面保温隔热材料、玻璃、门窗、空调等措施，在保证相同的建筑室内热舒适环境的条件下，可以提高电能利用效率，减少建筑能耗。

建筑能耗是指建筑物在使用中的能耗，它是主要的民生能耗。目前，建筑耗能已与工业耗能、交通耗能并称我国"能耗大户"。我国建筑能耗目前已经超过社会能源消耗总量的1/4。建筑能耗已成为中国最大能耗黑洞。

按目前的趋势发展，到2020年我国建筑能耗将达到10.9亿吨标准煤，相当于比三峡电站34年的发电量总和还要多。

我国的建筑能耗总量逐年上升，从单位建筑面积能耗的国际比较，我国单位面积采暖能耗相当于气候条件相近发达国家的2~3倍。我国即便在达到了节能50%的目标以后，与发达国家相比仍有相当大的差距。

随着城市化进程的加快和居民生活质量的改善，预计我国建筑耗能比还将上升至35%左右，假如按此状况继续发展，到2020年，我国建筑能耗将达到1089亿吨标准煤，空调夏季高峰负荷将相当于10个三峡电站满负荷发电能力，由此可见，不解决建筑能耗问题，将直接影响我国经济的可持续发展。

国家有关部门相继公布一系列有关建筑节能政策，从设计到验收的各个环节强制实施建筑节能。

2007年5月，建筑节能被列入"十一五"科技计划重大项目。同年6月，国务院下发《民用建筑节能条例》（2008年10月1日实施）；2007年10月，十届全国人大常委会第三十次会议表决通过了节约能源法《中华人民共和国节约能源法》（2008年4月起施行）。

2008年，住房和城乡建设部有关负责人表示，促进城乡建设节能降耗将作为建设领域的重要任务，其中建筑节能重点推进三项工作：一是加大新建建筑节能工作；二是推进既有建筑节能改造；三是发展新型节能节材建筑材料。

建筑节能作为"十大"节能工程之一，是节能减排的重点领域。

住房和城乡建设部有关负责人表示，从2009年起，各地要全面推进供热计量改革的各项工作，将按热计量收费摆在突出位置，坚决做到"三个同步"：新建建筑工程建设与供热计量设施安装同步；既有居住建筑供热计量改造与节能改造同步；供热计量设施安装与供热计量收费同步。

按照国务院的要求，2010年前完成北方地区既有建筑供热计量节能改造任务1.5亿m^2，并实行按用热量计价收费。其中2009年要完成改造任务6000万m^2。相关省份都要分解落实今明两年供热计量改革的目标任务，并与相关责任单位或责任人签订责任状。

2010年采暖前，所有北方城市新竣工建筑及完成供热计量改造的既有建筑，取消以面积计价收费方式，全面实行按用热量计价收费方式。

2009年12月在丹麦哥本哈根联合国气候变化大会上，世界气象组织报告说，最近10年是有记录以来全球最热的10年。气温上升会引发极端气候现象，包括飓风、洪水、干旱、暴雨、热浪和寒潮等，直接危及人类生活。

我国将有一系列节能减排目标，发展低碳经济，将为低碳经济立法，制定一系列激励低碳、绿色、循环型的经济政策，各种节能减排指标有望纳入"十二五"规划。

中央制定系列节能目标说明，将要长期实施量化节能目标，在经济增长与能源关系上实现重大转折，即在矿石能源（包括煤、油、气，同时则是CO_2排放）较少的情况下，保持经济快速增长；在矿石能源不增长的情况下，实现经济较快增长；在矿石能源减少的情况下，保持经济继续增长。

按《中华人民共和国可再生能源法》（2010年4月1日施行）要求，继续开发、利用再生能源（如风能、太阳能、水能、生物质能、地热能、海洋能等非化石能源）；城市增加种植屋面、蓄水屋面，发挥城市绿岛作用，不断扩大植树造林面积；在建筑、交通等方面采取更加有利的节能措施，充分利用有限资源，节能减排，防止地球气候变暖，保护人类的生活环境。

节约能源，建筑节能是一个重要的经济目标。节能工作关系到国家兴衰、民族生存，极其重要，应摆在突出位置。

我国实现"十一五"节能目标，是实施节能长期战略的一个序幕，建筑节能迫在眉睫、刻不容缓。

二、建筑外保温材料现状

中国是世界上建筑业发展最快的国家，全国到处都是建筑工地。因此，中国也是目前世界上建筑材料需求最多的国家。

近10年保温材料的高速发展，无论是有机类型还是无机类型的保温材料，不少产品从无到有，从单一到多样化、功能化，质量普遍从低到高，已成为品种比较齐全的产业，材料合成技术、生产设备水平也有了很大提高。

在外保温系统中，常用的无机类轻体膏（浆）状保温材料，如胶粉聚苯颗粒浆料、保温砂浆、硅酸盐保温膏、发泡水泥、膨胀珍珠岩板、聚苯颗粒水泥复合板、岩棉板、玻璃棉毡、泡沫玻璃、喷涂矿物棉、喷涂珍珠岩等。

常用的有机类保温材料，如：聚苯乙烯泡沫板（XPS板、EPS板）、聚氨酯硬质泡沫塑料板、酚醛树脂泡沫板、现场喷涂（浇注）聚氨酯硬泡、浇注氨脲素泡沫等。

常用的金属压型保温复合板，如岩棉夹芯板、玻璃棉夹芯板、聚氨酯硬泡夹芯板、酚醛树脂泡沫夹芯板以及保温板与多种其他饰面复合保温板、钢丝网架水泥聚苯乙烯夹芯板等。

各类保温材料在外保温施工方面，墙体（屋面）利用保温材料之间的相容性进行复合使用，在保温性能上达到相互补充；墙体外保温的面砖或涂料饰面，在构造上采用热镀锌钢丝网、耐碱玻璃纤维网格布或锚栓的机械固定等方法；保温装饰复合板可采取干挂或粘贴为主与锚栓为辅的安装方式等。

通过几年实践应用和近年建筑节能率的提高，对保温材料的性能和应用，以及施工技术都有所提高。

如以典型保温材料为例，在节能率为65%的地区的外墙外保温系统应用时，直观认为：

无机类轻体膏（浆）状保温材料，虽然有良好的阻燃性能，但因导热系数高，应用时厚度较大，需多次涂抹才能达到设计厚度，增加了荷载，因此不得用于外墙外保温。特别适用于楼梯间、分户间隔墙、地下室顶棚保温或个别外保温部位的修补。

聚苯乙烯泡沫（XPS板、EPS板）保温材料，价格相对较低，应用厚度大，施工方便，燃烧级别可达 B_2 级，但泡体受热（>80℃）开始收缩软化，燃烧后形成空腔并有滴落现象。

岩棉板阻燃性极好（燃烧等级为A级），但其吸水率高，涉及保护层处理技术问题，暂时不宜用于普通民用节能建筑。

保温装饰复合保温板采用干挂或粘贴法等各方面综合评价都较好，但普遍认为价格较高，主要用于非民用节能建筑外墙外保温工程。

聚氨酯硬泡有导热系数为众多保温材料中最低，保温层为最薄，且施工方法灵活，广泛适用于全国各地区外保温工程。最常用燃烧等级为 B_2 级，可达 B_1 级，燃烧后形成碳骨架，空腔小不滴落，与其他类保温材料相比价格偏高。但从节能保温效果、防水、防火、环保、施工、使用寿命、工程造价等全方位综合分析，其综合效果具有很大优势。

目前聚氨酯硬泡构成各类工法，通过保温材料复合、按地区节能率和建筑类别选用材料，基本能适用于全国不同的温度区域和建筑风格。可用于新建、既有的民用建筑和公共建筑。

通过设计深度的增加和施工技术的提高，墙体（屋面）结构采用保温层施工后，能使外保温系统与相邻部位的门窗洞口、穿墙管道、边角、面层装饰等得到适当处理，外围护的保温效能明显增加。

特别是我国建筑节能率提高到65%后，随着聚氨酯硬泡应用市场的扩大，给聚氨酯硬泡原料中聚异氰酸酯供应能力也带来压力，国内市场对聚合MDI的需求还会逐年增加，预计随着国内生产装置进一步扩产，会出现新的转折点。

我国聚醚多元醇和助剂供应主要是国产化产品，相对比聚合MDI供应充足。在生产聚醚多元醇技术水平上，已从减氟硬泡聚醚逐步向无氟硬泡聚醚、难燃硬泡方向发展多种牌号系列产品。

目前，在外保温工程应用聚氨酯硬泡燃烧等级普遍为 B_2 级，较好的为 B_1 级，但A级硬泡还不十分成熟，还没有达到工业化批量生产水平，聚氨酯硬泡燃烧性能有待继续提高。

三、外保温工程应用聚氨酯硬泡是历史发展的机遇

聚氨酯硬泡建筑节能施工技术发展很快，在我国寒冷地区、严寒地区和夏热冬冻地区大面积推广应用，已取得可喜的节能效果。

据有关资料介绍，在全世界每年生产的聚氨酯材料中，泡沫材料约占80%，其中约1/3是聚氨酯硬泡。

据美国聚氨酯工业协会统计：在美国众多区域，为了达到节能50%~70%的目的，在美国每年大约修建150万个住宅，将原有玻璃纤维保温材料由聚氨酯硬泡代替，充分利用聚氨酯硬泡在屋面的保温特性和防水性能。

近年来，美国专业人员通过对1600套聚氨酯硬泡屋面保温系统详细调查报告称，该屋面系统在美国6种气候条件下，使用最长时间已超过26年，且在被调查的屋面中有97.6%没有出现渗漏，93%有不超过1%的退化，55%没有被维修过。其物理性能没有随着时间的流逝而减少，并通过对超过800万平方英尺屋面系统节能计算，证明节能效果显著。

我国聚氨酯工业虽然起步较晚，但发展很快，特别在20世纪80年代初，我国聚氨酯工业开始出现突飞猛进的发展，在90年代开始在节能建筑上逐步开始使用。

根据聚氨酯硬泡性能、节能率和施工经验积累，2006年11月，建设部聚氨酯建筑节能应用推广工作组制定了《聚氨酯硬泡外墙外保温工程技术导则》；2006年国家编制《外墙外保温建筑构造（三）》（06J 121—3）标准图集；2006年发布《喷涂聚氨酯硬泡体保温材料》（JC/T 998—2006）标准。

2007年国家发布《硬泡聚氨酯保温防水工程技术规范》（GB 50404—2007）标准，同年国家又发布《建筑节能工程施工质量验收规范》（GB 50411—2007）标准。另外，《墙体材料应用统一技术规范》（国家标准）、《聚氨酯硬泡保温装饰复合板技术规范》即将发布实施。

为有效防止建筑外保温系统火灾事故，公安部、住房和城乡建设部联合制定了《民用建筑外保温系统及外墙装饰防火暂行规定》（[2009]46号），于2009年9月28日印发通知。

一系列标准和规范的发布，使聚氨酯硬泡在节能建筑上施工更加规范化和法制化，使设计、施工和验收有了法定依据。

我国2009年1~11月全国销售新建房75203万m^2，中国建筑年竣工面积超过所有发达国家之和。在我国400亿m^2既有建筑中，超过95%以上是高耗能建筑，至少有三分之一既有建筑需要进行节能改造。这130多亿平方米的建筑改造费用，如果每平方米是200元，从全国范围看，建筑保温行业预计今后将诞生每年近2000亿元的市场，相关聚氨酯产业链的生产企业将迎来不可多得的发展良机。

建筑市场需求量较大，暂时障碍是聚氨酯硬泡原料价格，聚氨酯硬泡价格高于传统保温材料，但应用在节能建筑上的综合效益却非常显著，建筑外围护应用聚氨酯硬泡成套建筑节能技术是历史发展的机遇。

第一章 基本知识

聚氨酯的结构为 $\left[-\overset{O}{\overset{\|}{C}}-NH-R-NH-\overset{O}{\overset{\|}{C}}-OR'O-\right]_n$，通称为聚氨基甲酸酯（简称聚氨酯）。它由聚异氰酸酯与聚合物多元醇（如聚醚多元醇或聚酯多元醇）反应而成，在聚氨基甲酸酯链段（即在主链上）含有许多重复的聚合物结构的 $(-R-NH-\overset{O}{\overset{\|}{C}}-OR'-)$ 单元。聚氨酯的结构中具有类似酰胺基团 $(-N H \overset{O}{\overset{\|}{C}}-)$ 及酯基团 $(-\overset{O}{\overset{\|}{C}}-OR)$ 的结构，因此

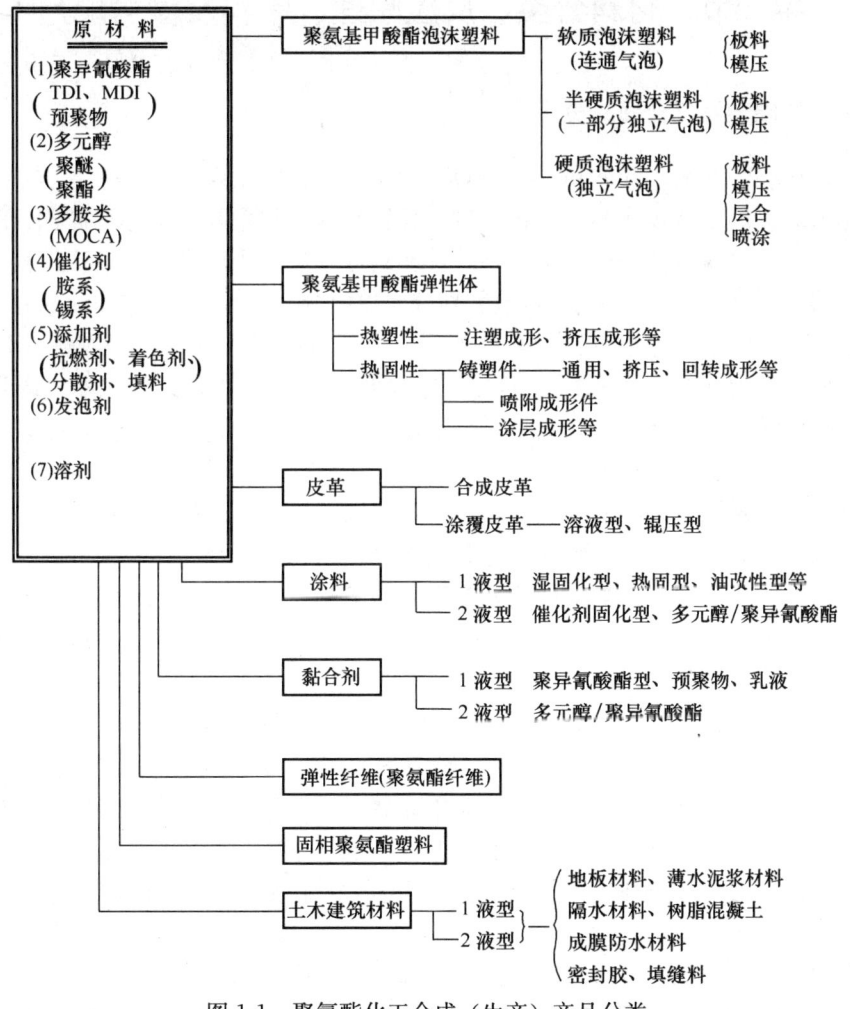

图 1-1 聚氨酯化工合成（生产）产品分类

聚氨酯的化学与物理性质介于聚酰胺和聚酯之间。不同类型的聚异氰酸酯与多羟基的聚合物多元醇反应后，能生产各种结构的聚氨酯，再通过适当化学改性、合成等化学技术可衍生很多同系产品，从而获得不同性质的聚氨酯系列高分子材料。

聚氨酯化工合成系列产品种类繁多，产品性能各异，在我们工作和日常生活当中，它几乎渗透到社会各个应用领域。

聚氨酯化工合成产品常见的有聚氨酯弹性体（俗称聚氨酯橡胶，用于矿山工业耐磨的传送带、煤或矿石用选筛、粉碎机、泥浆泵衬里、汽车配套部件、制鞋底，轻工行业的纺织用耐磨胶辊，机械行业的密封圈和耐磨滑轮、地面铺装，以及高铁、地铁、城市轨道交通和公路用减振枕木、轨枕垫、风能叶片等）、聚氨酯合成皮革（用于仿皮服装面料、箱包面料、鞋面料等）、聚氨酯漆（用于汽车、家具等）、聚氨酯黏合剂、聚氨酯弹性纤维（俗称氨纶，用于纺织行业），以及在建筑业或汽车等行业应用的有聚氨基甲酸酯泡沫塑料（简称聚氨酯泡沫，包括硬质、半软半硬和软质泡沫）、聚氨酯密封胶、聚氨酯（脲）防水涂料、聚氨酯灌浆堵漏材料等。聚氨酯化工合成（生产）产品分类如图 1-1 所示。

第一节 材料分类、反应原理、原料及参考配方

一、聚氨酯硬泡及复合面材分类

聚氨酯泡沫（Polyurethane Fome，PUF）根据所用聚合物多元醇及聚异氰酸酯类型，可划分为两大类，即聚醚多元醇（简称聚醚）聚氨酯泡沫和聚酯多元醇（简称聚酯）聚氨酯泡沫。两种类型聚氨酯泡沫又可分别按物理性能划分（如按密度划分及按弹性划分、按阻燃性能划分、按耐温性能划分）、按液料包装划分（单组分、双组分）、按用途划分及按施工方法划分等。

通常将聚氨酯泡沫按强度和用途划分，按强度划分大致划分为聚氨酯（Polyurethane，PU）硬泡（或称硬泡聚氨酯）、聚氨酯半软半硬泡沫（或称半软半硬泡聚氨酯）、聚氨酯软质泡沫（或称软泡聚氨酯）等。

聚酯型聚氨酯硬泡与聚醚型聚氨酯硬泡相对比较，聚酯型聚氨酯硬泡机械性能、耐温性能、耐油性能优于聚醚型聚氨酯硬泡，但聚酯型聚氨酯硬泡所用的原料成本高，而聚醚型聚氨酯硬泡耐水解优于聚酯型聚氨酯硬泡，且配方易调整、应用方便，价格相对低，应用比较普遍，因此，本书介绍所谓聚氨酯硬泡，是指目前在节能建筑保温系统中最常用的聚醚型聚氨酯硬泡应用技术。

（一）聚氨酯硬泡分类及常见用途

聚氨酯硬泡以聚醚多元醇、催化剂、发泡剂、泡沫稳定剂（或称匀泡剂）等混合后为 A 组分，以聚异氰酸酯为 B 组分，根据用途将 A、B 组分按一定配比分别经计量泵送入混合头或喷枪，可直接喷涂于无模任意工件上自然固化成形，或在其模具（或空隙）内浇注固化成形（或与其他材料复合成各种类型的保温板材），聚氨酯硬泡常见用途如图1-2所示。

（二）聚氨酯硬泡复合面材材料分类

在粘贴（锚固）或干挂等施工中，为使用方便或提高使用功能，往往在工业化生产线上

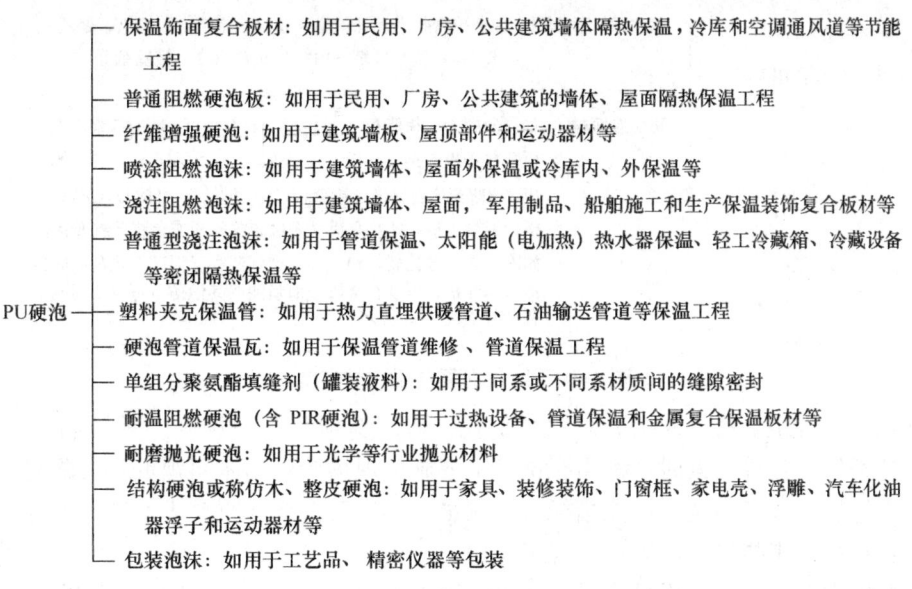

图 1-2 PU 硬泡常见用途

生产聚氨酯硬泡复合板。

聚氨酯硬泡复合板是以聚氨酯硬泡为保温隔热层，在其表面采用单面或双面的软质（或硬质）面材复合，按施工的规格、面材（正面有装饰效果为饰面层，而背面只有增强效果）材质、泡沫厚度等技术要求，通过机械浇（灌）注聚氨酯硬泡混合（A、B组分）液料，在层压机（或模具）的压力作用下，利用聚氨酯硬泡发泡时的自身粘结性能，将面材与发泡聚氨酯硬泡层压、粘合复合为一整体，也有将预先生产后的聚氨酯硬泡裸板与面材复合。

有装饰作用的（不含现场采用薄抹灰系统施工的涂料饰面层或厚抹灰系统面砖饰面层）复合板称为聚氨酯硬泡保温装饰复合板（或称聚氨酯硬泡复合板材），反之称为聚氨酯硬泡增强复合板或普通聚氨酯硬泡板（裸板）。

聚氨酯硬泡复合板可由多种面材的面板、侧板（边板、边框加强材料）和背板（背覆材料）之间利用聚氨酯硬泡自粘结性能（或采用粘结剂）经特殊技术复合、切割等工序而成。

聚氨酯硬泡复合板的背面板可为耐碱玻璃纤维网格布混合胶浆层，或彩钢板、或高强界面板、或水泥板、或聚合物水泥纤维增强卷材等构成，而饰面面材类型更多。

根据安装工艺具体要求所决定，不但使聚氨酯硬泡复合板有各自特有安装的板型，还可在板材内或板材边缘设置预埋件、铝合金增强板，以及安装用的附件锚固措施等。

聚氨酯硬泡复合板不仅具有隔热保温、防水、装饰功能（通常将具有保温、防水和装饰的功能简称为"一体化"）及安装方便等特点，而且可大大提高板材的尺寸稳定性和安全性。当聚氨酯硬泡与无机板（或阻燃饰面材）复合后，还可有效提高板材的阻燃性能。

常见聚氨酯硬泡复合板所用的饰面、背面面材，按软质和硬质划分如图1-3所示。

二、聚氨酯硬泡简要化学反应原理

聚氨酯硬泡外保温系统工程质量要达到规定标准，不仅涉及设计和施工（安装）技术，更重要的是系统所用材料质量必须合格。

熟练掌握聚氨酯硬泡发泡（喷涂、浇注或制板材）原料配制，是一项常用和必须掌握的

PU硬泡复合用面材 ─┬─ 软（柔）质面材　如：聚合物水泥纤维增强卷材、铝箔、石棉纸、聚乙烯（或PVC）纤维（丙纶）复合织物、皱纹纸等
　　　　　　　　 └─ 硬质层面材　　如：氟碳无机树脂板（氟碳板）、石膏板、玻璃纤维水泥板、粒子板、真石漆板、岩棉板、人造大理石板、硅酸钙板、超薄天然石材板、铝塑板、金属彩板、纤陶板、UPVC板、混凝土板、砖纹面板（无机砖纹面板或金属砖纹面板，如陶瓷砖、玻化砖、陶土砖、劈开砖和干混砖等机制面砖）、清水水泥板，以及在金属板面喷涂成其他仿石漆等饰面的各种装饰板

图 1-3　PU 硬泡复合用面材类型

基本技能，当出现组合料（A组分）原料变化、研制新项目或现场施工环境温度变化及生产板材工艺条件变化等因素时，都需在试验室或施工现场针对具体问题重新试调配。调配好的原料经发泡后，按各项技术性能指标进行测试，合格后再结合原料成本进行评价，通过确认的最佳合格配方来指导工厂生产和现场应用。

聚氨酯硬泡发泡形成过程是非常复杂的化学反应历程，A组分和B组分通过复杂的放热化学反应和物理变化，在反应过程中是多种化学反应在很短时间内同时平衡发生。力的平衡在整个时间内被用来维持气体在乳液中分散的稳定性，例如，乳液体积迅速增加，温度和黏度同时递增，从开始到完成发泡一般在1~2min。当体积增长停止，液相变成固体，温度在短时间内还可以继续上升，直到泡沫最终冷却至室温。

聚氨酯硬泡发泡过程中的反应都是放热反应，加上制备硬泡用聚醚和聚异氰酸酯又是多官能度，交联密度高，在发泡过程中会出现更高的放热反应，因而称其为热固性塑料，而不属于热塑性。

聚氨酯硬泡通过改变、改性聚合物多元醇，改变助剂（填料）和改变异氰酸酯指数等因素，能分别制成不同密度、硬度、耐温范围、难燃等级和闭孔率大小的硬泡制品。

（一）聚氨酯泡沫发泡法

聚氨酯硬泡（喷涂、浇注或生产聚氨酯硬泡板材）和聚氨酯软泡（含半软半硬泡）的合成有预聚体法和一步发泡法成型，目前最常用的是一步发泡成型法。预聚体法和一步发泡法成型工艺比较如图1-4所示。

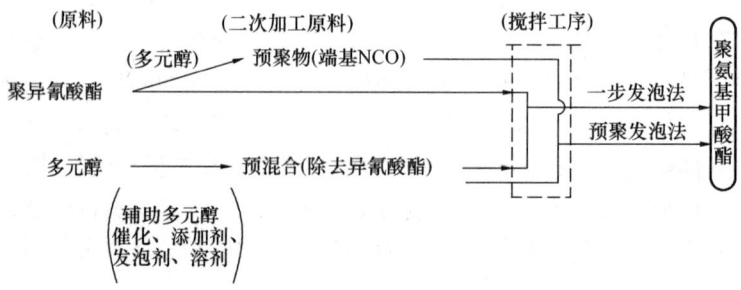

图 1-4　聚氨酯泡沫发泡合成法

（二）通用型聚氨酯硬泡化学反应

聚氨酯硬泡是以含有羟基的聚合物多元醇（如用石油产品为基础的普通聚醚多元醇、聚酯多元醇及天然植物油类多元醇或各个聚合物多元醇适当比例的混合）与助剂共同构

成,聚合物多元醇组合材料(A组分)与聚异氰酸酯(B组分)(如MDI)为两大主体材料。将A、B两大组分的材料按设定的重量(或化学当量)比例,经机械充分搅拌混合均匀后,在A组分中催化剂、泡沫稳定剂、发泡剂等化学助剂作用下,各组成化学成分间产生的复杂化学交联反应和物理变化过程完成后,发泡、固化成型。聚醚型聚氨酯硬泡结构式:

$$-(Ar-N(H)-C(=O)-O-R)_n- \quad 其中,R=(R_1-C(=O)-O-R_2)_n,Ar为芳基。$$

在反应过程中,主要有聚合物多元醇中所含活性羟基(—OH)与异氰酸酯中所含异氰酸酯基团(—NCO)的聚合反应,生成聚氨酯主链,以及分子链增长、交链、气体膨胀产生泡沫体等反应,几种化学反应同时发生不可逆的化学反应。

1. 聚醚多元醇与异氰酸酯反应,生成氨基甲酸酯,即链增长反应。它既发生在主要原料之间,也发生在链增长过程中。化学反应通式:

$$—RNCO + R'OH \longrightarrow —RNHCOR' \quad (1)$$

2. 聚异氰酸酯与水(起内发泡剂作用)反应,生成二氧化碳及脲,即放气反应:

$$—RNCO + H_2O \longrightarrow —RNH_2 + CO_2\uparrow \quad (2)$$

$$—RNCO + RNH_2 \longrightarrow —RNHCOHNR— \quad (3)$$

3. 聚异氰酸酯与式(3)生成的脲反应,生成缩二脲,即交联反应:

$$—RNCO + —RNHCOHNR— \longrightarrow \begin{array}{c} —RNHCO \\ | \\ —RNCOHNR— \end{array} \quad (4)$$

4. 聚异氰酸酯与式(1)生成的氨基甲酸酯反应,生成脲基甲酸酯,即交联反应:

$$—RNCO + \longrightarrow \begin{array}{c} —RNHCO \\ | \\ —RNCOR'— \\ \| \\ O \end{array} \quad (5)$$

(三)聚异氰酸酯改性聚氨酯硬泡化学反应

聚异氰脲酸酯(Polyisocy anurate,PIR)硬泡同属聚氨酯硬泡一类,聚异氰脲酸酯硬泡所用的原料与普通聚氨酯硬泡的原料大体相同,但聚异氰脲酸酯硬泡是在合成普通聚氨酯硬泡基础上,将聚异氰酸酯指数提高到3以上,并在三聚催化剂作用下生产聚异氰脲酸酯硬泡,其成型工艺也分为预聚体法和一步法。

聚异氰脲酸酯硬泡预聚体法就是将聚异氰酸酯与聚醚(或聚酯)多元醇先反应,生成土链末端为异氰酸酯的预聚体,然后再与三聚催化剂、发泡剂等助剂发泡,三聚硬化成型。

一步法成型工艺是将聚醚(或聚酯)多元醇、聚异氰酸酯和发泡剂等助剂与催化剂等一次混合发泡硬化成型。

在聚异氰脲酸酯硬泡成型中,加入大量的异氰酸酯(使用的异氰酸酯基仅有10%~30%转变为聚氨酯链),在三聚催化剂作用下,使催化剂诱导大部分异氰酸酯发生三聚反应,异氰酸根(—NCO)发生环化反应生成异氰脲酸酯类环状化合物,在生成分子中含异氰脲酸酯类环的泡沫,聚异氰酸酯改性聚氨酯硬泡生成聚异氰脲酸酯硬泡的简要化学

反应式:

$$3\ R-NCO \xrightarrow{\text{三聚催化剂}} \begin{array}{c} \text{异氰脲酸酯环结构} \end{array}$$

与普通型聚氨酯硬泡相比，聚异氰脲酸酯硬泡由于在聚合主链上存在杂环结构的异氰脲酸酯环，所以在不需要添加任何阻燃剂的情况下，聚异氰脲酸酯硬泡就具有耐温性好、耐火焰贯穿性好和燃烧时发烟量低、燃烧时产生的有毒气体少、浓烟低等优点，同时提高硬泡强度等性能，又克服了未改性的聚异氰脲酸酯泡沫脆性大、加工性能差的缺点。

（四）单组分聚氨酯硬泡化学反应

单组分罐装聚氨酯硬泡物料中主要以异氰酸根为末端基的预聚体，再混有表面活性剂、催化剂和发泡剂。

单组分罐装聚氨酯硬泡物料出料后，自身吸收潮湿，自身化学反应发泡、固化（最好喷涂在湿的固体表面）。其泡沫固化历程是预聚体末端异氰酸根与空气中湿气反应或与湿的固体表面反应，生成取代脲和 CO_2，后者使聚氨酯硬泡发泡，最终泡沫体积取决于预聚体配方（特别是催化剂的含量）。单组分聚氨酯硬泡化学固化反应简单化学反应式:

$$2R \cdot NCO + H_2O \longrightarrow R \cdot NHCONHR$$

三、聚氨酯硬泡原料及参考配方

聚氨酯硬泡原料包括聚合物多元醇、聚异氰酸酯和助剂（含填料）。根据生产聚氨酯硬泡应用目的不同，应分别选用不同分子量、官能度、羟值的聚合物多元醇与不同聚合度的异氰酸酯来进行匹配组合。

聚氨酯硬泡质量涉及原料选择和各组分间合理组合配制、原料质量，原料配制和原料质量合格与否直接影响现场喷涂、浇注和生产板材的外观质量和产品性能。

（一）聚氨酯硬泡原料

1. 聚醚多元醇

凡聚合物分子主链由醚链（—R—O—Ri—）组成，分子端基或侧基含羟基（—OH）的树脂统称聚醚多元醇（或称聚醚、聚醚树脂）。

聚醚多元醇以氧化烯烃（或称环氧丙烷）与多元醇（如蔗糖、甘露醇、木糖醇、丙三醇、蓖麻油等）或胺类起始剂（如氨水、乙二胺等）在一定温度和压力下，经开环均聚和共聚反应制成。阻火聚醚代替一般的聚醚多元醇，可制得难燃聚氨酯硬泡。

聚醚多元醇通过各原料间投料比例变化和反应工艺条件控制，可生产出适用于各类泡沫制品的系列聚醚多元醇。

生产聚氨酯硬泡制品时，聚氨酯硬泡尺寸稳定性和强度性能随着聚醚多元醇平均官能度的增加而提高，尤其是机械强度明显提高。聚氨酯硬泡用官能团多、羟值高、分子量较低的聚醚多元醇，它与聚异氰酸酯反应后，其分子中网状结构多，即交链点多且稠密，所得泡体硬度大、压缩强度高、尺寸稳定性及耐温性也较好。

为保证聚氨酯硬泡达到良好的物理性能，在保证聚醚多元醇质量的情况下，根据聚氨酯硬泡化学反应原理，应使用高羟基值、高官能团数和低分子量的聚醚多元醇，还可采用两种或三种聚醚多元醇或以聚醚多元醇为主，再掺混少量聚酯多元醇改性，扩大可调范围。通过不同聚合物多元醇复配混用，使其具有适宜的官能度和羟值，从而有效提高硬泡物理性能和化学性能。

聚氨酯硬泡可用聚醚多元醇品种繁多、质量参差不齐，使用不合格聚醚多元醇配制的组合聚醚不但贮存期缩短，而且不易调整到相对基本稳定的发泡配方，在发泡中会出现反应凝胶加快，易引起聚氨酯泡沫烧芯、开裂现象，制品技术性能难以得到保证。

使用回收废料（如用聚酯废瓶作为原料，生产的芳香族聚酯多元醇，或采用对苯二甲酸二甲酯残渣与二元醇反应生产的芳香族聚酯多元醇）制备的聚酯多元醇可降低原料成本，通过小试样发泡试验合格后，可少量掺入聚醚多元醇中使用，但应保证液料稳定，防止出现分层而影响聚氨酯硬泡的质量。

配好的组合聚醚（A组分），一般要求在(23±2)℃的温度、干燥条件下，容器盖紧保存，有效贮存期不应低于3个月，甚至不应低于6个月。

聚醚多元醇的官能度大于2，形成交联的体型结构聚氨酯硬泡。相反，生产聚氨酯软泡制品时，为保证良好弹性和其他性能，应选用低羟基值、低官能团、高分子量聚醚多元醇，与大分子量的异氰酸酯，如 TDI—80（80/20 异构比的甲苯二异氰酸酯）或与聚合 MDI（4,4′-二苯基甲烷二异氰酸酯）的混合物为主体反应原料。

聚氨酯硬泡相对聚氨酯软泡所用的异氰酸酯与聚醚多元醇，含活性氢化合物的支化度比较多，形成的聚氨酯化合物的交联密度大，各交联点之间的分子量比较低（小），一般为数百至 2000 之间。聚醚多元醇的分子量及聚合物多元醇与聚异氰酸酯配合关系如表1-1所示。

表1-1 原料的选择——多元醇和聚异氰酸酯的配合

聚异氰酸酯	聚氨基甲酸酯 多元醇	泡沫塑料 小←—分子量—→大	非泡沫塑料 小←—分子量—→大
TDI—80		软质泡沫塑料	—
C—MDI		半硬质泡沫塑料　　高弹性泡沫塑料	
各种预聚物		硬质泡沫塑料	涂料　黏合材　弹性材密封材

聚氨酯硬泡所用聚醚多元醇分子量、羟基值和官能团适用范围的相对比较，如表1-2所示。

聚醚多元醇的结构对生成的聚氨酯硬泡性能影响较大，如其中分子量和官能团这两个参数，直接影响聚合物的交链度，交链度越高，聚氨酯硬泡的硬度越大。一般适用于制造聚氨酯硬泡用聚醚多元醇的羟值通常在 380～580（mgKOH/g）之间，分子量在 270～1200 之间。聚醚型聚氨酯硬泡所用聚醚分子量和羟值（官能团）的应用范围如图 1-5 所示。

表 1-2 聚氨酯硬泡用聚醚多元醇羟基值、官能团和分子量适用范围相对比较

分子量	羟基	羟基值（链长）(mgKOH/g)								
		750	560	450	300	160	110	56	37	28
官能团数	2				370	700	1000	2000	3000	4000
	3		300	370	560	1050	1500	3000	4500	6000
	4	300	400	500	750	1400	2000	4000		
	5	370	500	620						
	6	450	600	750						
	8		800	1000						
用途		聚氨酯硬泡用			聚氨酯半硬质泡用		聚氨酯软质泡用			

注：平均分子量 = $\dfrac{561 \times (官能团数) \times 1000}{羟基数}$

2. 聚氨酯硬泡用聚异氰酸酯

凡在分子结构中含有异氰酸酯基团的有机化合物，统称有机异氰酸酯化合物：

$$R—(—NCO)_n$$

式中 R——烷基、芳基、脂环基等；

n——1，2，3，…整数。

有机异氰酸酯化合物是生产聚氨酯硬泡的另一种重要主体材料。有机异氰酸酯化合物其用量约占通用型聚氨酯硬泡总重量的 50% 左右，占聚异氰脲酸酯硬泡总重量的 60% 以上。

聚氨酯硬泡主要用有机异氰酸酯主要是二苯基甲烷二异氰酸酯（简称聚合 MDI），或应用多苯基多次甲基多异氰酸酯（简称 PAPI）。两者异氰酸酯通用，化学性能相近，目前较多使用二苯基甲烷二异氰酸酯。多苯基多次甲基多异氰酸酯分子结构如下：

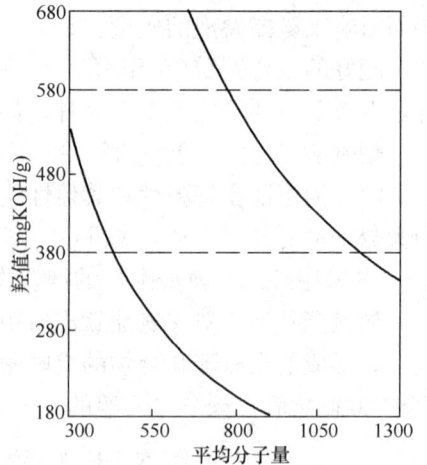

图 1-5 用于 PU 硬泡的聚醚羟值和分子量范围

（结构式：苯环带 NCO 基，通过 CH₂ 连接，n=1，2，3，…）

在二苯基甲烷二异氰酸酯中包括有三种异构体产品，即 4，4'-MDI、2，4'-MDI 和 2，2'-MDI 异构体，而聚氨酯硬泡应用是 4，4'-MDI（4，4'-二苯基甲烷二异氰酸酯）异构体（液态）产品。聚合 MDI（4，4'-MDI）分子结构如下：

（结构式：OCN—苯环—CH₂—苯环—NCO）

3. 聚氨酯硬泡发泡助剂

聚醚多元醇与聚异氰脲酸酯在助剂作用下反应形成聚氨酯硬泡产品，发泡助剂主要包括

催化剂、匀泡剂、发泡剂、阻燃剂等，发泡助剂与聚醚多元醇共同组合成为 A 组分（或称组合聚醚）。

(1) 催化剂

催化剂是合成聚氨酯硬泡的重要助剂之一，催化剂可以调节聚合速率（链增长）和发气速率，是控制喷涂法施工的发泡速度固化时间、模浇流动速度和固化时间，以及板材产品质量的关键助剂。

在聚氨酯硬泡原料中加入催化剂后，以调整异氰酸酯与羟基之间、异氰酸酯与水之间的反应速度，从而保持起泡速度与扩链速度的平衡。所以准确地选择催化剂的品种、浓度（或有效含量）和加入量是发泡工艺过程中很重要的技术问题。

在制备聚氨酯硬泡体系中，最常用的催化剂是有机（叔）胺与有机（金属）锡类等有机金属化合物的复合催化体系，在复合催化体使用时催化效果会成倍加强，即存在所谓的"协同效应"。

1) 胺类催化剂

胺类催化剂与锡类催化剂组合成复合催化剂共同使用时，不仅保证聚合物链增长速度与产生 CO_2 的气速度之间的平衡，而且催化效应比使用单一的催化剂要提高好几倍，发泡速度明显提高。产生明显协同效应的优点，可使催化剂用量不但相对减少 50%～60%，而且发泡效果显著，不降低泡体质量。

通过使用复合催化体系，一方面是调节发泡和凝胶反应速度，另一方面可以使用最少量的催化剂而达到最佳催化效果。

叔胺催化剂促进体系的凝胶反应。叔胺催化剂主要是促进 NCO/OH 和 NCO/H_2O 之间的催化反应，且两个反应都有较强的催化作用。特别是对 NCO/OH 反应初期有很强的催化效力，并且这种催化效应在泡沫的凝胶过程中显得特别明显。对 NCO/H_2O 之间的催化反应促进发泡体系的产气量。

一般在发泡体系中，存在着两种效用各异而又互相影响的催化剂，作为胺类催化剂，其主要作用在发泡反应上，它的活性高，反应初期进行的快，泡孔容易打开，如果在体系中此类催化剂过多，早期反应放出大量热量会使发泡剂大量气化，往往是分子链还未交联而气泡壁被内部汽化压力所冲破，使得开孔率提高，泡体的绝热、抗压、低温收缩等物理性能下降。

在聚氨酯硬泡技术中，常用胺类催化剂有三乙醇胺、二甲基环己胺（DMCHA）、2,4,6-三（二甲胺基甲基）苯酚（DMP-30）、三乙烯二胺（DABCO）等，它们分别用于调整聚氨酯硬泡发泡速度。

为提高聚氨酯硬泡耐温性、阻燃性和强度，常用三聚催化剂改性异氰酸酯发泡，最常用的三聚催化剂有 2,4,6-三（二甲胺基甲基）苯酚（DMP—30）、N,N-二甲基环己胺等。

2) 有机金属（如锡类）催化剂

有机锡类催化剂是一种非常强的催化剂，它主要促进异氰酸酯与羟基之间的反应，促进聚合物链增长，即能使泡沫壁具有足够的强度包住气体，同时控制产气速度，而对异氰酸酯与水之间的反应就无多大催化作用。

有机金属（如锡类）催化剂的作用主要在链增长反应上，凝胶反应进行得较快，有利于整个反应的完成，但在反应体系中如果金属催化剂过多，则链增长过快，物料体系从而很快进入高联固化状态，然而此时尚未充分汽化展开，物料交联后再完全汽化甚至会导致泡体的开裂，同时由于反应过程太快，反应热不能及时散发而可能引起烧芯。如在模内发泡时，轻则上下密度相差较大，重者充料不足，泡沫出现烧芯、开裂现象。

在环境温度偏高时必须严格控制催化剂用量，当温度升高时，凝胶和发泡两个过程的催化作用并不是同步增长的，温度的升高使凝胶过程比发泡过程的提前较大，又因发泡剂用量较少，所带走的热量也相对减少，当聚醚中钾、钠离子偏高时，使凝胶过程太快更容易造成烧芯现象。

常用锡类催化剂如二月桂酸二丁基锡（T-12）、辛酸亚锡、油酸亚锡等，其中T-12为高效低毒催化剂。它们分别用于调整聚氨酯硬泡凝胶（固化）速度。

在聚醚多元醇中残存的碱或碱金属（钾）离子也能引起发泡体系的催化作用。相反如在聚醚多元醇和异氰酸酯中存在过量的酸性，会中和了部分叔胺催化剂，降低它的催化活性。

3) 催化剂活性

发泡过程中，可将几种催化剂用乳白时间、凝胶时间、脱粘时间等参数来表征其工艺特性。

实验结果表明，凝胶时间相同时，催化剂需要量是不同的。如催化剂用量小，说明其催化活性高。

按凝胶时间评定，催化剂活性顺序为：T-12＞DMCHA＞DABCO 33LV；凝胶时间相同时，乳白速度顺序为：DMCHA＞DABCO 33LV＞T-12。

脱粘速度顺序为：T-12＞DABCO 33LV＞DMCHA。T-12具有泡沫乳白慢、脱粘快的特性。DABCO 33LV具有乳白较慢、脱粘较快的特性。DMCHA具有泡沫乳白较快、脱粘慢的特性。DMCHA相对T-12流动性好。

T-12的初期发泡高度低即初期发泡速度低，一旦开始发泡后，高度增长很快即速度立即提高。

4) 严格控制硬泡固化（乳白，或凝胶、脱粘）时间

常温喷涂发泡施工时，物料的配方应根据施工的环境温度和工作面温度调整，在标准状态条件下，喷涂物料脱粘时间宜控制在3~7s范围，硬泡固化时间（速度）太短易堵喷枪，且固化后的泡体与工作面黏合不牢，甚至泡体出现脱落。

反之，硬泡固化时间速度太长，喷到工作面物料不固化而物料发生流淌、滴落现象，或对连续喷涂不利，易导致前一层泡沫被后一层喷涂吹动、脱落。

常温浇注发泡施工时，固化时间决定发泡物料流动性（试验配料时，常测流动指数），硬泡物料流动性对模浇硬泡施工和生产复合板材有直接影响，在发泡过程中，凝胶时物料黏度迅速提高。出现凝胶前，物料黏度低、流动性好，在模具内固化的硬泡不存在"死角"，能完全充满空间。

反之，硬泡物料流动性差，物料没完全充满模具而固化，生成的泡沫密度较高（见图1-6），泡沫在模具（或夹芯墙体内）内必

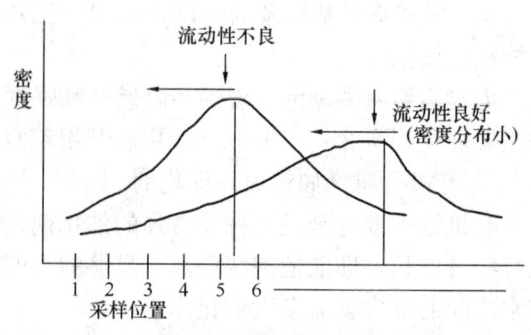

图1-6 泡体原料流动性、固化速度与泡体密度关系

然存在"死角"。另外，模浇发泡时，考虑物料黏度、物料受模具壁的摩擦阻力和环境温度等因素影响。

在调配硬泡物料配方时，催化剂的用量与气温关系甚大，环境温度低施工相对用量大，反之施工用量少。应用催化剂必须严格控制硬泡固化快、慢的两个极端，达到在设置时间内固化而不迟缓。

(2) 匀泡剂

目前匀泡剂主要用水溶性硅碳型硅油（也称泡沫稳定剂、简称硅油）。匀泡剂在发泡过程中能降低泡孔的表面张力作用，达到调节泡孔的大小，并使泡孔均匀，有利于促进形成泡沫，防止泡孔破裂和塌陷（收缩）。

(3) 发泡剂

发泡剂有溶解、稀释聚合物多元醇作用，如在喷涂聚氨酯硬泡施工时，有利于在极短时间内混合均匀，且有利于获得较高的射流速度。

当在 A 组分与 B 组分两者混合聚合反应发生放热后，所产生热量汽化发泡剂，发泡剂受热挥发，在排除部分聚合热物料中热量的同时，避免在泡沫体内部因高温引起烧芯现象，同时促使混合物料膨胀发泡。

早期使用氯氟烃发泡剂对大气臭氧有破坏作用，它的生产和使用已受到世界各国政府及环境保护部门淘汰。

到目前，应用发泡剂有采用环戊烷体系（如正、异、环戊烷）、二氧化碳体系、环/异戊烷体系、HCFC141b 体系等临时代用和符合环保要求作发泡剂，甚至有使用粉状发泡剂。其中烷烃类发泡剂属于物理发泡剂，而使用水为发泡剂时则属于化学发泡剂。

特别是环戊烷发泡体系，戊烷作为发泡剂的优点是有较低的导热系数，缺点是对泡沫有较强的增塑效应和可燃性，且能与空气形成爆炸性混合物。针对环戊烷发泡的安全问题，必须保证设备密封，还应有检测泄漏、通风等设备。另外，戊烷是不含卤素的非极性物质，它在聚醚多元醇和异氰酸酯中相容性相对小。

烃类发泡剂的优点是不会发生臭氧层破坏问题，缺点是相对易燃。

HCFC（临时代用发泡剂）类发泡剂目前较普遍采用，HCFC 发泡剂所制得聚氨酯硬泡的导热系数将增加，绝热性能下降，为保持聚氨酯硬泡良好的绝热性能，可在发泡配方中加入热导率低的颗粒（如塑料等），表面涂有薄薄的不透明颗粒（如石墨等）就形成了低热导率的不透明颗粒，将其加入硬泡配方中，可降低泡沫的导热系数，特别对于泡孔较大的泡沫更有效。

有关资料报道，在 HCFC-141b 发泡配方中添加 4%~9%炭黑颗粒，泡沫绝热性能将改善 6%~9%。另外，在配方中加入微量水有助于降低泡沫的导热系数，但在传统配方中水分加入会增大异氰酸酯耗量，扩大原料成本。

在 HCFC 类发泡剂分子中均含有氢，可与较低大气层中的羟基反应，在大气中的羟基反应虽然在大气中存在时间很短，但这类替代物分子中仍含有氯，臭氧消耗值（ODP）大于零，仍然对臭氧层有破坏问题。因此，1992 年在哥本哈根举行的国际保护臭氧层会议对 HCFC 生产和使用限制要求，2010 年减少到 35%，2015 年减少到 10%，2020 年减少到 0.5%，2030 年完全禁用。

目前生产聚氨酯硬泡，采用水与烷烃类化合物的发泡体系或水与 HCFC 发泡体系路线。

未来聚氨酯硬泡有可能应用零 ODP 发泡剂是水、碳氢化合物，无毒且环境条件下为液体。尤其以水作为发泡剂是未来最行之有效的途径，以水作发泡剂，OCD 值等于零，因此，使用水作为发泡剂，具有最大的环保效果。

(4) 阻燃剂

在 A 组分中加入阻燃剂有很多种类，阻燃剂主要划分为反应型和添加型两大类，又分为有机型阻燃剂和无机型阻燃剂。

添加型阻燃剂有固态或液态，它们多数不具有反应活性，不与混合物料中的任何组分起化学反应，发泡成型后，这些阻燃剂就分散在泡沫体中，达到聚氨酯硬泡阻燃的目的。如无机型阻燃剂有三氧化二锑、三氧化二铝、硼酸盐、可膨胀石墨等，其中膨胀石墨微粒为近年广泛应用的阻燃剂，它在遇热后产生数位膨胀，形成类似蠕虫状膨胀体（片），致使其占据在硬泡表面，从而达到覆盖燃烧区域，隔绝泡体与外部燃烧的火焰，有效阻止泡体燃烧、降解和减少烟密度。

有机型阻燃剂多数是反应型阻燃剂，在聚合物多元醇中引入具有阻燃作用的磷、卤素（如 TCEP、TDCPP）等原素的有机化合物，发泡时阻燃剂与聚氨酯发生化学反应。

反应型阻燃剂与添加型阻燃剂性能比较，反应型阻燃剂在聚合物中比较稳定，它对火焰的抑制作用通常比添加型持久。如四溴邻苯二甲酸酐、含磷或含卤素聚醚多元醇，或以芳香族杂环难燃结构多元醇、阻火聚醚多元醇等与普通硬泡聚醚多元醇复配等，在应用数量上含卤素和含磷的有机化合物占首位。

使用阻燃剂时，可添加任意一种阻燃剂，最常用是将添加型阻燃剂与反应型阻燃剂复合并用，通过产生协同效应后，达到具有阻燃剂用量少效果高的作用。

另外，为提高聚氨酯硬泡耐热、强度等技术性能，同时，为降低材料成本，在发泡液料中可适当加入改性聚氨酯硬泡的填料，如粉料三聚氰胺（俗称密胺）或在硬泡中加入轻型无机填料，也有阻燃作用，如泡沫玻璃、矾土、珠光石、有孔黏土等。

降低聚氨酯硬泡燃烧性能有多种技术措施，但加入过量阻燃剂不但达不到阻燃效果，反而导致聚氨酯硬泡其他物理性能下降，在制备聚氨酯硬泡时应控制阻燃剂加入量的极限值。

1) 选择阻燃剂时应具备的条件：

添加量少而效果好，即应有高效作用；

填加型应和聚氨酯硬泡的原料混溶性好，即不应有分层；

对泡沫的性能影响小；

无毒或毒性甚小，以保安全使用；

价格相对低廉；

阻燃效果不随时间推移而降低；

液态阻燃剂的黏度不能过大；

无腐蚀性。

2) 对聚氨酯硬泡阻燃的具体要求是：

难燃、不燃；

火焰传播性小；

发烟量少；

燃烧时生成的有害气体少。

（二）聚氨酯硬泡参考配方

喷涂聚氨酯硬泡（或浇注及生产板材）施工时，采用多组分或双组分原料。多组分是将A组分的各种原料、助剂，使用之前在现场分别按序存放，到使用时，根据预先调配的成熟配方在现场现配后与聚异氰酸酯（B组分）现配现用。使用多组分原料的优点是材料相对活性高，并根据现场环境温度等具体情况能灵活控制发泡速度和其他影响因素。

在现场使用多组分单元材料配成A组分（组合物料）应用时，应能熟练掌握原料、助剂性能，才能够真正掌握A组分的调配基本技术。在现场配制A组分必须准确计量各个原料用量，现场计量后，往往在现场采用手工机械混合搅拌的方式，又存在多个批次配料，每批次配料时必须克服现场易搅拌不均匀的现象，每个批次重复性应达到一致，应充分混合均匀。在使用前，现配A组分必须做发泡试验，经确认合格后方可准用。

双组分是以聚异氰酸酯为B组分（市场采购），A组分通过市场采购原料后，在工厂混合釜（罐）内，经常温、常压预先配制完成。由于A组分是在工厂按聚氨酯硬泡施工工艺要求，已预先配制好，现场使用非常方便，但A组分料随贮存时间延长活性逐渐下降，尤其在高温条件下贮存失效更加明显，应在有效贮存期内使用。

在施工现场采用喷涂法或浇注法施工应用双组分料时，往往是在工厂模拟现场施工条件，经反复试验后而预配好A组分材料后，再与外购B组分材料混合发泡。

尽管我们规定施工条件、材料质量要求，但在现场一旦遇见环境温度变化、湿度变化，或配制A组分物料适用施工条件范围又窄、或已配好的A组分物料因贮存期稍长而产生自聚现象等因素，直接原因是催化剂活性降低、匀泡剂失效等，出现这些不利因素，都会降低物料反应活性，在这种不适情况下，仍坚持施工用料，必然导致聚氨酯硬泡质量下降，有经验的施工者总是配备少量催化剂或其他助剂到现场，随时应对现场施工条件变化而重新调整配方以便适用于现实应用。

无论在工厂预配或在现场现配A组分、无论是采用喷涂法或采用浇注法现场施工、无论是在工厂生产聚氨酯硬泡裸板或在工厂生产聚氨酯硬泡复合饰面板材者、生产技术管理者，都有必要了解和掌握聚氨酯硬泡合成技术相关常识，这是保证生产、工程施工质量的前提。

例如在现场实际施工中，不可能完全与在试验室做小样调配相同的条件下施工。严格来说，在现场温度在10~30℃之间施工时，都是非常适合的施工温度，但两个温度上下限施工时，对聚氨酯硬泡发泡因素还存在一定区别，至少是发泡速度不同，加之施工时也可能是风天、喷涂基面干燥程度虽可施工但不十分满意，这些客观上的外来因素或多或少都对聚氨酯硬泡产生一定影响，为了克服这些客观影响，除遵守施工的基本条件外，还应在配方调整上设法随时来补偿所产生影响的不利因素。

聚氨酯硬泡各组分原料匹配是涉及聚氨酯硬泡质量的关键技术，应根据采用施工工法、施工环境温度和技术性能要求等条件，在化学用量计算的基础上，应在进行数次反复调试、测试基础上最终设定。通过对基础原料正确的化学用量计算，是确保聚氨酯硬泡合成技术的关键，聚氨酯硬泡配方直接影响泡体物理性及围护结构的热工性能。

1. 异氰酸酯用量化学计算

异氰酸酯与多元醇的比例非常重要。异氰酸酯用量按羟基与异氰酸根等当量，同时考虑多元醇（或空气中湿度）中水分所消耗异氰酸酯的量计算。

异氰酸酯用量过大，随着发泡指数的增加，泡沫的脆性提高。不仅浪费原料、扩大材料成本，如用量控制不当在反应中生成过多的缩二脲与脲基甲酸酯等交联键，将严重影响起泡速度与凝胶速度之间的平衡，导致增加聚氨酯硬泡酥脆性能因素，使泡体变脆、变硬、弹性降低。

反之，配方中聚合物多元醇偏多，即聚氨酯硬泡配方中异氰酸酯用量过小，即比理论当量数低，则会引起聚合物链增长不足，或与水反应产生 CO_2 量不足，直接影响泡沫机械强度与密度等，所得制品较软，尺寸稳定性差。

一般在实际配方中，在计算的基础上另加约百分之五异氰酸酯的用量，即异氰酸酯指数是 1.05 左右。

(1) 合成工艺中聚醚多元醇与水所需要的异氰酸酯用量

每 100 份多元醇反应所需要的异氰酸酯用量计算公式如下：

$$W = G \times \frac{100}{q} \tag{1-1}$$

式中　W——异氰酸酯的重量；
　　　G——异氰酸酯的当量；
　　　q——多元醇的当量。

聚氨酯硬泡中，主要用聚合 MDI、PAPI 两种异氰酸酯，其中聚合 MDI 当量为 125。根据多元醇的羟值（产品出厂时检验报告已标数据），按下式计算多元醇的当量：

$$q = \frac{56.1 \times 1000}{OH_{no}} \tag{1-2}$$

式中　OH_{no}——多元醇的羟值数。

(2) 与水反应所需的异氰酸酯用量计算公式

$$W = \frac{G \times W_{水}}{9} \tag{1-3}$$

式中　$W_{水}$——配方中所含水的总量；
　　　9——水的当量（18/2）。

(3) 发泡配方中所需异氰酸酯的总量

在制备泡沫过程中所需异氰酸酯的总量，除式 (1-1)、式 (1-3) 所需的用量外，还得相应考虑发泡过程中采用的异氰酸酯的过量程度与纯度。通常泡沫合成配方中所需异氰酸酯的总量按下式计算：

$$W_{总} = I \times G \times \left(\frac{W_{醇}}{\frac{56.1 \times 1000}{OH_{no}}} + \frac{W_{水}}{9} \right) \times \frac{1}{\rho} \tag{1-4}$$

式中　$W_{总}$——所需异氰酸酯总量；
　　　$W_{醇}$——配方中多元醇的总用量；
　　　$W_{水}$——配方中水的总用量；
　　　I——异氰酸酯的指数（一般为 1.05）；

G——异氰酸酯的当量;

p——异氰酸酯的纯度。

2. 聚氨酯硬泡参考基本配方

聚氨酯硬泡化学配方是根据制品的性能、施工环境温度、所选用施工方法和现场施工条件要求等因素综合后,根据具体情况在试验室进行理论计算后,掌握各个原料的作用灵活调制配方。

所谓调整配方,相对重点是调整A组分基础配方(俗称组合聚醚配方),A组分料是决定聚氨酯硬泡质量最重要的因素之一,其次是A组分与B组分的重量比。

通过A组分与B组分重量比例(或经理论计算异氰酸酯指数)混合,经反复模拟发泡试验,调配出的硬泡经测试达到设计所要求的各项物理性能指标后,可认为是模拟最佳配方结果,再批量与B组分(市场采购)配套批量生产,供市场销售或施工应用。

在保证聚氨酯硬泡各项技术性能指标时,还要达到很好的操作性,如喷涂发泡料,发泡时间一般常控制在3~7s,而浇注法应达到发泡时间的同时,发泡原料还必须有较好的流动性等。

聚氨酯硬泡施工时,涉及采用高压或低压发泡机类型、采用喷涂或浇注施工方式、现场环境温度高低变化、环境湿度或基层湿度大小等因素,在调配聚氨酯硬泡原料配方时应充考虑各方面因素,即使这样也很难用一个或几个固定化学配方来满足多种用途和各种环境变化的需要。

因此,在熟练掌握施工方法的同时,也应进一步掌握各个原料的作用,以基本发泡配方为主,一旦在施工现场出现特殊现象,以基本发泡配方为主,可随时根据施工现场实际情况作进一步有针对性的发泡配方调整。

(1) 普通型和阻燃型聚氨酯硬泡基本配方(见表1-3)

表1-3 普通型和阻燃型聚氨酯硬泡基本配方

原料名称	普通型PU硬泡(重量份数)	阻燃型PU硬泡(重量份数)
阻火聚醚	—	100
六羟基聚醚	100	—
四羟基胺醚	30	40
匀泡剂(硅油)	2~6	2~6
DABCO(33%)(催化剂)	1~8	1~8
T—12(催化剂)	0.1~1.0	0.1~1.0
TEA(催化剂)	0.5~1.5	0.5~1.5
TCEP(阻燃剂)	30	30
141b(发泡剂)	20~50	20~50
聚异氰酸酯(聚合MDI)	200	220

(2) 喷涂阻燃型聚氨酯硬泡基本配方

喷涂阻燃型聚氨酯硬泡相对发泡时间短、固化快,以防喷出后挂料,应使用高活性催化剂且应适当增加用量，同时还应适当降低物料相对黏度。基本配方参见表1-4。

表1-4 喷涂阻燃型聚氨酯硬泡基本配方

原料名称	重量份数			
	配方1	配方2	配方3	配方4
Ⅲ型阻火聚醚	—	100	100	—
可膨胀石墨	—	10	10	10
八羟基聚醚	—	—	—	100
六羟基聚醚	100	—	—	—
四羟基胺醚	30	30	30	—
匀泡剂（硅油）	2~6	2~4	5	2~4
DABCO（33%）（催化剂）	—	—	8	—
T-12（催化剂）	0.1~1.0	0.1~1.0	0.5	0.1
TEA（催化剂）	0.5~1.5	0.5~1.5	—	—
DMMP（催化剂）	—	—	—	0.2
TCEP（阻燃剂）	30	10	10	10
141b（发泡剂）	40	40	40	40
聚异氰酸酯（聚合MDI）	200	220	230	210

（3）浇注阻燃型聚氨酯硬泡基本配方

浇注阻燃型聚氨酯硬泡相对有较好的流性，后期固化快，浇注阻燃型聚氨酯硬泡基本配方参见表1-5。

（4）聚异氰脲酸酯硬泡基本配方

通过异氰酸酯三聚反应生成异氰脲酸酯链节，异氰脲酸酯结构基本上是取代的三嗪三酮，本身就是阻燃剂，因此提高了聚氨酯硬泡耐温、阻燃剂性能。聚异氰脲酸酯硬泡基本配方参见表1-6。

表1-5 浇注阻燃型聚氨酯硬泡基本配方

原料名称	重量份数	
	配方1	配方2
可膨胀石墨	10	—
阻火聚醚	—	100
八羟基聚醚	90	—
聚酯树脂	30	40
匀泡剂（硅油）	2~6	2~6
T-12（催化剂）	0.1~1.0	0.1~1.0
141b（发泡剂）	40~50	40~50
TEA（催化剂）	0.5~1.5	0.5~1.5
TCEP（阻燃剂）	30	30
聚异氰酸酯（聚合MDI）	200	220

表1-6 聚异氰脲酸酯硬泡基本配方

原料名称	重量份数	
	配方1	配方2
硬泡聚醚	40~60	—
阻火聚醚	—	100
聚酯树脂	—	40
DMP-30（催化剂）	1.0~2.0	—
匀泡剂（硅油）	1.0~2.0	2~6
T-12（催化剂）	—	0.1~1.0
TEA（催化剂）	—	0.5~1.5
TCEP（阻燃剂）	—	30
非离子表面活性剂（高、低分子量）	0~20	—
添加剂	0~10	—
141B（发泡剂）	25~40	40~50
聚异氰酸酯（聚合MDI）	300~500	220

（5）板材（浇注）聚氨酯硬泡基本配方

板材（浇注）聚氨酯硬泡基本配方参见表1-7。

（6）护套夹克管、保温瓦硬泡基本配方

护套夹克管、保温瓦（浇注）聚氨酯硬泡基本配方参见表1-8。

表1-7 复合板材泡沫阻燃型聚氨酯硬泡配方

原料名称	重量份数
六羟基聚醚	100
四羟基胺醚	30
匀泡剂（硅油）	2～6
DABCO（33%）（催化剂）	1～8
T—12（催化剂）	0.1～1.0
TEA（催化剂）	0.5～1.5
TCEP（阻燃剂）	0～30
141b（发泡剂）	20～50
聚异氰酸酯（聚合MDI）	200

表1-8 护套夹克管（保温瓦）硬泡基本配方

原料名称	重量份数
六羟基聚醚	100
四羟基胺醚	30
匀泡剂（硅油）	2～6
DABCO（33%）（催化剂）	1～8
T—12（催化剂）	0.1～1.0
TEA（催化剂）	0～30
141b（发泡剂）	20～50
聚异氰酸酯（聚合MDI）	200

第二节 聚氨酯硬泡特点及应用范围

一、聚氨酯硬泡特点

1. 相对密度小、比强度高、尺寸稳定性好

在发泡方向上被拉长的五边形十二面体泡孔结构决定了低密度、硬度、闭孔聚氨酯硬泡，聚氨酯硬泡强度是各向异性的。各向异性的产生由发泡时流动物质沿着它们发泡的方向排列的泡孔直径所致。采用加压发泡的泡孔的直径几乎相等，这样各向异性有所减少，高密度泡沫各向异性差异非常小。

（1）在已给定密度的情况下，强度主要依赖于制造方法，其次是合成泡沫配方。根据经验，强度与密度的相互关系可得出如下关系式：

$$s = kD^n$$

式中 s——强度参数；

k——常数；

D——密度；

n——功率指数（一般接近2）。

聚氨酯硬泡结构是由一些鼓泡的"支撑物"所组成，这"支撑物"由孔的"窗格"或"薄膜"连在一起，赋予泡沫以高比强度，施工后聚氨酯硬泡不易变形。

（2）聚氨酯硬泡在60℃时压缩情况下的蠕变性能，在恒定的负荷下，材料内部的应变趋近下面方程式：

$$E = E_0 + K_t^{1/6}$$

式中 E——在时间 t 的应变；

E_0——初始应变；

$K_t^{1/6}$——常数。

（3）聚氨酯硬泡在压缩情况下的蠕变性能可用曲线图 1-7 表示：

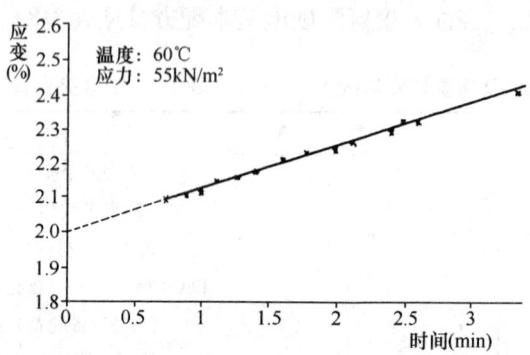

图 1-7　聚氨酯硬泡在 60℃时压缩情况下的蠕变性能

从图 1-7 看出，在 60℃时，蠕变非常小，在较低的负荷和较低温度时蠕变更小。

（4）特别是对有饰面板材（如夹芯板材）硬度而言，形容硬度时可把它们看作一束桁架（条）与略有变形的蜘蛛网，这样夹芯板材的弯曲性可用下面方程式表示：

$$\sigma = \frac{PL^3}{48D} + \frac{PL}{4GA}$$

$$D = \frac{E_f b}{12}(h^3 - c^3)$$

$$A = \frac{2hb(h^3 - c^3)}{3c(h^2 - c^2)}$$

式中　σ——为单桁条的中心弯曲度；

　　　P——桁条中心的负荷；

　　　L——桁条之间的跨距；

　　　c——芯子厚度；

　　　E_f——面料的张力模数；

　　　b——桁条的宽度；

　　　h——桁条或梁的厚度；

　　　G——芯子的剪切模数。

2. 独立封闭结构，导热系数低，绝热保温效果优良

导热性是聚氨酯硬泡最重要的物理特性。热传递占优势是依赖于通过气相的传热性，聚氨酯硬泡有着异常低的导热值是发泡气体存在于泡孔中，其次是泡孔的体积，而辐射传热直接依赖于泡孔的直径。

聚氨酯硬泡热阻比传统材料高（导热系数低），与传统材料的荷载比，仅相当于传统材料的 1/3～1/2。设计厚度比传统材料薄，对于减轻建筑荷载具有十分重要的意义。

根据热工理论计算表明，在同等环境条件下，当达到相同保温效果时，聚氨酯硬泡与常见保温材料厚度对比结果是：40mm 厚度聚氨酯硬泡，约相当于 45～50mm 厚度酚醛树脂泡沫、60mm 厚度 XPS 板、80mm 厚度 EPS 板、90mm 厚度矿物纤维、120mm 厚度胶粉聚苯颗粒保温层、130mm 厚度复合木材、200mm 厚度软质木材、760mm 厚度轻质混凝土、

1720mm 厚度普通砖块的保温效果。

聚氨酯硬泡在建筑业实际应用中,都是将聚氨酯硬泡表面涂有或复合非渗透性饰面材料,加之高闭孔率的泡孔内气体不易扩散,因而泡体的导热系数变化较小。

聚氨酯硬泡导热系数是一项非常重要的指标,聚氨酯硬泡导热系数是几个部分的总和:泡孔气体的导热系数(气体传导)、固相物的导热系数(固体传导)、通过泡孔辐射的导热系数(辐射传导)、泡孔间对流的导热系数(流传导)。其中,泡孔间对流的导热系数是无意义的;固相物的导热系数值很小;泡孔气体的导热系数由气体的组成决定,由于泡沫内含有发泡剂、CO_2,其值较低。由此可见,聚氨酯硬泡导热系数值的降低主要是受通过泡孔辐射的导热系数值大小的影响,可以通过减小泡孔的尺寸来达到。

在冰点附近,孔壁的固体传导、闭孔泡孔内气体传导、开孔泡孔内气体传导、辐射传导,这四种传热途径同时存在,都对泡沫塑料的有效导热系数起作用。随着密度下降,虽然固体传导线性下降,但由于平均孔体积增大,开孔泡孔内和闭孔泡孔内气体传导增加。当平均孔体积达到某一数值时,气体传导和辅射传热的增加大于固体传导的减小。

随着密度的下降,泡沫有效导热系数反而上升。随着环境温度增加而导热系数上升,泡沫的导热系数是温度的函数。

泡沫体积的85%以上都是气体,在很大的温度范围内,气体传导成为泡沫有效导热系数的主要影响因素。正是这些含有发泡剂的泡孔,提供了一个物理栅栏,使空气得以通入,发泡剂可以渗出。泡孔内气体的组成及其变化必然会引起其有效导热系数的锐变。在泡沫外露情况下,随着时间的延续,周围的空气向泡孔内扩散,泡孔内发泡气体也会向外渗透,最终导致泡沫有效导热系数越来越大。

垂直发泡方向的导热系数略小于平行发泡方向上的数值。

聚氨酯硬泡导热系数极大程度上依赖泡孔里充填气体的性质、组成以及气体的渗透率。泡沫闭孔率、平均孔体积,也是影响聚氨酯硬泡导热系数的重要因素。闭孔率越高,泡沫导热系数就越小。因为闭孔率从以下三个方面影响泡沫导热系数:

(1)闭孔泡沫内充满导热系数低的发泡剂气体,而开孔泡沫(如聚氨酯软泡)内则充满了导热系数相对高的空气。

(2)闭孔泡沫内的发泡剂气体,彼此是隔离的,不连续,而开孔则破坏了气体的不连续性,气体是连续的。从传热机理上讲,开孔促使气体分子从自由传导状态演变到连续传导状态,从而增加了导热系数。

(3)随着温度的下降,闭孔率越高的泡沫,在低温的作用下,泡孔内的气体冷凝,形成一定程度的真空度,使泡沫的导热系数显著下降。

归纳起来,导热系数与泡体的空间结构、闭孔率、发泡剂以及密度等几个因素有关。它们的物理性能依赖于气相和固相分布的相互作用,强度特性主要取决于固相,而导热系数和气体有关,尺寸稳定性则与两者有关。

普通型聚氨酯硬泡,较适宜的密度在38kg/m³左右,并有相对最低的导热系数。聚氨酯硬泡密度与导热系数关系如图1-8所示。

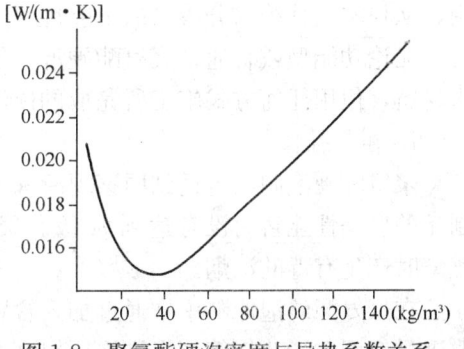

图1-8 聚氨酯硬泡密度与导热系数关系

3. 不发霉

聚氨酯硬泡经覆盖、封闭表面后，泡体受潮不发霉，使用寿命长，减少维修费用（其中双组分全水发泡喷涂阻燃聚氨酯软泡开孔结构，该类泡沫强度低，使用范围受限制，但该类其他性能较好，不但有保温隔热效果、阻燃，具有憎水、"呼吸"功能，当聚氨酯软泡喷涂施工完成后，在基层出现潮湿情况下，可防止基层发霉）。

4. 与多种基面材质粘结性好

聚氨酯硬泡发泡物料化学极性很强，除对基层表面有油类、特殊脱模剂和尘土影响粘结强度外，对大多数材料都可达到很牢固的粘结。

当采用浇注法施工或生产保温装饰复合板材时，发泡液体物料具有流动性，随模具成型、无空隙、"死角"。反应物料在空腔内发泡产生一定压力作用，更加有利于黏合；当采用喷涂法施工时，由于喷射压力作用，使液状物料发泡固化时，对混凝土（含砌体）结构、各类材质的复合板材、金属等多种材质的基层能牢固结合，同时泡沫本身的表面无接缝、整体性好。

聚氨酯硬泡与多种材质的粘结强度超过其本身的撕裂强度，使聚氨酯硬泡与基层成为一体，不易发生脱层，有效防止产生热桥，雨水沿缝隙向室内渗漏。

利用聚氨酯硬泡液料发泡固化自身粘结良好的性能，可与多种材质的饰面板、增强板等制成直接安装的复合保温墙体板或屋面板。

可用聚氨酯硬泡液体物料发泡、固化过程，作为复合保温板与墙体基层两者之间的弹性连接作用。

5. 密封性好

聚氨酯硬质泡沫原料可直接喷涂或浇注在有空隙的基层上，对基层起到密封作用。如在干燥基层有微小裂缝时，采用喷涂法施工时，喷出雾料受发泡机的高压作用，进入裂缝后雾料随即自身发泡膨胀，起到密封效果。

6. 吸水率低

聚氨酯硬泡均为闭孔率较高的泡体结构，无论喷涂成型还是浇注成型，泡孔均呈独立状态，互不联通，因而吸水率低，抗水蒸气渗透性好。

所谓功能型喷涂聚氨酯硬泡，因其结构致密，加之在配方设计与普通型聚氨酯硬泡技术性能有一定提高，具有保温和一定的防水功能。

普通型喷涂聚氨酯硬泡在施工中采用多遍次喷涂，每遍喷涂都形成光滑表皮，多遍构成一个无层整体，虽不代替功能型，但泡体同为闭孔结构，且泡体光滑表皮也有一定防水作用，从根本上杜绝水分渗入的可能性。

无论功能型或普通型聚氨酯硬泡，虽然都具有吸水率低的特点，甚至吸水率低于个别防水材料，但用任何方式施工所完成的硬泡保温层均不能单独作为防水层使用。

7. 阻燃性能

聚氨酯硬泡制品可达到国家现行标准规定的阻燃性能，但工业化生产、应用聚氨酯硬泡制品的燃烧性能暂时没有达到 A 级。聚氨酯硬泡燃烧是一种非常复杂的物理和化学现象，燃烧时产生有毒的浓烟。

在聚氨酯硬泡原料中常通过加入含磷或含卤素阻燃剂、反应型阻燃聚醚、阻燃填料或采取聚异氰脲酸酯改性等技术措施后提高燃烧性能。为适应多层、高层建筑应用需要，目前聚氨酯硬泡阻燃性能已向不燃方向研制发展。

一切物质燃烧都在有热、燃料和氧的条件下燃烧。聚氨酯硬泡表面积大，热容量和导热系数低，一旦着火将迅速燃烧，它的燃烧周期大致可分为五个阶段：热量积蓄、分解或降解与挥发、着火、热传递、蔓延。

所谓阻燃概念，并不是绝对不燃烧，即便在泡沫中广泛引入阻燃剂，使这类有机高分子材料绝对不燃是困难的，只有烧得快或慢、难和易之分，只能使材料不易燃烧或推迟火焰蔓延，并最大限度地减少燃烧中散发的烟雾量。

阻燃的主要目的是：一旦发生火灾，能提供足够的时间供施工人员安全撤离危险区及消防人员赶到火场及时灭火。聚氨酯硬泡在火灾中造成人员伤亡的主要根源不仅在火焰本身，更重要的是燃烧中产生的烟雾及毒气，在工程中对使用聚氨酯硬泡燃烧时所产生的烟雾和毒气提出严格限制，且对应用阻燃剂的认识也在不断加深理解。

另外，对普通型聚氨酯硬泡燃烧性能，常有自熄、防火、阻火、阻燃、耐燃、耐焰等多种称法，这些词汇都是用来说明材料性能。事实上，无论用何名称呼的泡沫材料，所有都是标准评定结果，只能反映实验条件下材料的燃烧性，并不能表示在实际火灾中的危险性、不燃烧，切莫误解。

8. 耐化学溶剂性能优越

聚氨酯硬泡耐化学腐蚀、耐多种有机溶剂，甚至在一些极性较强的溶剂里，只发生膨胀现象，在浓硫酸、浓盐酸、浓硝酸和氧化剂中，则发生反应、分解现象。

根据表1-9中所体现聚氨酯硬泡耐化学试剂的现象，可以断定：假设在墙体保温工程采用酸性水溶性涂料为饰面时，或聚合物水泥直接接触，都不会因渗透、接触微量弱酸碱而腐蚀聚氨酯硬泡。即便采用有些含溶剂型涂料为饰面层，溶剂通过保护层渗透到聚氨酯硬泡的表面，或在屋面聚氨酯硬泡保护层直接采用涂料饰面层，也不会导致涂料中过量的烯烃类溶剂使聚氨酯硬泡出现溶解、溶蚀现象。

表 1-9 聚氨酯硬泡耐化学试剂性能

试剂名称	聚氨酯硬泡耐化学试剂现象		试剂名称	聚氨酯硬泡耐化学试剂现象	
	24℃	52℃		24℃	52℃
柴油	优良	优良	丙酮	差	—
马达油	优良	优良	氯仿	溶胀	溶胀
汽油	好	—	过氯乙烯	优良	优良
松节油	优良	—	盐水（10%）	优良	好
煤油	好	好	硫酸（10%）	好	好
苯	优良	优良	盐酸（10%）	好	好
甲苯	优良	—	氢氧化铵（浓）	好	好
四氯化碳	优良	优良	氢氧化铵（10%）	好	好
邻二氯苯	优良	优良	氢氧化钠（浓）	好	好
甲乙酮	差	—	氢氧化钠（10%）	优良	好

9. 耐温性能

一般来说，普通型聚氨酯硬泡在120℃以下，不会发生任何降解现象，且泡沫体积与强度无明显变化。

普通型聚氨酯硬泡结构在高温下较易降解，如在120℃以上环境温度（如用于管道保温）使用时，通过引入材料进行耐温性结构改性后，可增加泡沫的热稳定性，例如引入酰胺基、异氰脲酸环和碳化二亚胺等措施制成耐温聚氨酯硬泡，常用改性后的有聚异氰脲酸酯硬泡。

10. 耐老化性能

聚氨酯硬泡在暴晒（或裸露）的情况下，耐老化性能差。聚氨酯硬泡在强烈阳光短时间的直接照射或在室内久放时，泡体逐步出现氧化，使泡体表面外观色泽由浅黄色（或乳白）向深棕色变化。硬泡经长时间暴晒使其压缩强度导致酥脆，以及导热系数等其他各项技术性能都会下降。

通过试验证明，当一个裸露的泡沫试块，放置在标准环境条件下，由于环境中氮气、氧气和发泡剂三种气体在硬泡中的扩散常数不等，氮气和氧气进入泡孔的速度比发泡剂气体从泡孔内向外扩散速度大，使泡孔内压力逐渐上升。随着扩散进行，使泡孔内发泡剂气体逐渐减小，氧气和氮气的浓度逐渐增大，最终是三种气体扩散，导致硬泡的导热系数逐渐增大。因此，聚氨酯硬泡在任何情况下，都不得直接外露使用。

11. 弹性模量

聚氨酯硬泡有较好的弹性模量，在外墙外保温系统中采用浇注、发泡粘贴外保温板、喷涂和干挂板等系统施工方式，当主体结构受震动时，可对减缓饰面层脱落有一定作用。

聚氨酯硬泡弹性模量强度依赖其密度大小，且平行发泡方向的弹性模量大于垂直发泡方向的数值。

12. 线性膨胀

在垂直发泡方向上的相对线胀和平均线性膨胀系数均大于平行发泡方向上的数值，但硬泡达到固化（老化）时间后，硬泡整体性能稳定、不易变形。另外，聚氨酯硬泡有很好的电学性能和隔声效果。

二、聚氨酯硬泡应用特点及应用范围

（一）聚氨酯硬泡应用特点

1. 发泡配方调整灵活

根据施工环境温度，泡体固化速度、性能要求以及施工方式等，可按具体要求任意调整发泡配方，适用性强、范围广。

2. 施工方式灵活、快速、工期短

根据节能建筑的设计要求，聚氨酯硬泡既能在工厂预制成各类型、多种饰面保温复合板材到现场安装施工，又可在现场选择现场机械喷涂法或浇注法施工。

喷涂工法，能够在任何复杂的构造上垂直向上、向下和各个角度进行施工作业，特别是对于任何复杂形状、异型结构等喷涂施工，更具有独特优势。施工效率高，施工速度快，使保温层整体性好，无接缝，不产生热桥，且大大减轻劳动强度。

浇注成型工法，在保温板、模板（或饰面板）支护下浇注成型的聚氨酯硬泡平整度好，无热桥，泡体表面不需任何找平处理。

在现场采用预制成各类型、多种饰面保温复合板施工，受自然环境影响相对小，在现场组装一次成型、快速，不污染周围环境。

3. 粘结能力强

聚氨酯硬泡的混合液料本身化学极性很强,发泡时对很多材质的基层具有很强的自粘结能力。

采用喷涂法施工时,还可再借助喷涂压力作用,对基层适应性更强;采用浇注法施工时,可借助泡体膨胀压力增强粘结性;在生产聚氨酯硬泡饰面装饰复合保温板时,可与多种面材直接粘结,不必涂刷粘结剂。

可用于新型建筑,又可用于既有建筑节能改造和保温层维修,只需清除表面灰尘、浮动砂土杂物、无油渍,基面牢固、干燥的条件即可进行喷涂施工或浇注施工。但已固化后的聚氨酯硬泡被粘结性较差,应在硬泡表面(如喷涂硬泡、普通硬泡板等面层)涂刷界面材料来增加被粘结性能。

4. 喷涂或浇注施工减少运输费用

运到现场喷涂或浇注聚氨酯硬泡原料为A、B组分液料,现场施工时将A、B两组分混配发泡成型,避免在工厂预制轻体泡沫材料经数次往返运到现场而增加运输费用。

5. 单组分罐装聚氨酯硬泡填缝剂,携带和使用都方便

(1)携带、使用方便

罐装料发泡不需发泡机、电源等条件。使用时,打开(手压开关)罐上出料口,原料从料嘴自动匀速排出条状泡沫、固化成型。

(2)施工质量易控制

可在较低环境温度施工,如在0℃发泡不受影响;射出泡沫量易控制,最小量可控制为1毫升,用于小型修补时,不浪费原料;发泡压力小,出料时是沫状未固化的泡沫,由于它的发泡倍数较小,故发泡压力也较小,有利于控制施工质量,通过使用后能防止出现热桥并有加固相互间密封结合的作用。

6. 双组分聚氨酯硬泡填缝剂更经济

在需要密封量较大的情况下,将A、B双组分聚氨酯硬泡液料采用微型发泡机械设备,通过控制物料流量发泡密封。

双组分聚氨酯硬泡填缝密封,较多用于现场安装板材接缝的密封,与单组分罐装聚氨酯硬泡液料具有同等效果,且相对施工速度快,比单组分罐装原料成本低,但设备必须轻便、施工现场应有电源,控制好出料速度与计量,且操作应熟练。

7. 聚氨酯硬泡成品无污染

固化成型后的聚氨酯硬泡为浅黄色,且为无臭的闭孔结构热固性硬泡,对环境没有污染、无害。

8. 聚氨酯硬泡成品可机械加工

聚氨酯硬泡可用锯割、车、铣、钻、刨等机械切削加工成所需的形状,且可用多种结构粘结剂粘结。

(二)聚氨酯硬泡在节能建筑业的应用范围

1. 用于工业建筑、民用建筑的新建建筑外墙外保温、夹芯墙体保温,以及既有建筑改造工程的外墙外侧(幕墙)等节能建筑工程。

(1)适用于混凝土结构(砌体结构、砖结构)、金属结构、木质等多种材质的结构工程。

(2)夹芯墙体结构采用聚氨酯硬泡保温板或浇注聚氨酯硬泡的保温。

(3)聚氨酯硬泡与多种饰面材料、增强材料等复合的保温板材或裸板(应外加保护层或

防护层），用于工业建筑、民用建筑的外围护节能建筑工程。

2. 用于工业建筑、民用建筑的新建工程和既有建筑改造的屋面节能建筑工程。

（1）适用于工业建筑与民用建筑的平屋面（上人屋面、非上人平屋面）、坡屋面及大跨度的金属网架结构屋面、异型屋面（如拱型、圆型等）。

（2）喷涂、浇注聚氨酯硬泡适用在防水层之下，承受轻型或重型交通或来自屋顶花园或蓄水的荷载，如屋顶停车场、蓄水屋面（用在架空屋面，设在防水层之下，仅承受架空层荷载）。

（3）防水保温隔热一体化功能型喷涂聚氨酯硬泡，尤其适用于屋面防水保温工程。

3. 金属夹芯聚氨酯硬泡保温板用于钢结构工业厂房、活动房。

4. 夹芯板或保温板材及喷涂聚氨酯硬泡用于冷库的内保冷工程。

5. 用在建筑上出现缝隙（保温板材间缝隙、窗口、勒脚、挂板连接件节点等部位）等热桥部位密封及浇注粘贴保温板。

6. 单组分罐装聚氨酯硬泡填缝剂，广泛用在同材质或不同泡沫板材间、建筑结构间、门窗与结构间、孔洞间等缝隙发泡粘结密封。

第三节 工程常用术语、发泡设备

一、外保温工程设计与施工常用术语

1. 聚氨酯硬质泡沫塑料

用定量比例的 A 组分和 B 组分料，经充分混合反应而形成的具有保温隔热功能的泡沫塑料，简称聚氨酯硬泡或称硬泡聚氨酯。

2. A 组分料

A 组分料是指由聚合物多元醇（聚醚多元醇、聚酯多元醇或两者聚合物多元醇的混合物）及发泡剂、催化剂、匀泡剂、阻燃剂等助剂构成的组合料，俗称组合聚醚或白料。

3. B 组分料

B 组分料是指聚异氰酸酯，是与 A 组分配套发泡使用所形成聚氨酯硬泡的必要原材料之一，俗称黑料。

4. 外墙外保温系统

由保温层、保护层和固定材料（胶粘剂、锚固件等）构成，并且适用于安装在外墙外表面的非承重保温构造总称。

5. 外墙外保温工程

将外墙外保温系统通过组合、组装、施工或安装固定在外墙外表面上所形成的建筑物实体。

6. 外保温复合墙体

由基层墙体和保温体系组合而成的复合墙体。

7. 基层

保温层或防水层所依附的外墙、屋面的结构层。

8. 抹面层

抹在聚氨酯硬泡上的抹面胶浆（或聚合物水泥抗裂砂浆），中间夹铺增强网，保护保温层及防裂、防水和抗冲击作用的构造层。

抹面层可分为薄抹面层和厚抹面层，用于耐碱玻璃纤维网格布增强的涂料饰面为薄抹（灰）面层，用于热镀锌网增强的面砖饰面为厚抹（灰）面层。

9. 饰面层

附着于聚氨酯硬泡表面起外装饰作用的构造层。饰面层直接暴露在空气中，对保温层和抹面层有防止风化、提高抗裂性和装饰作用。饰面层包括涂料（如真石漆饰面层或其他装饰涂料）饰面层、面砖饰面层和装饰板饰面层等。

10. 保护层

抹面层和饰面层的总称。

11. 防护层

在聚氨酯硬泡表面涂（喷）刷耐紫外线的防护涂料层。

12. 聚氨酯硬泡建筑外保温系统

由聚氨酯硬泡外保温层与饰面层材料等构成，固定在外墙外表面和屋面保温构造的总称。

13. 聚氨酯硬泡外墙外保温系统

由聚氨酯硬泡外保温层、固定材料（界面剂、抹面层、弹性粘结、锚固件等）、饰面层等构成，形成于外墙外表面的非承重保温构造的总称。

14. 喷涂法

现场使用专用的喷涂发泡设备，将A组分料和B组分料按一定比例从喷枪口喷出后瞬间均匀混合后，喷涂在外围护结构基层表面迅速发泡，通过连续多遍喷涂形成无接缝的聚氨酯硬泡体。聚氨酯硬泡的该种施工方法称为喷涂法。

15. 浇注法

现场使用专用的浇注发泡设备，将由A组分料和B组分料按一定比例从浇注枪口出料形成的混合料注入已安装于外墙的模板空腔中，混合料以一定速度发泡，在模板空腔中形成饱满连续的聚氨酯硬泡体。聚氨酯硬泡该种施工方法称为浇注法、也称模浇法。

16. 干挂法

聚氨酯硬泡板材或保温装饰复合板以专用挂件（连接件、锚固件等）为主要固定（或以粘贴为辅）的方式，该种施工方法称为干挂法。

17. 粘贴法

聚氨酯硬泡板材或保温装饰复合板以粘贴为主要固定（或以锚固为辅）方式，该种施工方法称为粘贴法。

18. 发泡粘贴法

采用专用外龙骨定位，用聚氨酯硬泡浇注料发泡粘贴聚氨酯硬泡保温装饰复合板或聚氨酯硬泡保温板，能在所粘贴于外墙基层表面形成保温层或保温装饰复合层。聚氨酯硬泡该种施工方法称为发泡粘贴法。

19. 模板内置法

在外墙内、外两侧用模板固定。模板内两侧聚氨酯硬泡板或固定外墙外侧（单侧）聚氨酯硬泡板，在墙体两侧（或单侧）设置聚氨酯硬泡板空腔处预置绑扎钢筋，用浇注免振混凝土将钢筋与聚氨酯硬泡板构成保温墙体，即模板内置聚氨酯硬泡板材施工法。

20. 龙骨

以适当的方式、足够的承载力固定于建筑外墙的承重部位，用于挂附聚氨酯硬泡保温板或装饰板材的骨架，称为龙骨。

21. 聚氨酯硬泡保温板

聚氨酯硬泡保温板是指在工厂的专业生产线上生产、以聚氨酯硬泡为芯材、两面或单面覆以某种非装饰面层的保温板材（防紫外线和减少运输中破损），或表面带有界面砂或槽的板材。

22. 聚氨酯硬泡保温装饰复合板

聚氨酯硬泡保温装饰复合板是指在工厂的专业生产线上生产，以聚氨酯硬泡为芯材、两面（或单面）覆以某种装饰面材的复合板材。

23. 挂件

将聚氨酯硬泡保温板或装饰复合板材以足够的承载力固定于龙骨上的机械固定件，称为挂件。

24. 免拆模板

在模板内浇注聚氨酯硬泡后，模板与聚氨酯硬泡结合成整体，作为外保温系统的组成部分。这种模板称为免拆模板。

25. 聚氨酯硬泡界面剂

用于增加抹面层与聚氨酯硬泡粘结性能的处理剂。俗称界面砂浆。

26. 聚氨酯硬泡专用模板

用于现场模浇聚氨酯硬质泡沫定型发泡的特制模具。

27. 镀锌金属组合挂件

用于干挂聚氨酯硬泡保温装饰复合板或饰面板的连接件。

28. 背筋胶粘剂

用于饰面板与背筋间粘结的专用胶粘剂。

29. 聚合物水泥抗裂砂浆

由丙烯酸酯等类乳液或可分散聚合物胶粉与水泥、细砂及添加剂等按一定比例混合，并掺入增强纤维，固化后具有抗裂性能的韧性砂浆。简称抗裂砂浆。

30. 墙体基层界面剂

由高分子乳液及各种助剂、粉料配制而成，用于密封墙体潮气、增加喷涂聚氨酯硬泡与基层的粘结强度。俗称防潮底漆。

31. 高分子乳液防水弹性底层涂料

采用高分子弹性乳液配制而成，具有良好防水性能，俗称高弹底涂。

32. 耐碱涂塑玻纤网格布（纱）

采用耐碱玻璃纤维纺织，面层涂以耐碱防水高分子材料制成。分普通型和加强型。俗称耐碱玻纤网格布。

33. 塑料膨胀锚栓

用于将热镀锌电焊网或保温板材固定于基层墙体的专用机械连接固定件。通常由螺钉（塑料钉或具有防腐性能的金属钉）和带圆盘的塑料膨胀套管两部分组成。简称锚栓。

34. 柔性耐水腻子

由弹性乳液、助剂和粉料等制成的具有一定柔韧性和耐水性的腻子。简称柔性腻子。

35. 聚氨酯硬泡预制件

在工厂预制成角形、条形或其他各种形状的聚氨酯硬泡保温板或块。

36. 面砖粘结砂浆

由聚合物乳液和外加剂制得的面砖专用胶液同强度等级42.5级的普通硅酸盐水泥和建筑硅质砂（一级中砂）按一定重量比混合搅拌均匀制成的粘结砂浆。简称面砖粘结砂浆。

37. 面砖勾缝胶粉

由高分子材料、水泥、各种填料、助剂复配而成的干粉状面砖勾缝料。

38. 过渡黏合层

用于在含有界面剂聚氨酯硬泡表面，具有找平、保温或防火功能的无机类浆体材料。

39. 压折比

同一种材料的抗压强度与抗折强度之比，称为压折比。

40. 聚氨酯发泡胶（嵌缝剂）

用于聚氨酯硬泡保温板之间或其他不同材质间粘结密封的单组分聚氨酯发泡材料。

41. 粘结胶浆

用于聚氨酯硬泡保温板（聚氨酯硬泡保温装饰复合板）与基层墙体之间粘结的材料，称为粘结胶浆。

42. 抹面胶浆

用水泥基或掺有高分子聚合物的无机胶浆抹在固定好的聚氨酯硬泡板外表面，做薄抹面层的材料，以保证外保温体系的机械强度和耐久性。

43. 热桥

保温层不连续之处，即在此处易有由高温向低温方向扩散热量的薄弱部位，称为热桥。

44. 热惰性指标（D）

表征围护结构反抗温度波动和热流波动能力的无量纲指标，其值等于材料层热阻与蓄热系数的乘积。

45. 补偿年限

是衡量外墙保温应用经济性中的一项指标，即在满足使用要求的条件下，多花的基建费可在多少年内从少花的采暖费中得到补偿的时间（年）。

46. 异氰酸酯指数

是指异氰酸酯当量数与含氢化合物的当量之比，称为异氰酸酯指数。

47. 围护结构传热系数（K）

围护结构两侧空气温差为1K，在单位时间内通过单位面积围护结构的传热量[单位：$W/(m^2 \cdot K)$]。

48. 围护结构传热系数的修正系数

不同地区、不同朝向的围护结构，因受太阳辐射等的影响，使得其在两侧空气温差同样为1K的情况下，在单位时间内通过单位面积围护结构的传热量要改变。这个改变后的热量与未受太阳辐射和天空辐射影响的原有传热量的比值，即为围护结构传热系数的修正系数。

49. 建筑物体型系数（S）

建筑物与室外大气接触的外表面积与其所包围的体积的比值。外表面积中，不包括地面和不采暖楼梯间隔墙和户门的面积。

50. 空气渗透耗热量系数（b）

采暖期室内外温差与空气的比热容、密度、换气次数的乘积（单位：W/m^3）。

51. 建筑物耗冷量指标

按照夏季室内热环境设计标准和设定的计算条件，计算出的单位建筑面积在单位时间内消耗的需要由空调设备提供的冷量。

52. 建筑物耗热量指标

按照冬季室内热环境设计标准和设定的计算条件，计算出的单位建筑面积在单位时间内消耗的需要由采暖设备提供的热量。

53. 节能建筑

指遵循气候设计和节能的基本方法，对规划分区、群体和单体、建筑朝向、向距、太阳辐射、风向以及外部空间环境进行研究后，设计出的低耗建筑。

二、聚氨酯硬泡发泡设备

聚氨酯硬泡制品必须通过专用发泡机械设备来完成。采用浇注法施工或生产泡沫板的设备，习惯称为浇注发泡机，而采用喷涂发泡施工所用设备习惯称其为喷涂发泡机。聚氨酯硬泡发泡机械设备有多种类型、多牌号、不同档次、不同技术参数、多种功能，虽性能、特点各异，但其原理大同小异。

在使用中多数是整机配套使用，也有发泡机械设备主机（供料）不变，只通过换接出料方式（出料枪）和压力系统，即可变成喷涂发泡或浇注发泡使用；有的设备既能喷涂聚氨酯硬泡，又能喷涂聚脲或其他；为适应施工方便，其中采用喷涂法的喷枪多数是优质铝合金材质制造，有圆型喷型喷枪、扁平喷型喷枪、扁平喷型龙骨喷枪、溅涂喷型喷枪，有些喷枪采用自清洗技术（如气自清洗、机械式自清洗），具有不堵枪、重心平衡、重量轻、操作轻便自如、零件更换少和维修方便等特点，同时可根据需要选用各种物料混合头（如圆喷混合头、平喷混合头）配套使用。

聚氨酯硬泡发泡机有些是全套进口发泡机、有些是部分关键部件从国外进口国内组装，也有自主创新研制的国产化制造发泡设备。聚氨酯硬泡发泡机械设备有多种分类方法，常习惯按高压发泡机和低压发泡机划分，其分类简单概括如图1-9所示。

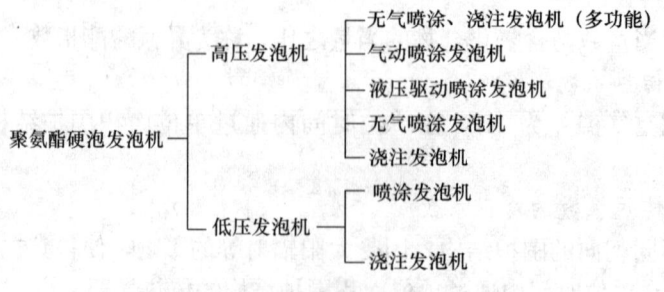

图1-9　聚氨酯硬泡发泡机类型

（一）聚氨酯硬泡发泡机选择

根据工程具体情况综合考虑后，选用适用发泡机类型。如以高发泡机为例，设备主要技术参数包括：最大工作压力（MPa）、最大输出流量（kg/min）、加热功率（W）、加热器加热范围（℃）、标准料管长度（m）、发泡枪软管长度（m）、标准原料混合比、工作使用压力（MPa）、设备使用电源要求及使用压缩机要求、定时定量控制范围和准确性、混合头（发泡设备系统关键核心技术之一，有内部真空混料、外混料方式）清洗方式和喷枪类型等。

根据各项技术参数综合比较，完全能满足喷涂、浇注和制造聚氨酯硬泡板材要求后最终确定，在选择、应用前必须认真详读发泡设备使用说明书。

（二）高压无空气喷涂发泡操作要点

开机前，应详读聚氨酯硬泡设备说明书，调试聚氨酯硬泡设备到完全能满足喷涂、浇注和制造聚氨酯硬泡板材要求，进行试喷（浇注），通过试喷（浇注）确定整个系统运转达到正常后进行正式工作。

1. 有空气喷涂是借助空压机的压缩空气把反应液料喷出，并在发生化学反应的同时发泡的方法。该法最大的缺点在于空气易带走反应液细雾，造成原材料损耗并污染环境，并影响泡沫的质量和外观平整度；无空气喷涂是用高压发泡机发泡，当具有一定压力的原料被送到混合室时，在压力突然降低时，原料分散喷出。

2. 高压无空气喷涂发泡机各个参数的温度、压力等功能等通常由微电子技术控制，自动化程度高，用手枪式物料混合头控制喷料开关。高压喷涂发泡机是对低压喷涂发泡机使用中缺点的改进。用设备料管加温物料时，料管内必须有料液，避免烧坏料管。

高压无空气发泡机喷涂发泡与有空气喷涂发泡相比较，高压无空气发泡机喷涂发泡最大的优点是原料损失少，可比有空气喷涂发泡节省原料15%～20%，对环境污染大为减少，且除操作者本身喷涂的技术水平外，高压无空气发泡机喷涂发泡的泡沫制品性能、产出泡体数量和泡体表面平整度控制都优于低压发泡机的喷涂。

高压发泡机的功能全，操作、调试简单，通常是将两个管式泵直接插入进场装料的各自料桶内，用手枪式开关控制喷涂，并可自动复位装置、变功率温度加热、过热、急停等各项安全措施，操作更安全可靠。

在高压发泡机内，原料进入混合头前不断循环，以确保温度的恒定。原料自身的高压能充分把各种原料混合均匀，出料结束后，混合料不必用溶剂清洗，所谓称自清洁混合头。

高压发泡设备的价格投入高些，但在操作、喷出速度、泡沫质量方面都有很大改善，在同样操作条件的情况下，产出泡沫的体积数量也会增加。

（三）低压喷涂发泡机操作要点

1. 低压空气喷涂发泡机有多种型号，也是较普遍使用的一种成型方法。而个别简易的低压发泡机也非常经济，但使用功能相对非常简单，就控制出料发泡的喷枪而言，通常用带有内混头手枪式的喷枪控制喷涂，而最简易发泡机的送料是靠发泡机上设置的送料开关，由自制不能开关的喷嘴直接出料喷涂，依靠空压机的气体混合、出料，该类发泡设备的价格便宜，但操作使用、泡沫质量不如高压发泡设备。

进入现场的发泡设备应调试好再用，混合枪应达到开关灵活，能正常使用。配套的送料管路长度够用、畅通；备好加料容器、开桶扳手；备用适量清洗液和稳定变压器以及现场用消防设备等。必须严格按设备操作要求进行，并由专人使用。避免烧坏料管。

2. 简易低压空气喷涂发泡机操作

简易低压喷涂发泡机投入成本很低，是较普遍的一种喷涂成型方法，适用于喷涂质量不严格的聚氨酯硬泡工程施工，喷出泡沫表面不光滑，有高低不平的凸凹面，发泡物料损失量相对大些。

（1）加料：根据小试确定合格的配方，按配方中各自物料倍量放大，分别加入带有过滤网的 A 和 B 料罐内。

（2）调整流量：用重量法分别测试组合聚醚（A 组分）和聚异氰酸酯（B 组分）两组分在单位时间的流量，按照小试后的两个组分最佳重量比进行校对调整，并控制两组分实际流量的比值应等于小配方的重量比，流量误差不超过 ±1%。

（3）试喷：将 A、B 组分的料管，分别接到喷枪 A、B 两活接头上，压缩机的风管接通喷枪风头。先开空压机风阀，根据现场需喷涂高度或距离，将空气压力与流量调到所需雾化的风压，雾化风压根据物料的流量不同和物料黏度大小变化，一般控制在 0.3～0.4MPa。风压太低，物料雾化不佳，泡沫质量低劣。风压过大，使物料吹散，损失增大。

（4）开始喷涂：机械参数调好后，开动物料计量泵即可喷涂施工。通过试喷后，确定喷枪口与物面距离，即可进行大面喷涂施工。

（5）停止喷涂：中途休息或喷涂结束后，先停物料泵，然后将喷枪内残留物料用压力风吹净后再停风泵，最后关闭所有全部电源。

料罐内物料可不必排得太净，罐内少量的余料（尤其 B 罐）可以起封泵作用，但料罐必须盖严，严禁余料吸潮干结，便于下次使用。

停机后拆喷枪，按喷枪构造不同，应按相应规定对喷枪自清洗或其他清洗方法进行处理，防止物料堵塞，便于下次使用。

第二章 基本规定

第一节 聚氨酯硬泡外保温系统性能

聚氨酯硬泡外保温系统整体性能，是采用聚氨酯硬泡、配套材料（构件）、设计，以及通过相应施工技术所必须达到的性能。聚氨酯硬泡外保温工程应遵循"选材正确、优化组合、安全可靠、设计合理"的原则，并符合施工简便、经济合理的基本要求。

一、聚氨酯硬泡外墙外保温系统性能要求

聚氨酯硬泡保温装饰复合板外墙外保温系统，即装饰板（块）面层与聚氨酯硬泡在工厂预先复合而施工的系统（如聚氨酯硬泡保温装饰复合板粘贴锚固外墙外保温系统），或饰面板与聚氨酯硬泡现场施工构成复合系统（如干挂饰面板浇注聚氨酯硬泡外墙外保温系统、免拆模浇外墙外保温系统），以及喷涂聚氨酯硬泡和外挂石材构成外墙外保温系统等，由于饰面层与聚氨酯硬泡保温层相对彼此独立，故系统的抗冲击性能试验仅针对饰面层进行，耐冻融性能、吸水量、水蒸气渗透阻、燃烧性能等试验分别针对聚氨酯硬泡保温层和饰面层单独进行。

聚氨酯硬泡保温装饰复合板、饰面板（面材）与聚氨酯硬泡现场施工构成复合外墙外保温系统，因不做抹面层，故对该系统不进行抹面层的不透水性试验。抗风荷载性能、系统热阻及系统耐候性等试验均针对整个外保温系统进行。

饰面层粘结于保温层表面的聚氨酯硬泡外墙外保温系统即薄抹灰系统（例如饰面层为涂料或粘贴面砖等），应对系统的抗风荷载性能、抗冲击性能、吸水量、耐冻融性能、系统热阻、抹面层不透水性、水蒸气渗透阻及系统耐候性等进行试验。

1.《硬泡聚氨酯保温防水工程技术规范》（GB 50404—2007）规定，硬泡聚氨酯外墙外保温系统性能应达到表2-1的要求。

表2-1 硬泡聚氨酯外墙外保温系统性能要求

项目		性能要求	试验方法
耐候性		80次热/雨循环和5次热/冷循环后，表面无裂纹、粉化、剥落现象	JGJ 144
抗风压值（kPa）		不小于工程项目的风荷载设计值	JGJ 144
耐冻融性能		30次冻融循环后，保护层（抹面层、饰面层）无空鼓、脱落，无渗水裂缝；保护层（抹面层、饰面层）与保温层的拉伸粘结强度不小于0.1MPa，破坏部位应在保温层	JGJ 144
抗冲击强度（J）	普通型	≥3.0，适用于建筑物二层以上墙面等不易受碰撞部位	JGJ 144
	加强型	≥10.0，适用于建筑物首层以及门窗洞口等易受碰撞部位	JGJ 144
吸水量		水中浸泡1h，只带有抹面层和带有饰面层的系统，吸水量均不得大于或等于1000g/m²	JGJ 144
热阻		复合墙体热阻符合设计要求	JGJ 144
抹面层不透水性		抹面层2h不透水	JGJ 144
水蒸气湿流密度[g/(m²·h)]		≥0.85	JG 149

注：水中浸泡24h后，对只带有抹面层和带有抹面层及饰面层的系统，吸水量均小于500g/m²时，不检验耐冻融性能。

2.《聚氨酯硬泡外墙外保温工程技术导则》（原建设部聚氨酯建筑节能应用推广工作组2006）要求，聚氨酯硬泡外墙外保温系统性能应达到表2-2的要求。

表2-2 聚氨酯硬泡外墙外保温系统性能要求

序号	项目		指标要求		测试方法
1	抗风荷载性能		系统抗风压值 R_d 不小于风荷设计值。对于饰面层粘结于保温层的外保温系统，系统的安全系数 K 应不小于1.5；对于饰面层干挂的外保温系统，系统的安全系数 K 应不小于2	<1.0	JGJ 144—2004附录A.3节
2	抗冲击性（J）	普通型	3J级，适用于建筑物二层及以上墙面等不易碰撞部位	≥3.0	JGJ 144—2004附录A.5节
		加强型	10J级，适用于建筑物首层墙面以及门窗口等易受碰撞部位	≥10	
3	吸水量（kg/m²）		水中浸泡1h，系统的吸水量小于1.0 kg/m²	<1.0	JGJ 144—2004附录A.6节
4	耐冻融性		对于饰面层粘结于保温层的外保温系统，30次冻融循环后，保护层无空鼓、脱落、无渗水裂缝；保护层与保温层的拉伸粘结强度不小于0.1MPa，破坏部位应位于保温层。对于饰面层干挂的外保温系统，30次冻融循环后，系统各部外观无明显变化	无空鼓、脱落、渗水、裂缝；与保温层的拉伸粘结强度≥0.1MPa	JGJ 144—2004附录A.4节
5	热阻		系统热阻应符合设计要求	≥设计值	GB/T 13475
6	抹面层不透水性		浸水2h	不透水	JGJ 144—2004附录A.10节
7	水蒸气渗透阻		水蒸气湿流密度≥0.85g/(m²·h)符合设计要求		JGJ 144—2004附录A.11节，GB/T 17146
8	燃烧性能		热释放速率峰值≤10kW/m²，总放热量≤5MJ/m²		GB/T 16172
9	系统耐候性		对于饰面层粘结于保温层表面的外保温系统，经过耐候性试验后，系统不得出现饰面层起泡或剥落、保护层空鼓或脱落等破坏，不得产生渗水裂缝；具有抹面层的系统，抹面层与保温层的拉伸粘结强度不得小于0.1MPa，且破坏部位应位于保温层。对于饰面层干挂的外保温系统，经过耐候性试验后，系统外观不得出现明显变化		JGJ 144—2004附录A.2节

注：水中浸泡24h，若只带有抹面和带有全部保护层的系统吸水量均小于0.5kg/m²时，可不检验耐冻融性能。

二、屋面保温防水系统使用年限

《屋面工程技术规范》（GB 50345—2004）规定，屋面防水工程应根据建筑的性质、重要程度、使用功能要求以及防水层合理使用年限，按不同防水等级进行设防。Ⅰ级、Ⅱ级和Ⅲ级防水层合理使用年限分别为不得少于25年、15年和10年。

第二节 聚氨酯硬泡外保温工程设计要点

一、设计基本原则

聚氨酯硬泡外保温（外墙外保温、屋面保温）工程的设计，对工程的品质要求、建筑档次和使用寿命等均应明确，节点细部构造、防火隔离带等设计应有足够深度。

外保温系统应采用不燃或难燃材料作防护层。防护层应将聚氨酯硬泡保温层完全覆盖。

在设计时应充分考虑到使用要求的同时，还应考虑先进与否。设计时除考虑技术上可行可靠，还要必须做好经济成本的分析工作，能够控制工程造价，综合各方面因素后确定优化设计方案。

聚氨酯硬泡外保温工程的设计，应结合建筑物所处地域的气候（建筑热工设计分区），按照国家规定现行节能率（民用建筑执行节能率为65%的标准、公共建筑执行节能率为50%）或不低于国家规定现行节能率的标准进行设计。

（一）聚氨酯硬泡外墙外保温系统设计基本原则

一般聚氨酯硬泡外墙外保温系统基本构造如图2-1所示。

1. 主体结构和外墙均应符合国家现行标准、规范的要求。

不论是砌体结构、轻钢结构、框架填充墙结构、短肢剪力墙填充墙结构、全剪力墙结构等，建筑物主体结构和外墙均应符合国家现行标准、规范的要求。

聚氨酯硬泡外墙外保温工程的基层墙体应符合《混凝土结构工程施工质量验收规范》（GB 50204）、《砌体工程施工质量验收规范》（GB 50203）以及《墙体材料应用统一技术规范》的要求。

2. 外墙平均传热系数应为包括主体部位和周边热桥（构造柱、芯柱、圈梁以及楼板伸入外墙部分等）部位在内的传热系数平均值。应按外墙各部位（不含门窗）的传热系数对其面积加权平均计算。不得以墙体主断面传热系数代替平均传热系数进行节能计算。

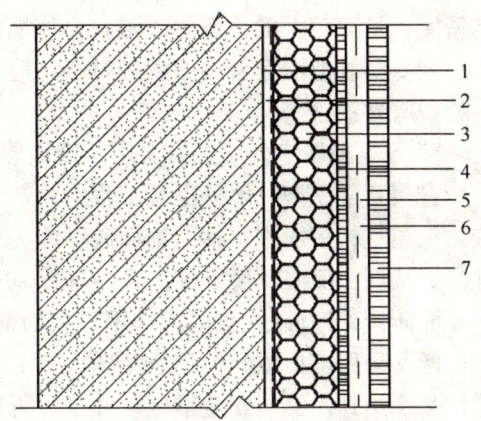

图2-1 聚氨酯硬泡外墙外保温系统基本构造
1—基层墙体；2—聚氨酯硬泡防潮隔汽层（必要时）+胶粘剂（必要时）；3—聚氨酯硬泡保温层（防火带）+锚栓（必要时）；4—聚氨酯硬泡界面剂（必要时）；5—玻璃纤维网布或热镀锌钢丝网（必要时）；6—抹面胶浆（必要时）；7—饰面层

3. 按国家规定建筑节能标准，确定聚氨酯硬泡保温层最经济的厚度。

聚氨酯硬泡屋面和外墙外保温复合墙体的热工性能、节能率必须符合国家现行建筑节能工程系列设计标准，须按现行民用建筑节能设计标准（采暖居住建筑部分）、《公共建筑节能设计标准》（GB 50189—2005）及各地区的民用建筑及公共建筑节能设计标准进行。

根据建筑结构类型及特点等，经过技术经济比较后，设计聚氨酯硬泡保温层最经济厚度（聚氨酯硬泡净厚度）。聚氨酯硬泡外保温系统的保温性能是关键性指标，在经过热工计算得出足够厚度后，在安装固定时应避免产生热桥。

保温层的经济厚度与保温材料的单位体积价格的平方根成反比。通常低价格的保温材料，多数导热系数较高，如达到现有节能标准其经济厚度必然增加，经济厚度越大，外墙的热阻就更大，外围护结构的保温节能效果就越好，但选用低价格增厚保温材料的同时，也增加建筑荷载构造设计不严谨和施工更多不便。相反，在同等节能效果的前提下，选用聚氨酯硬泡相对比其他保温材料厚度最薄，不选用经济厚度必然加大成本。

4. 聚氨酯硬泡及其他配套材料质量必须合格。

聚氨酯硬泡及其他配套材料应符合建筑构造设计的规定，并应符合国家现行的相关产品技术标准。

聚氨酯硬泡组合料（A 组分料）中不得选用对大气层有破坏作用的发泡剂，应使用的环保型发泡剂、国家现行允许临时替代使用发泡剂（例如：HCFC、HFC、烷烃）或它们的混合体系等。

聚氨酯硬泡以及聚氨酯硬泡外保温系统配套用各种材料和配件，所有产品质量均应达到相关标准的技术要求，使用前应提供检验报告和出厂合格证、抽样复试。

聚氨酯硬泡板、聚氨酯硬泡预制件采用涂刷脱模剂脱模方式或其他任何方式生产时，脱模后的制品表面不得遗留脱模剂，防止降低粘结性能。

外保温饰面层应选用柔性、防水及透气性材料（或做透气性构造处理）。如饰面层材料质地密实，具有较大的蒸汽渗透阻，会使墙体内部湿迁移遇到障碍形成结露，影响保温质量。

聚氨酯硬泡配套使用的各种材料，应具有物理化学的稳定性、彼此的相容性和优良的抗生物侵害性能。

5. 聚氨酯硬泡外墙外保温层、饰面层必须牢固、安全、可靠。

在聚氨酯硬泡外墙外保温工程中，严寒地区不宜采用面砖饰面、三层及三层以上建筑外墙的保温材料一般不得粘贴饰面砖。因为瓷砖的蒸汽渗透阻过大，墙体内的湿迁移水分无法排出，从而在负温环境下面砖产生冻胀剥落。

面砖做外饰面（在负风压作用较大的部位）时，必须在厚抹灰（抹面层）内增设热镀锌焊接钢丝网并采用锚栓或其他增强措施与基层墙体固定，用专用胶浆贴面砖及专用勾缝胶浆勾缝，必须达到足够的安全措施，并经过可靠试验验证，必须达到国家现行有关标准要求。

涂料饰面的保护层内应增设耐碱玻璃纤维网格布增强，在首层、洞口应用普通型和标准型耐碱玻璃纤维网格布复合增强。

外保温工程的施工应在基层施工质量验收合格后进行，基层应坚实、平整。施工前门窗洞口应通过验收，门窗框或附框应安装完毕。出墙面或屋面的金属梯、雨水管、空调支架的预埋件、连接件、进出户管线等均应安装完毕。

外保温系统在当地最不利的温度与湿度条件下，在承受风力、自重以及正常碰撞等各种内外力相结合的负载，应有很好的稳定性、耐撞击性，保温层不与基层分离、脱落。

外保温工程中所使用的聚氨酯硬泡及配套使用的各材料界面间的粘结性能、装配（所使用配件应具有耐腐蚀性能）及安装质量必须牢固、安全、可靠。

6. 聚氨酯硬泡外保温层必须具有保护层和防火安全性。

（1）聚氨酯硬泡施工完成后及时覆盖防火材料、避开太阳紫外线长时间照射。

聚氨酯硬泡保温层施工完成后，应及时在聚氨酯硬泡表面采用不燃或难燃材料作防护层完全覆盖。民用建筑外墙采用不燃或难燃材料作防护层，首层聚氨酯硬泡表面防护层厚度不应小于 6mm，其他层不应小于 3mm；幕墙式建筑外墙采用不燃材料作防护层完全覆盖，防护层厚度不应小于 3mm。

（2）根据建筑物总高度，选用相应燃烧性能的聚氨酯硬泡保温。

按《民用建筑外保温系统及外墙装饰防火暂行规定》（住房和城乡建筑部 公通字[2009]46 号），根据非幕墙式建筑（住宅建筑、其他民用建筑）、幕墙式建筑不同高度和屋顶建筑，应选用相应不同燃烧性能的外保温材料（见表 2-3）。

表 2-3 建筑物高度与选用相应保温材料的燃烧性能

非幕墙式建筑	住宅建筑	建筑高度（m）	≥100	≥60，<100	≥24，<60	<24
		保温材料燃烧性能（级）	应为A级	不低于B_2级，采用B_2级时每层应设置水平防火隔离带	不低于B_2级，采用B_2级时每二层应设置水平防火隔离带	不低于B_2级，采用B_2级时每三层应设置水平防火隔离带
	其他民用建筑	建筑高度（m）	≥50	≥24，<50	<24	—
		保温材料燃烧性能（级）	应为A级	A级或B_1级，采用B_1级时每二层应设置水平防火隔离带	不低于B_2级，采用B_2级时每层应设置水平防火隔离带	—
幕墙式建筑		建筑高度（m）	≥24	≤24	—	—
		保温材料燃烧性能（级）	应为A级	A级或B_1级，采用B_1级时每层应设置水平防火隔离带	—	—
屋顶		屋顶基层采用耐火极限不小于1.000h的不燃烧体的建筑，屋顶的保温材料不应低于B_2级，其他情况，保温材料燃烧性能不应低于B_1级				

（3）聚氨酯硬泡外保温应设防火隔离带。

聚氨酯硬泡阻燃性能必须达到国家现行（国家现行阻燃性能规定氧指数≥26%，即相当≥B_2级）聚氨酯硬泡标准。阻燃聚氨酯硬泡在接触一定高温或明火条件下，仍然可发生火灾，同时还产生有毒浓烟雾。

因此，聚氨酯硬泡外墙外保温除应采用合格阻燃性能外，还应在墙面沿楼板位置，用燃烧等级为A级保温材料，设置宽度不小于300mm的水平防火隔离带；屋顶与外墙交界处、屋顶开口部位的四周聚氨酯硬泡保温层，应采用燃烧等级为A级的保温材料，设置宽度不小于500mm的水平防火隔离带。以及采取防火分仓等其他防火构造设计来增加防火措施。如：

1) 在喷涂、模浇、粘贴聚氨酯硬泡保温层表面与保温层中间的一定高度和宽度范围内，用不燃无机保温浆料作为防火隔离带。

2) 在聚氨酯硬泡保温装饰复合板粘贴或干挂系统中，为了安装方便，采用与聚氨酯硬泡保温装饰复合板同样规格的板，但在板中间的保温层采用无机纤维（如成型岩棉板、玻璃棉板）等不燃保温材料，施工时将该板在聚氨酯硬泡保温装饰复合板适当间距内安装作为防火隔离带。

3) 在聚氨酯硬泡表面涂刷或喷涂一定厚度的防火保护层（如喷涂珍珠岩、无机纤维喷涂、涂刷无机保温浆料等）进行复合使用等措施。

通过采用阻燃聚氨酯硬泡与结构设计相结合的方式，既能利用聚氨酯硬泡高效性能，又提高安全防火目的。

普通聚氨酯硬泡保温板采用点粘（点框粘）时，粘贴面积通常不超过40%，在保温板材与基层间存在整体连通的空气层，当发生火害时相当于形成引火风道，能使火灾迅速蔓延。点粘普通聚氨酯硬泡保温板系统不宜应用于高层建筑中。

无机浆料满粘、发泡粘、模浇、喷涂和现浇混凝土模板内置保温板系统不存在所谓引火通道，通过在保温层表面涂抹轻质无机保温浆料和设置防火隔离带外理后，与采用普通聚氨酯硬泡保温板点粘比较，可适当提高楼层应用高度。

带有防火面层（或增强层有防火功能）的聚氨酯硬泡保温板或聚氨酯硬泡保温装饰复合板，可用于多层，甚至高层建筑。

4) 屋顶用聚氨酯硬泡燃烧性能不应低于 B_2 级，其他情况聚氨酯硬泡燃烧性能不应低于 B_1 级，并对聚氨酯硬泡保温层采用不燃材料进行全部覆盖。

7. 湿热性能控制：

外墙外保温的热工设计主要包括保温和防结露性能的设计。对易产生结露的部位应加强局部的保温性能。

（1）水密性：

在外保温墙体的表面，如面层、出屋面管口、接缝、孔洞周边、在保温板材间、窗框与墙体间、穿透外墙和阳台的孔洞等细部节点处，应达到节点保温密封避免产生热桥，同时做好密封防水处理。

（2）墙内结露：

为防止保温材料与外墙外表面粘结间隙处的水汽凝结与流窜现象对保温层的破坏作用，宜在保温构造中设置排除湿气的孔槽。

在新建墙体干燥过程中，或者在冬季条件下，室内温度较高的水蒸气向室外迁移时墙内可能结露。当外保温系统用于长期保持高湿度房间的外墙时，特别做好墙体的构造和保温层施工工艺设计，避免墙内结露的形成。

8. 聚氨酯硬泡外墙外保温系统的构造荷载列入主体结构荷载计算之内。

9. 明确聚氨酯硬泡外墙外保温工程的质量要求。

根据不同建筑物的结构类型提出聚氨酯硬泡外墙外保温工程的质量规定、技术要求、外表面处理等。

10. 聚氨酯硬泡外保温系统达到耐久性。

聚氨酯硬泡外保温系统应能适应基层的正常变形而不产生裂缝、空鼓，应能长期承受自重而不产生有害变形；应能承受室外气候的长期反复作用、承受风荷载而不产生破坏。

11. 聚氨酯硬泡外墙外保温工程应符合设计要求和合同约定，未经原设计单位允许不得任意更改原设计墙体保温系统的构造和材料组成。当设计结构变更时，必须具有设计变更备案文件。

12. 当建筑外墙可采用外保温墙、内保温或夹芯保温复合墙时，宜优先选用外保温及夹芯保温复合墙系统。当必须采用外墙内保温（聚氨酯硬泡不宜在民用建筑的内部设计应用）时，宜用在加气混凝土墙体（该制品蒸汽渗透阻较小）或非严寒地区。

13. 目前存在保温墙体的保温材料及其系统与主体墙体的寿命相差较大的现象，聚氨酯硬泡外保温系统，在正确使用和正常维护的条件下，合理使用年限不得少于 25 年。

（二）聚氨酯硬泡屋面保温防水工程系统设计基本原则

1. 聚氨酯硬泡屋面保温防水工程应符合施工简便、经济合理的要求。在经济合理的前提下，按防水等级设防，确保防水层耐用年限内不致因设计问题而发生渗漏。

2. 聚氨酯硬泡保温层不得裸露作为屋面的一道防水设防。聚氨酯硬泡应与保护层（含防水卷材、防水涂料、瓦等防水层）、抗裂聚合物砂浆及保护层等共同构成复合保温防水系统。对有机类材料的防水层应采用不燃材料进行覆盖。

3. 上人屋面用细石混凝土或块体材料做保护层，其中细石混凝土保护层应采用不低于 42.5 级普通硅酸盐水泥（或不低于 32.5 级矿渣水泥）、中砂、砾石、防水剂，最终应配制成强度等级不低于 C20 的细石混凝土，因采用 40mm 厚的细石混凝土收缩力较大，细石混凝土保护层应留设分隔缝，其纵、横间距宜为6m。

在上人屋面以细石混凝土或块体材料为保护层，由于聚氨酯硬泡与细石混凝土的膨胀、收缩应力不同，应在细石混凝土与聚氨酯硬泡间铺设一层隔离材料。

4. 非上人屋面可用无机防水材料、抗裂聚合物砂浆复合构成保温防水屋面。

5. 平屋面、天沟和檐沟做好找坡，使排水达到顺畅，要充分考虑屋面排水系统。

6. 聚氨酯硬泡保温防水工程设计应根据工程特点、地区自然条件和使用功能等要求设计，屋面设计图纸应系统、完整，并具有一定设计深度。

7. 按聚氨酯硬泡的不同成型工艺和性能对屋面工程的保温防水构造绘制细部构造详图。

伸出屋面管、屋面女儿墙等突出屋面和落水处，是屋面最容易出现渗漏的薄弱部位，必须做好保温、密封防水的节点处理。

二、设计程序

外保温工程设计是根据建筑节能率具体要求、材料性能、防火要求、地区自然条件、风载、荷载、施工工法、细部节点构造及使用年限等，综合各方面因素并经计算而设计，它是完成优质工程施工的重要依据。

（一）聚氨酯硬泡外墙外保温工程设计程序

聚氨酯硬泡外墙外保温工程设计程序参见图2-2。

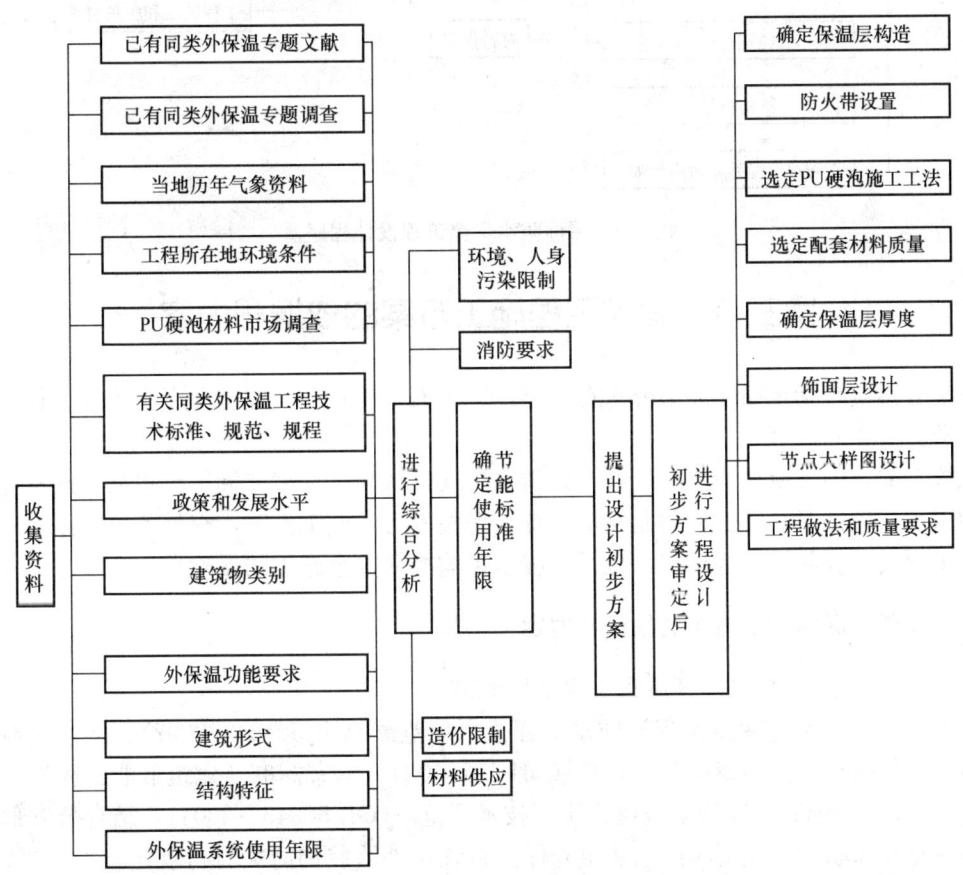

图 2-2 外保温工程设计程序

（二）聚氨酯硬泡屋面防水保温工程设计程序

聚氨酯硬泡屋面防水保温工程设计程序参见图2-3。

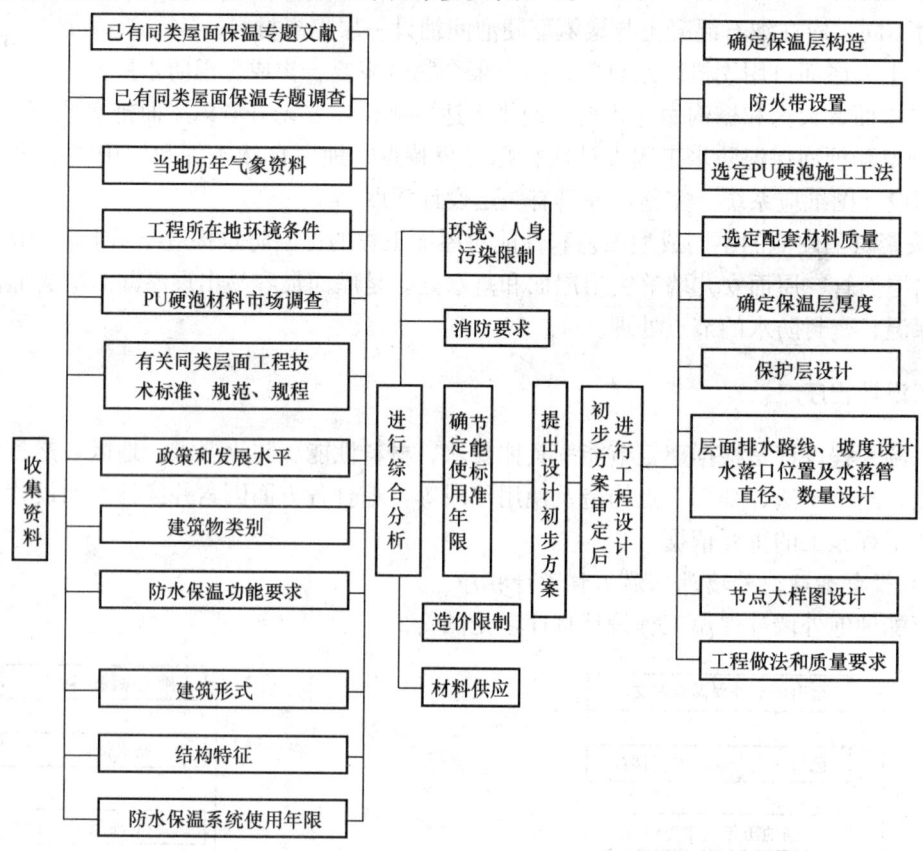

图2-3 屋面防水保温工程设计程序

第三节 编制工程施工方案的依据和内容

施工方案应包括聚氨酯硬泡外保温（墙体、屋面）工程系统施工和屋面防水工程系统施工两部分。

在施工前，施工单位应根据工程具体情况，通过认真、仔细掌握工程图纸设计及综合各方面因素后，应针对具体工程编制相应系统、完整可行的施工方案，它是工程具体实施全部过程和工程质量验收的重要依据，也是工程质量监控和安全施工的保障。

一、编制外保温施工方案的依据和内容

（一）编制聚氨酯硬泡外保温施工方案的依据

1. 国家标准《硬泡聚氨酯保温防水工程技术规范》（GB 50404—2007）、国家建筑标准设计图集《外墙外保温建筑构造（三）》（06J 121—03）、国家标准《建筑节能工程施工质量验收规范》（GB 50411—2007）、《屋面工程技术规范》（GB 50345—2004），结合公安部与住房和城乡建设部联合下发的《民用建筑外保温系统及外墙装饰防火暂行规定》（［2009］46号），以及有关建筑外保温方面现行国家行业标准、地方标准、各地区标准图集等。

2. 工程设计图纸、设计要求，所用保温材料的技术经济指标和特点。
3. 建筑物节能率的要求、建筑物的重要程度、特殊部位的处理要求等。
4. 了解外围护保温基层的构造、结构，能否影响保温工程施工。
5. 现场的环境条件和保温工程预计施工的时间，当地气温、湿度、大风天、雨季等对施工的影响。
6. 进厂的聚氨酯硬泡原料、板材及配套材料质量情况，出厂合格证和技术性能指标，检验部门的认证材料，进场材料抽样复验测试报告。
7. 有关该种类型保温工程设计和保温工程施工方案及施工技术的参考性文献资料。

（二）编制聚氨酯硬泡外保温施工方案的内容

1. 工程概况

（1）整个工程简况：工程名称、所在地、施工单位、设计单位、建筑面积（楼层总高度）保温工程面积、工期要求。

（2）外保温构造层次、节能率要求、建筑类型和结构特点，材料选用、耐用年限等。

（3）聚氨酯硬泡及配套用材料技术指标要求。

（4）需要规定或说明的其他问题。

2. 质量工作目标

（1）外保温工程施工的质量保证体系。

（2）外保温工程施工的具体质量目标。

（3）外保温工程各道工序施工的质量预控标准。

（4）外保温工程质量的检验方法与验收评定。

（5）有关外保温工程的施工记录和归档资料内容与要求。

3. 施工组织与管理

（1）明确该项保温工程施工的组织者和负责人。

（2）负责具体施工操作的班组及其资质。

（3）外保温系统工程分工序检查的规定和要求。

（4）外保温工程施工技术交底要求，施工技术人员应认真会审设计图纸，掌握施工验收标准及节点构造等技术要点，应对施工人员进行技术交底。

（5）现场平面布置图：如材料堆放、运输道路等。

（6）保温工程分工序、分阶段的施工进度计划。

4. 聚氨酯硬泡及其配套材料、附件使用

（1）所用聚氨酯硬泡及其配套材料的规格、类型、技术性能指标、质量、抽样复试结果。

（2）按保温工程进度、材料用量和设计技术要求，应将配套用附件数量、类型、规格准备齐全。

（3）所用聚氨酯硬泡材料运输、贮存的有关规定，使用注意事项。

5. 聚氨酯硬泡施工操作技术

（1）聚氨酯硬泡施工准备工作，如技术准备、材料准备、设备与配套工具准备等。

（2）确定聚氨酯硬泡施工工艺和作法。施工工艺应有明确施工程序，施工作法，如：喷涂法、浇注法、干挂法或粘贴等方法及细部节点构造作法和防火技术措施等。

(3) 聚氨酯硬泡施工基层处理。

(4) 聚氨酯硬泡施工环境条件和气候条件。

(5) 聚氨酯硬泡施工材料用量。

(6) 各道施工工序及施工间隔时间，各道工序施工质量要求。

(7) 施工中与相关各工序之间的交叉衔接要求。

(8) 成品保护规定。

6. 安全注意事项

(1) 操作时的人身安全、劳动保护和防护设施。

(2) 脚手架（吊篮）安装、设备操作、用电安全措施。

(3) 现场用火制度、火患和高温隔离措施，消防设备的设置和消防道路等。

(4) 对现场施工者，应进行安全等方面必要的培训后，方可上岗作业。

(5) 其他有关施工操作安全的规定。

二、编制屋面防水（保温）工程施工方案的依据和内容

（一）编制屋面防水工程施工方案的依据

1. 国家标准《硬泡聚氨酯保温防水工程技术规范》（GB 50404—2007）、《屋面工程技术规范》（GB 50345—2004）、《屋面工程质量验收规范》（GB 50207—2002）、国家标准图集《工程做法》（05J 909）、结合公安部与住房和城乡建设部联合下发的《民用建筑外保温系统及外墙装饰防火暂行规定》（［2009］46 号），以及有关屋面防水工程方面的国家现行行业标准、地方标准、各地区标准图集等。

2. 防水保温工程设计图纸、设计要求，以及所用聚氨酯硬泡（防火带材料）、防水材料的技术经济指标和特点。

3. 屋面防水保温等级、防水层耐用年限、建筑物的重要程度、特殊部位的处理要求等。

4. 了解屋面防水保温层的构造，能否影响工程施工。

5. 现场的环境条件和保温工程预计施工的时间，应考虑当地气温、湿度、大风天、雨季等对施工的影响。

6. 进厂聚氨酯硬泡、防水材料的质量情况，如出厂合格证和技术性能指标、检验部门的认证材料、进场材料抽样复验的测试报告。

（二）编制屋面防水工程施工方案的内容

1. 工程概况

(1) 整个工程简况：参照本节一中相关内容。

(2) 防水工程等级、防水层构造层次、设防要求、防水材料选用、建筑类型和结构特点、防水耐用年限等。

(3) 防水材料种类、防火隔离材料、覆盖防水层所采用的不燃材料和技术指标要求。

(4) 需要规定或说明的其他问题。

2. 质量工作目标

(1) 防水工程施工的质量保证体系。

(2) 防水工程施工的具体质量目标。

(3) 防水工程各道工序施工的质量预控标准。

(4) 防水工程质量的检验方法与验收评定。

(5) 防水工程的施工记录和归档资料内容与要求。

(6) 有关防水工程的施工记录和归档资料内容与要求。

3. 施工组织与管理

参照本节中一中相关内容。

4. 施工准备

(1) 材料准备：按屋面防水等级和设计要求选材确定后，应写明所用材料的名称、类型、品种；写明材料特性和近期主要技术性能检测报告、进场复检报告；辅助材料技术文件等。

(2) 技术准备：会审图纸（技术交底），包括前道隐蔽工程验收情况；预埋管件和预留孔洞的检查；可施工条件等。

(3) 工具、设备准备：按施工要求配备相应机械设备、工具。

(4) 材料使用注意事项：施工机具、安全防护及材料运输和贮存要求等。

5. 施工工艺

(1) 施工方法总则：指专项工程所采用的防水保温施工方法或特殊节点部位的防水施工方法。

(2) 工艺流程：指施工工艺流程图，即施工操作顺序。

(3) 操作要点：写清基层处理和具体要求，工艺流程中各项操作要求、施工程序和针对性的技术措施。

(4) 环境：施工环境条件和技术要求等。

6. 节点细部构造处理

按图纸设计要求，对屋面管口、变形缝、女儿墙、防火隔离带等具体做法，以节点大样图方式表示。

7. 质量标准与质量保证

写明对材料的质量要求、操作要点、工程质量标准。同时提出本项目防水工程的具体质量保证措施。

8. 成品保护

明确施工过程中及施工完毕经验收后的成品保护要求与措施。

9. 安全注意事项

参照本节一中相关的内容。

(三) 工程回访

1. 依据合同要求写出本项目工程使用年限。

2. 承诺工程维修和保证期制度年限以及定期工程回访时间，履行责任服务。

第三章　聚氨酯硬泡外墙外保温系统施工

第一节　外墙外保温系统基本优点与常用工法

一、聚氨酯硬泡外墙外保温系统基本优点

1. 外墙外保温适用地区范围广

外墙外保温作法不仅适用于北方需要冬季保温地区的采暖建筑，也适用于南方需夏季隔热地区的空调建筑。既适用于新建（民用、公共）建筑节能设计，也适用既有建筑的节能改造。

2. 有利于建筑物冬暖夏凉，节能效果显著

由于保温材料置于建筑物外墙的外侧，符合墙体"内隔外透"（将蒸汽渗透阻大的材料置于内侧而将低密度保温材料置于墙外侧）热工理论，能充分发挥保温材料的性能，可使用较薄的材料而达到较高的节能效果。

使用外保温系统后，能避免因构造而产生热桥，在寒冷的冬天极大地减少额外的热量损失，节约了热能。

无需设置隔气层，可确保保温材料不会受潮而降低其保温效果，包括结构层或旧墙体在内整个墙身温度会提高，降低其含湿量，同时解决了由于热桥而可能引起的外墙内表面潮湿、结露、发霉和淌水。

在炎热夏季，外保温层能够极大地减少太阳辐射的进入和室外高气温的综合影响，使外墙内表面温度和室内温度得以降低。

3. 有利于改善室内生活环境

外墙外保温作法不仅提高了墙体的隔热保温性能，而且增加了室内的热稳定性，它在一定程度上阻止了雨水对墙体的侵袭，提高了墙体的防潮性能，可避免墙体室内侧的结露、霉斑等不良现象的发生，创造了舒适的室内生活环境。

4. 墙体气密性、热容量得到提高

在加气混凝土、轻骨料混凝土、空心砌块、木结构等结构层采用外保温后，可明显提高其气密性，进一步达到节能效果。

墙体外保温后结构层墙体部分的温度与室内温度相接近。当室内空气温度上升或下降时，墙体能够吸收或释放能量，有利于室温保持稳定。

虽然墙体热容量高并不能降低热损失，但能充分利用从室外通过窗户投射进室内的太阳能。能够保证室内温度的恒定和均一性，从而改善了居住环境。

5. 有利于保护建筑的主体结构

置于建筑物外墙外侧的保温层大大减小了自然界温度、湿度、紫外线、雨雪等对主体墙身的影响。

通过采用外保温技术后,因室外气候不断变化而引起的墙体内部较大的温度变化,发生在外保温层内,使内部的主体墙冬季温度提高,湿度降低,温度变化较为平缓,热应力减少,混凝土墙体的温度变化大为减弱,因而可降低温度在结构内部产生的应力。

主体墙身由于有了良好保温层的外围护,可提高墙身的耐久性,延长了建筑物主体结构的寿命。主体墙产生裂缝、变形或破损的危险的可能性大为减轻,避免龟裂现象的产生。

另外,在建筑的水平长度方向,由于外保温层的围护作用也可大大减少结构墙身的温度变形,新型墙体材料的外保温或夹心复合墙,在设计上建筑物的温度收缩缝间距不必乘以折减系数。

6. 增加居住使用面积

外墙外保温与外墙内保温作法相比,外墙外保温可使每户使用面积约增加 $1.3\sim1.6m^2$。

7. 既有房屋节能改造方便

对既有房屋节能改造都非常方便,不影响居民的正常生活,不影响室内原有装修。

8. 便于丰富的外立面处理

外墙外保温立面不仅对新建筑有多种饰面,而且对既有建筑进行节能改造时,不仅使建筑物获得更好的保温隔热效果,而且立面焕然一新。

彩饰面复合保温板有多种面层材质、色泽用于外层,外表体现完美的拐角和样式,可达到古典效果。

9. 外墙外保温工程耐久性能

聚氨酯硬泡保温装饰复合板施工,采用粘贴(或浇注聚氨酯硬泡)与锚栓(或连接件、托板、挂件)共同与结构基层固定,达到节能效果的同时,板材安全稳定。

涂料饰面配以高质量胶浆或粘结砂浆,同时玻纤网起到"软钢筋"的作用,采用正确施工方法,可有效地解决传统墙体由于多种原因而产生的龟裂渗水问题,最大程度地保证了系统的耐候性及耐久性能。

面砖饰面采用热镀锌钢丝网、锚栓和聚合物水泥砂浆、专用粘结剂,增加粘结强度及荷载力。

二、聚氨酯硬泡施工常用工法

聚氨酯硬泡既可利用聚氨酯硬泡液态基础发泡料,直接采用机械喷涂或浇注发泡成型施工方法,又可在层压模具作用下,按所需板材规格浇注液态发泡料,制成裸板(或燕尾槽板)和带有各种饰面(含背板)的聚氨酯硬泡保温装饰复合板后,按板材规格和特征选用粘贴(点粘、条粘、湿粘,或锚粘)、干挂(或干挂与浇注密封相结合)和模板内置板材等各类方式的板材安装法。

聚氨酯硬泡施工方法不受限制,区别其他常规保温材料而只能单一按板材(如聚苯乙烯泡沫板、酚醛树脂泡沫板)或只能按液料(如浇注法施工的氮尿素泡沫或脲醛树脂泡沫,喷涂法施工的聚氨酯软泡、喷涂珍珠岩、喷涂矿物棉、发泡水泥或涂刮保温浆料)施工方式。

聚氨酯硬泡比常规保温材料施工方法选择灵活、广泛,可适应各类建筑工程采用保温方法,给设计、施工者提供诸多方便。

聚氨酯硬泡外保温系统施工方法,已广泛用于屋面、墙体的现场喷涂(浇注)系统、用于外墙聚氨酯硬泡保温装饰复合板保温系统、干挂聚氨酯硬泡保温装饰复合板外保温等系统,以及聚氨酯硬泡板的粘贴锚固工法和聚氨酯硬泡与其他保温材料复合应用系统的施工工法等。

各类聚氨酯硬泡施工方法都分别形成完整的保温施工体系，在各个保温系统中，分别有不同的施工工艺，根据各自的工艺特点，又构成具体不同的操作方法，分别适用于外墙外保温系统和屋面隔热保温系统。

（一）聚氨酯硬泡常用工法

聚氨酯硬泡有些施工方法相近、相通，又可按具体应用部位、应用方式命名施工法。聚氨酯硬泡在节能建筑系统中，目前典型的几种施工工法初步划分如图3-1所示。

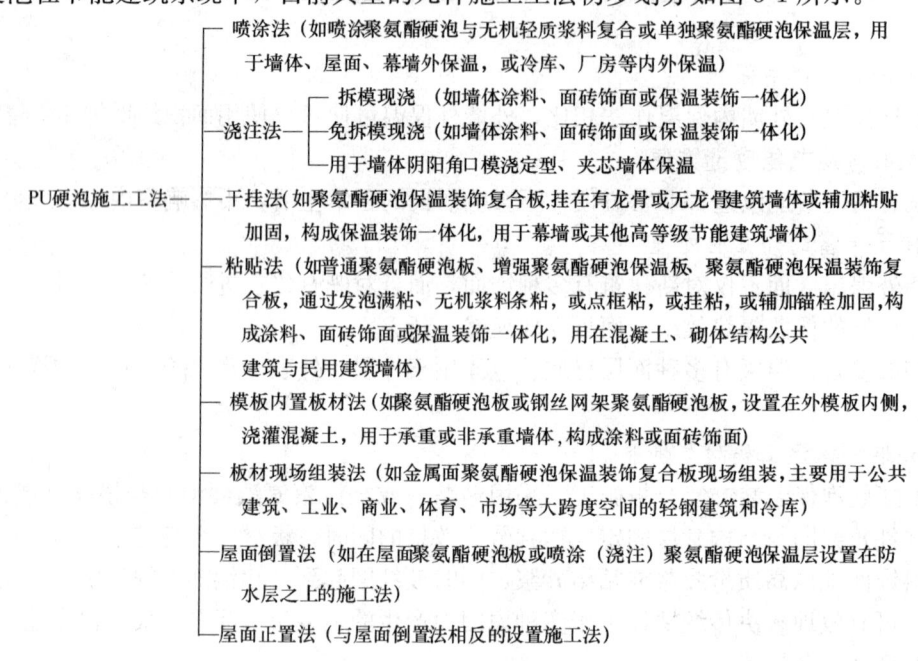

图3-1 典型聚氨酯硬泡施工工法

（二）聚氨酯硬泡常用工法简单评价

1. 现场喷涂聚氨酯硬泡施工法

该工法是采用专用喷涂料发泡成型，该法发泡成型工艺是目前最普遍采用的聚氨酯硬泡成型工艺，它在施工现场将A、B两个组分分别加入发泡机中各自料罐内（或将A、B计量泵插入各自料桶内），两个组分经恒定计量流入发泡机的混合头（喷枪）内，经高速混合均匀，同时，借助压力作用喷出雾状料，即刻在被喷涂的基层发泡、固化成型。

硬泡体经过增强或保护等各工序后，可用在墙体（或外挂石材内的墙体基层）和屋面保温工程。外墙外保温饰面多数为涂料饰面或面砖饰面，屋面保温可有其他保护层（或防护层）。

该法以屋面和墙体应用相对比较，用于屋面更加有利，因屋面细部节点构造多，喷涂过程可随其屋面节点成型的同时也可喷涂找坡、无接缝（尤其对异型基层喷涂），可达到防水保温一体化的效果，不必针对泡体表面进行特殊找平，可直接进入后序工序施工，且无论是上人屋面或非上人屋面，后续工序相对容易操作、快速。

在墙体施工时，在阴阳等部位不易喷涂，需采用模浇发泡成棱角，或预先制成聚氨酯硬泡预制件（如长条板或异型板）粘贴固定找形后，再进行大面积喷涂施工。在完成墙体喷涂的泡体表面，往往还须对泡体局部打磨找平，在泡体涂界面剂后，再用复合无机浆料刮涂找平后才能进入下步的工序。

在墙体基层采用喷涂聚氨酯硬泡与龙骨上外挂石材保温系统施工，这种喷涂施工快速、热桥少，非常有利。

(1) 该工法优点

适用于基层任意形状，对很多类型基层粘结力都很强，喷涂厚度不受限制，可由人工任意控制到设计厚度，因喷涂的发泡涂层连续，可十分有效地防止喷涂部位出现热桥，相对初期喷涂保温层施工很快。可用于屋面、外墙外保温。

(2) 该工法缺点

施工时受环境温度、湿度和风力影响较大，如在风天施工雾料漂移而出现材料损失较大，在施工前门窗必须预先遮盖严密。

基层湿度超高影响粘结强度和泡体性能，现场温度低发泡倍数低，易影响与基层的粘结强度。尤其在完成墙体整个喷涂工序后，对操作者技术要求较高，一般需要对墙面泡体进行局部找平处理。喷涂前，对阴阳角等特殊部位需粘贴预制件，且喷涂后的后续工序的保护层施工等要求相对仔细、慢。

应用面砖饰面受楼层高度限制。

2. 现场模浇法聚氨酯硬泡施工法

该工法是采用专用浇注料发泡成型，该工法利用模板与基层空间预留间距，通过浇注发泡机械向预留间距内灌入后而膨胀发泡。该法包括浇注发泡料后拆模法和免拆模法。

拆模法是采用可重复使用的模板，在墙体与模板的空腔浇注、发泡完成后，拆除可重复使用的模板，后步保护层工序与墙面喷涂法相同，在泡体做涂料饰面或面砖饰面。

免拆模是采用模板（如饰面装饰板或其他材质保温板），在墙体与模板的空腔浇注、发泡完成后，泡体与模板连成整体，直接成为模板所固有的面层或装饰层。

(1) 该工法优点

拆模法工法拆模后泡体表面平整，阴阳角等特殊部位不必在浇注前预先粘贴预制件，减少对泡体表面进行找平处理工序。拆模法不仅可用于墙体，也可用于坡屋面保温。

施工时无环境污染，浪费材料少，施工受风力影响相对喷涂法小，泡体表面整洁，尤其采用免拆模浇注法的饰面有多种类型可任意选择，当采用饰面免拆模板时可一次成为功能型防水、保温、装饰一体化系统。

(2) 该工法缺点

可拆模板成套预先订做，要求模板精度高且发泡材料不粘模，现场安装模板和拆模相对麻烦、费工。当拆模板后再做面砖饰面或涂料饰面时，其中面砖饰面受楼层高度限制。

3. 干挂法

该工法是采用工厂预先生产或施工现场粘结成带有各种饰面的聚氨酯硬泡保温装饰复合板（简称复合板），利用连接件、固定件（在连接处浇注聚氨酯硬泡料固定密封）、插接等技术措施，挂在龙骨上。

(1) 该工法优点

在工厂预先生产聚氨酯硬泡保温装饰复合板影响质量因素相对少，生产质量能到严格控制，且按设计要求可生产多种复合板材饰面层，可用在多样化墙体结构上。

现场施工受环境因素影响小，现场施工整洁、不污染环境，施工工序少、安装一次成型、快速，质量容易控制。外墙外保温使用寿命长。

在复合板内预埋增强件或连接件，因而安装后达到稳固，饰面高雅，应用不受楼层高度限制。

（2）该工法缺点

要求安装龙骨或墙体平整度严格，安装调整板面平整严格、嵌缝密封相对仔细。板材运输易碰损且量较大，材料成本偏高。

4. 粘贴法

将各种饰面板材（或各种材质保温板）视为模板固定在实体墙后，在所谓模板与基层空腔内用浇注发泡方式粘贴，或将聚氨酯硬泡保温板锚粘在实体墙的基层。

该工法一般是采用在工厂通过模具预制而成的聚氨酯硬泡保温装饰复合板、聚氨酯硬泡增强复合板（无饰面）、普通聚氨酯硬泡板（裸板），根据墙体结构和保温板材类型，可分别在墙体基层采用满粘（采用硬泡或无机胶粘剂）、条粘、点框粘、扣粘，最终构成涂料饰面、面砖饰面或聚氨酯硬泡保温装饰复合板系统。

(1) 普通聚氨酯硬泡板（裸板）粘贴优缺点

1）优点

板材在工厂经层压机生产，硬泡质量易保证。板材现场施工受环境因素影响小，现场施工整洁、不污染环境。饰面施工与模浇法中聚氨酯硬泡拆模优点相同。

2）缺点

后期进行涂料饰面或面砖面施工，饰面施工与模浇法中聚氨酯硬泡拆模缺点相同。该类板材和面砖饰面应用都受楼层高度限制。板材运输量较大、易碰损。主要用于外墙外保温，较少用于屋面。应用受楼层高度限制。

(2) 聚氨酯硬泡保温装饰复合板粘贴优缺点

1）优点

聚氨酯硬泡保温装饰复合板现场施工受环境因素影响小，现场施工整洁、不污染环境。硬泡质量容易控制。

聚氨酯硬泡保温装饰复合板全过程安装一次成型，快速，后期只需对板材间缝密封即可，饰面多样、高雅、使用耐久，且应用不受楼层高度限制。

2）缺点

板材运输量较大，安装调整板面平整严格，嵌缝密封相对仔细，板缝密封不好产生热桥。只能用于外墙外保温。

5. 模板内置聚氨酯硬泡板材法

该工法是通过工厂预制的不同形状或满涂界面砂浆的聚氨酯硬泡板（简称无网板材），或钢丝网架聚氨酯硬泡板（简称有网板材），将聚氨酯硬泡板或钢丝网架聚氨酯硬泡板设置在大型外模板内侧，浇灌混凝土后，墙体与硬泡板材结合成一体。该工法脱模后可做成涂料饰面和面砖饰面。

（1）模板内置板材法优点

广泛用于承重或非承重墙体。浇灌混凝土与保温板材同时进行，对整个墙体建筑施工进度加快，且利用预制板材自身特征与墙体同时完成施工，由浇灌墙体工艺决定板材设置非常稳固，减去后安装板材、处理和加固等工序，且聚氨酯硬泡板材抗压强度高，板材不易因浇混凝土而挤压变形、不易与墙体产生空鼓、脱开。

(2) 模板内置板材法缺点

板材在工厂制作工序多较严格。在无网板材制作时，在板材与混凝土接触的表面开矩形齿槽，同时为保证无网板材与现浇混凝土和面层局部修补、找平材料能够牢固地粘结，在板材两面必须预喷涂界面砂浆，板缝处理不好产生热桥。

在有网板材制作时，除保证板材规格、性能外，在板材单面设有钢丝网架板，要求每平方米斜插腹钢丝不超 200 根，板两面还须预喷界面砂浆。其中除由于板缝处理不好产生热桥外，在金属拉结件和钢丝网架处也产生热桥。板材运输易碰损且量较大。

总之，各聚氨酯硬泡工法在现有节能建筑系统应用中，是涉及多种因素的复杂工程，它涉及聚氨酯硬泡的生产质量、板材类型、地区建筑构造及热工设计、经济性、施工经验、管理等因素，应在多方面论证、认证后，才能得到科学合理、正确的应用。

现阶段聚氨酯硬泡施工方法仍在不断研制、验证、完善和发展当中，目前已采用的施工工法各存利弊，将聚氨酯硬泡常用的几种工法简单归纳后，按好、中、中下相对评价比较如表 3-1 所示。

表 3-1 聚氨酯硬泡外保温施工方法评价

项目＼工法	喷涂法	浇注法	干挂板法	粘贴普通（增强）PU 硬泡板	粘锚 PU 硬泡装饰复合板	模板内置 PU 硬泡板
现场施工环境卫生	差	好	好	中（中）	中	好
完成系统施工效率	中	中	快	中（中）	中	快
施工受气候影响	大	中	小	中	中	中
硬泡粘结强度	好	好	—	中（好）	好	好
硬泡外表面处理	差	好	好	好（好）	好	好
系统耐久性	中	中	好	中	中	中
整体保温性	好	好	中	好	好	好
适用结构成型性	好	好	中	好	好	好
综合评价（墙体）	中	中	中	中下（中）	好	中
综合评价（屋面）	好	中	—	中下（中）	—	—

第二节 喷涂聚氨酯硬泡外墙外保温系统施工

喷涂聚氨酯硬泡外墙外保温系统，是利用喷涂发泡机压力和喷枪混合作用，在施工现场将聚氨酯硬泡的液态原料喷涂在墙体基层的外表面。聚氨酯硬泡混合雾料经交联固化后固定在墙体基层，形成硬质闭孔泡沫状的保温层。

外保温的围护构造作用在直面墙体，在直面墙体应用时，涉及风载、荷载、各层间结合强度以及适应变形性等整体性能因素。为了达到外墙外保温系统整体性能，除保证喷涂聚氨酯硬泡质量标准要求外，在处理各层结构间结合技术上，采取双面界面剂增粘技术处理、在聚氨酯硬泡表面采用玻纤网格布或热镀锌网增强等技术处理，使各层间达到结合牢固、密封防水、防火、保温和使用安全的效果。

在该类外墙外保温系统中，常用饰面主要是涂料饰面系统、面砖饰面系统和龙骨外挂饰面板材（如石材、铝塑板等）系统。

一、喷涂聚氨酯硬泡复合轻质浆料涂料、面砖饰面系统

在喷涂聚氨酯硬泡复合无机轻质保温浆料系统中，主要是以喷涂聚氨酯硬泡为保温层，以无机轻质浆料保温层为聚氨酯硬泡过渡连接和兼有聚氨酯硬泡表面找平的辅助作用，常用无机轻质浆料包括胶粉聚苯颗粒保温浆料、活性无机保温材料、建筑保温砂浆和硅酸盐保温膏（或其他无机防火保温浆料）等。

该系统充分考虑了影响高层建筑外墙外保温热应力、水、风压、防火及地震等自然界影响因素，满足我国不同气候区对建筑墙体保温隔热要求，广泛适用于新建采暖居住建筑及既有建筑节能改造的各种基层墙体外墙保温工程。

（一）喷涂聚氨酯硬泡复合胶粉聚苯颗粒浆料保温系统

喷涂聚氨酯硬泡复合胶粉聚苯颗粒浆料外保系统，是以聚氨酯硬泡防潮底漆粘结层、聚氨酯硬泡作保温隔热层（设有防火隔离带）、胶粉聚苯颗粒保温浆料作聚氨酯硬泡的找平过渡层（或防火层），并以抗裂砂浆复合玻纤网格布或复合热镀锌钢丝网作保护层，分别构成涂料饰面和面砖饰面的保温系统，喷涂聚氨酯硬泡复合胶粉聚苯颗粒浆料保温涂料饰面系统、面砖饰面系统及外墙涂料饰面和面砖饰面交接处理分别如图3-2、图3-3和图3-4所示。

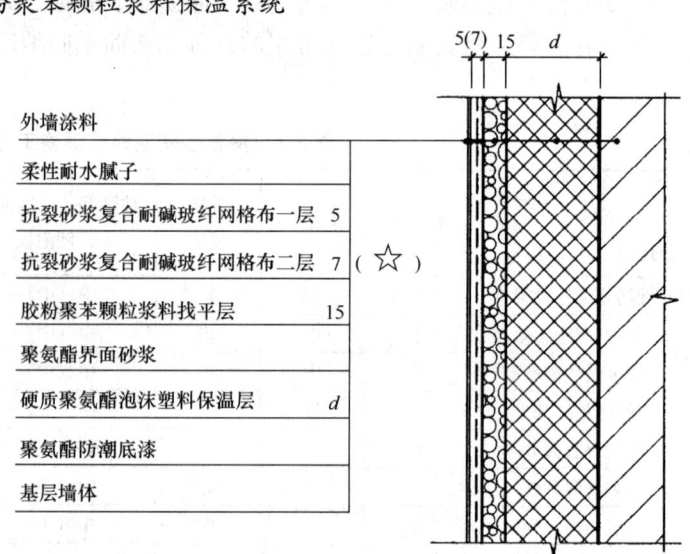

图3-2 喷涂聚氨酯硬泡复合胶粉聚苯颗粒涂料饰面系统
（注：其中☆表示用于涂料饰面首层外墙）

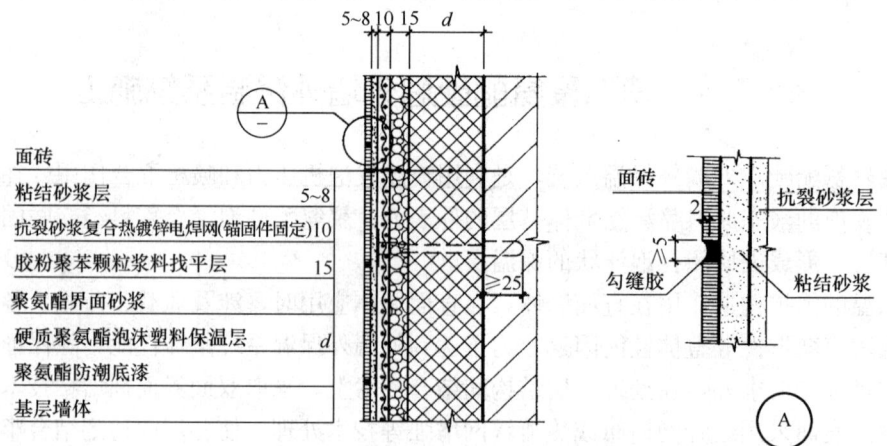

图3-3 喷涂聚氨酯硬泡复合胶粉聚苯颗粒面砖饰面系统

喷涂聚氨酯硬泡复合胶粉聚苯颗粒涂料饰面系统和面砖饰面系统的基本结构如表3-2所示。

1. 材料性能要求

聚氨酯硬泡外墙外保温系统组成材料性能要求，包括喷涂聚氨酯硬泡发泡原料性能要求、喷涂聚氨酯硬泡成品性能要求、胶粉聚苯颗粒保温浆料性能要求和配套用辅助材料的性能要求。

在本节或本书中所介绍的材料性能，列入产品标准性能和有关规程或规范规定的技术性能。产品标准性能为型式检验技术性能指标，而列入规程或规范规定的技术性能是实际使用聚氨酯硬泡系统施工要求的基本性能，是根据工程实际使用情况综合确定的，也是满足工程上应用的主要控制指标，它不是材料的全部指标、最低或最高指标，所以产品标准性能和施工要求性能两者均不可偏废。

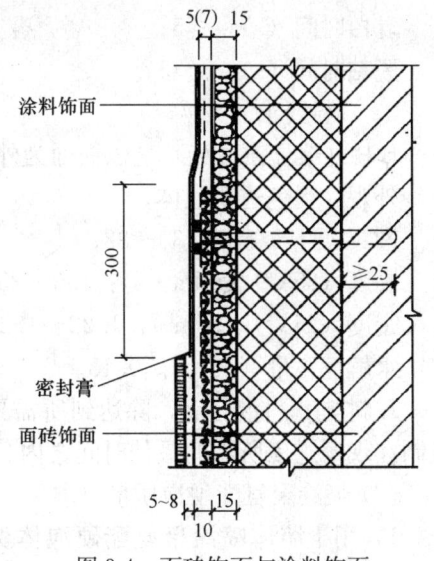

图 3-4 面砖饰面与涂料饰面交接部位处理

表 3-2 喷涂聚氨酯硬泡与胶粉聚苯颗粒保温浆料复合保温结构

基层墙体 ①	保温结构						
	墙体基层界面剂 ②	保温层 ③	找平层 ④	涂料饰面		面砖饰面	
				抗裂防护层（薄抹面层）⑤	饰面层 ⑥	抗裂防护层（厚抹面层）⑤	饰面层 ⑥
混凝土墙或砌体墙	基层防潮底漆	喷涂PU硬泡（防火隔离带）+PU硬泡界面剂	胶粉聚苯颗粒保温浆料抹在PU硬泡表面	抗裂砂浆复合耐碱玻纤网格布	耐水腻子（面层为浮雕涂料不涂耐水腻子）+面层涂料（浮雕涂料）	第一遍聚合物抗裂砂浆+热镀锌焊接钢丝网（用塑料锚栓与基层墙体锚固）+第二遍聚合物抗裂砂浆	面砖粘结砂浆+面砖+勾缝料

（1）喷涂聚氨酯硬泡基础原料技术性能要求

喷涂聚氨酯硬泡所用基础原料，分别由A料（或称白料、组合聚醚）和B料（或称黑料、聚异氰酸酯）共同构成。

1）A料要求

A料（组合聚醚）是以镀锌铁桶为外包装密封液体状材料，在该原料中，不应含有对大气臭氧层起破坏作用的产品。应使用低氟（临时替代品）或无氟发泡剂，如目前允许使用的141-b、戊烷，以及水或与其他的混合物混合作发泡剂，发泡剂应符合环保要求。

配好的A料，在标准温度条件下，以镀锌铁桶为外包装密封贮存稳定性至少不低于3个月，甚至不低于6个月。喷涂型聚氨酯硬泡所用A料技术性能指标要求：

外观：外观应透明、均匀不分层，浅黄色至棕色透明液体；

黏度（涂-4计黏度），25℃：≤40；

乳白时间（s）：≤5；
脱粘时间（s）：≤35。

2）B料要求

B料（聚异氰酸酯）是以铁桶为外包装密封液体状材料，技术性能指标要求：

外观：褐色透明液体；

NCO含量（%）：30～32；

黏度（25℃）（mPa·s）：150～250；

密度（25℃）（g/m³）：1.22～1.25；

水解氯含量（%）：≤0.13。

A料与B料混合后，除达到所需聚氨酯硬泡质量外，其发泡速度、固化时间还应能够控制在现场施工所需的最佳时间之内。

(2) 喷涂聚氨酯硬泡质量要求

1）用于墙体喷涂聚氨酯硬泡体保温材料物理力学性能（JC/T 998—2006）如表3-3所示。

表3-3 现场喷涂聚氨酯硬泡物理力学性能

顺序	项目		指标
1	密度（kg/m³）	≥	30
2	导热系数[W/(m·K)]	≤	0.024
3	粘结强度（kPa）	≥	100
4	尺寸变化率（70℃，48h）%	≤	1.0
5	抗压强度（kPa）	≥	150
6	拉伸强度（kPa）	≥	250
7	断裂伸长率（%）	≥	10
8	闭孔率（%）	≥	92
9	吸水率（%）	≤	3.0
10	水蒸气渗透性[ng/(Pa·m·s)]	≤	5.0
11	抗渗性（mm）（1000mm水柱×24h静水压）	≤	5.0
12	阻燃性能		B_2级（离火3s自熄）

2）《聚氨酯硬泡外墙外保温工程技术导则》（2006年）要求聚氨酯硬泡材料性能如表3-4所示。

表3-4 聚氨酯硬泡性能

序号	项目	指标要求			测试方法
		喷涂法	浇注法	粘贴法或干挂法	
1	表观密度（kg/m³）	≥35	≥38	≥40	PU硬泡导则附录A1、B1、C1
2	导热系数（23±2）℃ [W/(m·K)]		≤0.023		PU硬泡导则附录A2、B2、C2
3	拉伸粘结强度（kPa）	≥150①	≥100②	≥150③	PU硬泡导则附录A3、B3、C3

续表

序号	项目	指标要求			测试方法
		喷涂法	浇注法	粘贴法或干挂法	
4	拉伸强度（kPa）	≥200④	≥200⑤	≥200	PU硬泡导则附录A4、B4、C4
5	断裂延伸率（%）	≥7	≥5	≥5	
6	吸水率（%）	≤4			PU硬泡导则附录A5、B5、C5
7	尺寸稳定性（48h）（%）	80℃≤2.0 −30℃≤1.0			PU硬泡导则附录A6、B6、C6
8 阻燃性能	平均燃烧时间（s）	≤70			PU硬泡导则附录A7.1、B7.1、C7.1
	平均燃烧范围（mm）	≤40			
	烟密度等级（SDR）	≤75			PU硬泡导则附录A7.2、B7.2、C7.2

① 指与水泥基材料之间的拉伸粘结强度。
② 指与水泥基材料之间的拉伸粘结强度。
③ 指聚氨酯硬泡材料与其表面的面层材料之间的拉伸粘结强度。
④ 拉伸方向为平行于喷涂基层表面（即拉伸受力面为垂直于喷涂基层表面）。
⑤ 拉伸方向为垂直于浇注模腔厚度方向（即拉伸受力面为平行于浇注模腔厚度方向）。

3)《硬泡聚氨酯保温防水工程技术规范》（GB 50204—2007）要求外墙用喷涂硬泡聚氨酯物理性能如表3-5所示。

表3-5 外墙用喷涂硬泡聚氨酯物理性能

项目	性能要求	试验方法
密度（kg/m³）	≥35	GB 6343
导热系数〔W/（m·K）〕	≤0.024	GB 3399
压缩性能（形变10%）（kPa）	≥150	GB/T 8813
尺寸稳定性（70℃，48h）（%）	≤1.5	GB/T 8811
拉伸粘结强度（与水泥砂浆，常温）（MPa）	≥0.10 并且破坏部位不得位于粘结界面	本书
吸水率（%）	≤3	GB/T 8810
氧指数（%）	≥26	GB/T 2406

4）国家建筑标准设计图集（06 J121—3）《外墙外保温建筑构造》要求外墙用喷涂聚氨酯硬泡物理性能如表3-6所示。

表3-6 喷涂聚氨酯硬泡物理性能

项目	指标
喷涂效果	无流挂、塌泡、破泡、烧芯等不良现象，泡孔均匀、细腻，24h后无明显收缩
密度（kg/m³）	30～50
导热系数〔W/（m·K）〕	≤0.025

续表

项 目		指 标
吸水率（%）		≤3
压缩强度（kPa）		≥150
抗拉强度（kPa）		≥150
水蒸气透湿系数[温度（23±2）℃]（相对湿度 0~85%）[ng/(Pa·m·s)]		≤6.5
尺寸稳定性（70℃·48h）（%）		≤5
燃烧性（垂直燃烧法）	平均燃烧时间（s）	≤30
	平均燃烧高度（mm）	≤250

（3）配套材料性能要求

1）聚氨酯硬泡防潮底漆

聚氨酯硬泡防潮底漆（或称墙体基层界面剂）以聚氨酯树脂为主要成膜物质，采用适当助剂调配而成。用于喷涂聚氨酯硬泡前对基层墙体进行处理，具有防潮、封闭水及水汽的作用。国家建筑标准设计图集（06J 121—3）《外墙外保温建筑构造》要求聚氨酯硬泡防潮底漆技术性能如表3-7所示。

表3-7 聚氨酯硬泡防潮底漆性能

项 目		指 标
原漆外观		浅黄至棕黄色液体无机械杂质
施工性		涂刷无困难
干燥时间（h）	表干	≤4
	实干	≤4
涂层脱离的抗性（干湿基层）（级）		≤1
耐碱性		48h不起泡、不起皱、不脱落

2）聚氨酯硬泡预制件性能要求

聚氨酯硬泡预制件有专用阴角、阳角和门窗边角模块或采用普通型板材为预制件，技术性能应与墙体喷涂聚氨酯硬泡性能相同。

①聚氨酯硬泡预制件表面不得遗留有任何脱模剂，以免影响与基层或界面剂的黏合效果。

②聚氨酯硬泡预制件性能要求如表3-8所示。

表3-8 聚氨酯硬泡预制件性能

项 目		指 标
密度（kg/m³）		25~50
压缩强度（变形10%）（kPa）		≥150
抗拉强度（kPa）		≥150
导热系数[W/(m·K)]		≤0.025
尺寸稳定性（70℃·48h）（%）		≤5
水蒸气透湿系数[温度：（23±2）℃]，相对湿度、（0~85%）[ng/(Pa·m·s)]		≤6.5
燃烧性（垂直燃烧法）	平均燃烧时间（s）	≤30
	平均燃烧高度（mm）	≤250

3）聚氨酯硬泡预制件用胶粘剂技术性能要求

聚氨酯硬泡预制件用胶粘剂是以合成树脂、粉煤灰、填料及助剂配制成 A 组分，现场加入 B 组分（带有异氰酸根的固化剂）制成双组分固化剂。用于聚氨酯硬泡预制件与基层墙体的粘结。

国家建筑标准设计图集（06J 121—3）《外墙外保温建筑构造》要求聚氨酯硬泡预制件用胶粘剂性能如表 3-9 所示。

表 3-9　聚氨酯硬泡预制件用胶粘剂性能指标

项　目		指　标
容器中状态	A 组分	均匀膏状物，无结块、凝胶、结皮或不易分散的固体团块
	B 组分	均匀棕黄色胶状物
干燥时间（h）	表干	≤4
	实干	≤24
拉伸粘结强度（与水泥砂浆试块）(MPa)	标准状态	≥0.50
	浸水后	≥0.30
拉伸粘结强度（与 PU 硬泡）(MPa)	标准状态	≥0.15 或 PU 硬泡试块破坏
	浸水后	≥0.15 或 PU 硬泡试块破坏

4）聚氨酯硬泡表面界面剂技术性能要求

聚氨酯硬泡界面剂是以合成树脂乳液为主体材料，加入助剂、填料（如粉煤灰）配制而成。在聚氨酯硬泡界面剂现场应用前，先与水泥、砂按比例混合均匀后，再涂覆使用。

国家建筑标准设计图集（06J 121—3）《外墙外保温建筑构造》要求聚氨酯硬泡界面剂性能如表 3-10 所示。

表 3-10　聚氨酯硬泡界面剂性能

项　目		指　标
容器中状态		搅拌后无结块，呈均匀状态
施工性		涂刷无困难
低温贮存稳定性		3 次试验后，无结块、凝聚及组成物的变化
拉伸粘结强度（与水泥砂浆试块）(MPa)	常温状态	≥0.70
	浸水 7d	≥0.50
拉伸粘结强度（与 PU 硬泡）(MPa)	常温状态	≥0.15 或 PU 硬泡试块破坏
	浸水 7d	≥0.15 或 PU 硬泡试块破坏

5）胶粉聚苯颗粒保温浆料技术性能要求

胶粉聚苯颗粒保温浆料的主体材料，是由胶粉料和发泡聚苯乙烯颗粒（可用回收废聚苯乙烯泡沫包装材料，经机械粉碎而成粒料）组成，要求聚苯颗粒体积比不小于 80% 的灰浆，国家建筑标准设计图集（06J121—3）《外墙外保温建筑构造》要求胶粉聚苯颗粒保温浆料性能如表 3-11 所示。

表 3-11 胶粉聚苯颗粒保温浆料性能

项目	指标
湿表干密度（kg/m³）	≤520
干表干密度（kg/m³）	≤300
导热系数 [W/(m·K)]	≤0.070
抗压强度（56d）（MPa）	≥0.3
压缩强度（kPa）	≥150
燃烧性能	难燃 B_1 级
拉伸粘结强度（与带界面砂浆的水泥砂浆试块）（MPa） 常温状态（56d）	≥0.12
拉伸粘结强度（与带界面砂浆的聚苯板）（MPa） 常温状态（56d）	≥0.10 或聚苯板破坏

6）聚合物水泥抗裂砂浆技术性能要求

聚合物水泥抗裂砂浆（简称抗裂砂浆）由聚合物胶粉或聚合物乳液掺入减水剂、纤维、流平剂等制成抗裂剂之后，再将其与普通硅酸盐水泥、中细砂混合搅拌成具有一定柔性的砂浆。抗裂砂浆可为干拌粉料，现场加水调制，亦可为多组分在现场（严格按配合比）调配。

抗裂砂浆防护层是保温系统中非常重要的部分，它将不适宜粘贴面砖的保温层基底与饰面砖结合起来，过渡到具有一定强度、又具有一定柔韧性的防护层上。

国家建筑标准设计图集（06J 121—3）《外墙外保温建筑构造》要求，抗裂剂及抗裂砂浆性能如表 3-12 所示。

表 3-12 抗裂剂及抗裂砂浆性能

	项目	指标
抗裂剂	不挥发物含量（%）	≥20
	贮存稳定性（20±5）℃	6个月，试样无结块凝聚及发霉现象，拉伸粘结强度满足抗裂砂浆指标要求
抗裂砂浆	可操作时间（h）	≥1.5
	拉伸粘结强度（常温 28d）（MPa）	≥0.7
	浸水拉伸粘结强度（常温 28d，浸水 7d）（MPa）	≥0.5
	压折比	≤3

注：水泥应采用强度等级为 42.5 级的普通硅酸盐水泥，砂筛除大于 2.5mm 颗粒，含泥量小于 3%。

7）耐碱玻纤网格布技术性能要求

耐碱玻纤网格布是采用插编式并必须经特殊耐碱涂敷的玻璃纤维网格布，插编网能缓冲由于墙体位移、开裂等原因引起的保温板的轻微位移。将网格布完全埋入抗裂砂浆（抹面胶浆）内相当于软钢筋，能提高系统防护层的机械强度和抗裂性。

耐碱是玻纤网格布中关键的一项指标，因网格布处在抹灰砂浆层内，而砂浆层的 pH 值约为 13，故所采用的玻纤网格布必须有耐碱性能，经耐碱涂敷后，网格布必须能抵抗水泥的碱性腐蚀。

耐碱玻纤网格布与其他（无碱、中碱和高碱）玻纤网格布相比较，耐碱玻纤网格布具有手感柔软、涂胶胶层饱满且光泽、定位牢固并富有弹性、表面不起毛、幅宽、定长及标重准确、经纬线粗细均匀、做破坏性撕裂时强度较高等特征。耐碱玻纤网格布执行《聚合物基外墙保温用玻纤网格布》（JC 561.2）标准。

①国家建筑标准设计图集（06J 121—3）《外墙外保温建筑构造》要求，耐碱玻纤网格布技术性能，如表3-13所示。

表3-13 耐碱玻纤网纱技术性能

项目	指标	项目	指标
网孔中心距（mm）	4×4	耐碱强力保留率（经、纬向）（%）	≥90
单位面积重量（g/m²）	≥160	断裂应变（经、纬向）（%）	≤5.0
断裂强力（经、纬向）（N/50mm）	≥1250	涂塑量（g/m²）	≥20

②《硬泡聚氨酯保温防水工程技术规范》（GB 50404—2007）要求，耐碱玻纤网格布技术性能，如表3-14所示。

表3-14 耐碱玻纤网格布技术性能

项目	性能指标	
	标准网布	加强网布
单位面积重量（g/m²）	≥160	≥280
耐碱拉伸断裂强力（经、纬向）（N/50mm）	≥750	≥1500
耐碱拉伸断裂强力保留率（经、纬向）（%）	≥50	≥50
断裂应变（经、纬向）（%）	≤5.0	≤5.0

8）柔性耐水腻子技术性能要求

柔性耐水腻子是由弹性乳液、助剂和粉料等制成的具有一定柔韧性和耐水的腻子，国家建筑标准设计图集（06J 121—3）《外墙外保温建筑构造》要求，柔性耐水腻子技术性能，如表3-15所示。

表3-15 柔性耐水腻子性能

项目		指标
容器中状态		无结块，呈均匀状态
施工性		涂刷无困难
干燥时间（表干）（h）		≤5
耐水性（96h）		无异常
耐碱性（48h）		无异常
粘结强度（MPa）	标准状态	≥0.60
	冻融循环（5次）	≥0.40
低温贮存稳定性		−5℃冷冻4h无变化，刮涂无困难
打磨性		手工可打磨
柔韧性		直径50，无裂纹

9) 饰面涂料的抗裂技术性能要求

国家建筑标准设计图集（06J 121—3）《外墙外保温建筑构造》要求，饰面涂料的抗裂技术性能，如表3-16所示。

表3-16 饰面涂料的抗裂技术性能

项 目		指 标
抗裂技术性能	断裂伸长率（平涂用涂料）（%）	≥150
	主涂层的断裂伸长率（连续性复层建筑涂料）（%）	≥100
	浮雕类非连续性复层建筑涂料	主涂层初期干燥抗裂性满足要求

10) 抹面胶浆物理性能

抹面胶浆（或称胶粘剂、粘结剂）应承受该系统全部负载。用于聚氨酯硬泡的胶浆有两种：一种是胶液制成胶泥，可分别配制成粘结胶泥和抹面胶泥。另一种是胶粉（干粉）配制的胶泥，可分别配制成粘结胶泥和抹面胶泥。

抹面胶浆具有极强的粘结强度，形成干膜后具有良好的弹性，可防止开裂渗水，作为系统的保护层能确保系统的机械强度、抗开裂性和耐久性。

《硬泡聚氨酯保温防水工程技术规范》（GB 50404—2007）要求，抹面胶浆物理性能，如表3-17所示。

表3-17 抹面胶浆物理性能

项 目		指标要求	测试方法
可操作时间（h）		1.5～4.0	
拉伸粘结强度（MPa）（与聚氨酯硬泡）	原强度	≥0.10，且破坏部位不得位于粘结界面	JG 149，JG/T 3049
	耐水性		
	耐冻融性能		
开裂应变（非水泥基）（%）		≥1.5	GB/T 17671
压折比（水泥基）		≤3.0	JG 149，GB/T 17671

11) 热镀锌钢丝网技术性能要求

热镀锌钢丝网是由热镀锌钢丝焊接而成的矩形网格网，俗称四角钢丝网。四角钢丝网在抗裂防护层作用上，不仅在受力时对周围水泥抗裂砂浆变形和压力有抑制效应，同时在材料组合过程中能对抗裂防护层起到强化作用。

在含钢量相同时，四角钢丝网孔径越小，四角钢丝网的丝径越小，单位面积的四角网的比表面积就越大，与水泥抗裂砂浆接触面积就越大，握裹力就更强，作用力也显著。但四角网孔径越小，网表面平整度就越差，给施工铺设时带来不便和困难。

国家建筑标准设计图集（06J 121—3）《外墙外保温建筑构造》要求，热镀锌钢丝网技术性能，如表3-18所示。

表3-18 热镀锌钢丝网技术性能

项 目	指 标	项 目	指 标
丝径（mm）	0.9±0.04	焊点抗拉力（N）	≥65
网孔（mm）	12.7×12.7	镀锌层重量（g/m²）	≥122

12）普通塑料锚栓技术性能要求

普通塑料锚栓（固定件）是由螺钉（塑料钉或具有防腐性能的金属钉）和带圆盘（一般圆盘直径不小于50mm）的塑料膨胀套管构成，用于将热镀锌钢丝网固定于基层的专用连接件，承受该系统负载的辅助作用。其中膨胀套管采用聚酰胺树脂、聚乙烯树脂或聚丙烯树脂等材质制成，在工程上不得采用再生材料生产的塑料钉和塑料膨胀套。

锚栓（固定件）与聚氨酯硬泡膨胀系数相差不大，不仅有固定作用，并能避免热桥产生。当外墙为空心砌块墙体、空心砖砌体或加气块墙体结构时，应采用回拉紧固型塑料锚栓。

在使用锚栓时应根据墙体类型、所需锚栓长度（锚栓有效锚固深度不小于30mm）等，对应选择不同规格和类型的锚栓，不能一律照搬使用。

①国家建筑标准设计图集（06J 121—3）《外墙外保温建筑构造》要求，普通塑料锚栓规格和技术性能，如表3-19所示。

表3-19 普通塑料锚栓规格和技术性能

项 目	指 标	项 目	指 标
有效锚固深度（mm）	＞25	套管外径 mm	7～10
塑料圆盘直径（mm）	＞50	单个锚栓抗拉承载力标准值（C25混凝土基层）（kN）	≥0.8

②《硬泡聚氨酯保温防水工程技术规范》（GB 50404—2007）要求，锚栓技术性能，如表3-20所示。

表3-20 锚栓技术性能

项 目	指 标
单个锚栓抗拉承载力标准值（kN）	≥0.3
单个锚栓对系统传热增加值 [W/（m²·K）]	≤0.004

13）粘结面砖砂浆技术性能要求

粘结面砖砂浆是由聚合物乳液和外加剂制得的面砖专用胶液同强度等级为42.5的普通硅酸盐水泥和建筑硅质砂按一定重量比混合搅拌而制成均质粘结砂浆。

国家建筑标准设计图集（06J 121—3）《外墙外保温建筑构造》要求，粘结面砖砂浆技术性能如表3-21所示。

表3-21 粘结面砖砂浆技术性能

项 目		指 标
拉伸粘结强度（MPa）		≥0.60
压折比		≤3.0
压剪胶结强度（MPa）	原强度	≥0.60
	耐温 7d	≥0.50
	耐水 7d	≥0.50
	耐冻融 30 次	≥0.50
线性收缩率（%）		≤0.3

14）饰面砖技术性能要求

饰面砖粘贴面应带有燕尾槽，国家建筑标准设计图集（06J 121—3）《外墙外保温建筑构造》要求，其技术性能如表3-22所示。

表3-22 饰面砖技术性能

项 目			指 标
尺寸	6m以下墙面	表面面积（cm²）	≤410
		厚度（cm）	≤1.0
	6m及以上墙面	表面面积（cm²）	≤190
		厚度（cm）	≤0.75
	单位面积重量（kg/m²）		≤20
吸水率（%）	Ⅰ、Ⅵ、Ⅶ气候区		≤3
	Ⅱ、Ⅲ、Ⅳ、Ⅴ气候区		≤6
抗冻性	Ⅰ、Ⅵ、Ⅶ气候区		50次冻融循环无破坏
	Ⅱ气候区		40次冻融循环无破坏
	Ⅲ、Ⅳ、Ⅴ气候区		10次冻融循环无破坏

注：气候区划分级按《建筑气候区划分标准》（GB 50178—93）中一级区划的Ⅰ～Ⅶ执行。

15）面砖勾缝粉技术性能要求

面砖勾缝粉是由高分子材料、水泥、填料等材料复配而成的干粉状面砖勾缝材料。为有效地释放面砖及粘结材料的热应力变形，避免面砖脱落，面砖勾缝胶粉的性能应具有一定的柔韧性，同时还应具有良好的施工性、防水性。

国家建筑标准设计图集（06J 121—3）《外墙外保温建筑构造》要求，面砖勾缝粉技术性能如表3-23所示。

表3-23 面砖勾缝粉技术性能

项 目		指 标
外观		均匀一致
颜色		与标准样一致
凝结时间（h）		>2h，<24h
拉伸粘结强度（MPa）	常温常态14d	≥0.60
	耐水（常温常态14d，浸水48h，放置24h）	≥0.50
压折比		≤3.0
透水性（24h）（mL）		≤3.0

16）防火隔离带材料

防火隔离带在墙体和屋面燃烧性能达不到A级的聚氨酯硬泡保温层中设置。用作防火隔离带材料的燃烧性能必须为A级。

防火隔离带材料可选用无机轻质保温膏（浆）料（如胶粉聚苯颗粒保温材料、胶粉膨胀珍珠岩保温材料、硅酸盐复合保温材料、保温砂浆等）、酚醛树脂泡沫板（有的燃烧性能可达A级）或无机保温材料板（如膨胀珍珠岩制品，发泡水泥制品等）等。选用防火隔离带材料燃烧性能为A级是首要条件，还应考虑相对低导热系数、低吸水率以及施工方便等条件，选用综合性能较好的保温材料。

2. 设计要点

(1) 设计要求

1) 聚氨酯硬泡复合无机轻质保温浆料节能，其门窗洞口、女儿墙，以及封闭阳台及外挑的混凝土构件应做封闭保温，其细部应做好防水处理。

2) 门窗框与墙体间的空隙应采用发泡聚氨酯或保温浆料填塞密封，并与门窗洞口侧墙的保温层结合紧密，使其形成连续的保温层。

3) 应做好细部的节点构造设计。如垂直保温层与水平或倾斜屋面的交接处及延伸至地面以下部位，设备、管道支架固定部位等处应做防水密封处理。

4) 无机轻质保温浆料（如胶粉聚苯颗粒浆料）的厚度计算，应取无机轻质保温浆的导热系数乘导热系数的修正值。

5) 外保温层内侧界面的温度应高于0℃，外墙的传热系数应符合节能设计标准的规定。

6) 保温层应包覆门窗框外侧洞口、女儿墙及封闭阳台等热桥部位。所有热桥部位冬季室内的内表面温度不得低于室内空气露点温度。

7) 涂料饰面抗裂砂浆保护层内，应铺压耐碱玻纤网格布。

①普通型系指建筑物二层及其以上墙面等不易受撞击，抹面层满铺单层耐碱玻纤网格布，耐碱玻纤网格布相邻间搭接，且搭接宽度不应小于50mm。

②首层墙面以及门窗口等易受碰撞部位，抹面层中应满铺双层耐碱玻纤网格布，各层阳角处两侧网格布应双向绕角相互搭接（首层内侧网格布不得在转角处搭接），阴角网格布可在阴角一侧搭接，在各部位网格布的搭接宽度均不应小于150mm。在其他部位的接缝宜采用对接。

③涂料饰面普通型的抗裂砂浆保护层（薄抹面层）厚度应不小于3mm，且不应大于5mm；首层加强型抗裂砂浆保护层厚度应在5～7mm之间。

薄抹面层主要起防水和抗冲击作用，同时又应具有较小的水蒸气渗透阻。厚度过薄则不能达到足够的防水和抗冲击性，就防火而言，保护层也应有一定厚度。但抹面层过厚则会因横向拉应力超过玻纤网格布抗拉强度而导致抹面层开裂，过厚还会使水蒸气渗透阻超过设计要求。

④在涂料饰面首层墙面阳角处设2m高的专用钻孔的金属护角（0.5mm厚镀锌薄钢板）或PVC护角，安装时应将护角夹在两层耐碱玻纤网格布之间。

8) 面砖饰面的抗裂砂浆层内，应铺设热镀锌电焊网一层。

①热镀锌电焊网用双向间距500mm的塑料膨胀锚栓与基墙体按梅花形均匀固定。锚栓与基层锚固有效深度应不小于30mm。锚栓用量应不少于6个/m²。

②热镀锌电焊网相邻网的搭接宽度应大于40mm，相搭接处不得超过3层，搭接部位应按间距500mm用塑料膨胀锚栓与基墙体固定。阴阳角、窗口、女儿墙、墙身变形缝等部位网的收头处均应用塑料锚栓固定。

9) 面砖饰面层的抗裂砂浆厚度应≥5m，且不应大于8mm，热镀锌焊接钢丝网应在抗裂砂浆中间，既不贴靠聚苯颗粒浆料，也不露出抗裂砂浆表面。抹完的抗裂砂浆面应平整。

抗裂砂浆抹面层过薄会导致金属网锈蚀，过厚会增加裂缝可能性，还会使重量超过抗震荷载限值。

10）从安全考虑，不提倡使用面砖饰面系统。当采用面砖饰面的工程时，应选吸水率小、耐冻融的面砖，面砖的面密度应≤20kg/m²的小型薄面砖，其厚度应≤7.5mm，面砖饰面总高度不宜大于20m。粘贴面砖的粘结砂浆厚度为5～8mm。面砖缝宽不得小于5mm。勾缝面应凹进面砖表面2mm。

11）面砖饰面或涂料饰面应设变形分格缝，变形分格缝的纵横间距应不大于6m，其缝宽宜为10～20mm，缝深为10mm左右，即缝深应略大于饰面砖的厚度，并用耐候硅酮密封胶做防水嵌缝。

12）在阴、阳角部位，应采用与墙体喷涂聚氨酯硬泡性能相同的聚氨酯硬泡预制件（阴阳角、门窗角预制模块）、现场模浇聚氨酯硬泡成型或现场喷涂聚氨酯硬泡后修整成型，其中用于角、边等收头部位预制件有板型和其他各种特殊适用的外形，预制件在施工时解决角、口不易喷涂施工难题，同时也起到控制喷涂聚氨酯硬泡标准厚度的参照作用。

施工中也有少数采用预制比较方便的板型挤塑聚苯泡沫板（XPS）或模塑聚苯泡沫板（EPS）代替聚氨酯硬泡预制件，但其导热系数等技术性能与墙体喷涂聚氨酯硬泡性能不同，在采用时必须经热工计算，并达到设计要求后方可使用。四种异形聚氨酯硬泡预制件如图3-5所示。

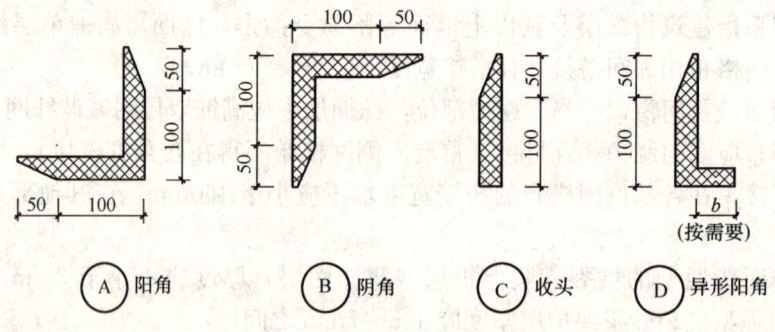

图 3-5　四种异形聚氨酯硬泡预制件

13）保温隔热材料的热工计算参数

外墙外保温使用保温隔热材料的热工计算参数（06J 121—3）见表3-24。

表 3-24　保温隔热材料的热工计算参数

材料名称	导热系数 [W/(m·K)]	蓄热系数 [W/(m²·K)]	修正系数	导热系数计算值 [W/(m·K)]	蓄热系数计算值 [W/(m²·K)]
PU硬泡	0.025	0.27	1.1	0.025×1.1=0.028	0.27×1.1=0.30
胶粉聚苯颗粒浆料	0.07	0.095	1.2	0.07×1.2=0.084	0.95×1.2=1.14
低密度聚苯乙烯泡沫（变形缝用）	0.042	0.36	1.2	0.042×1.2=0.050	0.36×1.2=0.432

14）为使外墙外保温系统能有更好的防火性能，在楼板处设水平防火隔离带，即在每层（或每隔二层至三层）墙体基层模板板带处，设置防火隔离带，宽度不小于300mm（必要时在聚氨酯硬泡表面增设涂抹20～40mm厚的防火保护层）。

在每个防火隔断处或门窗口，网格布及防护面层砂浆应折转至砖石或混凝土墙体处并固定，以保护聚氨酯硬泡一旦着火时控制蔓延。

（2）细部构造

1）涂料饰面构造

①涂料饰面墙角构造中，耐碱玻纤网格布铺设及特殊外形预制件粘贴，如图3-6～图3-8所示。

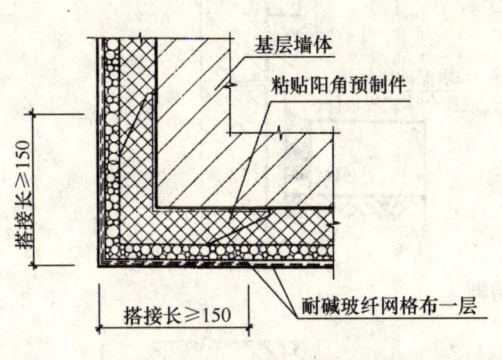

图3-6 二层及二层以上阳角构造 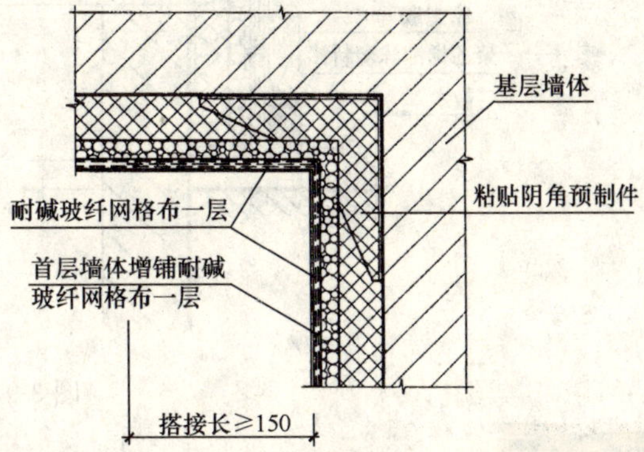　　　　图3-7 阴角构造

②涂料饰面勒脚构造中，背衬、密封和连接地下构造，如图3-9、图3-10所示。

室外地面以下墙体保温层的设置深度见个体工程设计，地下室外墙外保温层厚度与散水以上外墙外保温层厚度相同，见图3-10所示。

③涂料饰面女儿墙和檐沟构造

女儿墙和檐沟20mm厚的聚氨酯硬泡可现场喷涂，也可预制粘贴（女儿墙泛水见个体工程设计）。涂料饰面女儿墙和檐沟构造如图3-11所示。

④涂料饰面带窗套窗口

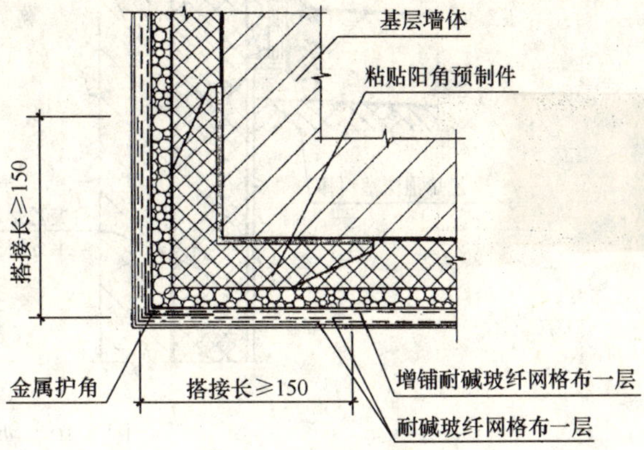

窗框与基层墙体墙边的距离不应大于60mm，严寒地区窗框宜与基层墙体齐平。窗套周边均粘贴20mm厚的聚氨酯硬泡预制件。

图3-8 首层阳角构造

外窗台排水坡顶应高出附框顶10mm，用于推拉窗时尚应低于窗框的泄水孔。带窗套窗口构造如图3-12所示。

⑤涂料饰面封闭阳台

在涂料饰面封闭阳台构造中，阳台挑出部分聚氨酯硬泡的厚度均按基层墙体为钢筋混凝土墙时所需要的厚度采用。

外窗台排水坡顶高出附框10mm，用于推拉窗时尚应低于窗框的泄水孔。其封闭阳台构造见图3-13。

2）面砖饰面

①面砖饰面阳、阴角构造分别如图3-14、图3-15所示。

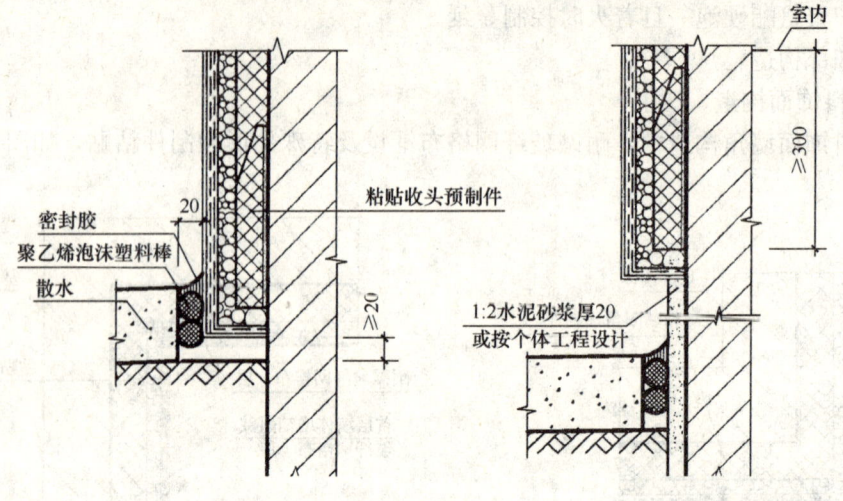

图 3-9 勒脚

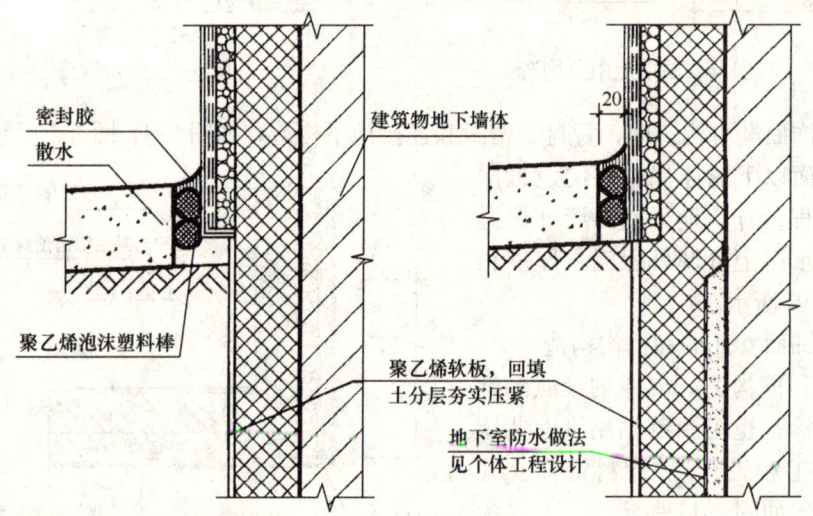

图 3-10 勒脚

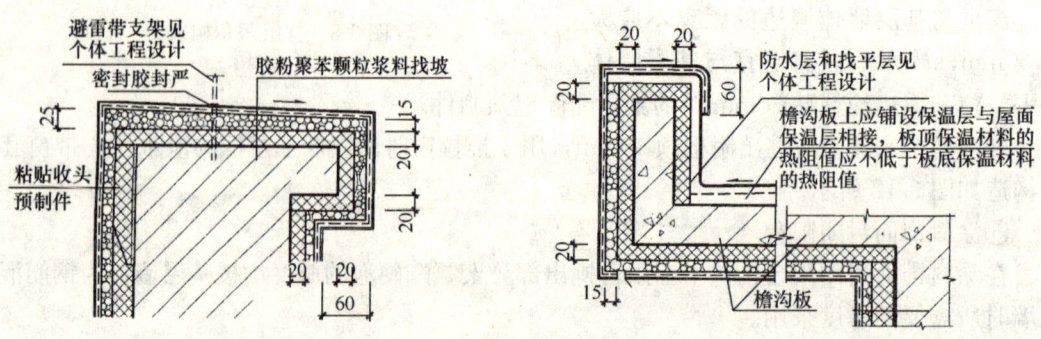

图 3-11 涂料饰面女儿墙和檐沟构造

②面砖饰面女儿墙和檐沟构造

面砖饰面女儿墙的泛水见个体工程设计，图中 20mm 厚聚氨酯硬泡可现场喷涂，也可

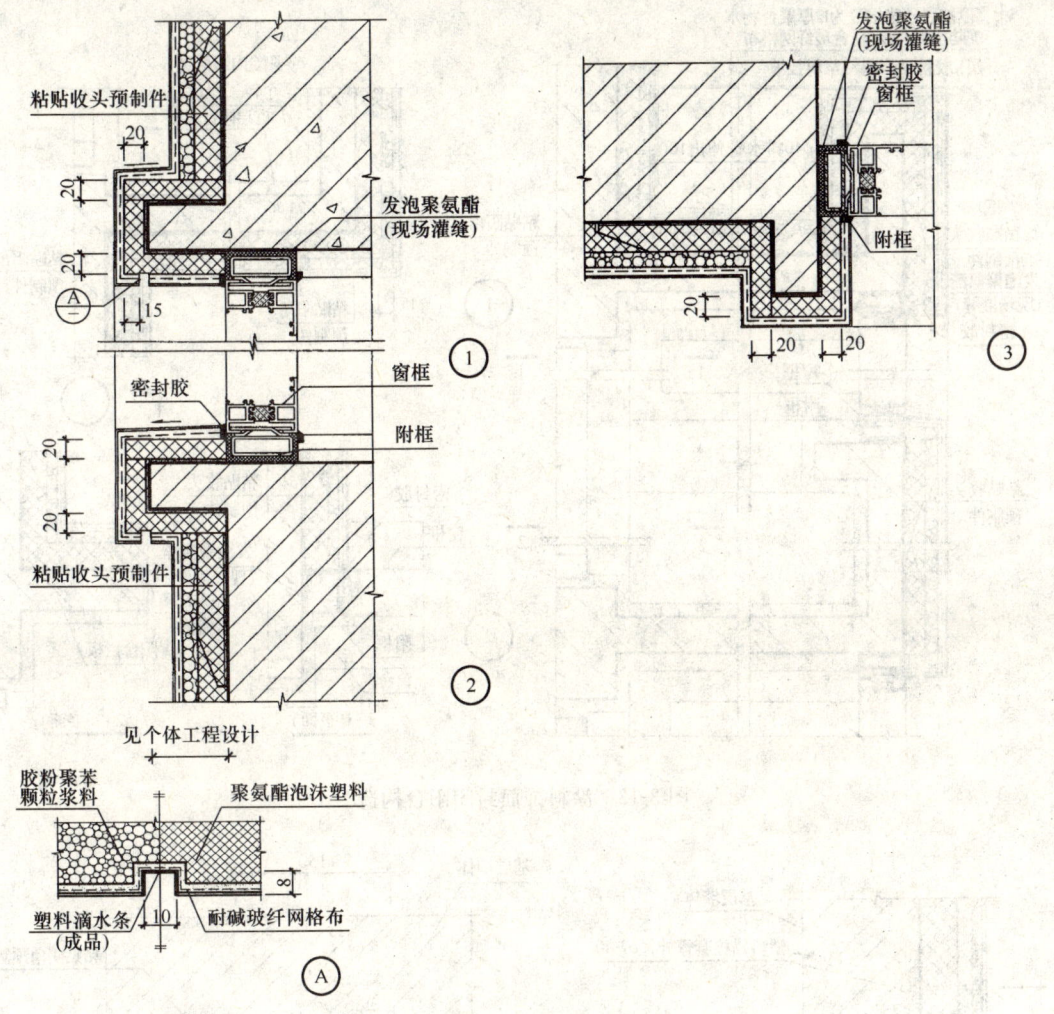

图 3-12 带窗套窗口构造

预制粘贴。面砖饰面女儿墙和檐沟构造如图 3-16 所示。

③面砖饰面挑窗窗口构造

挑出部分聚氨酯硬泡的厚度均按基层墙体为钢筋混凝土时需要的厚度采用。外窗台排水坡顶应高出附框 10mm，用于推拉窗时尚应低于窗框的泄水孔。面砖饰面挑窗窗口构造如图 3-17 所示。

④面砖饰面不封闭阳台构造

在不封闭阳台构造图中 20mm 厚聚氨酯硬泡可现场喷涂，也可预制粘贴。面砖饰面不封闭阳台构造如图 3-18 所示。

3）空调机搁板和支架

空调机搁板和支架应根据使用要求确定外形尺寸。在安装空调机时，如对搁板的保温、保护层造成破损应修复完整，穿过搁板的螺栓用密封胶封严，防止产生热桥和渗水。

空调机支架应在外保温工程施工前用胀锚螺栓固定于基层墙体。支架和锚栓安装前应进行防锈处理，其承载能力不应小于空调机重量的 300%，锚栓的规格和锚固深度必要时应做拉拔试验后再确定。空调机搁板和支架见图 3-19 所示。

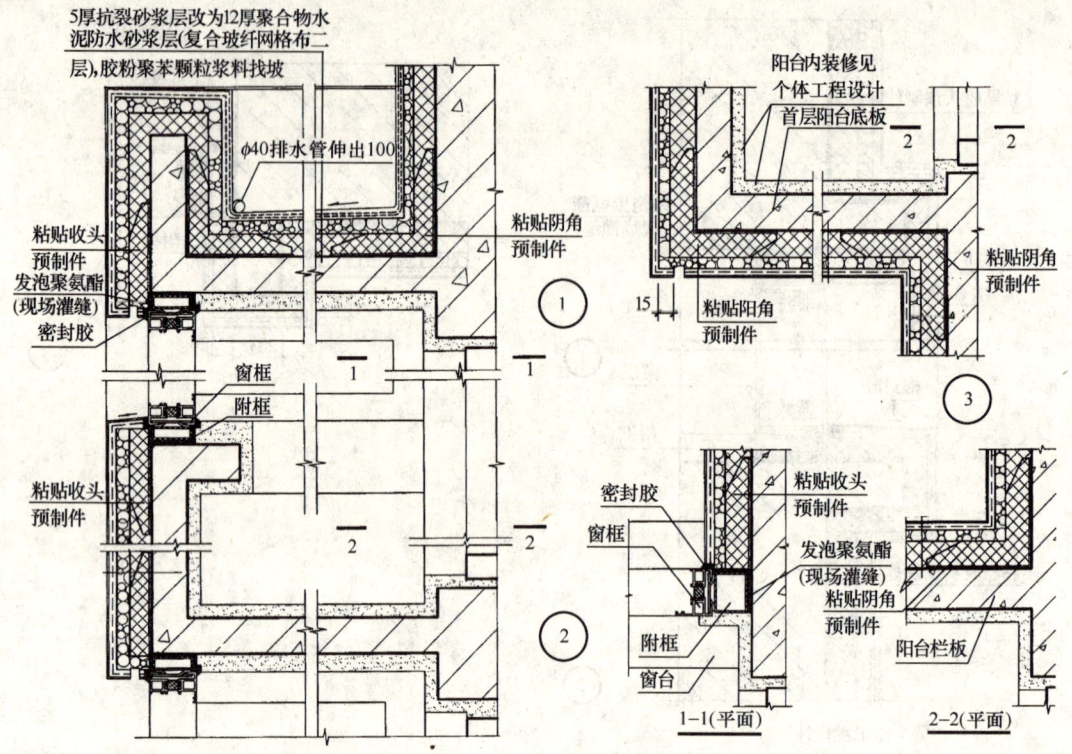

图 3-13 涂料饰面封闭阳台构造

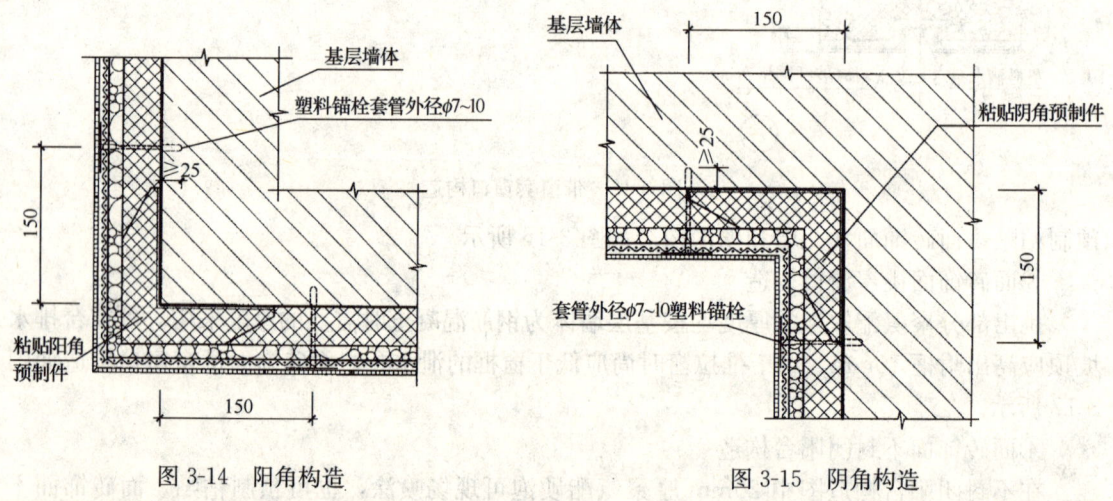

图 3-14 阳角构造　　　　图 3-15 阴角构造

4) 墙身变形缝（外保温）构造

在涂料饰面或面砖饰面的墙身变形缝内，用低密度聚苯乙烯泡沫条塞紧，填塞深度不小于100mm。金属盖缝板可采用1.0～1.2mm厚铝板或用0.7mm厚不锈钢板，当缝宽$B \leqslant 2d_1$（$d_1=1.25d+10$）时选用图 3-20 构造，当缝宽$B>2d_1$时选用图 3-21 构造。墙身变形缝构造分别如图 3-20、图 3-21 所示。

5) 墙体水平分隔缝构造

聚氨酯硬泡保温层沿墙体层高宜每层留设抗裂水平分隔缝，且不应穿透聚氨酯硬泡保

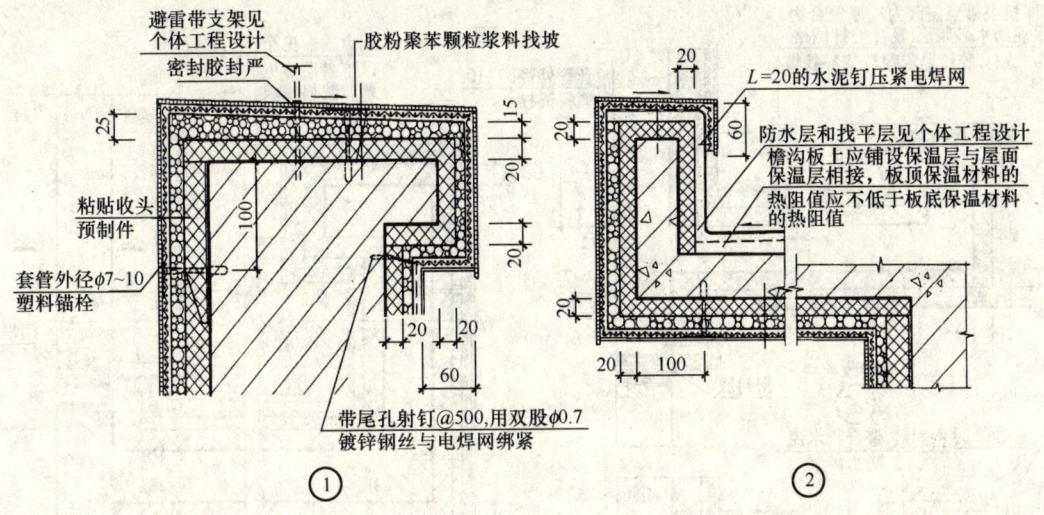

图 3-16 面砖饰面女儿墙和檐沟构造图

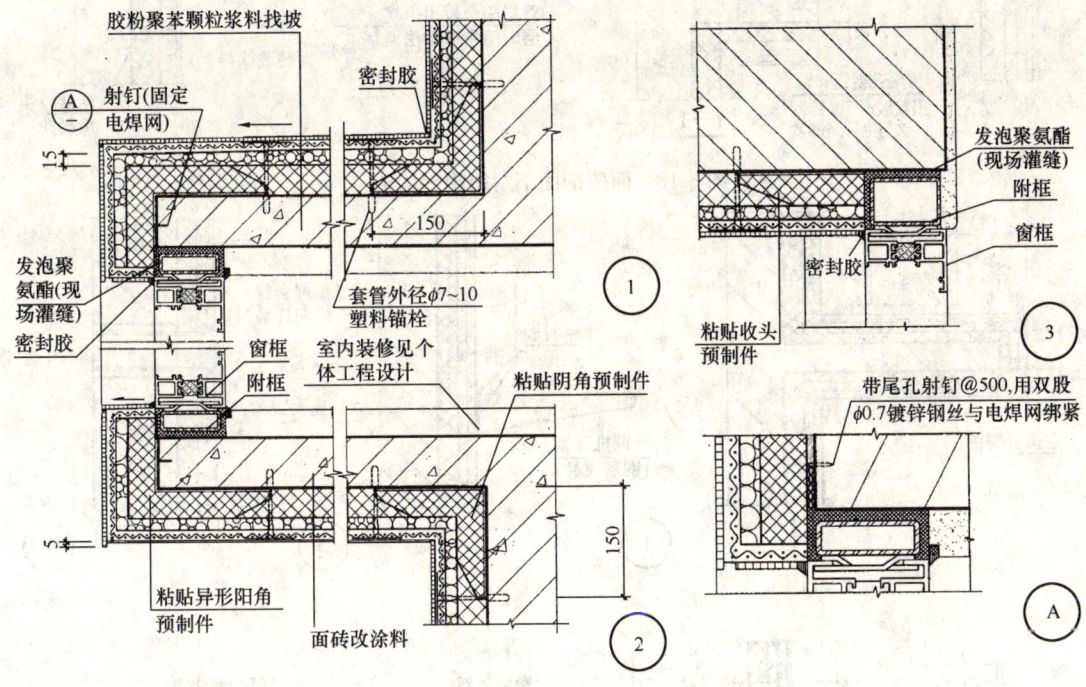

图 3-17 面砖饰面挑窗窗口构造

温层。

纵向以不大于两个开间并不大于10m宜设竖向分隔缝。墙体水平分隔缝构造如图3-22所示。

3. 施工

(1) 施工准备

1) 技术准备

熟悉和审查施工图,编制施工预算、编制施工组织设计,工程技术人员对施工操作者进行技术和安全等各方面的培训。

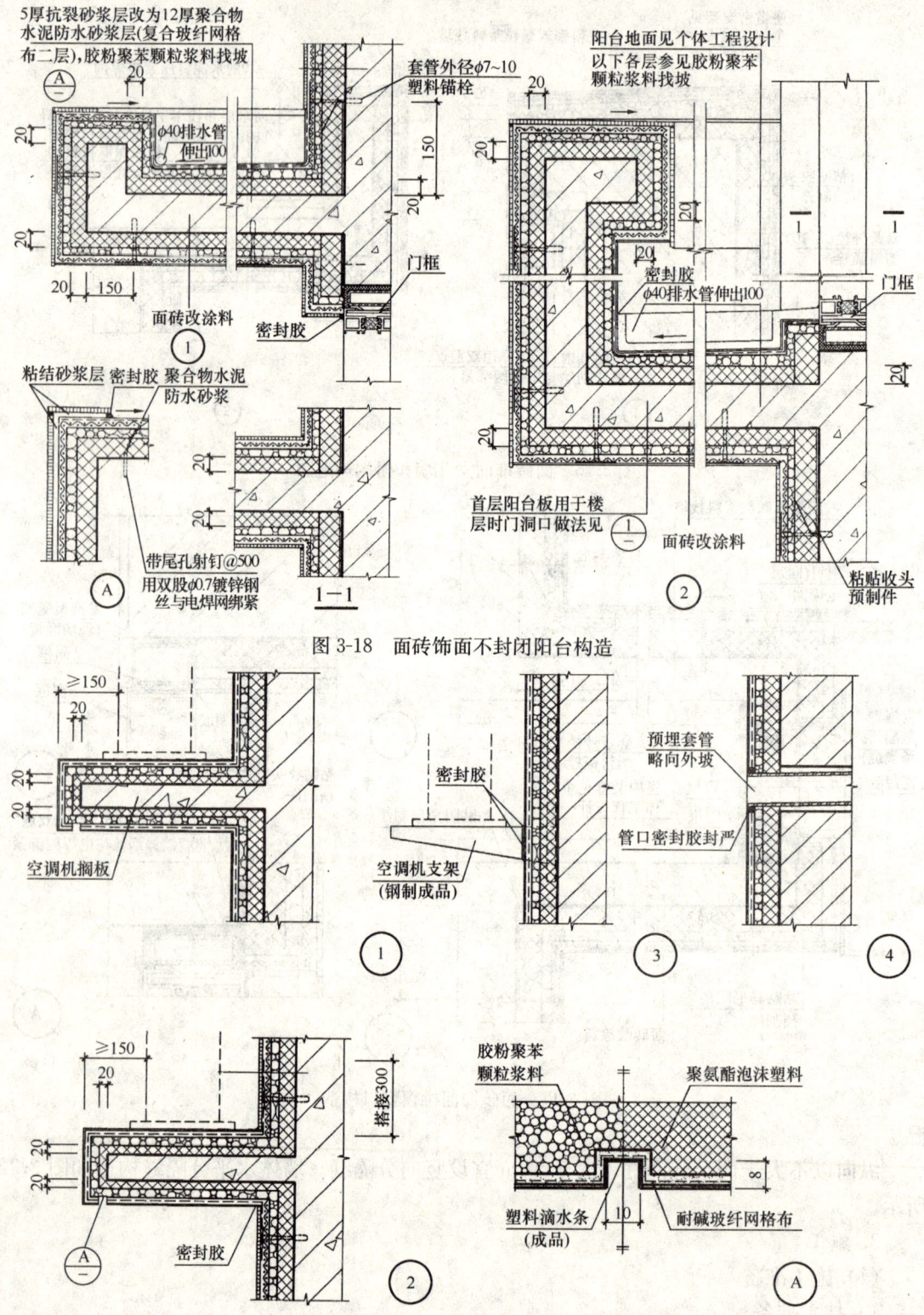

图 3-18 面砖饰面不封闭阳台构造

图 3-19 空调机搁板和支架

第三章 聚氨酯硬泡外墙外保温系统施工

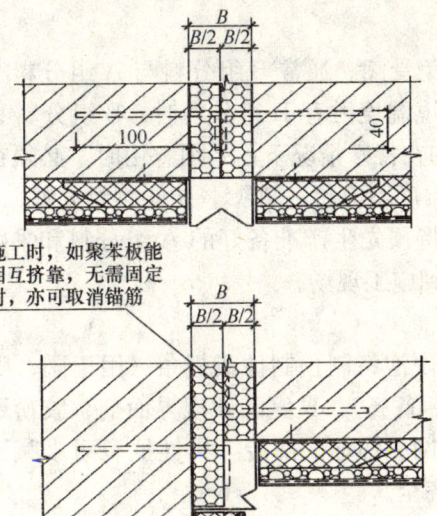

图 3-20 墙身变形缝构造

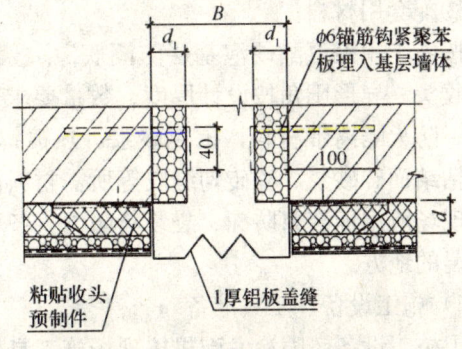

图 3-21 墙身变形缝构造

2) 材料准备

①聚氨酯硬泡原料准备

A组分料（组合聚醚）准备：

在接受聚氨酯硬泡工程任务时，必须根据施工环境温度、发泡速度等多方面综合因素，确定具备条件后采用喷涂施工。

在试验室首先重点调配好 A 组分料的基础配方，然后通过组合聚醚与聚异氰酸酯组配反复试验，最终模拟出在施工时能够克服各方面外来不利因素，并经测试达到设计所要求的各项物理性能指标后，再批量配制与聚异氰酸酯规定配比所用的组合聚醚料。

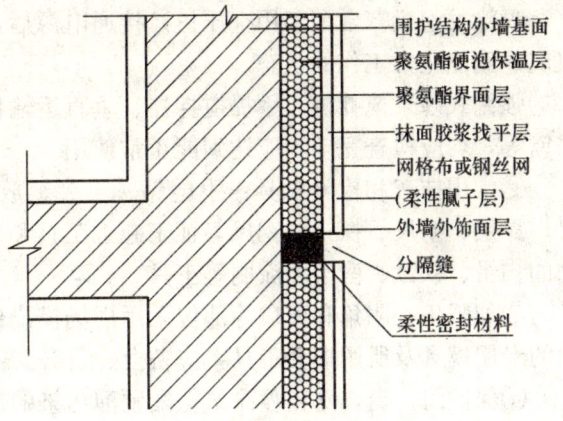

图 3-22 墙体水平分隔缝构造

在工厂预配的组合聚醚料应在保质期内，桶盖关严，运到现场后，应存放在通风阴凉处，避开暴晒或其他高温，以免组分内低沸点的发泡剂受热膨胀鼓桶、挥发，或组分间发生自聚而降低有效沽性。

使用久存预配的组合聚醚料时，必然产生一定自聚，在使用前必须与 B 组分料重新做发泡试验，确认泡沫完全合格、符合施工工艺要求后方可使用，否则必须针对具体问题重新调配组合聚醚料，直至达到合格为止。

B组分料（聚异氰酸酯）准备：

聚异氰酸酯具有活泼的化学性质，极易与空气中的水分、潮气发生化学反应，生成不溶性的脲类化合物并放出二氧化碳，造成鼓桶并导致原料化学活性降低，如保管不当甚至会干

71

固失效。

聚异氰酸酯原料应存放在现场干燥环境，避免受潮。通常B组分料与A组分料在同等保管的条件下，B组分料贮存期较长。在较低环境温度贮存B组分料时，B组分料黏度增大，当贮存温度低于0℃时，会出现结晶现象，如在特殊情况下，必须急用时，必须在最短时间内将物料加热熔化，且严禁局部加热、加热温度不应超过70℃，防止物料分解。

按工程用量或施工进度准备A、B组分料，将预先生产准备好的A组分料和采购的B组分料，按A组分料、B组分料间重量配比，运到施工现场。

②配套用材料

按施工用聚氨酯硬泡基层防潮底漆、聚氨酯硬泡特制预制件或板条（用于阴、阳角部位、收头、异形阳角按设计厚度、数量要求备全、备齐）、聚氨酯硬泡界面剂、胶粉聚苯颗粒料、防火隔离带材料、抗裂砂浆、热镀锌钢丝网、锚栓、面砖（柔性抗裂耐水腻子、涂料）粘结面砖砂浆、瓷砖勾缝胶等所需材料配备齐全。

现场所用桶装料防冻、袋装料防雨，各种材料最适宜存放在阴凉通风、干燥、防雨和远离高温的地方。

3）施工设备、工具准备

①施工设备：喷涂发泡机按现场施工具体结构，可灵活选用圆形喷枪嘴或扁平喷枪嘴喷料，出料管线的长度应满足施工要求。

喷涂发泡机（含配套用空压机）接通电源后，现场试运行、物料循环，试喷，喷涂发泡机应达到能正常工作的状态。

强制式砂浆搅拌机、手提搅拌器、垂直运输机械、水平运输车、外墙脚手架、室外操作吊篮等，均应检查完毕，应达到能正常使用。

②常用抹灰和检测工具：手电钻、手锤、放线工具、水桶、剪刀、滚刷、托线板、方尺、靠尺、塞尺、探针、钢尺等瓦工施工工具和专用检测工具、经纬仪，以及用于处理基层用的扫帚、铁锹、凿子、涂刷等工具。

③如阳角、阴角和窗口等部位采用现场模浇聚氨酯硬泡来代替聚氨酯硬泡预制件时，所用的专用模具及所用配套工具，应备全、备齐。

④保护门、窗，防止喷涂聚氨酯硬泡污染的遮挡、覆盖材料。

4）施工条件

①基层墙体应符合《混凝土结构工程施工质量验收规范》（GB 50204）和《砌体工程施工质量验收规范》（GB 50203）的要求，合格验收。

②门窗框及墙身各种进户管线、水落管支架、预埋管件等按设计安装完毕。

③喷涂法聚氨酯硬泡施工对气候环境要求比较严格。为防止风力大而造成喷涂雾料飘移损失，风力越小越好，要求风力最好不大于3级。

聚氨酯硬泡发泡效果与环境温度高低和湿度大小有直接影响，雨雪天不得施工。要求适宜环境温度在15~30℃之间（胶粉聚苯颗粒浆料找平层及抗裂防护层施工，环境温度不应低于5℃），相对湿度不大于85%。

④脚手架按保温墙体施工工艺要求，应安装完毕、安全适用。

⑤现场具备稳定动力电源和洁净水源。现场配料所用拌合用水应无盐、无危害作用的洁净水。水质应符合《混凝土用水标准》（JGJ 63—2006）。

(2) 施工工艺

聚氨酯硬泡涂料饰面及面砖饰面系统，施工工艺流程如图 3-23 所示。

(3) 涂料饰面操作工艺要点

1) 基层处理

①首先将基层灰渣、浮物等处理干净，施工孔洞架眼或残缺部分用水泥砂浆或细石混凝土修补整齐。

②吊大墙大角垂（垂直厚度控制线）线。

在施工前，掌握墙体实际平整度，通过吊垂直线确定设在大阳角、大阴角或窗口处聚氨酯硬泡预制件（块）的位置和厚度，如在固定预制件厚度与墙体间有偏差大于 10mm 时，应对负偏差即不达标的墙体部位，则应用 1：3 水泥砂浆进行找平；窗口、阳台小阳角、小阴角等，可用铝合金尺遮挡做出直角。

应先在墙面吊垂直控制线。在顶部墙面与底部墙面下膨胀螺栓，以此作为大墙面挂控制钢丝的垂直点。用大线坠吊直钢垂线，用紧线器勒紧，在墙体大阴、阳角安装钢垂线，钢垂线距墙体的距离为保温层的总厚度。

挂线后每层首先用 2m 靠尺检查墙面平整度，用 2m 托线板检查墙面垂直度，达到平整度要求后，开始施工。

③涂刷聚氨酯硬泡防潮底漆。

基层涂刷聚氨酯硬泡防潮底漆具有防潮、封闭水及水汽的作用，能有效防止水及水蒸气对聚氨酯硬泡的不良影响，提高聚氨酯硬泡与基层墙体之间的粘结强度，防止保温层与基层墙体之间出现脱落及空鼓等不良现象。

涂刷环境温度不低于 5℃，严禁雨天施工。在找平水泥砂浆干燥 7d 并验收合格、清理干净后，将稀释好的聚氨酯硬泡防潮底漆搅拌均匀，用滚刷或毛刷均匀涂刷于平整基层墙体（当墙体垂直偏差小于 10mm 时，可在干净墙体上直接涂刷聚氨酯硬泡防潮底漆）表面。

涂刷厚度约为 15μm（约 0.07～0.08kg/m²）左右，不得有漏刷、欠刷现象，涂刷结束后，能达到全面封闭基层毛细孔。

2) 阳角、阴角或窗口处理

在阴、阳角等特殊部位喷涂聚氨酯硬泡不易形成棱角，一般采用聚氨酯硬泡预制件（异形或普通长方形保温板）粘贴固定，或采用现场模浇聚氨酯硬泡方式处理。用聚氨酯硬泡预制件，或采用模浇拆除角模后聚氨酯硬泡厚度，都应与墙体喷涂聚氨酯硬泡厚度一致。聚氨酯硬泡预制件（块）或采用模浇聚氨酯硬泡的厚度应达到标筋厚度。

①在阳角、阴角或窗口采用聚氨酯硬泡预制件做处理时，将预先按具体角部位类型设置所需形状要求制好预制件，将预制件用刮刀或抹子将配制好的胶粘剂均匀涂覆在聚氨酯硬泡预制件的表面，胶粘剂与基层进行满粘、粘牢，一般粘结剂厚度 1～2mm，涂胶面积应大于聚氨酯硬泡预制件面积的 30%，必要时还应加锚栓固定预制件。

采用其他材质预制件代替聚氨酯硬泡预制件时，其热工性能应相同于墙面喷涂的聚氨酯硬泡。

②当阳角、阴角或窗口处采用模浇聚氨酯硬泡处理时，应由下向上支模。先在阳角、阴角处吊垂直厚度控制线，标线一般选用不易挂聚氨酯硬泡材料的尼龙渔线或其他材质的线。对于墙面宽度≥2m 处，拉水平厚度控制线、水平线间距为 1～1.5m。

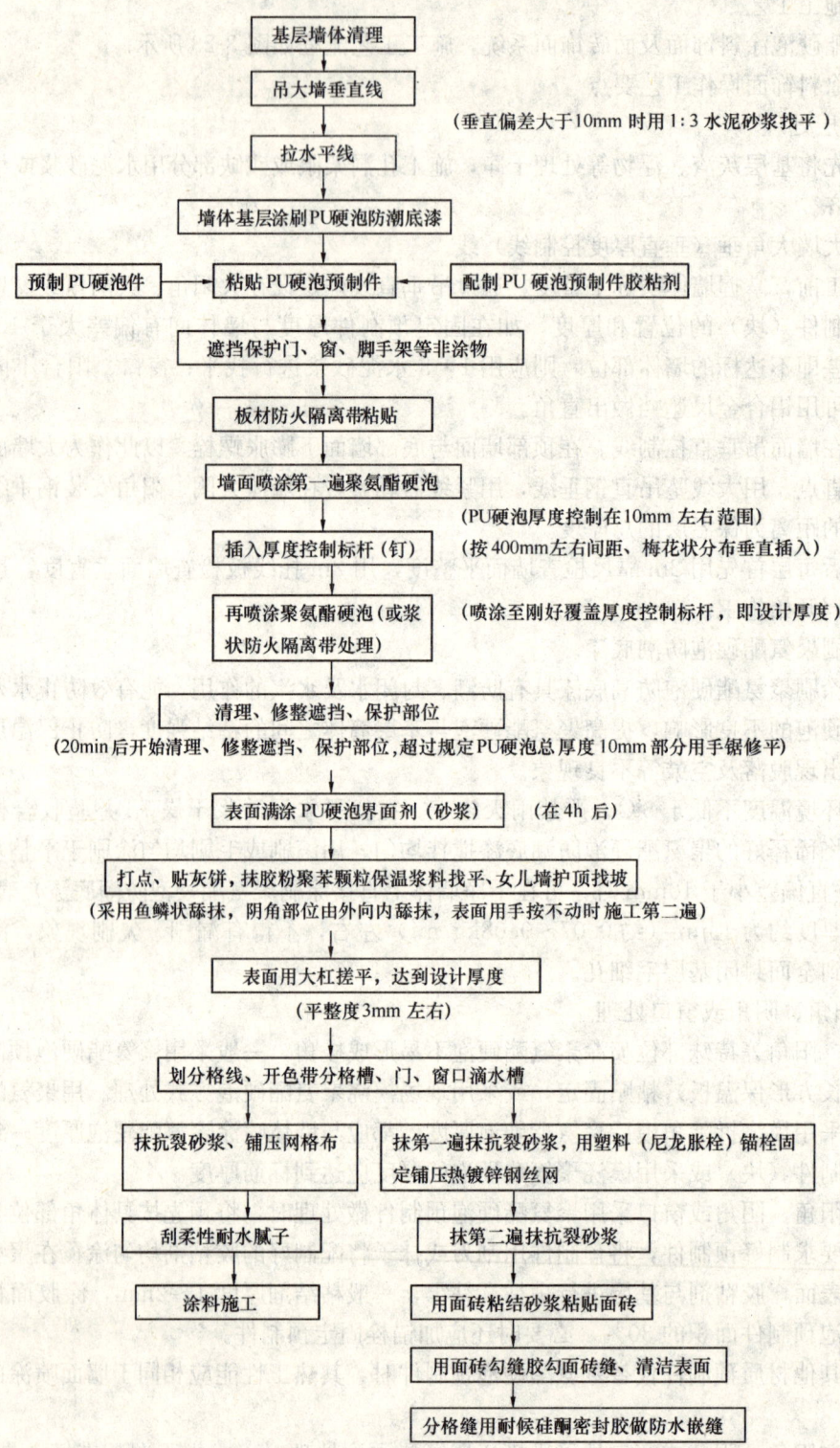

图 3-23 工艺流程

用浇注发泡机将聚氨酯硬泡发泡液料向阳角、阴角或窗口的膜内分次浇注，浇注时控制好每次浇注量，防止出现胀模或空腔。

③当在阳角、阴角或窗口处采用直接喷涂聚氨酯硬泡找角时，从门窗洞口外开始喷涂，并用木板等遮挡物在侧面进行遮挡，防止喷涂污染相邻部位。喷涂完成的口角，用手锯修出设计角度和厚度。

3) 防火隔离带处理

防火隔离带间距按设计要求进行设置。用保温材料板作为防火隔离带时，将其与最终喷涂聚氨酯硬泡同厚度的板，切割成设计规定的300mm足够宽度后，将其与墙面进行全面积牢固粘贴，然后进行墙面喷涂聚氨酯硬泡。

用轻质保温浆料作为防火隔离带时，应先用聚苯板泡沫条或木条预留出（300mm）足够宽度并临时固定，待喷涂聚氨酯硬泡完成并清除预置泡沫条或木条后，再用轻质保温浆料分几次将该预留防火隔离带处填充抹平。

4) 遮挡保护门、窗、脚手架等非涂物

在喷涂聚氨酯硬泡前，用塑料薄膜、废报纸、板等，将已安装的窗、门、脚手架等非涂物遮挡、保护起来。

5) 喷涂聚氨酯硬泡保温层

①首先仔细阅读聚氨酯硬泡喷涂机使用说明书，掌握操作机械要点。开通发泡设备前，分别将A和B两种原料，加入发泡机械中各自的料罐内，或将发泡机各自的输料计量泵（输料管）正确插入A、B两种原料桶内（应根据使用喷涂发泡机具体类型所规定使用顺序安装、操作方式进行，严禁罐内A、B加料颠倒）。

②接通发泡机电源后，启动喷涂设备，在发泡设备上，按计算好的化学当量比（或按预先试验确定两个原料的重量比）准确调配好A、B两个组分流量，并调试设备压力、物料温度（必要时），各项参数达到喷涂雾化要求后，开始先试喷。

通过试喷后，确认系统一切都达到正常工作运转条件后，喷涂三块500mm×500mm、厚度不小于50mm的试块，进行材料性能检测，然后开始大面积正式喷涂作业。

③喷涂施工应在风速、环境温度、湿度和有操作安全设施的情况下，进行喷涂施工。

喷枪口与基面距离宜控制在800～1200mm。一般情况下喷涂顺序，从处理好的窗口、阴阳角开始，即沿固定预制件边沿进行墙体大面的喷涂，顶风喷涂为宜，同时喷枪移动速度必须均匀。

喷涂聚氨酯硬泡应连续进行，在当日的施工作业面上连同异形部位的细部构造当日一次连续地喷涂施工完成，如喷涂间断时间较长，当在泡体接茬处有灰尘时，应将灰尘清除后再喷涂。整体喷涂聚氨酯硬泡施工完成后，在建筑基面上应形成一层无接缝、连续的聚氨酯硬泡壳体。

基层的第一遍喷涂厚度宜控制在1cm左右，然后在第一遍喷涂的基础上，每遍喷涂厚度宜控制在10～20mm间，喷涂期间随时用探针检查、控制厚度，超出规定垂直控制线即总厚度部位，应处理平整，通过多次分层喷涂找平，直至喷涂到所要求的总厚度。

④在喷涂发泡中注意控制相关因素

乳白时间控制：即反应物料喷涂到基层后，物料颜色变白的时间，乳白时间过短属发泡时间过快，应与调配原料时的乳白时间能基本吻合。

固化时间控制：固化时间即视为泡体不粘手时间。固化时间太长不利于连续喷涂，会导致前一遍未固化泡体易被后遍喷涂时所吹动，从而影响泡体质量。

雾化风压控制：在现场喷涂时，雾化风压是根据物料发泡配方、流量和喷枪与基层距离而变化。当雾化风压太低时，物料易混合不匀，且降低与基层粘结强度。

喷涂速度控制：喷涂行走速度按单位时间内出料量控制，即每一次喷涂按适宜的厚度（如 15mm 厚）移动喷枪，当喷枪移动速度过慢或过快时，泡沫表面不易喷涂平整，固化后泡沫表面必然出现凹凸不平，不利于后道工序施工。

施工环境温度限制：喷涂聚氨酯硬泡施工环境温度，应在 10～30℃ 范围内。当环境温度、基层温度低时，喷涂聚氨酯硬泡与基层粘结力、发泡倍数和泡体质量影响很大。

环境温度过高施工，除有利于催化作用外，也加快发泡剂挥发，导致加快聚氨酯硬泡发泡速度，但同时也增加发泡剂损耗，而且难以保证聚氨酯硬泡质量，最直观表现在泡体容重小、发泡倍数高和泡沫开孔。相反，当在 0℃ 以下或过低温度、即使相对湿度很小的条件下施工时，聚氨酯硬泡发泡速度慢（泡沫固化慢）、发泡倍数低（容重过大）。环境温度在 15～25℃ 范围内，泡沫的密度没有明显变化，当在 5℃ 喷涂时泡沫的密度明显升高。由图 3-24 看出喷涂发泡时密度与温度的影响关系。

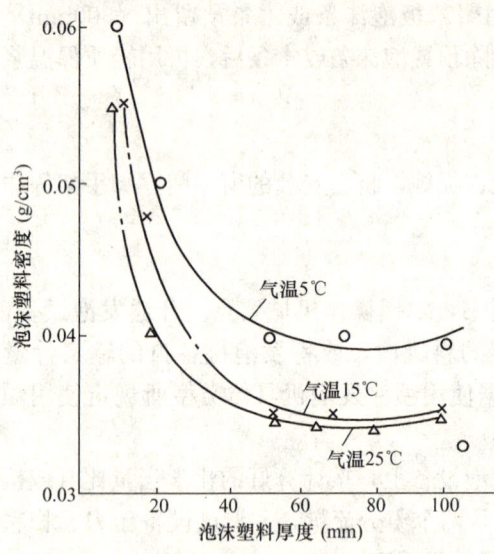

图 3-24 喷涂发泡的密度与温度关系

假设除环境气温外，在低温基层发泡时，低温基层必然吸收混合料发泡所产生的反应热，只是利用反应余热促使发泡剂气化发泡，甚至喷涂的第一层材料只是固化而根本不发泡，而在第一层泡沫已固化的表面上再次喷涂后，因基层减少吸收反应热后，然后聚氨酯硬泡料才发泡、固化。

当必须在低温环境施工情况下，也有基层利用第一遍薄薄喷一层为打底层的缓解办法，即使这样虽然解决硬泡对墙体基层粘结强度、吸热问题，但因其环境温度低，必然造成发泡速度慢、发泡倍数低（容重加大），不但泡沫技术性能差，而且增加材料用量，增大材料成本。

在低温施工时，施工者往往采取加大物料中催化剂用量或采用加热物料（如用发泡设备的料罐或输料管加热）方法补偿，假设这样喷出的雾料在空间瞬间也会暂时冷凝，可视为忽略其影响，而基层低温仍然无法克服。

为解决环境温度低而坚持施工方法，也有一味地多加催化剂使其快速发泡、固化，这样喷出雾料会超前发泡、固化，刚刚接触到基层立即发泡，甚至有堵塞喷枪的可能，反而影响泡体与基层的粘结强度，经过冻融循环后，聚氨酯硬泡保温层必然与基层产生空鼓。当气候转暖时，泡体在无任何加固设施的情况下，甚至出现大面积脱落。当环境温度（基层表面温度）在 5～10℃ 时，可增加胺类和锡类催化剂的用量，缩短乳白时间，或采用发泡设备加热的措施来提高物料进入喷枪的温度，或加热压缩空气。

风力限制：喷涂聚氨酯硬泡时，常规最适宜的施工风力不应大于3级。由其喷涂法施工工艺固有特点所决定，当风力大于3级时，其喷出的混合料损失率高达15%以上。随着现场风力加大，不仅物料损失更大，而且影响泡体固化和泡体技术性能。即便在小于3级风力天施工，也宜顺风向施工，控制喷涂泡沫飞溅，防止污染已安装的窗口及周围环境。

在风力大于3级喷涂聚氨酯硬泡时，必须选用适当遮挡防护措施。在风力大于5级施工时不但严重浪费喷涂雾料，而且影响泡体质量，因此5级大风严禁喷涂聚氨酯硬泡施工。

空气相对湿度限制：喷涂聚氨酯硬泡时，施工现场空气相对湿度应小于85%。严禁在雨天或湿度较大的条件下施工。

在湿度较大或雨天的情况下，混合物料中B组分（聚异氰酸酯）优先与雨水、空气中的水分发生化学反应。当基层含水率大于15%时，聚异氰酸酯很容易和潮湿基面的水分反应生成脆性的含脲基化合物，相当于降低了物料中聚异氰酸酯的有效含量，即便喷出物料形成聚氨酯硬泡，但与基层粘结强度也会很差。

换句话说，无论是空气还是基层湿度过大，相当于成倍地加大了A组分用料量，致使聚合物多元醇中过剩的羟基不能与异氰酸酯基团等当量反应，结果体现聚合物多元醇过剩，因而会造成泡体软、变形、穿孔。施工现场湿度严重超标时导致泡体久不固化，不但泡沫体技术性能指标下降，甚至喷涂在基层的发泡物料，出现脱落、流淌现象。

喷涂聚氨酯硬泡厚度控制：在保证气候环境温度、物料性能和设备等的条件下，喷涂聚氨酯硬泡厚度、平整度控制是施工技术中的关键工序，除依靠作业者的经验和熟练操作手法外，还应在墙体采用厚度控制和作业者随时检查厚度的方法，控制喷涂聚氨酯硬泡的厚度。

每遍喷涂厚度太薄会导致泡体密度增大，而每遍喷涂厚度太大平整度不宜控制，由图3-25可看出一次喷涂厚度与泡体密度的关系。

控制喷涂聚氨酯硬泡厚度有几种经验方法，一种方法是在墙体可采用尼龙挂线控制厚度，另一种方法是先在墙面上均匀喷涂首层泡沫层（约5～10mm厚度）后，按双向@500mm间距（或按300mm间距）、梅花状分布垂直插入很细的聚氨酯硬泡厚度控制标杆（聚氨酯硬泡厚度与插入控制标杆高度相等），每平方米内宜设9～10枝。

通过继续多遍均匀喷涂达到与所设置标杆头齐平或隐约可见标杆头，即达到了设计的最终厚度。在喷涂过程中，操作者用随身携带的钢针，可随时插入泡体对厚度进行检测，最终平均厚度不应出现负偏差。

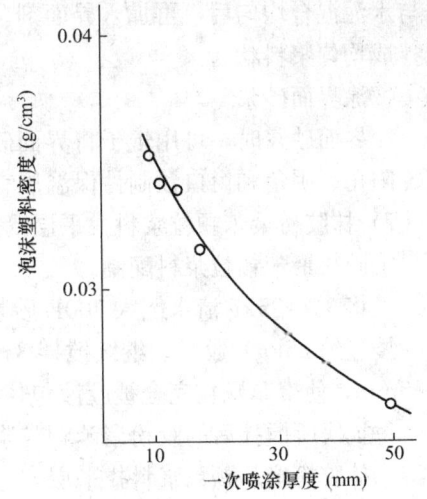

图3-25 喷涂发泡中一次喷涂厚度与密度的关系

喷涂聚氨酯硬泡完成20min后，用裁纸刀、手锯等工具开始清理、修整遮挡、保护部位，如在已完成喷涂聚氨酯硬泡大面，局部有超过大面10mm厚的突出部位，应将其处理平整，并达到与大面平整一致。

大面积喷涂聚氨酯硬泡与防火隔离带保温材料间应结合成无缝整体保温层。

聚氨酯硬泡耐太阳紫外线性能差，聚氨酯硬泡表面不得长期裸露，太阳长时间直接照射会使泡体表面出现逐渐粉化、降低保温性能和使用寿命。应避免、减少阳光长时间对裸露聚氨酯硬泡的暴晒，同时减少发生火灾的几率。

喷涂聚氨酯硬泡保温层经验收后，应尽快进行下步工序施工，即边喷涂硬泡边进行涂抹防护层（涂刷聚氨酯硬泡界面砂浆）工作，相当于喷涂聚氨酯硬泡与涂抹防护层同时进行，完成喷涂聚氨酯硬泡与未涂抹防护层的高度相差不应超过3层。

6）涂刷聚氨酯硬泡界面砂浆（或称聚氨酯硬泡界面剂）

喷出（或浇注）的聚氨酯硬泡雾化（或浇注液体）原料的化学极性很强，发泡后对很多基层都有较强的黏合力，但固化后的聚氨酯硬泡泡体完全失去化学极性，加之泡体外表面形成光滑致密表层，在其未经任何处理的表面进行下步施工，不易达到密实结合的效果。为提高泡体表层的被黏合能力，在泡体表面必须涂刮界面砂浆进行处理。

在聚氨酯硬泡完全固化后做界面砂浆处理，聚氨酯硬泡界面砂浆可用辊子均匀涂于聚氨酯硬泡保温层上，也可以用喷斗作业施工。

聚氨酯硬泡界面砂浆应用前，按具体规定技术要求在现场进行复配。一般是将硬泡界面剂与水泥、砂按比例混合均匀后，构成聚氨酯硬泡界面砂浆。它具有双面亲合作用，即对有机材质（如聚氨酯硬泡）或无机材质（如胶粉聚苯颗粒浆料、水泥砂浆层等）都有较好的粘结力。通过在聚氨酯硬泡表面涂抹界面砂浆后，提高胶粉聚苯颗粒在聚氨酯硬泡表面找平的附着力。

①界面砂浆配制

按聚氨酯硬泡界面剂：42.5级普通硅酸盐水泥：中细砂＝1：0.5：0.5质量比，先将砂子与水泥混合均匀后，再加入界面剂。各单体料混合方式，可在砂浆搅拌机或用手提搅拌器搅拌成均匀浆料状。

②涂界面砂浆

涂界面砂浆时，可用辊子将界面砂浆均匀涂在喷涂聚氨酯硬泡（含防火隔离带材料）表面、阳角、阴角和窗口预制件保温层表面。

7）抹胶粉聚苯颗粒浆料找平层

①胶粉聚苯颗粒浆料配制

先将34～35kg清水倒入300L砂浆搅拌机内（加水量以满足施工和易性为准），然后倒入一袋（约25kg）胶粉，继续搅拌3～5min，再倒入一袋（约200L）聚苯颗粒，继续搅拌3～5min，使聚苯颗粒完全被胶液包住，不显白色为止。

每批次所搅拌后的胶粉聚苯颗粒浆料应在3h内用完，使用中途不得另外加水。

②抹胶粉聚苯颗粒浆料找平层

胶粉聚苯颗粒浆料找平层应分二遍涂抹完成，每遍间隔24h以上。

先在墙体顶部和墙体底部预埋膨胀螺栓，作为大墙面挂钢垂线的垂挂点，用经纬仪打点，用紧线器安装钢垂线。

在胶粉聚苯颗粒浆料抹之前，先用2m铝合金靠尺检查平整度，发现墙面有凹陷处进行抹灰找平，未超出保温层总厚度但有凸起处可不进行抹灰处理。

沿水平和垂直方向用胶粉聚苯颗粒浆料做找平的厚度控制层，即按保温层设计总厚度打点、粘饼，贴厚度控制灰饼作用是控制找平墙平整度。

抹胶粉聚苯颗粒浆料的平整度偏差不应大于4mm，每遍抹8～10mm为宜，抹灰厚度以略高于厚度控制灰饼为宜。

最后用大杠刮平，再用抹子将局部修补平整，使胶粉聚苯颗粒浆料在聚氨酯硬泡表面找平达到整体面层平整并与保温层结合牢固。

在每层首先用2m靠尺检查墙面平整度，用2m托线板检查墙面垂直度。在距楼层顶部约10cm处，同时距大墙阴、阳角约10cm处，根据大墙阴角已挂好的钢垂直控制线厚度，用界面砂浆粘贴5cm×5cm聚苯泡沫板块作为标准贴饼。

通过第一遍抹胶粉聚苯颗粒灰浆修整后，使墙体平整度基本达到±5mm要求。当第二遍再抹时的厚度可略高于灰饼厚度，然后用杠尺刮平，有凹处用抹子修补平整。在抹完找平层2～3h后，用抹子再赶抹墙面，用2m靠尺和托线尺检测墙面平整度、垂直度，要求墙面平整度、垂直度偏差控制在±2mm范围内。

8）阴阳角找方

用木方尺检查基层墙角的直角度，用线坠吊垂直线检查墙角的垂直度。

保温浆料的中层抹灰后，用木方尺压住墙角浆料层上下搓动，使墙角保温浆料基本达到垂直，然后用抹子将阴阳角压光。

保温浆料的面层大角抹灰时，应用方尺、抹子反复测量、抹压、修补操作，确保垂直度、直角度都在±2mm。

门窗边框与墙体连接应预留出保温层的厚度，并做好门窗框表面的保护。

窗户辅框安装验收合格后，再进行窗口部位的抹灰施工，门窗口施工时应先抹门窗侧口、窗台和窗上口，再抹大面墙。施工前按门窗口的尺寸裁好单边八字靠尺，作口应贴尺施工以保证门窗口处方正与内、外尺寸的一致性。

做门窗口滴水槽，保温浆料施工完成后，在保温层上用壁纸刀沿线划开设定的凹槽，开分格槽及门、窗滴水槽，槽深15mm左右。用抗裂砂浆填满凹槽，将滴水槽嵌入凹槽与抗裂砂浆粘结牢固，收去两侧沿口浮浆，滴水槽应镶嵌牢固、水平。

保温层施工完成后，按检验批进行主控项目和偏差项目的检查、验收，主控项目和大墙垂直、平整，阴阳角方正，门窗口偏差，阳台口偏差等各项指标均达到合格，经过隐蔽工程验收。

9）抗裂砂浆压入耐碱玻纤网格布

抗裂砂浆均匀涂抹于保温面层后，随即将裁好的耐碱玻纤网格布（用量约$1.1\sim1.2m^2/m^2$）压入，网格布未压入砂浆的部位适量补抹砂浆。

在墙体大面网格布铺贴前，先在门窗洞口处四角的墙面沿45°方向附加增设一层面积为200mm×300mm或300mm×400mm的耐碱玻纤网格布加强。应各加盖一块加强玻纤网格布，如图3-26所示。

在窗洞内阴角处应加盖一块（长为200mm、宽度与门窗洞口一致）标准玻纤网格布，在窗洞口阴角处形成等边增强角网，如图3-27所示。

在该体系中所有玻纤网格布铺设必须置于抗裂砂浆（抹面胶浆）中间层部位，否则会降低增强作用。

①在聚苯颗粒浆料找平层整体表面，均匀地抹3～4mm厚抗裂砂浆，立即将裁好的网格布用铁抹子压入抗裂砂浆内，保证相邻网格布之间的搭接宽度不应小于50mm，并防止网格布出现皱褶、空鼓或翘边等不良现象。

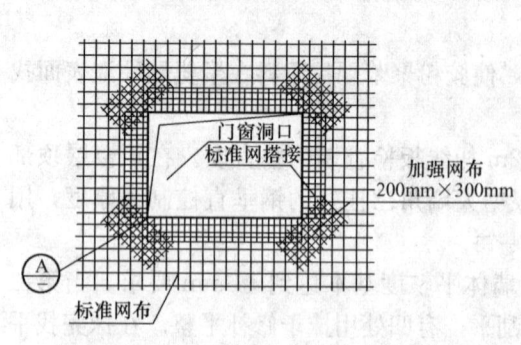

图 3-26 门窗洞口处加强玻纤网格布　　图 3-27 窗洞内阴角处标准玻纤网格增强

②在建筑物首层的抗裂砂浆内,应铺贴双层网格布加强,第一层铺贴加强网格布,加强网格布应对接,然后进行第二层普通网格布的铺贴,两层网格布之间抗裂砂浆必须饱满。

③在首层墙面阳角处设2m高的专用护角,将护角夹在两层网格布之间。

④各层阳角部位两边网格布应双向绕角搭接(首层中内侧网格布可不在转角外搭接),阴角网格布可在阴角的一侧搭接,各部位网格布的搭接宽度均不小于150mm。

抗裂砂浆层的施工厚度对保温层的保护作用和对系统的拉拔强度影响较大,应严格掌握。

10) 刮柔性腻子

抗裂砂浆层固化干燥后满刮柔性耐水腻子。当面层有凹凸等特殊部位时,如平整度不够的墙面、阴角、阳角、色带以及需要做平涂的部位,可先刮柔性耐水腻子找补,然后墙面满刮柔性耐水腻子。

墙面应满刮两遍柔性耐水腻子,达到表面平整、光洁(外墙用浮雕涂料可不刮柔性腻子,直接在抗裂砂浆上进行喷涂)。

11) 外墙涂料施工

待腻子层干燥后,采用丙烯酸等外墙涂料在满刮腻子的表面进行刷涂或喷涂。

(4) 面砖饰面操作工艺要点

1) 基层处理

基层处理,同本节一中相关基层处理。

2) 阳角、阴角或窗口处理

阳角、阴角或窗口处理,同本节中一中相关阳角、阴角和窗口处理。

3) 防火隔离带处理

防火隔离带处理,参考本节中一中相关防火隔离带处理。

4) 遮挡保护门、窗、脚手架等非涂物

遮挡保护门、窗、脚手架等非涂物,同本节中一中的相关要求。

5) 喷涂聚氨酯硬泡

喷涂聚氨酯硬泡操作,同本节中一中的相关要求。

6) 涂聚氨酯硬泡界面砂浆

涂聚氨酯硬泡界面砂浆操作,同本节中一中的相关要求。

7) 抹胶粉聚苯颗粒浆料找平层

抹胶粉聚苯颗粒浆料找平层操作，同本节中一中的相关要求。

8) 抗裂砂浆压入热镀锌焊接钢丝网

在第一遍抗裂砂浆固化后，将预先裁好的热镀锌钢丝网铺设（用量约 $1.1\sim1.2m^2/m^2$）其表面，用锚栓锚固，再涂抹第二遍砂浆，形成面砖粘结基层。

①涂抹第一遍抗裂砂浆层

在胶粉聚苯颗粒浆料找平层达到一定强度后，开始抹第一遍抗裂砂浆。抹第一遍抗裂砂浆时，厚度控制在 3mm 左右，要求满抹、达到平整，不得有漏抹之处。按楼层高分层施工，抹完第一层待抗裂砂浆固化后，开始进行铺钉钢网。

②铺设热镀锌钢丝网

在第一遍抗裂砂浆层增强后，开始铺设热镀锌钢丝网，镀锌钢丝网置于抗裂砂浆中间层部位。

首先根据结构尺寸裁剪热镀锌钢丝网，一般热镀锌钢丝网的长度最长不应超过3m。为使边角施工质量得到保证，用克丝钳子将边角处的热镀锌钢丝网施工前预先分段裁（折）成直角，在裁剪网过程中不得将网形成死角（死折）。

铺贴热镀锌钢丝网时，分段接续进行铺贴，首先将钢丝网在墙面就位，钢丝网张开后弯曲面（凹面）朝向墙面，防止形成网兜。将网按顺方向依次平整铺贴，铺钉钢丝网应按从上至下、从左至右的顺序施工。其搭接宽度不应少于 4 个网格（网孔为 10~15mm）。

已铺贴好的热镀锌钢丝网可先用金属或塑料 U 形卡子卡住热镀锌钢丝网，使网紧贴于抗裂砂浆表面，尽可能使网片达到平整，然后将墙体上的热镀锌钢丝网用电动冲击钻在钢丝网上部打两个孔，在孔中插入尼龙胀栓，用手锤将胀钉钉牢，将其锚固在基层上，之后，随抻平下面钢丝网随用尼龙胀栓固定钢丝网。

采用双向间距500mm梅花状分布，用塑料锚栓将热镀锌钢丝网用膨胀螺栓等机械措施固在基层墙体上，控制胀栓密度应不少于 4 个/m²，锚固胀栓固定钢丝网要求钉入结构墙体，钉入基层有效深度应不小于 30mm，钢丝网固定在基层示意如图 3-28 所示。如果基层

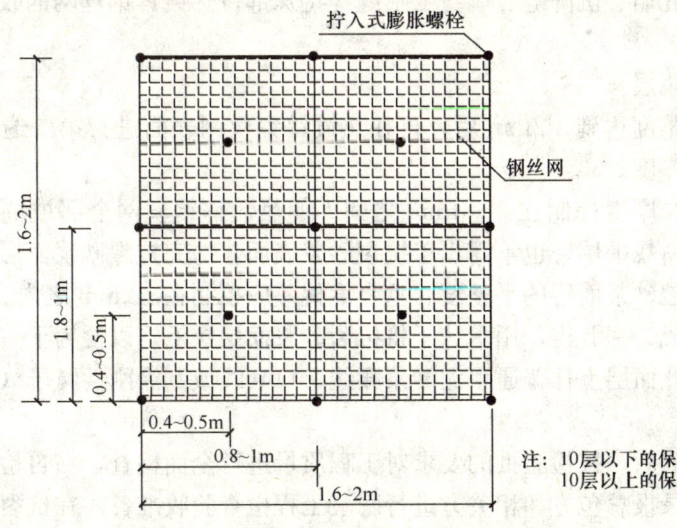

注：10层以下的保温系统取图中较大值，
　　10层以上的保温系统取图中较小值。

图 3-28　钢丝网固定在基层示意图

为轻质混凝土砌块墙体，应在墙中预埋肩钢固定件替代膨胀螺栓。

铺钉施工时，使钢丝网尽量贴近墙面，钢丝网铺钉要紧贴墙面保证平整达到±2mm，钢丝网有局部翘起的部分应用约5～6cm长U形的12#铅丝插入保温层并压平固定，要求钢丝网局部翘起高度应≤2mm。钢丝网边相互搭接宽度应在40mm左右（约两格网格），搭接部位以≤300mm的间距用镀锌铅丝将两网绑扎在一起。

相邻热镀锌钢丝网的搭接宽度不应小于40mm，相互搭接处不得超过3层，在搭接部位也按间距500mm用塑料锚栓固定于基层。

窗洞等侧口部位钢丝网收口处的固定胀栓数每延长米不少于3个，窗口钢丝网边应直接固定于基层并铺至辅框外。

门窗洞口四角的外表面处应各加盖一块（φ1.5mm，网孔为40mm×40mm，长×宽为300mm×400mm）热镀锌钢丝网，热镀锌钢丝网与窗角平分线成90°角放置，贴在最外侧，门窗洞口四角热镀锌钢丝网加强如图3-29所示。

窗洞口内阴角处加盖一块（φ1.5mm，网孔为40mm×40mm，长为400mm）钢丝网，其宽度应贴至窗框外边缘，在窗洞口阴角处形成等边增强角网，窗洞口内阴角增强钢丝网如图4-30所示。

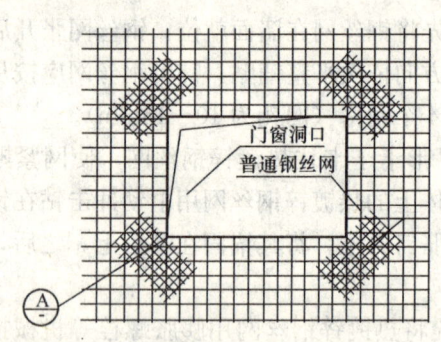 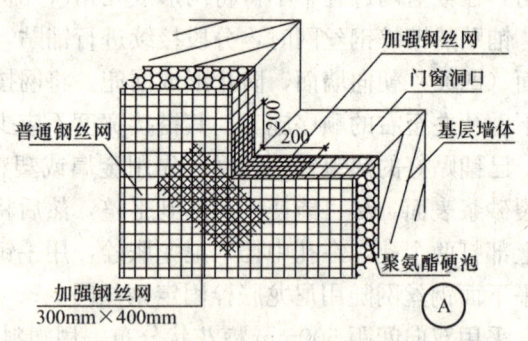

图3-29 门窗洞口四角热镀锌钢丝网加强　　图3-30 窗洞口内阴角增强钢丝网

在阴阳角、窗口、女儿墙、沉降缝、墙身变形缝等特殊部位热镀锌钢丝网的收头应固定在主体结构上，达到牢固。

③涂抹第二遍抗裂砂浆层

热镀锌钢丝网铺贴平整度达到±2mm后，再在热镀锌钢丝网表面进行第二遍抗裂砂浆层涂抹，直抹至规定最终厚度。

第二遍抗裂砂浆层涂抹厚度控制在3～4mm之间，使热镀锌钢丝网全部被抗裂砂浆覆盖，既不紧靠聚苯颗粒浆料找平层，也不露出于抗裂砂浆表面，抹完抗裂砂浆面层必须达到平整、稳固而无松动，抗裂砂浆面层的平整度、垂直度偏差应控制在±2mm之内。

抗裂砂浆面层抹灰完成2～3h内，用木抹子将抗裂砂浆面层搓毛，以便为下一层的连接提供相应的界面。严禁在此面层上抹普通水泥砂浆腰线、口套线或刮涂刚性腻子（如水泥腻子、石膏腻子等）。

抗裂砂浆面层抹灰完成后，按检验批的要求对工程质量进行全面检查，在自检合格的基础上，整理好施工质量记录报总包方和相关方进行隐蔽工程检查验收准备。在抗裂砂浆层终凝前进行喷水养护，约7d后粘贴面砖。

9）贴面砖

①弹线

按设计的图纸要求进行分格弹线，面砖缝不应小于5mm，并按详图要求在一定楼层高度设置加宽的面砖缝，并进行面层贴标准点，以控制面层出墙尺寸及墙面垂直、平整度。

②排砖

根据大样详图及墙面尺寸进行横竖排砖，以保证面砖缝隙的均匀，符合设计要求。大面和通天柱子、垛子处要排整砖，同一墙面的横竖方向上不得有一行（列）以上的非整砖，非整砖行（列）应排在次要位置上，如窗间墙或阴角处。排砖要注意整体的一致性和对称性。

③浸砖

当使用吸水率大于1%的面砖时，在贴砖前应先将砖面清扫干净，再放入净水中浸泡2h以上，再取出将表面晾干或擦干。吸水率小于1%的面砖可不必浸泡。

④贴砖

外墙饰面砖分段由上至下施工，每段内由下向上粘贴。先将基层喷水湿润，以不流淌为宜。在每一分段或分块内最下一层砖下皮的位置线上隐好靠尺，以便托住第一皮面砖，然后自下而上镶贴面砖。

在面砖外皮上口拉水平通线作为镶贴的标准，横竖向均匀甩缝5mm，竖向缝隙挂双线，水平向挂单线，但要在棱上跟线，在铺贴过程中及时吊垂直，防止出现垂直偏差。水平距离超过3m时，层高超过3m时以及中间腰线均应用3m靠尺检查。

贴砖时，在面砖的背面抹5～8mm厚的面砖粘结砂浆，面砖卧灰应饱满，防止形成渗水通道受冻后，造成面砖起鼓、脱落。

面砖贴上后用灰铲柄轻轻敲击砖面附线，再用开刀调整竖缝并用小杠通过标准点调整平面垂直度（竖缝），用靠尺随时找平找方。

在面砖粘结砂浆层初凝前，可调整面砖的位置和接缝宽度，初凝后严禁振动或移动面砖。墙面突出的卡件、水管或线盒处宜采用整砖套割后套贴，套割缝口要小，圆孔采用专用开孔器处理，不得采用非整砖拼凑镶贴。

常温施工24h后进行适当喷水养护，喷水养护时不得过多、不得有流淌。口角砖交接处呈45°。

10）勾面砖缝

粘结层终凝后，按确定专用面砖勾缝胶勾缝材料、专用工具进行勾缝。勾缝时，先勾水平缝再勾竖缝。面砖缝要凹进面砖外表面2mm，纵横交叉处要过渡自然，不能有明显痕迹。砖缝应达到连续、平直、深浅一致、表面压光。

11）清洁面砖表面

勾缝时，应随勾随用棉纱蘸清水擦净砖面，勾缝完成并在常温3d后，即可清洗残留在砖面的污垢。勾缝后要适当浇水养护，然后将墙体大面积清洗干净。

12）分隔缝防水嵌缝处理

分格缝用耐候硅酮密封胶做防水嵌缝，布胶达到饱满、均匀、密实。

13）面砖饰面与涂料饰面交接部位处理

设外墙外保温在20m以下为面砖饰面，20m以上为涂料饰面的做法时，在面砖饰面内设置的热镀锌钢丝网向上延伸300，并用锚固件固定，涂料饰面内的耐碱玻纤网格布与热镀锌钢丝网连续铺设，形成逐渐过渡。

在面砖饰面与涂料饰面交接部位应采用密封胶密封严实，防止在两种饰面的交接处出现开裂、渗水。

4. 工程质量标准

（1）涂料饰面

1）主控项目

①所有材料品种、质量、性能、规格，必须符合设计要求和相关标准规定。

检验方法：观察、尺量检查；核查质量证明文件。

②保温层与墙体以及各构造层之间必须粘结牢固，无脱层、空鼓及裂缝，面层无粉化、起皮、爆灰。

检验方法：观察检查。

③涂层严禁脱皮、漏刷、透底。

检验方法：观察检查。

④聚氨酯硬泡、胶粉聚苯颗粒保温层厚度必须符合设计要求，不允许有负偏差。

检验方法：按施工顺序，用钢针插入、尺量。

⑤防火带与基层结合牢固，其宽度、厚度必须符合设计要求，不允许有负偏差。

检验方法：观察检查。

2）一般项目

①表面平整、洁净，接茬平整、线角顺直、清晰，毛面纹路均匀一致。

检验方法：观察检查。

②护角符合施工规定，表面光滑、平顺、门窗框与墙体间缝隙填塞密实，表面平整。

检验方法：观察检查。

③孔洞、槽、盒位置和尺寸正确、表面整齐、洁净，管道后面平整。

检验方法：观察、尺量检查。

④防火带与聚氨酯硬泡保温层间无缝隙、防火带表面无被喷涂硬泡。

检验方法：观察。

3）允许偏差及检验方法（表3-25）。

表3-25 允许偏差及检验方法

项　目	允许偏差（mm）	检验方法
立面垂直	4	用2m托线板检查
表面平整	4	用2m靠尺和楔尺检查
阴阳角垂直	4	用2m托线板检查
阴阳角方正	4	用20cm方尺和楔尺检查
分格条（缝）平直	3	拉5m小线和尺量检查
立面总高垂直度	$H/1000$且$\not> 20$	用经纬仪、吊线检查
上下窗口左右偏移	$\not> 20$	用经纬仪、吊线检查
同层窗口上、下	$\not> 20$	用经纬仪、吊线检查
保温层厚度	不允许有负偏差	探针、钢尺检查
保温层平整度	1.5cm	用2m靠尺和楔尺检查

(2) 面砖饰面

1) 主控项目

①所有材料（面砖的品种、规格、颜色）质量、性能必须符合设计要求。

检验内容：检查产品合格证和出厂检测报告。

②聚氨酯硬泡、胶粉聚苯颗粒保温层厚度必须符合设计要求，不允许有负偏差。

检验方法：按施工顺序，用钢针插入、尺量。

③面砖粘贴必须牢固，粘结强度应符合《建筑工程饰面砖粘结强度检验标准》（JGJ 110）标准要求。

检验方法：观察检查。

④保温层、饰面砖与墙体以及各构造层之间必须粘结牢固，无脱层、空鼓及裂缝。

检验方法：用小锤轻击和观察检查。

⑤钢丝网应铺压严实，不得有空鼓、翘曲、外露等现象，搭接尺寸符合要求。

检验方法：观察检查。

2) 一般项目

①抗裂砂浆的表面应平整、洁净，接茬平整，线角顺直、清晰，毛面纹路均匀一致，勾缝材料色泽一致，无裂痕和缺损。面砖接缝应平整、光滑，填嵌应连续、密实；宽度和深度应符合设计要求。

检验方法：观察检查。

②聚氨酯硬泡、胶粉聚苯颗粒保温层平整度符合设计要求。

检验方法：观察检查。

③门窗框与墙体间缝隙填塞密实，表面平整。孔洞、槽、盒的位置和尺寸正确、表面整齐、洁净，管道后面平整。

检验方法：观察检查。

④阴阳角处搭接方式、非整砖使用部位应符合设计要求。

检验方法：观察检查。

⑤墙面突出物周围的面砖应套割吻合，边缘应整齐。墙裙、贴脸突出墙面的厚度一致。

检验方法：观察检查。

⑥有排水要求的部位应做滴水线（槽）。滴水线（槽）应顺直，流水坡向应正确、坡度应符合设计要求。

检验方法：观察检查。

3) 允许偏差及检验方法（表3-26）。

表3-26 允许偏差及检验方法

项　目	允许偏差（mm）	检验方法
立面垂直	3	用2m托线板检查
表面平整	4	用2m靠尺及塞尺检查
阴阳角垂直	3	拉5m小线，不足5m通线，钢尺检查
阴阳角方正	4	用20cm方尺和楔尺检查
接缝直线度	3	用钢尺检查
接缝高低差	1	用钢尺和塞尺检查
接缝宽度	1	用钢尺检查

（二）喷涂聚氨酯硬泡复合无机活性保温浆料系统

喷涂聚氨酯硬泡复合无机活性保温浆料这种保温体系，是将无机活性保温浆料抹在聚氨酯硬泡表面，无机活性保温浆料不仅可作为防火找平层，而且充分发挥无机活性保温浆料导热系数小、耐火度高、粘结性好和憎水的特点。

无机活性保温浆料不仅可与喷涂聚氨酯硬泡、浇注聚氨酯硬泡复合使用，也可与其他多种类型保温板材复合使用而形成很好的复合结构，通过使用后可达到提高保温、隔热和防火等多功能效果。

喷涂聚氨酯硬泡复合无机活性保温浆料这种保温体系，适用于我国夏热冬冷地区、寒冷地区和严寒地区。

另外，无机活性保温浆料可单独用在我国严寒地区、寒冷地区采暖的楼梯间墙、分户间壁墙的保温、隔热和隔声以及地下室顶板的保温。

喷涂聚氨酯硬泡与无机活性保温浆料复合保温结构如表 3-27 所示。

表 3-27　喷涂聚氨酯硬泡与无机活性保温浆料复合保温结构

基层墙体 ①	保温结构						
	墙体基层界面层 ②	保温层 ③	防火找平层 ④	涂料饰面		面砖饰面	
				抗裂防护层 ⑤	饰面层 ⑥	抗裂防护层 ⑤	饰面层 ⑥
混凝土墙或砌体墙	墙体基层防潮底漆	喷涂 PU 硬泡（防火隔离带）＋PU 硬泡处理砂浆	无机活性保温浆料	抗裂砂浆复合耐碱玻纤网格布＋弹性底层涂料	柔性耐水腻子＋面层涂料	第一遍抗裂砂浆＋热镀锌焊接钢丝网（用塑料锚栓与基层墙体锚固）＋第二遍抗裂砂浆	面砖粘结砂浆＋面砖＋勾缝料

1. 材料性能要求

（1）喷涂聚氨酯硬泡基础原料技术性能要求。

同本节一中的喷涂聚氨酯硬泡基础原料技术性能要求。

（2）喷涂聚氨酯硬泡成品质量性能要求。

同本节一中的喷涂聚氨酯硬泡质量性能要求。

（3）配套材料技术性能。

同本节一中的配套材料技术性能。

（4）无机活性保温材料性能。

无机活性保温材料是由矿物膨胀的果壳式多孔轻集料、填充料、粘结剂及外加剂等组成，或由粉煤灰漂珠、膨胀珍珠岩、填充、有机无机复合粘结剂及外加剂等组成，将其各组分按规定比例混配后，组合成环保型无机粉状材料，在现场应用时，粉状材料与适量水经共同拌制后成为可涂抹施工的保温浆料。

1）无机活性抗裂粉料、保温粉料及其硬化后的技术性能如表 3-28、表 3-29 所示。

表 3-28 无机活性抗裂、保温粉料性能

项 目		指 标	备 注
	外观	色泽均匀的粉料	—
干料堆积密度	无机活性抗裂抹面料（kg/m³）	200~250	—
	无机活性保温料（kg/m³）	150~200	—
粒度	无机活性抗裂抹面料（%）	≤1.0	2mm 筛孔筛余量
	无机活性保温料（%）	≤1.0	3.5mm 筛孔筛余量

表 3-29 硬化后的物理力学性能

项 目		指 标	
		抗裂浆料	保温浆料
浆料	密度（kg/m³）	≤850	≤800
	表观密度（kg/m³）	≤460	≤400
	线收缩率（%）	≤0.1	≤0.1
	压缩(10%)强度(MPa)	≥1.0	≥0.8
	抗拉强度(MPa)	≥1.0	≥1.0
	粘结强度(MPa)	≥1.0	≥1.0
硬化后	抗冲击(J)	≥10	≥3
	憎水度(%)	≥96	≥96
	导热系数[W/(m·K)]	≤0.072	≤0.068
	蓄热系数[W/(m²·K)]	2.98	2.78
	耐冻融	表面无裂纹、空鼓、起泡、剥离现象	
	燃烧性能级别	A 级（不燃）	
核素放射比活度	I_{Ra}	<1.0	<1.0
	I_γ	<1.0	<1.0

2）球硅复合轻质粉料的技术性能如表 3-30 所示。

表 3-30 硬化后的物理力学性能

项 目		指 标
干密度（kg/m³）		301~400
抗压强度（MPa）		≥0.40
导热系数（平均 25℃）[W/(m·K)]		≤0.085
线收缩率（%）		≤0.30
压剪粘结强度（kPa）		≥50
燃烧性能级别		A 级均质材料：炉内平均温升不超过 50℃，试样平均燃烧时间不超过 20s，试样平均质量损失率不超过 50%
软化系数		≥0.50
抗冻性	质量损失率（%）	≤5
	抗压强度损失率（%）	≤25

3）保温砂浆硬化后的物理力学性能（GB/T 20473—2006）如表 3-31 所示。

表 3-31 硬化后的物理力学性能要求

项 目	技 术 要 求	
	Ⅰ型	Ⅱ型
干密度(kg/m³)	240~300	301~400
抗压强度(MPa)	≥0.20	≥0.40
导热系数(平均温度25℃)[W/(m·K)]	≤0.070	≤0.085
线收缩率(%)	≤0.30	≤0.30
压剪粘结强度(kPa)	≥50	≥50
燃烧性能级别	应符合GB 8624规定A级要求	应符合GB 8624规定A级要求

（5）拌制保温浆料和抗裂抹面浆料应采用42.5级普通硅酸盐水泥；拌合水质量应符合JGJ 63—2006混凝土拌合用水标准。

2. 设计要点

（1）设计要求

参见本节中一中的相关要求。

（2）细部节点构造

参见本节中一中的相关要求。

3. 施工

（1）工艺流程

1) 涂料饰面工艺流程如图 3-31 所示。

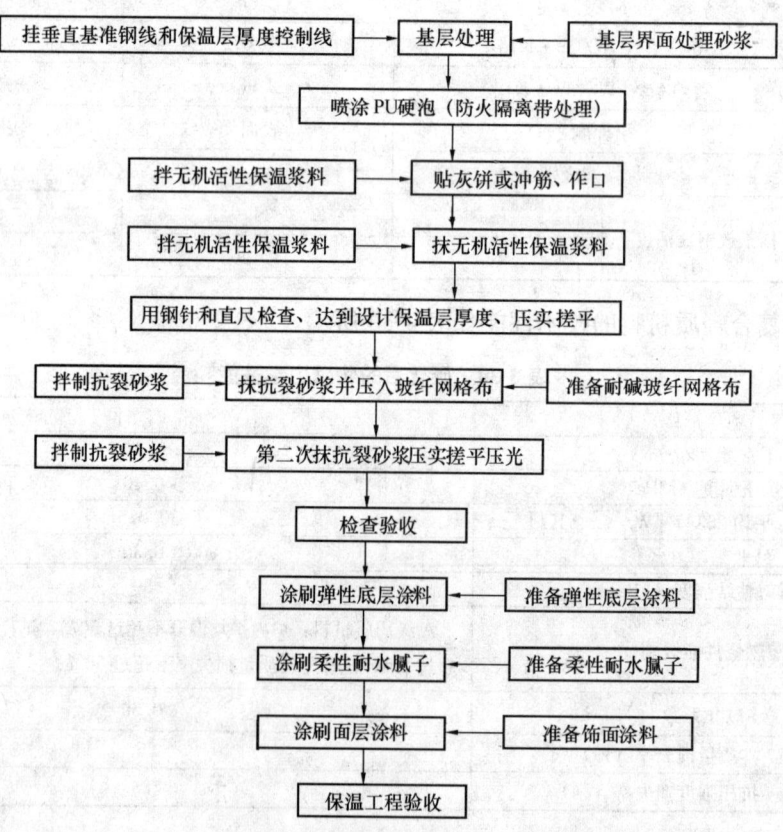

图 3-31 涂料饰面工艺流程

2) 面砖饰面工艺流程见图 3-32。

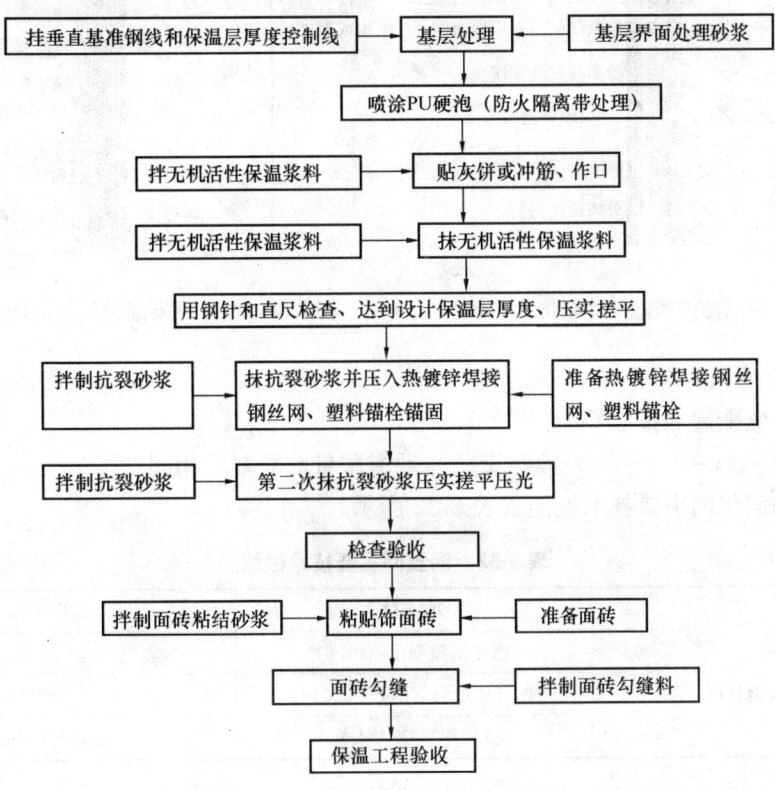

图 3-32　面砖饰面工艺流程

(2) 涂料饰面、面砖饰面操作工艺要点

参照本节一、(一) 3. 中中的内容要求。

4. 工程质量标准

涂料饰面、面砖饰面施工质量标准参照本节中一、(一) 中的相关内容要求。

二、喷涂聚氨酯硬泡涂料、面砖饰面系统

在该系统中，特别是对喷涂聚氨酯硬泡技术应具备很高的操作水平，使喷涂聚氨酯硬泡达到极好的平整度后，只对硬泡表面个别局部不平整之处稍加处理，然后在聚氨酯硬泡体表面，直接涂刷聚氨酯硬泡界面剂，再同常规方法采用薄抹灰成为涂料饰面系统，或采用热焊镀锌网加固采用厚抹灰成为面砖饰面系统。

该系统减少在硬泡表面设无机浆料等找平的施工程序，在阴阳口角处采用普通形状的板条为预制件粘贴。

喷涂聚氨酯硬泡涂料饰面系统，是由硬泡保温层、表面界面剂和玻纤网格布等构成，其组成构造如图 3-33 所示。

喷涂聚氨酯硬质泡沫面砖饰面系统，是由聚氨酯硬质泡沫保温层和抗裂砂浆层及饰面层构成。抗裂砂浆层内满铺镀锌钢丝网，并用膨胀锚栓将钢丝网固定于基层上，其组成构造如图 3-34 所示。

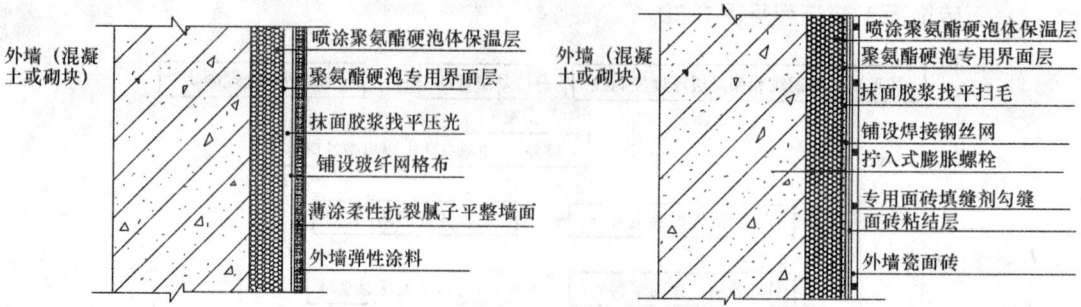

图 3-33 聚氨酯硬质泡沫涂料饰面系统　　图 3-34 喷涂聚氨酯硬质泡沫面砖饰面系统

（一）材料性能要求

1. 喷涂聚氨酯硬泡技术性能。

与本节中一、（一）1.（2）喷涂聚氨酯硬泡质量性能要求相同。

2. 热镀锌钢丝网主要技术性能如表 3-32 所示。

表 3-32　钢丝网主要技术性能

类　别	项　目	指　标
热镀锌钢丝网	钢丝抗拉强度（φ1.5）	≥540MPa
	焊点抗拉力（网孔 40×40）	≥65N
	镀锌层重量（φ1.9）	≥122g/m²

3. 聚合物抗裂砂浆应严格按配比及拌制工艺配制，经试配满足施工可操作性。

聚合物抗裂砂浆由聚合物胶粉、42.5 级普通硅酸盐水泥、中砂、减水剂、短纤维、流平剂等组成。抗裂砂浆可为干拌粉料，现场加水调制；亦可为多组分在现场调配。各组成部分原材料应符合相关标准的规定。

4. 抗裂砂浆、抹面胶浆、界面砂浆与保温层的拉伸粘结强度，在干燥状态下和浸水 48h 后的拉伸粘结强度均应≥0.15MPa，破坏界面均应位于聚氨酯硬质泡沫保温层。

5. 耐碱玻纤网格布：

耐碱玻纤网格布主要技术性能如表 3-33 所示。

表 3-33　耐碱玻纤网格布主要技术性能

序号	检验项目	单位	指标	检测方法
1	单位面积重量	g/m²	≥130	GB/T 9914.3
2	耐碱拉伸断裂强度	N/50mm	≥750	JGJ 144—附录 A，第 12.2
3	耐碱拉伸断裂强力保持率	%	≥50	JGJ 144—附录 A，第 12.2
4	断裂应变	%	≤5.0	GB/T 7689.5

6. 其他材料性能，同本节一、（一）1.（3）中有关内容及要求。

（二）设计要点

1. 设计要求

（1）聚氨酯硬泡面砖饰面系统构造的抗裂砂浆层内，满贴热镀锌钢丝网，并用热镀锌膨胀锚栓将热镀锌钢丝网固定于基层上。热镀锌钢锚栓直径≥5.5mm，锚入基层的有效锚固长度≥30mm，锚栓间距500mm，且呈梅花形布置。

（2）面砖宜采用小规格的薄型面砖，其面密度≤25kg/m²。粘贴面砖时，面砖间应留有不小于5mm的缝。粘贴面砖的建筑高度应≤20m，当建筑高度超过20m粘贴面砖时应通过设计部门计算确定。

（3）防火隔离带要求，参见本节一、（一）3.（3）3）要求。

2. 细部构造

（1）阴阳角构造

涂料饰面及面砖饰面的阴阳角，都采用普通形状的聚氨酯硬泡预制板满粘。涂料饰面阴阳角构造如图3-35、图3-36所示，面砖饰面阴阳角构造如图3-37、图3-38所示。

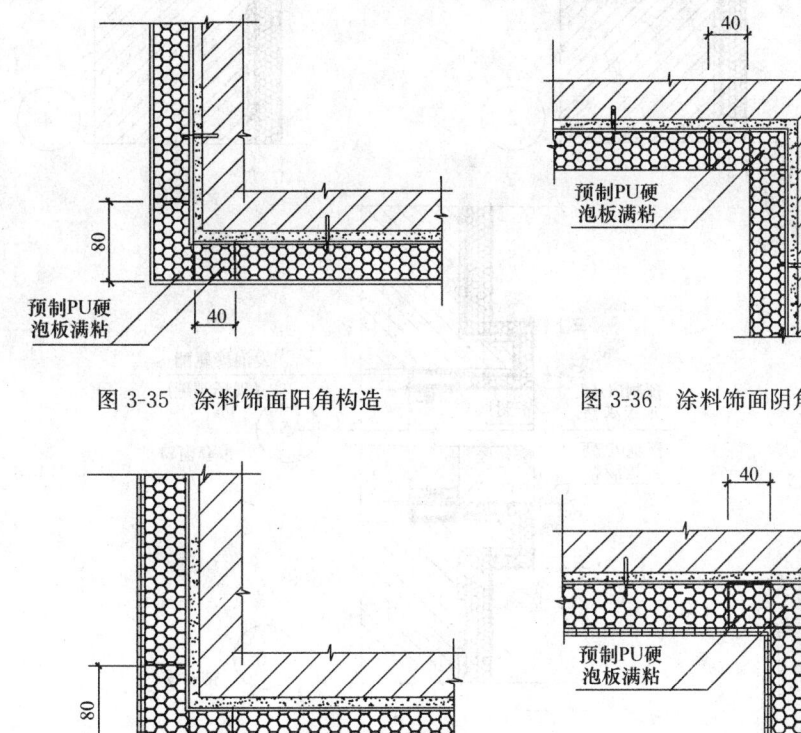

图3-35 涂料饰面阳角构造　　　　图3-36 涂料饰面阴角构造

图3-37 面砖饰面阳角构造　　　　图3-38 面砖饰面阴角构造

（2）窗口、带窗套窗口构造

窗口外要求外窗台排水坡顶应高出附框顶10mm，用于推拉窗时应低于窗框的泄水孔；窗口向下坡10mm，抹出滴水沿；外窗台排水坡顶应高出附框顶10mm，对于推拉窗时应低于窗框的泄水孔；窗上口向下坡10mm，抹滴水沿。

窗口、带窗套窗口构造见图3-39。

（3）封闭阳台构造

封闭阳台要求外窗台排水坡顶应高出附框顶10mm，用于推拉窗时应低于窗框的泄水

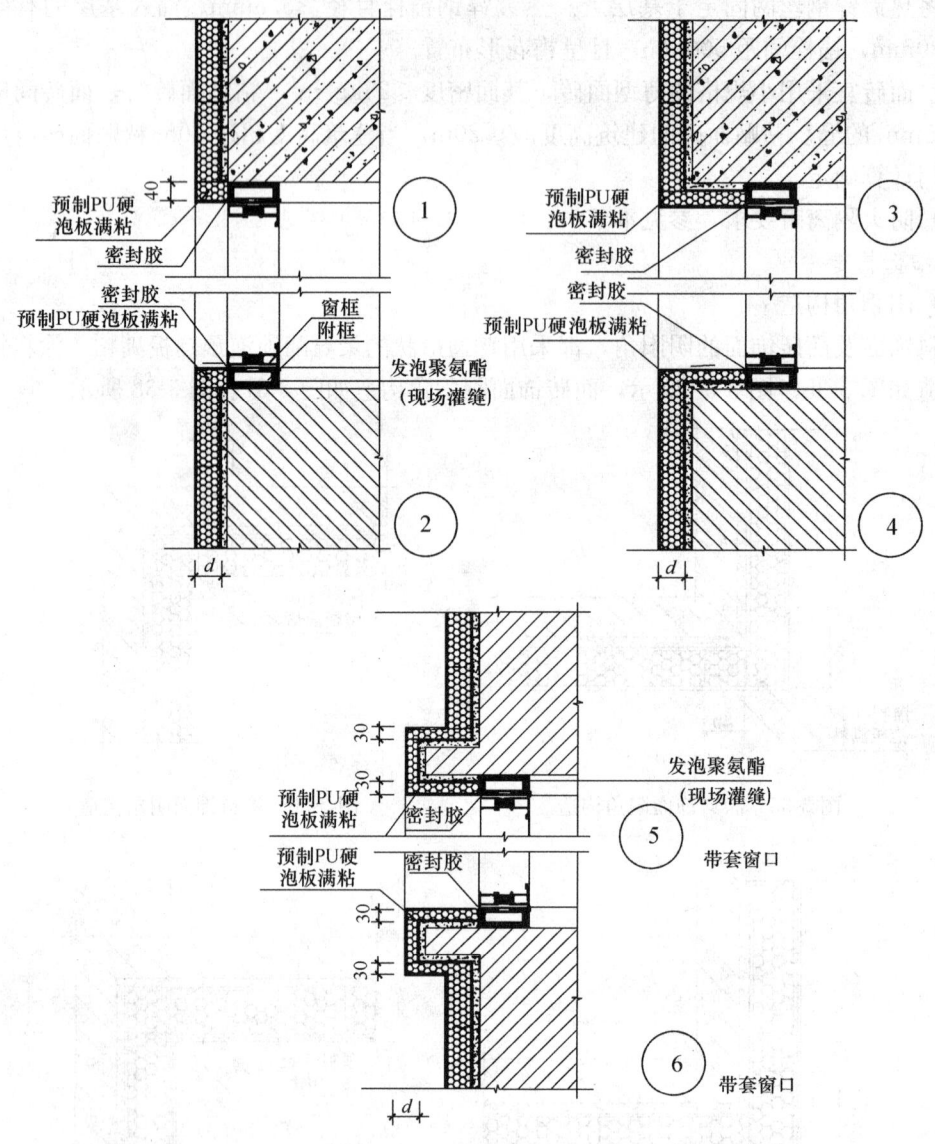

图 3-39 窗口、带窗套窗口构造

孔。封闭阳台构造见图 3-40。

(4) 穿墙管和空调机搁板构造

穿墙管和空调机搁板构造如图 3-41 所示。

(三) 施工

1. 施工准备

(1) 技术准备

施工前,应制订施工方案,相关负责人应对上岗施工人员进行技术和安全等培训,上岗施工人员应重点掌握原料性质、喷涂(喷枪操作)的具体技术要求,细部节点构造处理和安全事项等,经培训考核合格后方可上岗作业。

(2) 材料准备

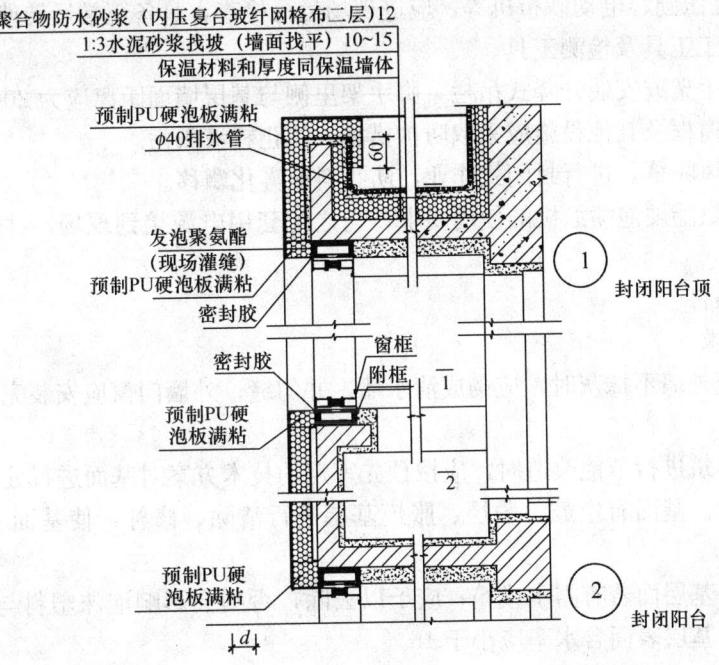

图 3-40 封闭阳台构造

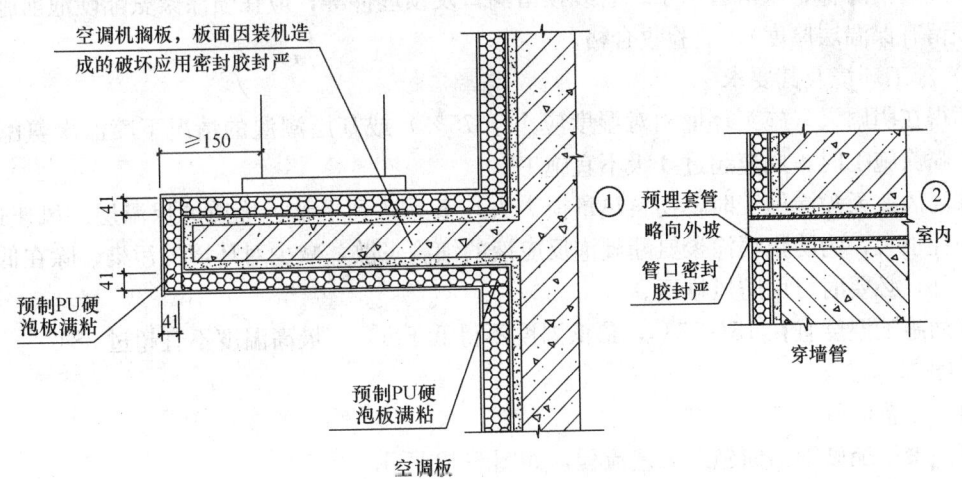

图 3-41 穿墙管和空调机搁板

原材料应按计划组织进场,按品种规格分类堆放整齐,并做好材料的防雨、防潮、防火等安全工作。

聚合物抹面胶浆及抗裂砂浆由专人负责,应严格按配比及拌制工艺配制,经试配满足施工可操作性。

耐碱玻纤网格布及热镀锌钢丝网裁剪应根据需要留出必要搭接(或重叠部分)长度。裁好的耐碱玻纤网格布应卷放,不得折叠、重压和踩踏。

(3) 设备、机具及其他准备

1) 进入现场的发泡设备(气泵)、砂浆搅拌机、自动回收碎泡打磨机(强动力吸尘器)、手提电锯、手提压刨、电动砂布机等，应进现场运行检查，具备正常运转使用要求。

2) 常用瓦工工具及检测工具。

3) 搭设脚手架或安装升降式吊栏，脚手架里侧与基层墙面距离应为200～300mm。

4) 对外门窗框及其他设施应采取防护措施，防止料液溅污。

5) 搭设防风帐幕，进行封闭式作业，防止料液雾化飘移。

6) 根据聚氨酯硬泡喷涂机的使用要求，与之配套用电源接到现场，并采取保证安全用电的措施。

（4）施工条件

1) 基层要求

①新建建筑外墙不抹灰时，应砌成清水墙，并勾缝；外墙门窗应安装完毕。外墙、门窗安装验收合格。

②对既有建筑进行节能改造时，应按预先审定的技术方案对基面进行处理。清除表面尘土、杂物和油污。基面有空鼓、脱层、胀模基层进行清除、修补，使基面平整度偏差不大于2mm。

③待喷涂的基层面若有露水或霜，应予以去除，否则会影响泡沫塑料与基层的粘结性，影响整体性能。基层表面含水率应小于15％。

④对沉降缝、伸缩缝应按设计要求施工、验收完毕。

⑤外墙消防梯、水落管卡子、管线预留洞口及预埋件等，应在喷涂聚氨酯硬泡前施工完毕（预留有保温层厚度），应验收合格。

2) 施工环境及其要求

不得在阴雨天（施工环境相对湿度应小于75％）或基层潮湿的情况下喷涂聚氨酯硬质泡沫，喷涂施工时，风速超过3级不宜施工。

在高风速天喷涂施工时，物料热量损失大，不易达到平整、优质的保温层。风速过大，原料损耗也大，为防止喷涂聚氨酯硬泡反应液的细滴飞散，减少对环境的污染，除在低风速下施工外，必要时可用防风帐幕。

基面施工温度宜在15～35℃，最低温度不得低于5℃，最高温度不宜超过38℃。

2. 施工工艺

（1）工艺流程

喷涂聚氨酯硬泡饰面施工工艺流程，如图3-42所示。

（2）操作工艺要点

操作应严格按规定的施工条件和施工工艺流程进行。

1) 基层处理，同本节中一、（一）的3.（3）1) 基层处理。

2) 阳角、阴角或窗口处理。

阳角、阴角或窗口处理，参照本节中一、（一）的3.（3）2) 处理。

3) 遮挡保护门、窗、脚手架等非涂物。

4) 防火隔离带处理。

防火隔离带处理，参考同本节中一、（一）的3.（3）3) 处理。

5) 喷涂聚氨酯硬泡。

喷涂聚氨酯硬泡操作，同本节中一、（一）的3.（3）5) 操作要求。

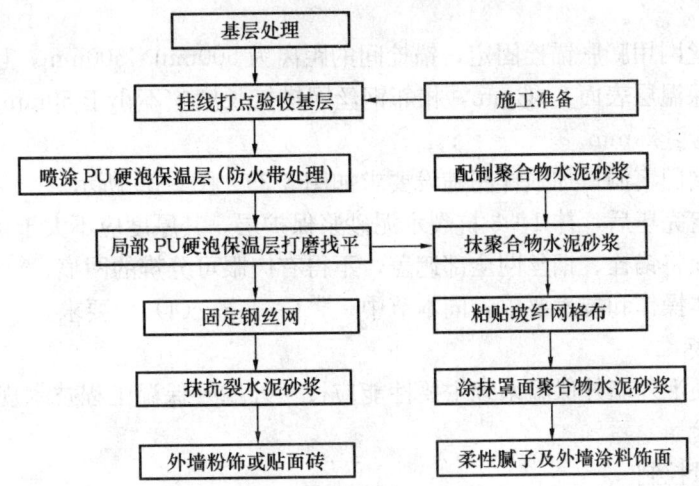

图 3-42 喷涂聚氨酯硬泡饰面施工工艺流程

喷涂聚氨酯硬泡达到设计要求厚度并完全固化后,对超出且不平整的局部用打磨机具修整,使墙面平整度和垂直度达到要求。

在完成喷涂的墙面,发现有不平整、低于设计厚度要求的部位应立即进行补喷,直至达到规定厚度,必要时对其再次打磨平整。打磨时有散落的碎屑应清理干净,收集待利用。

6) 涂聚氨酯硬泡界面(剂)砂浆。

涂聚氨酯硬泡界面砂浆操作,同本节中一、(一) 的 3.(3) 6) 要求。

7) 保护层分格缝的横竖间距宜为 6~8m,缝宽度根据工法而设定,或按设计要求设置。在分格缝处应切断玻纤网格布或热镀锌钢丝网。并用硅酮密封胶做好缝的防水、防雨、防潮处理。

8) 涂料饰面。

①清除聚氨酯硬泡表面的污物,涂抹第一遍聚合物水泥胶浆。

②涂抹聚合物水泥胶浆的面积应略大于玻纤网格布的长度和宽度,厚度为 2~3mm,将玻纤网格布置于其上,网格布的凹面朝向墙面,从中央向四周展开、刮平,使玻纤网格布嵌入聚合物水泥胶浆中,网格布不得有皱折。然后再抹 2~3mm 厚度面层聚合物水泥胶浆,玻纤网格布不得有外露现象。聚合物胶浆保护层总厚度控制在 4~5mm。

③玻纤网格布周边搭接长度应大于 50mm。在玻纤网格布被切断的部位,应采用补网搭接,两侧搭接长度都不得小于 50mm。搭接的两层网格布之间应满涂聚合物胶泥,不许干搭,玻纤网格布铺设要求如图 3-26、图 3-27 所示。

④玻纤网格布粘完后应防止雨淋和撞击;容易碰撞的部位应采取保护措施;对损坏部位必须及时作修复处理。

⑤保护层分格缝的横竖间距宜为 6~8m,缝宽度根据工法而设定,或按设计要求设置。在分格缝处应切断玻纤网格布或热镀锌钢丝网。并用硅酮密封胶做好缝的防水、防雨、防潮处理。

⑥饰面涂料涂刷前,对保护层局部出现干缩、裂纹,应用弹性腻子修补刮平,并满涂柔性抗裂腻子。

⑦按设计要求材质、色泽涂刷饰面材料。

9) 面砖饰面。

①热镀锌钢丝网用膨胀锚栓固定,锚栓间的距离为500mm×500mm,且梅花布置。

钢丝网应距保温层表面2～3mm,相邻钢丝网搭接长度应不小于50mm。膨胀锚栓伸入基层的锚固深度应≥25mm。

热镀锌钢丝网门窗洞口加强详图铺设要求如图3-29、图3-30所示。

②钢丝网固定完毕后,抹1∶3抗裂水泥砂浆保护层,其厚度应不大于10mm。

③保护层必须将锚栓、钢丝网全部遮盖,不得有肉眼可分辨的网痕、钉帽。

④贴面砖具体操作和技术要求,同本节中一、(一) 3.(4)中要求。

3. 工程质量标准

喷涂聚氨酯硬泡外墙外保温系统主要性能应按《外墙外保温工程技术规程》JGJ 144规定进行耐候性检验。

(1) 工程质量控制

1) 喷涂聚氨酯硬泡保温防水工程应按现行国家标准《建筑工程施工质量验收统一标准》(GB 50300) 规定进行施工质量控制及验收。

2) 喷涂聚氨酯硬泡保温防水工程的分项工程和工序应按表3-34进行划分。

表3-34 聚氨酯硬泡保温防水工程分部工程和分项工程划分

分项	工序
PU硬泡薄抹灰(涂料饰面)系统	基层处理、PU硬泡保温防水层、抹面层、变形缝、饰面层
PU硬泡厚抹灰(面砖饰面)系统	基层处理、PU硬泡保温防水层、抹面层、变形缝、饰面层

3) 分项工程以500～1000m²为一个批次检验,不足500m²也视为一批;每个检验批每100m²至少抽查一处,每处不少于10m²。

(2) 工程质量验收

1) 主控项目:

①喷涂聚氨酯硬泡保温防水工程系统及主要组成材料性能,应符合设计要求。

检查方法:检查型式检验报告和进场复检报告。

②喷涂聚氨酯硬泡保温层厚度应符合设计要求。

检查方法:用ϕ1mm的钢丝和直尺,用探针法抽查检查,每100m²抽查5处,取平均值。

③薄抹灰及厚抹灰系统的粘结强度,应符合材料要求性能指标。

检查方法:检查检验报告。

2) 一般项目:

①喷涂聚氨酯硬泡保温防水工程垂直度和尺寸允许偏差应符合现行国家标准《建筑装饰装修工程质量验收规范》(GB 50210) 规定。

②钢丝网和机械固定系统及抹面厚度,应符合设计要求。

③抹面质量和饰面层分项工程施工质量,应符合现行国家标准《建筑装饰装修工程质量验收规范》(GB 50210) 规定。

3) 喷涂聚氨酯硬泡保温防水工程竣工验收应提交下列文件:

①喷涂聚氨酯硬泡保温防水工程设计文件、图纸会审、设计变更和洽商记录;

②施工方案和施工工艺；

③型式检验报告（耐候试验报告必须具备）及其主要材料的产品合格证，出厂检验报告、进场复检报告和现场验收记录；

④施工技术交底记录；

⑤施工工艺记录及施工质量检验记录；

⑥其他必须提交的资料等。

三、喷涂聚氨酯硬泡复合防水涂膜稀浆涂料、面砖饰面系统

该系统技术特点是采用防水涂膜稀浆，作为聚氨酯硬泡基层和面层界面处理，且喷涂聚氨酯硬泡与防水涂膜稀浆共同构成双道防水功能，纤维增强抗裂腻子起找平和保护层作用。在阴阳角、口，采用扁嘴喷枪喷涂聚氨酯硬泡修整成形或粘贴预制保温板条。

该系统防水抗渗性能达到最高的同时，又使系统的保温层与墙体基面及保护层之间有极其突出的黏附力，施工工艺简便。

在经过防水涂膜稀浆界面剂处理后，聚氨酯泡沫与墙体基层整体全粘结的状态及柔性保护层与聚氨酯硬泡之间的相融强粘结，保证了整个保温系统超强的抗压、抗剪和粘结性能，解决了使用保温系统后再选用面砖、石材作为装饰材料时的安全问题。

该体系主要适用于多孔黏土砖、钢筋混凝土、加气混凝土砌块、混凝土小型砌块等基层墙体；适用于低、多、中高、高层建筑的各类围护墙体建筑的涂料饰面保温工程，及墙面粘贴面砖高度限于24m及以下的各类围护墙体的外墙保温防水工程。

喷涂聚氨酯硬泡复合防水涂膜稀浆保温系统的墙体构造如图3-43和图3-44所示。

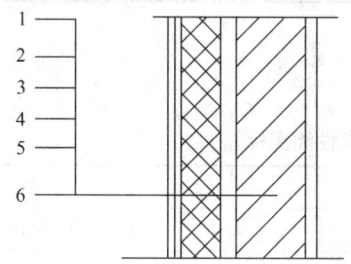

图3-43 涂料饰面图

1—弹性外墙防水涂料；2—纤维增强抗裂腻子（3～5mm厚）；3—防水涂膜稀浆；4—PU硬泡；5—防水涂膜稀浆；6—结构层

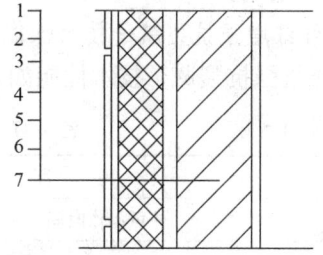

图3-44 面砖饰面

1—面砖；2—粘结剂层（2～5mm厚）；3—纤维增强抗裂腻子（3～5mm厚）；4—防水涂膜稀浆；5—PU硬泡；6—防水涂膜稀浆；7—结构层

（一）主要材料技术性能要求

1. 防水涂膜稀浆技术性能（表3-35）

表3-35 防水涂膜稀浆技术性能指标

项目		指标
固体含量（%）		≥65
干燥时间（h）	表干时间	≤4
	实干时间	≤8

续表

项目		指标
拉伸强度	无处理拉伸强度（MPa）	≥1.8
	加热处理后保持率（%）	≥80
	碱处理后保持率（%）	≥80
不透水性（0.3MPa，30min）		不透水
潮湿基面粘结强度（MPa）		≥1.0

2. 喷涂聚氨酯硬泡技术性能

喷涂聚氨酯硬泡技术性能如表3-36所示。

表3-36 技术性能指标

项目	指标
密度（kg/m³）	≥35
导热系数[W/(m·K)]	≤0.025
吸水率(%)	≤3
抗压强度(MPa)	≥0.15
抗拉强度(MPa)	≥0.2
粘结强度(MPa)	≥0.2
尺寸稳定性(%)	≤1
不透水性(0.3MPa，30min)	不透水
氧指数(%)	26

3. 纤维增强抗裂腻子技术性能

纤维增强抗裂腻子技术性能如表3-37所示。

表3-37 纤维增强抗裂腻子技术性能指标

项目			指标	检测方法
可操作时间（h）			≤4	JG 149—2003
拉伸粘结强度（MPa）	与水泥砂浆	原强度	≥0.6	JG/T 24—2000
		耐水	≥0.4	JG/T 24—2000
	与硬质聚氨酯泡沫	原强度	≥0.2	JG/T 24—2000
		耐水	≥0.2	JG/T 24—2000

注：增强抗裂腻子与硬质聚氨酯泡沫塑料之间有涂膜稀浆作界面处理。

4. 喷涂聚氨酯硬泡复合防水涂膜稀浆保温系统物理性能

喷涂聚氨酯硬泡复合防水涂膜稀浆保温系统物理性能如表3-38所示。

表3-38 喷涂聚氨酯硬泡复合防水涂膜稀浆保温系统（外墙外保温）的性能指标

项目		指标	检测方法
抗冲击强度（J）		≥3.0	JG 149—2003
压剪粘结强度	标准状态28d（MPa）	≥0.2	HG 2727—1995
	耐冻融10次	表面无裂纹、空鼓、起壳、剥离现象	JG 149—2003

5. 主要配套材料

(1) 胶粘剂：非溶剂型合成高分子胶粘剂。

(2) 密封胶：丙烯酸酯建筑密封胶，氯磺化聚乙烯建筑密封胶。

(3) 耐碱玻纤网格布。

(4) 防火隔离带材料。

(二) 设计要点

1. 系统需设置变形缝处；

2. 保温系统与不同材料相接处；

3. 基层墙体材料改变处；

4. 墙面的连续高、宽每超过23m，且未设其他变形缝时；

5. 结构可能产生较大位移的部位，如建筑体型突变或结构系统变化处；

6. 防火隔离带设置、构造。

(三) 施工

1. 施工准备、施工条件

(1) 基层平整，无浮灰、油污。

(2) 在喷涂硬质聚氨酯泡沫前，应将墙面上的管线、设施基础、预埋安装构件等预先施工到位。

(3) 其他参见本节一、(一) 3 中内容的要求。

2. 施工工艺

(1) 工艺流程

喷涂聚氨酯硬泡复合防水涂膜稀浆系统工艺流程，如图 3-45 所示。

(2) 操作工艺要点

1) 涂防水涂膜稀浆

首先做基层处理，基层处理合格后涂刷一道防水涂膜稀浆，养护 24h。

2) 喷涂聚氨酯硬泡

基层防水涂膜稀浆干燥后，首先在阴阳口角喷涂聚氨酯硬泡修整成形并达到墙体保温层的标准厚度，以此标准厚度进行墙体大面喷涂聚氨酯硬泡。

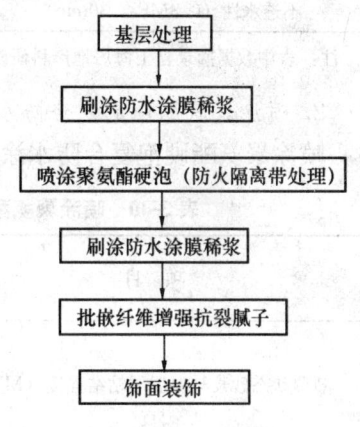

图 3-45 工艺流程

根据保温层的厚度，一个施工作业面可分几遍喷涂，当日的施工作业面，必须当日连续喷涂完毕。达到喷涂厚度并完全固化后，可用手提刨刀进行局部修整。

在门、窗洞口、高度在 20m 以下的墙体及所有墙面保温系统材料断开处均需在聚氨酯硬泡保温层上附加耐碱玻璃纤维网格布，且两边各伸出不小于 200mm。

防火隔离带处理，参考本节中一、(一) 的 3 中的相关内容处理。

3) 涂刷防水涂膜稀浆

均匀涂刷一道防水涂膜稀浆，可加入适量细砂，增加其粗糙度，涂刷完成后养护 24h，使其彻底干燥。

4) 批嵌纤维增强抗裂腻子

纤维增强抗裂胶浆调配搅拌均匀后，用刮刀分二次进行批刮，中间铺嵌耐碱玻纤网格布。

5）墙体装饰

养护一周后，进行墙体涂料饰面或面砖饰面装饰。

（四）工程质量检测

1. 该系统所用聚氨酯硬泡性能检测

该系统所用聚氨酯硬泡性能检测结果，如表3-39所示。

表3-39 聚氨酯硬泡性能检测报告

项 目	标准要求	检测结果
密度（kg/m³）	≥35	41.2
导热系数[W/(m·K)]	≤0.025	0.022
抗压强度（MPa）	≥0.15	0.20
抗拉强度（MPa）	≥0.2	0.38
粘结强度（MPa）	≥0.2	0.25
吸水率（%）	≤2	0.7
尺寸稳定性（%）	≤1	0.8
氧指数（%）	26	27.4
不透水性（0.3MPa，30min）	不透水	不透水

注：表中数据摘录自上海房地产科研院PU硬泡的检测结果。

2. 喷涂聚氨酯硬泡复合防水涂膜稀浆保温系统粘结强度检测

喷涂聚氨酯硬泡复合防水涂膜稀浆保温系统粘结强度检测结果如表3-40所示。

表3-40 喷涂聚氨酯硬泡复合防水涂膜稀浆保温系统粘结强度检测报告

项 目	检测结果		破坏状态
	检测值	平均值	
潮湿状态砂浆与保温层粘结强度（MPa）	0.47	0.46	PU硬泡保温层破坏
	0.52		PU硬泡保温层破坏
	0.40		PU硬泡保温层破坏
高温状态（70~80℃）砂浆与保温层粘结强度（MPa）	0.40	0.44	PU硬泡保温层破坏
	0.41		PU硬泡保温层破坏
	0.50		PU硬泡保温层破坏
面砖与保温系统粘结强度（MPa）	0.93	0.74	PU硬泡保温层破坏
	0.47		PU硬泡保温层破坏
	0.82		PU硬泡保温层破坏
技术指标（MPa）	≥0.2		

注：表中数据摘录自上海房地产科研院的检测结果。

3. 喷涂聚氨酯硬泡复合防水涂膜稀浆保温系统耐候性能检测

喷涂聚氨酯硬泡复合防水涂膜稀浆保温系统耐候性能检测结果如表3-41所示。

表 3-41 喷涂聚氨酯硬泡复合防水涂膜稀浆保温系统耐候性能检测报告

项　目	检测结果	
耐候性检测报告	热—雨周期	热—冷周期
	试件经过 80 次热—雨周期循环，5 次热—冷周期循环，表面无起泡、无剥落、无裂缝	
试件及其检测说明	①加热至 70℃（温度上升时间为 1h）保持温度（70±5）℃2h ②喷水 1h，水量 1.5L/（m²·min） ③停顿 2h（干燥）	同一试件放置 48h 后，经过 5 次循环： ①加热至 50℃（温度上升时间为 1h）保持温度（70±5）℃7h ②降温至 -20℃（降温时间为 2h），保持温度（-20±5）℃14h

注：表中数据摘自 193 聚氨酯彩色防水保温系统的检测结果。

四、喷涂聚氨酯硬泡与外挂板饰面系统

喷涂聚氨酯硬泡与外挂板饰面系统，是在新建建筑墙体（如幕墙、轻体夹芯墙、砌块或混凝土墙体等）基层的轻钢龙骨框架的腔体内喷涂聚氨酯硬泡。

通过喷涂聚氨酯硬泡后，使墙体、墙体安设挂件部位整体达到密封效果后，再在龙骨上安装外挂板材（如石材、水泥板等装饰板）。

一般在墙体基层保温与龙骨外挂板的节能构造，除在墙体基层采用喷涂聚氨酯硬泡方法外，还有在墙体基层采用粘贴（或称填充岩棉保温材料）保温板（如聚氨酯硬泡裸板、EPS 板或 XPS 板等）方法。

墙体基层采用喷涂聚氨酯硬泡法，与在墙体基层上采用粘贴保温板方法的节能比较，粘贴保温板方法的缺点是在保温板块间、板块与固定件挂件间不可避免的会产生缝隙，由于这些缝隙得不到有效密封，必然形成热桥（空气层是指保温板与外挂间，而不是保温板连接间）。

为了提高建筑的防火等级，有时采用阻燃性很好的岩棉类等保温材料，但该类材料的应用如不精心处理也易形成热桥，且材料本身易受潮、吸水率较高，必须做好防水透气处理（最好在岩棉表面外设防水透气膜进行防潮透气的保护），否则随时间延长，潮气会逐渐腐蚀金属固定件，不仅节能率低还影响建筑外围护结构的使用寿命。

喷涂聚氨酯硬泡的方法则克服了填充保温方法的不足，墙体基层喷涂聚氨酯硬泡后，可达到整体密封，可隔绝墙体基层因潮气、热桥引起的腐蚀、霉菌等问题，如需要提高建筑物防火等级，除使用阻燃型喷涂聚氨酯硬泡外，也可在完成喷涂聚氨酯硬泡表面喷、涂阻燃保温材料。

在该系统使用喷涂聚氨酯硬泡，不但达到节能、延长系统使用寿命的目的，而且可提高施工速度。由于在该系统中设有垂直空气间隔层，在硬泡表面不设保护层，因此，该系统对硬泡表面平整度相对涂料饰面和面砖饰面要求宽松很多，不需对其表面进行任何处理，主要要求聚氨酯硬泡施工达到规定的厚度。

按工程设计的具体要求，可在硬泡表面涂刷防护层、防火层，或在完成喷涂聚氨酯硬泡后即挂饰面材，该系统常用于幕墙等高级公共建筑。喷涂聚氨酯硬泡与外挂板饰面系统墙体构造示意如图 3-46 所示。

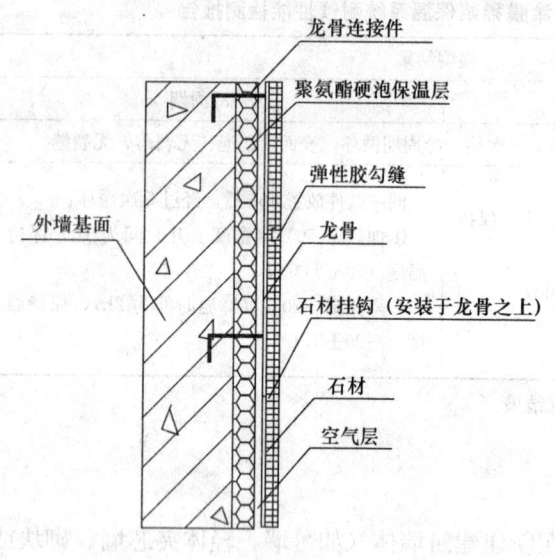

图 3-46 饰面层为干挂石材示意图

（一）材料要求

1. 喷涂聚氨酯硬泡性能

该系统聚氨酯硬泡所用部位区别于常规墙体或屋面构造，因而喷涂聚氨酯硬泡技术性能指标与常规墙体或屋面构造所用喷涂聚氨酯硬泡性能相对比，密度、抗压强度和抗拉强度可适当降低，该系统中曾用喷涂聚氨酯硬泡性能参考如下：

密度（kg/m^3）：≥15；

导热系数[$W/(m \cdot K)$]：≤0.025；

粘结强度（MPa）：≥0.10；

氧指数（%）：≥26。

另外，垂直空气间层（10～20mm厚）热阻（$m^2 \cdot K/W$）：0.15。

2. 聚氨酯硬泡保护层（防护层）材料

保护层材料主要用于提高泡体阻火性能、防止碰撞，或因大面积施工，又不能交叉作业，不可避免会导致工期过长。为防止聚氨酯硬泡长时间受紫外线照射降低性能，或提高防火性能，可在泡体表面涂刷防护层材料。如可在泡体表面喷、刷具有防护和提高防火性能双功能的矿物棉（珍珠岩）保温材料、通用型防火涂料，以及采用涂抹方式施工的无机轻质浆状保温材料等。

3. 墙体基层底料

用于封闭基层潮湿、增加喷涂聚氨酯硬泡与基层粘结强度，常采用与聚氨酯硬泡有相容性且能增加粘结强度的专用墙体界面砂浆（剂）等。

4. 防水隔离带材料

防水隔离带材料要求，同本节一、（二）1.（3）16）的要求。

（二）设计要点

1. 泡体保温层厚度及泡体导热系数、墙体蓄热系数的修正系数，须按现行民用建筑节能设计标准（采暖居住建筑部分）、《公共建筑节能设计标准》（GB 50189）及各地区的民用建筑及公共建筑节能设计标准进行。

2. 泡体保温层的导热系数修正系数按 1.15 选取。

3. 在外挂板材（如石材）与聚氨酯硬泡保温层之间设置的间隔空气层，不能形成流动气流。

4. 该系统构造可在泡体与外挂板间留 10～20mm 的空气层（包括吸声空气层、防潮空气层、去湿空气层、集热空气层、通风空气层等）。

在墙体结构中所设置的空气层，相当于用空气作为保温材料或作成保温空气层，空气层不仅降低泡沫用量，具有优良的热功能，而且空气层增加墙体热阻，既免于表面凝水，也免于内部凝结水。

5. 为提高防火性能，除设置防火隔离带外，在聚氨酯硬泡保温层表面喷涂与泡体有相容性的防火材料。

（三）施工

1. 施工条件

（1）喷涂聚氨酯硬泡前，承重结构部位已安装龙骨预埋件，要求埋设必须达到稳固。

（2）墙体基层设有管线安装完毕。

（3）喷涂聚氨酯硬泡施工，避开雨天、3级以上大风天，墙体基层湿度不大于15%。

（4）施工环境温度宜在10~30℃。

（5）发泡材料、喷发泡设备（输料管线长度、具备喷涂发泡机可用电源）调试完毕，达到喷涂操作条件。

（6）适用脚手架（吊篮）已搭设完毕，且根据工作面设置安装数量，认真检查脚手架安装质量要求，必须达到相关安全规定，达到上下运行安全使用。

2. 施工工艺

（1）工艺流程

喷涂聚氨酯硬泡与外挂板饰面系统工艺流程如图3-47所示。

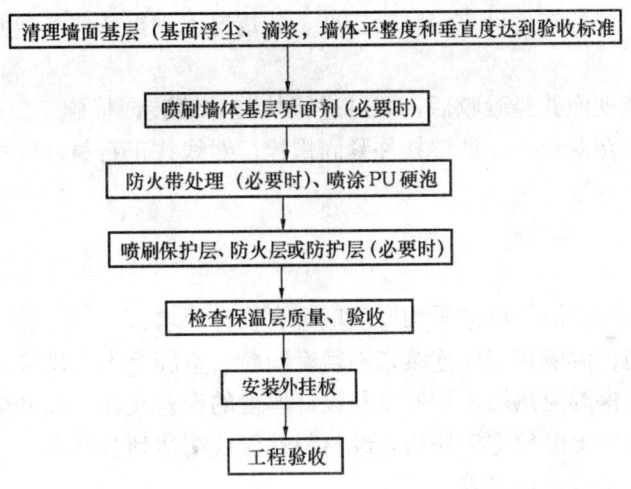

图3-47　喷涂聚氨酯硬泡与外挂板饰面系统工艺流程

（2）操作工艺要点

1）检查墙体基层，如有灰渣、尘土应彻底清除。如有严重凹陷应用同等墙体材料（或用水泥砂浆）抹平。

在龙骨预埋件上安装主龙骨，按设计布局及石材大小在外墙挂线、在主龙骨上安装次龙骨及挂件，检查、验收。

2）喷涂聚氨酯硬泡

①在喷涂聚氨酯硬泡前，确定喷枪嘴与墙体基层喷涂距离适宜，并控制在300mm左右。

喷距应通过试喷来确定喷枪嘴与墙体基层的最佳距离，试喷主要依据所选用喷涂发泡机的单位时间内的喷涂量、设定压力和施工现场风力大小等因素调整确定，通过各因素综合调整恒定喷距，在喷涂时应达到稳定状态。

在该工艺流程中，采用先安装完主龙骨和次龙骨后，后喷涂聚氨酯硬泡的方式，可防止在完成喷涂聚氨酯硬泡后，再有动用电焊等高温作业，避免造成泡体燃烧。

②在喷涂中，无论是点龙骨，还是通常龙骨，喷枪嘴都应与墙体基层垂直。在墙体基层

上可按泡体总厚度冲筋，最后喷涂到冲筋同厚度，也可按喷涂经验不设冲筋，边喷涂边检测厚度的方式进行连续施工到最终厚度。

单元龙骨内连续喷，由于受已安装龙骨限制，在跨龙骨喷涂时应通过多次开关喷枪来完成整个喷涂，使龙骨与墙体连接的固定件同墙体共同喷涂成一体，前后喷涂泡体相互间不得有接茬，使墙体达到全面封闭系统。

在采用吊篮式脚手架施工时，不能为减少脚手架移动次数而强行扩大面积斜喷，也不得隔龙骨而不移喷枪进行大面积斜喷，以免影响泡体性能。

喷涂聚氨酯硬泡当中，不得污染安装挂板部位，避免给安装挂板工序带来偏差。

③防火隔离带处理，参考本节中一、（一）的3.（3）3）处理。

④防火涂层在喷涂硬泡固化后即刻进行。

在工程中虽然采用阻燃泡沫、增涂防火涂层，这只是提高阻燃系数，硬泡与明火直接接触硬泡仍然燃烧。

在喷涂中，严禁与产生明火（如焊接）等高温工艺交叉施工。喷涂工程完成后，在进行挂板等工艺安装时，严禁在无可靠消防措施准备的情况下进行任何产生明火的施工。

3）安装挂板

完成喷涂聚氨酯硬泡并经验收后，即可进行挂装外墙装饰板施工。在石材上开设挂槽、利用挂件将石材固定在龙骨上、调整挂件紧固螺栓，对线找正石材外壁安装尺寸，挂槽内用云石胶满填缝。

（四）工程质量要求及验收

1．工程质量要求

（1）聚氨酯硬泡保温隔热层的平均厚度应符合设计要求。

（2）聚氨酯硬泡保温隔热层应连续，不得有间断、空腔等不良现象。

（3）聚氨酯硬泡保温隔热层平均厚度与设计厚度的误差应在±15mm范围之内。

（4）在现场喷涂聚氨酯硬泡试块后，经材料性能检测达到合格。

（5）防火带施工符合设计要求。

2．工程验收

在喷涂聚氨酯硬泡工程验收时，应提供涉及施工的所有技术资料、归档。

（五）维护管理

1．聚氨酯硬泡保温隔热层喷涂完成后，在安装外挂板等工序中，严禁在其上凿孔打洞或受重物撞击。

2．一旦聚氨酯硬泡保温层局部受到损坏时，必须及时补喷修复、表面处理平整。

第三节　模浇聚氨酯硬泡外墙外保温系统施工

模浇聚氨酯硬泡外墙外保温技术系统，包括可拆模板浇注聚氨酯硬泡和免拆模板浇注聚氨酯硬泡的两种施工方法。

模浇法聚氨酯硬泡施工，是在模板固定支护的条件下，在现场向模板内浇注聚氨酯硬泡液态原料，使聚氨酯硬泡液态原料充满模板内整个空间，并按支护模的形状固化成与模板支护相同外形的聚氨酯硬泡保温层。

通过应用专用可拆模板、免拆模板现场浇注聚氨酯硬泡的施工方法，集防水保温于一体，100％无空腔，与基层的粘结力强，不空鼓、不脱落、不开裂，模浇聚氨酯硬泡外表面相对平整、稳固，并减少聚氨酯硬泡外表面打磨或其他找平措施，有利于下步安装工序的进行。

模浇法能根据设计厚度自由调整模板位置，施工方便，聚氨酯硬泡保温层质量容易控制。浇注聚氨酯硬泡能实现低损耗、零污染，克服在喷涂法施工中，直接喷涂发泡厚度难以控制、平整度差和泡沫损耗及污染等缺点。

模浇聚氨酯硬泡的泡体在基层墙体与模具之间产生压力发泡，不但加强聚氨酯硬泡对基层墙体的附着力、形成泡沫断面密度均匀、泡体密度容易控制，而且聚氨酯硬泡表面平整度和线角精度可控制在3～5mm。在阴阳角和窗口等特殊部位可一次浇注成形，减掉在阴阳角和窗口等特殊部位采用聚氨酯硬泡预制件粘贴或固定的步骤。

模浇聚氨酯硬泡构造系统适用于新建、扩建、改建和既有的公共建筑、民用建筑节能工程；适用于砌体、混凝土和填充墙体的基层，如钢筋混凝土、混凝土空心砌块、页岩陶粒砌块、烧结普通砖、烧结孔砖、灰砂砖、炉渣砖等材料构成，以及抗震设防烈度≤8度的地区的外墙保温工程。

一、可拆模浇聚氨酯硬泡涂料、面砖饰面系统

可拆模板浇注聚氨酯硬泡系统，是用可重复使用的可拆滑模板在现场浇注聚氨酯硬泡，在专用模板（含滑轨）内完成浇注聚氨酯硬泡，泡体固化拆除模板（脱模）后，形成表面平整的保温层。

在泡体外表面，采用抗裂砂浆压入玻纤网格布的涂料饰面和固定镀锌钢丝网增强覆盖保护的面砖饰面系统，如在该系统设计或施工有选择时，宜优先采用涂料作饰面系统，其次采用面砖作饰面系统。

可拆模板浇注聚氨酯硬泡涂料饰面墙体构造示意图和基本构造如图3-48、表3-42所示，面砖饰面墙体构造如图3-49所示。

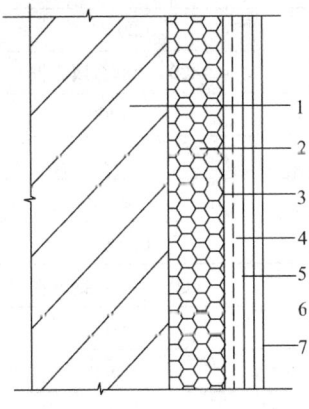

图3-48 可拆模浇聚氨酯
硬泡涂料饰面构造示意图

1—墙体基面（必要时涂基层界面剂）；2—浇注PU硬泡保温层（必要时设防火隔离带）；3—PU硬泡保温层界面层；4—耐碱玻纤网格布；5—抗裂砂浆；6—柔性抗裂腻子；7—弹性涂料

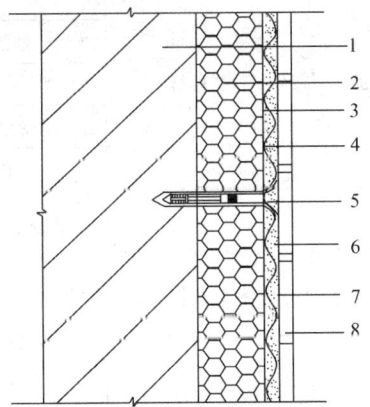

图3-49 可拆模浇聚氨酯
硬泡面砖饰面构造示意图

1—墙体基面（必要时涂基层界面剂）；2—浇注PU硬泡保温层；3—PU硬泡保温层界面层；4—热镀锌钢丝网；5—TOX尼龙胀钉（或自胀锚栓）；6—抗裂砂浆；7—粘结胶浆；8—面砖（勾缝）

表 3-42 现场模浇硬泡聚氨酯外墙外保温真石漆饰面系统基本构造

基层墙体	构造示意图			
	界面层	PU硬泡保温层	真石漆饰面层	
混凝土墙或砌体墙（砌体墙需用水泥砂浆找平）①	墙体基层界面剂②	防火隔离带处理、固定模板浇注PU硬泡③	真石漆底涂层④ + 真石漆中涂层⑤ + 真石漆面涂层⑥	①②③④⑤⑥

（一）专用可拆模板及系统所用材料技术性能要求

1. 专用可拆模板技术性能要求

专用可拆模板可选用多种材质，要求模板表面应平整，达到安装方便、拆卸容易的要求，而且聚氨酯硬泡应不粘模。专用可拆模板技术性能要求如表 3-43 所示。

表 3-43 专用可拆模板性能指标

项目		指标
胶合板复合高分子材料模板	厚度（mm）	≥15
	加强筋规格材质（mm）	40×40 木方
	加强肋结构方式	400×400 方框状
	承受聚氨酯发泡鼓胀力（kg）	≥200
	与PU硬泡剥离时间（s）	<5.0
金属复合高分子材料模板	厚度（mm）	≥3
	加强筋规格材质（mm）	L30×30
	加强肋结构方式	400×400 金属方框
	承受聚氨酯发泡鼓胀力（kg）	≥200
	与PU硬泡剥离时间（s）	<5.0
竹质复合高分子材料模板	厚度（mm）	≥12
	加强筋规格材质（mm）	L30×30
	加强肋结构方式	400×400 角钢方框
	承受聚氨酯发泡鼓胀力（kg）	≥200
	与PU硬泡剥离时间（s）	<5.0
增强高分子材料模板	厚度（mm）	≥12
	加强筋规格材质（mm）	20×20、20×30
	加强肋结构方式	网格状
	承受聚氨酯发泡鼓胀力（kg）	≥200
	与PU硬泡剥离时间（s）	<5.0

2. 可拆模浇注聚氨酯硬泡外墙外保温系统材料性能要求
(1) 模浇聚氨酯硬泡技术性能如表3-44所示。

表3-44 聚氨酯硬泡性能指标

项　目	指　标
密度(kg/m³)	≥30
导热系数(23±2)℃[W/(m·K)]	≤0.024
抗拉强度(kPa)	≥150
抗压强度(变形10%)(kPa)	≥150
断裂延伸率(%)	≥5.0
吸水率(%)	≤3.0
尺寸稳定性(48h)(%)	70℃≤4.0, −30℃≤1.0
闭孔率(%)	≥90
水蒸气透过率[ng/(Pa·m·s)]	≤5
燃烧性能	≥B_2级

(2) 墙体基层界面剂（防潮底漆）、聚氨酯硬泡界面剂、抗裂砂浆技术性能，同本章第二节，一、（一）1. 中有关的技术性能要求。

(3) 耐碱玻纤网格布技术性能如表3-45所示，或参见表3-14、表3-15中的技术性能要求。

表3-45 耐碱玻纤网格布（纱）性能指标

项　目		指　标
外观		合格
长度、宽度（m）		50～100、0.9～1.2
网孔中心距	普通型（mm）	4×4
	加强型（mm）	6×6
单位面积质量	普通型（g/m²）	≥160
	加强型（g/m²）	≥500
断裂强力（经、纬向）	普通型（N/50mm）	≥1250
	加强型（N/50mm）	≥3000
耐碱强力保留率（经、纬向）（%）		≥90
断裂伸长率（经、纬向）（%）		≤5
涂塑量	普通型（g/m²）	≥20
	加强型（g/m²）	≥20

(4) 柔性耐水腻子、粘结面砖砂浆、饰面砖、面砖勾缝料技术性能，同本章第二节，一、（一）中的有关技术性能要求。

(5) 单个自胀锚栓（锚固件）抗拉承载力技术性要求：

1) 单个自胀锚栓（锚固件）技术性能如表3-46所示。

表 3-46 自胀锚栓性能指标

项　　目		指　　标
埋入墙内套管外径（mm）		8
镀锌螺钉镀锌厚度（μm）		≥5
拉力值（kN）	空心砖	≥0.9
	实心砖	≥0.9
锚固深度（mm）		≥50

2) 单个自胀锚栓抗拉承载力的要求如表 3-47 所示。

表 3-47　单个尼龙自胀锚栓抗拉承载力　　　　　　　　（kN）

锚固基层墙体			备　　注
混凝土	实心砖	空心砖	贴面砖时钢丝网的钢压片厚 1mm（热镀锌）
2.10	2.10	2.00	国家建筑质检中心检测极限值
标准值≥0.3			JG 149—2003 标准值

(6) 热镀锌电焊网技术性能如表 3-48 所示。

表 3-48　热镀锌电焊网性能指标

项　　目	指　　标
表面质量	网面平整、网孔均匀、色泽应基本一致
直径（mm）	1.5±0.05
经向网孔尺寸（mm）	40±2
纬向网孔尺寸（mm）	40±1.2
焊点抗拉力（N）	>210
镀锌重量（g/m²）	≥122

(7) 单组分聚氨酯泡沫填缝剂物理性能：

单组分聚氨酯泡沫填缝剂（简称 OPE）是自身发泡、自身吸收潮湿熟化和粘结、密封间隙，如用于窗框与墙体间、饰面板缝间等。

单组分聚氨酯泡沫填缝剂化学上是以异氰酸根为末端基的预聚体，混有表面活性剂、发泡剂、催化剂混合而成。它能与绝大多数物质（包括湿固体表面）粘结非常牢固。

在低于 0℃时物料易分离，宜存放在 20℃的环境中。物理性能（JC 936—2004）如表 3-49 所示。

表 3-49　物理性能指标

项　　目	指　　标
密度（kg/m³）	10～20
导热系数(35℃)[W/(m·K)]	≤0.050
尺寸稳定性[(23±2)℃，48h](%)	≤5
燃烧性	B₂ 级

续表

项　目			指　标
剪切强度（kPa）			≥80
拉伸粘结强度（kPa）	铝板	标准条件，7d	≥80
		浸水，7d	≥60
	PVC塑料	标准条件，7d	≥80
		浸水，7d	≥60
	水泥砂浆板	标准条件，7d	≥60

(8) 其他材料技术性能：

1) 真石漆的主要技术性能应符合《合成树脂乳液砂壁状建筑涂料》（JG/T 24）的要求。

2) 硅酮型建筑密封胶技术性能：

硅酮型建筑密封胶技术性能《建筑用硅酮结构密封胶》（GB 16776—2005），如表 3-50 所示。

表 3-50　硅酮密封胶嵌缝技术性能

序号	项　目		指　标
1	外观		挤出物光滑、细腻、无气泡、无刺激味
2	下垂度	垂直放置（mm）	≤3
		水平放置	不变形
3	挤出性（mL/min）		≥80
4	表干时间（h）		≤3
5	弹性恢复率（%）		≥80
6	拉伸模量（MPa）	23℃	≥0.4
		−20℃	≥0.6
7	定向粘结性		不破坏
8	紫外线辐射后粘结性		不破坏
9	冷拉—热压后的粘结性		不破坏
10	浸水后的定伸粘结性		不破坏
11	质量损失率		≤10

3) 用作嵌缝背衬材料的聚乙烯泡沫塑料棒，其直径宜按缝宽的 1.3 倍采用。

4) 墙身变形缝盖缝板采用 1mm 厚带表面涂层的铁皮，或 0.7mm 厚镀锌薄钢板制作。

(9) 防火隔离带材料：

同本章第二节一、（一）1.（3）16) 要求。

(二) 设计要点

1. 设计基本要求

(1) 该系统构造做法及保温层厚度要求为常用外墙做法，设计人员应根据国家及地方节能有关规定及要求，经过热工计算确定保温层的厚度以满足不同地区建筑保温节能的要求，但不得更改系统构造和组成材料。

（2）保温隔热的热工计算根据全国各地区居住建筑和公共建筑节能设计标准规定的外墙传热系数 K 值的要求进行。聚氨酯硬泡材料的热工计算参数，如表 3-51 所示。

表 3-51　聚氨酯硬泡材料的热工计算参数

导热系数 [W/(m·K)]	蓄热系数 [W/(m²·K)]	修正系数	导热系数计算值 [W/(m·K)]	蓄热系数计算值 [W/(m²·K)]
0.023	0.27	1.1	0.023×1.1＝0.025	0.27×1.1＝0.30

（3）在墙体变形缝处（基层墙体的伸缩缝、防震缝）聚氨酯硬泡保温层应设分隔缝，缝隙内沿墙外侧满铺低密度聚苯乙烯泡沫塑料板或聚氨酯硬泡等弹性保温材料密封材料封口。

（4）变形缝温度修正系数 $n=0.7$ 对建筑物外墙的传热系数进行修正后，作为变形缝墙体的传热系数要求值，据此确定保温材料的厚度。

（5）聚氨酯硬泡保温层沿墙体层高宜每层留设水平分隔缝，纵向以不大于两个开间并不大于 10m 宜设竖向分格缝。

（6）墙体外保温系统所有组成材料应由保温系统材料供应商成套供应，同时提供法定检测部门出具的检测报告和出厂合格证。材料进场后，施工单位应按照规定取样复检，严禁使用不合格产品。

（7）高层建筑和地震区、沿海台风区、严寒地区等应慎用面砖饰面。当必须采用面砖饰面时，应严格遵守本构造系统有关面砖饰面的各种配套材料的技术性能指标和施工要求。

（8）饰面涂料和面砖的品种、规格、颜色等，由个体工程设计选定。

（9）模浇聚氨酯硬泡的基层构造设计要结合实际工程的结构种类，提出具体的技术要求和基层处理方案及质量控制措施。

（10）模浇聚氨酯硬泡的基层墙体应符合《混凝土结构工程施工质量验收规范》（GB 50204）和《砌体工程施工质量验收规范》（GB 50203）的要求。通过验收合格标准的砌体墙体、混凝土墙体及各种填充墙体，可不用抹面砂浆找平，聚氨酯硬泡可直接浇注在砌体墙面和混凝土上。

（11）模浇聚氨酯硬泡的基层为承重砌体墙的，块材的强度等级不应小于 MU10.0；填充砌体墙的，块材强度等级低于 MU5.0；锚栓间距 500mm，且梅花布置；进入基层的有效锚固长度应大于 25mm。

（12）砌体的砌筑砂浆应饱满，且应符合清水墙的技术质量要求。

（13）填充砌体与混凝土剪力墙、梁、柱的连接处，应铺设镀锌钢丝网，并抹水泥砂浆。

（14）为提高建筑防火等级，在墙体一定间距预先设置板类防火带，防火带厚度即为模浇聚氨酯硬泡标准厚度，按此厚度进行分段浇注聚氨酯硬泡。

（15）对既有建筑的砌体墙有下列情况之一时，须对基层进行增强处理后再实施模浇聚氨酯硬泡的施工：

1）当承重砌体墙的块材的强度等级低于 MU10.0（须大于 MU7.5）时；

2）当填充砌体墙的块材强度等级低于 MU5.0（须大于 MU3.5）时；

3）基层平整度、垂直度最大偏差大于允许偏差的 1.5 倍时；

4）外墙表面有涂料、脱皮、空鼓、粉化等缺陷时；

5) 墙体表面观感有严重不足或平整度达不到模浇聚氨酯硬泡的基层要求时。

有上述情况之一的既有建筑，在进行模浇聚氨酯硬泡外保温前，均应先处理好基层（清除外墙表面涂料、脱皮、空鼓、粉化层），并通过施用墙体基层界面剂处理后，再抹 M10.0 水泥砂浆。

当水泥砂浆抹面厚度大于 10mm 时，应采用分层抹灰工艺。

水泥砂浆抹面的平整度的允许偏差（用 2m 靠尺检查）应小于±1.5mm，经验收合格后方可进行模浇聚氨酯硬泡保温层的施工。

2. 细部构造

涂料饰面细部节点构造见图 3-50～图 3-54。

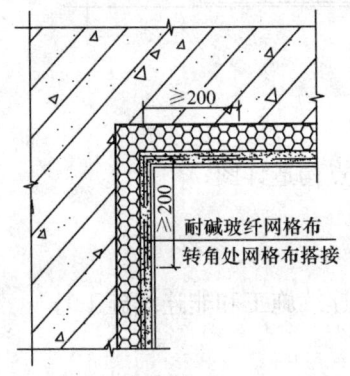

图 3-50 阴角构造

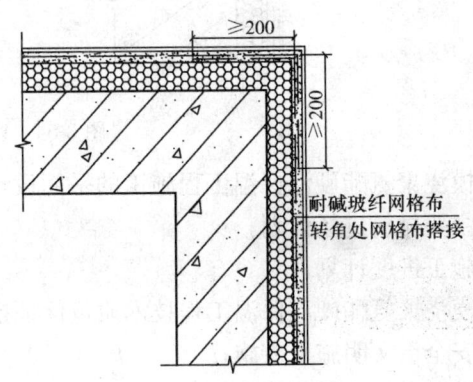

图 3-51 阳角构造

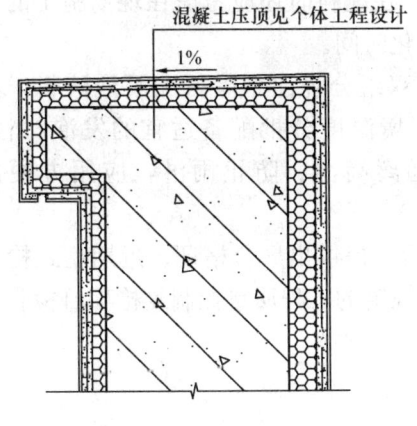

图 3-52 女儿墙构造

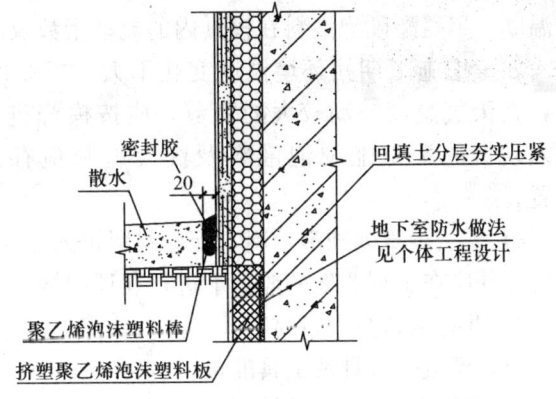

图 3-53 勒脚构造

（三）施工

1. 施工准备

(1) 技术准备

1) 在模浇聚氨酯硬泡保温工程施工前，接到设计图纸后，应认真熟悉，掌握施工步骤、具体要求和关键部位的处理方法，对施工人员进行必要的岗前培训和考核，合格后方可上岗作业。

2) 在模浇聚氨酯硬泡保温工程施工前，制定相应专项施工方案，其主要内容包括：

①工程概况，工程的保温节能技术质量目标；

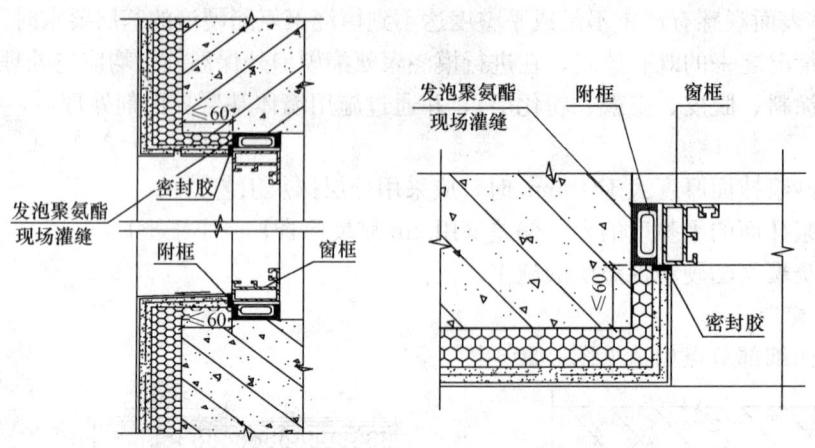

图 3-54 窗口构造

②模浇聚氨酯硬泡保温工程施工的平面设计图、节点构造详图；
③主要材料进场计划；
④施工进度计划；
⑤模浇聚氨酯硬泡保温工程技术质量保证措施（含连续施工和非连续施工）；
⑥安全、文明施工措施；
⑦模浇聚氨酯硬泡保温工程验收程序等。

(2) 材料准备

1) 除按设计要求的技术性能配制 PU 硬泡材料外，在配料时还应考虑在现场施工的具体温度、聚氨酯硬泡液料在模具内的流动指数及泡体固化时间。

如考虑施工期间环境温度变化不大，可一次配齐双组分浇注型聚氨酯硬泡液料，相反，在天气温度波动较大的季节，应按模浇进度、环境温度分批配备适宜的发泡材料。进入现场的聚氨酯硬泡液料及配套材料应存放在远离高温、防止雨淋，应用方便的位置。

2) 模浇聚氨酯硬泡液料、配套材料进入施工现场后，提供出厂合格证、近期型式检验报告，并应在工程监理的监督下进行现场取样，并按所规定的工程质量控制复检项目检验。

3) 准备板状防火带材料。

(3) 模板、机具及工具准备

1) 模板准备

平面浇注采用平模板，阳角采用阳角模板浇注，门窗洞口、凹凸装饰线采用角模板浇注。阳角模板、角模板、平模板用可拆模板规格及支护等工具应按工程进度配套齐全。

模具应干净、干燥，板面外观平整，可拆模板与浇注聚氨酯硬泡不粘连，必要时可在模板内侧涂刷不影响下道工序施工的脱模剂，模板应符合可拆模浇注聚氨酯硬泡应用要求。

2) 机具准备

①聚氨酯硬泡浇注机（或配备空压机）接通电源后，调准两个组分的正常流量，使浇注机系统达到正常运转条件。

②垂直运输机械、水平运输车、门式脚手架或钢管脚手架，安装前进行逐个安全检查，

达到使用安全。

③涂料饰面施工机具

机具：聚氨酯硬泡浇注机、气泵、金属模板及配套件、垂直式运输机械、水平运输车、门式脚手架或钢管脚手架、强制式砂浆搅拌机、手提搅拌机（喷浆机）。

工具：剪刀、壁纸刀、常用抹灰工具、刮杠、检测工具、经纬仪、手电钻、手锤、探针、直尺、塞尺、钢叉、透明胶带等。

④真石漆饰面施工机具

专用模板、手电锤、手电钻、电动螺丝刀、射钉枪、砂浆搅拌机、强动力吸尘器、手提电锯、手提压刨、电动砂布机、钢筋剪、透明胶带、380V橡套线、220V橡套线等。

⑤面砖饰面施工机具

机具：与涂料饰面施工机具相同。

工具：电锤、手锤、模板、断线钳子、钢筋钩子、抹灰工具、刮杠等。

（4）施工条件

1）建筑主体（墙体）工程质量按国家现行相关施工验收规范或规程验收合格，并具有验收文件。

2）门窗洞口尺寸、位置应符合设计和安装质量要求，门窗框或附框应安装完毕。门窗洞口应通过验收。

3）出墙面的金属梯、水落管卡（雨水管）、空调机支架的预埋件、连接件和进户管线预留套管等均应安装完毕。

4）填充砌体与混凝土框架墙、梁、柱的连接处，铺镀锌钢丝网抹砂浆达到抗裂构造要求。

5）现场应具有供机械设备使用的稳定动力电源及夜间照明设施。

6）模浇聚氨酯硬泡施工作业环境应具有消防安全设施。

7）在外墙模浇聚氨酯硬泡施工作业时，所设单排或双排钢管脚手架，脚手架距墙面的净距离宜在200mm之间，最大净距离不宜超过500mm。

8）现场浇注聚氨酯硬泡液料时，风力比喷涂聚氨酯硬泡施工方法有所放宽，但应符合下列要求：

风力不宜大于5级，作业高度超过15m时风力不宜大于4级；

浇注的环境温度宜在10~35℃范围进行，低温或高温暴晒环境下不宜作业；

当空气相对湿度大于80%条件下不宜施工，严禁在雨天浇注施工。

9）现场无交叉作业。

2. 可拆模浇注聚氨酯硬泡涂料（真石漆）饰面施工工艺

（1）可拆模浇注聚氨酯硬泡涂料饰面施工工艺流程如图3-55所示。

（2）可拆模浇注聚氨酯硬泡真石漆饰面施工工艺流程如图3-56所示。

（3）操作工艺要点：

1）基层处理。

先在作业面的墙体吊垂线、水平线测平整度。

彻底清理外墙基面的灰结、混凝土浮块、油污、浮灰等所有附着物及混凝土梁外胀等缺陷修整合格，如有混凝土凸出物高度>6mm，应处理到平整。

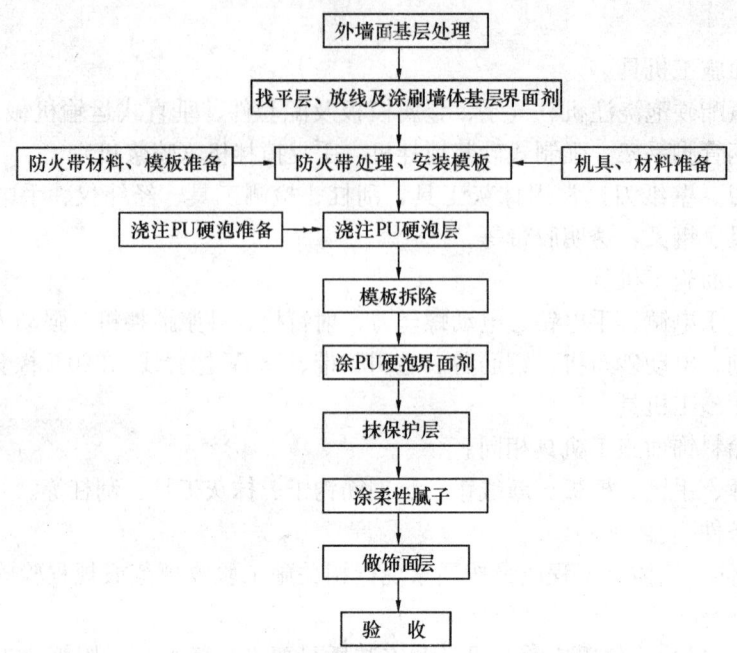

图 3-55 可拆模浇注聚氨酯硬泡涂料饰面施工工艺流程

砌体与梁、柱间隙用钢丝网处理，钢丝网在缝两侧搭接≥200mm。门窗安装完毕并完成局部填平、浇注发泡保温等。

2) 涂刷墙体基层界面剂。

墙体基层必须处理到符合施工要求后，再在墙体基面上采用喷雾式（或辊涂式）均匀喷涂墙体基层处理剂。

先将墙体界面剂搅拌均匀后，再采用涂抹或雾喷方法，从始端向终端按顺序涂刷（或喷涂），施工过程中不得有漏涂、欠喷和流淌等不良现象，最终要求界面层达到 0.3mm 均匀厚度，能够达到封闭墙体潮气和增强基层与泡体达到所规定的粘结程度的效果。

3) 测量放线。

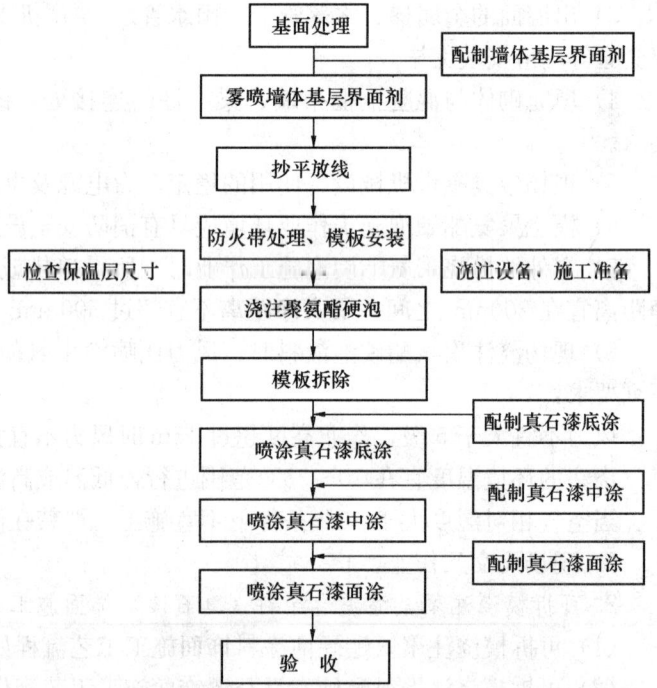

图 3-56 可拆模浇注聚氨酯硬泡真石漆饰面施工工艺流程

根据每层放的水平线及墙大角阳角处的竖直线，确定模板位置，控制保温层的厚度，考虑了外墙的垂直度误差值后的保温层厚度最小处仍然不能小于设计厚度。

4) 安装防火带、专用模板。

①安装防火隔离带。

防火隔离带间距按设计要求进行设置。用保温材料板作为防火隔离带时,将其与最终浇注聚氨酯硬泡同厚度的板,切割成300mm的足够宽度后,将其与墙面楼板处进行全面积牢固粘贴,然后进行墙面浇注聚氨酯硬泡。

②安装专用模板。

在墙体基层界面剂施工结束2h后,安装模板。安装模板前,首先检查模板内侧不应有灰尘及夹渣,应平整光滑,不能有起鼓。

根据吊垂线、水平线测量墙面平整度。在建筑物外墙大角(阴角、阳角)及其他必要处挂垂直基准线。

支模板每层必须挂垂直、水平线,以控制垂直度和平整度,确定定型模板部位。在墙面上预先安装与聚氨酯硬泡保温层相同厚度的垫块或防火隔离带板材,作为浇注聚氨酯硬泡的标准厚度。

支模板应从阴角(阳角)开始(采用角型模板),支模板顺序由下往上,TOX尼龙套胀钉固定标准化防粘模板(600mm×2400mm)。阴阳角处的模板也可采用两块模板直接碰头,缝隙用胶带封口的方法,其他模板也采用直接拼接的方法。

按模板定位孔钻孔,安装模板。用调节螺杆调整与基面的平行和垂直,支撑螺杆支撑在墙面上,确定保温层厚度,用锚栓钉拉紧模板,利用自胀锚栓TOX钉,使模板安装达到稳定、固定牢靠。

模板垂直度及平整度不大于3mm,预调整好浇注聚氨酯硬泡保温层的厚度。

在浇注聚氨酯硬泡液料发泡中,由于泡体必然对模板产生膨胀作用,必要时为了抵抗对模板可能产生较大鼓胀作用力,可在模板外安装加强肋。

5)浇注聚氨酯硬泡液料。

在浇注聚氨酯硬泡液料前,应按基层的部位,正确选择适用模板和配套支护工具。如在平面墙体浇注应采用平模板,在阳角部位浇注应采用阳角板浇注,在门窗洞口、凹凸装饰线部位浇注应采用角模板浇注。

浇注聚氨酯硬泡时,根据施工时的气温条件,检查发泡的速度。浇注液料的顺序由远至近,正确安装好模板后,注料枪从模板左侧开口中心处对准模板底部,从模板左端开始浇注,浇注中保持注料枪移动速度要均匀,以便保证浇注量的均匀,浇注料要全部浇注在墙面上。

单块模板应连续浇注,不得发生断层现象,并且单块模板浇注应沿高度方向分三次浇注,即后次浇注应在前次浇注达到充分发泡、固化后进行。

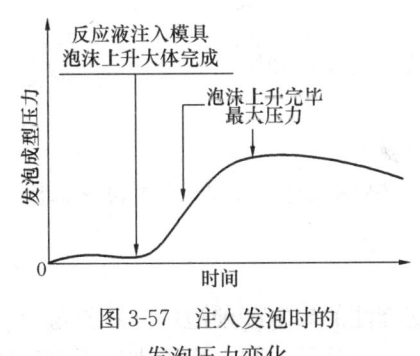

图3-57 注入发泡时的发泡压力变化

固化(熟化)时间与墙体和模板温度有直接关系,因墙体和模板温度的高低直接影响反应热移走的速度。模板、墙体温度低,发泡倍数低,泡体密度大,表皮厚,反之所需时间短。

在注入发泡成型过程中,发泡压力是随时间而变化的。反应原料注入后,压力逐渐上升,达到最高值后,逐渐降低(图3-57)。相反,如果发泡过程中发泡压力过低,泡体往往出现显著收缩,表面发脆、湿老化性能差，表皮厚和泡孔质量差等弊病。

模内浇料虽然是开口，但受四面模具和一面墙体限制，在墙体与模板间产生内侧压力，模板内泡体自由向上发泡，而且是按浇料批次成形，如果处在前次浇注料正在发泡中即未进入熟化阶段，紧接着浇注后次物料，后浇液体物料会阻碍前次物料正常上升发泡，并且使后次物料流动速度减慢、不均匀，会同时破坏前后次浇料的泡沫结构。

当前次浇料固化较长时间即达到完全熟化后再浇后次料，从化学性质理解，它们不仅是同系，而且化学性质、化学结构完全相同、完全互容，因此在其前后两次间隔间只要是无水（潮湿）、无尘的情况下，前后浇注料发泡并不分层，可完全结合成一体，但此时前次泡体固化后失去化学极性。处在前次浇注料未完全熟化时，泡体已完成发泡，仍有很好的化学极性，与后次浇料能更好地结合成一体，此时是最佳时间，且不影响工程进度。

单块模板宜分三次连续浇注，这样有利于降低泡体对模板产生过大膨胀压力，在浇注发泡过程中，发泡压力因素与基础原料配方、原料温度、模具温度、泡沫成品尺寸和浇注次数有关。在其他条件大体相同时，就泡体尺寸而言，模板尺寸大的泡体，用料量越大发泡压力越高。同样数量的原料，一次浇注时产生发泡压力较大，而分多次浇注，压力较小。所以，采用多次模浇除达到对墙体有足够粘结强度外，是降低发泡对模板过大压力的有效方法。

如果一次浇注到最终深度（高度），不仅需要调配好物料施工时流动指数和保证泡体性能，更重要的是一次浇注料量过大，发泡中产生的热量不能完全释放，容易导致泡沫烧芯，损失聚氨酯硬泡的技术性能。

通常一次浇注成型的高度宜为 300～600mm，或每次浇注的发泡量最多为单块模板的 50% 左右。

单块模板最终浇注深度比模板宽度小 100mm 左右，以利于安装下块模板再浇注时，避开泡体间接茬。

在浇注聚氨酯硬泡液料后，因受模板、墙体向上发泡阻力，而在模板、墙体与硬泡发泡间产生发泡影响，每次或最后浇料注意找平，如不慎浇注有冒出模板的泡体部分应清除。

女儿墙处保温层双面一直做到护顶，达到全部密封。

每模浇注结束后宜在≥15min 开始拆模，提前时间虽易拆模，但泡体熟化时间过短，易损坏泡体。

6）拆除模板。

①将支撑螺杆外旋转，使模板与聚氨酯硬泡脱开后，拆除模板，退出自胀锚栓钉（TOX 钉），把模板拆除，再周转支上层模板。

②聚氨酯硬泡保温层外观质量要求：

浇注的聚氨酯硬泡体不得有虚粘，保温层不得有空鼓、裂纹等缺陷。

聚氨酯硬泡表面平整度≤3mm。

聚氨酯硬泡保温层厚度：应符合设计厚度，不得有负偏差。

聚氨酯硬泡保温层表观：不得有空鼓及表面大裂纹，酥软脱落；表面局部裂纹长度＜50mm，宽度＜1mm。

窗口偏移：上下左右不大于 20mm。

拆模后聚氨酯硬泡保温层表面一般比较平整，如发现浇注的聚氨酯硬泡体外观质量有以上不足之处，应及时处理。拆模后的聚氨酯硬泡保温层，应充分熟化72h后再进行下道工序施工。

7) 硬泡体上辊（刮）涂聚氨酯硬泡界面剂。

为增加保护层对泡体表面粘结强度，在拆除模板后，检查浇注的聚氨酯硬泡保温层经验收合格后，应立即刮涂聚氨酯硬泡界面剂。

聚氨酯硬泡界面剂配制：按聚氨酯硬泡界面剂：石英砂预混料＝1：1.25（重量比），在容器内充分搅拌均匀（严禁另外加水）后，在泡体表面均匀刮涂一遍，必要时在聚氨酯硬泡表面横竖均匀各刮涂一遍，要涂刷均匀一致。

在聚氨酯硬泡界面剂刮涂时，必须均匀刮涂，严禁出现漏刮。搅拌好的聚氨酯硬泡界面剂应在 2h 内用完，过时界面剂不得再用。

8) 抹保护层（抗裂砂浆）。

①聚合物抗裂砂浆配制：按聚合物：32.5 水泥：中砂＝0.6～0.8：1：3 配制（质量比）搅拌均匀。

要求其中砂粒径≤2.5mm、含水率≤6%、含泥量≤2%。

在配制时充分拌合均匀，禁止加水。要求拌好的浆料应在 2h 内用完，在使用中发现浆料有初凝后的现象，禁止再继续使用。

如果墙体设计有分格（隔）条，用壁纸刀将保温层划深为分格条厚度＋2mm，宽为分格条宽度＋6mm 凹槽，先裁 200mm 网格布，在凹槽内嵌入聚合物砂浆，把裁好的网格布压入砂浆中，再抹入聚合物砂浆镶嵌分格条，压入分格条应平齐，顺直一致，分格条预留厚度是保护层的厚度。分格条两侧网格布压入 1～2mm 聚合物砂浆中。

分格条嵌入后不得用水泥干粉或喷水等对分格条边角压光。

②抹抗裂砂浆保护层。

A. 抹聚合物抗裂砂浆保护层前，在保温层表面宜先淋水湿润，但不得有明水。

B. 在聚合物抗裂砂浆层内，应铺压耐碱玻纤网格布。耐碱玻纤网格布尺寸预先裁好，抹抗裂砂浆保护层面积与耐碱玻纤网格布等宽后，用刮杠刮平，立即压入网格布搓浆、压平。

网格布在平面相邻网格布之间搭接宽度不应小于 50mm，转角相邻网格布之间搭接宽度不应小于 150mm，在首层楼、门窗阳角采用双层网格布加强，在两层网格布之间抹胶浆都必须达到饱满，铺压网格布不得有褶皱、空鼓、翘边等不良现象。

在首层楼室外自然地面＋2m 范围内的墙面，应采用双层铺贴网格布，抗裂砂浆分两遍完成，第一层网格布可采用对接，搓浆后即进行第二层网格布施工。两层网格布缝应错开，严禁干搭。

在门窗阳角采用双层网格布加强，墙体的抗裂砂浆层内，应铺设双层网格布加强，加强网格布对边缝与标准网格布边缝应错开。两层网格布之间砂浆必须饱满。门窗洞口四角，应在墙面网格布铺贴前，沿 45°方向增设附加网格布一层，网格布铺设不得干搭。门窗洞口四角增设附加网格布如图 3-26、图 3-27 所示。

单层、双层网格布铺设必须平整，无皱折或偏斜≤3mm。砂浆饱满度 100%（禁止用水泥干粉或喷水压光）。

抹保护层厚度应在 3～5mm，大杠刮平，压入网格布，搓浆、压光。网格布必须靠外侧与分格条两侧对齐。要求表面平整，隐现网格布方格。

保护层施工时，必须严格控制聚合物砂浆厚度均匀一致，阴阳角等局部部位与墙面保护层厚度偏差应在2～3mm；墙平面保护层厚度均匀性偏差应在2～3mm。

C. 在处理脚手架洞口施工时，洞口周边预留150～200mm，此处保护层施工时网格布四边均比预留洞口单边多留50mm，并不抹聚合物砂浆，使表面和原保护层表面一致。

裁好与洞口尺寸一致的硬泡板块，在其周边及底面涂满聚合物砂浆塞入洞内，并应比已施工保护层表面低3～5mm。

表面涂聚合物砂浆，先将预留网格布贴牢，提浆，再粘牢另一块与洞口尺寸一致的网格布，压光。同时：

上窗口顶应设置滴水沿（槽或线）；

装饰造型、空调机座等部位必须保证流水坡向正确；

窗口阴角、空调机座阴角，落水管固定件等部位均留嵌密封胶槽，槽宽4～6mm，深3～5mm。用嵌密封胶，嵌密封胶时，不得有漏嵌或不饱满。

D. 保护层验收：

墙面保护层厚度在3～5mm范围内，均匀性偏差在2～3mm范围内；

墙面平整度应≤3mm；

网格布靠外层，表面隐现网格布纹；

分格条边角不应有水泥干粉或普通水泥砂浆填塞、压光；

密封胶无漏嵌而饱满。

9）涂柔性腻子。

抗裂砂浆层施工48h固化干燥并经检查合格，方可满刮（涂）柔性腻子。

柔性腻子配比制备：

腻子液∶腻子粉＝1∶1.0～1.4（辊涂）；

腻子液∶腻子粉＝1∶1.6～2.0（刮涂）。

按以上质量配比充分搅拌均匀后，即可使用。刮（涂）柔性腻子时应纵横各一遍，共计两遍。保持厚度均匀一致，尤其在阴阳角处必须认真涂满、涂仔细。

满刮柔性耐水腻子两遍，达到表面平整、光洁，涂完柔性腻子后，不得有漏嵌或不饱满现象。

10）涂弹性饰面涂料。

柔性腻子完工施工干燥24h后，才可涂刷或喷涂饰面涂料施工饰面层。饰面层施工时必须采用弹性涂料或弹性防水涂料。

表面涂层质量的优劣，除与涂料质量好坏有关外，与施工技术水平有极大的关系，因施工技术水平的差异，可得到绝然不同的涂层质量。

在涂刷饰面层前，首先清除表面浮尘或其他附着物，然后再按建筑装饰涂料施工技术纵横各一遍进行辊涂或喷涂施工。

涂料一定要涂刷均匀，不可有漏涂、透底部位，饰面涂层完成后，涂层表面无刷痕、酥松、流挂、咬色、透底、颜色不均或起泡、脱皮等不良现象，涂料饰面层应均匀饱满。

11）涂真石漆饰面料。

饰面层采用真石漆的饰面，在拆除模板，并达到规定熟化期后，可在PU硬泡界面剂涂刷完成并经验收合格后，在经过验收的泡体表面直接进行真石漆底涂、中涂和面涂施工，饰面作业。

①喷涂底漆:为使底材的颜色一致,避免真石漆涂膜透底而导致的发花现象,底漆喷涂带色底漆,以达到颜色均匀的良好装饰效果。

基层着色处理材料应选用附着力、耐久性、耐水性好的外用薄涂乳胶漆。根据所确定天然石材的颜色或样板的颜色进行调色配料,尽可能使涂料的颜色接近真石漆本身的颜色。

②喷涂真石漆:为了达到仿石材的装饰效果,同时也利于施工操作,可以对真石漆进行分格涂喷,并且在分格缝上涂饰所选择的基层着色涂料,在大面喷涂时对分格缝部位,应完全遮挡或进行刮缝处理。

喷涂真石漆中不需要加水,必要时可少量加水调节,但喷涂时应严格控制材料施工黏度恒定,以及喷口气压、喷口大小、喷涂距离等应严格保持一致,遇有风的天气时,应停止施工。

真石漆施工如果控制不好,涂膜容易产生局部发花现象。因此在真石漆喷涂时应注意以下几个操作要点:

注意出枪和收枪不在正喷涂的墙面上完成;

喷枪移动的速度要均匀;

每一喷涂幅度的边缘,应在前面已经喷涂好的幅度边缘上重复1/3,且搭界的宽度要保持一致;

保持涂膜薄厚均匀。

涂料的黏稠度要合适,第一遍喷涂的涂料略稀一些,均匀一致、干燥后再喷第二遍涂料。喷第二遍涂料时,涂料略稠些,可适当喷得厚些。

当喷斗的料喷完后,用喷出的气流将喷好的饰面吹一遍,使之波纹状花纹更接近石材效果。如果想达到大理石花纹装饰效果,可以用双嘴喷斗施工,同时喷出两种颜色,或用单嘴喷斗分别喷出两种颜色,达到颜色重叠、似隐似现的装饰效果。

③喷涂罩光清漆:为了保护真石漆饰面、增加光泽、提高耐污染能力,增强真石漆整体装饰效果,在真石漆涂料喷涂完成,且待真石漆完全干透后(一般晴天至少保持3d),可喷涂罩光清漆。

在罩光清漆施工时,为保持其适宜黏度,可适量添加稀释剂调配。在喷涂操作时注意保持气压恒定、喷口大小一致,防止罩光清漆出现流挂现象。

④在细部构造应做到:

在大面喷涂时对分隔缝部位,应完全遮挡或进行刮缝处理;

上窗口顶应设置滴水沿(槽或线);

装饰造型、空调机座等部位必须保证流水坡向正确;

窗口阴角、空调机座阴角,落水管固定件等部位均留嵌密封胶槽,槽宽4~6mm,深3~5mm。嵌密封胶,不得漏嵌或不饱满。

3. 可拆模浇注聚氨酯硬泡面砖饰面施工工艺

(1) 可拆模浇聚氨酯硬泡面砖饰面施工工艺流程如图3-58所示。

(2) 操作工艺。

1) 基层处理。

基层处理的施工方法及质量标准,同本节涂料饰面基层处理的施工方法及质量标准。

2) 墙体基层界面层。

墙体基层界面层施工方法及质量标准，同本节涂料饰面墙体界面层施工方法及质量标准。

3) 防火带处理、浇注聚氨酯硬泡保温层。

防火带处理同本节可拆模浇聚氨酯硬泡涂料饰面处理。聚氨酯硬泡保温层施工方法及质量标准，同本节涂料饰面保温层施工方法及质量标准。

4) 涂聚氨酯硬泡界面剂。

涂聚氨酯硬泡界面剂施工方法及质量标准，同本节涂料饰面涂聚氨酯硬泡界面剂施工方法及质量标准。

5) 钢丝网锚固。

在抗裂砂浆层内，应铺设热镀锌电焊网（直径 $\phi1.5@40mm\times40mm$）一层，热镀锌电焊网应用锚栓固定于基层上，每平方米不少于 4 个，相邻网之间应对接。

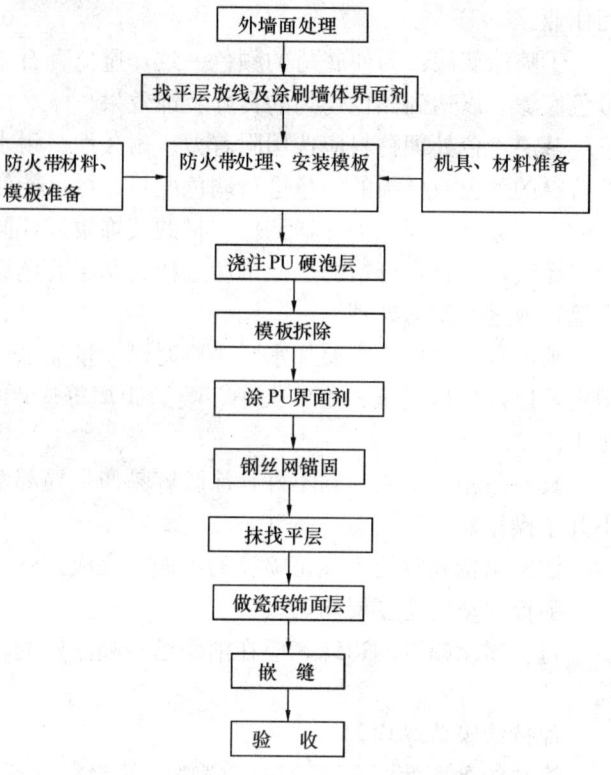

图 3-58 可拆模浇聚氨酯硬泡面砖饰面施工工艺流程

阴阳角、窗口、女儿墙、墙身变形缝等部位网的收头处均应固定，热镀锌电焊网设置如图 3-29、图 3-30 所示。

按（间距）水平 500mm、垂直 500mm 距离或按采用 TOX 钉间距 400mm×400mm 距离，排列锚栓钉（或 TOX 钉），选用 $\phi8$ 钻头钻孔，主体墙内钻孔深度不小于 55mm，压入主体墙内尼龙胀塞，严禁用锤直锤砸进胀栓钉，防止日久受力松动而降低拉力。

将镀锌钢丝网铺平，用胀栓钉和压片压紧，各钉压紧力应均匀，钢丝网间对接。保持钢丝网与保温层贴紧局部间隙不得过大，应≤3mm。

钢丝网对接处用双股 22 号镀锌绑线捆扎牢靠，间距 200~250mm。阳角处钢丝网对接按间距 100~150mm 用双股 22 号镀锌绑线捆扎。在阳角边部必须用锚栓钉压紧。

6) 抹抗裂砂浆找平层。

浇注完的聚氨酯陈化时间为 2d 之后方可施工找平层。

①配制找平层胶浆：按找平胶液：42.5 级普通硅酸盐水泥：砂 = 0.6~0.8：1：2.5（质量比），将各组分混配好后，搅拌 3~5min，达到均匀状态，在配制找平胶浆中禁止加水。其中砂粒径应≤2.5mm，含水率≤6%，含泥量≤1%。

每批配制的找平胶浆应在 2h 之内用完，现用现配，在使用中出现增稠可增加搅动。如在施工中途找平胶浆出现固化、硬结不得再使用。

②抹找平层：抹找平层时，将电焊网完全覆盖在找平层内，而不应露出表面。抹完找平层表面的平整度和线角应符合设计要求，并将找平层表面搓麻。

抗裂砂浆层达到一定的强度后应适当喷水养护，约 7d 后方可粘贴面砖。

7) 贴面砖。

①配制贴砖胶浆：按瓷砖胶液∶42.5级普通硅酸盐水泥∶砂＝0.6～0.8∶1∶1.5（质量比），将各组分定量加入后，搅拌3～5min，达到均匀后即可使用，配制中禁止加水。其中砂粒径应≤2.0mm，含水率≤6%，含泥量≤1%。

②贴面砖：每批次配制的贴砖胶浆，应在2h之内用完。粘贴面砖前，应先将基层喷水湿润（以不流淌为宜）。如使用面砖的吸水率大于1%，在面砖粘贴前应将其浸水2h以上，晾干后再用。

粘贴面砖的粘结砂浆厚度为5～8mm。面砖缝宽不小于5mm。常温施工24h后应喷水养护，喷水不宜过多，不得流淌。

8) 面砖勾缝。

①面砖勾缝胶配制：按水∶瓷砖嵌缝剂＝1∶2～2.5的质量比配制。

②用面砖勾缝胶进行勾缝，先勾水平缝，后勾竖缝。口角砖交接呈45°，勾缝面应凹进面砖表面2mm。最后，窗口等部位面砖缝注密封胶。

在该保温工程系统中，不得用水泥砂浆替代抗裂砂浆、粘结砂浆和面砖勾缝胶。

(3) 外保温系统施工完成后，应做好成品保护。

①防止施工污染；

②拆卸脚手架或升降外挂架时，注意保护墙面免受碰撞；

③严禁踩踏窗台、线角；

④及时修补损坏的部位。

(四) 工程质量控制与标准

1. 工程质量控制

现场模浇硬泡聚氨酯外保温工程应按现行国家标准《建筑节能工程施工质量验收规范》（GB 50411）及《建筑装饰装修工程质量验收规范》（GB 50210）相关规定进行施工质量验收。

现场模浇硬泡聚氨酯外保温工程的分项工程和工序按表3-52进行划分。

表3-52 现场模浇聚氨酯硬泡外墙外保温工程分项和工序划分

分 项	工 序
PU硬泡涂料饰面系统	基层处理、墙体基层界面剂、模板安装、PU硬泡保温层、变形缝、PU硬泡界面剂、抹面层、饰面层
PU硬泡面砖饰面系统	基层处理、墙体基层界面剂、模板安装、PU硬泡保温层、变形缝、PU硬泡界面剂、保护层（加固）、贴面砖
PU硬泡装饰板饰面系统	基层处理、墙体基层界面剂、模板安装、PU硬泡保温层、变形缝、密封胶嵌缝

分项工程以墙面每500～1000m² 划分为一个检验批，不足500m² 也应划分为一个检验批；每个检验批每100m² 应至少抽查一处，每处不得小于10m²。细部构造应全数检查。

2. 工程质量标准

(1) 主控项目

1) 所用主体材料及配套用材料规格、质量、性能应合格。

检查方法：检查出厂合格证、近期检测报告和进入现场复试报告。
2）聚氨酯硬泡保温层的厚度符合设计要求，保温层平均厚度不允许出现负偏差。
检查方法：用尺测量和观察。
3）保温层与墙体以及各构造层之间必须粘结牢固，不应脱层、空鼓及裂缝。
检查方法：现场观察检查。
4）安装模板和自膨胀金属锚固螺栓，应使模板、钉与尼龙套准确对位，并安装牢固。
检查方法：用直尺测量和观察。
5）模板与塑料板之间不得有缝隙。
检查方法：用直尺测量和观察。
6）模板拆除后，模浇聚氨酯硬泡不应粘模板。
检查方法：现场观察检查。
7）聚氨酯硬泡的密度、厚度应符合设计要求。
检查方法：检查复验报告，用探针和直尺测量检查。
8）饰面嵌缝连续、饱满、均匀。
检查方法：现场观察检查。
9）防火带与基层结合牢固，其宽度、厚度必须符合设计要求，不允许有负偏差。
检验方法：观察检查。

（2）一般项目

1）进场保温材料与构件的外观和包装完好无损，符合设计要求和产品标准的规定。
检查方法：现场观察检查。
2）基层应无脱层、空鼓和裂缝，基层应平整、洁净，含水率应符合施工要求。
检查方法：现场观察检查。
3）墙体基层界面剂喷涂均匀，严禁有漏底现象。
检查方法：现场观察检查。
4）聚氨酯硬泡界面剂（界面砂浆）刮涂厚度均匀，严禁有漏底现象。
检查方法：现场观察检查。
5）穿墙套管、脚手架、孔洞等，按照施工方案要求施工。
检查方法：现场观察，全数检查。
6）阴（阳）角、门窗洞孔及与不同材料交界处等特殊部位，按设计要求施工，并应达到密封牢固、无空隙。
检查方法：现场观察检查。
7）聚氨酯硬泡保温层必须达到熟化时间后方可进行下道工序施工。
8）模板表面应平整、光洁。
检查方法：用靠尺、直尺、塞尺测量、观察检查。
9）模板的接缝不应漏出PU硬泡料。
检查方法：观察检查。
10）拆除模板后，已浇注成型的聚氨酯硬泡表面及棱角应无损伤。
检查方法：观察检查。
11）防火带与保温层间无缝隙、防火带表面无被喷涂硬泡。

检验方法：观察。

(3) 模浇聚氨酯硬泡质量检查允许偏差

1) 模浇聚氨酯硬泡的模板安装允许偏差值如表 3-53 所示。

表 3-53 模浇聚氨酯硬泡模板安装允许偏差值

项　目		允许偏差（mm）	检验方法
轴线位置		≤5	钢尺检查
截面尺寸	柱、墙、梁	+4，-5	钢尺检查
层高垂直度	不大于 5m 时	≤6	经纬仪或吊线、钢尺检查
	大于 5m 时	≤8	经纬仪或吊线、钢尺检查
相邻两板表面高低差		≤2	2m 靠尺和直尺及塞尺检查
表面平整度		≤4	2m 靠尺和塞尺检查

2) 模浇聚氨酯硬泡的外观质量允许偏差如表 3-54 所示。

表 3-54 模浇聚氨酯硬泡的外观质量允许偏差

项　目		单　位	允许偏差值	检验方法
外观质量			表面平整光滑	2m 靠尺、直尺和观察检查
聚氨酯硬泡厚度	厚度≤50	mm	-1，+5	
	50≤厚度≤100	mm	-2，+4	
	厚度≥100	mm	供需双方商定	用 φ1mm 钢丝探针和直尺检查
表面平整度		mm	±2	2m 靠尺和塞尺检查

3) 模浇聚氨酯硬泡真石漆饰面系统允许偏差项目及检验方法如表 3-55 所示。

表 3-55 模浇聚氨酯硬泡真石漆饰面系统允许偏差项目及检验方法

项　目	允许偏差	检查方法
立面垂直度	4	用 2m 托线板检查
表面平整	4	用 2m 靠尺及塞尺检查
阴阳角垂直	4	用 2m 托线板检查
阴阳角方正	4	用 2m 靠尺及塞尺检查
立面总高度垂直	H/1000 不大于 20	用经纬仪 吊线检查
上下窗口左右偏移	不大于 20	用经纬仪 吊线检查
窗口上下偏移	不大于 20	用经纬仪 拉通线检查
保温层厚度	不允许有负偏差	用针 钢尺检查
分格条（缝）平直	3	用 5m 小线和尺量检查

注：表中数据摘自哈尔滨天硕建材工业有限公司指标。

二、免拆模浇聚氨酯硬泡一体化系统

免拆模板浇注聚氨酯硬泡技术系统，是利用各种清水板作为模板，如水泥基轻质板、EPS 板、XPS 板、聚氨酯硬泡保温板等为模板，或以装饰板作为模板。通过现场对模板内浇注聚氨酯硬泡后，模板与浇注聚氨酯硬泡连成无缝、无热桥、连续复合整体保温层构造。

在清水板保温构造外表面可按设计要求，进行涂料（真石漆）、面砖等面层装饰。而采用装饰板为模板，可以设计为仿铝塑板饰面、仿面砖饰面等多种饰面风格，直接为面层饰面，在其装饰板内一次浇注成形的整体保温构造即为外墙外保温装饰系统。

清水板饰面或装饰板饰面所形成风格不仅高雅、靓丽，而且不变形、不褪色、不开裂、防水、耐候。

涂料饰面或装饰板饰面的品种、颜色、规格等由个体工程设计决定。本构造系统中简介免拆模板为水泥基轻质板，饰面材料为涂料、面砖类保温系统。

免拆模板浇注聚氨酯硬泡涂料饰面和面砖饰面墙体构造如图3-59、图3-60所示。

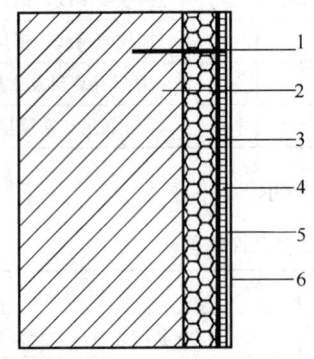

图3-59 免拆模板浇注聚氨酯硬泡涂料饰面构造示意图

1—模板紧固件；2—基底墙面（必要时涂墙体基层界面剂）；3—浇注PU硬泡层；4—专用免拆模板；5—柔性抗裂腻子（必要时）；6—涂料

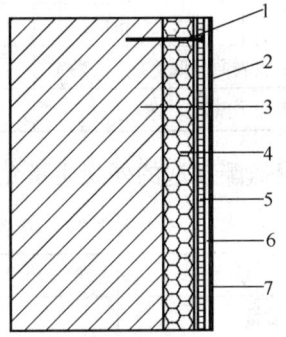

图3-60 免拆模板浇注聚氨酯硬泡面砖饰面构造示意图

1—模板紧固件；2—柔性勾缝胶（剂）；3—基底墙面（必要时涂墙体基层界面剂）；4—浇注PU硬泡层；5—专用免拆模板；6—面砖胶粘剂；7—面砖（勾缝）

（一）材料要求

1. 墙体基层界面剂性能指标

基层界面剂性能同表3-7的技术性能指标要求。

2. 聚氨酯硬泡性能

聚氨酯硬泡性能，如表3-56所示。

表3-56 聚氨酯硬泡性能

项目	指标	项目		指标
密度(kg/m³)	≥35	尺寸稳定性(48h)(%)		80℃≤2.0，−30℃≤1.0
导热系数(23±2)℃[W/(m·K)]	≤0.023			
拉伸粘结强度(kPa)	≥150	压缩性能(形变10%时的压缩应力)(kPa)		≥100
拉伸强度(kPa)	≥200	阻燃性能	平均燃烧时间(s)	≤70
断裂延伸率(%)	≥5		平均燃烧高度(mm)	≤40
吸水率(%)	≤4		烟密度等级	≤75

3. 水泥基轻质模板性能

水泥基轻质模板性能如表3-57所示。

表 3-57 水泥基轻质模板性能

项　目	指标要求	测试方法
厚度①(mm)	≥8	GB/T 7019
表观密度(kg/m³)	<1600	GB/T 7019
抗折强度(MPa)	≥12	GB/T 7019
抗冻融性能(25次)	无起层和龟裂现象	GB/T 7019
湿胀率(%)	<0.20	GB/T 7019
干缩率(%)	<0.1	GB/T 7019
拉伸粘结强度(与聚氨酯硬泡)(kPa)	≥100	聚氨酯硬泡外墙外保温工程技术导则(2006) A3、B3、C3
防火性能	a)热释放速率峰值≤150kW/m² b)FV-0级 c)烟密度等级(SDR)≤75	a)GB/T 16172 b)GB/T 2408 c)GB/T 8627

①如能满足其他性能指标要求，则厚度可以降低。

注：表中数据摘自哈尔滨天硕建材工业有限公司水泥基轻质模板性能指标。

4. 单个自胀锚栓抗拉承载力的技术性能

同本节表 3-46、表 3-47 的技术性能。

5. 饰面涂料施工方法所用各个材料性能

同本节一、(一) 2 中所用有关材料性能。

6. 面砖饰面施工方法所用各个材料性能

同本节一、(一) 2 中所用有关材料性能。

7. 防火带材料要求

同本章第二节一、(一) 1. (3) 16) 要求。

(二) 设计要点

1. 基本要求

参考本节可拆模浇聚氨酯硬泡的设计基本要求。

2. 细部构造及其要求

参考本节可拆模浇聚氨酯硬泡的细部构造设计及其要求。

(三) 施工

1. 施工准备

(1) 技术准备

同本节可拆模浇聚氨酯硬泡的技术准备。

(2) 材料准备

参考本节可拆模浇聚氨酯硬泡的材料准备。

(3) 机具准备

参考本节可拆模浇聚氨酯硬泡所用的机具。

(4) 施工条件

同本节可拆模浇聚氨酯硬泡外保温作业基本条件。

2. 施工工艺

(1) 免拆模板浇注聚氨酯硬泡施工工艺流程如图 3-61 所示。

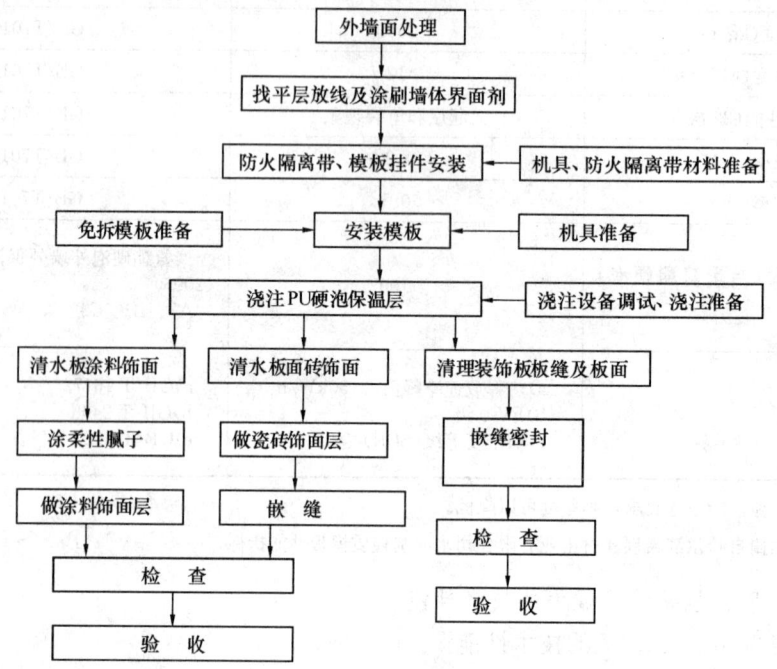

图 3-61 免拆模板浇注聚氨酯硬泡施工工艺流程

(2) 操作工艺：

1) 基层处理：

彻底清除掉外墙基面上灰结、混凝土浮块等，如有影响施工的混凝土凸出物，应剔平整，表面上不得有浮灰、油污等，墙体基层应干燥、干净、坚实、平整，必须处理到符合施工要求。

2) 墙体基层涂刷界面剂：

墙体基层界面剂配制及涂刷见本节可拆模浇 PU 硬泡的配制及涂刷。

3) 防火隔离带、免拆模板安装：

①防火隔离带安装。

同本节一、(三) 2. (3) 4) ①安装要求。

②免拆模板安装。

将在工厂预制标准化生产的模板（清水板、保温板或装饰板）用锚钉固定在墙面，在模板与墙体间预留 15mm 空隙或按设计要求预留，以便在空隙内浇注聚氨酯硬泡。

安装模板时，先进行垂直、水平放线。严格按设计饰面要求安装装饰板，保证水平、垂直方向直线性要求和表面平整度要求。

支模板应从阴角（阳角）开始，支模板顺序由下往上。角处的模板采用两块模板直接碰头，缝隙用胶带封口的方法，其他模板也采用直接拼接的方法。

免拆模板即装饰板安装方法，分为在板面锚栓直接固定和在板对缝处挂接两种方式。分别用厚型板和薄型板对缝处采用 L 形企口榫连接，装饰模板（如仿铝塑幕墙饰面时）采用耐候硅酮密封胶对缝隙进行处理。

4）浇注聚氨酯硬泡液料：

浇注顺序由远至近。一块模板沿高度方向分多次浇注，不得一次浇注成型。浇注完成后，清理装饰板板缝及板面，然后按设计要求做饰面。

5）面砖饰面、涂料层饰面：

模板之间的接缝用单组分聚氨酯硬泡填缝剂发泡剂（OPF）密封，使用时不需要发泡机和电源，适当切开罐装大小管嘴，对准缝隙后借助罐内压力或借助外力边移动边挤出物料，做到施工速度与出料量同步。由于罐内压力发泡压力小，很容易控制操作，挤出物料在短时间内发泡、固化，达到填缝、粘结、密封、隔热等多种功能，能有效防止出现热桥。

聚氨酯泡沫填缝剂发泡剂密封后，将凸出部分处理平整。

水泥基轻质模板面砖饰面、涂料层饰面（含真石漆饰面）做法，除减掉抗裂砂浆保护层的施工步骤外，其他同本节中可拆模浇中面砖饰面、涂料饰面做法，其中以聚氨酯硬泡裸板为免拆模板时，应在其外表面涂抹聚氨酯硬泡界面剂后，再按可拆模板饰面的施工方法进行后续饰面施工。

6）装饰模板饰面：

将模板之间的接缝清理干净后，用硅酮密封胶嵌缝，盖严膨胀钉，嵌缝达到连续、均匀、饱满。

（四）工程质量控制与标准

参照本节可拆模板工程质量控制与标准。

第四节　干挂板材外墙外保温一体化系统施工

干挂板材外墙外保温一体化系统，是根据预制聚氨酯硬泡保温装饰复合板（或其他板材）类型或具体构造，板材作业在有龙骨系统或无龙骨外墙外保温系统（简称干挂系统）。

无龙骨干挂系统适用于有实体墙的干挂系统，不宜用于框架填充轻骨料混凝土砌块墙体。在无龙骨干挂系统施工中，在墙体基层合格的情况下，聚氨酯硬泡保温装饰复合板可直接作业于墙体，也可用三维可调金属龙骨构件固定干挂饰面板，在其与墙体间现场浇注聚氨酯硬泡等方法。

有龙骨干挂系统适用于无实体墙的钢结构、混凝土框架结构干挂系统。在有龙骨干挂系统施工中，在加工聚氨酯硬泡保温装饰复合板时，将预制槽口嵌件（或角件）埋设到板材中（或安装时后插入），使其具有三维调整能力，相当于在面板与龙骨间实现弹性浮动连接，或在安装时采用三维可调金属龙骨构件、托板（托盘）等连接方式直接与龙骨相连固定。

无龙骨或有龙骨干挂系统，采用隐蔽搭接式、槽式连接或长锁式连接，预制件采用隐蔽安装，无一螺钉、连接件外露。

干挂系统称为保温防水装饰板一体化成套技术，该系统除以聚氨酯硬泡为保温隔热层干挂系统外，还可使用其他材质保温板与饰面板复合成，通过干挂系统施工后，形成系列成套的干挂系统。

干挂系统主要包括聚氨酯硬泡保温装饰复合板（以聚氨酯硬泡为保温绝热层，与多种面板和饰面涂料预制而成）或饰面板（面板与饰面涂料）、镀锌金属组合挂件（固定件或粘结层）、嵌缝密封胶材料等，将各个材料、构件在工程上进行合理的组合应用。

干挂系统在具有安全、保温隔热、装饰、防水功能效果和装饰一体化效果的同时，还具有施工简便、快捷的特点。还可根据建筑结构特性、墙体基层及应用地区等各方面因素，根据设计选用聚氨酯硬泡厚度及饰面材质、外观、形状等，可构成多种类型的建筑外保温技术，通过施工均可实现。

该系统广泛适用于有节能要求的钢筋混凝土、混凝土空心砌块、烧结普通砖、砖和炉渣砖等材料构成的砌体结构基层和有龙骨、无龙骨结构的外墙外保温工程。适用于新建、扩建、改建和既有工业和民用建筑的外墙、屋面和用于低层、多层及高层建筑。

一、干挂聚氨酯硬泡保温装饰复合板系统

干挂聚氨酯硬泡保温装饰复合板外墙外保温系统，适用于有龙骨干挂系统。

该系统是以聚氨酯硬泡保温装饰复合板为绝热保温层，用三维金属组合挂件将该聚氨酯硬泡保温装饰复合板与基层墙体连接，通过拉铆钉等固定后，用现浇无氟发泡聚氨酯硬泡填充保温板之间的空隙，并将三维金属组合挂件同时密封在内，最后将聚氨酯硬泡保温装饰复合板之间的缝隙，用建筑硅酮密封胶封闭防水，所形成的外保温系统，基本构造如表3-58所示。

表3-58 干挂聚氨酯硬泡保温装饰复合板外墙外保温系统基本构造

基层墙体	构造示意图			
混凝土墙或砌体墙（砌体墙需用水泥砂浆找平）	安装可调金属挂件	安装PU硬泡保温装饰复合板（工厂化生产）＋拉铆钉固定	浇注PU硬泡＋硅酮胶嵌缝	装饰面板 粘结剂 PU硬泡板材 硅酮密封胶 基层墙体 砂浆找平层 三维可调金属挂件系统 发泡聚氨酯 干挂饰面板的节点或条胶粘剂

（一）材料要求

1. 干挂系统施工配套材料

干挂系统施工配套材料（构件）主要包括：聚氨酯硬泡保温装饰复合板（以无氟发泡聚氨酯硬泡等为芯材，以硅酸钙板、金属板、陶板、薄石材板、砖形板、氟碳板、人造石板、UPVC板、铝塑板、金属彩板等外装饰板等构成外饰面层，按安装方式和其他具体要求，还可有背覆材料、边框材料、加强材料等。

干挂聚氨酯硬泡复合饰面板，在工厂通过加工设备复合生产而成或现场粘结；三维可调金属龙骨构件；高性能胶粘剂；硅酮密封胶等。

（1）三维可调金属组合挂件

1）采用冷轧低碳钢板加工成镀锌干挂组合件，包括：龙骨、锚螺栓、挂件、螺栓等组成。其中冷轧低碳钢板龙骨和镀锌金属钢挂件、镀锌金属自膨胀螺栓等三维可调组合挂件的技术性能如表 3-59 所示。

表 3-59　龙骨、钢挂件、螺栓技术性能指标

冷轧低碳钢板	屈服强度（MPa）	抗拉强度（MPa）	伸长率（%）	镀锌质量（g/m²）
Q235	≥215	≥330	≥43	≥20（合格）

2）镀锌金属自膨胀螺栓（TOX 尼龙套钢钉）技术性能，如表 3-60 所示。

表 3-60　镀锌金属自膨胀螺栓锚固性能指标

项　目	砌　体	混凝土（≥C20）
锚固深度（mm）	≥51	≥51
单个钉的拉力值（kN）	≥0.3	≥1.0
锚固端状态	不破坏	不破坏
单个钉的极限拉力（kN）		2.2
单个钉的剪力（kN）		2.0
单个钉的极限剪力（kN）		3.2
备　注		1. 打入 ϕ5mm 金属胀钉或尼龙胀钉；拧入 ϕ5.5mm 金属胀钉。 2. 膨胀型用的打入法，适用于混凝土墙和承重多孔砖砌体墙；打结型用的拧入法，适用于空心混凝土砌块、空心砖。 3. 尼龙套管用 ϕ8 万能膨胀锚栓

注：(1) 应按空心墙体、加气块墙体或实心墙体（混凝土墙体、实心砖墙体）的具体类型分别选用 TOX 锚栓。在实心墙体内选用 TOX 锚栓达到墙体内膨胀锁紧，在空心和板材墙体内扭旋打结-自螺母锁紧。
(2) 在实心墙体可用冲击钻或锤钻钻孔；在空心墙体只能用旋转方式钻孔；在加气块墙体建议采用专用打孔工具。
(3) 在空心墙体及加气块墙体上施工，严禁用手锤直接打入胀钉。如直接打入，则会造成膨胀套管无法打结，承载力明显降低。

(2) 聚氨酯硬泡材料技术性能

聚氨酯硬泡材料技术性能，如表 3-61 所示。

表 3-61　干挂聚氨酯硬泡材料技术性能

序号	项　目	指　标	序号	项　目	指　标
1	表观密度（kg/m³）	≥30	5	水蒸气透过率[ng/(Pa·m·s)]	≤6.5
2	压缩(10%)强度(kPa)	≥100	6	吸水率(体积分数)(%)	≤3.0
3	导热系数[W/(m·K)]	≤0.024	7	燃烧性能(燃烧分级)	B_2
4	尺寸稳定性(%)	≤5			

(3) 胶粘剂加工的饰面板、挂条技术性能

采用挂点的专用干挂胶粘剂，胶粘剂粘结饰面板、挂条（点）的技术性能，如表 3-62

所示。

表 3-62 胶粘剂粘结饰面板挂点的技术性能

序号	项 目			技术指标	
				加固型	普通型
1	适用期(min)			50～30	30～90
2	弯曲弹性模量(MPa)			≥2000	
3	冲击能量(kJ/㎡)			≥3.0	
4	抗剪强度(不锈钢-不锈钢)(MPa)			≥8.0	
5	压剪强度	石材-石材	标准条件(MPa)	≥10.0	
			浸水 48h(MPa)	≥7.0	
			热处理：80℃168h(MPa)	≥7.0	
			冻融循环 50 次(MPa)	≥7.0	
		石材-不锈钢	标准条件 48h(MPa)	≥10.0	

注：实验室试验时均应在饰面板材破坏。

(4) 嵌缝硅酮密封胶技术性能

建筑物外墙上饰面板按设计或构造要求预留的缝隙，必须填嵌防水耐候的硅酮胶，密封胶嵌缝技术性能同表 3-50 技术性能。

(5) 饰面板与保温板粘结用粘结剂技术性能

饰面板与聚氨酯硬泡保温板材粘结所用的粘结剂技术性能，如表 3-63 所示。

表 3-63 粘结饰面板与保温板用粘结剂的技术性能指标

序 号	项 目		指 标
1	外观		均匀，无团块、颗粒
2	涂布性		可易涂布，梳齿不乱
3	胶接强度	普通型（MPa）	≥0.80
		耐水 168h（MPa）	≥0.50

(6) 墙体基界面剂的技术性能

墙体基界面剂的技术性能，如表 3-64 所示。

表 3-64 界面剂性能指标

项目	外 观	性能指标	施 工	干燥时间	有害性
墙体界面剂	无色无味	pH7～9	雾喷	1h	无毒、不燃、无污染

2. 饰面板（装饰板）

1) UPVC 装饰板（彩瓦）的技术性能，如表 3-65 所示。

表 3-65 UPVC 装饰板（瓦）的性能

序号	项 目	指 标	序号	项 目	指 标
1	抗伸强度(kPa)	≥20	5	抗折荷载(彩瓦)(N)	加荷载 1000 无断裂
2	尺寸稳定性(%)	≤0.15	6	吸水率(%)	≤1.5
3	阻燃性能	FV-0	7	冻融循环	无分层、开裂、剥落
4	维卡软化点(℃)	≥79			

2) 纤瓷板的技术性能，如表 3-66 所示。

表 3-66 纤瓷板的技术性能

序号	项目	指标	序号	项目	指标
1	面密度(kg/m^2)	7.5～11(厚度4～6mm)	5	抗冻性(-20℃24h, 常温6h)(次)	重复10次,不变形, 不龟裂
2	抗拉强度(MPa)	≥0.4			
3	抗折强度(MPa)	≥30	6	耐候性(色差值)	≤6
4	吸水率(%)	≤12	7	使用寿命(年)	≥50年

3) 铝塑板技术性能，如表 3-67 所示。

表 3-67 铝塑板性能

序号	项目	指标	序号	项目	指标
1	抗弯强度(MPa)	≥84.2	3	线膨胀系数(1/℃)	≤2.3×10^{-5}
2	抗剪强度(MPa)	≥48.9	4	弹性模量(MPa)	≥0.7×10^{-5}

4) 人造石板技术性能，如表 3-68 所示。

表 3-68 人造石板技术性能

序号	项目		指标
1	板材规格(厚度)(mm)		4±0.5
2	落球冲击		表面无破裂、碎片
3	冲击韧性(kJ/m^2)		≥4
4	强度	弯曲强度(MPa)	≥40
		弯曲弹性模量(MPa)	≥6500
5	耐污染性(试样耐污染总和)(mm)		≤64(深度≤0.12mm)
6	阻燃性能(%)		≥35(氧指数)
7	巴氏硬度	PMMA类	≥58
		UPR类	≥50
8	外观质量		应符合各自产品的国家、行业或地方标准的外观质量要求

5) 水泥纤维（氟碳）饰面板的技术性能，如表 3-69 所示。

表 3-69 水泥纤维（氟碳）饰面板的技术性能

项目	标准要求	备注
密度(g/cm^3)	1.8±2	—
干缩率(%)	≤0.07	
板面吸水率(%)	≤1.78	—
面板热膨胀系数	≤8×10^{-8}	
导热系数[W/(m·K)]	≤0.3	
弹性模量(N/mm^2)	≥9000	—

续表

项　目		标准要求	备　注
不燃性		A 级	A 级
抗折强度(MPa)		≥34.2	—
抗冲击强度(kJ/㎡)		≥2.6	
抗冻性		无起层等破坏现象	25 次冻融循环无起层等破坏现象
压缩强度(MPa)		≥0.25	
颜色		实体色、金属色、珠光色等各种颜色和光泽	
常用规格(mm)		1200×600×d、1200×800×d、900×800×d	
尺寸偏差	长度(mm)	±2	
	对角线差(mm)	≤3	
	边沿不直度(mm/m)	≤2	
	翘曲度(mm/m)	≤1	

注：(1) 用于复合板的保温层厚度在 15～100mm 内选用；

(2) d—饰面板厚度(6mm、8mm、10mm、12mm)。

常用饰面板的规格为 100mm×600mm×d，1000mm×500mm×d，d 为饰面板的厚度(4mm、6mm、8mm、10mm、12mm)。

(二) 设计要点

1. 基本要求

(1) 干挂聚氨酯硬泡保温装饰复合板与基层连接应有构造设计，要结合基层的不同结构种类，提出具体的技术方案和基面处理措施。

(2) 干挂聚氨酯硬泡保温装饰复合板的基层主体结构应是通过施工验收的砌体墙、钢筋混凝土框架填充墙、钢筋混凝土剪力墙建筑结构。

外保温干挂构造荷载应列入结构荷载组合计算。对地震烈度大于或等于 8 度地区的混凝土框架墙体，不得采用石材饰面的干挂外保温防水装饰板材。

(3) 采用干挂聚氨酯硬泡保温装饰复合板的外墙，其承重砌体的块材强度等级不应低于 MU10，填充砌体的块材的强度等级不应低于 MU5.0。

无砂类砌块、低密度轻质砌块、夹芯保温砌块等填充砌体，采用干挂保温防水装饰板时，应在现场对金属构件连接强度进行检验。

(4) 框架填充墙与混凝土框架梁、柱的连接处，应铺装镀锌钢丝网并抹抗裂水泥胶砂浆。

(5) 饰面板间宜设计 5～10mm 缝节点。

(6) 墙体有下列情况之一时，应对基层进行构造技术处理：

1) 砌体的砂浆饱满度严重不足时；

2) 砌体的块材强度等级低于本节一、(二) 1 中的相关要求（但不应低于 MU5.0 时）；

3) 混凝土表面观感有严重缺陷时；

4) 基层平整、垂直度最大偏差大于 8mm 时。

(7) 基层构造技术处理做法：

在清理干净要保温的基层后，应刷界面剂处理，再抹 M10 水泥胶砂浆或挂镀锌钢丝网后再抹 M10 水泥胶砂浆。

2. 细部构造及其要求

除在连接件处要采用浇注聚氨酯硬泡保温密封外，在收口、板缝间、拐角、窗口连接处、落水管固定部位、阳台、女儿墙、勒脚的保温饰面板与平面基层、变形缝及空调等外装设备安装部位都应采用密封胶达到有效密封。细部节点连接及密封如图3-62～图3-70所示。

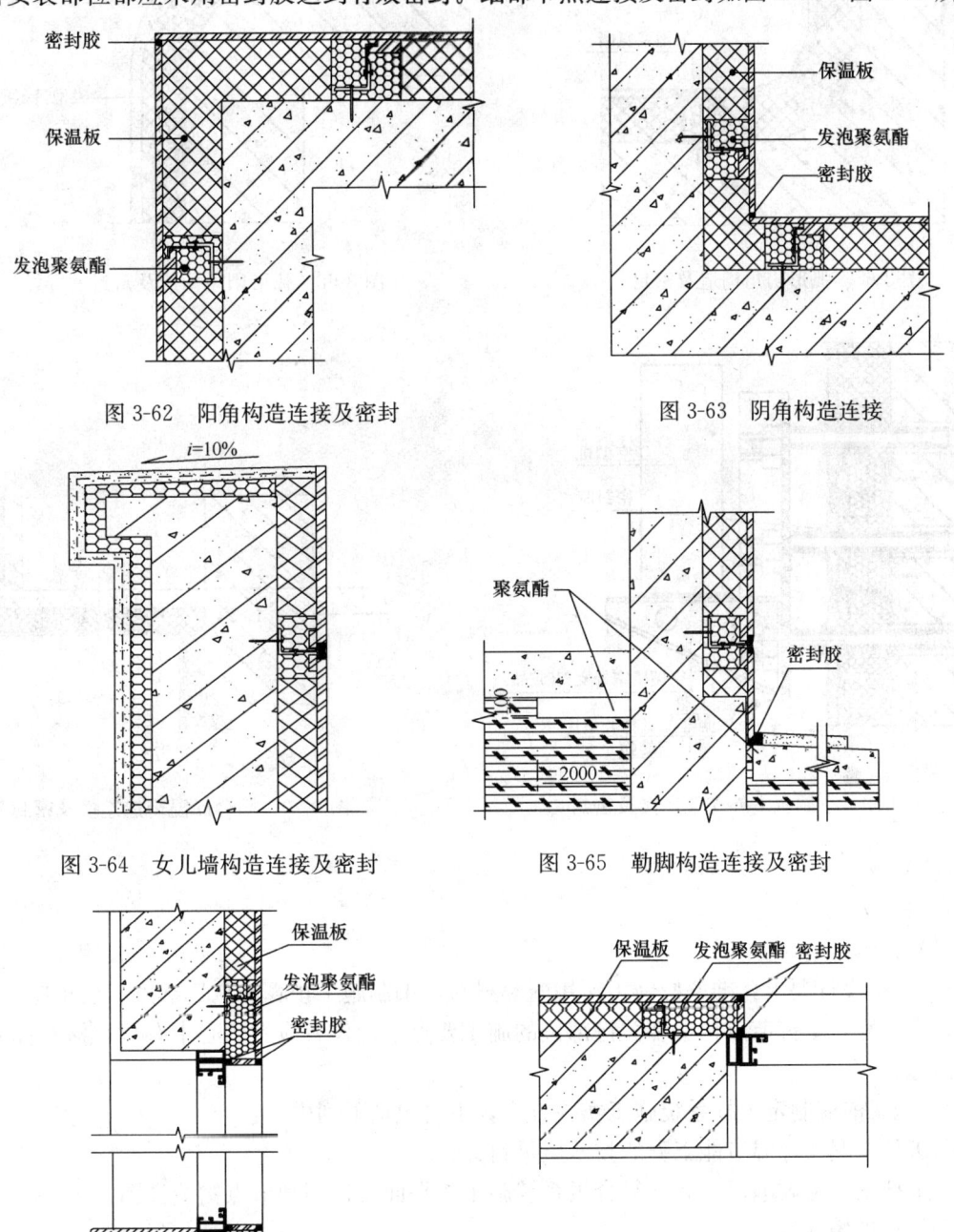

图 3-62 阳角构造连接及密封　　　　图 3-63 阴角构造连接

图 3-64 女儿墙构造连接及密封　　　图 3-65 勒脚构造连接及密封

图 3-66 窗口构造连接及密封

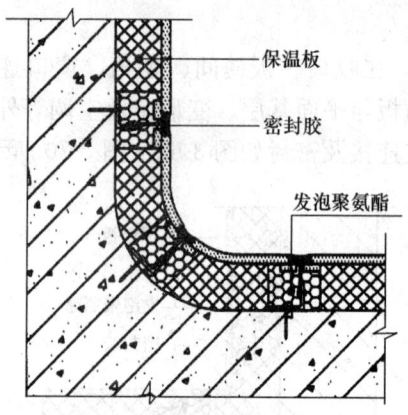

图 3-67 弧形阴角构造及密封

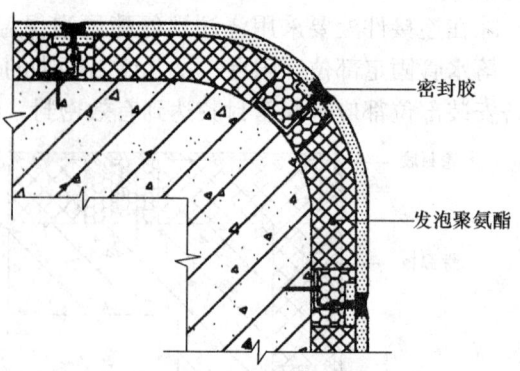

图 3-68 弧形阳角构造及密封

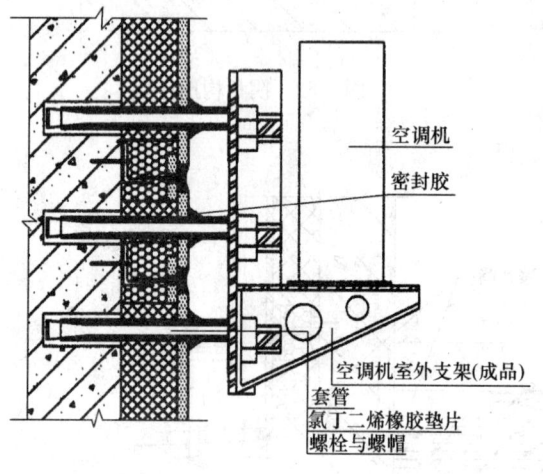

图 3-69 空调机室外支架连接及密封

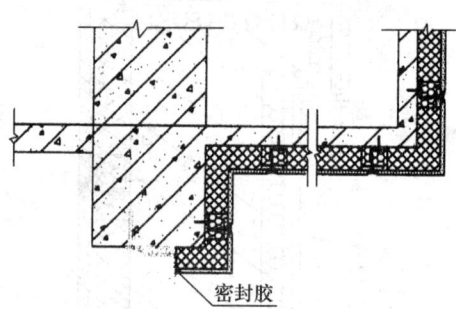

图 3-70 阳台保温构造连接及密封

（三）施工

1. 施工准备

（1）技术准备

1) 根据设计要求，准备好施工所用配套材料，编制施工预算，认真熟悉和会审施工图，进行技术交底，掌握节点构造和关键部位的施工要点，操作者应做到心中有数，核对各节点构造措施。

2) 施工前应制定干挂系统施工实施方案，主要包括下列内容：

①工程概况及保温节能工程的技术质量目标；

②干挂聚氨酯硬泡保温装饰复合板系统施工的平面设计图和节点构造详图；

③材料进场计划；

④施工进度计划和用工计划；

⑤干挂系统施工的质量保证和专项控制措施；

⑥安全文明施工措施；

⑦干挂聚氨酯硬泡保温装饰复合板系统施工的质量验收程序。

(2) 材料准备

1) 构件贮存时应依照安装顺序排列,在室外存放时应采取防雨、防潮、防火、防盗等措施,不得露天堆放。

2) 堆放干挂聚氨酯硬泡保温装饰复合板及其配套材料应有仓库、场地,其地面的标高应比现场平均标高高出300mm。

3) 聚氨酯硬泡保温装饰复合板存放应平稳、架空,架空的净距应大于100mm,其他材料不应直接放在地面上,各类材料应分垛堆放,统一管理。

4) 按工程需用材料总用量备料,一次或分批进场。

(3) 工具和施工设施准备

1) 工具准备

①粘结作业间内应设有(精度±1g的)电子称、温度计、配料容器、微型搅拌器、标准刮胶板、压辊、清洁布、金属夹具等。

②加工板用的电动切割锯、电动胶粘剂搅拌器、卡尺、钢尺、壁纸刀。

③加工金属组合挂件用的橡胶锤、小铁锤、卷尺、手电钻、电动螺丝刀、射钉枪、螺丝刀等工具。

④浇注聚氨酯硬泡用的浇注发泡机应配有空气压缩机、吸料泵、导料管、浇注枪、组合工具(箱)、防护罩等。

⑤在用硅酮密封胶镶嵌干挂板的板缝时应使用注胶压力枪、纸条(工具)、勾缝抹子。还有线锤、强动力吸尘器、手提电锯、手提压刨、电动砂布机、钢筋剪、橡套线;常用抹灰工具及抹灰检测器具若干,水桶、剪刀、滚刷、铁锹、扫帚、手锤等;常用的检测工具:经纬仪及放线工具、托线板、方尺、探针、钢尺等。

2) 施工设施准备

①干挂聚氨酯硬泡保温装饰复合板的粘贴操作平台,应坚固、干稳,成品与边角料应分别存放。

②干挂聚氨酯硬泡保温装饰复合板的粘结作业间内,应设有电源漏电保护装置,并有安全用电专人管理。

③聚氨酯硬泡保温装饰复合板与挂点、聚氨酯硬泡保温装饰复合板与保温板的粘结环境应通风、防尘。

(4) 施工条件

1) 墙体基层检验,去除基层的空鼓部分及突出基层表面3mm以上的附着物,基层达到施工要求。

2) 配备好垂直运输机械、外墙脚手架、室外操作吊篮等设备达到安全使用条件。

3) 外门窗应已经安装完毕或窗框已经安装固定就位,并符合设计要求。门窗框与墙体间隙已经密封处理,外墙的门窗口安装完毕,且预留出保温层厚度。

4) 现场浇注聚氨酯硬泡的作业环境温度宜为15~30℃(墙面含水率宜为15%以下)。在低于10℃或高于30℃,以及相对湿度大于80%、雨天条件下不应进行施工。

干挂板在作业时,为保证安全性,风力不应大于4级。

5) 干挂聚氨酯硬泡保温装饰复合板(块)、保温材料、吊挂件等临时粘结用的作业间(特别是挂点)要有循环走道,加工区、成品区应合理布置,分开管理,严禁混杂作业。

6) 干挂作业时的技术条件应达到下列要求：

①新建建筑外墙主体已按现行的工程施工质量验收规范通过质量验收，并具有验收文件；既有建筑的节能改造工程已通过安全技术评定。

②建筑外墙外保温施工应具有单排或双排钢管脚手架（或钢管门式脚手架）；

③脚手架距墙体装饰板面的净距应为 200～300mm，最大不应超过 500mm；

④高层建筑的干挂聚氨酯硬泡保温装饰复合板可采用吊篮式或附壁式整体升降脚手架；

⑤脚手架应满足干挂（及缝隙浇注的）施工要求，并符合国家现行的安全技术规定；

⑥施工现场应具有 380V 的施工电源及夜间照明设施，并必须符合国家安全用电技术规定。

2. 施工工艺

(1) 工艺流程

干挂聚氨酯硬泡保温装饰复合板施工工艺流程如图 3-71 所示。

(2) 操作工艺要点

1) 基层处理及要求

①施工前，应对干挂聚氨酯硬泡保温装饰复合板系统基层墙面进行全面的实际测量，其基层应符合施工要求。既有建筑外墙的灰尘及涂料等饰面应彻底清除，达到无油渍、浮尘、泥土及污垢。

墙面凸出部位、抹灰层空鼓、开裂处应全部剔除，在施用界面剂后，应用同种材料抹平。对基层墙面必须进行质量验收且记录存档。

②按干挂聚氨酯硬泡保温装饰复合板系统施工方案，在墙面上找平放线，控制线应经现场监理验收。

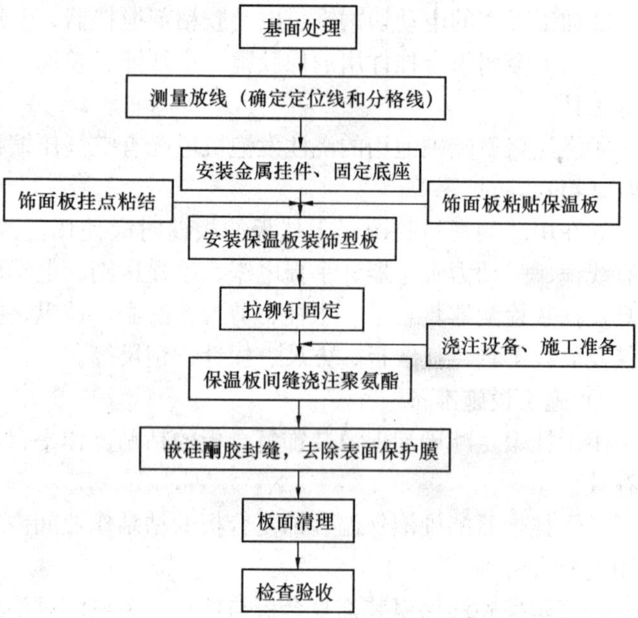

③应在现场安装干挂聚氨酯硬泡保温装饰复合板系统的样板，并经现场工程监理验收后作为工程技术质量验收的依据。

图 3-71 工艺流程

2) 材料配制

墙体界面剂的配比：

原液：水＝1：1。

3) 喷墙体界面剂

采用雾喷的方法清理墙面上的污物，使聚氨酯硬泡浇注料与墙体充分粘结，不得漏喷，喷后 2h 即可进行下道工序施工。

4) 抄平放线安装龙骨

①抄平放线：对外墙聚氨酯硬泡保温装饰复合板工程按安装基准进行校核，轴线、分格线的测量应与主体结构测量相配合，其偏差应及时调整，不得累计；对整个建筑物的外墙抄

平,在阴角、阳角、门窗口处挂控制线,墙面不平处利用龙骨及金属组合挂件三维可调特性进行调整,以达到墙面垂直平整的验收要求。

②安装龙骨:龙骨采用自上而下的顺序安装,用吊线的方法保证龙骨的立面平整,控制线保证龙骨的立面平整度偏差不超过5mm,龙骨安装固定后应进行隐蔽工程检查验收。

龙骨料、连接件应检查核对,必要时应设置辅助连接;可调龙骨、挂件连接于龙骨,同时,还应和基层连接;龙骨安装固定并经工程检查验收后进行下道工序施工。

5) 安装聚氨酯硬泡保温装饰复合板

安装聚氨酯硬泡保温装饰复合板时,必须随时调整并定位,通过镀锌金属组合挂件连接(拉铆钉)把板材挂在墙体上,且与挂件应形成最终不可改变位置的固定程度。应保证聚氨酯硬泡保温装饰复合板连接牢固、安全可靠。

安装聚氨酯硬泡保温装饰复合板时,板与板之间水平接缝以企口连接。对线找正聚氨酯硬泡保温装饰复合板安装尺寸,聚氨酯硬泡保温装饰复合板位置的偏差不大于1.5mm。安装中必须确保聚氨酯硬泡保温装饰复合板外观不受损伤。

6) 现场浇注聚氨酯硬泡

现场试配好料(聚氨酯硬泡)后,在工作面上(组合挂件连接处)分段连续均匀浇注,每层浇注高度不宜大于300mm。在浇注的段之间粘结严密,不得有浇接层,严禁出现焦糊或僵料层现象。浇注聚氨酯保温材料部位不得有漏浇或空洞缺陷。

7) 嵌硅酮密封胶

①嵌胶前必须清理板缝,不得有污物浮尘。根据施胶缝的深度和宽度,可在缝底采用聚乙烯泡沫圆棒条(一般采用棒条直径应大于缝宽的1.3倍)。视缝深度,必要时可在缝中间层再用单组分发泡胶与聚乙烯泡沫圆棒条复合双道的密封。

②按间隙大小,将密封胶筒的管嘴切开,靠近间隙底部均匀挤压密封胶,控制好出料嘴移动速度与出料量的平衡,使间隙的角落部位都被填充,不得有断胶或空洞等现象。

嵌缝后应及时修整密封胶表面,嵌注密封胶厚度应均匀密实,饱满,胶边清晰、横竖顺直,密封严密,不得高出板面。

8) 注意事项

①三维可调金属龙骨构件系统与墙体固定时:

现浇混凝土或黏土实心砖时,可以使用30mm射钉;

其他墙体必须使用尼龙套钢钉;

施工发现个别锚钉紧固失效时必须补装。

②装饰板或复合保温型板安装时:

禁止敲击金属挂件粘结部位,以防击碎装饰板;

应用二维可调金属龙骨架构件时,禁止用敲击方式调整相邻装饰板高度差,以防止击碎或破坏表面平整度;

在安装前禁止撕开保护膜;

安装前应仔细检查金属挂件粘结牢固程度。

加工好的聚氨酯硬泡保温装饰复合板,应采用垂直运输工具将其运到安装部位,严禁碰撞。

③浇注发泡聚氨酯硬泡施工时:

必须在确认浇注部位表面清理合格后方可浇注施工；

基面湿度过高时，可采取表面除湿措施后浇注施工；

应使用浇注机浇注，且禁止在同一位置上一次注入量过大，以防胀坏装饰板或使其变形；

聚氨酯硬泡密度应在 25～40kg/m³ 范围内选择，当使用大于 45kg/m³ 以上密度时，应先做局部浇注方式试验合格，可用后，再可大面积施工；

必须确保聚氨酯硬泡保温层连续、饱满，不得发生断层和空鼓等不良现象；

禁止雨雪天无防护措施情况下施工，不得在负温下浇注施工；

聚氨酯硬泡未固化前禁止用工具搅动或移动装饰板。

④聚氨酯硬泡保温装饰复合板之间缝隙嵌密封胶时：

禁止在嵌密封胶前撕开保护膜；

聚氨酯硬泡保温装饰复合板表面被涂有密封胶时，必须及时清除干净；

密封胶必须确保与聚氨酯硬泡保温装饰复合板端面牢固粘结，同时应避免密封胶与底面粘结。

（四）施工质量控制

1. 一般规定

（1）干挂聚氨酯硬泡保温装饰复合板及配套用材料、配件等应符合设计要求，并遵守合同约定，要在工程监理的监督下认真做好进场验收；验收时应检查有效的产品生产日期、出厂合格证、产品标准、技术性能检测报告等资料，做好记录，并按国家现行产品标准进行抽样复验。

建筑节能外围护墙体采用干挂外保温工程的检验报告应全部合格。

（2）干挂聚氨酯硬泡保温装饰复合板工程质量检验批，按干挂外保温面积划分，同一种饰面板以 500～1000m² 为一个检验批；不足 500m² 的也按一个检验批计算。每批抽检量不得少于 5%，且不得少于 5 件（组）。

（3）干挂聚氨酯硬泡保温装饰复合板工程质量检验批的验收应符合下列规定：

1）现行国家工程建设标准（强制性条文）项目必须合格；

2）主控项目应符合相关规程的规定；

3）一般项目的抽检合格率应达到 80% 以上，且最大偏差不得大于允许偏差的 1.5 倍。

2. 基层和镀锌金属组合挂件及胶粘剂、粘结剂的施工质量控制

（1）基层处理和镀锌金属组合挂件（包括镀锌金属龙骨挂件、自膨胀螺栓），其施工质量控制应按表 3-70 进行。

表 3-70 基层和镀锌金属组合挂件施工质量控制要求

控制类型	项 目		检查验收内容	检验方法
主控项目	1	镀锌组合挂件	符合设计和合同约定，抽检报告和相关记录	按材料技术要求检测
	2	锚栓钉	符合设计要求，锚固正确，牢固	检测拉拔及合格性评定

续表

控制类型	项目	检查验收内容	检验方法
一般项目	1	基层墙面找平及放线	基层墙面找平及放线	用靠尺、直尺和经纬仪检查
	2	镀锌金属组合挂件板图	表面应均匀，无起皮，金属件无翘起	用直尺检测和观察检测
	3	龙骨可调量	竖向不大于 20mm，水平方向不大于 250mm，允许偏差不大于 ±2mm	按墙面控制线，用尺测量检查
	4	挂件可调量	挂件的可调量应大于 10mm，允许偏差应不大于 ±0.5mm	按墙面控制线用尺测量

（2）干挂聚氨酯硬泡保温装饰复合板的组合挂件用的胶粘剂、粘贴保温板用的粘结剂及涂胶、保温板材的施工质量，分主控项目和一般项目分别控制及验收。

（3）主控项目：

主控项目按下列检查验收内容和检查方法进行。

1）胶粘剂、粘结剂应符合技术要求，必须按国家现行产品标准进行质量抽检与验收。

检验方法：按本节中相关内容进行。

2）聚氨酯硬泡应按国家现行产品标准对其密度、压缩（10%）强度、阻燃（自熄）性进行抽检复试。

检验方法：检查复试报告，并有合格性结论。

3）胶膜涂层的基层表面应洁净、无污物；胶膜涂刷应均匀，表面无尘落物；涂刷膜面饱满度应不低于 95%。

检验方法：用直尺测量和观察检查。

4）胶膜涂层的临界厚度应为 0.2mm，允许偏差应小于 0.02mm。

检验方法：用胶膜测厚仪测试。

5）挂点检查的面积，其长×宽宜为(20～30mm)×(200～300mm)。

保温板面的涂胶粘结面积不应小于 40%（可点涂或条涂）。

检验方法：用直尺、网格板、卡尺测量和观察检查。

（4）一般项目：

一般项目的施工质量控制及验收按下列内容和检查方法进行。

1）饰面板材挂点涂刷胶粘剂时，溢胶应及时清除干净。

检验方法：观察检查。

2）聚氨酯硬泡等板材切割加工的允许偏差应不大于 ±2mm。

检验方法：用钢卷尺、直尺、卡尺测量检查。

3. 干挂聚氨酯硬泡保温装饰复合板、浇注聚氨酯硬质泡沫、硅酮密封胶嵌缝的施工质量控制

（1）干挂聚氨酯硬泡保温装饰复合板的施工质量控制

干挂聚氨酯硬泡保温装饰复合板施工质量控制按表 3-71 规定进行。

表 3-71 干挂聚氨酯硬泡保温装饰复合板施工质量控制要求

控制类型		项　目	检查验收内容	检验方法
主控项目		干挂聚氨酯硬泡保温装饰复合板及挂件	应符合设计要求，挂件应连接牢固，安装固定后不得位移	按粘结装饰面板胶粘性能、饰面板技术性能进行，橡胶锤敲击
	序号	项　目	允许偏差（mm）	检验方法
一般项目	1	竖缝及墙面垂直度（$H<30m$）	≤10	激光经纬仪或经纬仪
	2	墙面平整度	≤2.5	2m靠尺、钢板尺
	3	竖缝直线度	≤2.5	2m靠尺、钢板尺
	4	水平缝或横缝直线度	≤2.5	2m靠尺、钢板尺
	5	缝宽度（与设计值对比）	±2	卡尺
	6	两相邻板间接缝高低差	≤1.0	深度尺
	7	板块平面高差	≤1.0	水平尺、塞尺
备　注			设计另有要求或合同另有要求时，应符合设计和合同约定。H为高度	

(2) 浇注聚氨酯硬泡施工质量的控制

外墙干挂聚氨酯硬泡保温装饰复合板的周边所有缝隙都全部浇注聚氨酯硬泡，施工质量控制按表 3-72 进行。

表 3-72 浇注聚氨酯硬泡的施工质量控制要求

控制类型	序号	项　目	检查验收内容	检验方法
主控项目	1	聚氨酯硬泡浇注料	产品质量应符合设计要求、应有配比设计和型式检验报告及出厂合格证	按保温材料应具备的技术性能指标要求检验
	2	密度、压缩（10%）强度、阻燃性复试	浇注PU硬泡时，在监理监督下抽样	检查复试报告、并有合格的结论
	3	浇注层间、接茬、料块质量	浇注层间或接茬是否紧密，并无浇结、焦糊、僵料	现场施工示范质量验收文件（应有剖开法的检验内容），观察检查
	4	浇注的均匀性	不得有空鼓、断层、空隙	用硬橡胶小锤敲击
	5	浇注的聚氨酯硬泡料是否污染饰面板的板面	饰面板是否被污染，或污染物是否及时清除	观察检查

(3) 硅酮密封胶嵌缝的施工质量控制

干挂外保温饰面板板缝间嵌填硅酮密封胶的施工质量控制，应按表 3-73 进行。

表 3-73 硅酮密封胶的施工质量控制要求

控制类型		项 目	检查验收内容	检验方法
主控项目	1	硅酮密封胶的产品质量	施工进行抽检、应符合国家现行标准要求	按硅酮密封胶粘剂的技术性能检验
	2	干挂聚氨酯硬泡保温装饰复合板板缝的密封胶嵌注基面	板缝的污物、浮尘、凹凸不平是否影响密封胶嵌注质量	观察检查
	3	硅酮密封胶嵌注胶体的嵌注质量	嵌注后的密封胶胶体有无开裂、龟裂、脱层、起皮、粉化等现象	观察检查
一般项目		硅酮密封胶嵌注厚度、表面和边角质量	厚度均匀、表面平滑、内部密实，无明显硬结、污垢、断胶，密封边角清晰，横竖缝顺直，不污染饰面板	观察检查

二、干挂饰面板浇注聚氨酯硬泡系统

干挂饰面板浇注聚氨酯硬泡外墙外保温系统适用于无龙骨干挂系统。该系统是将饰面板用三维金属组合挂件连接到基层墙体上，在饰面板与基层墙体间的整体空腔内，现浇聚氨酯硬泡发泡材料（含防火隔离带）所构成的外墙外保温系统，三维金属组合挂件可以调节饰面板与基层墙体之间的距离，形成不同的保温层厚度，饰面板缝隙用建筑硅酮密封胶封闭。

干挂饰面板浇注硬泡外墙外保温系统，可选用多种饰面面材，如纤瓷板、氟碳板、铝塑板等，各类饰面面材与浇注聚氨酯硬泡分别构成相应的外墙保温技术系统。干挂饰面板浇注聚氨酯硬泡外墙外保温系统基本构造如图 3-72 所示。

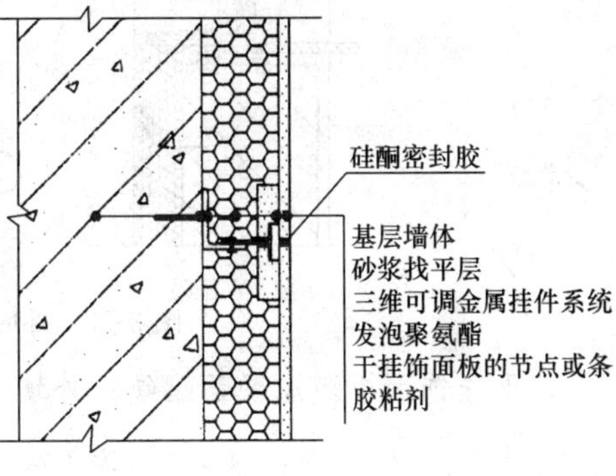

（一）材料技术要求

参见本节一、（一）中有关的材料技术要求。

（二）设计技术要点

1. 基本要求：

参见本节一、（二）1. 中有关的基本要求。

图 3-72 干挂饰面板浇注硬泡外墙外保温系统
（硅酮密封胶／基层墙体／砂浆找平层／三维可调金属挂件系统／发泡聚氨酯／干挂饰面板的节点或条胶粘剂）

2. 细部构造及其要求：

除在连接件处用浇注聚氨酯硬泡保温密封外，在收口、板缝间、拐角、窗口连接处、落水管固定部位、阳台、女儿墙、勒脚的保温饰面板与平面基层、变形缝及空调等外装设备安装部位都应采用密封胶达到有效密封。细部节点连接及密封，如图 3-73～图 3-77 所示。

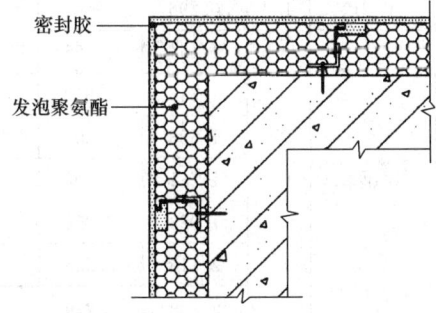

图 3-73 外墙阳角保温饰面板连接节点

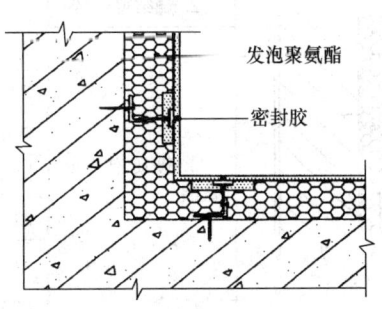

图 3-74 外墙阴角保温饰面板连接节点

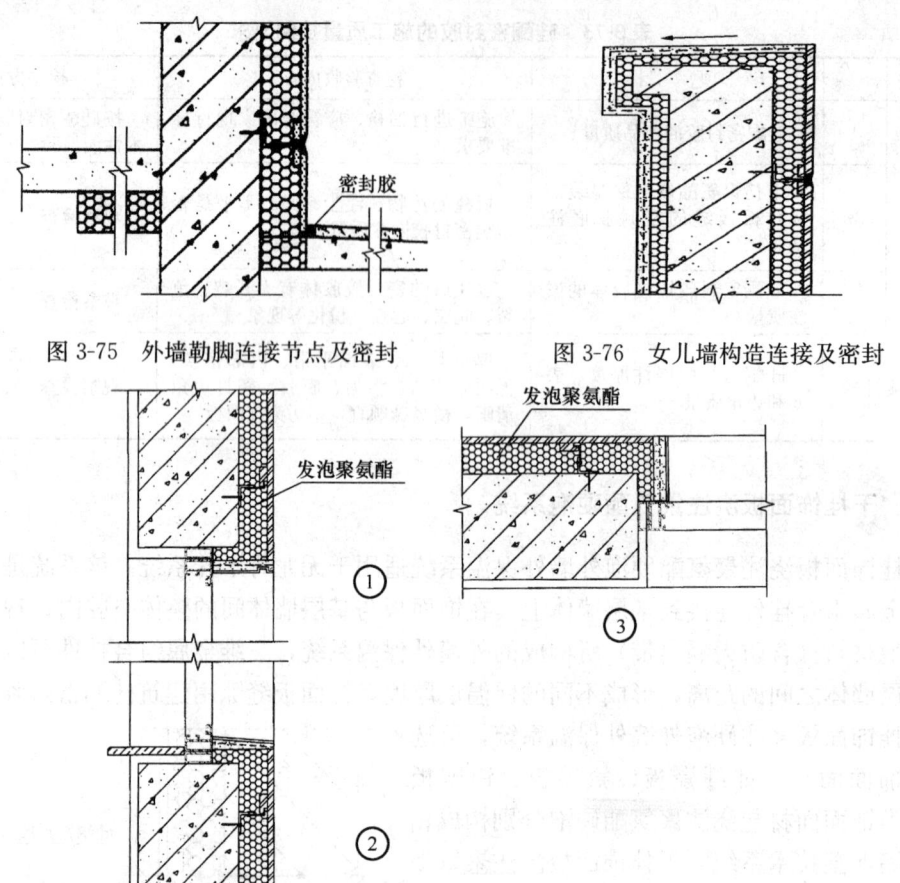

图 3-75 外墙勒脚连接节点及密封　　图 3-76 女儿墙构造连接及密封

图 3-77 外墙窗口构造连接节点及密封

3. 干挂饰面板浇注聚氨酯硬泡外墙外保温系统，外墙做法及热工计算按表 3-74 选用。

表 3-74 外墙做法及热工计算

序号	外墙构造简图	工程做法	外墙总厚度 (mm)	分层厚度 (mm)	导热系数 λ [W/(m·K)]	修正系数 a	热阻 R (m²·K/W)	维护结构传热阻 R (m²·K/W)	主体部位传热系数 K_p [W/(m²·K)]
1	外 内 3 2 1	1. 石灰砂浆		20	0.81	1.0	0.025		
		2. 烧结普通砖		240	0.81	1.0	0.296		
		3. 硬质泡沫聚氨酯	290	30	0.024	1.1	1.154	1.625	0.615
			295	35			1.346	1.817	0.550
			300	40			1.538	2.009	0.498
			305	45			1.731	2.202	0.454
			310	50			1.923	2.394	0.418
			315	55			2.115	2.586	0.387
			320	60			2.308	2.779	0.360

续表

外保温做法及热工计算选用表

序号	外墙构造简图	工程做法	外墙总厚度 (mm)	分层厚度 (mm)	导热系数 λ [W/(m·K)]	修正系数 a	热阻 R (m²·K/W)	维护结构传热阻 R (m²·K/W)	主体部位传热系数 K_p [W/(m²·K)]
2		1. 石灰砂浆		20	0.81	1.0	0.025		
		2. 烧结普通砖		370	0.81	1.0	0.457		
		3. 硬质泡沫聚氨酯	420	30	0.024	1.1	1.154	1.786	0.560
			425	35			1.346	1.978	0.506
			430	40			1.538	2.170	0.461
			435	45			1.731	2.363	0.423
			440	50			1.923	2.555	0.391
			445	55			2.115	2.747	0.364
			450	60			2.308	2.940	0.340
3		1. 混合砂浆		20	0.81	1.0	0.025		
		2. 钢筋混凝土		200	1.74	1.0	0.115		
		3. 硬质泡沫聚氨酯	260	40	0.024	1.1	1.538	1.828	0.547
			265	45			1.731	2.021	0.495
			270	50			1.923	2.213	0.452
			275	55			2.115	2.405	0.416
			280	60			2.308	2.598	0.385
			285	65			2.500	2.790	0.358
			290	70			2.692	2.982	0.335
4		1. 混合砂浆		20	0.81	1.0	0.025		
		2. 钢筋混凝土		250	1.74	1.0	0.144		
		3. 硬质泡沫聚氨酯	310	40	0.024	1.1	1.538	1.857	0.539
			315	45			1.731	2.050	0.488
			320	50			1.923	2.242	0.446
			325	55			2.115	2.434	0.411
			330	60			2.308	2.627	0.381
			335	65			2.500	2.819	0.355
			340	70			2.692	3.011	0.332
5		1. 混合砂浆		20	0.81	1.0	0.025		
		2. 陶粒空心砌块		190	0.49	1.0	0.390		
		3. 硬质泡沫聚氨酯	240	30	0.024	1.1	1.154	1.719	0.582
			245	35			1.346	1.911	0.523
			250	40			1.538	2.103	0.476
			255	45			1.731	2.296	0.436
			260	50			1.923	2.488	0.402
			265	55			2.115	2.680	0.373
			270	60			2.308	2.873	0.348

续表

外保温做法及热工计算选用表

序号	外墙构造简图	工程做法	外墙总厚度(mm)	分层厚度(mm)	导热系数 λ [W/(m·K)]	修正系数 a	热阻 R (m²·K/W)	维护结构传热阻 R (m²·K/W)	主体部位传热系数 K_p [W/(m²·K)]
6		1. 混合砂浆		20	0.81	1.0	0.025		
		2. 陶粒空心砌块		290	0.49	1.0	0.592		
		3. 硬质泡沫聚氨酯(EPU-h)	340	30	0.024	1.1	1.154	1.921	0.521
			345	35			1.346	2.113	0.473
			350	40			1.538	2.305	0.434
			355	45			1.731	2.498	0.400
			360	50			1.923	2.690	0.372
			365	55			2.115	2.882	0.347
			370	60			2.308	3.075	0.325
7		1. 混合砂浆		20	0.81	1.0	0.025		
		2. 烧结多孔砖		240	0.58	1.0	0.414		
		3. 硬质泡沫聚氨酯	290	30	0.024	1.1	1.154	1.743	0.574
			295	35			1.346	1.935	0.517
			300	40			1.538	2.127	0.470
			305	45			1.731	2.320	0.431
			310	50			1.923	2.512	0.398
			315	55			2.115	2.704	0.370
			320	60			2.308	2.897	0.345

注：(1) 表中热工计算时未计饰面层；

(2) PU硬泡导热系数按≤0.024[W/(m·K)]，考虑到施工材料的离散性及三维可调金属挂件的热桥影响，本表计算时乘以1.1(修正系数)。

(三) 施工

1. 施工准备

参见本节一、(三) 1. 中的有关施工准备。

2. 施工工艺

(1) 工艺流程。

干挂饰面板现场浇注聚氨酯硬泡的工艺流程如图3-78所示。

(2) 操作工艺要点

1) 基层处理及要求：

基层处理及要求，同本节一中的相关内容。

2) 材料配制：

①基层界面剂配制及喷刷，同本节一中的相关内容。

②聚氨酯硬泡基础材料配制：

在该系统中，浇注聚氨酯硬泡用料除保证聚氨酯硬泡技术性能指标外，还要保证物料有

第三章 聚氨酯硬泡外墙外保温系统施工

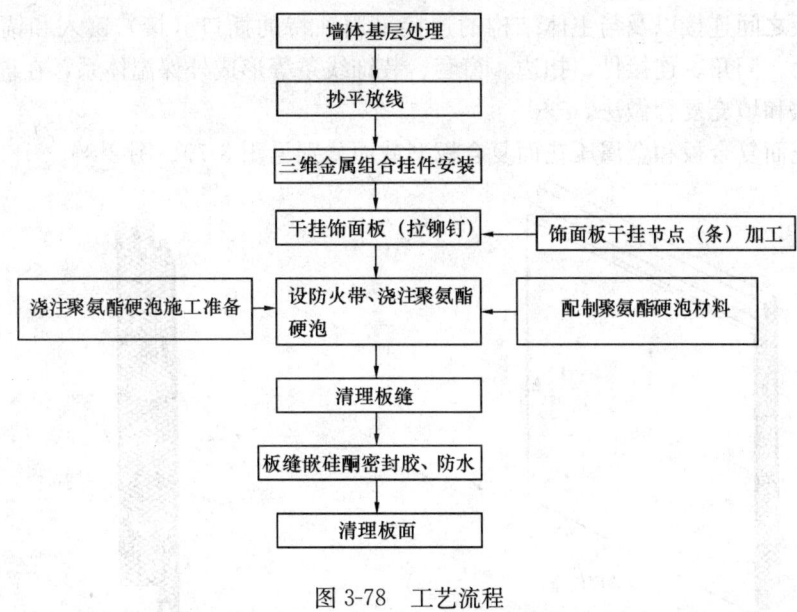

图 3-78 工艺流程

较好的流动性。

③按设计要求材质,准备板材类、宽度为 300mm 的防火隔离带材料,防火隔离带厚度应与模浇聚氨酯硬泡厚度相同。

3) 将防火隔离带材料按设计间距全面积粘贴在墙体楼板水平基层。

4) 安装饰面板:

饰面为独立饰面而不含复合的保温层,因而在安装时更应仔细严格。严格控制饰面与饰面板间距(当设计为无缝节点时,根据饰面板加工的外形,可将饰面板与饰面板间节点缝隙缩到很小间距)。

饰面板与挂件之间的连接稳定,间距按设计要求严格控制。挂件应形成最终不可改变位置的固定程度,在浇注聚氨酯硬泡期间会对饰面还有一定膨胀力,必须保证饰面板连接牢固、安全可靠。

5) 现场浇注聚氨酯硬泡:

同本节一、(三) 2. (2) 6) 中的内容。

6) 嵌硅酮密封胶:

同本节一、(三) 2. (2) 7) 中的内容。

7) 注意事项:

参见本节一、(三) 2. (2) 8) 中的有关具体要求。

(四) 工程质量控制

参见本节一、(四) 中的有关具体内容要求。

三、干挂金属压花面复合保温板系统

金属压花面复合保温板,是由外表面的金属压花板(如彩色铝合金花板、镀铝锌钢板等金属面板)和保温绝热材料(如聚氨酯硬泡、聚苯乙烯泡沫、酚醛树脂泡沫等)复合而成。

该板可以用机械锚固法单独用作墙体保温,也可以通过与其他保温材料复合用于外墙保

温，在板与板之间连接以及与主体结构的连接采用独特的插口（接）镶入和锚固的安装形式。通过阴角、阳角、连接件、扣边、窗套、装饰线条等形成外保温体系，在该系统中包括机械锚固做法和填充复合做法。

金属压花面复合板和金属压花面复合板型截面分别见图 3-79、图 3-80。

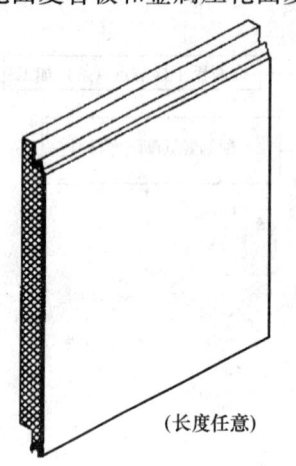
（长度任意）

图 3-79 金属压花面复合板单件示意

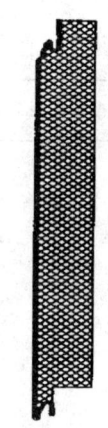

图 3-80 金属压花面复合板型截面图

1. 系统特点

（1）安装可有机械锚固法、填充复合法和轻钢骨架做法。

（2）板材插接口及板端企口连接牢固、防水严密，各种安装形式的专用配件齐全，保证系统的安全性。

（3）避免产生热桥，外饰面不开裂、不脱落、不吸水、干燥快，北方地区应用不产生冻融，南方地区应用饰面不易霉变。

（4）结构体系使用寿命不低于 40 年，饰面金属涂层寿命不低于 15 年。

（5）干作业施工不受季节气候限制，用于既有建筑改造的外墙无须处理，且墙板拆除后可重复使用或再生利用。

（6）满足节能 65% 的指标要求。

（7）彩色铝合金（或其他彩色金属板）通过辊压而成各种凹凸纹理，既增加质感和表面强度，又增加抗热胀冷缩性。

2. 适用范围

（1）适用于住宅、公用建筑的外墙外保温及装饰体系。既适用于新建建筑，也适用于既有建筑的节能改造。

（2）框架结构建筑的围护墙体。

（3）既有建筑的内外墙保温、装饰翻新工程，也适用于别墅类建筑及中低层建筑的外围护墙体。

（4）适用于严寒地区、寒冷地区、夏热冬冷、夏热冬暖等地区。

3. 材料要求

（1）板材规格尺寸及板材（铝型材）配件

1）板材规格尺寸

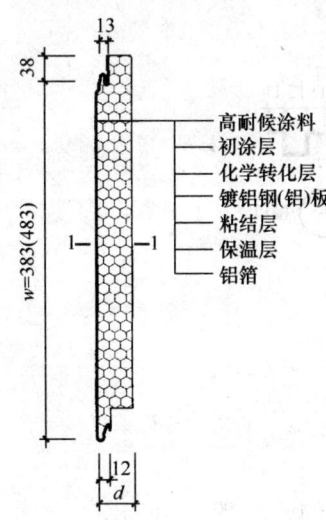

图 3-81 复合保温板规格尺寸

板宽为 383mm、483mm；厚度 d 根据热工设计要求选用，长度根据外墙立面设计排板裁切。复合保温板规格尺寸如图 3-81 所示。

2）板材（铝型材）配件

铝型材配件如图 3-82 所示（金属压型阴阳角及接口用材料 1mm 镀锌钢板、不锈钢板或铝板。卡件为 0.5mm 镀锌钢板压型）。

(2) 板材性能

1) 金属压花面板

彩涂钢板采用热镀铝锌薄钢板，镀层双面质量≥100g/m²，基板厚度 0.3～0.6mm；彩涂铝板采用 Al-Mn 系合金板，基板厚度 0.3～0.6mm。

2) 复合保温板主要性能

复合保温板主要性能如表 3-75 所示。

表 3-75　复合保温板主要性能

项　目	检 验 值		检测依据
耐酸性（5%HCl）	浸泡 168h 无变化		
耐碱性（5%NaOH）	浸泡 96h 无变化		
铅笔硬度	4H		GB/T 6739
甲　醛	0.1mg/L		GB 18680
抗风压变形性能	风　压	受力杆件挠度	抗风压变形性能试样板厚 25mm，支撑龙骨：40mm 方管，龙骨排列间距 400mm，受力杆长 L：1000mm GB/ 7106
	+1000Pa	0.20mm	
	+2000Pa	0.50mm	
	+3000Pa	1.10mm	
	+4000Pa	2.10mm	
	−1000Pa	0.20mm	
	−2000Pa	0.50mm	
	−3000Pa	1.20mm	
	−4000Pa	2.30mm	
耐人工老化	2000h 无起泡、开裂及剥落		GB/T 1865—1997
空气隔声性能	R_w=42dB		GBJ 75—1984
抗冲击性能	经 30kg 沙袋 0.5m 高 5 次撞击试验后，仍保持良好的完整性		GB/T 15227
气密性能	10Pa 下，单位缝长每小时渗透量为 0.19m³/(m·h)。 −10Pa 下，单位缝长每小时渗透量为 0.28m³/(m·h)。		

注：表中数据摘自《JH 金属压花面复合保温板(88JZ33)》

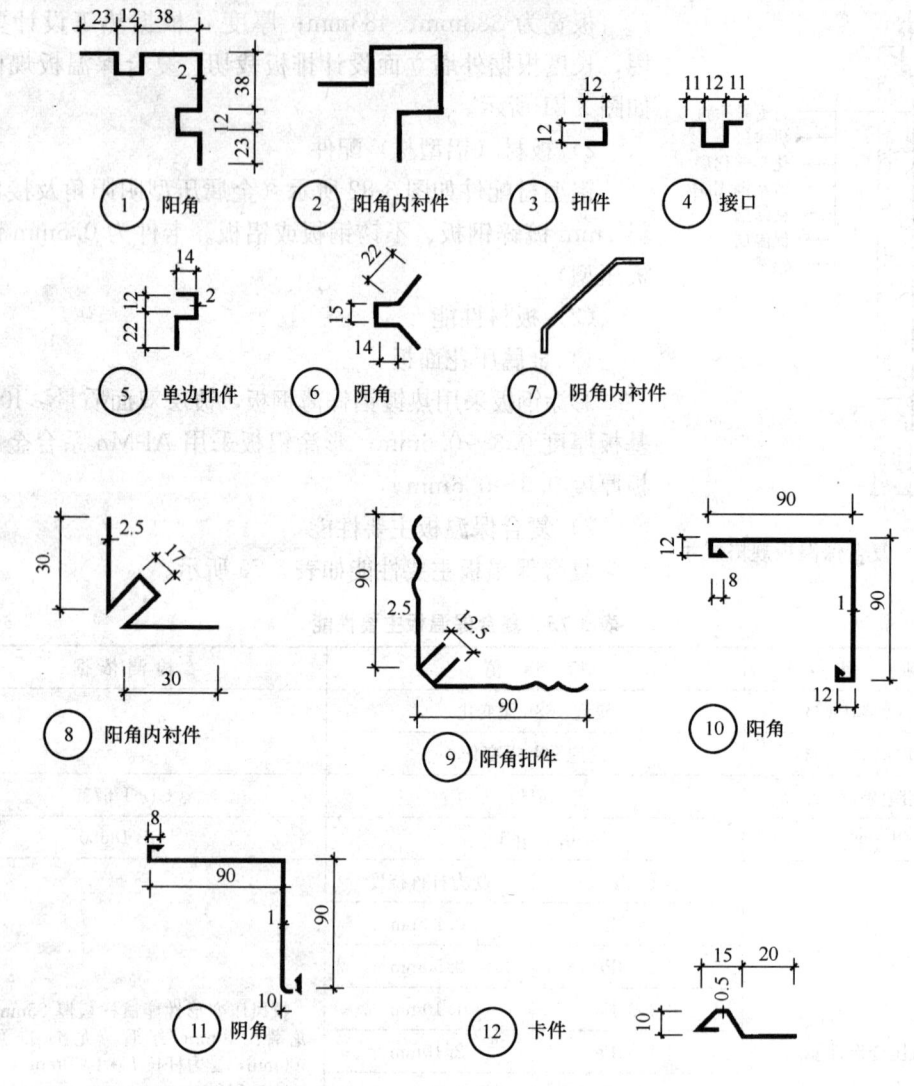

图 3-82 铝型材配件

3) 聚氨酯硬泡性能指标

聚氨酯硬泡性能指标如表 3-76 所示。

表 3-76 聚氨酯硬泡性能指标

项 目	指 标	项 目		指 标
密度(kg/m³)	30～50	导热系数[W/(m·K)]		≤0.025
压缩强度(MPa)	>015	燃烧性 (垂直燃烧法)	平均燃烧时间(s)	≤30
抗拉强度(MPa)	>015		平均燃烧高度(mm)	≤250

4) 胀管螺丝抗拉力值

胀管螺丝抗拉力值要求如表 3-77 所示。

表 3-77 胀管螺丝抗拉力值

墙体材料 \ 项目	胀管螺丝尺寸	埋入墙体深度 (mm)	平均拉力值 (kN)	设计参考值 (kN)
钢筋混凝土墙	$\phi8\times80$ 胀管，$\phi5\times100$ 螺丝	50	1.74	0.65
	$\phi10\times80$ 胀管，$\phi6.5\times100$ 螺丝	50	1.91	0.80
混凝土小型空心砌块（壁厚26～36）	$\phi8\times80$ 胀管，$\phi5\times100$ 螺丝	50	1.26	0.65
	$\phi10\times80$ 胀管，$\phi6.5\times100$ 螺丝	50	1.97	0.80
轻集料（陶粒）小型空心砌块（壁厚25～38）	$\phi10\times80$ 胀管，$\phi5\times100$ 螺丝	50	1.64	0.65
	$\phi10\times80$ 胀管，$\phi6.5\times100$ 螺丝	50	1.99	0.80
烧结多孔砖	$\phi10\times80$ 胀管，$\phi5\times100$ 螺丝	50	1.37	0.65
	$\phi10\times80$ 胀管，$\phi6.5\times100$ 螺丝	50	1.97	0.80

注：表中数据摘自《JH金属压花面复合保温板(88JZ33)》

4. 设计

(1) 基本要求

1) 参见本节一、(二) 1. 中的有关基本要求。

2) 复合板粘结点布置：复合板面积<1.0㎡时，可按5～10点均匀布置。

3) 复合板面积1.0～2.2㎡时，可按10～18点均匀布置。

4) 个体工程设计可按复合板幅面进行墙面分格设计。

5) 根据外墙立面要求进行横向排板设计，外墙立面复杂时也可同其他外墙保温体系混合配套设计使用。

6) 聚氨酯硬泡厚度 (d) 选用，参见表3-78。

表 3-78 聚氨酯硬泡厚度 (d) 选用

聚氨酯硬泡厚度 (d)	传热系数 [W/(m²·K)]	基层墙体
30	0.74	
40	0.58	
50	0.48	
60	0.41	钢筋混凝土墙（按200厚计算）
70	0.36	
80	0.32	
90	0.29	
30	0.71	
40	0.57	
50	0.47	混凝土空心砌块墙
60	0.40	框架结构轻集料混凝土砌块填充墙
70	0.35	（按190厚计算）
80	0.31	
90	0.28	
30	0.60	
40	0.50	
50	0.42	
60	0.37	多孔砖墙（按240厚计算）
70	0.32	
80	0.29	
90	0.26	

注：聚氨酯硬泡修正系数1.1，聚氨酯硬泡导热系数按0.025×1.1=0.028W/(m·K)计算。

（2）细部构造及其要求

1）机械锚固法细部构造

①勒脚、插接口构造如图3-83所示。

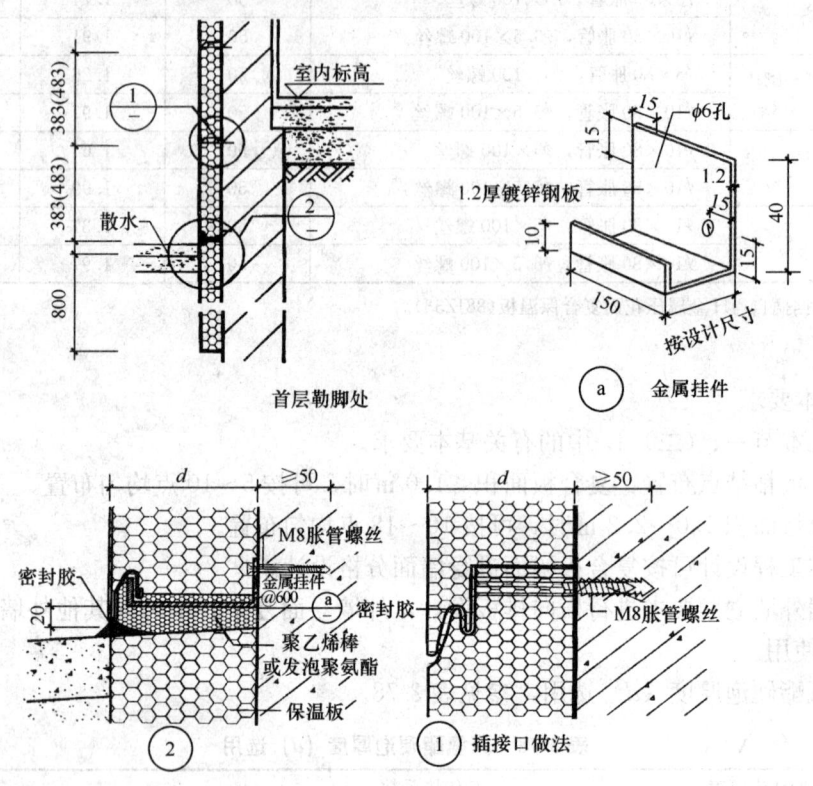

图3-83 勒脚、插接口构造

②垂直插接口构造如图3-84所示。

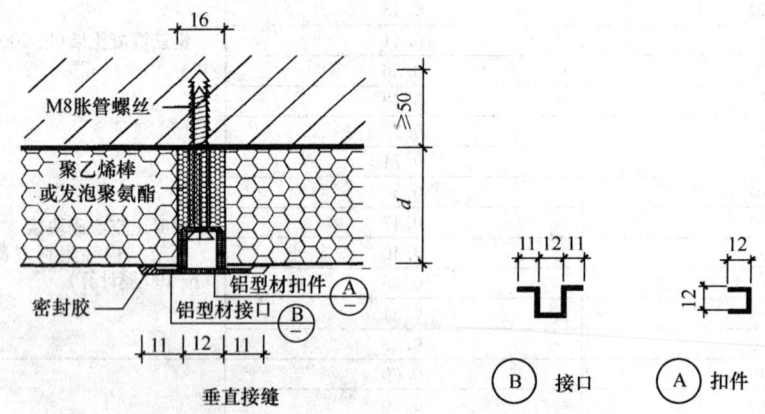

图3-84 垂直插接口构造

③窗口保温构造如图3-85、图3-86所示。

④女儿墙、空调外机板保温构造如图3-87～图3-89所示。

⑤阴阳角构造。

第三章 聚氨酯硬泡外墙外保温系统施工

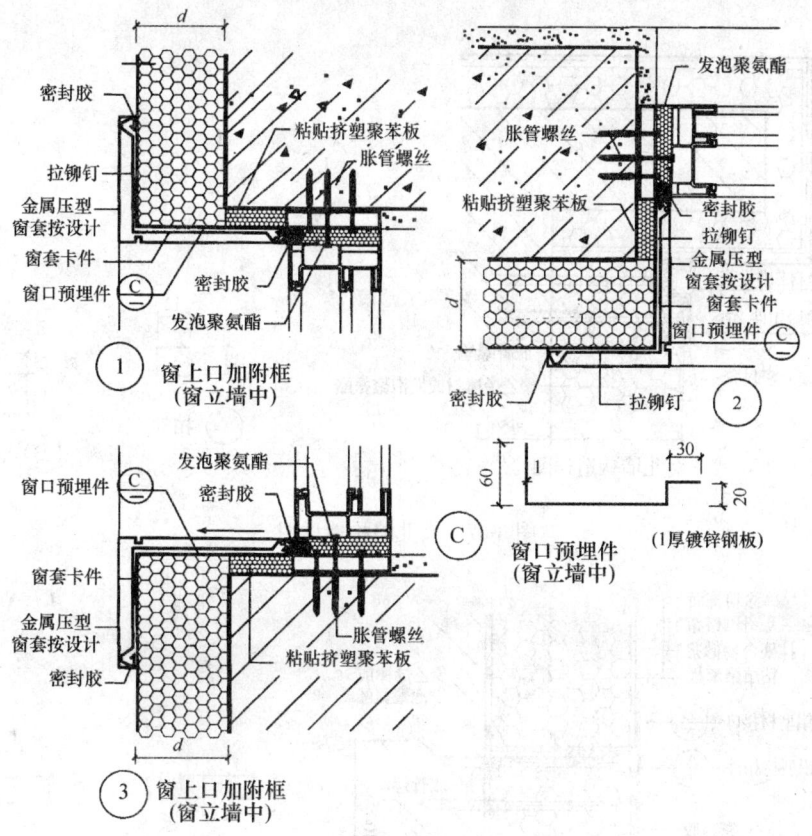

图 3-85 窗口保温构造（一）

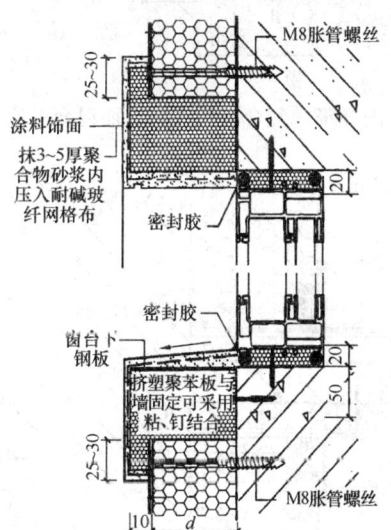

注：(1) 当外墙外保温窗套不采用金属压型板或铝塑板等材料，而采用聚合物砂浆涂料饰面时，可采用该做法。
(2) 窗套可根据要求设计成防火窗套。
(3) 窗套外形尺寸按设计要求。
(4) 窗台下钢板采用$50 \times (d+10) \times$窗宽的镀锌钢板。

图 3-86 混合窗套节点（二）

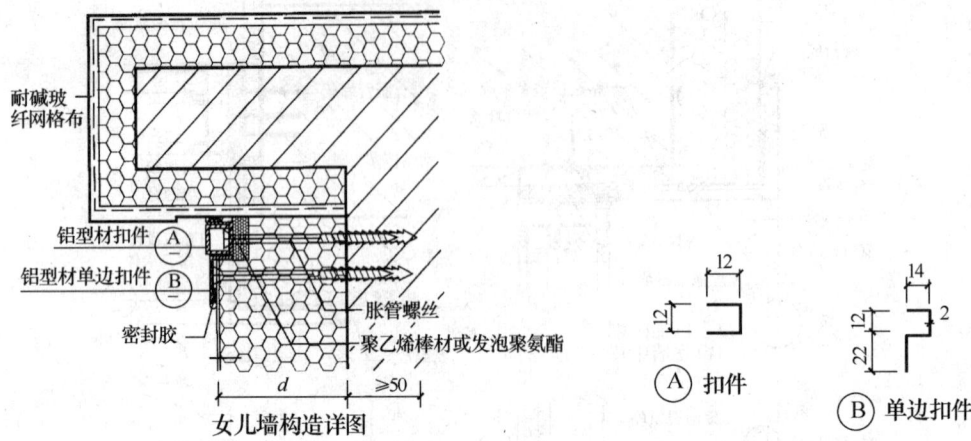

图 3-87 女儿墙构造详图

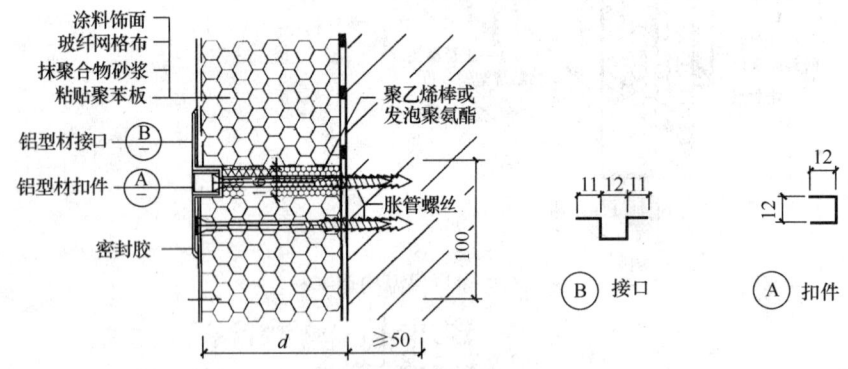

图 3-88 复合板与涂料饰面混合做法

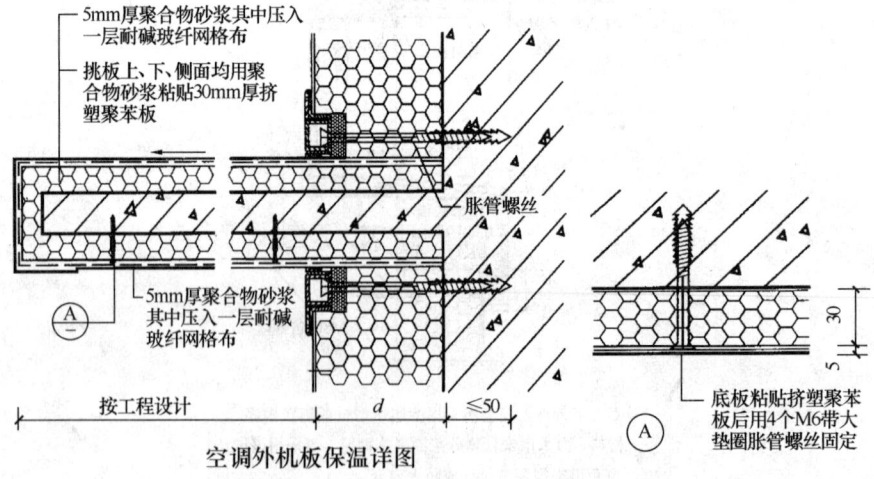

图 3-89 空调外机板保温构造

金属压型阴阳角及接口用材料 1mm 镀铝锌钢板、不锈钢板或铝板铝塑板等。卡件为 0.5mm 镀锌钢板压型。

安装卡件时，将卡件插入金属压花板与保温材料中间用拉铆钉锚固。伸缩缝用 10mm 聚乙烯片材填入，最后用密封胶封口。阴阳角构造如图 3-90、图 3-91 所示。

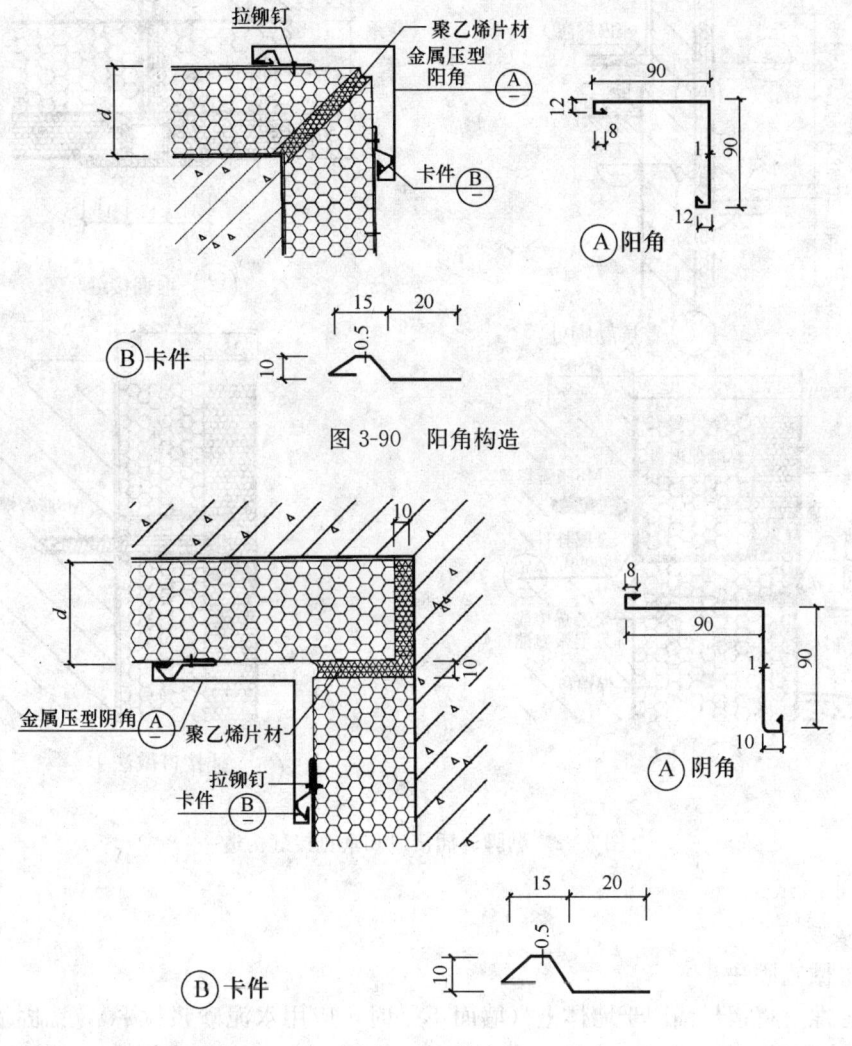

图 3-90 阳角构造

图 3-91 阴角构造

2）填充复合法细部构造

①勒脚、插接口和垂直接缝构造如图 3-92 所示。

②窗口防火构造如图 3-93 所示。

3）复合板避雷措施设置构造

在建筑物外墙顶部、底部及中间部位（中距 18~20m）设置水平通长热镀锌扁钢 50×3（镀锌厚度≥50~70μm）。

用胀管螺丝与建筑主体固定，并与建筑设计中的避雷引下线焊接，金属饰面板通过胀管螺丝与扁钢连接，扁钢又与避雷引下线焊接，形成闭合的避雷系统。复合板避雷措施设置构

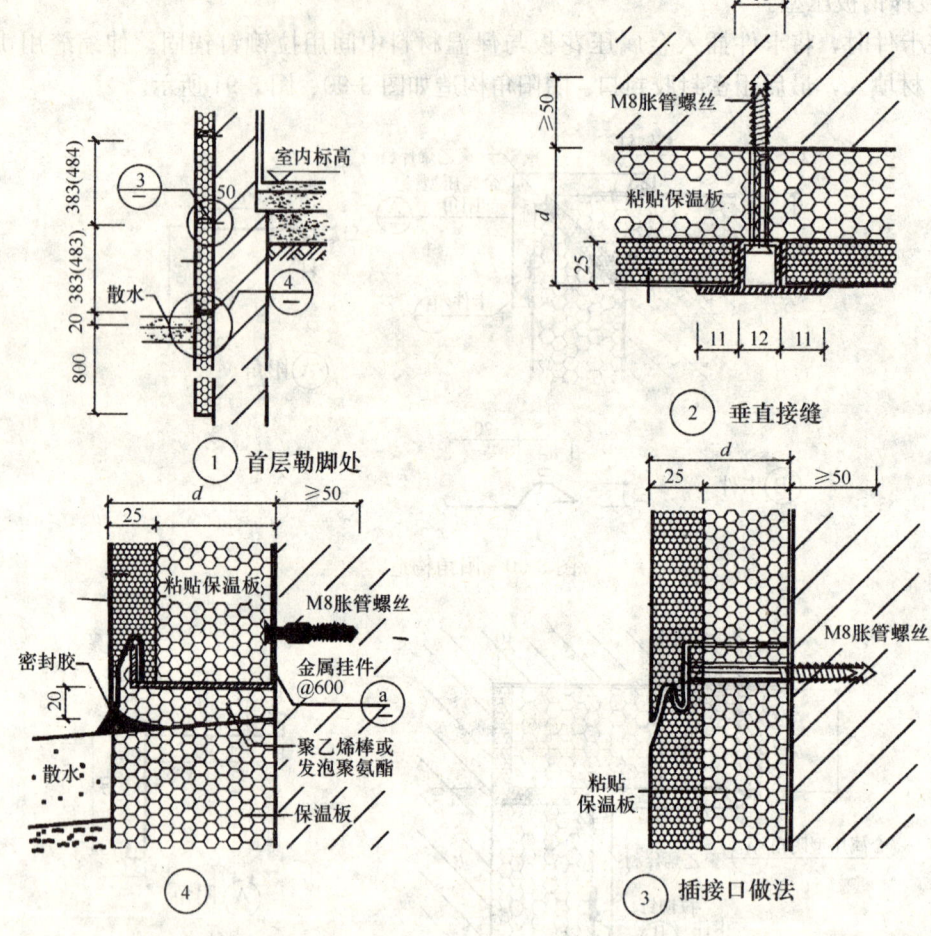

图 3-92 勒脚、插接口和垂直接缝构造

造如图 3-94 所示。

5. 安装要点

(1) 机械锚固法

用胀管螺丝将板材锚固于墙体上（墙面不平时，应用水泥砂浆找平），锚固墙体有效深度≥50mm。楼层高度在 40m 以下时，锚固中距为 500mm；楼层高度在 40m 以上时，板材与墙体固定采用粘、钉结合，粘贴面积应大于 40% 时，锚固中距为 400mm。

(2) 复合粘贴法

用聚合物粘结砂浆粘贴保温板并调整平整度。4h 后用胀管螺丝锚固板材，锚固墙体有效深度≥50mm。

(3) 与其他保温体系配套做法

条粘保温板后，表面抹抗裂砂浆、压入耐碱玻纤网格布，再用金属饰面板压上并锚固，在金属饰面板与粘贴保温板交口处留出 16mm 间距，用聚乙烯泡沫棒或发泡聚氨酯填入两体系槽内后用密封胶密封，再将预制金属接口压入槽内用胀管螺丝锚固，压入金属装饰扣条。

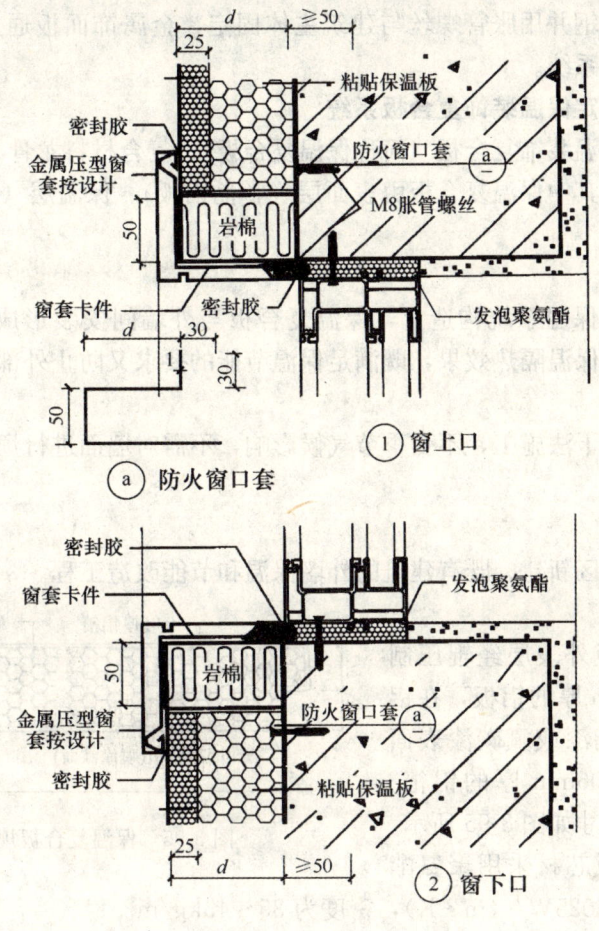

图 3-93 窗口防火构造

(4) 伸缩缝做法

在板收头处留有 10mm 填充缝内,填充聚乙烯泡沫棒或发泡聚氨酯,填密封胶后锚固金属构件。

(5) 安装外墙构件开孔

安装阳台护栏、空调支架、装饰线条及室外进线等开孔时,应使用专用工具开孔。

(6) 防火措施设置

1) 安装防火隔离带

防火隔离带常采用金属压花面复合容重≥120kg/m³ 的岩棉制成。

2) 安装预制防火窗口套、窗套

①防火窗口套用 1mm 镀锌钢板压制,中间填入容重≥120kg/m³ 的岩棉制成。根据设计要求,可制作不同尺寸、形状及材料的装饰窗套(如铝塑板或不锈钢板金属压型件等)。

②装饰窗套内卡件用 0.5mm 镀锌钢板预制。

(7) 避雷措施设置

可在建筑物外墙顶部、底部及中间部位设

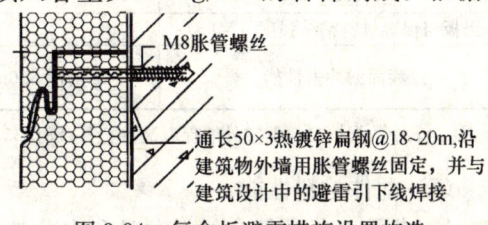

图 3-94 复合板避雷措施设置构造

置水平通长热镀锌扁钢并用胀管螺丝与建筑主体固定,金属饰面板通过胀管螺丝与扁钢连接,形成闭合的避雷系统。

四、在龙骨上固定保温装饰复合板系统

该系统构造由保温装饰复合板(简称保温复合板)、复合材料龙骨(简称复合龙骨)、连接件和空气层构成。其中保温复合板由表面层(彩色铝板)、保温层(聚氨酯硬泡)和内层(铝箔)三部分组成。

1. 系统特点

(1) 在该外墙外保温系统构造上,保温复合板与外墙间安装形成 25mm 厚的空气层,可达到外墙整体双重保温隔热效果,既满足保温节能的要求又防止外部湿气侵蚀墙体,且装饰性强。

(2) 施工完全为干法施工,不受季节气候影响,不需对墙面进行烦琐的预处理,施工方法简便、效率高。

2. 适用范围

适用于全国各地区新建、既有建筑的外墙保温和节能改造工程。

3. 材料要求

(1) 保温复合板外表层经辊压制成规定纹理的 0.5mm 厚的铝板,在铝板面层进行表面聚酯漆或氟碳漆表面处理;内表层是 0.06mm 厚的铝箔。保温复合板规格、尺寸如图 3-95 所示。

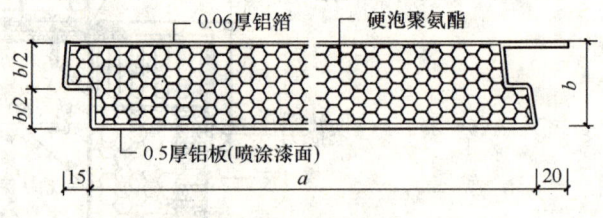

图 3-95 保温复合板规格、尺寸

(2) 保温复合板芯材采用聚氨酯硬泡导热系数小于 0.025W/(m·K),密度为 35~45kg/m³。

(3) 保温复合板规格如表 3-79 所示。

表 3-79 保温复合板规格

宽度 a	厚度 b	长度 h	备 注
300	25		
400	40	≤12000	板厚及长度可根据工程需要确定,建议板长≤6000
500	50		

(4) 保温复合板实测性能如表 3-80 所示。

表 3-80 保温复合板实测性能

项 目		检 测 值
抗风压性能(Pa)	变形检验	正、负压 2000
	安全检验	正、负压 5000
燃烧性能(级)		B1
铝板与保温材料粘结强度(MPa)		0.12
漆面耐冲击性能		1kg 重锤 500mm 高度冲击,漆膜无裂纹、皱纹及剥落现象

注:表中数据摘自《罗宝外墙保温装饰板》(88JZ35)。

(5) 配件材料性能。

1) 龙骨:分为复合材料龙骨和木龙骨(经防火、防腐及防虫蛀处理)两种,矩形截面

尺寸为 50mm×25mm。

复合材料龙骨是用植物纤维、轻质矿石粉、无机胶凝材料等按一定比例配合组成，用玻纤网格布增强。复合材料龙骨实测性能见表3-81。

表3-81 复合材料龙骨实测性能

检测项目	密度 (kg/m³)	抗压强度 (MPa)	浸水后抗压强度(MPa)	抗折强度 (MPa)	浸水后抗折强度(MPa)	湿胀率 (%)	螺钉拔出力 (N/mm)	导热系数 [W/(m·K)]
检测值	1077	22.8	17.7	18.0	32.7	0.27	147.3	0.2802
检测项目	抗弯承载力							
检测值	400N时，挠度值0.32；500N时，挠度值0.42							

注：表中数据摘自《罗宝外墙保温装饰板》(88JZ35)。

2) 连接胀管螺丝及螺钉。

龙骨与基层墙体采用胀管螺丝固定。胀管螺丝抗拉设计参考值：M10×100 采用 0.8kN；M8×80 采用 0.65kN。

保温复合板与龙骨连接采用 $\phi2.85×25$ 的特制钢钉或用自攻螺丝连接。

3) 连接件如图3-96～图3-98所示。

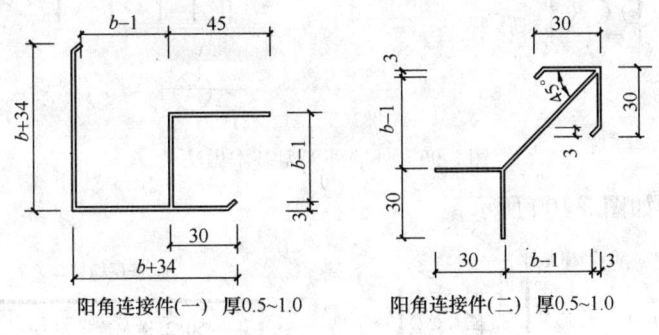

图3-96 阳角连接件

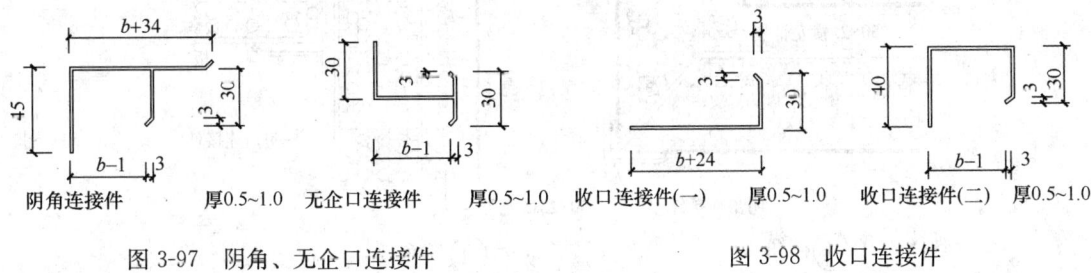

图3-97 阴角、无企口连接件　　图3-98 收口连接件

4) 保温复合板用作外墙装饰板面层时需做防侧击雷电位联结。防侧击雷镀锌扁钢必须采用热镀锌，镀锌厚度 50～70μm。防侧击雷连接螺丝均用不锈钢平头螺丝。

5) 密封胶：选用优质硅酮耐候胶。

4. 设计基本要求

(1) 保温复合板保温材料厚度选用见表3-82。

表 3-82 厚 度 选 用

聚氨酯硬泡厚度 (b)	基 层 墙 体		
	180 厚钢筋混凝土墙 传热系数 [W/(m²·K)]	190 厚砌块墙 传热系数 [W/(m²·K)]	240 厚多孔砖 传热系数 [W/(m²·K)]
25	0.76	0.74	0.62
40	0.54	0.53	0.46
50	0.45	0.44	0.40

注：(1) 聚氨酯硬泡修正系数 1.1，导热系数按：$0.025 \times 1.1 = 0.028[\text{W}/(\text{m·K})]$计算。
(2) 保温复合板的保温材料厚度应根据各地的气候条件确定。

(2) 细部构造：
1) 外墙外保温基本做法如图 3-99 所示。

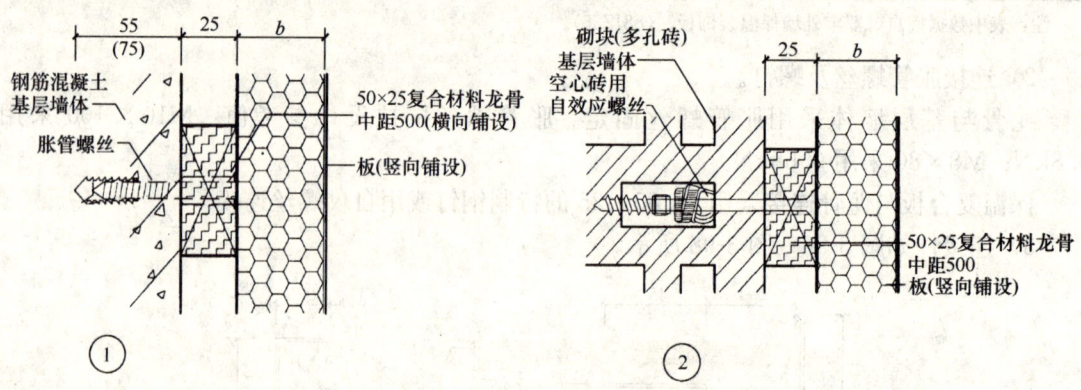

图 3-99 外墙外保温基本做法

2) 阴阳角构造如图 3-100 所示。

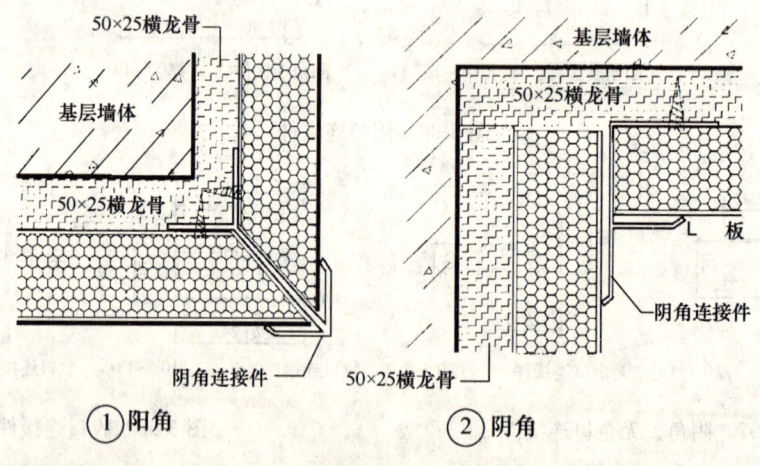

图 3-100 阴阳角构造

3) 收口、企口连接如图 3-101～图 3-103 所示。
4) 窗口基本做法：

窗口板、流水板及其连接件由厂家配套供应。在流水板两端加配塑料封堵，连接件与板面相连接处均打密封胶。窗口基本做法如图 3-104、图 3-105 所示。

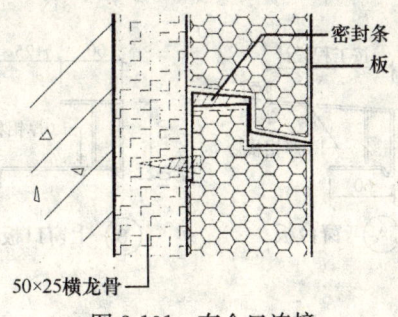
图 3-101 有企口连接

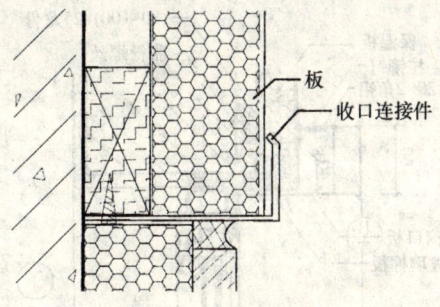
图 3-102 收口连接

5) 女儿墙做法如图 3-106、图 3-107 所示。
6) 外墙身变形缝做法如图 3-108 所示。

5. 施工

(1) 施工准备

1) 工具准备（经纬仪、电动单头锯、冲击钻、铁榔头、电动或气动改锥、铅坠）。

2) 施工前，对基层墙体的平整度进行检查，基层墙体不平整处，在龙骨和墙面之间加垫片或用水泥砂浆找平，以保证龙骨的平整。

(2) 操作要点

1) 弹线：根据图纸要求定出龙骨位置和距离（龙

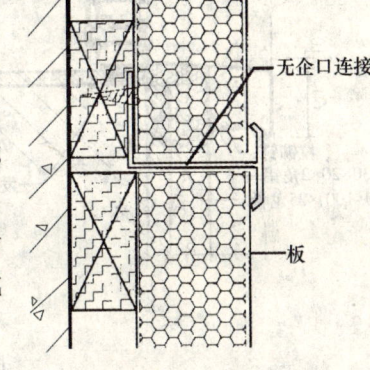
图 3-103 无企口连接

骨端部的固定点距端头 150~180mm），标出其中心线并放出龙骨的边线，然后根据已打孔

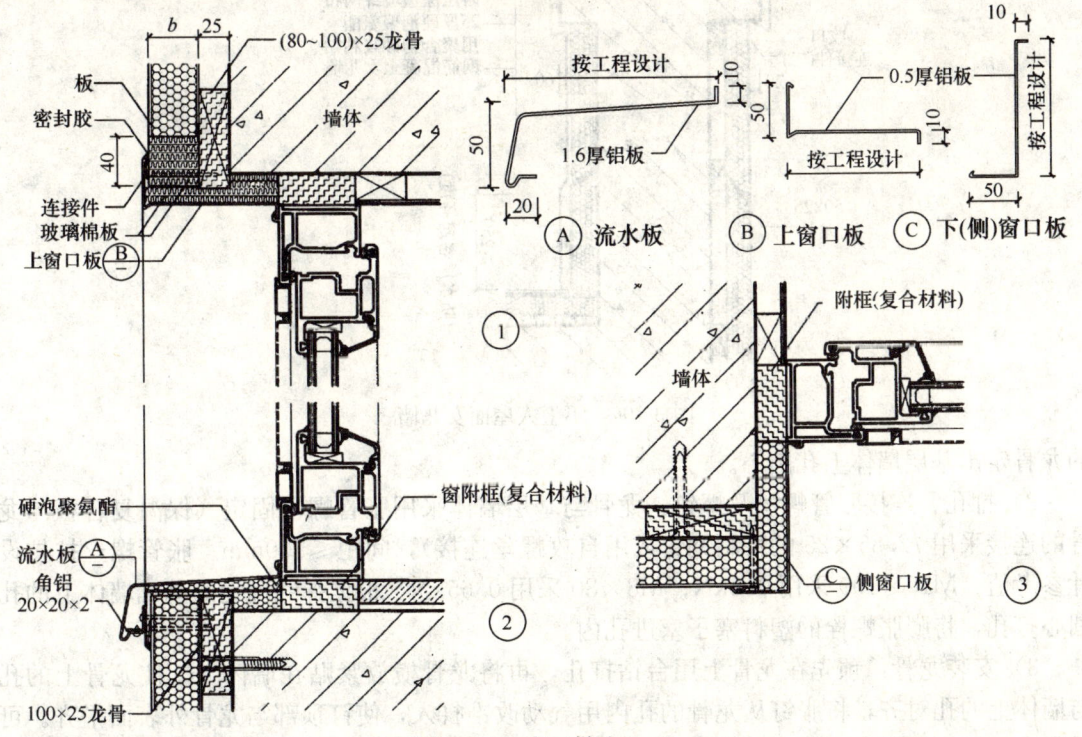
图 3-104 窗口做法（一）

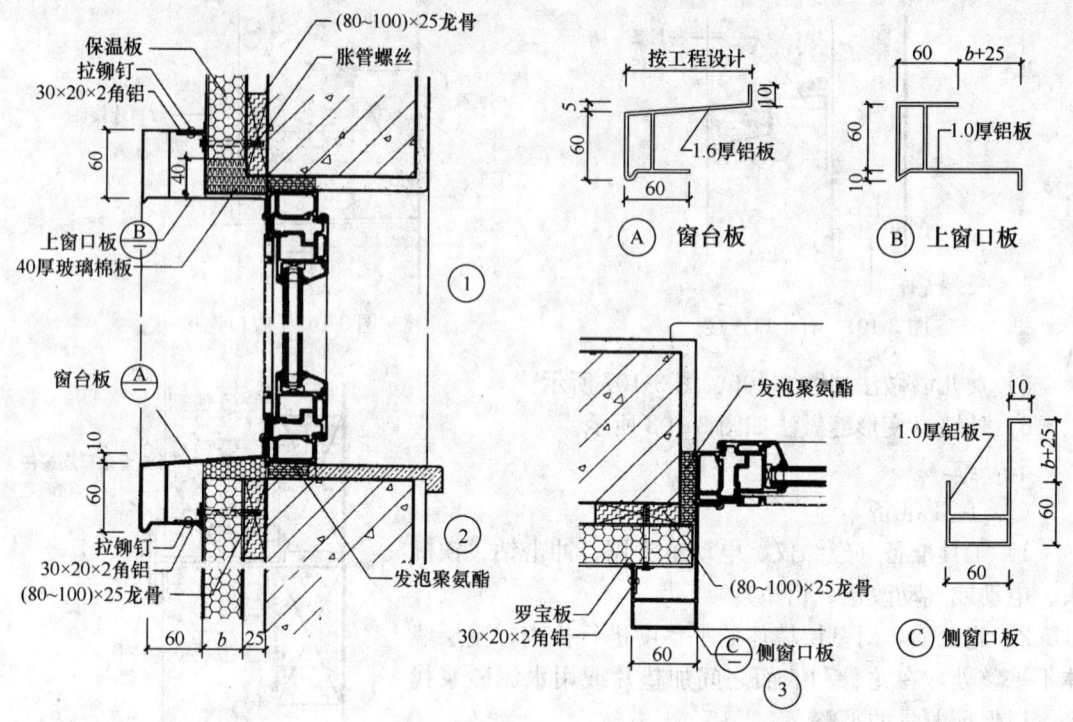

图 3-105 窗口做法（二）

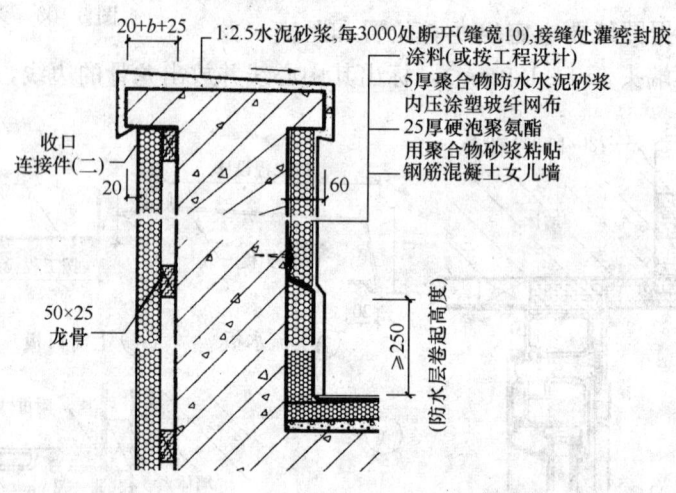

图 3-106 不上人屋面女儿墙

的龙骨定出基层墙体上孔圆心。

2) 打孔、连接胀管螺丝及螺钉：龙骨与基层墙体采用胀管螺丝固定（保温复合板与龙骨的连接采用 $\phi2.85\times25$ 的特制钢钉或用自攻螺丝连接），间距≤500mm。胀管螺丝抗拉设计参考值：M10×100 采用 0.8kN；M8×80 采用 0.65kN。根据弹线确定的基础墙体上的孔圆心打孔，将膨胀螺栓的塑料塞子塞进孔内。

3) 安装龙骨：预先在龙骨上用台钻打孔，再将龙骨横放紧贴在墙体上，使龙骨上的孔与墙体上的孔对齐，将胀钉从龙骨的孔内用气动改锥打入，使钉顶部与龙骨外表面平齐。可采用自上而下的顺序安装。

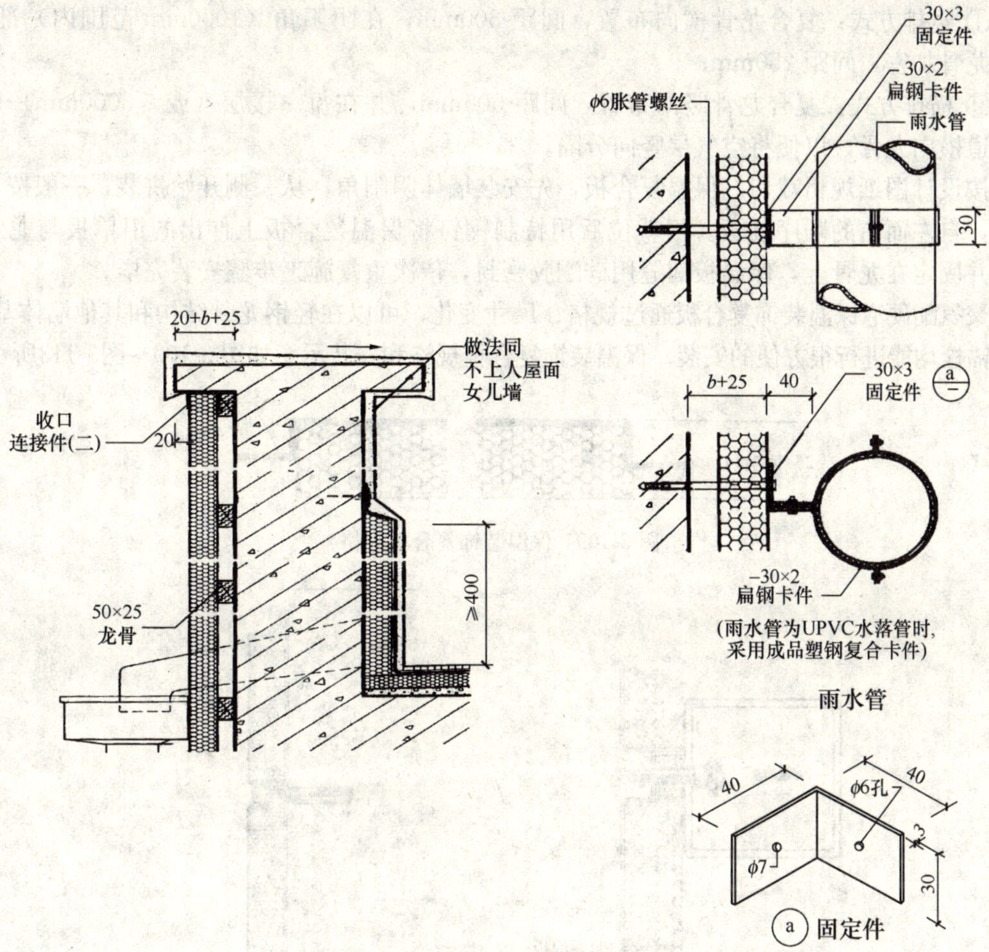

图 3-107 上人屋面女儿墙、雨水管

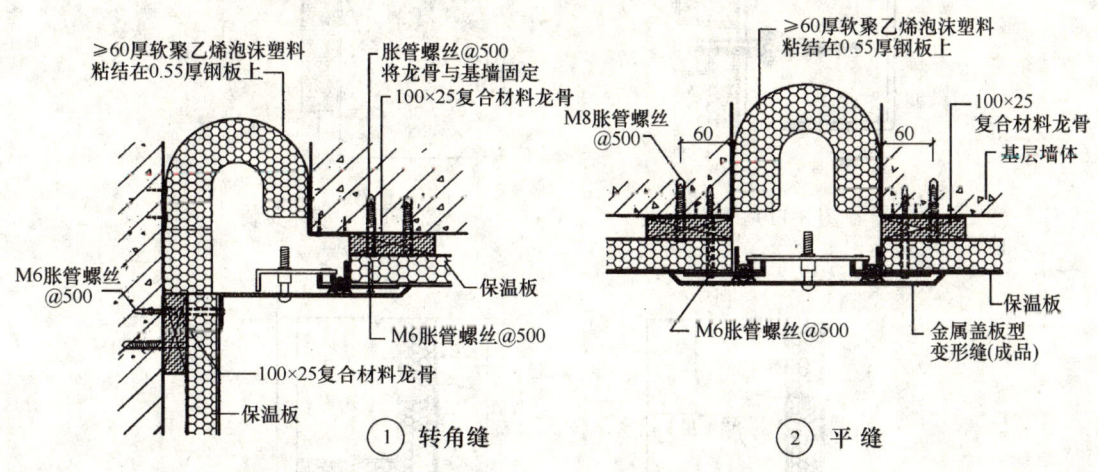

图 3-108 墙身变形缝

4)安装保温复合板：

保温复合板排列可分竖排和横排两种：

① 竖排方式：复合龙骨横向布置，间距500mm，在阴阳角（1000mm范围内）部位，横向龙骨加密，间距250mm；

② 横排方式：复合龙骨竖向布置，间距500mm，并在每一楼层（或≤3000mm）处布置一道横向龙骨，以便将空气层竖向分隔。

按设计图纸规格裁切好保温复合板，先安装墙体阴阳角，从一侧开始拼装，一般按自上而下，自左而右的顺序装板。板就位后用特制钢钉将保温复合板上伸出的铝单板与龙骨连接，并固定在龙骨上，保温板间缝用硅酮胶密封，依次重复施工步骤安装完毕。

聚氨酯硬泡保温装饰复合板通过规格、尺寸变化，可以在轻钢龙骨结构和其他墙体基层，采用锚栓均能进行很方便的安装。保温装饰复合板规格和安装示意如图3-109～图3-113所示。

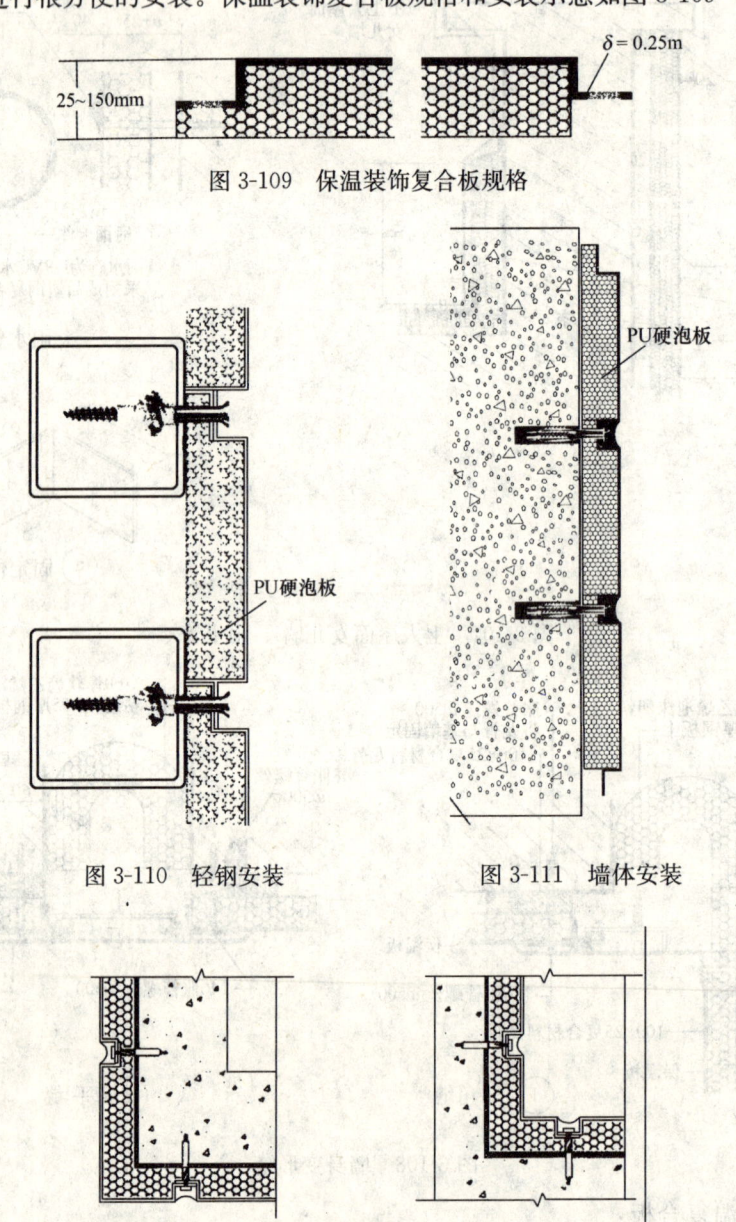

图3-109　保温装饰复合板规格

图3-110　轻钢安装　　　图3-111　墙体安装

图3-112　墙面阳角、阴角安装

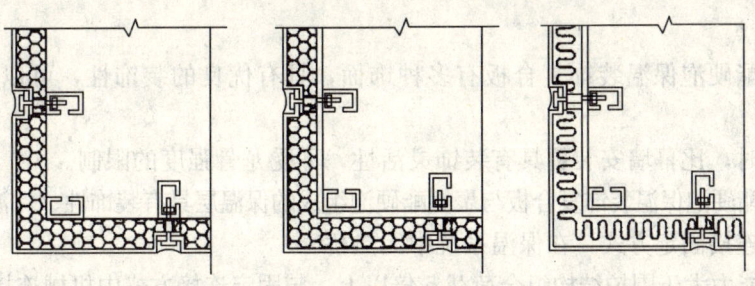

图 3-113 轻钢龙骨阳角安装

第五节 粘贴板材外墙外保温系统施工

粘贴板材法主要用在实体墙的外保温工程，将在工厂通过机械切割、黏合等工序预制的聚氨酯硬泡保温装饰复合板（块）、柔性水泥层增强卷材硬泡聚氨酯板或带槽（或平板）的聚氨酯硬泡裸板等，根据板材具体类型或规格，采用相应技术措施粘贴在基层的施工方法。

根据不同的墙面和聚氨酯硬泡复合饰面板类型、特点，可采用不同粘结材料，构成多种粘贴方法，如采用湿贴（满粘、条粘、点框粘）板（块）、发泡粘、挂贴粘、点扣粘（主连接）等，并采用尼龙胀钉锚固或钉扣式、穿透式、搭接式、角片式、挂钩式等辅助连接措施，共同构成双保险的固定施工方式。

聚氨酯硬泡保温装饰复合板粘贴固定后，在饰面板缝间采用密封胶密封，最终构成具有保温、防水和装饰的一体化系统，而不带饰面的聚氨酯硬泡板粘贴固定后，构成涂料饰面或面砖饰面系统。

聚氨酯硬泡保温装饰复合板（块）装饰丰富、保温效果好，提高保温装饰的品质，特别是在多层或高层中高档建筑的外墙装饰和保温时进行广泛选择。

聚氨酯硬泡保温装饰复合板粘贴系统技术，适用于新建、扩建、改建和既有建筑的民用建筑节能工程钢筋混凝土、混凝土空心砌块、页岩陶粒砌块、烧结普通砖、烧结孔砖、灰砂砖和炉渣砖等材料构成的外墙保温工程和抗震设防裂度≤8度的地区。不但适用于低层，也适用于多层、高层建筑。

一、发泡粘贴聚氨酯硬泡保温装饰复合板一体化系统

发泡粘贴聚氨酯硬泡保温装饰复合板保温系统，是通过采用可循环利用的外龙骨和三维可调的连续件，将聚氨酯硬泡保温装饰复合板定位后，在聚氨酯硬泡保温装饰复合板与基层的预留缝中，通过现浇聚氨酯硬泡发泡而达到粘贴的系统。

通过现浇的聚氨酯硬泡发泡来将聚氨酯硬泡保温装饰复合板粘贴、固定和密封在基层墙体上，板缝间隙用聚乙烯泡沫棒嵌缝填充，最后再用中性耐候硅酮密封胶密封，形成集装饰、保温和防水为一体的建筑外墙外保温系统。发泡粘贴聚氨酯硬泡保温装饰复合板系统构造如图 3-114 所示。

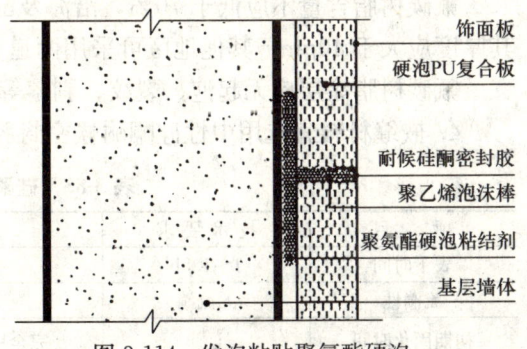

图 3-114 发泡粘贴聚氨酯硬泡保温装饰复合板系统构造

1. 系统特点

(1) 聚氨酯硬泡保温装饰复合板有多种饰面，具有优良的装饰性，可以与建筑幕墙相媲美。

(2) 施工时，比幕墙安装更具有装饰灵活性，不受龙骨强度的限制。

(3) 聚氨酯硬泡保温装饰复合板与聚氨酯硬泡组成的保温层具有装饰性、保温性和耐久性。

(4) 采用连接固定方式，在保温系统中无热桥。

(5) 粘贴能力大于围护结构组合荷载5倍以上，与固定连接方式中机械连接钢件隔绝空气和水，永不锈蚀，可保证外墙装饰保温系统双重保护，饰面板、保温层不易从墙体上脱落。

(6) 饰面保温系统重量轻（施工后体系质量仅为$3\sim5kg/m^2$），对主体结构的附加荷载可忽略不计。

2. 适用范围

①可适用于各种墙体外保温安装，如黏土砖墙、空心砖墙、混凝土墙、水泥砂浆抹灰墙等。

②适用于新型建筑和既有建筑的改造工程。

③适用于工业建筑、民用建筑。

(一) 材料要求

聚氨酯硬泡保温装饰复合板的饰面层，可选用金属饰面板（彩色涂层钢板、彩色涂层铝板）、氟碳树脂、天然石质板材、陶瓷砖及各种水泥纤维板等。

1. 聚氨酯硬泡保温装饰复合板的外观质量如表3-83所示；尺寸允许偏差应达到表3-84的要求。

表3-83 聚氨酯硬泡保温装饰复合板的外观质量要求

项 目	板 面	表 面	外 观	PU硬泡保温层
质量要求	板面平整、色泽均匀、无明显凹凸翘曲、变形	表面清洁、保护膜完整	板面无明显划痕、磕碰、伤痕	保温层无成块剥落

表3-84 聚氨酯硬泡保温装饰复合板的尺寸允许偏差 (mm)

项 目	长 度	宽 度	厚 度	对角线差
允许偏差	±3	±2	±2	≤3

2. 聚氨酯硬泡保温装饰复合板与现浇发泡聚氨酯硬泡间的粘贴强度不小于0.15MPa（破坏界面应在聚氨酯硬泡体上）。

3. 金属板涂层宜选用氟碳树脂涂层，氟碳树脂涂层应符合下列规定：

氟碳树脂含量不应低于70%，沿海及酸雨严重的地区可采用三道或四道氟碳树脂涂层，其厚度应大于$40\mu m$；其他地区可采用两道氟碳树脂涂层，其厚度应大于$20\mu m$；

氟碳树脂涂层应无起泡、裂纹、剥落等现象。

4. 嵌缝材料宜选用中性硅酮耐候密封胶，其性能应达到表3-85的要求。

表3-85 硅酮耐候密封胶的性能

项 目	技术要求	项 目	技术要求
表干时间	1~1.5h	邵氏硬度	20~30
流淌性	无流淌	极限拉伸强度	0.11~0.14MPa
初期固化时间（≥25℃）	3d	完全固化时间［相对湿度≥50%，温度（25±2）℃］	7~14d

续表

项　　目	技术要求	项　　目	技术要求
撕裂强度	3.8N/mm	污染性	无污染
施工温度	5~48℃	固化后的变位承受能力	$25\% \leqslant \delta \leqslant 50\%$
贮存期	9~12个月		

5. 嵌缝填充材料宜选用聚乙烯泡沫棒，其密度不应大于 $37 kg/m^3$。

（二）设计技术要点

1. 基本要求

（1）聚氨酯硬泡保温装饰复合板的保温层厚度，应根据现行的节能设计标准，通过热工计算确定。

（2）聚氨酯硬泡保温装饰复合板的饰面板，应根据具体工程的装饰需要选择。

（3）聚氨酯硬泡保温装饰复合板安装时，板间的预留缝宽度的大小、是否留设，应根据采用饰面的类型和工法来确定。

用聚氨酯硬泡现场发泡将聚氨酯硬泡保温装饰复合板粘贴在外墙基层后，如留设预留缝时，应填充预留缝，宜选用聚乙烯泡沫棒（直径比缝宽大3~5mm）填塞，最后再用耐候硅酮密封胶密封。

（4）聚氨酯硬泡保温装饰复合板与基层的发泡粘结面积应大于或等于被粘贴的聚氨酯硬泡保温装饰复合板面积的35%。

2. 风荷载、粘结面积及聚氨酯硬泡浇注量计算

（1）发泡粘贴聚氨酯硬泡保温装饰复合板系统上的风荷载标准值按下式计算：

$$W_k = \beta_{gz} \mu_s \mu_z W_0$$

式中　W_k——作用于硬泡PU复合板外龙骨定位发泡粘结硬泡PU系统上的风荷载标准值（kN/m^2）；

　　　β_{gz}——高度z处阵风系数，可取2.25；

　　　μ_z——风压高度变化系数，应按《建筑结构荷载规范》（GB 50009）的规范采用；

　　　μ_s——风荷载体型系数。垂直体系外表面可按2.0采用，其他情况可根据实际情况按《建筑结构荷载规范》（GB 50009）的规定采用，当建筑物进行了风洞试验时，可根据风洞试验结果确定；

　　　W_0——基本风压（kN/m^2），应根据《建筑结构荷载规范》（GB 50009）采用。

（2）在风荷载作用下，硬泡PU复合板与基层墙体粘结的粘结面积应符合下式要求：

$$W \leqslant f \cdot \alpha \cdot A_{CE}/A$$

式中　W——风荷载设计值（kN/m^2）；

$$W = \gamma_w \cdot W_k$$

　　　γ_w——风荷载分项系数，取$\gamma_w=1.4$；

　　　W_k——风荷载标准值（kN/m^2）；

　　　f——胶粘剂与硬泡PU复合板粘结垂直拉伸强度设计值；

$$f = 0.3 f_m$$

　　　f_m——胶粘剂与硬泡PU复合板粘结垂直拉伸强度试验平均值，f_m不应小于0.1MPa。当$f_m>0.1MPa$时，应取$f_m=0.1MPa$；

α——折减系数。当采用点式粘结法时，取 $\alpha=0.9$；当采用条式粘结法时，取 $\alpha=0.8$；

A_{CE}——复合板与基层墙体粘结的面积。A_{CE}不应小于 $0.3A$，当 $A_{CE}>0.8A$ 时，应取 $A_{CE}=0.8A$；

A——复合板的面积（m²）。

（3）硬泡PU复合板发泡粘结的聚氨酯浇注量的计算。

在建筑外表面划分多个单元，每个单元大小为（5~10m）×层高。按单元检测墙面最低点距理论硬泡PU复合板内表面的净距离 d_{max} 作为单元内聚氨酯浇注量的计算厚度 d，聚氨酯浇注量为：

$$Q = A_{CE} \cdot d \cdot \rho / A$$

式中 Q——保温面积的硬泡PU浇注量（kg/m²）；

A_{CE}——硬泡PU复合板与基层墙体的粘结面积（m²）；

A——硬泡PU复合板的面积（m²）；

d——硬泡PU发泡粘结的计算厚度（m）；

ρ——硬泡PU的表观密度（kg/m³）。

（三）施工

1. 施工准备

（1）技术准备

1）施工人员应进行培训，要求系统掌握施工步骤、技术要点，并经考核合格后方可上岗作业。

2）编制聚氨酯硬泡粘贴聚氨酯硬泡保温装饰复合板施工方案，应包括如下内容：

① 工程进度计划；

② 与主体结构施工、设备安装、装饰装修的协调配合方案；

③ 搬运、吊装方法；

④ 测量方法；

⑤ 安装方法；

⑥ 安装顺序；

⑦ 构件、组件和成品的现场保护方法；

⑧ 检查验收；

⑨ 安全措施。

（2）材料准备

构件、组件、聚氨酯硬泡保温装饰复合板和现浇聚氨酯硬泡原料，按施工所用总量准备。可按工程进度分批进场，其中聚氨酯硬泡保温装饰复合板和现浇聚氨酯硬泡原料进场后，应避开高温、潮湿存放。

（3）机具准备

专用微型聚氨酯硬泡发泡浇注机、空压机及其他设备、机具等，应进行现场运行检验，合格后方可投入正常使用。

（4）基本条件

1）安装施工前，应会同土建承包商检查现场情况及脚手架和起重运输设备，确认是否具备施工条件。

2) 构件储存时应依照安装顺序排列,储存架应具有足够的承载能力和刚度。在室内储存时应采取保护措施,防雨、防潮、防火。构件安装前应进行检验与校正,应达到合格。

3) 当基层主体构造偏差大,妨碍外保温聚氨酯硬泡保温装饰复合板系统的安装时,应在安装前会同有关方共同商定解决有效措施。

4) 施工环境及其要求:

①基层墙体表面应干燥,其含水率应小于15%;

②施工环境相对湿度应小于70%,在雨天或基层未干燥的情况下不得施工;

③基面施工温度宜为15～40℃,低于5℃不得施工;

④堆放材料的库房和施工现场应注意防火。

5) 基层要求及处理。

粘贴聚氨酯硬泡保温装饰复合板的基层墙面应符合《建筑装饰装修工程质量验收规程》(GB 50210)的要求。

新建建筑的外墙通过隐蔽工程验收后,可不做找平层,宜对砌体进行勾缝处理。对混凝土墙和砌体墙均应将基面清洁干净并符合《混凝土结构工程施工质量验收规范》(GB 50204)中现浇结构或《砌体工程施工质量验收规范》(GB 50203)中对清水墙的规定要求。

对既有建筑进行改造时,应对基面进行处理,清除表面灰尘、杂物、油污等,对空鼓、脱层、胀膜基层进行清除、修补,使基面达到规范规定的平整度要求。

6) 采用脚手架施工时,施工单位与土建施工单位协商,宜采用幕墙施工所用脚手架方案。落地脚手架为双排布置。

2. 施工工艺

(1) 工艺流程

发泡粘贴聚氨酯硬泡保温装饰复合板系统的施工工艺流程如图 3-115 所示。

(2) 操作工艺要点

1) 发泡粘贴聚氨酯硬泡保温装饰复合板安装示意如图 3-116 所示。

2) 外定位横龙骨的安装应符合下列要求:

①转接件与横龙骨位置应从构造上实现三维方向可调整,以确保横龙骨安装位置准确;

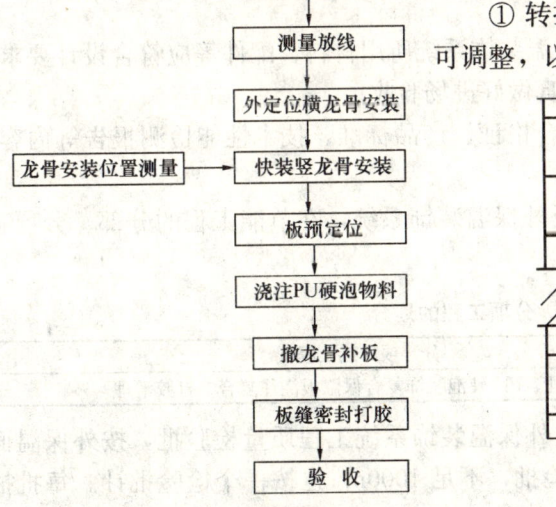

图 3-115 施工工艺流程

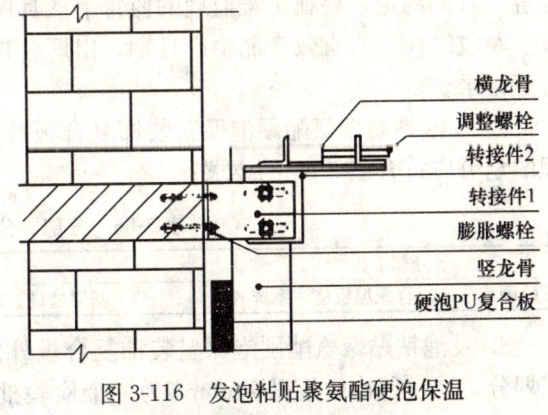

图 3-116 发泡粘贴聚氨酯硬泡保温装饰复合板安装示意图

② 转接件的水平、垂直安装误差不大于±5mm；
③ 转接件定位点的安装进出误差不得大于±1mm；
④ 龙骨应与转接件上的定位点靠严；多点固定的横龙骨应保证其直线度。

3) 快装竖龙骨的安装应符合下列要求：
① 竖龙骨的刚度应满足设计要求，使安装板面的整体刚度能够抵抗浇注聚氨酯硬泡物料时所产生的膨胀应力，必要时应设置辅助连接。
② 竖龙骨与面板的接触面应设置通长的橡胶垫，防止板面划伤。

4) 浇注粘贴用的聚氨酯硬泡物料应符合下列要求：
① 微型浇注机的双组分液料比例调节应按1∶1设定，并按设计要求定点定量依次浇注。
② 浇注聚氨酯硬泡发泡时，除物料本身所具有的一定的流性外，还必须按设计的充填量填充满各应充填的部位，并随时用橡胶锤轻击检测是否填满。

5) 转接件处补板施工应符合下列要求：
① 调节转接件处使用的膨胀螺栓，使基层墙面平整。
② 用专用夹扣将临时龙骨固定在已安装完成的面板上，完成对安装面板的准确预定位后，浇注粘贴。

6) 打胶施工应符合下列要求：
① 板缝嵌填硅酮密封胶施工，应在浇注粘贴聚氨酯硬泡后24h再进行。
② 施工前应清洁板缝，确保缝内清洁无污物。
③ 聚乙烯泡沫棒应大小合适，保证对胶层厚度的控制和施工方便。
④ 胶缝应均匀、平整、美观。
⑤ 打胶施工完整，待胶层表干后，进行饰面清理或清洗。

(3) 注意事项

1) 发泡粘贴聚氨酯硬泡保温装饰复合板不应靠近火源。现场应配有消防器材，确保施工安全。

2) 发泡粘贴聚氨酯硬泡保温装饰复合板的施工安全技术，必须遵守现行建筑工程安全技术规程。

(四) 工程质量标准

1. 发泡聚氨酯硬泡保温装饰复合板外保温装饰系统所用材料、配件等应符合设计要求，并遵守合同约定，要在工程监理的监督下认真做好进场验收。

验收时应检查有效产品生产日期、出厂合格证、产品标准、技术性能检测报告等内容，做好记录。

2. 发泡粘贴聚氨酯硬泡保温装饰复合板外保温装饰系统，在节能工程的分部、分项工程的划分应符合表3-86的要求。

表3-86 分部、分项工程的划分

子分部工程	分 项 工 程
PU硬泡装饰复合保温板浇注系统	基层处理、PU硬泡装饰复合保温板浇注复合、打胶清理

3. 发泡粘贴聚氨酯硬泡保温装饰复合板外保温装饰系统工程质量检验批，按外保温面积划分，同一种饰面板以1000m² 为一个检验批，不足1000m² 也按一个检验批计。每批抽检量不得少于5%，且不得少于5件（组）。

第三章 聚氨酯硬泡外墙外保温系统施工

4. 发泡粘贴聚氨酯硬泡保温装饰复合板外保温装饰系统工程质量检验批的验收应符合下列规定:
(1) 现行国家工程建设标准(强制性条文)项目必须合格;
(2) 主控项目应符合本节中有关规定;
(3) 一般项目的抽检合格率应达到80%以上,且最大偏差不得大于允许偏差的1.5倍。

5. 基层墙体应达到《混凝土结构工程质量验收规范》(GB 50204)中现浇结构《砌体工程施工质量验收规范》(GB 50203)中对清水墙的规定要求。

用于墙面处理的水泥砂浆找平层与墙面必须粘结牢固,无脱层、空鼓和裂缝等缺陷。

检查数量:按每个楼层每20m长抽查一处(每处3延长米),且不少于3处。

6. 外定位龙骨的安装应符合设计要求,并依据本节中的相关要求进行检查。

7. 浇注聚氨酯硬泡的施工质量控制。

浇注聚氨酯硬泡的施工质量控制应符合表3-87的要求。

表3-87 浇注聚氨酯硬泡的施工质量控制

控制类型	序号	项目	检查验收内容	检验方法
主控项目	1	聚氨酯硬泡浇注原料	产品质量应符合设计要求,应有配比设计和型式检验报告及出厂合格证	按模浇聚氨酯硬泡质量检验方法
	2	浇注量及浇注位置	应符合设计要求	用硬橡胶小锤敲击检查
	3	浇注的聚氨酯硬泡是否污染面板的板面	饰面板是否被污染或污染物是否及时清除	观察检查

8. 发泡粘贴聚氨酯硬泡保温装饰复合板系统的施工质量控制应按表3-88的要求进行。

表3-88 聚氨酯硬泡保温装饰复合板系统的施工质量控制

控制类型	项目		检查验收内容	检查方法
主控项目	聚氨酯硬泡保温装饰复合板浇注复合墙体		符合设计要求、粘贴牢固、保证粘贴面积	GB 50204中现浇结构或GB 50203中对清水墙的规定
	项次	项目	允许偏差(mm)	检验方法
一般项目	1	板面平整	1	用2m靠尺和楔形塞尺检查
	2	垂直度 每层	3	用2m托线板检查
		全高	H/1000,且不大于20	用经纬仪吊线和尺量检查
	3	阴、阳角垂直	3	用2m托线板检查
	4	阴、阳角方正	1.5	用200mm方尺和楔形塞尺检查
	5	接缝高差	1.5	用直角尺和楔形塞尺检查

9. 耐候硅酮密封胶嵌缝施工的质量控制应按表3-89的要求进行。

表 3-89 耐候硅酮密封胶嵌缝施工的质量控制

控制类型	序号	项目	检查验收内容	检验方法
主控项目	1	硅酮密封胶的产品质量	施工进行抽检应符合国家现行标准要求，过期严禁使用	按要求硅酮耐候密封胶性能检验
	2	施工污染	板缝的污物、浮尘、凹凸不平是否影响密封胶嵌注质量	观察检查
	3	硅酮密封胶施工质量	密封胶胶体有无开裂、龟裂、脱层、起皮、粉化等现象	观察检查
一般项目		硅酮密封胶嵌注厚度、表面和边角质量	厚度均匀、表面平整、内部密实、无明显硬结、污垢、断胶，密封边角清晰，横竖缝顺直，不污染饰面板	观察检查

二、无机浆料粘贴聚氨酯硬泡板材涂料、面砖系统

无机浆料粘贴聚氨酯硬泡板（普通平面裸板）保温系统，是将聚氨酯硬泡板作业在实体墙上的施工方式。

聚氨酯硬泡板、防火隔离带通过无机浆料粘贴（或辅加锚固）后，再及时作抹面层，最后用涂料或面砖作饰面层。也可在聚氨酯硬泡板、防火隔离带粘贴（锚栓）工序完成后，在板材表面涂抹无机保温浆料（兼找平、增加防火性能等）构成复合保温层，然后作抹面层，再按设计要求作饰面层。

无机浆料粘贴锚固聚氨酯硬泡平板的涂料饰面和面砖饰面典型构造示意，如图 3-117 和图 3-118 所示，涂料饰面与面砖交接处理如图 3-119 如所示。

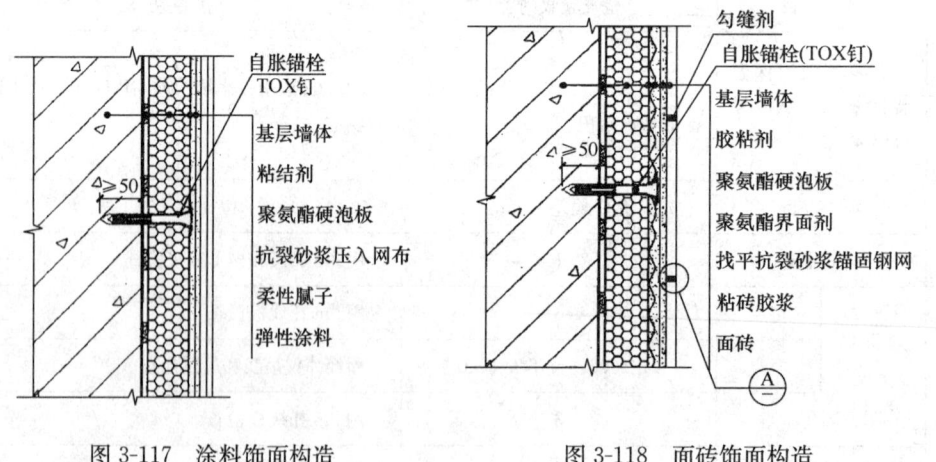

图 3-117 涂料饰面构造　　　　图 3-118 面砖饰面构造

1. 系统特点

该系统技术突出特点是将工厂预制板材采用粘贴与固定方式，有利于保温层稳定。

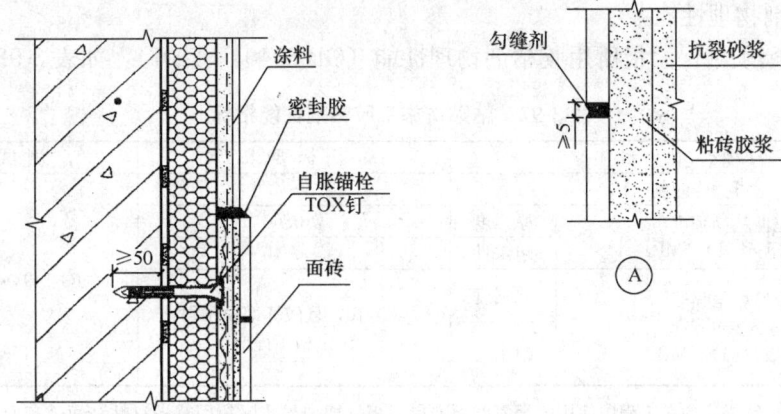

图 3-119 涂料饰面与面砖饰面交接处处理

2. 适用范围

高层建筑和地震频发区、沿海台风区、严寒地区应慎用面砖饰面，当必须采用面砖饰面时，除控制使用高度外，还应增加锚固等技术措施，必须保证面砖及各种配套材料的技术性能要求，严格按设计要求进行施工，防止面砖脱落。

3. 材料要求

(1) 外墙用聚氨酯硬泡板的物理性能（GB 50404—2007），见表 3-90。

表 3-90 外墙用聚氨酯硬泡板的物理性能

项 目	指 标
密度(kg/m³)	≥35
压缩性能(形变10%)(kPa)	≥150
垂直于板面方向的抗拉强度(kPa)	≥0.10 并且破坏部位不得位于粘结界面
导热系数(23±2)℃[W/(m·K)]	≤0.024
吸水率(%)	≤3
氧指数(%)	≥26

(2) 聚氨酯硬泡保温板规格：

聚氨酯硬泡保温板规格宜为 1200mm×600mm，其尺寸允许偏差（GB 50404—2007）见表 3-91。

表 3-91 聚氨酯硬泡保温板尺寸允许偏差

项 目	允许偏差（mm）
厚度	≥50, +2.0
	≤50, +1.5
长度	+2.0
宽度	+2.0
对角线差	3.0
板边平直	±2.0
板面平整度	1.0

(3) 胶粘剂物理性能：

粘贴聚氨酯硬泡保温板所用胶粘剂物理性能（GB 50404—2007），如表 3-92 所示。

表 3-92　粘贴法施工胶粘剂性能指标

项　　目		指标要求	测试方法
可操作时间（h）		1.5～4.0	JG 149，JG/T 3049
拉伸粘结强度（与水泥砂浆）（MPa）	原强度	≥0.60	
	耐水性	≥0.40	
拉伸粘结强度（与聚氨酯硬泡保温板）(1)（MPa）	原强度	≥0.10，且破坏部位不得位于粘结界面	
	耐水性		

注：采用生产厂家提供的在工程中使用的聚氨酯硬泡保温板（即如果实际使用时板材粘结面带有面层，则测试时不得去掉面层材料）。

(4) 防火隔离带材料、聚氨酯硬泡界面剂、抗裂砂浆、耐碱玻纤网格布、柔性耐水腻子等材料技术性能，以及热镀锌电焊网、粘贴面砖砂浆、饰面砖、面砖勾缝料、锚栓（锚固件）、聚氨酯泡沫填缝剂、硅酮型建筑密封胶等材料技术性能见第三章第二节一、（一）1. 中的技术性能要求。

4. 设计要点

(1) 基本要求

1) 为提高安全性，聚氨酯硬泡保温板材应使用锚栓辅助固定。在建筑高度 20m 以上使用时，因受负风压作用较大，在受负风压作用较大部位，应使用锚栓辅助固定。随楼层增高，应通过计算后，逐渐增加锚栓的固定数量。

采用该构造系统时，从安全性考虑，在墙体基层应设置防火隔离带，且建议优先采用涂料饰面。

2) 设计时，对防水和密封等重要部位，以及倾斜的挑出部位、墙体延伸至地面以下部位的防水处理，均应有节点大样详图。

3) 在檐口、勒脚部位应做包边处理；在门窗四角和阴阳角等处应设局面加强网；在变形缝处做好防水和保温构造处理。

4) 聚氨酯硬泡保温板的饰面层为面砖的外墙外保温系统时，应采用热镀锌钢丝网，并通过计算合理设置锚固件的数量及分布，以便将面砖重量有效地传给主体结构，避免使聚氨酯硬泡保温层承受面砖重量。

5) 在聚氨酯硬泡保温板外墙外保温薄抹灰（涂料饰面）系统应做到下列规定：

①在建筑物首层或 2m 以下墙体，应在先铺一层耐碱加强玻纤网格布的基础上，再满铺一层标准耐碱玻纤网格布；加强耐碱玻纤网格布在墙体转角及阴阳角处的接缝应搭接，其单向搭接宽度不得小于 200mm；在其他部位的接缝宜采用对接。

②在建筑物二层或 2m 以上墙体，应采用标准耐碱玻纤网格布满铺，耐碱玻纤网格布接缝应搭接，其搭接宽度不宜小于 100mm；在门窗口、管道穿墙洞口、勒脚、阳台、变形缝、女儿墙等保温系统收头部位，耐碱玻纤网格布应翻包，包边宽度不应小于 100mm。

(2) 细部构造及其要求

1) 门窗洞部位的外保温构造，如图 3-120 所示。

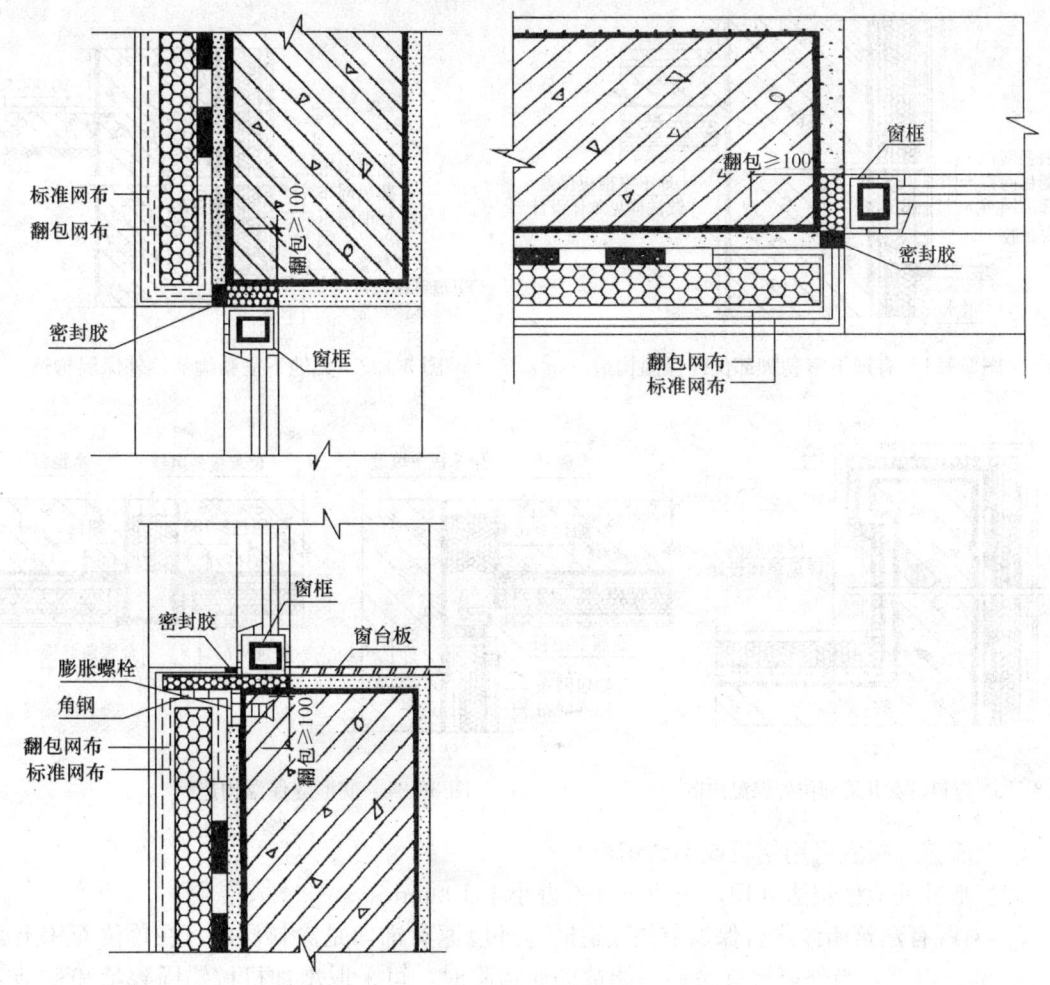

图 3-120 门窗洞部位的外保温构造示意

① 门窗外侧洞口四周墙体,聚氨酯硬泡厚度不应小于 20mm。
② 门窗外侧洞口四周的聚氨酯硬泡板应采用整块板切割成型,不得拼接。
③ 板与板接缝距洞口四角距离不得小于 200mm。
④ 洞口四边板材宜采用锚栓辅助固定。
⑤ 铺设耐碱玻纤网格布时,应在四角处 45°斜向加贴 300mm×200mm 的标准耐碱玻纤网格布(如图 3-26、图 3-27 所示)。

2)有地下室勒脚和无地下勒脚部位的外保温构造,分别如图 3-121 和图 3-122 所示。

① 勒脚部位的外保温与室外地面散水间应预留不小于 20mm 的缝隙。缝隙内宜填充泡沫塑料,外口应设置背衬材料,并用建筑密封胶封堵。
② 勒脚处墙端部应采用标准网布、加强网布做包边处理,包边宽度不得小于 100mm。

3)在檐口、女儿墙部位应采用保温层全覆,以防产生热桥。当有檐沟时,聚氨酯硬泡保温层在檐沟混凝土顶面厚度不小于 20mm,如图 3-123 所示。

4)在变形缝处的保温构造,如图 3-124 所示。

① 变形缝处应填充泡沫塑料,填塞深度应大于缝宽的 3 倍,且不小于墙体厚度。

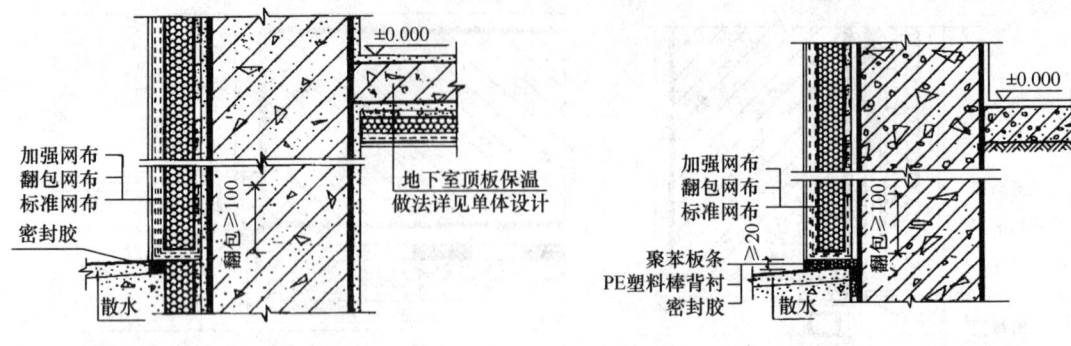

图 3-121　有地下室勒脚部位外保温构造　　图 3-122　无地下室勒脚部位外保温构造

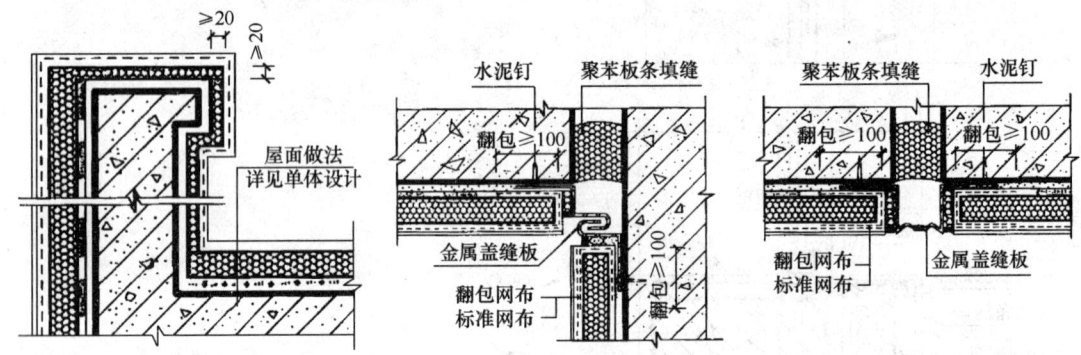

图 3-123　檐口、女儿墙部位外保温构造　　图 3-124　变形缝保温构造

②金属盖缝板宜采用铝板或不锈钢板。

③变形缝处应做包边处理，包边宽度不得小于100mm。

5）对既有建筑墙体进行保温节能改造时，外墙原有饰面是涂料层的，在单位面积上必须清除60％以上，当外墙原有涂料不能被彻底清除时，可采取增加机械锚固数量和粘结方式共同固定，且机械锚固点每平方米不少于4个，每块板不少于2个。

6）建筑物的装饰线条、阳台盖板、窗、门等部位设计时必须预留足够的位置以安装保温层。

5. 施工

(1) 施工准备

1) 技术准备

①熟悉和会审设计图纸，掌握和了解设计意图。根据建筑结构特点掌握节点细部构造的具体技术要求。

②向操作人员进行技术交底或培训。

③确定质量目标和检验要求。

④提出施工记录的内容要求。

⑤掌握天气预报资料。

⑥编制完整施工方案。

2) 材料准备

①按设计要求规格（型号）、质量和工程用量备料。

②应有足够场地堆放聚氨酯硬泡板，将符合施工规格和质量合格的聚氨酯硬泡板运到指定施工现场，并防止划伤、损坏和变形。

进场的聚氨酯硬泡板应贮存于阴冷处，避免强烈阳光长时间暴晒、远离高温或明火，大风天防止板材被风吹散，应用重物压好。

③按设计要求规格配备，提高系统安全性和耐久性的锚栓；桶装产品应注意防冻，袋装产品贮存于干燥处。

④进入现场的玻纤网格布、热镀锌钢丝网不得过长时间多层叠压。

⑤细部构造用建筑密封胶、防火隔离带材料、填缝聚苯乙烯泡沫塑料条、金属盖缝板等。

3）工具准备

①现场配料用手提式搅拌器：转速宜为450r/min。

②配备板材切割器和小型工作台。

③切割聚氨酯硬泡板或玻璃纤维网格布的手锯、剪刀（或壁纸刀）。

④施工盛装粘结胶的胶皮桶。

⑤墙体基层光滑需打毛时，应配备打毛机或类似设备。板材表面打毛（必要时）处理时，可备用铁砂皮（如把砂皮钉在木块上使用）。

⑥常用瓦工工具：靠尺、卷尺、铁抹子、水平尺和吊线坠等。

⑦其他工具：冲击钻、手锤、棕刷、扫帚、手刷和钢丝刷等。

4）施工基本条件

①施工及养护温度不得低于5℃（主要考虑粘结剂和涂料饰面的固化温度）。不得在五级以上大风天（主要考虑作业人员安全）施工。下雨时停止施工，并做好施工面的防潮工作。

②墙体必须在基层墙体外表面做完砂浆找平层的基础上，并经基层验收和基底附着力检验合格后方可施工。

如墙体面达不到相关标准的要求时，应用水泥砂浆找平，墙面平整度（垂直度用2m靠尺检测其平整度）≤2mm、垂直≤3mm，阴阳角方正。

③基层表面应平整、坚固、无污染或其他有害的杂质。

④外墙的消防梯、落水管、各种进户管线，一层防盗门窗预埋件及其他预埋件、预留洞口（外墙门窗按设计安装完毕），应按设计图纸或施工验收规范要求提前施工。

⑤对于新的建筑，必须在墙体内的水分达到充分干燥。

（2）施工工艺

1）工艺流程如图3-125所示。

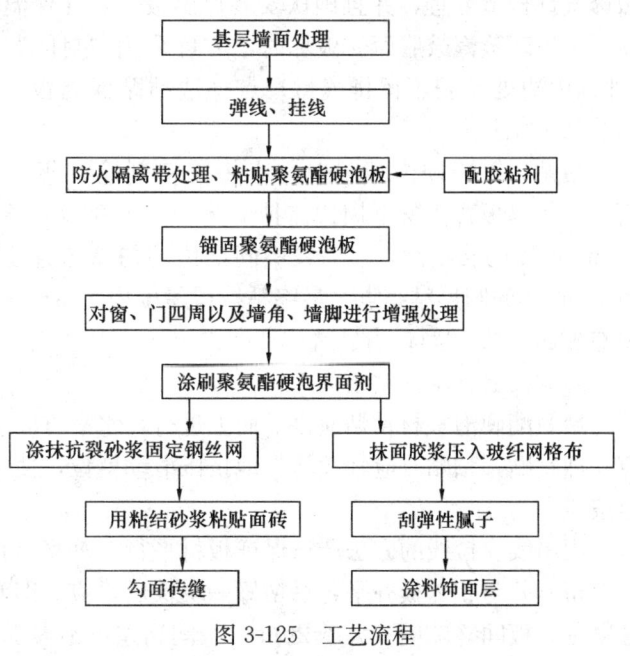

图3-125 工艺流程

2) 操作工艺要点：

①基层表面处理及要求：

彻底清理外墙基面的灰结、混凝土浮块等，如有影响施工的混凝土凸出物，应剔平整。

基层应干燥、干净（无油污、浮灰）、坚实、平整，必须处理到符合施工要求。必要时基层应涂刷界面剂。墙面上大于±10mm/m的不平整部位必须预先找平。

②保温层施工。

弹线和挂线：粘板前，用吊线的方法保证立面垂直，应按平整度和垂直度要求挂线。根据设计图纸要求，首先视墙面洞口分布进行保温板排板，并沿着基层墙体散水标高弹好散水水平线，确定聚氨酯硬泡板粘贴模数，并由下而上，自左至右来确定。

聚氨酯硬泡板粘贴模数（每排聚氨酯硬泡板向上、下错缝，板端距上、下排聚氨酯硬泡板接缝的距离应大于100mm）；需设置膨胀缝、变形缝处则应在墙面弹出膨胀缝、变形缝及其宽度线。

阳台、雨篷、女儿墙、屋挑檐下等个别部位及散水处粘贴聚氨酯硬泡板时，应预留5mm缝隙，以利于耐碱玻纤网格布嵌入。

配制粘结胶（胶泥）：现场配制粘结聚氨酯硬泡板的胶应随拌随用，粘结胶必须在规定时间内用完，如粘结剂在使用期间出现增稠现象，只能用频繁搅动，不得另外再加水，如再另外加水调稀，相当于降低了粘结剂的有效含量，从而导致粘结强度下降。搅拌不均或超时，胶粘剂不得继续使用或掺混使用。

防火隔离带选用板材时，可与粘贴聚氨酯硬泡板按顺序同步进行。选用浆料为隔离带材料时，则应在粘贴聚氨酯硬泡板完成后，并按所预留部位进行分层涂抹处理。

粘贴、锚固聚氨酯硬泡板时，以规格为60mm×1200mm的聚氨酯硬泡板为例，外保温系统用于非湿度房间的外墙时，或预先对墙体基层已进行封闭处理、或做透气性构造处理，并且确认安装保温板后，在保温板内不会出现蒸汽鼓胀而受破坏时，方可采用"封闭"式（即框周边处布胶不留排气口）点框法粘贴保温板，如图3-126所示。

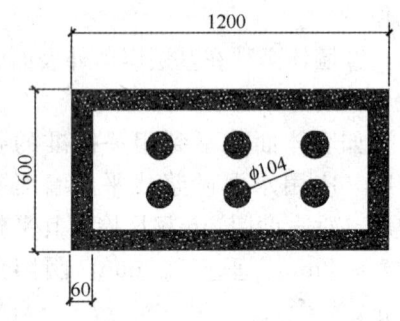

图3-126 聚氨酯硬泡板采用点框布胶示意

粘贴聚氨酯硬泡板材时，应将胶粘剂涂在板材背面，在保温板背面整个周边涂抹50～60mm宽度和8～10mm厚度的胶粘剂，然后在中间部位均匀涂抹直径约为100mm的圆形粘结点。最终粘结层厚度应为3～6mm，总有效粘贴面积不得小于聚氨酯硬泡板面积的40%；当建筑物高度在60m及以上时，总粘贴面积不小于60%。在每块保温板之间的接缝处不抹粘结剂。

聚氨酯硬泡板材粘贴应自下而上进行，水平方向应由墙角及门窗处向两侧粘贴。涂胶后应立即粘贴，粘贴时应轻柔均匀地挤压滑动就位，使粘结胶泥与墙面紧密结合，不得局部用力按压。

用吊线、拉线的方法严格保证板材平行、垂直（用水平尺检查平整度）。保温板对接缝处应挤紧并与相邻板齐平，每粘好一块板后，应立即刮涂板缝和板侧面挤出的粘结胶泥，拼缝紧密。板间缝隙应不大于2mm，板间高差应不大于0.5mm。

排板时应上下错缝，阴阳角应错茬搭接。保温板的长边与水平线平行、短边为竖向粘贴，竖缝应逐行错缝。在墙角处应交错互锁（图3-127），并应保证墙角垂直度。板材粘贴后，表面应平整、阴阳角垂直、立面垂直和阴阳角方正。

粘贴门窗口四周保温板时，应用整块保温板切割成形，不得拼接，门窗洞口边粘贴保温板应满涂粘结胶泥。保温板的拼缝不得正好留在门窗洞口的四角处。墙面边角铺贴保温板最小尺寸应超过200mm（即接缝距四角的距离应大于200mm），门窗洞口聚氨酯硬泡板排列，如图3-128所示。

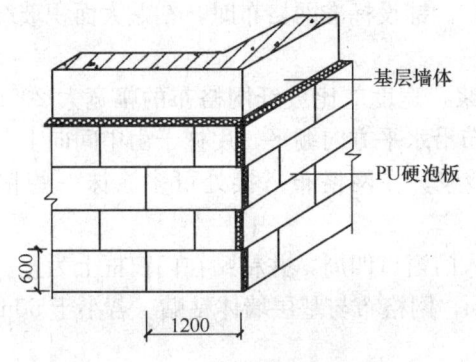
图3-127 聚氨酯硬泡板排板图

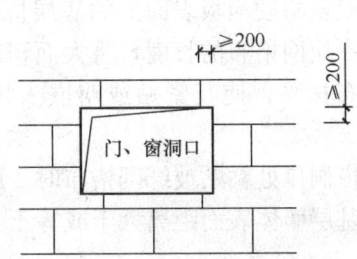
图3-128 门窗洞口聚氨酯硬泡板排列

脚手架眼的处理：如在穿墙管等处有预留空洞，铺设网格布时拆除架管，从外或从内先将墙体洞眼堵好，再用一块比预留洞眼略大（削成楔形）的保温板将原先在保温板上预留的洞孔塞上，将周围外表面打磨平整，即可准备下一步工序施工。

保温板、接缝不平处处理：如在保温板接缝间存在不平整，应用24目粗砂纸或专用工具对其进行打磨一遍，打磨时不要沿板缝平行方向，而是做轻柔圆周运动，随磨随用2m靠尺检查平整度。

一般在预制聚氨酯硬泡板的两侧表面有脱模剂，并在出厂前已做去除脱模剂和涂刷界面剂处理，如进入现场板材表面未经处理，应在安装板材的表面进行打磨，去掉脱模剂，使板面为粗糙，有利于抹面层施工。

锚固件辅助固定保温板：保温板与墙体粘贴施工完毕后，一般至少需静停24h以后，若环境温度偏低还应适当延长静停时间，其目的是使保温板与基层粘贴达到确实牢固。

在胶粘剂固化24h后进行锚固聚氨酯硬泡板，锚固件间距不大于600mm，入墙深度不小于50mm（锚固件间距、数量及型号根据设计要求确定，锚固时应不小于设计或节点图的要求）。

保温板与主体锚固可分别选用在面板直接锚固和在对缝处挂接两种方式或两种方式的复合使用。

固定保温板时应注意，保温板与锚固件之间的连接应为饰面层连接，而不是保温层与锚固件直接连接。安装后的锚固件不得凸出板材平面。

③涂刷聚氨酯硬泡界面剂（也称聚氨酯硬泡界面砂浆）。

如板材预先没经界面处理，在聚氨酯硬泡板达到粘结牢固、缝隙填塞完毕、表面平整，并清扫保温板上碎屑、灰尘等附着物,经验收合格之后,应涂刷聚氨酯硬泡界面剂(界面砂浆)。

在聚氨酯硬泡板材表面满涂刷聚氨酯硬泡界面剂,不得有漏刷和欠刷现象。

④弹性过渡黏合层(界面剂)。

板材表面设计有无机浆料为找平层或防火层时,其施工方法及具体要求参见本章第二节一中的有关内容。

⑤涂料饰面施工。

在涂抹抗裂砂浆内,铺压耐碱玻纤网格布。铺设标准网格布时,粘贴大面积玻纤网格布的顺序是按先上后下,先左后右顺序施工。

先抹聚氨酯硬泡板表面上的底层抗裂砂浆,宽度应比玻纤网格布的幅宽大 200mm,长度略大于一块网格布的长度,将大面积网格布沿水平方向绷平,用抹子由中间向上、下及两边将网格布抹平,使其紧贴或略嵌入抗裂砂浆。在网格布搭接处可多涂抹一些粘结胶泥找平。

在门窗洞口处粘贴玻纤网格布时,应卷入门窗口四周,并粘贴在门窗框上为止。若门窗框外皮与基层墙体表面距离大于或等于 50mm,网格布与基层墙体粘贴。若小于 50mm 须做包边处理。

在墙面网格布铺贴前,门窗洞口四角处应沿 45°方向粘贴增设附加网格布加一层 300mm× 200mm 玻纤网格布进行加强(见图 3-26、图 3-27),不得干搭。

耐碱加强网格布铺设完成后,再铺设标准网格布(普通型耐碱网格布),加强网格布应位于大面积标准网格布的下一层。

建筑物首层的抗裂砂浆层内,应铺设双层网格布加强,两层网格布之间砂浆必须饱满。

翻包的网格布同时压入胶浆中,耐碱玻纤网格布上面的抗裂砂浆稍干硬至可以碰触时,再立即施工一遍,以提高抗冲击能力。涂抹厚度为 1.5~2.0mm(一布二胶)保护层总厚度在 2.5~3.0mm 之间。铺设二层玻纤网格布(二布二涂)的保护层厚度在 3.5~4.0mm 之间。在最外层后,严禁出现玻纤网格布外露,抹面胶浆的厚度以微见网格布轮廓为宜。不应有明显的玻纤网格布显影、砂影、抹纹、接茬等痕迹。

抹砂浆切忌不停揉搓,在连续墙面上如需停顿,抹面砂浆不应完全覆盖已铺好的网布,须与网布、底层胶浆呈台阶形接茬,网布接头处平整度不得超出偏差。

粘贴玻纤网格布时,严禁出现纤维松弛不紧、干搭、错位、倾斜、外鼓、皱褶、翘边等不良现象。

施工时,任何部位严禁使用干水泥,面层胶泥严禁阳光暴晒。保护层胶泥在养护期间,严禁撞击振动,在终凝前严禁用水冲洗。

抗裂砂浆层固化干燥后满刮柔性耐水腻子两遍,达到表面平整、光洁。待腻子层干燥后,即可涂刷或喷涂饰面涂料。

⑥面砖饰面施工。

面砖饰面施工与本章第二节中施工要求基本相同。抗裂砂浆层内应铺设热镀锌电焊网一层,电焊网应用锚栓固定于基层上(每平方米不少于 4 个)(参见图 3-28、图 3-29),相邻网之间应对接。阴阳角、窗口、女儿墙、墙身变形缝等部位网的收头处均应固定。

热镀锌电焊网不应露出于抗裂砂浆表面。抹完的抗裂砂浆面应平整。抗裂砂浆层达到一定的强度后应适当喷水养护，约7d后方可粘贴面砖。

粘贴面砖前，应先将基层喷水湿润（以不流淌为宜）。吸水率大于1%的面砖粘贴前应浸水2h以上，晾干后再用。

粘贴面砖的粘结砂浆厚度为5~8mm。面砖缝宽不小于5mm。常温施工24h后应喷水养护，喷水不宜过多，不得流淌。

用面砖勾缝胶进行勾缝，先勾水平缝，后勾竖缝。口角砖交接呈45°，勾缝面应凹进面砖表面2mm。不得用水泥砂浆替代抗裂砂浆、粘结砂浆和勾缝胶粉。

6. 质量要求

（1）布胶质量：

点框法布胶的周边及其中间的点状布胶面积和涂胶点分布、数量应符合要求，粘结强度应大于0.1MPa。

（2）保温层粘结质量：

聚氨酯硬泡板与基层墙体粘贴不应有空鼓，板间对缝应紧密平整。

（3）玻纤网格布铺设质量：

保护层中的耐碱玻纤网格布，经纬向纤维不应倾斜，搭接长度应符合要求。

（4）变形缝质量：

变形缝的宽度和深度应均匀一致，表面平整，不应有错缝、缺楞掉角现象。

（5）保护层抗冲击强度质量：

聚氨酯硬泡板保护层在普通部位（离室外地面2m以上，人员和机械一般不能触及的部位）抗冲击强度，其抽样检验报告的结果应达到3J，无裂纹；在距地面以上的2m范围内的部位（人员和机械可能触及的部位）的抗冲击强度，其抽样检验报告结果应达到10J而不损坏。

（6）保温层和保护层尺寸偏差：

保温层尺寸偏差应符合表3-93的要求。保护层的尺寸偏差应符合表3-94的要求。

表3-93 保温层的允许偏差（mm）

项 目	允许偏差	检验方法
表面平整	3.0	用2m靠尺和塞尺检查
阴阳角垂直	3.0	用2m托线尺检查
阴阳角方正	3.0	用方尺和靠尺检查
立面垂直	4.0	用2m托线尺检查
分格条平直	2.0	拉5m线和尺量检查
PU硬泡板相邻板面高差	1.0	用2m靠尺和塞尺检查

表3-94 保护层的允许偏差（mm）

项 目	允许偏差	检验方法
表面平整	3.0	用2m靠尺和塞尺检查
阴阳角垂直	3.0	用2m托线尺检查
阴阳角方正	3.0	用方尺和靠尺检查
立面垂直	4.0	用2m托线尺检查
分格条平直	3.0	拉5m线和尺量检查

（7）聚氨酯硬泡复合保温板在饰面施工中，对檐口、勒脚、装饰线、设备安装孔、槽、门窗等，以及面砖饰面与涂料饰面交接处等应做好节点密封。

三、粘贴硬泡聚氨酯水泥层复合板涂料、面砖系统

在粘贴硬泡聚氨酯水泥层复合板外墙外保温系统中，所采用的硬泡聚氨酯水泥层复合板（简称PU硬泡复合板或水泥层复合板），是在工业化连续发泡生产线上，充分利用硬泡聚氨酯发泡材料自黏合性能极强的特点，硬泡聚氨酯原料直接在双面柔性水泥层增强卷材（或称

界面增强材料）中间发泡，使硬泡聚氨酯与界面增强材料发泡粘结成为一体的功能型硬泡聚氨酯水泥层复合板材。

该系统包括涂料饰面（柔性饰面）和面砖饰面，其构造如图 3-129 所示。

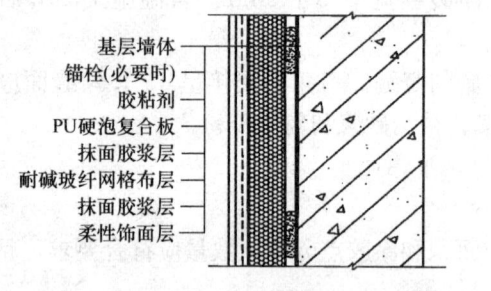 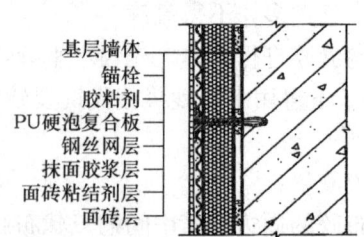

图 3-129　涂料（柔性）饰面、面砖饰面系统墙体构造

1. 特点

（1）硬泡聚氨酯水泥层复合板，在发泡过程中产生的压力使得聚氨酯泡体渗入增强卷材的表面毛细孔中，并排出其界面所收附的空气，硬泡聚氨酯与两侧面层增强卷材有效粘结成一个牢固的整体，在达到保温效果的同时，增强卷材能有效增加板材的强度、减少硬泡聚氨酯收缩变形，以及在贮存和施工期间可增加泡体耐老化性能。

（2）在泡体燃烧性能达到相关标准（如氧指数≥26%）的条件下，由于无机增强卷材复合的作用，极大地提高了聚氨酯硬泡水泥层复合板整体阻燃、耐温性能，并能减少在贮存、运输或施工现场因焊接滴落焊渣等因素而造成的意外火灾事故。

（3）减少在工厂或施工现场对泡体表面再进行喷刷界面剂的工序，而且施工方便、快速，克服常规聚氨酯硬泡裸板薄抹灰外墙外保温系统施工的许多不足。

（4）增强卷材的材质与胶粘剂及抹面胶浆材质相同，因而相互间黏合牢固，系统安全可靠。

（5）硬泡聚氨酯复合板用于大模内置法外墙外保温系统施工，以及用于屋面保温工程施工，同样由于增强卷材作用，具有施工方便、系统相互间黏合牢固，安全可靠的特点。

2. 适用范围

适用于我国各个地区的多层、高层（在 100m 以内高度）的新建建筑、既有建筑节能改造项目的外墙外保温工程。

3. 材料要求

（1）硬泡聚氨酯水泥层复合板主要性能同表 3-90 要求。

（2）硬泡聚氨酯复合板通常规格为 600mm×1200mm（可按设计规格尺寸进行任意切割）。

（3）硬泡聚氨酯复合板生产后，为防止其出现变形，应在 30℃以上温度且不低于 3d 熟化时间后，方可使用。硬泡聚氨酯水泥层复合板尺寸允许偏差见表 3-95。

表 3-95 硬泡聚氨酯水泥层复合板尺寸允许偏差

项 目		允许偏差
长度（mm）		±2.0
宽度（mm）		±2.0
厚度（mm）	≤50	±1.5
	>50	±2.0
对角线差（mm）		3.0
板边平直度（mm/m）		±2.0
板面平整度（mm/m）		1.0

注：表中数据摘自万华节能建材股份有限公司企业标准。

（4）胶粘剂、抹面胶浆、耐碱玻纤网格布、热镀锌焊接钢丝网、面砖和锚栓等配套材料技术性能见本章第二节一、（一）1. 中技术性能要求。

锚栓长度：有效锚固深度＋找平层厚度＋原有抹灰砂浆厚度（若有）＋胶粘剂厚度＋保温材料厚度。按墙体具体类型（如混凝土和实心砖墙体、加气块或空心砖墙体）选用相应锚栓直径和钻孔机具的类型。

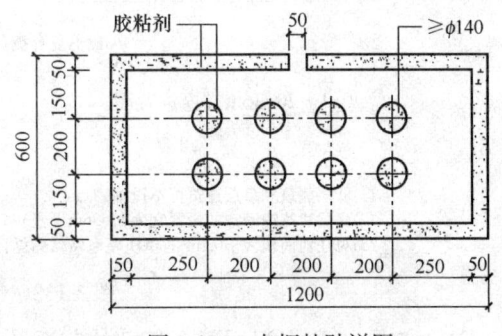

图 3-130 点框粘贴详图

4. 设计要点

（1）硬泡聚氨酯复合板采用点框粘贴，点框粘贴面积不小于硬泡聚氨酯复合板面积的 40%。在框布胶中宜留出 50mm 宽度排气通道，点框粘贴具体要求如图 3-130 所示。

（2）增强钢丝网、网格布平面搭接要求如图 3-131 所示。

（3）低层建筑或多层建筑可不设锚固点；高层建筑锚固点设置宜为 20～36m 设置 3～4

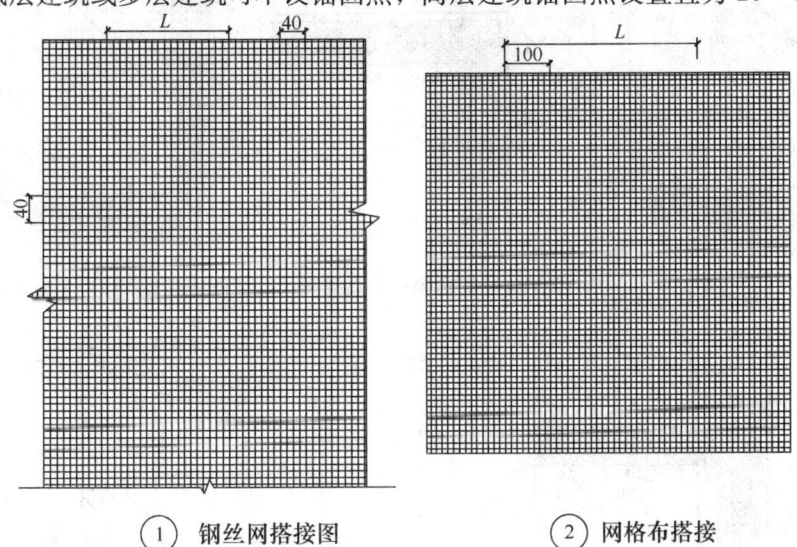

① 钢丝网搭接图　② 网格布搭接

注：(1) ①节点为大面钢丝网搭接示意，钢丝网采用搭接，搭接时应错缝，搭接处钢丝网须用锚栓固定。
(2) 钢丝网宽度 L 根据产品出厂宽度确定，但不得大于 1.2m。

图 3-131 钢丝网、网格布搭接

个/m²；对任何面积大于 0.1m² 的单块硬泡聚氨酯水泥层复合板必须加锚固件。按高度确定锚栓位置如图 3-132 所示。

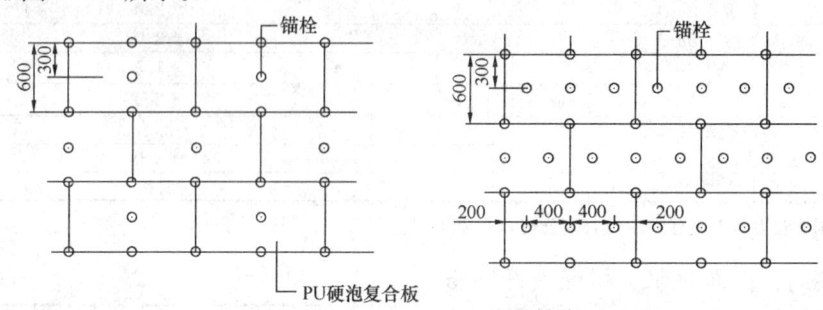

注：
(1)低层建筑和多层建筑可不设锚固点。
(2)高层建筑锚固点的设置宜为20~36m设置3~4个/m²，36m以上不少于6个/m²。
(3)对任何面积大于0.1m²的单块硬泡聚氨酯复合板必须加锚固件，小于0.1m²的板块，现场酌情处理。

图 3-132　锚栓布置图

（4）硬泡聚氨酯水泥层复合板薄抹灰系统的首层或 2m 以下及二层或 2m 以上墙体耐碱网格布铺设和搭接等技术要求，同本节中二 4.（1）5）的具体要求。

（5）细部节点构造：

细部节点构造如图 3-133～图 3-144 所示。

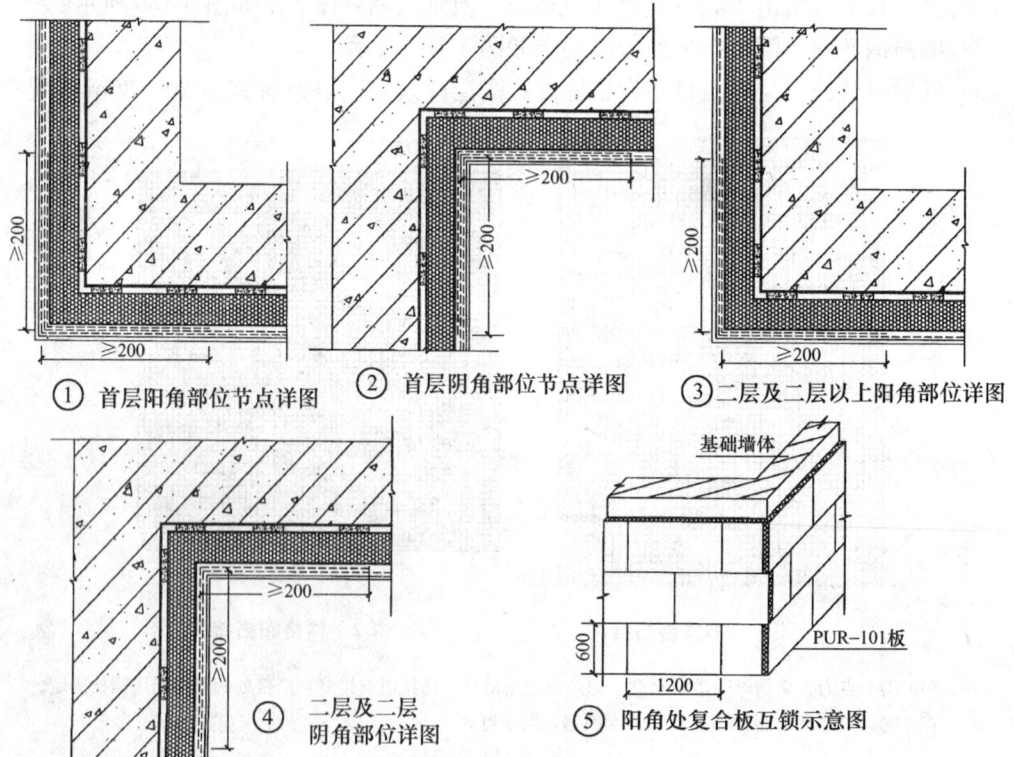

图 3-133　转角部位详图

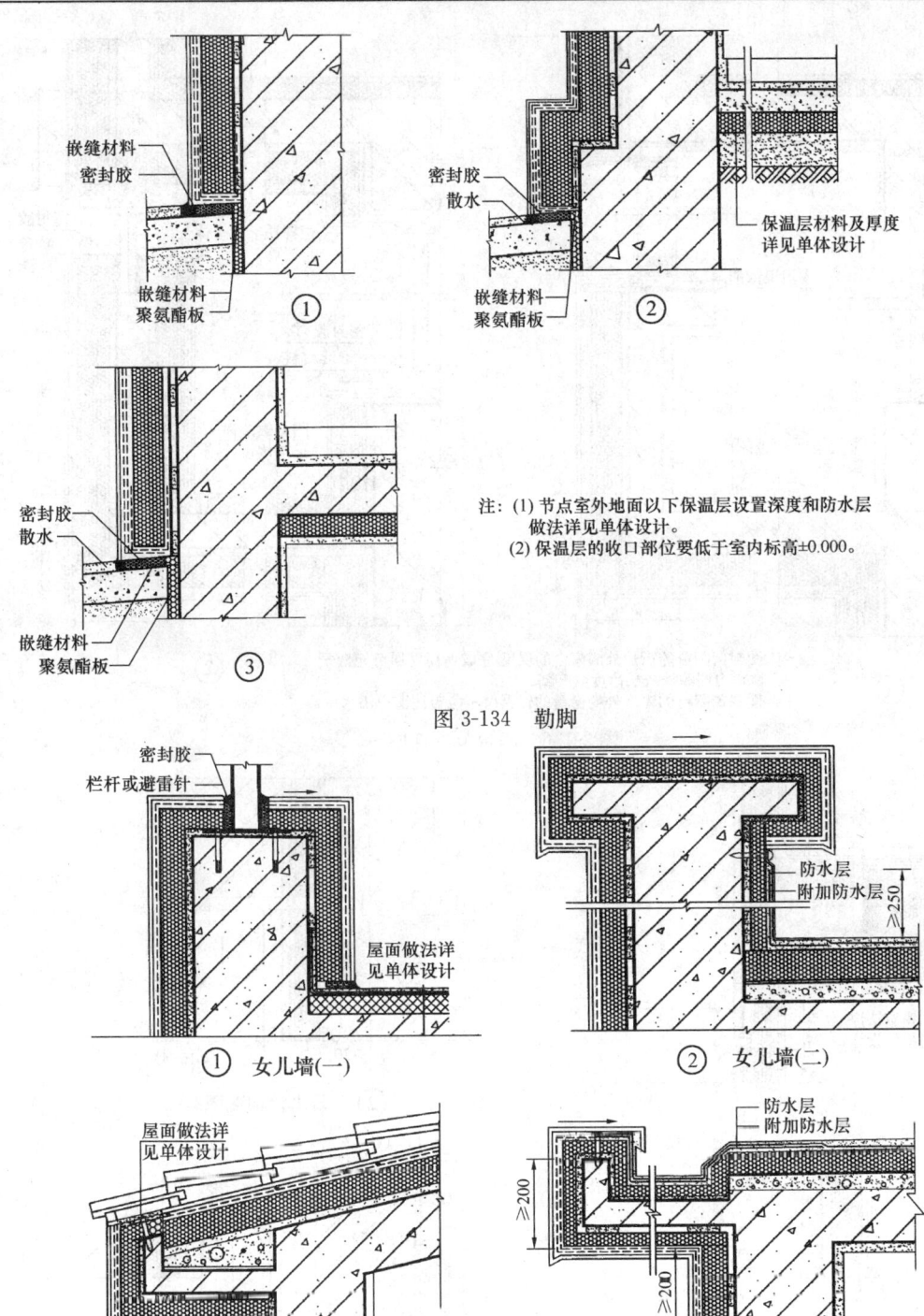

图 3-134 勒脚

图 3-135 女儿墙、檐口、檐沟

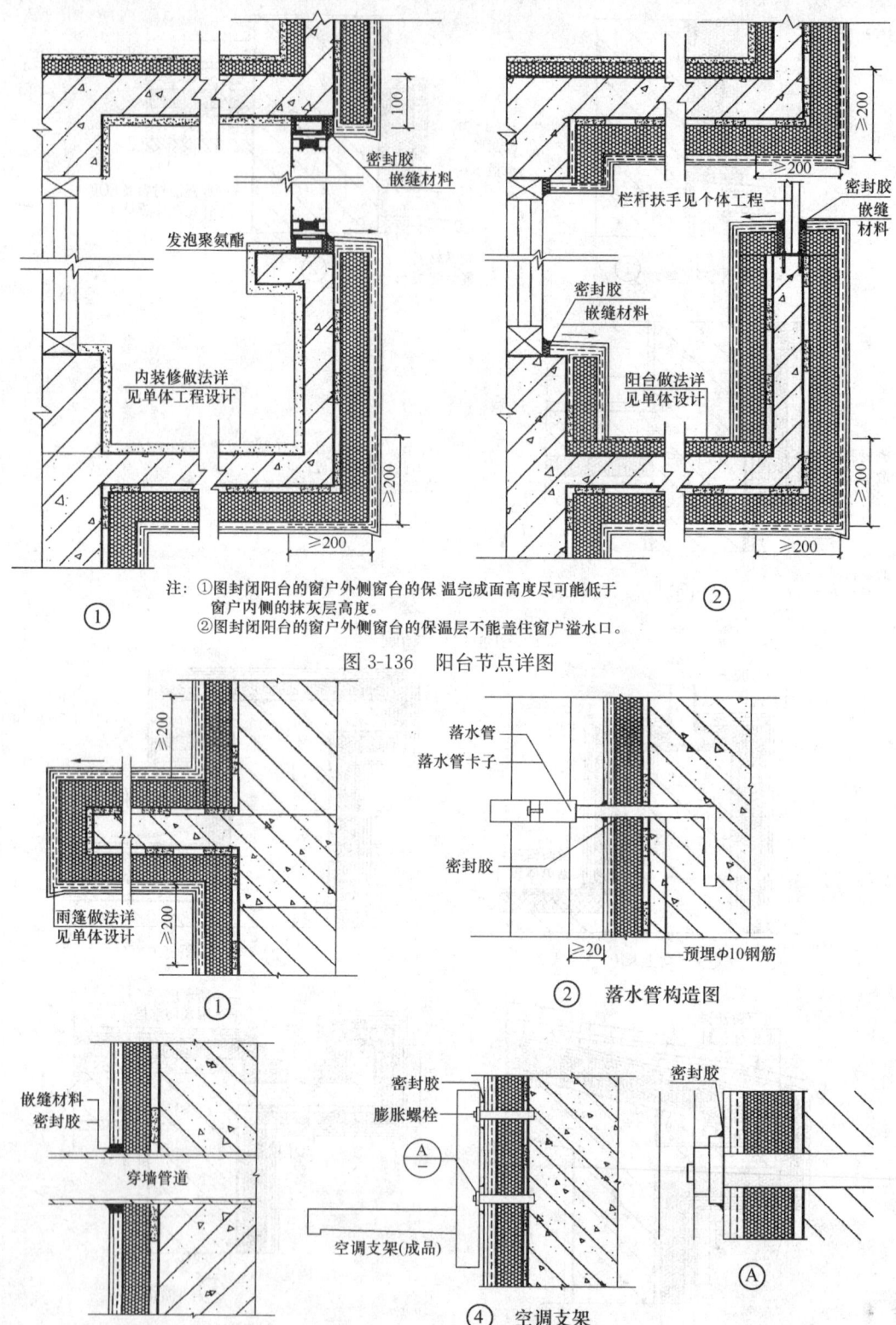

注：①图封闭阳台的窗户外侧窗台的保温完成面高度尽可能低于窗户内侧的抹灰层高度。
②图封闭阳台的窗户外侧窗台的保温层不能盖住窗户溢水口。

图 3-136　阳台节点详图

图 3-137　空调板、雨篷、落水管道

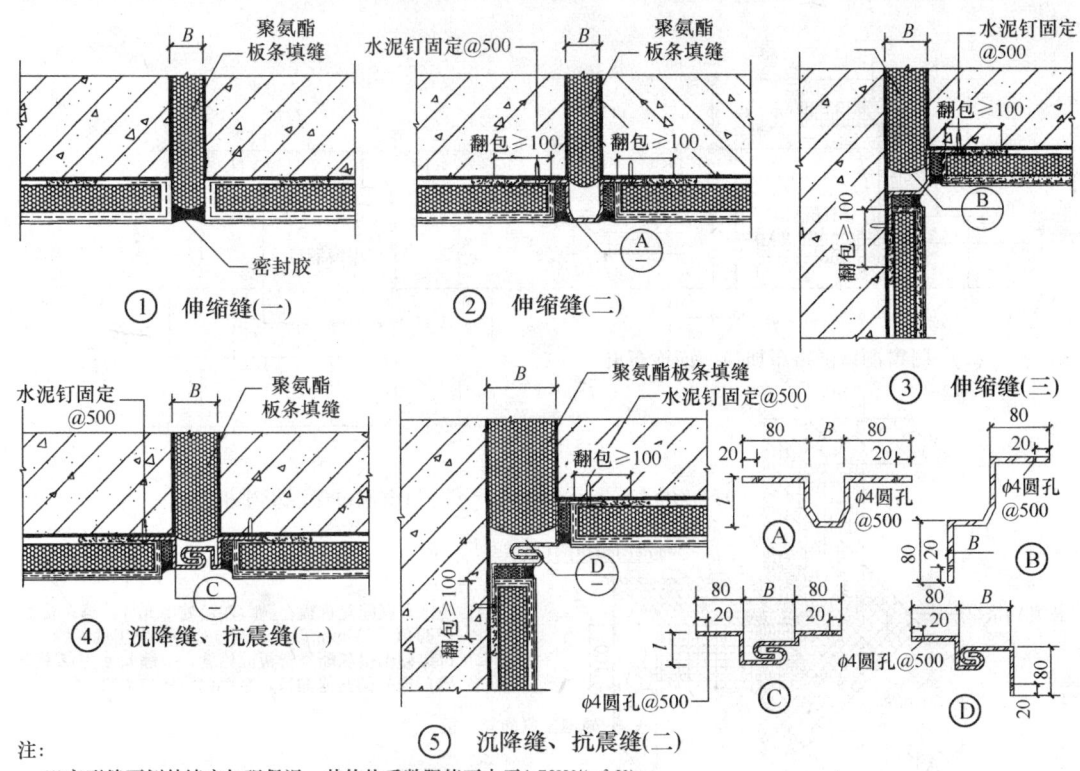

注:
(1)变形缝两侧外墙应加强保温,其传热系数限值不大于1.70W/(m²·K)。
(2)变形缝用聚氨酯板塞紧,填塞深度不小于300mm。

图 3-138 变形缝构造

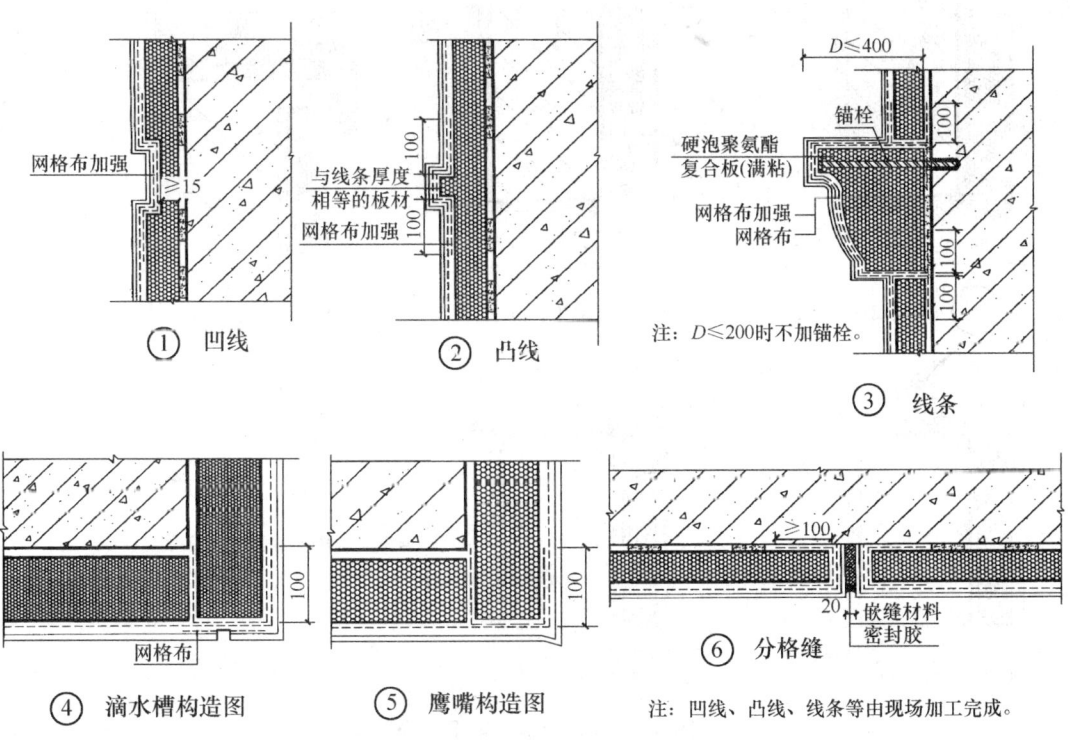

注:凹线、凸线、线条等由现场加工完成。

图 3-139 线条、滴水、鹰嘴、分格缝

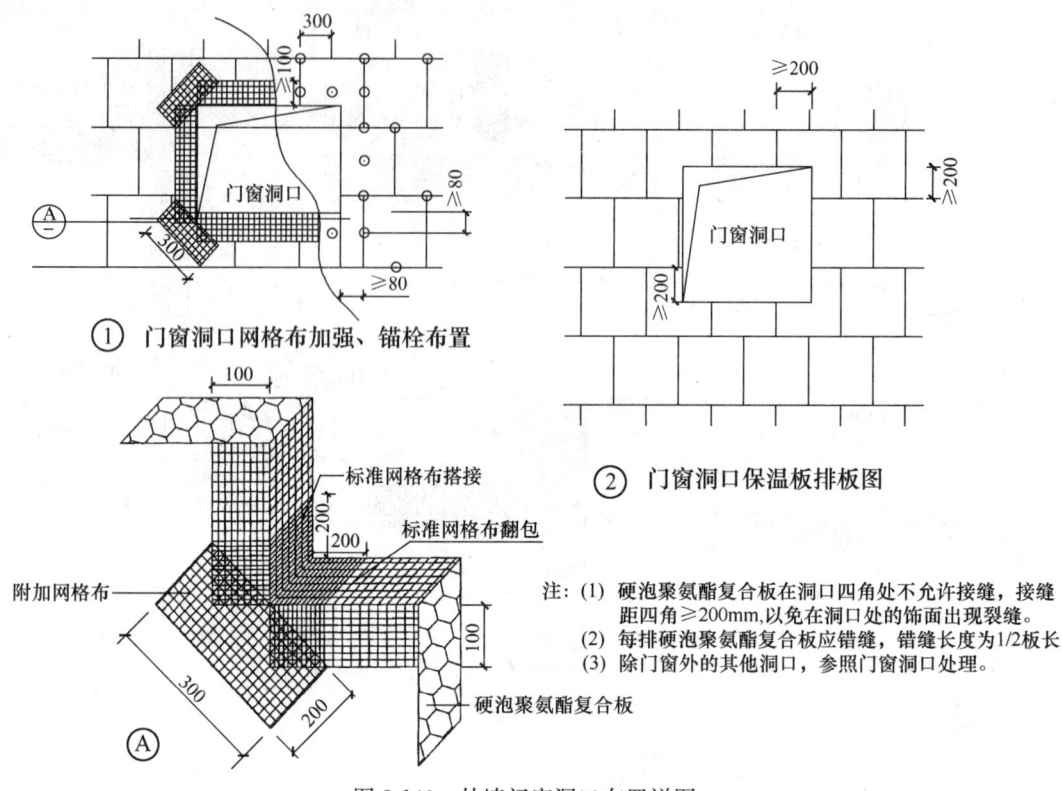

图 3-140　外墙门窗洞口布置详图

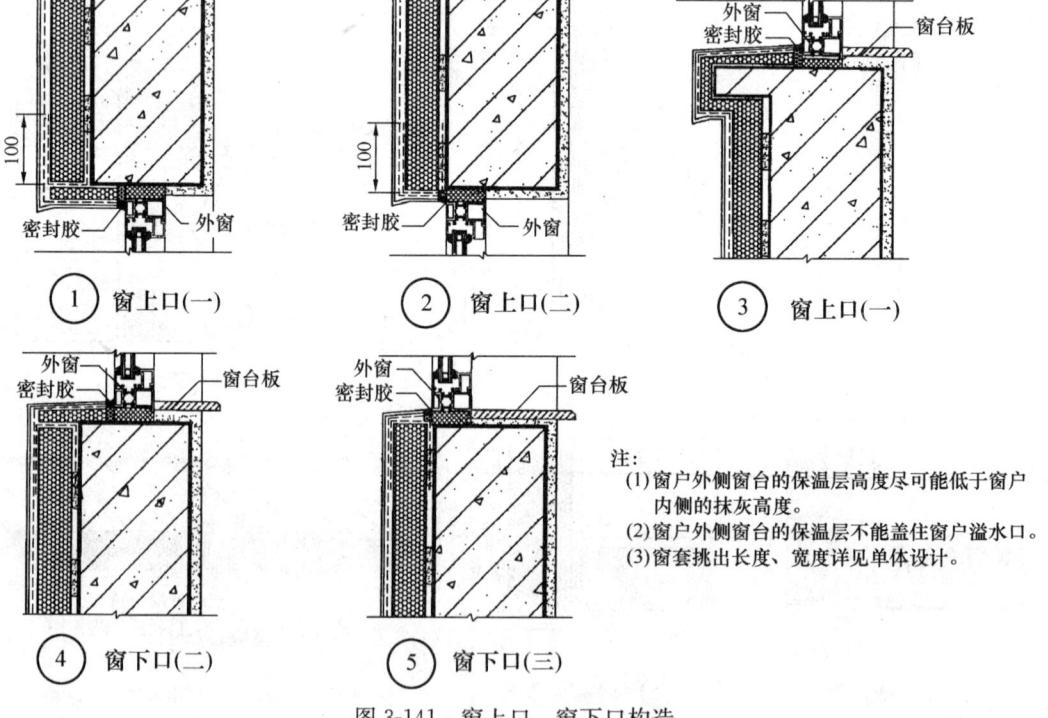

图 3-141　窗上口、窗下口构造

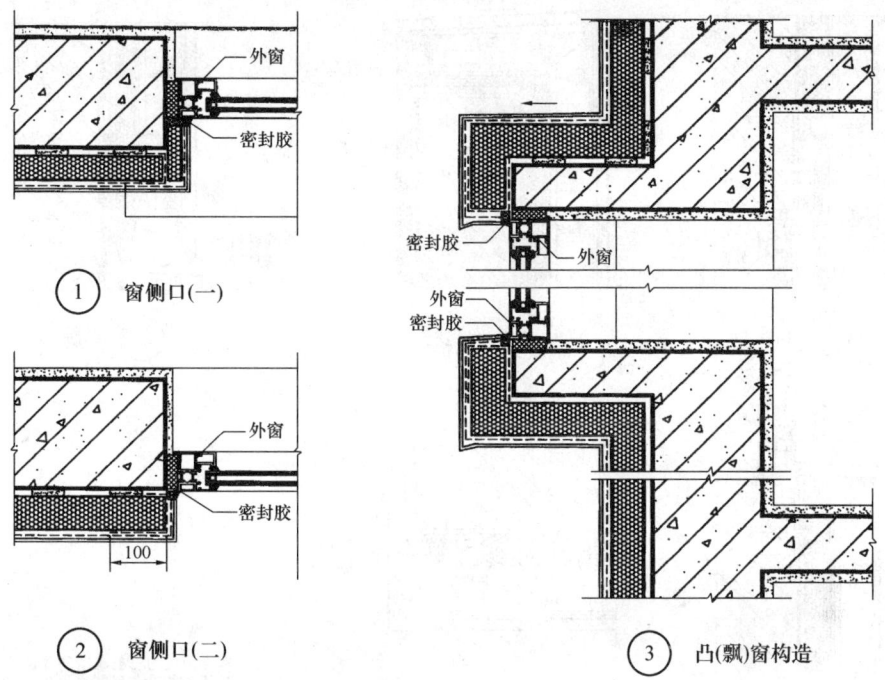

注 (1) 本图为聚氨酯体系柔性饰面外墙窗侧口、凸(飘)窗构造节点。
(2) ③节点凸(飘)窗挑出宽度、长度及混凝土挑板构造详见单体设计，凸(飘)窗挑板传热系数不应大于 $1.50W/(m^2 \cdot K)$。
(3) 窗套挑出长度、宽度详见单体设计。

图 3-142 窗侧口、凸（飘）窗及附加网格布构造

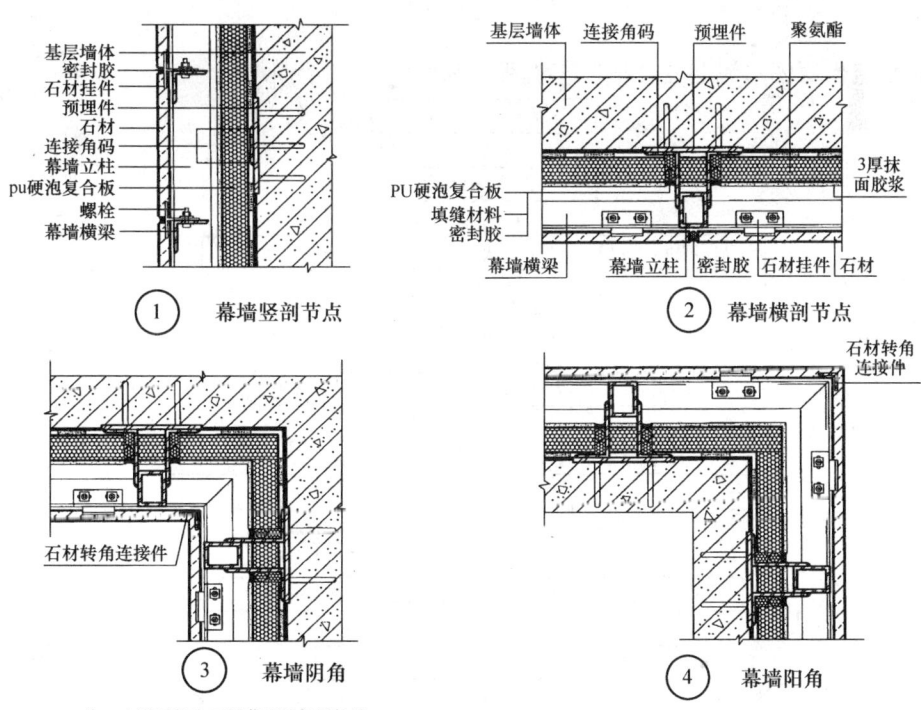

注：本详图仅为石材幕墙的保温构造，
幕墙的构造与结构详见单体设计。

图 3-143 石材幕墙保温构造、幕墙阴角、阳角保温构造

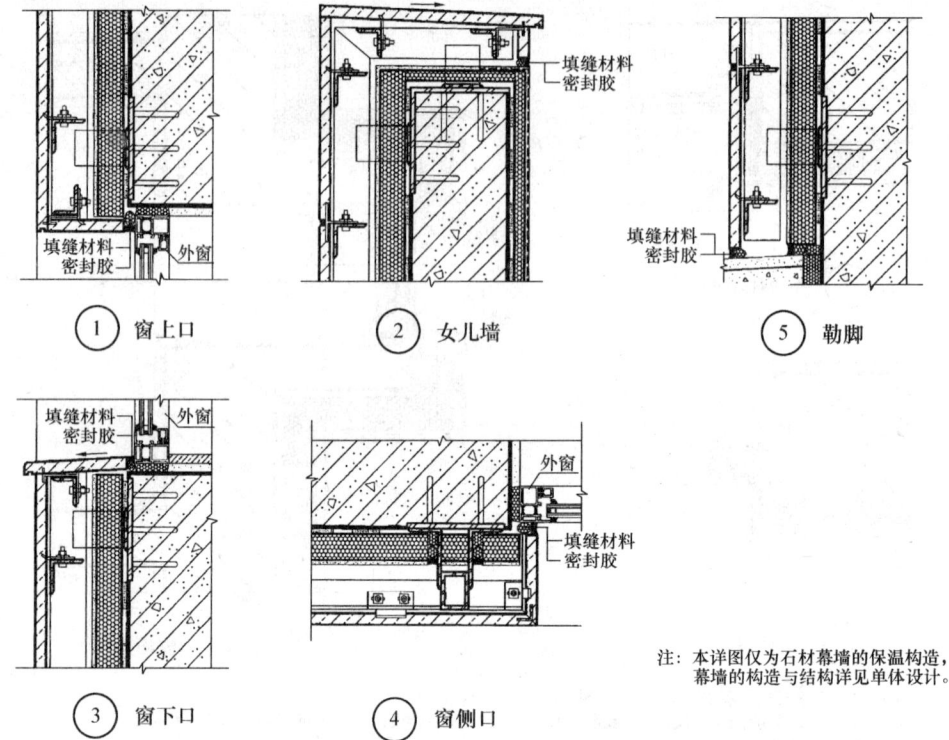

图 3-144 石材幕墙窗口、女儿墙、勒脚保温构造

5. 施工工艺

（1）工艺流程

粘贴硬泡聚氨酯水泥层复合板工艺流程，如图 3-145 所示。

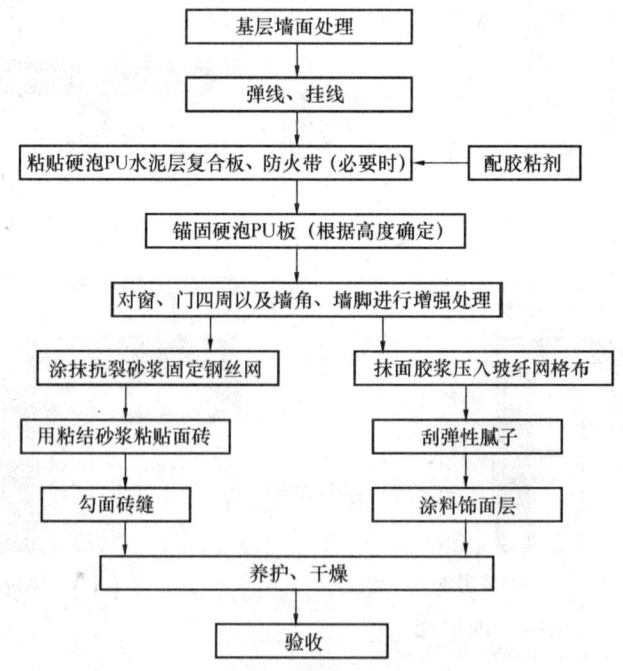

图 3-145 粘贴硬泡聚氨酯水泥层复合板工艺流程

(2) 操作工艺要点

1) 基层墙体应坚实平整（砌筑墙体应将灰缝刮平），突出物应剔除找平，墙面应清洁，无妨碍粘结的污染物。

基层墙体应干燥、顺直、坚实，达到普通抹灰水平。

2) 所放垂直线或水平线与平面的距离为所贴水泥层复合板的厚度与设计胶粘剂厚度之和。

3) 胶粘剂、砂浆和抹面胶浆等材料初凝后不得加水再用。

4) 涂在硬泡聚氨酯复合板上的胶粘剂控制厚度为 3mm 左右。一般采用点框法或条粘法布胶，粘贴面积应大于硬泡聚氨酯复合板面积的 40％。建筑高度在 60m 以上时，粘贴面积应大于 60％。胶粘剂和抹面胶浆等砂类材料初凝后不得加水或基料搅拌后再使用。

5) 粘贴应自下而上进行，水平方向应由墙角及门窗处向两侧粘贴，竖缝逐行错缝粘贴，阴阳角应错茬搭接。

粘贴板缝应挤紧，相邻板应齐平，板缝隙大于 2mm 时，应切割保温板条将缝塞满或用聚氨酯填缝剂填缝。

6) 门窗洞口四角应用整块板粘贴，保温板的拼缝不得位于门窗洞口的四角处，墙面边角处铺贴保温板的最小尺寸应不低于 200mm，门窗洞口侧边应粘贴保温板并做好收头处理。

装饰线条凸出墙面在 100～400mm 间，应直接粘贴于基层，并设置辅助锚固件。

7) 先涂 2mm 厚抹面胶浆，将网格布压入其内。

8) 应在胶粘固化后钻孔锚固，且应根据砌体具体类型确定孔直径，钻孔深度应比锚栓锚固深度深 10～15mm。

9) 柔性饰面时，抹面胶浆外观以完全覆盖增网，微见增强网轮廓为宜。防护层普通型厚度为 3～5mm，加强型厚度为 5～7mm；面砖饰面防护层的厚度为 8mm。

10) 面砖饰面固定热镀锌钢丝网时，平均锚固数量不少于 4 个/m^2。保证钢丝网搭接宽度，搭接部位用铝线固定，间距不大于 300mm 并用膨胀锚栓固定。

11) 贴面砖间缝宽不小于 5mm，先勾平缝再勾竖缝，应连续、平直，缝深宜控制在 2～3mm 成凹形。

6. 质量要求

参见本节二、6 中的质量要求内容。

四、粘贴锚固硬泡聚氨酯水泥层装饰复合板一体化系统

粘贴锚固聚氨酯硬泡水泥层装饰复合板一体化系统，是由硬泡聚氨酯水泥层装饰复合板、胶粘剂、锚栓、固定件、嵌封条及密封胶等材料构成防水、防火、保温和装饰一体化系统，该系统的构造如图 3-146 所示。

聚氨酯硬泡水泥层装饰复合板（简称水泥层装饰复合板）是以纤维增强硅钙板为基材，在其表面涂饰（预涂或后涂）不同饰面材料为面层，背面层（背板）为水泥层增强卷材，中间层为聚氨酯硬泡。

通过在连续发泡生产线上，利用聚氨酯发泡时自粘结性能将带有饰面的硅钙板和水泥层增强卷材复合完成。水泥层装饰复合板构造如图 3-147 所示。

1. 特点

① 水泥层装饰复合板系统图　　② 分格缝

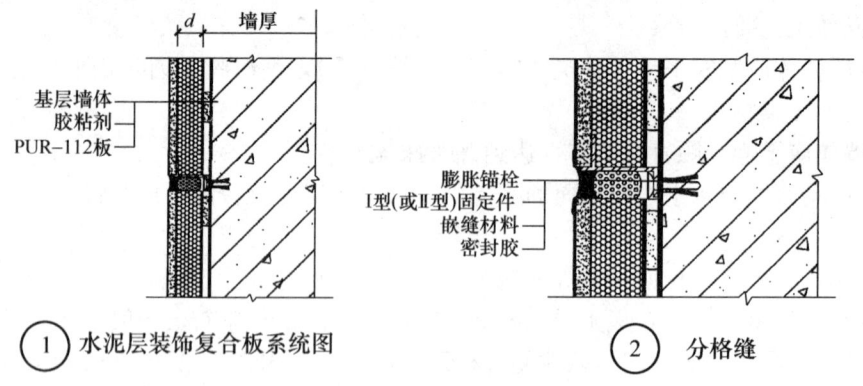

图 3-146　水泥层复合板一体化系统墙体构造

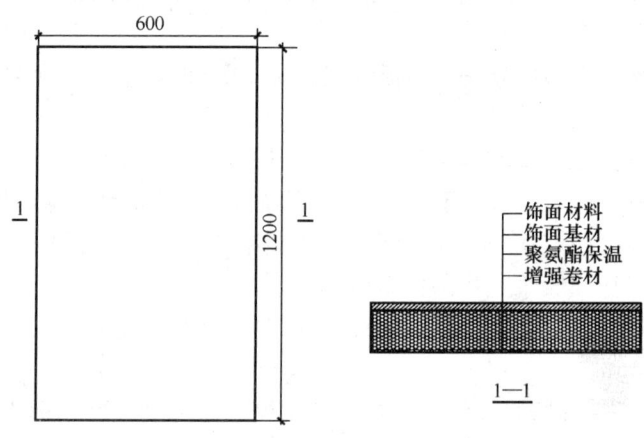

图 3-147　水泥层装饰复合板构造

（1）水泥层装饰复合板背面层（背板）为水泥层增强卷材，不但具有增强板材的作用，且与粘板所用胶结剂的性能、材质相同，施工时极易粘结。

（2）水泥层装饰复合板在工厂连续化生产，板材具有很好的阻燃性能，且生产质量容易控制。

（3）在系统中采用特殊透气构造，透气构造可排除保温系统与墙体间产生的水蒸气，克服水分对胶粘剂拉伸性能的影响，防止因密封胶起鼓、发霉导致水泥层装饰复合板开裂、脱落。

（4）水泥层装饰复合板都采用水平承托＋粘贴＋辅助锚固的安装方式。水泥层装饰复合板以粘贴为主，锚固件固定为辅，安装结构设计科学合理，延长系统的使用寿命。

Ⅰ型锚固件起到抵抗水泥层复合板及胶粘剂自重力，即可长期起到固定、承托的作用，确保水泥层装饰复合板粘结在墙上不下滑；Ⅱ型锚固件起到平衡板的受力，并确保胶粘剂不发生位移、不虚粘的固定作用。每块水泥层装饰复合板都采用水平承托＋粘贴＋辅助锚固的安装方式，能更有效地保证连接安全。Ⅰ、Ⅱ型锚固件设置如图 3-148 所示。

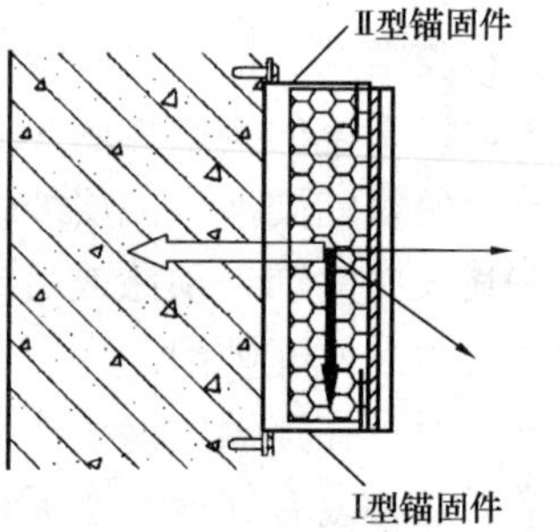

图 3-148　锚固件设置

(5) 采用 A 级防火的纤维增强硅钙板作为外饰面基板，避免材料堆放及施工中由于烟头、电焊、燃放烟花等引发的火灾。并可根据设计要求生产所需氟碳漆等饰面涂层。

(6) 模块化施工快捷、易于维修、防开裂性能好、使用耐久，保温、装饰施工合二为一，安装后的外墙外保温系统，具有防水、防火、保温和装饰一体化的效果，且可减少施工步骤。

2. 适用范围

适用于我国各个地区的多层、高层的新建建筑、既有建筑节能改造的外墙外保温工程。

3. 材料要求

(1) 聚氨酯硬泡、胶粘剂、硅酮密封胶、锚栓等配套材料质量应达到国家现行相关产品标准的要求。

金属固定件要求：材质为热镀锌钢板，厚度为 1.0±0.1mm。

(2) 水泥层装饰复合板应按设计规格尺寸进行切割。

(3) 水泥层装饰复合板不得有变形。水泥层装饰复合板生产下线后，应在 30℃ 以上温度且不低于 3d 熟化时间后，方可使用。

4. 细部构造设计

(1) 阴阳角构造如图 3-149 所示。

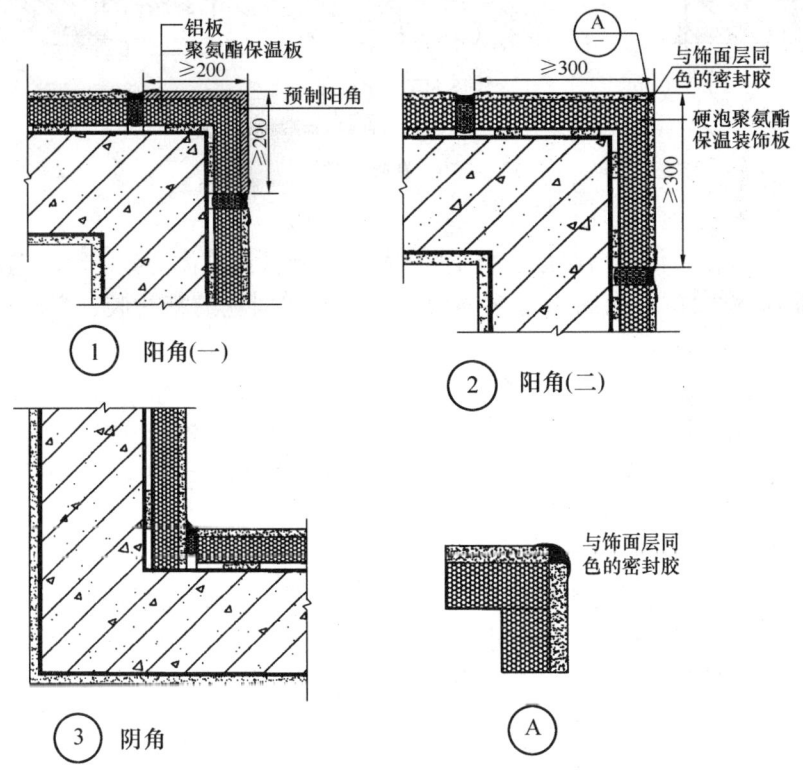

图 3-149 阴阳角构造图

(2) 勒脚构造。

节点室外地面以下保温层设置深度和防水层做法详见个体工程设计；保温层收口部位要低于室内标高±0.000；排水管用于勒脚部位，不锈钢材质，内径为 10mm。勒脚构造如图

3-150 所示。

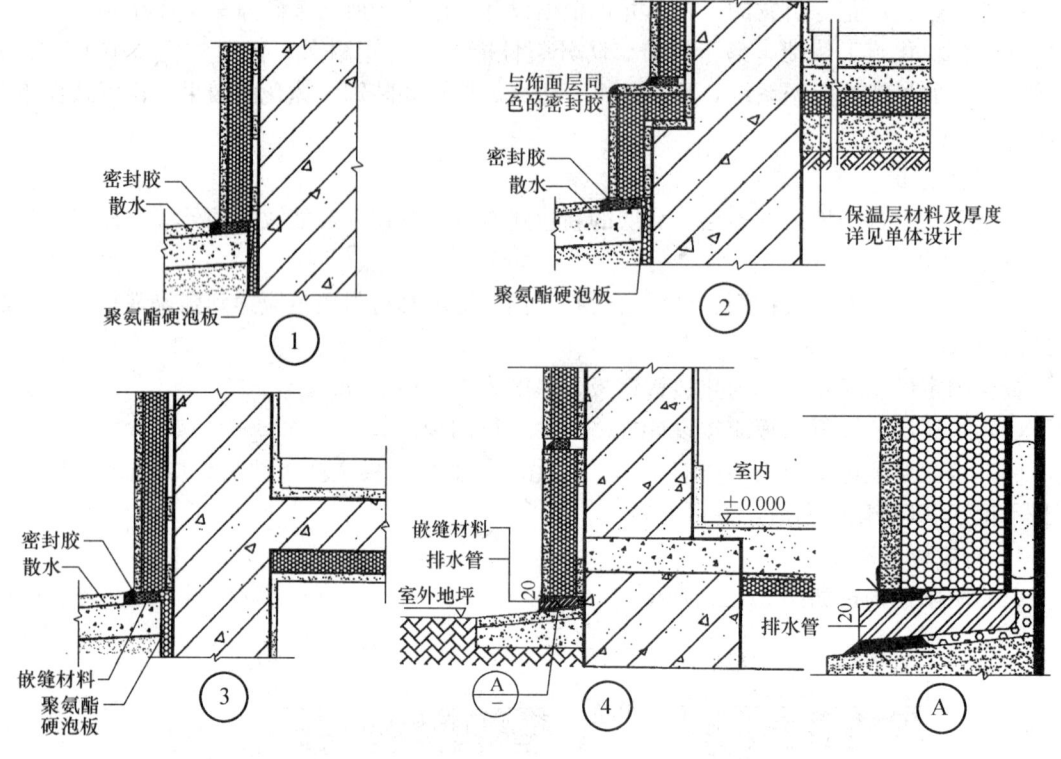

图 3-150 勒脚构造

（3）窗侧口构造。

窗户四周拼角部位板可采用铝板预制成型的板，板尺寸由具体的分格图确定；窗户四周保温板全部采用满粘；窗户四周拼角部位采用与饰面层同色的密封胶。窗侧口构造如图 3-151 所示。

（4）窗上、下口构造。

窗户四周拼角部位板可采用铝板预制成型的板。板尺寸由具体的分格图确定；窗户外侧窗台的保温层高度尽可能低于窗户内侧的抹灰高度；窗户外侧窗台的保温层不能盖住窗户溢水口。窗上、下口构造如图 3-152 所示。

（5）凸窗、阳台构造。

窗户四周拼角部位板可采用铝板预制成型的板。板尺寸由具体的分格图确定；凸窗挑出宽度、长度与混凝土挑板构造详见个体工程设计。凸窗、阳台构造如图 3-153 所示。

（6）女儿墙、穿墙管道如图 3-154 所示。

（7）落水管、空调、雨篷、透气装置如图 3-155 所示。

（8）建筑缝、构造缝。

变形缝两侧外墙应加强保温；变形缝用聚氨酯硬泡板塞紧，填塞深度不小于 300mm。伸缩缝、变形缝、沉降缝、抗震缝构造如图 3-156 所示。

5．施工工艺

（1）工艺流程如图 3-157 所示。

第三章 聚氨酯硬泡外墙外保温系统施工

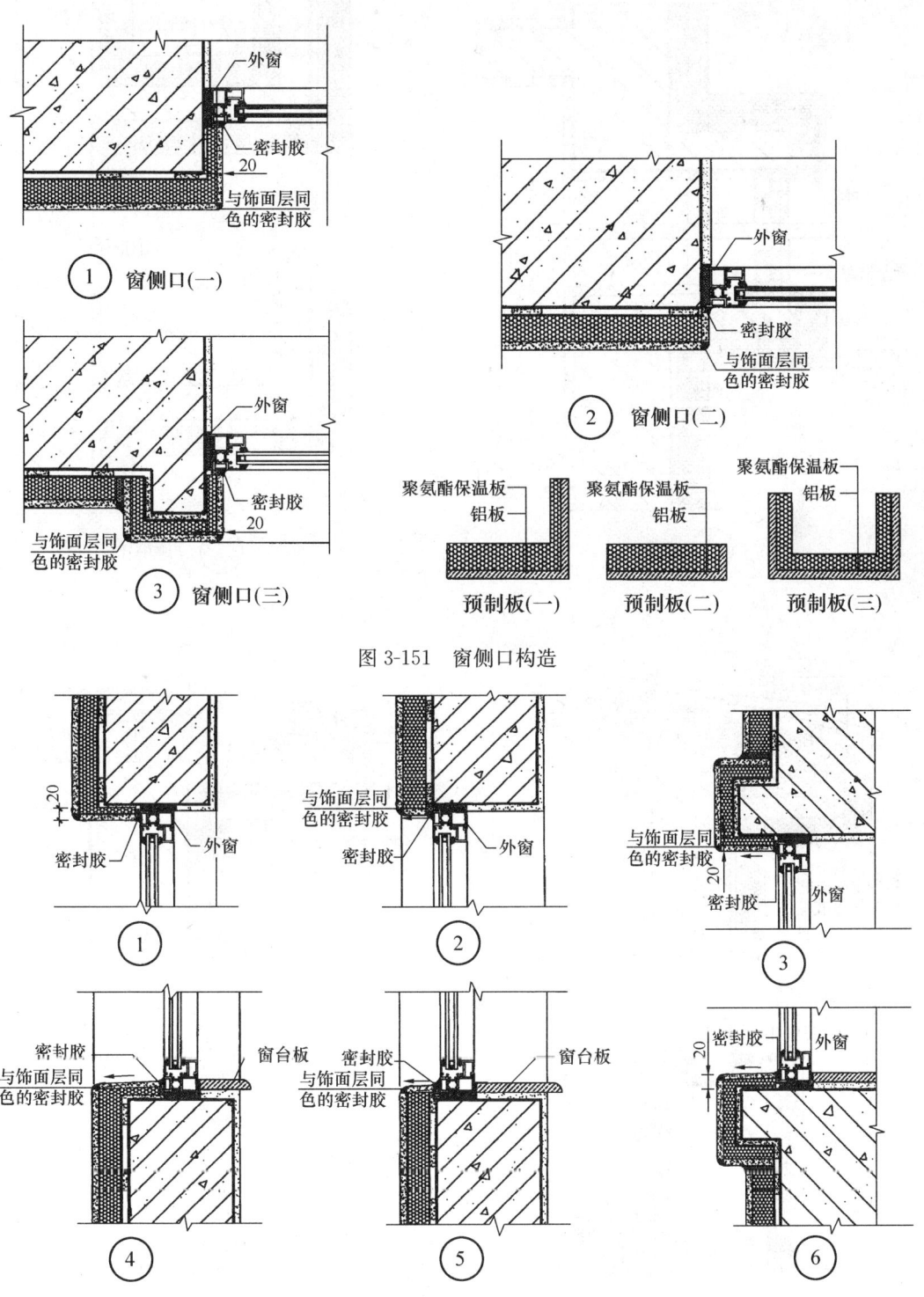

图 3-151 窗侧口构造

图 3-152 窗上、下口构造

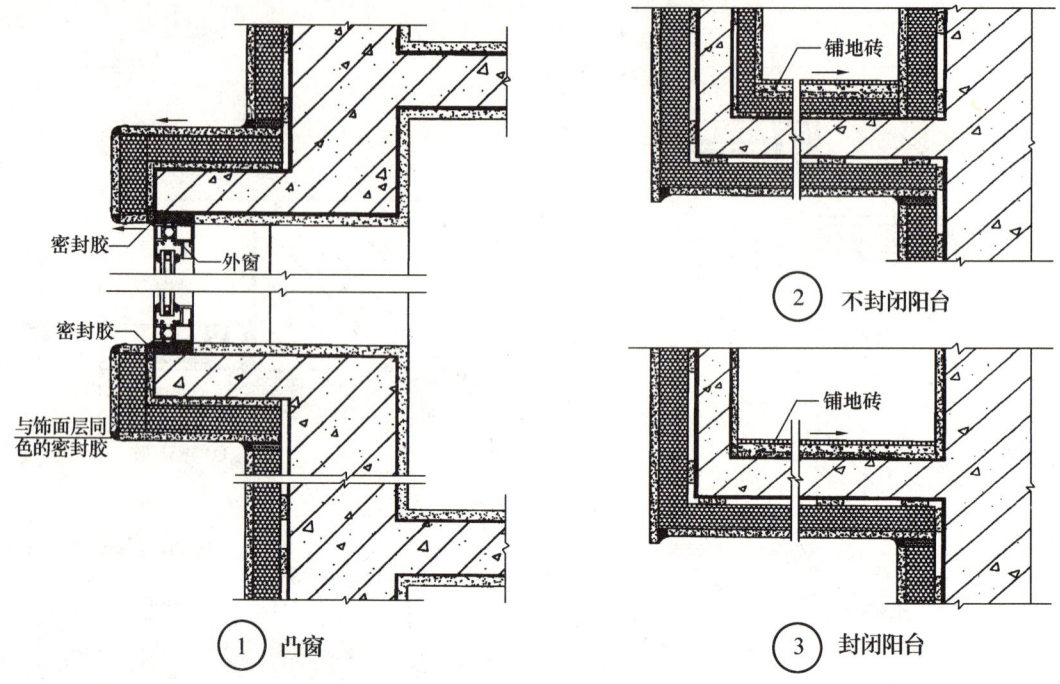

图 3-153 凸窗、阳台构造

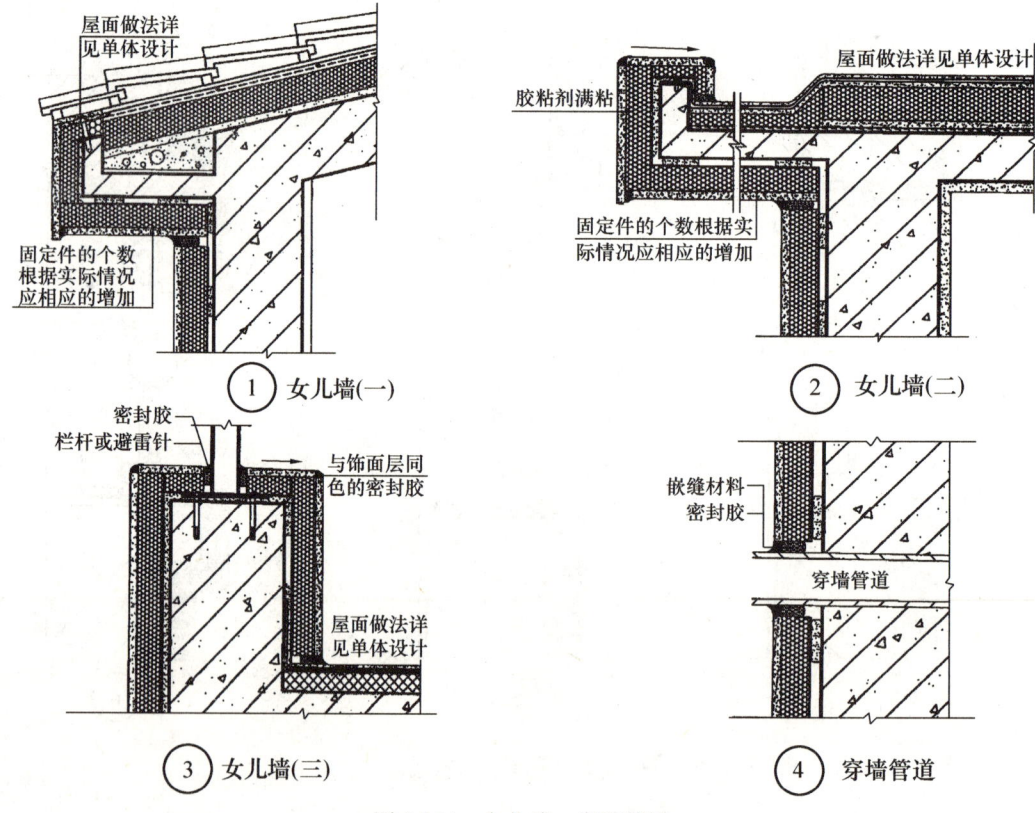

图 3-154 女儿墙、穿墙管道

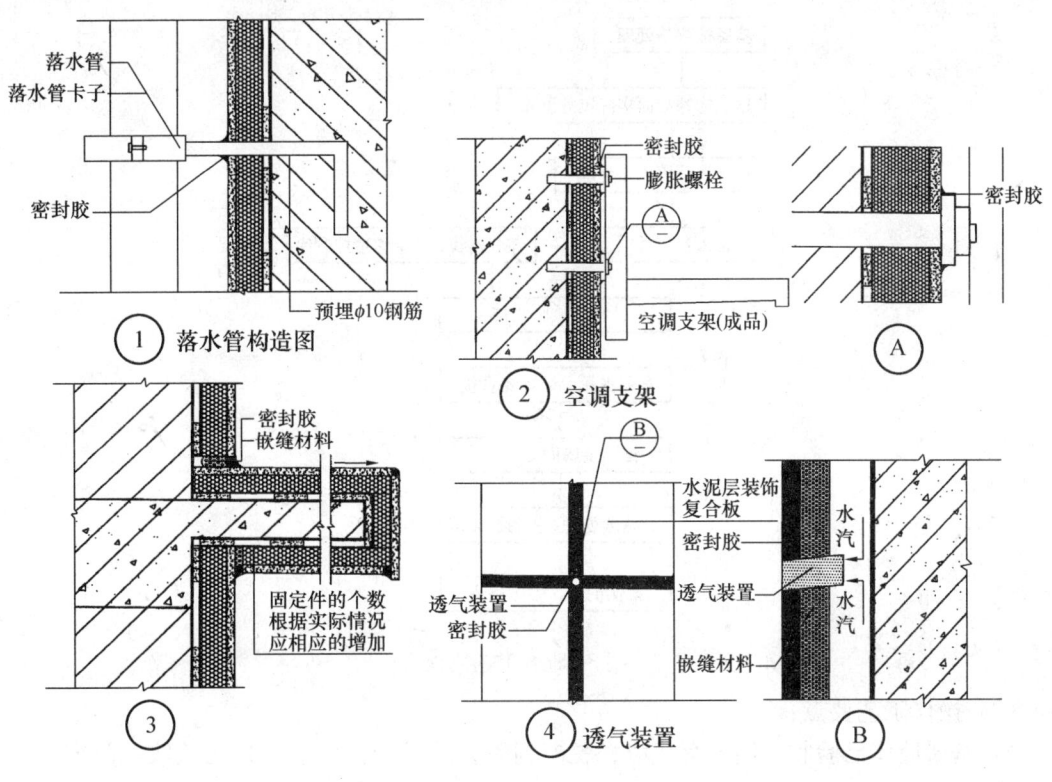

图 3-155 落水管、空调、雨篷、透气装置

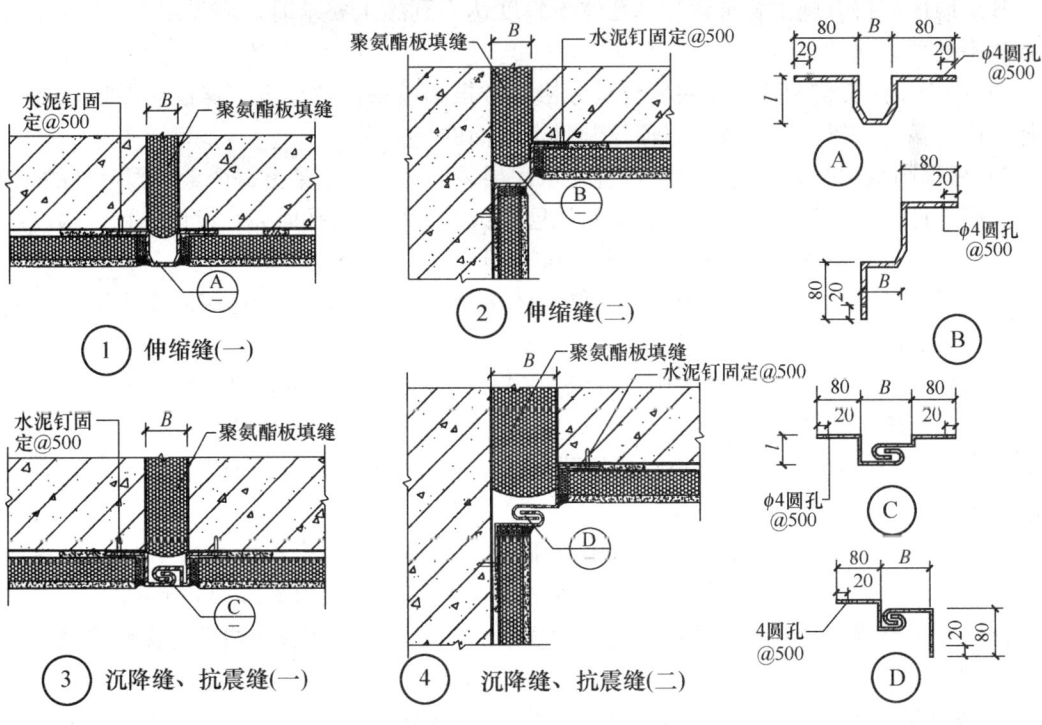

图 3-156 伸缩缝、变形缝、沉降缝、抗震缝构造

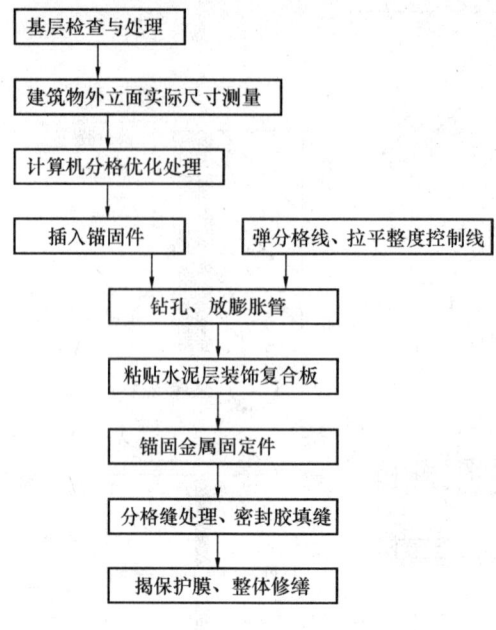

图 3-157 工艺流程

(2) 操作工艺要点：

1) 基层墙体已验收，墙面有残渣、脱模剂等处理干净。门窗洞口已验收，门窗框或附框安装完毕。

基层墙体应符合施工要求，当基墙体平整度达不到施工要求时，应先用 1∶3 水泥砂浆进行找平处理，达到合格。

2) 严格按照分格图弹出每块复合板分格线。根据胶粘剂的厚度、保温层厚度，在建筑物外立面拉横向和纵向的通线，以便控制整个墙面的平整度。

3) 根据图纸中金属固定件设计位置在水泥层装饰复合板上量出每个金属固定件的位置。将金属固定件平行于板面方向，垂直于水泥层装饰复合板侧面平面插入设计位置。水泥层装饰复合板固定件在不同高度的布置如图 3-158 所示。

4) 放膨胀管时，钻孔直径应根据砌体具体类型确定孔直径，钻孔深度应比锚栓锚固深度深 10～15mm。

5) 粘贴水泥层装饰复合板采用点框法，在水泥层复合板四周涂抹 50mm 宽，15mm 厚的胶粘剂（下侧预留宽度为 50mm 的疏水透气通道），然后在水泥层装饰复合板中间均匀分布涂抹 6～8 个直径 140mm，15mm 厚的圆形粘结点，粘贴面积不低于水泥层装饰复合板面积的 40%。

建筑高度在 60m 以上时，粘贴面积应不低于水泥层装饰复合板面积的 60%（锚栓深入基层墙体不小于 30mm）。点框粘结水泥层装饰复合板布胶示意如图 3-130 所示。

首块水泥层装饰复合板粘贴后，进行后续板块施工时，应在板块边角交接部位缝口中安放"T"形块或"十"字形块。

6) 按分格图编号由下至上粘贴，水平方向粘贴应先贴阴阳角及门窗部位并向两侧粘贴。

7) 锚栓深入基层墙体有效深度不得小于 30mm，螺丝穿过安装孔插入锚栓套管内，稍微受力拧紧。

第三章 聚氨酯硬泡外墙外保温系统施工

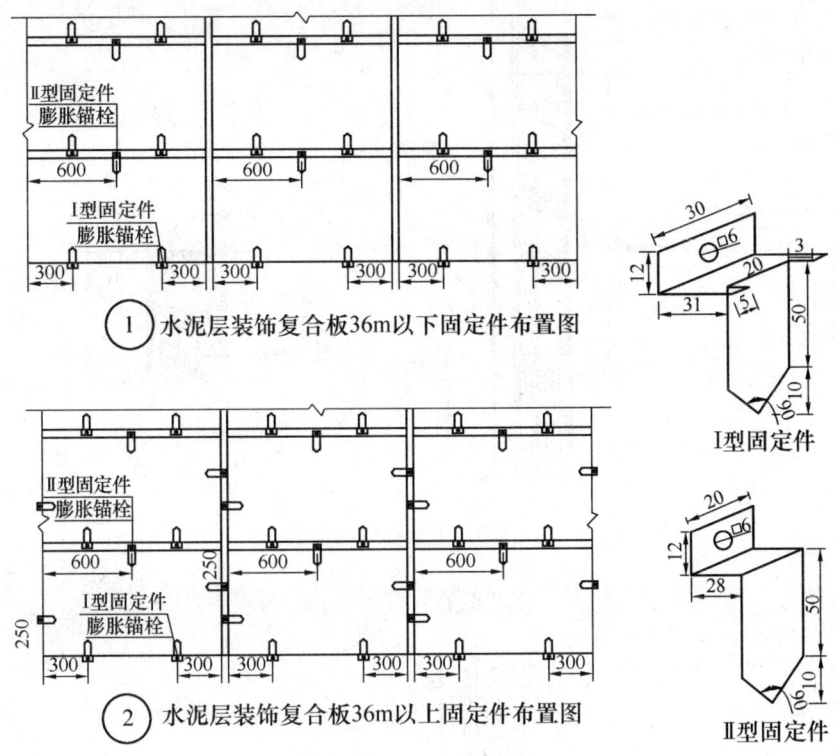

图 3-158 固定件布置图

8) 水泥层装饰复合板粘贴 24h 后拆除水泥层装饰复合板间"T"形块或"十"字形块，清除分格缝内杂物，达到清洁。将 1.3 倍缝宽的嵌缝材料填入分格缝中，且距复合板面约为 5mm。用硅酮胶均匀注入分格缝，且成为 1～2mm 的凹面。

9) 注密封胶同时安装透汽件和排水管。透汽件优先考虑在檐口下部、阴角等不易雨淋部位的板缝中插入。透汽件分布密度约为 1 个/30m^2；排水管分布为 1 个/面。

6. 质量要求

(1) 板面整洁、平整，用 2m 的靠尺检查漏缝间隙小于 2mm，缝隙均匀平直，排气塞按要求放置。

(2) 参见本节一、(四) 8 和 9 中有关内容。

五、粘锚聚氨酯硬泡保温装饰复合板一体化系统

在无机浆料粘贴聚氨酯硬泡保温装饰复合板（简称复合板）系统中，聚氨酯硬泡保温装饰复合板是以聚氨酯硬泡板为保温隔热材料，与铝合金板、硅钙板或无机树脂板等面板经加压粘结成复合板材，面板饰面层最常用的有氟碳、聚氨酯和丙烯酸三种涂料。

铝合金板为面板的聚氨酯硬泡保温装饰复合板（简称Ⅰ型板），在聚氨酯硬泡保温层中增设铝合金增强板；无机树脂板为面板的聚氨酯硬泡保温装饰复合板（简称Ⅱ型板），当板的幅面大于 1m^2 时，在聚氨酯硬泡保温层中也需增设铝合金增强板。Ⅰ型板、Ⅱ型板墙体构造，分别如图 3-159、图 3-160 所示。

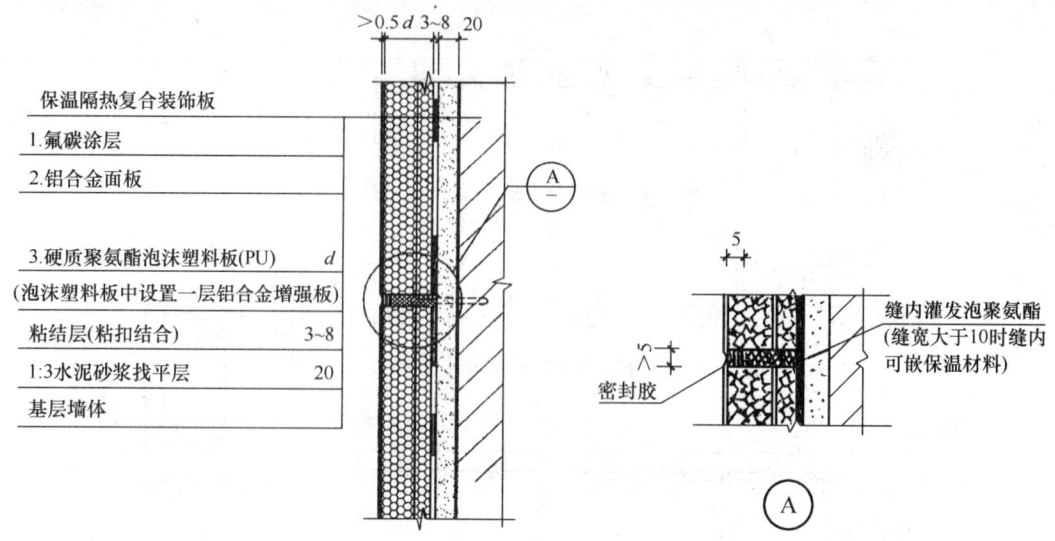

图 3-159　Ⅰ型板墙体构造

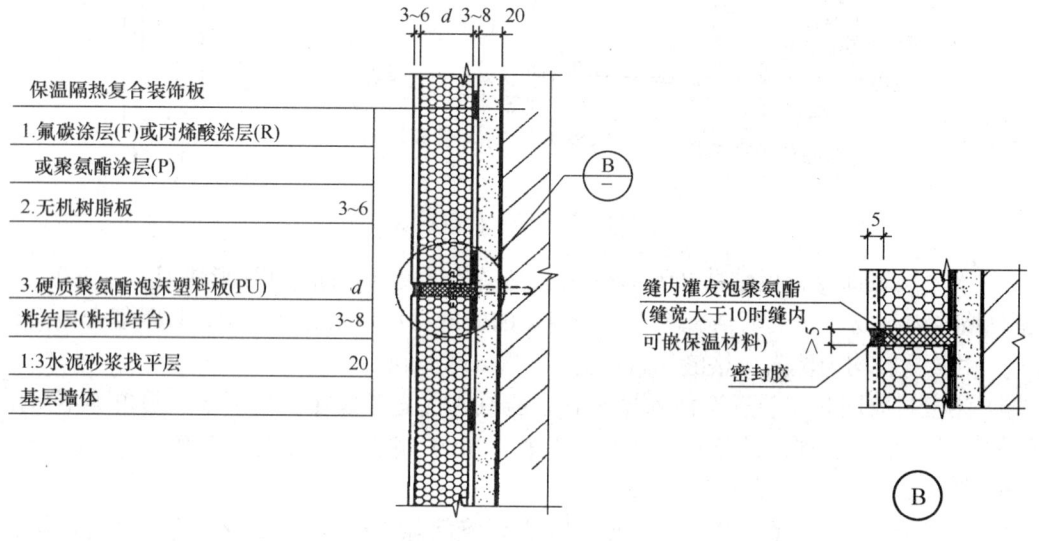

图 3-160　Ⅱ型板墙体构造

1. 特点

（1）复合板具有轻质高强、保温隔热和装饰美观性。

（2）安装聚氨酯硬泡保温装饰复合板时，采用高分子聚合物和无机填料混配的胶粘剂与基层粘贴，并辅以钉扣（扣件包括平板扣件、槽型扣件、S字形扣件、T字形扣件、平压形扣件、Z字形扣件）等方式固定于基层墙面，使用寿命耐久。

2. 应用范围

主要用在实体墙结构的外墙外保温工程，适用于各地区低层、多层和高层节能建筑。

3. 材料要求

（1）聚氨酯硬泡保温装饰复合板增强及最大安装尺寸

聚氨酯硬泡保温装饰复合板的规格、厚度等，在工厂按安装工艺或设计要求预制而成，除面板（铝合金板、无机树脂板或预喷饰面层）已经具有一定稳定性外，为保证板材具有长期不变形和安装固定方便的需要，预制板材时，除已在保温层中采取适当增强措施，还应控制最大安装规程尺寸。

1) Ⅰ型板最大安装规格尺寸

在铝合金板为面板的聚氨酯硬泡保温装饰复合板（Ⅰ型板）中，该复合板规格尺寸：宽为1200～1500mm，长为≤3200mm。

2) Ⅱ型板最大安装尺寸

在无机树脂板为面板的聚氨酯硬泡保温装饰复合板（Ⅱ型板）中，在聚氨酯硬泡层中也增设铝合金增强板，该复合板规格尺寸：长×宽＝2000mm×1200mm。

(2) 聚氨酯硬泡保温层厚度

Ⅰ、Ⅱ型板复合板中聚氨酯硬泡保温层厚度为净厚度，不包括面板厚。聚氨酯硬泡板厚的最小限值不小于20mm。

(3) 聚氨酯硬泡保温装饰复合板性能（见表3-96）

表3-96 聚氨酯硬泡复合保温板技术性能指标

项　　目	指　　标
面吸水率（％）	≤0.3（涂料饰面后）
复合界面拉伸粘结原强度（kPa）	≥150且破坏在保温内部
复合界面浸水拉伸粘结原强度（kPa）	≥150且破坏在保温内部
阻燃性能	B1
耐冻融（5次循环）	无开裂、空鼓、起泡、剥离
水蒸气透湿系数[g/(m²·h)]	≥0.85

(4) 胶粘剂性能

粘贴聚氨酯硬泡保温装饰复合板所用胶粘剂的性能，见表3-97。

表3-97 胶粘剂性能指标

项　　目		指　　标
可操作时间（h）		1.5～4.0
拉伸粘结原强度（与水泥砂浆）（kPa）	原强度	≥600
	耐水性	≥400
拉伸粘结原强度（与PU硬泡板）（kPa）	原强度	≥150，且破坏界面在PU硬泡板上
	耐水性	≥100，且破坏界面在PU硬泡板上
	耐冻融性	≥100，且破坏界面在PU硬泡板上

(5) 扣件

扣件按设计要求选用。

(6) 单组分聚氨酯泡沫填缝剂物理性能

同表3-49技术性能。

(7) 建筑密封胶技术性能

密封胶可采用聚氨酯建筑密封胶或建筑用硅酮结构密封胶。建筑用硅酮结构密封胶技术性能见表 3-50 硅酮型建筑密封胶技术性能；聚氨酯建筑密封胶技术性能应符合 JG 482 标准。

（8）尼龙锚栓技术性能

同表 3-47 锚栓技术性能。

（9）其他材料

1）用作填（嵌）缝背衬的聚苯乙烯泡沫塑料圆棒条（直径宜按缝宽的 1.3 倍采用）。

2）墙身变形缝（基层墙体的伸缩缝、防震缝）内沿墙外侧满铺低密度聚苯乙烯泡沫板。

3）墙身变形缝盖缝板用 1mm 厚带表面涂层的铝板或 0.7mm 厚镀锌薄钢板。

4）排气塞应与系统配套使用。

4. 设计

（1）基本要求

1）设计基本要求，参见本节一、（二）1 中的有关基本要求。

2）复合板粘结点布置：复合板面积<1.0m² 时，可按 5～10 点均匀布置。

3）复合板面积 1.0～2.2m² 时，可按 10～18 点均匀布置。

4）复合板粘结点涂粘结剂时，涂胶厚度按 15mm 计算，粘贴后的胶粘剂压缩定形厚度按 5～6mm 计，据此确定每个涂胶点的涂胶面积。

5）个体工程设计可按复合板幅面进行墙面的分格设计。

（2）细部构造及其要求

1）Ⅰ型板、Ⅱ型板阳阴角构造分别如图 3-161、图 3-162 所示。

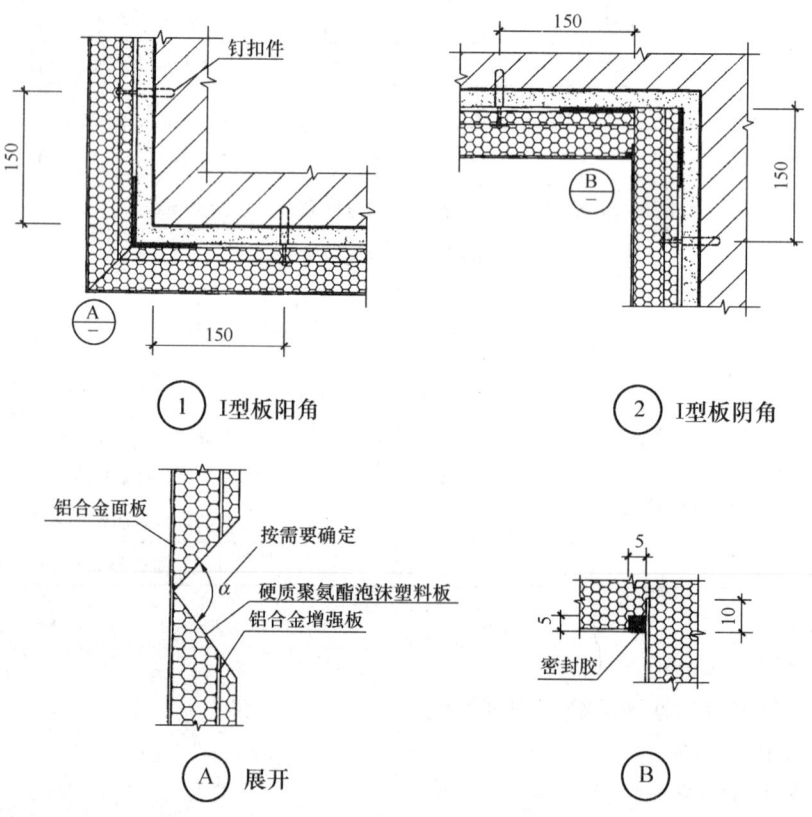

图 3-161 Ⅰ型板阳角、阴角构造

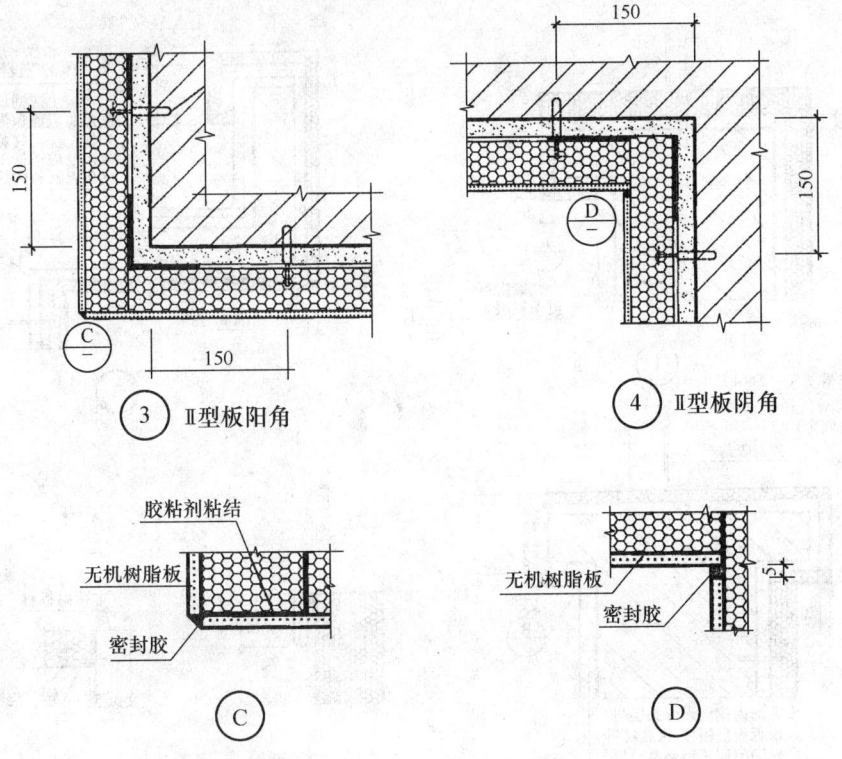

图 3-162　Ⅱ型板阳角、阴角构造

2）勒脚构造如图 3-163 所示。

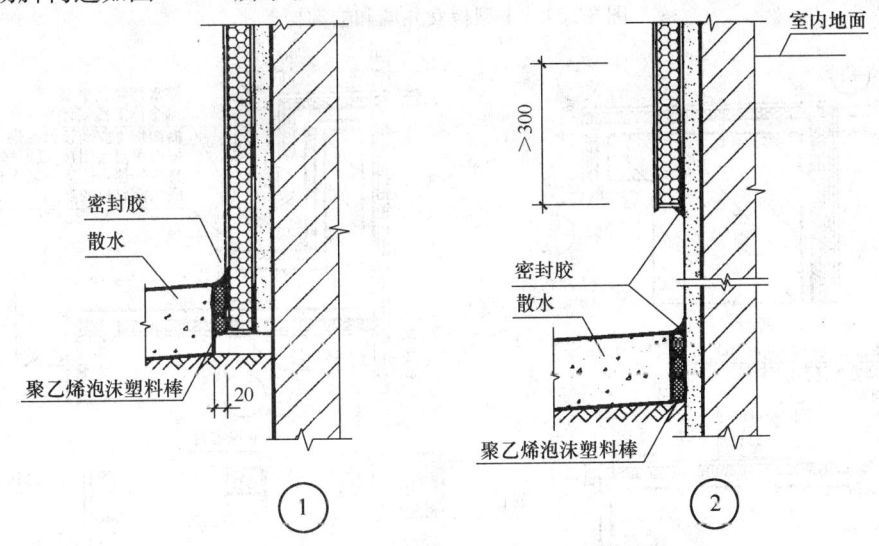

图 3-163　勒脚构造

3）女儿墙和檐沟。

女儿墙的泛水做法、避雷带支架及支架布置见个体工程设计。Ⅰ、Ⅱ型板女儿墙和檐构造分别如图 3-164、图 3-165 所示。

4）窗口节点构造。

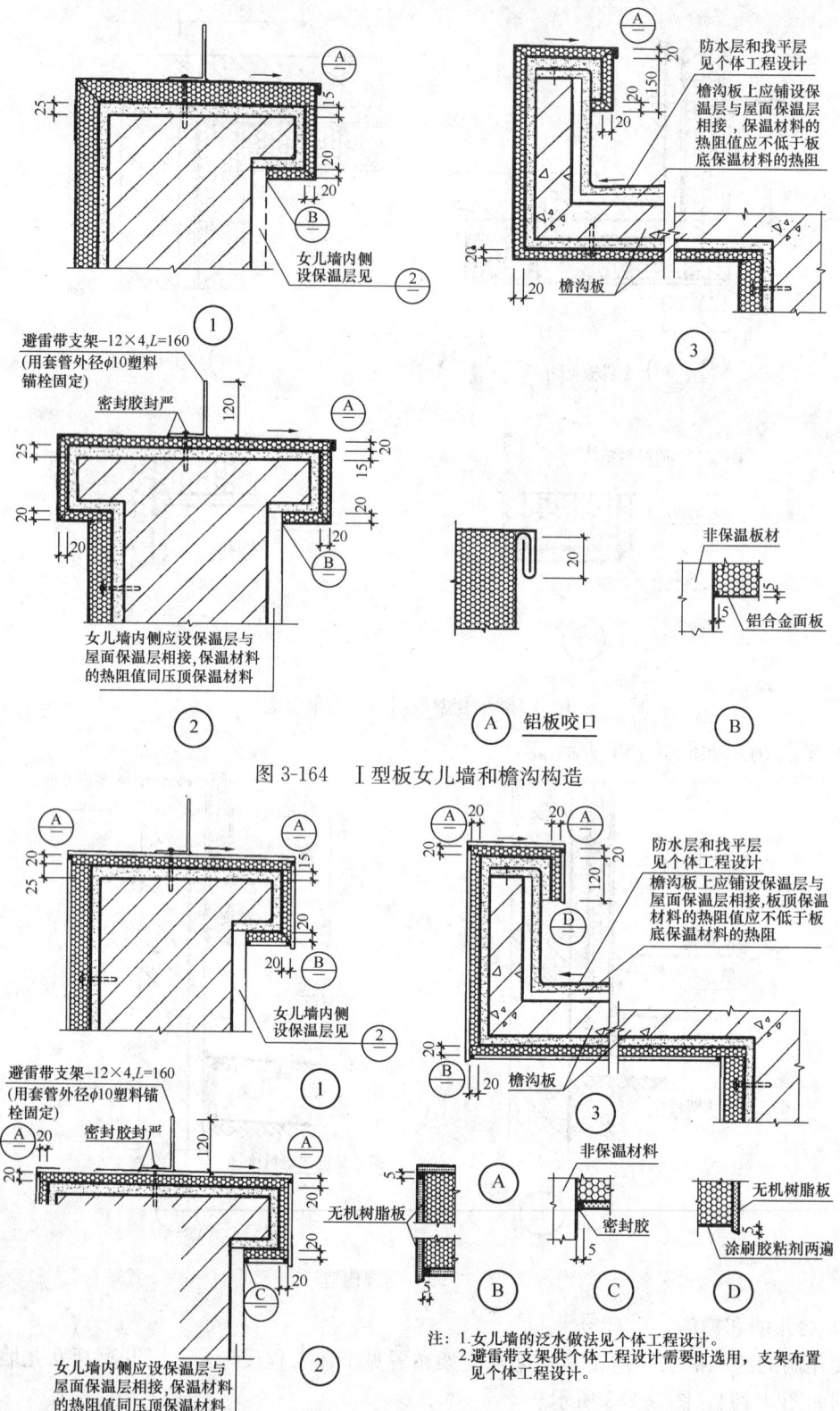

图 3-164　Ⅰ型板女儿墙和檐沟构造

图 3-165　Ⅱ型板女儿墙和檐沟构造

在外窗排水坡顶应高出附框顶 10mm，用于推拉窗时应低于窗框的泄水孔。Ⅰ型板、Ⅱ型板窗口节点构造分别如图 3-166、图 3-167 所示。

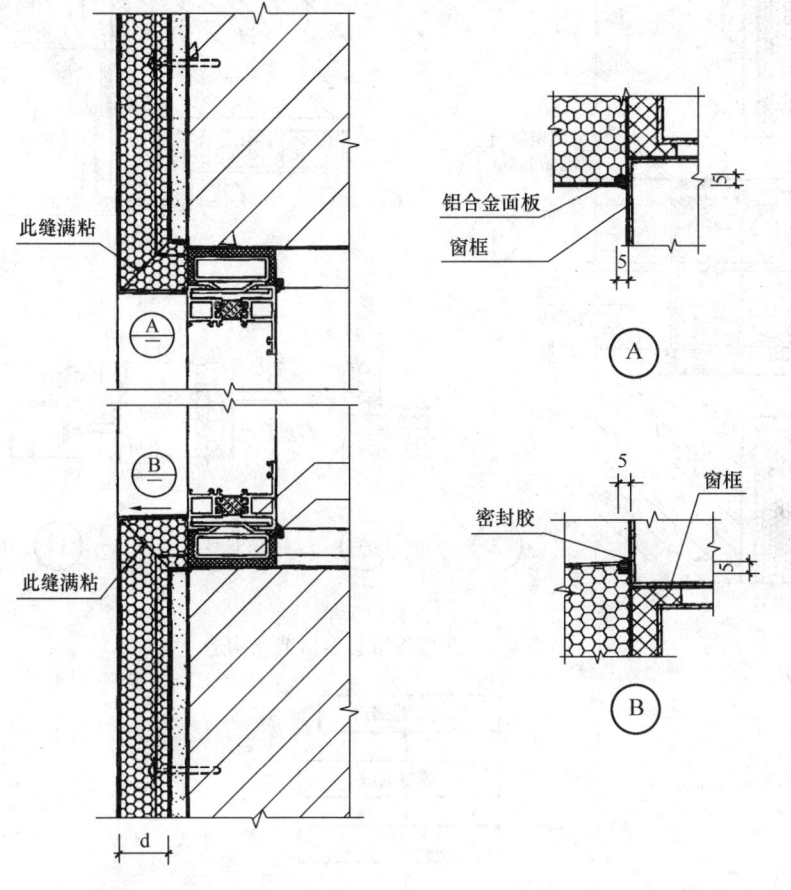

图 3-166　Ⅰ型板窗口节点构造

5. 施工

(1) 施工准备

参见本节一、(三) 1 中的有关施工准备。

(2) 施工条件

1) 施工应在基层施工质量验收合格后进行，基层应坚实、平整。

2) 施工前，门窗洞口应通过验收，洞口尺寸、位置应符合设计要求和质量要求，门窗框或附框应安装完毕。

3) 出墙面的金属梯、雨水管、空调机支架的预埋件、连接件和进户管线预留套管等均应安装完毕。

4) 粘贴基层表面温度不得低于 4℃。夏季应避免阳光暴晒，5 级以上大风天和雨天不得施工。

(3) 施工工艺

1) 工艺流程如图 3-168 所示。

2) 操作工艺要点。

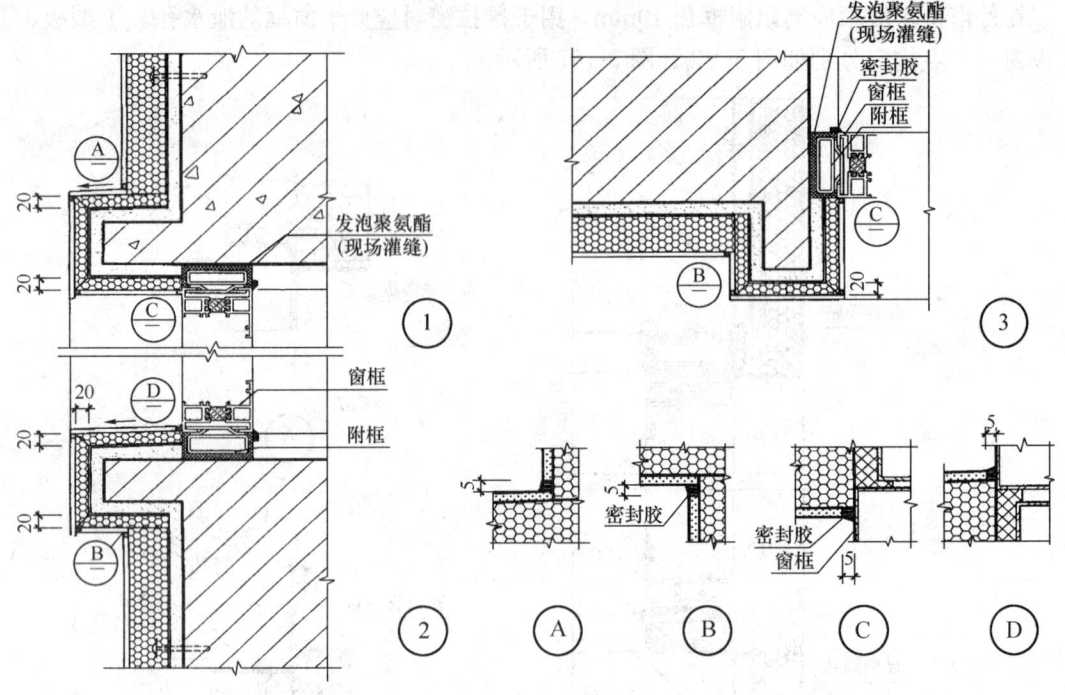

图 3-167　Ⅱ型板带套窗口节点构造

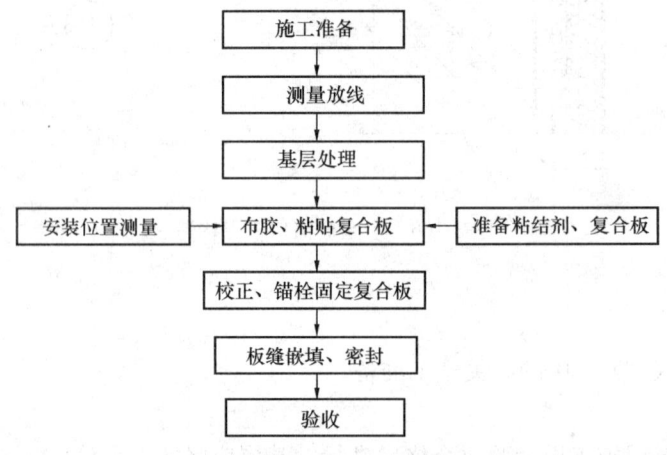

图 3-168　施工工艺流程

①基层处理：

基础抹灰层、处理后的找平层应与基层墙体粘结牢固，不能出现脱层、空鼓、裂缝以及粉化、起皮、爆灰等不良现象。砌体应通过中级抹灰验收标准。

基础抹灰层表面平整度用 2m 靠尺测量，露缝间隙不大于 5mm。

②分格弹线：

根据相关分格图纸在墙面上弹线，并确定分格缝的宽度，作出标记。

③配制胶粘剂：

按产品说明书或相关技术文件要求配制胶粘剂。如：按重量配比胶水 1：粉料 7：水

(1～1.2)进行,先将水加入胶水搅拌匀后再加入粉料,用电动搅拌器充分搅拌均匀即可使用。胶水、粉应严格按比例调配,根据施工现场气温高低适当增减清水的添加量,每批次配制量必须在规定时间内用完。

④粘贴、固定复合板:

在高气温季节粘贴板材前,先将墙面用清水润湿,再根据板面大小不同均匀分布粘结点。

建筑高度在50m以下时,每平方米粘结剂参考用量为5～6kg,建筑高度在50m以上时,每平方米粘结剂参考用量为7～10kg。

粘结面积应大于等于该复合板面积的40%。板面积<1.0m² 时,可按5～10点均匀布置;板面积1.0～2.2m² 时,可按10～18点均匀布置。

粘贴复合板时,先在复合板背面(或按已设定的粘贴点位)涂胶粘剂,粘结点涂胶厚度应大于15mm,然后将复合板揉贴在墙体找平层表面,粘贴后的胶粘剂压缩定形厚度应在5～6mm。

用手吸盘调整好板面平整度和分格缝的宽度,粘板时应预留6～10mm缝隙作为工艺调节尺寸。

根据找平层的不平整度情况,一般胶粘剂的压缩定形厚度为3～8mm之间,如图3-169所示。

复合板粘贴就位后,用靠尺及水平尺检查已粘贴的板面平整度,沿复合板的边已设定的锚栓(或构件)位置(或点粘处侧面打上锚扣件)对基层墙体用电锤在规定位置钻孔,孔深应穿过砂灰层,进入墙体25mm以上,随即在孔内安放锚栓的塑料套管,然后将钢板扣件插入聚氨酯硬泡的保温层中,扣住铝合金增强板,并将扣件孔对准套管拧入锚栓,卡紧复合板。

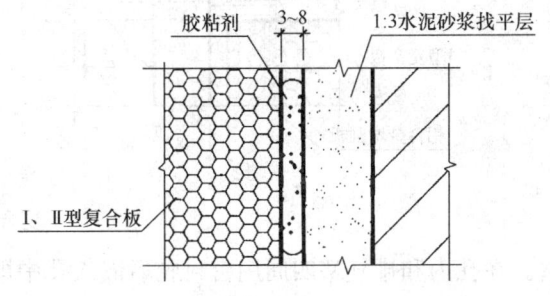

图3-169 胶粘剂的压缩定形厚度

当建筑高度大于50m时,在扣件安装完毕后,还应用粘板胶将扣件组粘结在一起。复合板钉扣、粘贴点布置示意如图3-170、图3-171所示。

安装下一张板在板的相应位置先插入扣件,要求能对应预先安放的膨胀栓,再进行上墙安装。相邻各板按此顺序依次逐一安装固定。

⑤防水、嵌缝密封处理:

复合板安装完毕即可处理板缝。当板缝宽度小于等于10mm时,用聚氨酯发泡剂灌缝,当缝宽大于10mm时,则在缝内嵌填聚氨酯硬泡条或嵌填聚乙烯圆棒条后再用聚氨酯发泡剂灌缝。

无论灌缝还是嵌缝后,都应在其缝口部位预留不小于5mm深度的预留空。在预留空两侧弹线、贴美纹纸,将预留空用密封胶勾缝封严,避免在板缝间产生热桥、渗水,施工完毕后将美纹纸撕掉。

⑥排气塞安装:

待密封胶完成24h后,在十字交叉处或板缝中间按3～5m² 间距钻1个孔,安装排气

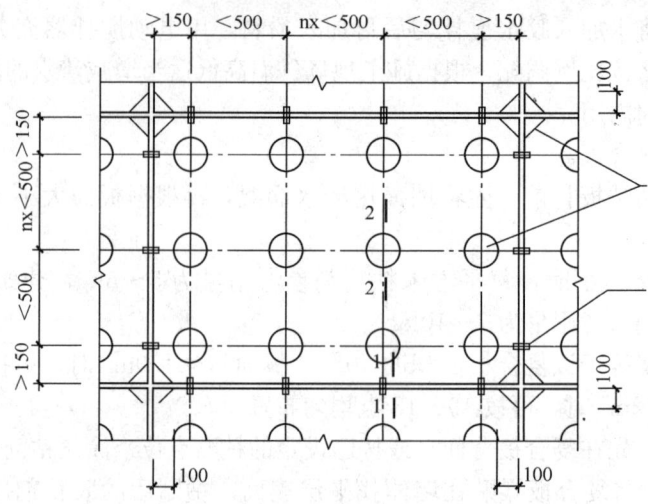

图 3-170　Ⅰ、Ⅱ型复合板钉扣、粘贴点布置示意图

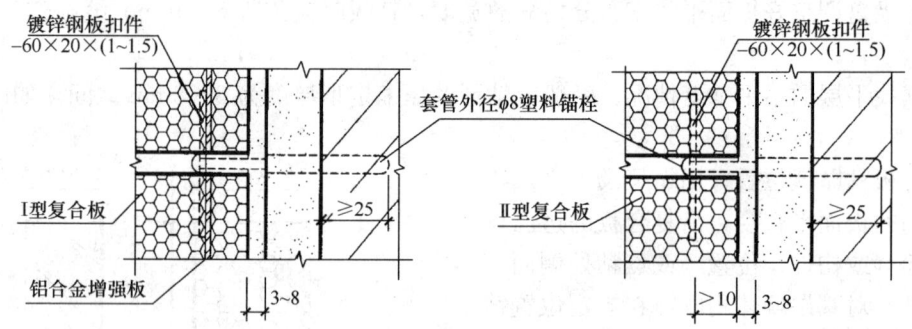

图 3-171　复合板钉扣固定

塞。在孔内和排气塞四周用密封胶后嵌入孔中即可(将排气孔朝下,防止灌进雨水)。

⑦揭保护膜:

揭保护膜应在贴板结束一个月内进行,以免揭膜困难。清洁板面应在撤架前进行。

(4) 成品保护

外保温系统施工完成后,应做好成品保护:

1) 防止施工污染;

2) 拆卸脚手架或升降外挂架时,注意保护墙面免受碰撞;

3) 严禁踩踏窗台、线脚;

4) 发现有损坏部位应及时修补。

6. 质量要求

工程质量要求,参见本节四、6中,以及本节一、(四)9中的有关内容。

第六节　模板内置板外墙保温系统施工

模板内置聚氨酯硬泡板外墙外保温施工,是保温与浇筑混凝土同时进行的施工,其工艺过程与现有模塑聚苯乙烯泡沫(EPS)板现浇混凝土外墙外保温系统、EPS钢丝网架板外墙外保温系统施工工法基本相似。

它是通过大模板支护，将设置在外墙模板内侧不同类型的大块聚氨酯硬泡保温板（如槽形聚氨酯硬泡保温板、钢丝网架聚氨酯硬泡板、聚氨酯硬泡水泥层复合板或聚氨酯硬泡普通型保温板等）固定，通过完成现浇混凝土的浇筑后，成为外墙外保温主体结构。

在外墙外模板内和外墙内模板内同时设置保温板材（即在墙体内外两侧同时设置保温板）时，与钢筋和现浇混凝土构成承重墙体后，构成具有外墙外保温和外墙内保温双重功能的复合保温墙体构造。

该工法的施工程序必须保证结构的连续性和稳定性，在完成混凝土浇筑养护期并拆除模板后，抹无机轻质保温浆料（相当于防火层），最后在保温层表面做涂料饰面层、面砖饰面层，或在室内（指内外墙体两侧同时设保温板构造）做装饰装修。

该类施工方法适用于抗震设防烈度不大于8度的砖砌体、混凝土空心砌块砌体、混凝土墙体的新建、扩建的居住建筑、公共建筑工程。

一、聚氨酯硬泡板现浇混凝土系统

在聚氨酯硬泡板现浇混凝土保温系统中，选用聚氨酯硬泡的板材时，可用在工厂制造成表面为特殊形状（如燕尾槽形板、凹形板等）的保温板。特殊形状的保温板虽然给工厂制造板材增加成本，但由其板面形状和扩大表面积因素所决定，增加墙体粘结强度，有利于保证施工质量。平面保温板在工厂制造时相对减少工序，但施工应用时相对仔细。

在聚氨酯硬泡板现浇混凝土保温系统工法中，所采用的各类型板材的施工工艺基本相似（采用聚氨酯水泥层复合板为保温层时，可减掉在其板上涂或喷界面材料的步骤），在本节以燕尾槽聚氨酯硬泡板施工做典型介绍。

（一）材料技术要求

1. 燕尾槽聚氨酯硬泡板技术要求

聚氨酯硬泡板墙板在生产中注意调整制造聚氨酯硬板的配方，应考虑到有较好的弹性系数。板材类型、尺寸规格、切边平行直线、尺寸偏差等必须达到检验合格，表面不得有撞击造成的坑凹、污物和断裂、破损现象。

当进场聚氨酯硬板墙板构件外观有一般质量缺陷者，可由施工单位向监理（施工）等相关单位提出重新应用技术处理方案，各方根据缺陷墙板构件本身结构性能和使用功能影响程度，经共同确认在技术方案可行的情况下，对墙板构件全数检查，重新检查验收，再按共同确认的技术质量要求决定可用与否。

（1）对燕尾槽聚氨酯硬泡板槽的质量要求如表3-98所示。

表3-98 聚氨酯硬泡板槽质量的要求

项 目	质 量 要 求
燕尾槽	燕尾槽角度为60°±10°，槽宽90～110mm，槽中距200mm，槽深10±2mm
企 口	聚氨酯硬泡板两长边设高低槽，宽20～25mm，深1/2板厚

（2）对燕尾槽聚氨酯硬泡板规格尺寸的要求。

一般板材制成与每一层楼同等高度，并在板两侧面预喷刷不露底的界面砂浆（聚氨酯硬泡界面剂）。所谓喷刷聚氨酯硬泡界面剂，其目的是确保板材在贮存、运输或安装后有较长间歇时间，使聚氨酯硬泡板不受阳光作用过早老化作用，同时在不同材质的材料间作为提高粘结强度起到很重要的作用，有利于增加找平材料与板材间强力的结合，也有利于增加板材内侧与现浇混凝土的很好的结合。

事实上，当在现场混凝土浇筑时，在混凝土与聚氨酯硬泡间，如使用现有混凝土具备固有的较好的性能时，再加上混凝土自身重力与模板固定关系，即使泡体内侧无界面剂，混凝土与聚氨酯硬泡板也有较好的粘结强度，如果使用不合格的界面剂反而会影响结合强度。而脱除模板后的聚氨酯硬泡板外表面界面剂喷刷比内侧喷刷界面剂显得就更加重要，外表面界面剂即使不在工厂预先喷刷，也必须在施工现场进行涂刷。

一般燕尾槽聚氨酯硬泡板的规格尺寸，如表3-99所示。

表3-99 燕尾槽聚氨酯硬泡板的规格尺寸　　　　　　　　　　(mm)

层 高	长 度	宽 度	厚 度
2800	2825～2850	1220	符合热工设计要求
2900	2925～2950		
3000	3025～3050		
其他	可根据层高具体协商确定		

2. 配套材料技术要求

(1) 垫块：水泥砂浆制成50mm见方，厚度同钢筋保护层（垫块内预埋20～22号火烧丝）。

(2) 混凝土坍落度根据工程实际确定。混凝土质量应按现行的《混凝土强度检验评定标准》（GBJ 107）和《混凝土质量控制标准》（GB 50164）进行检验，应检查出厂合格证、技术性能型式检测报告。

混凝土宜采用免振捣自密实混凝土，混凝土强度等级不应低于C20。混凝土除应满足现场浇灌工艺要求外，在混凝土中严禁使用能造成金属材料（如钢筋、丝、固定件）腐蚀的外加剂。

(3) 聚氨酯硬泡界面剂、抗裂砂浆、耐碱玻纤网格布、柔性耐水腻子等材料技术性能，以及热镀锌电焊网、粘贴面砖砂浆、饰面砖、面砖勾缝料、锚栓（锚固件）、聚氨酯泡沫填缝剂、硅酮型建筑密封胶等材料技术性能见本章的相关技术性能要求。

(4) 板材类防火带（燃烧性能为A级）。

(二) 设计要点

1. 在一般墙体保温工程中如采用无机轻质保温浆料复合使用，在热工设计时，无机轻质保温浆料的导热系数，应取检测材料导热系数与导热系数修正系数的乘积。

2. 在门窗框外侧洞口不做保温与做保温相比，外保温墙体平均传热系数增加最多可达70%以上，所以，在门窗框与墙体间的空隙应采用聚氨酯发泡剂密封填充，并与门窗洞口侧墙的保温层结合紧密。在门窗洞口四周墙面、凸窗四周墙面及悬挑的混凝土构件、女儿墙等热桥部位应采取封闭保温等隔断热桥措施后，达到不渗水、无热桥。

3. 垂直保温层与水平或倾斜屋面的交接处，以及延伸至地面以下的保温层应做好防水防潮处理。

4. 准确使用抗裂砂浆厚度，如在涂料饰面保温系统中，应加入耐碱玻纤网格布并宜用锚钉固定增强。

抗裂砂浆起增强和防水作用，厚度过小则不能达到足够作用，过厚则会因横向拉应力超过玻纤网抗拉强度而导致面层开裂失去应有作用，所以抗裂砂浆层的厚度最薄不应小于3mm，最厚不应大于5mm。

当饰面采用面砖为饰面保温系统时，应在抗裂砂浆中压入热镀锌焊接钢丝网，抗裂砂浆过薄不但不能达到增加效果，钢丝网不能完全封盖，一旦出现面层渗水很易锈蚀钢丝网，如果所用抗裂砂浆过厚，则会增加裂缝的可能性，还会使重量超过抗震荷载限值，所以抗裂砂浆层的厚度最薄不应小于5mm，最厚不应大于8mm。

5. 在抗裂砂浆中设置的热镀锌焊接钢丝网应用塑料锚栓与基层锚固。锚栓在基层按梅花形布设，其所用数量不小于 7 个/m^2。锚栓与基层有效锚固深度不小于30mm。当外墙为轻质空心砌体时，应采用回拉紧固型塑料锚栓或其他措施，以使钢丝网设置能达到牢固。

6. 饰面不宜采用粘贴面砖做饰面，当采用面砖饰面时，宜选用单位面积质量不大于 20kg/m^2 的小规格面砖，且其安全性与耐久性必须可靠。

7. 保温板可用聚氨酯硬泡板无槽的平面板或有槽板。当选用槽形聚氨酯硬泡板时，面砖饰面应采用双面槽聚氨酯硬泡板；涂料饰面宜采用单面槽聚氨酯硬泡板。

8. 在墙体内、外两侧同时设置保温板进行现浇混凝土施工后，可提高建筑的节能标准，但在室内保温层表面应进行防火要求和适合室内方便使用等方面装饰装修方法。

9. 工程经验收合格后，按预埋件进行门窗工程等配套附属工程对位安装。

10. 当采用长杆对拉螺栓穿过内（或内侧装饰板）外保温板材固定措施时，防止螺栓外露表面，应用聚氨酯硬泡密封或采用无机轻质保温浆涂抹平整，避免因此而产生热桥。

（三）施工

1. 施工准备

（1）技术准备

施工单位项目技术负责人应掌握、熟悉工程设计施工图纸，认真会审，掌握施工中主体及节点细部构造的技术要求、施工技术要点及工程验收标准。

1）施工前应由设计单位进行设计交底。当监理单位和施工单位发现施工图有错误时，应及时向设计单位提出更改设计要求。当原设计单位同意并修改完成，经各方会审无疑后，并应签署设计变更文件，方可实施。

应按工种对操作人员进行施工技术、安全等方面的岗前培训，经考试合格后方可上岗作业，其中特殊作业人员应持证上岗，主要包括如下内容：

①凡参与施工的操作工人、技术管理、技术指挥和质量管理人员应进行技术培训，操作工人应经考核培训；

②掌握构件、固定件的规格、尺寸、型号及连接、支撑件的技术要求；

③掌握专用工具的使用方法；

④掌握构件的支撑、固定、垂直度和平整度的校正方法；

⑤掌握构件的安装先后程序；

⑥掌握安全操作、施工注意事项；

⑦掌握施工要点及细部节点构造技术要点等。

2）在施工前，认真阅读设计图图纸，大模板的排板设计图和内置燕尾板的排板设计图、节点构造详图。

依据施工技术要求、工程质量要求、工期和现场等具体情况，安装施工单位应按施工图设计的要求，编制相应完整、可行的专项施工方案，主要包括如下内容：

①主要材料进场计划、检查验收；
②施工机具的配备及材料搬运、吊装方法；
③构件、组件和板材的现场保护方法；
④安装、固定（支护）方法；
⑤确定施工程序和施工起点流向（顺序）；
⑥施工进度、用工计划安排；
⑦施工技术质量保证措施、测量方法、施工验收程序；
⑧工程概况及本工程的施工特点及技术质量目标；
⑨安全和文明施工措施、工程验收程序等。

(2) 材料准备

1) 进入现场聚氨酯硬泡板材、配套材料应见证取样，经对规格、性能或外观等检查合格验收后方可准用。

2) 进入现场各类型的墙板，应轻装轻放，并按材质、型号（规格）或编号，分别整齐堆放在平面布置图中所指定存用方便、平整和坚实的位置。

墙板堆放时，应用木方垫平、垫稳，并防止因存放而出现破损、裂纹和翘曲、被压变形和强力碰撞等不良现象。

3) 聚氨酯硬泡板、固定件、配套材料等可按工程进度进场，存放中避免受潮、雨淋，远离明火、高温或暴晒。

4) 现浇混凝土除对钢筋无腐蚀性能外，宜采用对聚氨酯硬泡板粘结力强的免振混凝土浇筑墙体。

(3) 设备、工具准备

1) 塔吊、吊装索具，配备打眼电钻、锤子、活扳手、撬棍、水平尺、线坠等常用抹灰工具、检测水平尺、经纬仪等工具，应满足现场墙板安装使用要求。

2) 现浇混凝土所用大模板宜采用钢制板，并应按要求做配板设计规格尺寸（聚氨酯硬泡板的厚度确定钢制大模板的配制尺寸）、数量加工制作，达到施工要求，按施工程序组织进场模板及附件。

用于墙板支护的木模、花篮螺栓、钢管等按施工要求加工成型，其规格、外观和材质等应满足现场固定支护（固定）的要求。

3) 安装垂直、水平运输机械及设备和运输车辆，搭设脚手架（或安装吊篮）和施工平台。所采用脚手架类型与墙体基层间架设距离，应满足墙板安装施工要求。

(4) 施工条件

1) 现浇混凝土外模内置环境气温为10～30℃，在≤5℃气温条件下施工，应采取冬期施工的相应措施。不宜在雨天施工，当在大雨天和风力大于5级的气候条件下停止施工。

2) 现浇施工时，应按现浇混凝土的施工要求搭设脚手架和施工平台。

3) 施工现场应有施工电源及夜间照明设施，且应符合国家安全用电的技术规定。

4) 在施工的范围内，吊运材料的路线内无障碍物或危险源，应具备消防安全、脚手架或安全网等安全施工设施。

5)基础地面工程应验收合格,基础地面找平层养护到期后,地面应无缺陷、无积水,基础地面洁净,无任何残留灰浆、尘土和其他杂物。

地面基层结构、平整度必须符合设计要求。聚氨酯硬泡墙板底基层表面平整度、坡度和标高允许偏差要求,见表3-100要求。

表3-100 基层表面允许偏差

项 目	水泥砂浆找平允许偏差（mm）
表面平整度	2
标 高	±4
坡 度	不大于房间相应尺寸的2/1000,且不大20

2. 施工工艺

(1) 涂料饰面施工工艺流程如图3-172所示。

(2) 面砖饰面施工工艺流程如图3-173所示。

3. 操作工艺要点

(1) 绑扎钢筋工程要求

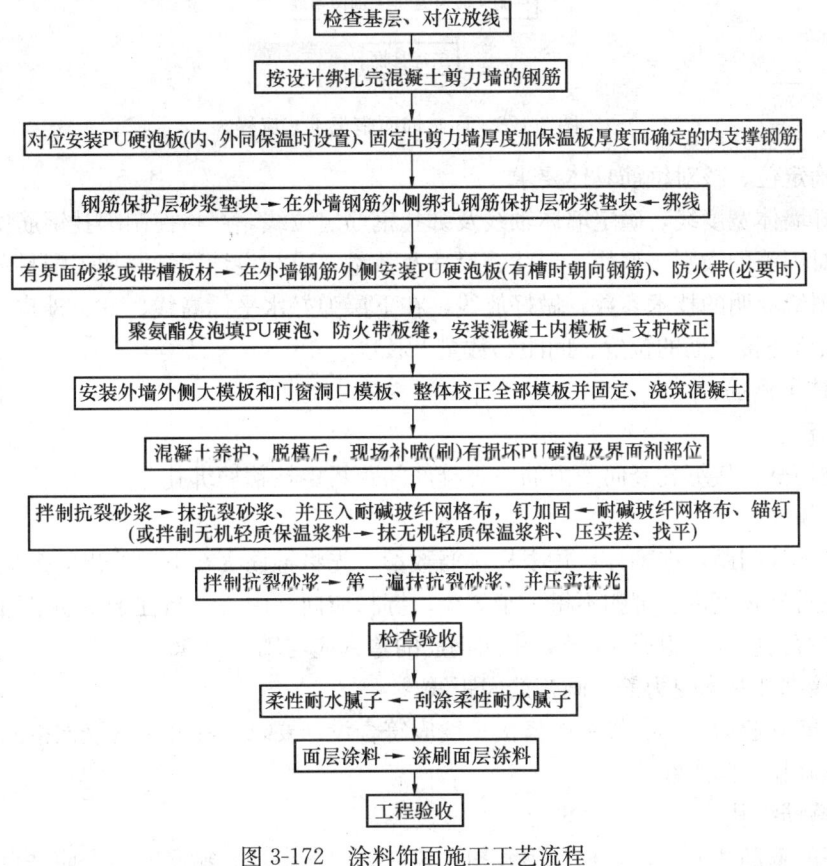

图3-172 涂料饰面施工工艺流程

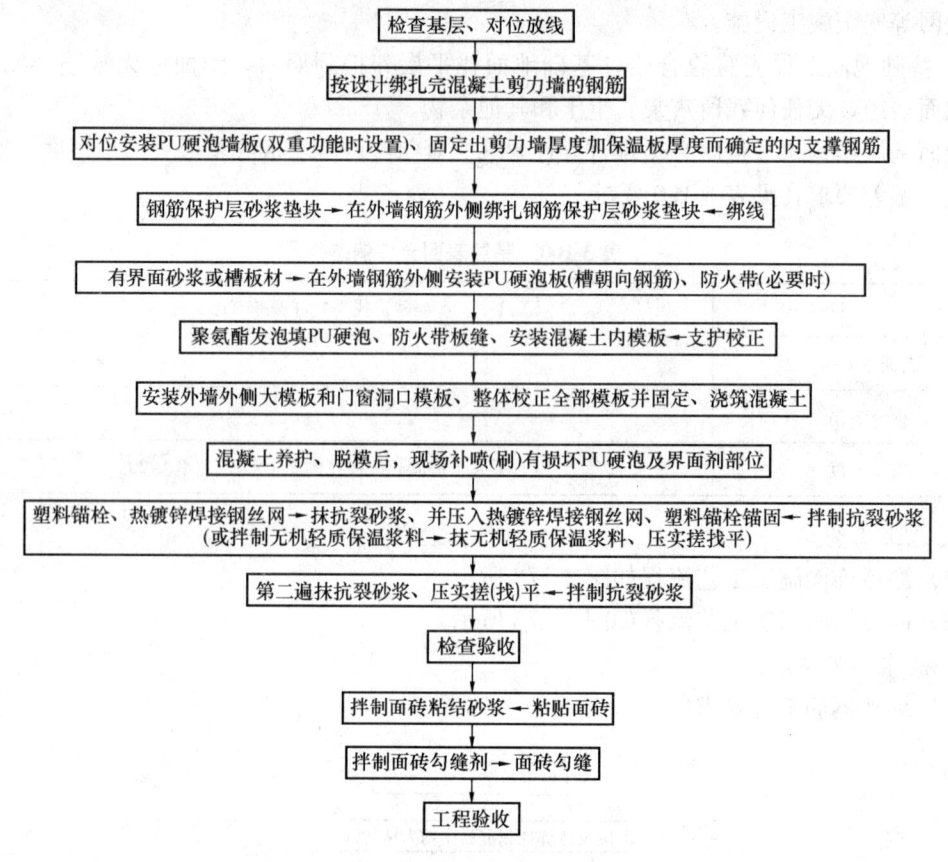

图 3-173 面砖饰面施工工艺流程

1) 准确定位、核对钢筋具体要求：

① 画好墙体宽度线，确定墙体轴线及绑扎钢筋定位线，严格控制绑扎钢筋误差。

② 核对钢筋的级别、型号、形状、尺寸及数量，应与设计图纸及加工配料单相同。

③ 按图纸标明的技术参数，做好放线，在下层弹好水平标高线、柱、外皮尺寸位置线，检查下层预留搭接钢筋的位置、间距、数量、长度。

2) 绑柱子钢筋：

①工艺流程：

套柱箍筋→搭接绑扎竖向受力筋→画箍筋间距线、柱箍筋绑扎。

②套柱箍筋：

按图纸设计间距，准确计算每根柱箍筋数量。先将箍筋套在下层伸出的搭接筋上，再立柱子筋，在搭接长度内，绑扣不得少于 3 个，绑扣应向柱中心。当柱子主筋采用光圆钢筋搭接时，角部弯钩应与墙板成 45°角，中间钢筋的弯钩应与墙板成 90°角。

3) 搭接绑扎竖向受力筋、画箍筋间距线。

柱子主筋立起后，绑扎接头的搭接长度应符合设计要求；在柱子的竖向钢筋上，按图纸要求用粉笔画箍筋间距线。

4) 柱箍筋绑扎。

①套好的箍筋往上移动，宜采用缠扣方式由上向下绑扎。箍筋应与主筋垂直，箍筋转角

处与主筋交点均应绑扎，主筋与箍筋非转角部分相交点成梅花交错绑扎。箍筋弯钩叠合处应沿柱子竖筋交错布置，并绑扎牢固。

② 在抗震地区，柱箍筋端头应弯成135°，平直部分长度不得小于$10d$，当箍筋采用90°搭接，搭接处应焊接，且焊缝长度单面焊缝不小于$5d$。

③ 柱上下两端箍筋应加密，加密区长度及加密区内箍筋间距应符合设计要求。当箍筋设拉筋时，拉筋应钩住箍筋。

④ 应按柱钢筋保护层厚度采用相应厚度垫块，必须保证主筋保护层厚度准确，垫块应绑在柱竖筋外皮上（或用塑料卡卡在外竖筋上），其间距可在1000mm。

5）绑剪力墙钢筋。

①工艺流程：立竖筋→画水平间距、绑定位横筋→绑其余横筋→绑其余横竖筋。

② 立2~4根竖筋并与下层伸出的搭接筋搭接，按竖筋上水平筋分档标志，在竖筋下部及齐胸处绑两根横筋定位，并在横筋上画好竖筋分档标志，然后绑其余竖筋，最后绑其余横筋。

③ 竖筋与伸出搭接筋的搭接处应绑3根水平线，其搭接长度及位置应符合设计要求。

④剪力墙应逐点绑扎，双排钢筋之间应绑拉筋或支撑筋，纵横间距不宜大于600mm。

⑤ 剪力墙与框架柱连接处，剪力墙的水平横筋应锚固到框架柱内，其锚固长度应符合设计要求。

⑥ 剪力墙水平筋在两端头、转角、十字节点、联梁等部位的锚固长度以及洞口周围加固筋等，均应符合抗震设计要求。

6）绑梁钢筋。

①绑梁钢筋应根据施工现场情况，可分别按模内绑扎工艺或按模外绑扎工艺进行操作。

②在梁侧模板上画出箍筋间距，摆放箍筋。

③先穿主梁下部纵向受力钢筋及弯起钢筋，将箍筋按间距逐个分开；穿次梁下部纵向受力钢筋及弯起钢筋，套好箍筋；放主次梁的架立筋；按间距将架立筋与箍筋绑扎牢固；绑架立筋，再绑主筋，主次梁同时配合进行。

④框架梁上部纵向钢筋应贯穿中间节点，梁下部纵向钢筋伸入中间节点锚固长度、伸过中心线的长度及框架梁纵向钢筋在端点内的锚固长度均应符合设计要求。

⑤箍筋在叠合处的弯钩，应在梁中交错绑扎，绑扎弯钩为135°，平直部分长度为$10d$，如做成封闭箍时，单面焊缝长度为$5d$。

⑥梁端第一个箍筋应设置距柱节点边缘50mm处。梁端与柱交接处箍筋应加密，其间距与加密区长度应符合设计要求。

⑦梁受力钢筋直径等于或大于22mm时，宜采用焊接接头，小于22mm可采用绑扎接头，搭接长度应符合设计要求。搭接长度末端与钢筋弯折处的距离，不得小于钢筋直径的10倍。接头不宜位于构件最大弯矩处，应在中心和两端且相互错开扎牢。

7）板钢筋绑扎。

①按在模板上画好主筋、分布筋间距，先摆放受力主筋，后放分布筋。

②在现浇板中有板带梁时，应先绑板带梁钢筋，再摆放板钢筋。

③绑扎板筋时用顺扣或八字扣，外围两根筋的相交点应全部绑扎，其余各点可交错绑扎（双向板相交点须全部绑扎）。当板为双层钢筋时，两层筋之间必须加钢筋马凳，确保上部钢

筋位置准确。负弯矩钢筋每个相交点均应绑扎。

④钢筋下部应按 1.5m 间距垫砂浆垫块，垫块厚度等于钢筋保护层厚度。

8) 楼层暗梁的钢筋铺设应与楼板绑扎钢筋铺设同步，如所设暗梁高度较大，应在暗梁混凝土浇筑到接近楼板时预留出暗梁高度，再铺设暗梁钢筋。

9) 钢筋的规格、形状、尺寸、数量、锚固深度、接头位置、连接方式、接头面积百分率和箍筋、间距、垂直度等必须符合设计要求、现行《混凝土结构工程施工质量验收规范》(GB 50204)的规定要求，钢筋安装位置允许偏差，应符合表 3-101 的要求。

表 3-101 钢筋安装位置允许偏差

项目			允许偏差（mm）
绑扎钢筋网	长、宽		±5
	网眼尺寸		±10
绑扎钢筋骨架	长		±5
	宽、高		±3
	间 距		±5
	排 距		±3
受力钢筋	保护层厚度	基 础	±8
		柱、梁	±5
		板、墙、壳	±3
绑扎箍钢筋、横向钢筋间距			±10
钢筋弯起点位置			10
预埋件	中心线位置		2
	水平高差		+3, 0

(2) 预埋管线（件）与开孔要求

1) 管线（件）应开孔预埋，不得采用后埋式，在钢筋绑扎时，预埋件、管、预留孔等及时配合安装，在浇灌混凝土前完成。安装预埋件时不得任意切断和移动钢筋，绑扎钢筋时禁止碰动预埋件及洞口模板。

2) 建筑预埋配件的规格、数量、位置和间距等，均应符合设计要求。

3) 管线、照明电线和通讯管线等，应按设计图纸要求将套管布置在复合墙体内。

4) 开孔：上下水管、采暖（空调）管和各种表箱、消火栓孔洞等，应按设计图纸要求设置。

(3) 绑线砂浆垫块

在混凝土剪力墙的钢筋绑扎完毕并经检查合格后，采用绑线将预制好的（与钢筋的混凝土保护层厚度相等的）砂浆垫块绑扎在外墙钢筋的外侧，绑扎数量按 4 个/m²，均匀分布，以便浇筑混凝土时，使其形成均匀一致的厚度。

(4) 安装聚氨酯硬泡板

聚氨酯硬泡板（及防火带板）安装在外墙的钢筋的外侧，即在外模内侧，宜设置两面喷有界面处理砂浆的燕尾槽聚氨酯硬泡板。

安装首层燕尾槽聚氨酯硬泡板前，先测试地面基础的标高、坡度、平整度及墙面钢筋柱的位置、稳定性和标高垂直度等，当全部达到合格后，方可进行聚氨酯硬泡板材的安装。

聚氨酯硬泡板燕尾槽与水平面平行，必须严格控制在同一条水平线上，以使待安装的相邻板间的接茬缝紧密，并保证其板端水平和长边的垂直度。

安装聚氨酯硬泡板时，应先从阳角（或阴角）开始，然后再顺两侧进行、沿墙体自下向上平行顺序进行拼装，如施工段较大可在两处或两处以上同时安装。

起吊墙板时，应保证墙板安全挂在塔吊挂钩上且使墙板垂直向下，控制起吊速度和吊壁旋转速度。起吊墙板后，在距下落 500～800mm 处应暂时停止下落，对位安装。

对位安装聚氨酯硬泡平板（及防火带板）时，为使相邻板材相互紧密粘结，首先宜在安装上墙的聚氨酯硬泡板槽口处均匀涂刷一层胶粘剂或聚氨酯发泡剂，接着将待安装聚氨酯硬泡板材对应部位做同样打胶或聚氨酯发泡剂处理，然后安装下一块板。

采用聚氨酯发泡剂密封技术时，在对已吊装完毕固定的聚氨酯硬泡板与将要下落聚氨酯硬泡板的接茬处连续注满发泡料，此时应准确控制最佳墙板下落速度与注射发泡完成时间的结合，注发泡过程不得间断，发泡料应渗满全部接茬处，但不得流淌到墙板表面。随即在下落聚氨酯硬泡板的顶部，垂直向下均匀施加一定外力，使墙板之间达到密封、粘结牢固、无空隙。

在安装聚氨酯硬泡板过程中，随时检查聚氨酯硬泡板的平整度和钢筋的垂直度，必须保证绑扎钢筋（芯柱钢筋、墙体钢筋）与聚氨酯硬泡板间距准确，发现偏差及时调整，不得累计。当各项参数达到设计要求，并将前一块聚氨酯硬泡板固定后，再进行下块板的吊装。

(5) 塑料卡钉固定聚氨酯硬泡板

保温板材安稳后，用塑料卡钉穿透聚氨酯硬泡板。塑料卡钉应按梅花状均匀布置，其纵横间距为 500～600mm，在两板的接缝处，应沿接缝的方向增设塑料卡钉，间距在 400～500mm。

用绑线将穿过聚氨酯硬泡板的塑料卡钉与墙体钢筋绑扎固定（或在安装好的聚氨酯硬泡板材表面上按设计尺寸弹线，标出锚栓呈梅花状分布的位置和数量，在板材拼缝处、门窗洞口过梁上可设一个或多个锚栓加强。安装锚栓前，在聚氨酯硬泡板材上预先穿孔，然后用火烧丝将锚栓绑扎在墙体钢筋上）。

聚氨酯硬泡板材底部应绑扎紧密，且使底部内收 3～5mm，以使拆模后聚氨酯硬泡板底部与相接触的聚氨酯硬泡板外表面平齐。

(6) 安装钢制大模板、支护

1) 安装钢制大模板要求

聚氨酯硬泡板安装后，先将墙身控制线内的杂物清扫干净后，再进行安装钢制大模板。

安装钢制大模板时，宜先安装外墙外侧的钢制大模板，再安装外墙内侧的钢制大模板和门、窗洞口模板。按设计的尺寸准确校正好模板的位置，整体找正、固定。

2) 大模板支护要求

在转角处防止浇灌混凝土挤胀变形，应用 L 形偏铁进行拉结加固处理。

阴角聚氨酯硬泡墙板支护：有木模侧聚氨酯硬泡板阴角处设角钢，并用 U 形扣件与内侧木模阴角处角钢对拉。聚氨酯硬泡板角钢与角钢之间用槽钢水平和对角固定。槽钢下用木模加衬槽钢与另侧木模对拉。墙板下部用钢管顶于槽钢作斜撑；上部用带花篮螺栓的连接钢管作斜撑。聚氨酯硬泡板底部用 $\phi 22$ 地锚支撑，斜撑底部用 $\phi 16$ 锚栓作为钢管支撑。

整体聚氨酯硬泡墙板支护：整体墙板应采用墙脚、墙腰和墙顶三道木模平行支护。当将三道木模平行放置于各部位，用长杆对拉螺栓穿透墙体（经过芯柱钢筋）支护时，对拉方木方式辅助支护，长杆对拉螺栓位置、间距、布设数量，应根据设计要求进行设置、安装，长杆对拉螺栓应穿透墙体内外侧，并在混凝土浇灌完成后，在长杆对拉螺栓穿透墙体外侧边缘位置，经技术处理后不得出现热桥。

混凝土芯柱处聚氨酯硬泡墙板支护：在混凝土芯柱处，聚氨酯硬泡墙板外侧应加衬钢板稳固支护。

墙体内侧聚氨酯硬泡墙板支护：在墙体内侧，宜设置带花篮螺栓的连接钢管作斜撑，应保证墙体的整体稳定性。

（7）浇筑混凝土

浇筑混凝土前，在聚氨酯硬泡板的顶面盖扣槽形镀锌铁皮罩，防止浇筑混凝土时损坏PU硬泡板的上口。

1) 现浇浇筑混凝土应满足下列要求：

①混凝土的质量达到设计要求，掺缓凝剂的混凝土，应分批做坍落度试验，其缓凝时间、坍落度应通过试验确定。当缓凝时间、坍落度与原规定不符时，应予调整配合比。

②浇筑方案应根据整体性要求、结构大小、钢筋疏密、混凝土供应等具体情况，混凝土浇筑的下料点应分散布置，浇筑应连续进行，浇筑混凝土的间隔时间不宜超过2h。

③浇筑混凝土时应选用全面分层或分段分层等方式浇筑，混凝土分层灌筑时，每层混凝土厚度应不超过振动棒长的1.25倍，后一次浇筑混凝土应在前一次浇筑初凝前进行。当混凝土为间断浇筑时，新旧混凝土的接茬处应均匀浇筑30～50mm厚的与外墙混凝土同强度的细石混凝土。

浇灌混凝土的过程中，应经常检查钢筋保护层的厚度及所有预埋件的牢固程度和位置的准确性。

必须保证混凝土保护层厚度及钢筋不位移。不得踩踏钢筋、移动预埋件和预留孔洞的原来位置，如发现偏差和位移应及时调整，不得出现混凝土胀模、漏模和空鼓。

预留栓孔可采用涂油脂楔形木塞或模壳板留孔，浇筑时应保证其位置垂直正确，在混凝土初凝时及时将木塞取出。

在预埋管道浇筑时，先振管道周围，待有浆冒出时，再浇筑盖面混凝土。

④当采用振捣混凝土施工时，应根据具体浇筑混凝土部位、布料方式选用插入式或平板式等类型振动器，并根据振动器类型控制有效作用深度、每一振点延续时间和移动间距。

当选用插入式振动器时，振动棒应在下层混凝土初凝前进行上层振捣，且应插入下层中5cm左右。应将振动棒快插慢拔，上下略为抽动，边浇边振，上下层振捣密实均匀，不得欠振和超振。

每一插点振捣时间为20～30s，使用高频振捣器最短不应少于10s，应视混凝土表面呈水平不再显著下沉、不出现气泡，表面泛出灰浆为准。

每次移动位置的距离应不大于振动棒作用半径R（一般振动棒的作用半径为30～40cm）的1.5倍。

在墙体转角处、纵横墙体相交处、预埋管线套管处、芯柱处及钢筋与墙板之间等，均应注意插捣，保证混凝土达到密实。

在柱梁及主次梁交叉处钢筋较密集,振捣棒头可用片式并辅以人工捣固配合。

门窗洞口两侧部位应同时下料,高差不宜太大,先浇捣窗台下部,后浇捣窗间墙,防止窗台下部出现蜂窝孔洞。

2) 浇筑混凝土养护:

浇筑混凝土完成后的12h内应对混凝土加以覆盖并保湿养护。对采用掺入缓凝型外加剂或有抗渗要求的混凝土浇水养护不得少于14d;对采用硅酸盐水泥、普通硅酸盐水泥或矿渣硅酸盐水泥拌制的混凝土浇水养护不得少于7d。

基层及环境空气温度不应低于5℃。在低温或高温条件下施工,应采取适当养护或保护措施。

(8) 拆除钢制大模板

① 拆除混凝土钢制大模板应符合下列要求:

在常温条件下施工的已浇混凝土墙体,其强度不应小于1.0MPa;

低温或过低温度(冬期)施工的已浇筑混凝土墙体,其强度不应小于7.5MPa;

穿墙套管拆除后,应采用硬质砂浆捻塞混凝土孔洞,并用聚氨酯硬泡块或用发泡液料灌注保温层的孔洞,使其达到密实。

② 浇筑混凝土工程施工质量应符合《混凝土结构工程施工质量验收规范》(GB 50204)的规定,现浇结构的尺寸允许偏差还应符合表3-102的要求。

表3-102 现浇结构的尺寸允许偏差

项 目		允许偏差(mm)
轴线位置	基 础	15
	独立基础	10
	墙、柱、梁	8
	剪力墙	5
垂直度	层 高 ≤5m	8
	层 高 >5m	10
	全高(H)	H/1000且≤30
标 高	层 高	±10
	全 高	±30
预埋设施中心线位置	预埋件	10
	预埋螺栓	5
	预埋管	5
预留洞中心线位置		15

注:检查轴线、中心线位置时,应沿纵、横两个方向量测,并取其中的较大值。

③ 拆除钢制大模板后,应及时清除燕尾槽PU硬泡板表面溢流的混凝土、水泥砂浆等污物,并保持板面洁净,为下步施工减少清理工序。

④ 拆除钢制大模板后,做好成品保护,应做到:

严禁对聚氨酯硬泡墙板踩踏、攀登、切割、掰动、撞击和靠墙堆放任何物质;

严禁在聚氨酯硬泡墙板附近吸烟、动明火和堆放易燃物质或化学物品;

严禁在聚氨酯硬泡墙板上绑扎、拉设、支设、安装各类器具和设施；

严禁电焊或其他等接触聚氨酯硬泡墙板的高温作业；

应保持聚氨酯硬泡墙板表面、钢筋清洁，不得喷洒水。

⑤ 不慎聚氨酯硬泡墙板受意外破损、松动或其他影响，应及时采取修复措施。

⑥ 拆除钢制大模后的现浇混凝土保温墙体，经检查修补后，重新挂垂直基准钢线和水平控制线，再做找平层、抗裂层和饰面层施工。

拆除模板时，避免损伤聚氨酯硬泡板，当一旦发生聚氨酯硬泡板材损坏时，视损坏面大小，应及时先用喷涂聚氨酯硬泡或单组分聚氨酯发泡补平，在补平泡处再补喷刷聚氨酯硬泡界面剂。如发现聚氨酯硬泡板面界面砂浆（聚氨酯硬泡界面剂）有损坏处，应补喷刷聚氨酯硬泡界面剂，或在工厂预制聚氨酯硬泡未喷刷聚氨酯硬泡界面剂，应在拆除模板后，进行整体喷刷，使整个聚氨酯硬泡板面及防火带不露底。

(9) 找平层施工

聚氨酯硬泡板材是工厂预制生产，因而泡体表面自身相对比较平整，当在前道工艺因施工而造成聚氨酯硬泡保温层的垂直度、平整度较差时，不必切削保温层，应在其泡体带有界面砂浆即聚氨酯硬泡界面剂的表面，直接采用无机轻体浆料（如胶粉聚苯颗粒浆料）做找平处理。

在进行大面找平层处理时，板材间的接茬缝不可忽视，可应用找平材料做密封，如缝隙较大时，应采用聚氨酯发泡剂进行发泡密封。

所使用找平层材料必须有成熟应用经验或依据，否则不得任意使用。当采用轻体无机浆料找平时，认真掌握该材料的性能和使用的具体技术要求后，经技术部门确认可用后，再按所选用无机轻质保温料的产品技术要求严格使用，如所规定的材料配制比例、投料顺序、搅拌时间等工艺要求拌制浆料，每次配制的浆料，应控制在规定时间内用完，如有过期、结块等失去性能不得使用。

(10) 涂料抗裂层施工

1) 在找平层（或无机浆料层）表面上，先抹一层 2～3mm 厚的抗裂砂浆，并压入耐碱玻纤网格布，待第一遍抗裂砂浆初凝后，再抹 1～2mm 厚的第二遍抗裂砂浆，并搓平压光。

2) 在门窗洞口四角处，抹第一遍抗裂砂浆后，沿 45°方向先压入尺寸为 300mm×400mm 的耐碱玻纤网格布，并在其上抹一薄层抗裂砂浆，再整个压入耐碱玻纤网格布。

3) 在首层外墙及要求抗冲击的部位，应采用双层耐碱玻纤网格布的增强做法，第一层耐碱玻纤网格布的单位面积质量不宜小于 $500g/m^2$，且应对接；第二层耐碱玻纤网格布的单位面积质量不小于 $160g/m^2$，并应采用搭接方式铺贴。

4) 一般部位抗裂层用耐碱玻纤网格布的单位面积质量应不小于 $160g/m^2$，且搭接；两块相邻耐碱玻纤网格布的搭接宽度不应小于 50mm。在搭接的两层耐碱玻纤网格布之间，应均匀满抹抗裂砂浆，严禁无浆搭接。

5) 在抗裂砂浆施工中，应先抹抗裂砂浆，后压入耐碱玻纤网格布，严禁先铺设耐碱玻纤网格布而后抹抗裂砂浆的做法。

6) 在阴角处的耐碱玻纤网格布应单面压茬搭接，其搭接宽度不应小于 150mm；阳角处的耐碱玻纤网格布应双向包角压茬搭接，搭接宽度不应小于 200mm。

在阴阳角处进行抗裂层施工时，应保证阴、阳角的方正和垂直度，严禁在阴、阳角处对接耐碱玻纤网格布。

7) 抗裂砂浆层应设置变形分格缝，分格缝的横、纵间距应不大于 6m，缝宽为 10~20mm，缝深为 10mm 左右，缝中宜嵌入 U 形塑料（或金属）护角，并用耐候密封胶做防水嵌缝处理。

8) 抗裂砂浆层施工完成后，经 24~48h 后，对其表面进行洒水养护 7~10d。每天洒水养护 3~5 次，当环境气温偏高时应适当增加洒水次数。

9) 在对特殊部位的抗裂层施工中，其边缘应做好防水处理。如墙面与屋面的交线附近、门窗洞口周围 500mm 范围内的抗裂砂浆层，所有的阴、阳角与其他材料和部件的接缝处及其边缘，均应在抗裂砂浆层养护干燥后，用喷雾器将预先配好的防水剂，均匀连续喷洒在这些部位的表面上，且喷雾量不应少于 $1.5kg/m^2$。

抗裂砂浆层经养护、干燥和验收后，再进行涂料饰面施工。

(11) 面砖抗裂层施工

1) 找平层经验收后，在其表面安装热镀锌钢丝网，并用塑料锚栓将其锚固在基层上。

2) 塑料锚栓纵横间距应不大于 500mm，且应梅花状布置，与基层的锚固深度不应小于 30mm。在外墙的阳角及洞口边缝处，塑料锚栓距边缘的间距不应大于 200mm。

3) 热镀锌焊接钢丝网的钢丝直径应为 $(0.9±0.04)$ mm，网孔为 10~15mm。

4) 裁剪的热镀锌焊接钢丝网的长度不宜超过 3m。

5) 在边角处用的热镀锌焊接钢丝网应预先预制成直角，然后再安装。

6) 裁剪的热镀锌焊接钢丝网，不得将网形折成死角，铺贴过程中不应形成网兜，网张开后应顺方向依次平整铺贴安装。

7) 相邻两热镀锌焊接钢丝网间应搭接，搭接宽度不应小于 4 个网格，搭接处的最多搭接层数应不多于 3 层，搭接处用绑线将搭接的热镀锌焊接钢丝网一起绑牢，热镀锌焊接钢丝网的不平处应采用 U 形钢丝卡卡压平整并固定。

8) 窗口侧面、女儿墙、沉降缝等的热镀锌焊接钢丝网的收头处应采用水泥钢钉加钢压片与基层固定。

9) 当基层为轻质混凝土、空心砖或空心混凝土砌块时，应采用回拧锚固型锚栓将热镀锌焊接钢丝网与基层锚固，其单位面积的锚栓用量可通过试验确定，且最少用量应不少于 7 个$/m^2$。

10) 抹抗裂砂浆层

①将拌好的抗裂砂浆抹压在已安装并检查合格的热镀锌焊接钢丝网上，第一遍抹压的抗裂砂浆应与其基层紧密粘结，且厚度应与热镀锌焊接钢丝网表面一致。待抗裂砂浆初凝后再抹第二遍，并刮平搓实，拉出原浆，保持毛面，抗裂砂浆层的总厚度为 6~8mm。

②待已涂抹的抗裂砂浆料初凝后，应对其平整度、空鼓等进行检查，发现问题应及时处理。

③在初凝后的抗裂层表面上喷水养护 5~7d，然后再做面砖饰面施工。

(12) 涂料饰面施工

1) 在经养护、干燥、验收的抗裂层上，用靠尺对抗裂层表面进行找平检验，对局部不平整处，刮涂柔性耐水腻子进行找平处理，并在柔性耐水腻子未干硬前进行打磨找平，使之达到平整度的要求。

2）在局部找腻子打磨找平完成后，开始大面积刮涂柔性耐水腻子。柔性耐水腻子分两遍刮涂，前、后遍刮涂的方向应互相垂直，使腻子干燥后能紧密结合不分层，并控制每遍刮涂厚度控制在 0.5mm 左右，不得通过一次刮涂而达到最终厚度，以免形成空鼓或与基层结合不牢。待柔性耐水腻子干燥后再涂刷弹性底层涂料。

3）涂制弹性底层涂料时，采用优质短毛滚刷，涂刷前应采用墙面分线纸做好分格处理（或与抗裂层的分格线一致），每次涂刷一满格，涂刷时用力均匀适当，避免在底层涂料表面上出现明显的涂刷痕迹。弹性底层涂料可涂刷一至两遍，应达到涂刷均匀，待底涂干燥后，再用造型滚筒滚涂饰面涂料。

4）滚涂饰面涂料时，蘸料应均匀，按涂刷方向涂刷，并且要一次涂成，使饰面涂料与弹性底层涂料达到紧密结合。

（13）面砖饰面施工

1）在经养护、验收的待贴面的抗裂层上，采用专用面砖粘结砂浆粘贴饰面砖。

2）粘结饰面砖的砂浆厚度应控制在 3~5mm，面砖间的缝隙宽度不得小于 5mm。

3）饰面砖的勾缝应采用防水透汽型专用面砖勾缝料，其压折比不应大于 3.0。

4）面砖饰面的墙面应设变形分隔缝，变形分隔缝的纵、横间距不应大于 6m。变形分隔缝缝宽为 15~20mm，缝深应略大于面砖的厚度。

5）在变形分隔缝处宜嵌入相应规格的金属或塑料护角处理，并用耐候密封胶防水嵌缝。

（14）施工安全要求

1）施工者应戴全劳保用品，施工现场应有安全防护设施，杜绝高空坠落。

2）施工现场严禁吸烟、动火。

3）吊装设备、脚手架、模板支护等设施，安装应合理、牢固、安全可靠。塔吊等设备（设施）经调试运行安全无误、可靠，并配备专职安全检查和维修人员。

4）应做到文明施工，严禁向下抛扔包装物、重物和工具。

（四）工程质量控制

聚氨酯硬泡板现浇混凝土保温工程，该工程按隐蔽工程进行工程质量控制和验收，并与主体结构共同验收。墙体保温工程验收包括：PU 硬泡板材的质量和保温施工的成套技术。如验收时包括 PU 硬泡板材的安装、找平层、抗裂砂浆涂抹、压实、搓平、耐碱玻纤网格布及热镀锌焊接钢丝网铺设、锚固件安装、热桥处理、变形分格缝处理和饰面层。

1. 主控项目

（1）聚氨酯硬泡板材、配件规格（含长度、宽度、厚度）、喷刷界面砂浆，质量标准应符合设计要求。

检验方法：对照设计和施工方案，观察、检查、尺量，核查质量证明文件。

检查数量：按进场批次，每批随机抽取 3 个试样进行检查，质量证明文件应按照其出厂检验批进行核查。

（2）聚氨酯硬泡板材（或找平层采用的无机保温浆料）导热系数、密度、抗压强度应符合设计要求。

检验方法：核查质量证明文件及进场复验报告。

检查数量：全数检查。

（3）基层界面剂、增强、粘结强度、锚固等配套材料，进场时应见证取样复验。如增强用耐碱玻纤网格布的力学性能和抗腐性能、热镀锌焊接钢丝网的焊点抗拉力、镀锌质量；墙体基层界面剂和 PU 硬泡表面界面剂性能。

（4）抗裂砂浆、面砖粘结砂浆、饰面砖，其冻融试验结果应符合当地最低气温的环境要求。

检验方法：核查质量证明文件。

检查数量：全数检查。

（5）热镀锌焊接钢丝网每平方米用的锚固数量、位置、锚固深度和拉拔力应达到设计要求。后置锚固件应进行锚固力现场拉拔试验。

检验方法：观察，手扳检查，粘结强度和锚固力核查试验报告。

检查数量：每个检验批抽查不少于 3 处。

（6）聚氨酯硬泡板材安装位置应正确、接缝严密，在浇筑混凝土过程中不得有位移、变形，保温板表面采用界面剂处理后，能与混凝土粘结牢固。

检验方法：观察检查，核查隐蔽工程验收记录。

检查数量：全数检查。

（7）抗裂层、饰面层施工，应达到设计要求。

1）抗裂层、饰面层的基层应平整、洁净，无空鼓、无脱层、无裂纹，基层含水率应符合饰面层施工的要求。

2）饰面砖应做粘结强度拉拔试验，试验结果应符合设计要求和有关标准规定。

3）保温层及饰面层与其他部位交接的收口处，不得有热桥、渗水，应采取保温、防水密封措施。

检验方法：观察检查，核查试验报告和隐蔽工程验收记录。

检查数量：全数检查。

（8）门窗洞口四周墙面、凸窗四周墙面及悬挑的混凝土构件、女儿墙等热桥部位，按设计要求施工，达到无渗水、无热桥。

检验方法：对照设计和施工方案观察检查，核查隐蔽工程验收记录。

检查数量：按不同热桥种类，每种抽查 20%，且不少于 5 处。

（9）防火带的防火等级（燃烧性能为 A 级）、宽度和设置间距符合设计要求。

检验方法：防火等级应检查测试报告，其他观察检查。

2. 一般项目

（1）进场的聚氨酯硬泡板材和配件，其外观和包装应完整无损，且应符合设计要求和产品标准要求。

检验方法：观察检查。

检查数量：全数检查。

（2）耐碱玻纤网格布、热镀锌焊接钢丝网的铺贴和搭接应符合设计和施工方案要求。

1）抗裂砂浆抹压应密实，无空鼓；

2）耐碱玻纤网格布、热镀锌焊接钢丝网的铺贴不得有皱褶和外露。

检验方法：观察检查，核查隐蔽工程验收记录。

检查数量：每个检验批抽查不少于 5 处，每处不少于 $2m^2$。

（3）施工所产生的墙体缺陷，如穿墙套管、脚手架、孔洞等，应按施工方案采取隔断热桥的措施，以达到不影响墙体的热工性能。

检验方法：对照设计和施工方案观察检查。

检查数量：全数检查。

（4）当采用无机轻质保温浆料为找平层施工时，保温层应连续，厚度均匀，接茬应平顺密实。

检验方法：观察、尺量检查。

检查数量：每个检验批抽查10%，且不少于10处。

（5）墙体上易被碰撞的阳角、门窗洞口及不同材料的交接处等特殊部位，达到防止开裂和破损的加强措施。

检验方法：观察检查，核查隐蔽工程验收记录。

检查数量：全数检查。

二、钢丝网架聚氨酯硬泡板现浇混凝土系统

钢丝网架聚氨酯硬泡板现浇混凝土保温系统施工与外墙主体同时进行。钢丝网架聚氨酯硬泡板通过在工厂预制、加工完成。在预制板材中，在保证力学性能要求的前提下，尽可能限制每平方米所加腹丝数量，以免增加腹丝带来热桥影响。采用该法的施工工艺，提高板材与混凝土黏合的有效强度。

（一）材料技术要求

1. 钢丝网架聚氨酯硬泡板质量要求

（1）钢丝网架聚氨酯硬泡板质量要求如表3-103所示。

表3-103 钢丝网架聚氨酯硬泡板质量要求

项　目	质　量　要　求
凹凸槽	钢丝网片一侧的PU硬泡板面上凹凸槽宽20～30mm，槽深10±2mm，槽中距50mm
企口	PU硬泡板两长边设高低槽，宽20～25mm，深1/2板厚
PU硬泡板对接（每块网架板）	板长≤3000mm时，板对接不应多于两处，且对接处需用胶粘剂粘牢
焊点拉力	抗拉力≥330N，且无过烧现象
镀锌低碳钢丝	用于钢丝网片的镀锌低碳钢丝直径为2.0mm、2.2mm，用于斜插丝的镀锌低碳钢丝直径为2.2mm、2.5mm，允许偏差为±0.5mm
焊点质量	网片漏焊、脱焊点不超过焊点数的8%，连续脱焊点不应多于2点，板端200mm区段内的焊点不允许脱焊、虚焊，斜插丝脱焊点不应超过3%
斜插钢丝（腹丝）密度	100～150根/m²
斜插钢丝与钢丝网片夹角	60°±5°
钢丝挑头	网边挑头长度≤6mm，钢丝网面的斜插钢丝挑头≤6mm
穿透板的钢丝挑头（无钢丝网面）	当板材厚度≤100mm时，穿透板挑头离板面垂直距离应≥35mm；当板材厚度>100mm时，穿透板挑头离板面垂直距离应≥40mm

注：（1）钢丝网的横向钢丝应对准板材横向凹槽中心；
　　（2）钢丝网架PU硬泡板的试验方法按《钢丝网架水泥聚苯乙烯夹芯板》（JC623）相应条款。

(2) 与钢筋的混凝土保护层厚度相等的砂浆垫块。

(二) 设计技术要点

参照本节中一、（二）设计技术要点。

(三) 施工

1. 施工准备

参照本节中一、（三）施工准备。

2. 施工工艺

(1) 涂料饰面施工工艺流程如图 3-174 所示。

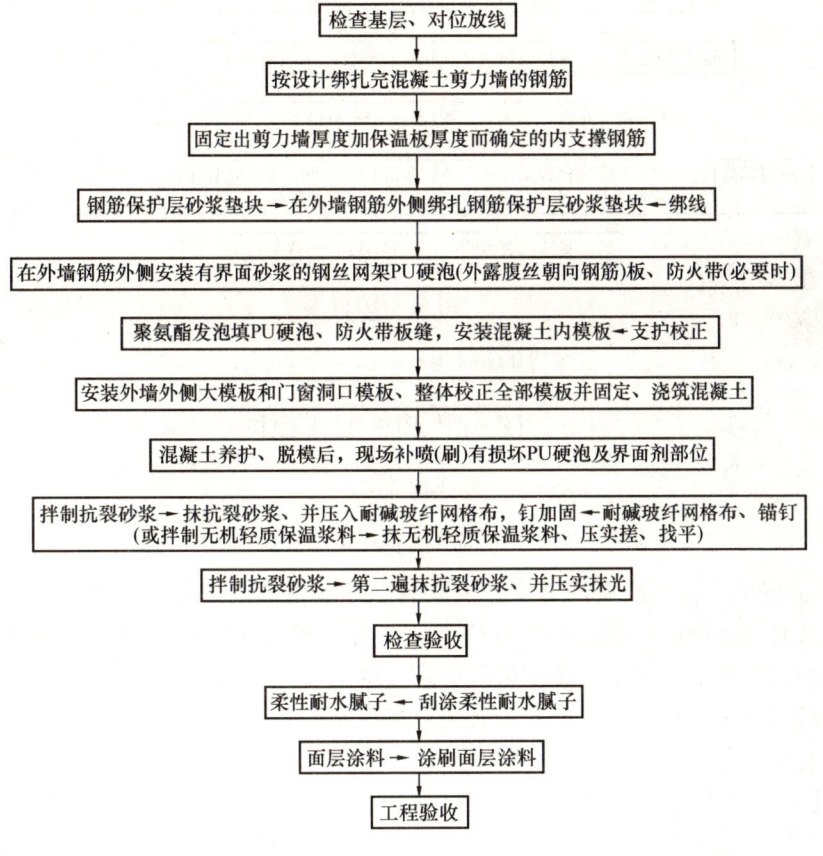

图 3-174　涂料饰面施工工艺流程

(2) 面砖饰面施工工艺流程如图 3-175 所示。

3. 操作工艺要点

(1) 安装钢筋保护层垫块

在现浇混凝土外墙的钢筋经验收合格后，安装钢筋保护层垫块，采用绑线将预制的（与钢筋的混凝土保护层厚度相同的）砂浆垫块绑扎在外墙钢筋的外侧，其绑扎数量按不少于 4 个/m² 使用。

(2) 安装钢丝网架聚氨酯硬泡板

1) 裁剪钢丝网架聚氨酯硬泡板，按照建筑外墙及特殊节点的形状和尺寸，在现场将钢丝网架聚氨酯硬泡板裁好，裁剪时应先剪断钢丝网。然后再裁板，裁板时避免碰掉板材边角。

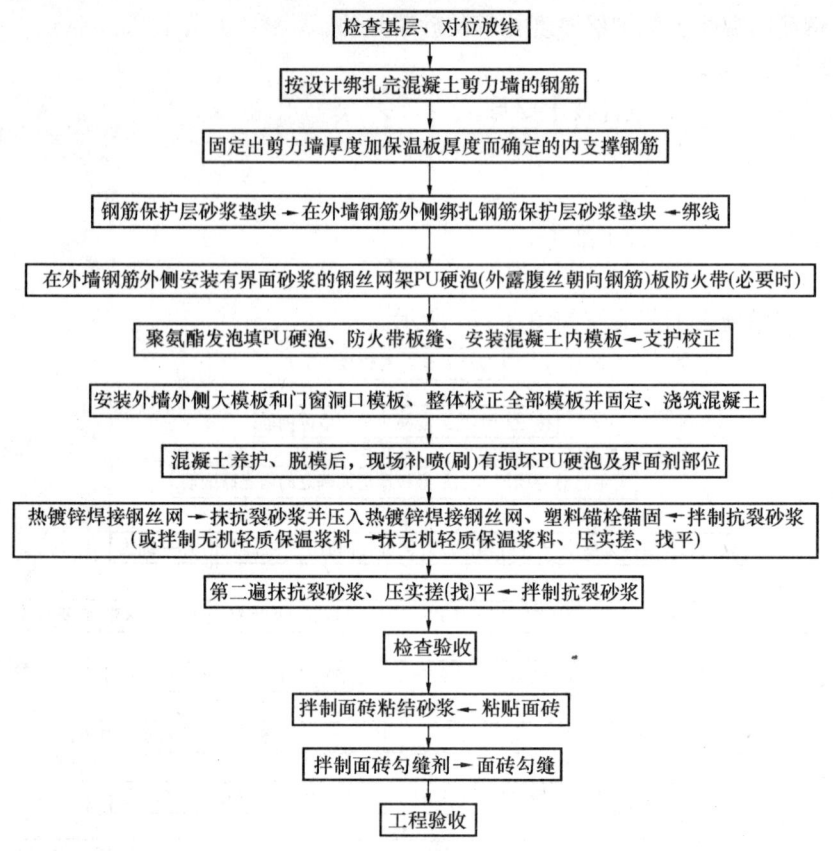

图 3-175 面砖饰面施工工艺流程

2）将已裁好的钢丝网架聚氨酯硬泡板安装在外墙钢筋的外侧，且将钢丝网架聚氨酯硬泡板有槽面（有钢丝网的一面）朝向外模一面，即外露的 40mm 长的斜插腹丝朝向混凝土一面。相邻两块钢丝网架聚氨酯硬泡板间达到接缝紧密。

首层钢丝网架聚氨酯硬泡板的安装必须严格控制在同一条水平线上，并保证其板端水平和长边的垂直度。

3）绑扎钢丝网架聚氨酯硬泡板，在有混凝土垫块的对应位置处，应采用 U 形 8 号低碳钢丝穿过钢丝网架聚氨酯硬泡板，将钢丝网架聚氨酯硬泡板与墙体钢筋绑扎牢固。

4）钢丝网架聚氨酯硬泡板间的接缝处理：

①在钢丝网架聚氨酯硬泡板间的接缝处，应沿缝附加钢丝平网，钢丝平网在缝每边的搭接宽度不应小于 100mm，并用绑线将搭接的平网与钢丝网架聚氨酯硬泡板上的钢丝网绑扎牢固。

②在钢丝网架聚氨酯硬泡板阴阳角接缝处，附加在工厂预制的钢丝网角网，其角短边长不应小于 100mm，长边长为 100mm＋聚氨酯板的厚度，并用绑线将搭接的钢丝角网与钢丝网架聚氨酯硬泡板上的钢丝网绑扎牢固。

（3）安装、校正、固定钢制大模板。混凝土浇筑、混凝土养护、拆除钢制大模板等，其技术要求、工序、工法，参照本节中一、（三）3.操作工艺要点。

（四）工程质量控制

同本节一、（四）工程质量控制要求。

第四章 聚氨酯硬泡夹芯复合墙体系统施工

聚氨酯硬泡夹芯复合墙体保温（即外墙复合墙体保温），是采用聚氨酯硬泡材料与轻质墙体材料共同构成的夹芯保温复合墙体，属于"二硬夹一软"的三明治的作法。

聚氨酯硬泡夹芯复合墙体保温是将聚氨酯硬保温材料（聚氨酯硬泡板或聚氨酯树脂液料发泡），置于同一外墙的内叶、外叶墙之间，内叶主体墙可为各种砌体墙，也可为钢筋混凝土墙，外叶墙可为烧结多孔砖、混凝土多孔砖、混凝土小型空心砌块等各类块材。

在内外叶墙有连接件进行拉结部位、钢筋混凝土圈梁、过梁、柱、构造柱等的外侧在墙体存在热桥，即对外墙上的混凝土部件进行保温，防止这些部件的内表面在冬季出现结露。

如在热桥部位处理不当，这种砌体夹芯外保温墙体结构在严寒地区达不到65%的节能率，因此必须在结构上采取措施。

第一节 砌体夹芯聚氨酯硬泡板复合墙体系统

一、夹芯复合墙体特点及适用范围

1. 特点

(1) 外墙复合墙体保温系统，施工快捷方便、抗震性能强。

(2) 饰面施工不受限制，适用地区广。

(3) 混凝土空心砌块本身具有强度高、质量轻、墙体薄、结构荷重小的特点，同时具有多种强度（包括承重、非承重等）等级和配块，砌筑方便灵活。

(4) 保温复合墙具有综合造价较低、施工快捷方便、整体性好等优点。

(5) 饰面施工质量比较可靠，发生饰面脱落导致质量事故相对少。另外，复合墙体采用承重墙体与高效保温材料组成，能承重，又有良好的保温隔热效果。

2. 适用范围

(1) 抗震设防烈度≤8度地区，框架结构、普通民用建筑外围护墙体结构。

(2) 适用于全国严寒和寒冷地区及其他各地区民用、公用节能结构使用。

二、材料要求与设计要点

1. 材料要求

(1) 聚氨酯硬泡板材技术性能。

聚氨酯硬泡板材技术性能要求，同表3—90 外墙用聚氨酯硬泡板的物理性能（GB50404—2007）。

(2) 外叶墙块体材料的强度等级不应小于MU10，且软化系数及碳化系数应不小于0.9。块材用强度等级不低于M5.0的砂浆砌筑（其中混凝土块材必须采用专用砂浆砌筑）。

(3) 内外叶墙体的拉结件必须进行防腐处理，即热浸镀应≥290g/㎡。对安全等级为一级或使用年限大于50a的房屋内外叶墙宜用不锈钢拉结件。

(4) 燃烧性能为A级的板状保温材料防火隔离带。

2. 设计要点

(1) 基本要求

1) 保温层与外叶墙间应设置空气间层，其厚度不应小于20mm（这是排除夹层内湿气及水分的必要措施，否则会造成保温层失效和外叶墙开裂，严重影响墙体质量，造成夹芯复合墙的室内结露、墙上长毛，墙外侧开裂渗水），且在楼层处采取排湿构造措施。

2) 多层及高层建筑的夹芯墙，其外叶墙应由每层楼板托挑。在严寒和寒冷地区，外露托挑板应采取有效的外保温措施。

3) 外叶墙上不得吊挂重物及承托悬挑构件。

4) 当内、外叶墙竖向变形相差较大或内、外叶墙为不同材料时，应在每层外叶墙顶部设置水平控制缝；墙体高度或厚度突变处应在门窗洞口的一侧或两侧设置竖向控制缝。

5) 房屋阴角处的外叶墙（除建筑物尽端开间外）宜设置竖向控制缝。三层及三层以上的房屋可仅在一至二层和顶层墙体设置控制缝。

6) 楼、地面、屋面的竖向定位在结构面标高，即圈梁顶面与楼、屋面板取平。

7) 在屋盖及每层楼盖处的各层纵横墙设置现浇钢筋混凝土圈梁，且圈梁应闭合，遇有洞口时应上下搭接。

8) 夹芯保温墙设置的芯柱、构造柱，在圈梁交接处，纵筋应穿过圈梁，与各层圈梁整体现浇，保证上下贯通。芯柱、构造柱可不单设基础，但应伸入室外地面以下500mm，或与埋深小于500mm的基础圈梁连接。

9) 墙体应设计耐火极限。夹芯墙保温板紧密衔接、紧贴内叶墙。外叶墙内侧的空气层厚度不宜小于20mm，拉结钢筋网片或拉结件应压入保温板内。

夹芯墙采用现场注入聚氨酯硬泡发泡保温材料时，夹芯层不设空气层。

10) 在严寒及寒冷地区外窗不宜设计成飘窗形式，尽量减少热损失。

11) 根据楼层总高度在内叶墙处，即在聚氨酯硬泡板中间设置防火隔离带。

12) 结构设计：

①内叶墙可采用各种砌体墙或混凝土墙，外叶墙可采用烧结砖或混凝土多孔砖、混凝土小型空心砌块、蒸压砖等块材。

②中高层建筑外叶墙上所承受的风荷载，应按高层建筑维护构件所受的风压进行计算。

③应考虑内、外叶墙变形不协调的影响，多孔（空心）块材墙体内拉结筋的锚固长度，应按实际情况进行计算。

④钢筋穿过夹芯保温层对保温性能的影响。在砖砌体夹芯外保温墙体结构中，由于建筑结构的需要，需设置一定直径的拉结钢筋把内、外叶墙拉结成稳固的整体。这些拉结钢筋都穿透夹芯板保温层，因钢筋的导热系数比夹芯保温板导热系数高1000多倍，因拉结钢筋的存在而导致降低保温板原有的保温性能。

当对面积为3.6m×2.8m的薄壁混凝土岩棉复合墙体（墙中有$\Phi 8$的56根钢筋拉结）冷桥影响进行能耗的分析时，经实际测试得出结论是：采用拉结钢筋所产生冷桥的能耗比无冷桥的能耗约增加35.6%。

⑤砌体夹芯保温墙体热工性能。我国南、北方气候差异较大,在砖砌体夹芯体保温墙体构造中,砖和聚氨酯硬泡材料的品种较多,设同一聚氨酯硬泡材料取不同厚度进行建筑热工计算,并把内、外叶墙及其抹灰层的热阻,以及内表面空气的换热阻和外表面空气的换热阻,一并计入对应的保温层(厚度)的传热阻中,再求出相应的传热系数选用。

⑥聚氨酯硬泡材料的导热系数与其修正系数的乘积,就是该保温材料的计算导热系数。

聚氨酯硬泡材料的计算导热系数是按《民用建筑热工设计规范》取值,再乘以穿透钢筋的影响系数后,再进行最后计算。

(2)细部构造

1)细部构造示意如图4-1~图4-4所示。

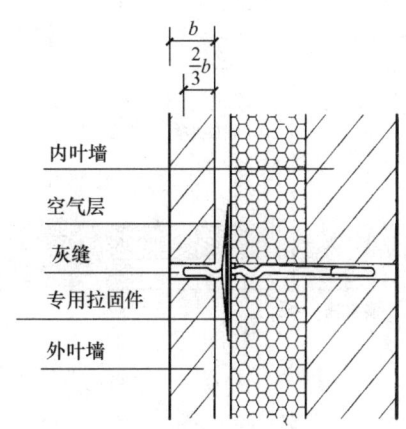

图4-1 聚氨酯硬泡板拉固示意

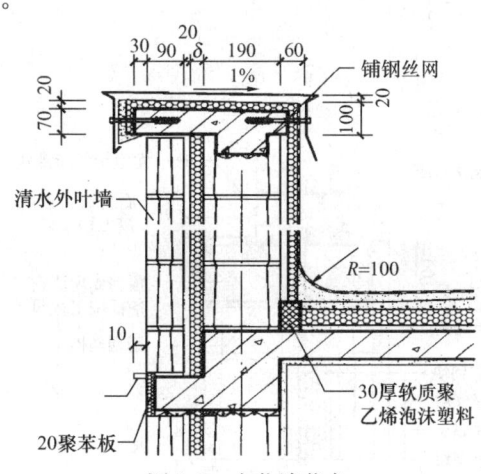

图4-2 女儿墙节点

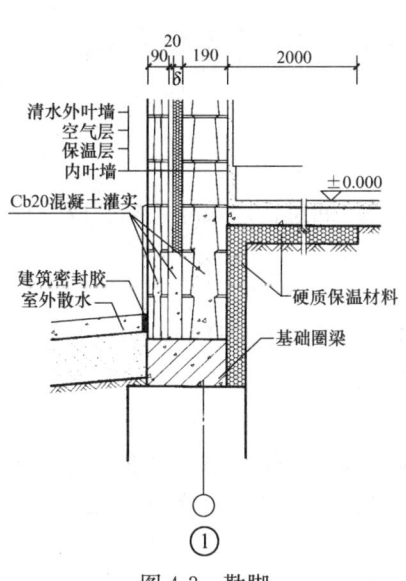

图4-3 勒脚

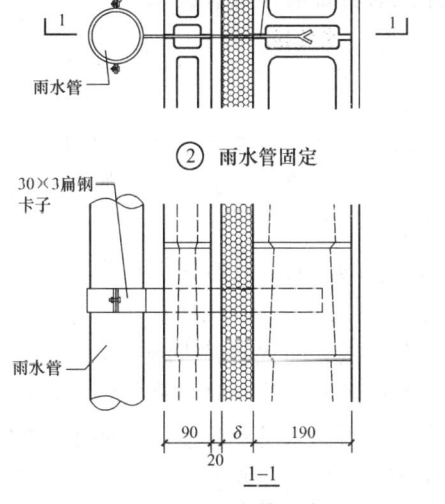

图4-4 雨水管固定

2)窗口节点如图4-5所示。

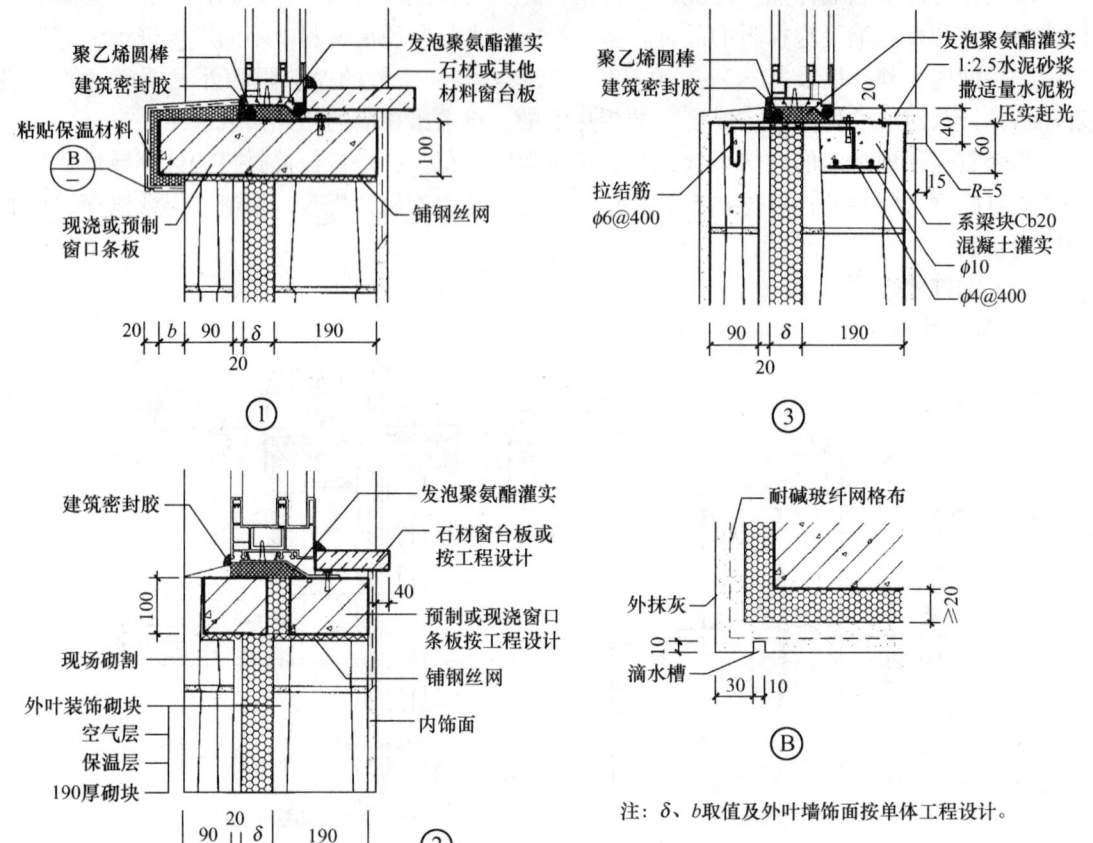

图 4-5 窗口节点

三、砖砌体夹芯复合墙体系统施工

1. 施工准备

（1）技术准备

熟悉设计图纸，掌握复合墙体各部分的构造和门窗洞口的位置、尺寸、标高以及拉结钢筋设置等方面的具体要求等，确定保温板的规格尺寸。

（2）材料准备

按设计要求材料的材质、技术性能、规格尺寸准备材料，按工程计划组织材料进场。运进施工现场的砖，必须按品种、规格和强度等级分别堆放，以免用错。

聚氨酯硬泡保温板、防火隔离带材料，在装车、运输、存放过程中，板下应垫平、垫实，分层摆放，防止雨淋。装卸时应轻搬轻放，堆放应整齐，避免破损、受潮或雨水浸泡。

在水泥砂浆中所用的水泥，应使用近期生产的水泥砌筑，不得使用过期或结块水泥。砌筑砂浆强度级别必须满足设计要求。

内、外叶墙的拉结钢筋必须具有可靠的防腐能力。应对预应力混凝土空心板两端外露的预应力钢筋进行修整，防止损坏保温板。

（3）工具准备

除砌筑必用的常规瓦工工具外，按保温材料性质准备现用的裁切刀具等。

(4) 施工条件

施工环境温度宜在0℃以下，在负温下砌筑施工时应采取防冻措施，当日最低气温高于或等于－15℃施工时，采用抗冻砂浆的强度等级应按常温施工提高一级，气温低于－15℃时，不得进行施工。

2. 施工工艺

在砖砌体夹芯外保温墙体工程的施工中，墙体上不宜预留孔洞，不应设置脚手架眼。砌筑时应按设计要求的层高、块型、灰缝厚度、门窗洞口等进行皮数杆设计，其有效间距不宜大于15m，且在阴、阳角处应增设皮数杆，确保挂线砌筑的准确性。

砌筑外叶墙时，应在外侧挂线；砌筑内叶墙时，应在内侧挂线。砖砌体夹芯外保温墙体的外叶墙和内叶墙必须同步砌筑，并保证砂浆饱满。

砌筑高度应按设计构造要求及保温板的规格等因素沿高度方向分段砌筑。每段砖砌体夹芯保温墙体施工顺序应按相应操作技术规程进行。

(1) 工艺流程

内叶墙→保温层（防火隔离带设置）→外叶墙→拉结钢筋

(2) 操作工艺要点

内叶墙、保温层（防火隔离带设置）、外叶墙和拉结钢筋四道工序必须连续作业施工，使内、外叶墙达到同一标高，并设置拉结钢筋。

①砌筑内叶墙

砌筑从转角定位开始，砌内叶墙采用"一顺一丁"的形式，各皮砖的标高应与外叶墙相应皮数的标高一致。每段内叶墙砌完后，应检查墙面的垂直度和平整度（留空气层），随时纠正偏差。砌内叶墙达到一定高度并合格后，开始粘贴保温板。

②固定保温板（防火隔离带设置）

保温板（防火隔离带设置）按墙面尺寸及拉结件竖向间距裁割，现场裁切保温板时，必须用专用刀具裁切，严禁用灰铲砍切。

保温板（防火隔离带设置）由一侧开始从下至上进行安装，压入拉结件，使板缝紧密。上下保温板间竖缝应错开不小于100mm的错缝，板缝处宜用胶带粘贴固定。

在外墙转角部位，上下保温板应压槎错缝搭接，保温板端面涂胶与邻板粘牢后，用胶带粘贴固定板缝。外墙阴角及丁字墙处夹芯层内保温材料应保持连续，避免产生热桥。

在安装聚氨酯硬泡保温板时，保温板水平缝要挤紧，竖向缝应错开，竖直缝处做好聚氨酯硬泡保温板的L形或板的外缘沿短边方向切成45°斜角错口搭接，不得留有空隙。每块保温板两侧边应切割成45°坡口，确保保温板四周接缝挤紧严密，一旦保温板间出现空隙、缺欠，应用聚氨酯硬泡发泡剂发泡补严或用同厚度保温板条料塞严。

安装保温板时还应采取临时固定措施，防止保温板歪斜或倾倒。当一段外叶墙砌完后，必须随即清除落在已夹砌好的保温板上的砂浆，防止砂浆粘结在保温板上，使保温层出现空隙，产生冷（热）桥。

施工当中避免雨雪进入空腔，防止保温板受潮。每安装好一段保温墙，应经质量检查合格并做好隐蔽工程记录后，方可砌筑外叶墙。

③砌外叶墙

砌外叶墙时,应先砌筑好摆底砖,务必使拉结件在外叶墙的灰缝中,外叶墙砌筑宜比内叶墙滞后一个拉结件的竖向间距。砌外叶墙至内叶墙齐平后放置防锈拉结钢筋网片或拉结件。

砌筑承重内叶墙时,拉结件不应置于竖缝处,内外叶墙片间的水平缝和竖缝应随砌随原浆刮平勾缝,防止砂浆、杂物落入两片墙的夹缝中。

外叶墙宜采用顺墙形式砌筑,竖缝应错开。在门窗洞口转角处应设阳槎与内叶墙搭接。外叶墙竖向灰缝应采用挤浆法和加浆法,使竖缝砂浆饱满密实。每段外叶墙砌完后,应检查墙面的垂直度和平整度,并随时纠正偏差,在外叶墙的内侧面应随砌随用原浆勾缝刮平,清除凸出墙面的砂浆,严禁事后砸墙。

夹芯墙的外叶墙为清水墙面时,外露墙面应由装饰砌块所组成;门窗洞口的现浇(或梁上的挑板)应适当凹入墙面,使其表面贴饰面砖后与相邻墙面平齐。

砌筑水平和竖向灰缝的饱满度不应低于90%。砌筑或调位时,砂浆应处于塑性状态,严禁用水冲浆灌缝。

每日砌筑一步脚手架的高度,不得在墙中留脚手架孔。

④拉结筋

设置在内、外墙间的拉结钢筋直径为6mm,形状为Z形。拉结筋在墙面上应为梅花形设置,其竖向和水平向的间距不宜大于500mm和1000mm;拉结筋的直钩应水平搁置在内、外叶墙上,其搁置长度宜分别为180mm和60mm(不含直钩长度);内外叶墙间的拉结钢筋不应与墙、柱拉结筋搁置在同一条缝内;在砖墙上的所有拉结筋均应埋置在砂浆层中。

⑤墙体特殊部位施工技术要求

底层保温板应从防潮层上开始安放。门窗洞口边,外叶墙应设阳槎与内叶墙搭接,且应沿竖向每隔300mm设置"匚"形拉结钢筋。

外墙窗台下应做好防水、防渗处理,宜设高为40~60mm、宽度与外墙一致、长度为窗洞宽2×250mm、强度等级为CL15的轻集料混凝土(如火山渣混凝土、陶粒混凝土)现浇板带。

门窗洞口的预埋木砖、铁件等应采用与砖厚度一致的规格;外墙上的圈梁及过梁的挑耳外侧应采用保温条板(如钢丝PU硬泡板或憎水珍珠岩块等)进行保温,且在浇灌混凝土前设置,避免事后填塞。

在过梁内侧应抹30mm左右厚度的保温砂浆,代替该处的石灰水泥砂浆;构造柱与内外叶墙的连接应符合设计要求和有关规定。构造柱部位内、外叶墙的砌筑砂浆强度应大于1MPa,且外叶墙能承受住混凝土产生的侧压力时方可浇筑混凝土;楼梯间墙体槽口的背面,应在混凝土框施工前或表箱安装前设置保温板。

砌体施工分段位置宜设在伸缩缝、沉降缝、防震缝、构造柱或门窗洞口处。相邻施工段的砌筑高度差不得超过一个楼层高度,也不能大于4m。

洞口、槽沟和预埋件等,在砌筑时预留或预埋,严禁在砌好墙体上剔凿或钻孔。固定膨胀螺栓的部位应采用混凝土灌实。

四、混凝土空心砌块夹芯复合墙体系统施工

混凝土空心砌块夹芯板复合墙体保温(简称砌块夹芯外保温墙体),其外叶墙和内叶墙是采用混凝土空心砌块,在两层混凝土空心砌块中夹一层聚氨酯硬泡板所构成。

在施工时，外墙的内、外叶墙多采用承重混凝土空心砌块，在高层框架建筑和其他框架建筑中，都采用非承重混凝土空心砌块作外墙的内、外叶墙。保温层把外墙上的钢筋混凝土柱、构造柱、圈梁、过梁等都同时进行保温，共同构成砌块夹芯外保温墙体系统。

1. 施工准备

(1) 技术准备

熟悉工程设计图纸，认真掌握墙体各部位构造、芯柱及门窗洞口位置以及所用小砌块、砌筑砂浆、芯柱混凝土的强度等级及具体要求，掌握保温板材的主要性能和安装要点。

(2) 材料准备

1) 混凝土空心砌块、装饰砌块等品种、规格、质量和砌筑砂浆的强度等级应符合设计要求。

2) 芯柱混凝土应按《混凝土小型空心砌块灌孔混凝土》(JC861)标准，其强度等级、坍落度等必须满足设计要求。

3) 拉结筋应有防腐功能，其规格应符合设计要求。

4) 保温板应按相应保温材料的标准执行，其规格及物理性能必须符合设计要求，进入现场的保温板材应有产品合格证。

根据设计图纸，按墙面、门窗洞口尺寸及拉结钢筋的设置要求，确定保温板材的现场加工尺寸。

(3) 工具准备

施工前准备好用作砌筑的专用工具。

2. 施工工艺

(1) 工艺流程

砌块夹芯复合墙施工时，其砌筑高度应按拉结钢筋位置确定，并沿高度方向分段砌筑。每段夹芯复合墙按内承重墙→聚氨酯硬泡板→外围护墙→拉结钢筋的循环顺序连续施工。

(2) 操作工艺要点

1) 混凝土小型空心砌块夹芯外保温墙体应在地基或基础工程验收后，方可施工。

2) 基础施工前，应用钢尺校核房屋的放线尺寸，放线尺寸不得超过允许偏差。

3) 砌完基础后，应在两侧同时填土，并分层夯实。当两侧填土高度不等或仅能一侧填土时（如地下室墙等），其填土时间、施工方法、顺序等应保证墙体不致破坏或变形。

4) 夹芯复合外墙由内往外的材料组成分别为混凝土空心砌块承重墙、保温板、混凝土空心砌块（饰面块）围护墙。墙体施工时，内外二叶墙体必须连续砌筑，并用钢筋把内叶墙拉结成整体，不得间断施工。

5) 砌体内不宜设置脚手架，如必须设置时，可用190mm×190mm×190mm小砌块侧砌，利用其孔洞做脚手眼，砌完后用C15混凝土灌实。

复合外墙砌筑时宜搭设内脚手架，在墙体下列部位不得设置脚手眼：宽度不大于800mm的窗间墙；过梁上部，与过梁或60°角的三角形及梁跨度1/2范围内；梁和梁垫下及其左右50mm范围内；门窗洞口两侧200mm内和墙体交接处400mm的范围内。

6) 砌筑内、外叶墙，安装保温板和拉结钢筋的技术，同本节三、2中的有关技术要求。

五、质量标准

（1）主控项目

1）砖的品种、规格、强度等级必须符合设计要求及有关规定。

检查方法：观察检查，检查出厂合格证或试验报告。

2）砂浆品种、强度等级必须符合设计要求和有关规定。

检查方法：检查试验强度及试验报告。

3）砖砌体（包括接槎部位）的竖向灰缝密实饱满，无透亮及明显空隙，水平灰缝砂浆饱满度不小于85％。

检查方法：用百格网和观察检查。

4）聚氨酯硬泡板的规格、密度、导热系数及其他必须符合设计要求和有关标准的规定。

检查方法：尺量、检查出厂合格证及复试报告单。

5）安装的每块聚氨酯硬泡板，其水平、竖向接缝必须严密，接触面无错位。

检查方法：观察、查看施工隐蔽验收记录。

6）连接内、外叶墙的拉结钢筋规格、尺寸、防腐处理，必须符合设计要求及有关规定。

检查方法：观察、查看施工隐蔽验收记录。

（2）一般项目

1）砖砌体的基本项目要求及评定同《建筑工程施工质量验收统一标准》（GB 50300）中的"砖砌工程的基本项目"。

2）聚氨酯硬泡板应平直规方，无破损、坡棱、圆角。

检查方法：观察。

3）聚氨酯硬泡板与砖墙应靠紧、稳固、接缝处应无杂物。

检查方法：观察和用手触碰。

（3）允许偏差项目

1）砖砌体夹芯保温墙体中的砖砌体，应符合《建筑工程施工质量验收统一标准》（GB 50300）中的允许偏差项目的要求。

2）聚氨酯硬泡板的接缝局部缝隙宽度不大于2mm。

第二节　空心墙体浇注聚氨酯硬泡复合墙体系统

在建筑外墙的空腔（夹层）中采用灌（浇）注聚氨酯硬泡施工技术，聚氨酯硬泡体处在墙体中间，施工后为全封闭系统。该系统技术克服了利用传统农作物壳类和其他散状等保温材料填充的许多不足，灌（浇）注聚氨酯硬泡液体料在墙体空腔中自由膨胀填充任意缝隙、空间。

用夹芯板与填充发泡方式在同等条件下，在夹芯复合墙外保温性能比较，板材受复合双层墙体中间有连接件以及板材尺寸限制，且在板材与板材间易产生缝隙，在施工中板缝处容易落上砂浆，稍清理不净就会形成热桥，最终导致节能效果下降。

采用灌注方法施工时，可在墙体分段砌筑中或砌筑完毕后，利用墙体上部空腔或其他适当位置预留的孔洞或现场钻孔，向墙体空腔内充填发泡保温材料。

灌注聚氨酯硬泡对多种基层材料附着力强、在冲满墙内任何空腔内发泡有密封、无接缝，有结构性能。

通过合理设计、施工后，从各个方面都克服了传统节能材料本身的缺点和施工技术的不足，空心墙体浇注聚氨酯硬泡复合墙体构造示意如图 4-6 所示。

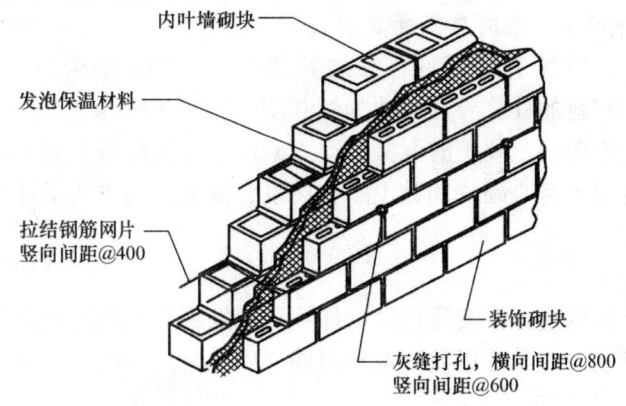

图 4-6　空心墙体浇注聚氨酯硬泡复合墙体构造示意

一、浇注保温墙体特点及适用范围

1. 浇（灌）注聚氨酯硬泡复合墙体保温特点

（1）隔热保温性能优越，可减少保温层厚度。在同样的节能标准的前提下、用同类施工方法，使用该保温材料，比使用其他类保温材料更能提高建筑物的使用面积。

（2）硬泡性能优越、能充满任何不规则的空间，密封性好，不存在任何缝隙。

（3）现场浇（灌）注，施工简便快速。产品无毒、憎水、耐久、阻燃。

（4）可增强建筑墙体的保温、隔热和隔声性能，而不损坏原建筑墙体，泡沫在硬化过程中无排出的湿气，完全干燥。

（5）整体保温工程造价低，保温隔热效果长久，综合经济效益好。

2. 灌注聚氨酯硬泡适用范围

主要用于工业与民用建筑混凝土砌块和空砖（或实心砖）等砌筑成的，双层墙空腔以及混凝土空心砌块空腔的发泡保温（如：普通混凝土空心砌块、硬矿渣混凝土空心砌块、钢筋混凝土复合墙，以及火山渣混凝土空心砌块、轻质混凝土空心砌块和黏土多孔砖复合墙）。

（1）用于不承受荷载建筑物的隔热保温。

（2）用聚氨酯硬泡作保温建筑物结构应预留泡沫填充空间。

（3）应用在砌块或砌块与黏土砖等所组成的有预留夹芯层的复合墙。

（4）用于混凝土砌块和空心砖（或实心砖）等砌筑成的双层墙空腔的发泡保温。

（5）用于承重混凝土空心砌块复合墙体或非承重混凝土空心砌块复合墙。

二、空心墙体浇注聚氨酯硬泡现场施工

1. 浇（灌）注聚氨酯硬泡性能要求

聚氨酯硬泡除燃烧性能不得降低外，其他的性能可略低于外墙体所用的预制聚氨酯硬泡保温板、浇注和喷涂聚氨酯硬泡的物理性能。如：聚氨酯硬泡导热系数可控制在≤0.029

[W/(m·K)]、密度可控制在≥15kg/m³。

在墙体内施工时,聚氨酯硬泡液料必须有很好的流动性能,因而在配料时必须有足够的流动指数,必要时在A组分(组合料)中加入适当数量的延迟催化剂,控制发泡时间,使灌入发泡液料流满整体空间后,再膨胀发泡。

2. 发泡填充外保温复合墙的热工性能

聚氨酯硬泡在内外叶墙有连接筋,加之其他因素在内,综合修正后,取修正系数为1.15,则得到该保温材料的计算导热系数为0.034[W/(m·K)]。

取普通混凝土空心砌块、硬矿渣混凝土空心砌块、钢筋混凝土复合墙,以及火山渣混凝土空心砌块、轻质混凝土空心砌块和黏土多孔砖复合墙进行墙体热工计算。

3. 施工准备

(1) 技术准备

首先了解保温墙体构造,按实际保温的体积计划好聚氨酯硬泡材料的用量,掌握当天环境温度,掌握聚氨酯硬泡的流动指数、发泡时间、固化时间,注料方式。

(2) 材料准备

按设计泡沫用料比例备好原材料,应储存在干燥且安全的库房。

(3) 主要机具准备

浇(灌)注发泡机(空压机)、备用多根PVC管、手电钻等。

(4) 作业条件

1) 墙体按设计构造砌筑或已按设计要求砌筑完毕,外墙中预留的空腔宽度、内外墙拉结筋等都应符合设计要求,应保温的墙体夹层不应有建筑垃圾和溢出砂浆。

2) 现场应有整洁工作区域和安全工作环境,应有安放发泡机的位置。

3) 对±0.00线以上的墙体进行发泡填充时,现场应有安全通道,以便施工人员能顺利操作。

4) 现场应搭设脚手架等设施,便于墙体顶部保温作业。

5) 灌料空腔应干燥。

6) 现场应有动力电源,电线及设备应安设漏电保护器。

7) 现场施工人员应穿戴好必要的劳保用品。

4. 聚氨酯硬泡灌注操作要点

(1) 灌注聚氨酯硬泡的方式

聚氨酯硬泡液料可从墙体顶部注入墙体夹层,施工人员在墙体顶部,用出料枪将物料从墙体底部一直浇注到墙体顶部。

施工人员在必要时,可用一根直径为25mm的PVC管与软管的一头连接(视砌筑墙体高度而定),长度达到墙体夹层底部,以控制最大浇注高度。将该PVC管插入夹层中,并将所有的空间充满保温材料,视工程具体情况,尽可能缩短或不用PVC管注料,减少管壁挂料或发泡堵管现象。

施工人员无法到达墙体顶部时,可利用在砌墙时预留孔或施工时同电钻打孔,作为物料浇注孔。电钻打孔时,钻孔位置应设在砂浆灰缝中,在墙角处应增设孔洞,孔距不应过大,以免产生空隙或死角。

施工人员可以从地坪线上1.5m处开始浇注施工,然后垂直向上每隔3m左右作为一个工作区域，直至过到墙体顶部。

在灌注中应沿墙体空腔连续进行，当中有间断灌注时，在关闭出料枪后，立刻开通空压机气体，将管道内物料吹扫干净，以免在管壁上的余料在管内发泡，以减少PVC管的浪费数量。

(2) 灌注聚氨酯硬泡的步骤

1) 从墙体顶部浇注墙体保温层

① 检查安全通道是否可用。
② 将施工设备固定到位，接通管线、电源，调试到能正常工作状态。
③ 检查墙体夹层的清洁度，应达到作业要求的条件。
④ 检查墙体夹层密封度，是否在浇注物料时出现漏料。
⑤ 检查墙体夹层宽度，操作时心中有数。
⑥ 检查墙体高度，对整体工程进度、操作心中有数。
⑦ 将PVC喷枪放置在墙体中间，且在夹层底部以上约1m的位置。
⑧ 将聚氨酯硬泡物料浇注到夹层内，如发现聚氨酯硬泡材料从墙体中溢出，则将浇注枪沿着夹层向上移动，以缓解局部膨胀压力。如在夹层内遇有障碍物时，应避开后再施工，灵活控制出料枪浇注。
⑨ 当全部物料浇注完毕后，清理现场，清除多余的保温材料。
⑩ 根据质量控制步骤进行质检。

2) 钻孔式浇注物料进入墙体夹层

① 检查安全通道。
② 将施工设备固定到位，接通管线、电源，调试到能正常工作的状态。
③ 在地坪线上1.1～1.5m处开始沿墙体方向每隔1m钻一个孔（孔距为1m），孔径为16mm。
④ 垂直向上每隔3m作为一个工作区域，并重复上述步骤，直至到达墙体顶部。
⑤ 钻孔时必须注意孔心的水平位置，并不得破坏墙体表面。
⑥ 孔洞应清晰，确保物料能通过孔洞注入夹层。首先从底排的中间孔洞处开始注射保温材料，直至物料从孔洞中溢出。

移至第一个注射的孔洞右边第一个孔洞，重复上述步骤。移至第一个注射孔洞左边第一个孔洞，重复上述步骤。

移至第一个注射孔洞右边第二个孔洞，重复上述步骤。移至第一个注射孔洞的左边第二个孔洞，重复上述步骤。直至地坪线上1.2～1.5m处所有的墙体都注满保温物料。

⑦ 向上移动3m，进行另一个区域的施工，重复上述浇注顺序和步骤。
⑧ 聚氨酯硬泡物料全部注射完毕，完成夹层保温后，将多余的保温料清除。
⑨ 注料口的孔洞用水泥砂浆进行填充，并勾缝，将墙体表面清理干净。
⑩ 按质量监控步骤进行质量检查。

(3) 施工注意事项

1) 设计的钻孔位置必须准确。
2) 钻孔角度应正确。
3) 夹层内不得有建筑垃圾，避免影响发泡效果，增加热桥和保温材料的导热系数。

4）应按泡沫的凝固速度，控制好浇注枪移动速度和每个区域的浇注时间。

5）对墙体开口处周密检查，发现有渗漏应及时将其封闭。

6）墙角应增设孔洞，视具体情况，一般孔距宜为 0.5m 左右，以避免发泡产生空隙或死角。

7）当选用钻孔式浇注施工时，应连续注射发泡物料，直至从洞中溢出为止。

三、质量标准

1. 灌注的聚氨酯硬泡体应连续，充满保温的空腔，不得有少灌、浮灌现象。
2. 聚氨酯硬泡各项技术性能指标应达到标准。
3. 施工结果符合设计要求，一次抽检合格率应达到 98%。

第五章 聚氨酯硬泡围护结构内保温系统施工

外墙内保温系统是针对外墙保温施工方法因无法实现时而采用的施工方式，内保温系统是将聚氨酯硬泡置于围护结构（外墙体、屋面）的内侧。

外墙内保温与外墙外保温施工技术相比，外墙内保温系统的优点是对聚氨酯硬泡饰面、耐候性和防水等技术指标要求不很高，内保温材料在楼板处被分割，施工时仅在一个层高内进行保温施工，施工不用脚手架或高空吊篮，施工比较安全方便，不损害建筑物原有的立面造型，施工造价相对较低。由于绝热层在内侧，在夏季的晚间，墙内表面温度随空气温度的下降而迅速降低，减少闷热感。

内保温相对缺点：占用室内使用面积，不便于住户二次装饰和重物吊挂，用于既有房屋节能改造对住户的正常生活干扰较大。

另外，由于抗震和其他建筑结构的需要，一般要把外墙上的钢筋混凝土梁、圈梁、柱、构造柱都要与内墙上的钢筋混凝土梁、圈梁连接，都要与现浇的钢筋混凝土楼板、屋盖板连接，在对外墙进行内保温施工时，在这些连接处保温层不可避免地要被断开，即在这些连接处没有保温层。外墙内保温与外墙外保温直观比较如图5-1所示。

因此，在外墙上的钢筋混凝土梁、柱、板的连接处，外墙与钢筋混凝土的梁、板、柱的连接处，外墙与外墙的连接处，外墙与内墙的连接处，外墙与地板、楼板、屋面板的连接处，外墙与外门窗的连接处，挑出外墙和伸出屋面的钢筋混凝土装饰件与墙和屋顶的连接处，伸出屋顶的女儿墙、烟囱、排气通道与屋顶的连接处，外墙角、外门窗的上下左右侧、阳台板、挑出的屋面板等结构上会出现较多的热桥。

热桥自身热阻很小，传热系数很大，室内的采暖热能很容易通过这些部位传至室外，降低室内应有热量，而且在这些部位的传热，往往多是二维传热。

在内保温外墙上的贯通热桥，其内表面（在冬季）普遍结露、长霉、变黄、发黑，当表面结露发生后，如果在一个热循环周期（24h）内水滴的重量达到临界重量，则结露形成滴水、流水。

结露水浸润热桥附近的保温材料，使其受潮、吸水，由于水的传热性能远大于空气，这样就大大降低了保温材料原有的保温性能，严重者使结露区逐渐扩大，甚至波及大部分的外墙内表面，久之形成恶性循环。这不仅影响居室美观，也影响居住卫生，而且恶化了居住环境。

保温系统合理的设计应为内隔外透理念，这种将蒸汽渗透阻大的墙体设在外侧而将渗透阻小的材料设在内侧，当湿迁移时（室内湿度大于室外的湿度）必然会在保温层与墙的联系界面处形成热桥而影响节能效果。所以，外墙内保温作法不宜在寒冷和严寒地区应用与推广。

外墙内保温系统保温层多为粘贴保温板材的施工方法，内保温构造的外部墙体应选用蒸

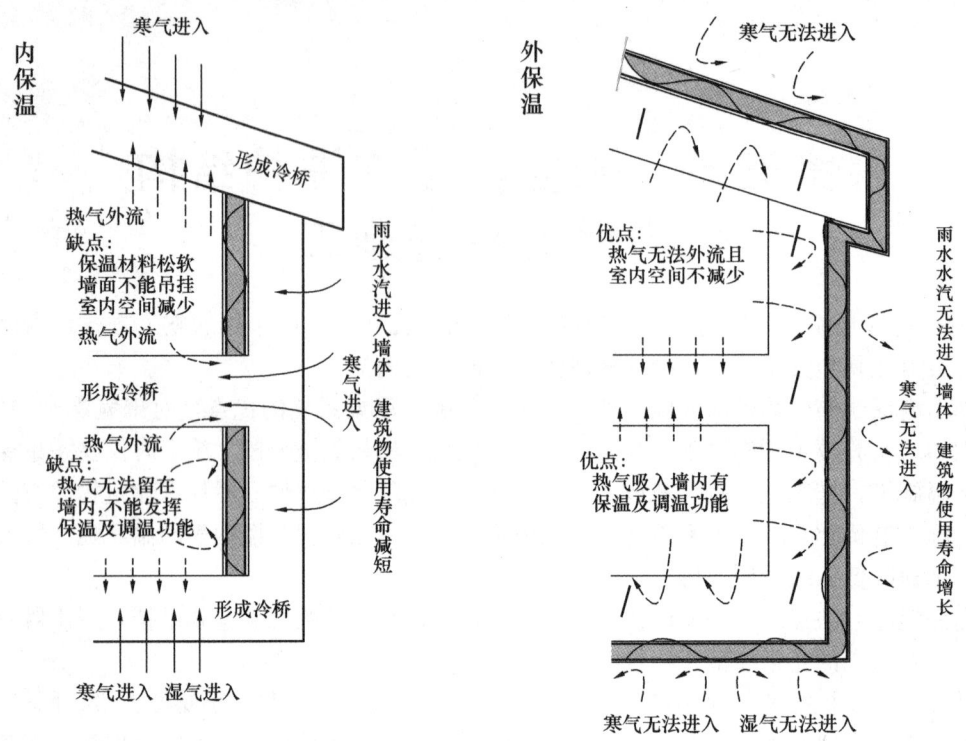

图 5-1 外墙内保温与外墙外保温优缺点比较

汽渗透阻较小的材料或设有排湿构造。

对整体保温节能效果和工程造价进行综合分析，在选材、构造设计合理的情况下，通过精施工，使外墙内保温系统达到节能标准。

第一节 喷涂聚氨酯硬泡保温（冷）隔热系统

聚氨酯硬泡围护结构的内喷涂体系，常用于大型公共建筑墙体或屋顶内喷，如体育馆、展览馆、机场、会场以及冷库等，尤其适用于建筑结构形状不规则、复杂的屋顶，或根据设计结构不宜采用外保温的一切建筑、允许聚氨酯硬泡表面裸露（在室内），或在其泡体表面喷涂与泡体相容性好的防火涂料、装饰涂料，或采取粗装修的节能建筑工程。

采用内保温喷涂的方式，属于非多层建筑，而是单层结构施工，因而在保温部位不会因多层楼板间、梁和柱等结构问题而产生热桥。

采用喷涂施工的方式，除利用聚氨酯硬泡施工速度快、整体性好、无接缝等特点外，由于保温构造相对外墙简单，要求聚氨酯硬泡平整度也相对降低，施工技术相对容易掌握，而且工程总造价低于外墙外保温。

一、冷藏库喷涂聚氨酯硬泡系统

冷藏库就是人造大冷箱（柜）。冷藏库是通过冷冻设备向室内制冷源，在喷涂聚氨酯硬泡保冷隔热作用下，使冷藏库内长期处于恒定低温和一定湿度状态。

据有关介绍，聚氨酯硬泡在正负70℃温差变化时，尺寸变化率<1%，因而在恒定低温

下非常稳定。在内保温系统中，由于存在向顶板垂直喷涂，除必须保证聚氨酯硬泡物理性能合格外，还应保证喷涂聚氨酯硬泡有非常适宜的固化时间。

（一）设计要点

1. 工程处于高水位地区（包括沿海地区），地面基层应做防水层，如工程处于地下或半地下，基层与墙体均应做整体的连续防水层，而后再做喷涂聚氨酯硬泡保温层。当工程处在低水位或地面，由水文地质资料证明无渗水时，地面可不设防水层。

2. 根据地面通车或负重要求，应提高聚氨酯硬泡保温层的抗压强度。通常在地面喷涂聚氨酯硬泡后，在硬泡表面采用钢筋混凝土保护层。

在重车必经的出入口位置，可在基层增设与泡沫同等厚（高）度的井字形木方加强肋，然后在井字形空腔内喷涂泡沫，除泡沫中木方提高地面抗压强度外，在其表面再设钢筋混凝土保护层。

3. 墙体聚氨酯硬泡设置保护层高度应不小于2m。

4. 一般在同一个冷库内分别设有深冷间、中冷间，除通过冷冻设备向室内供应不同冷温外，聚氨酯硬泡厚度应根据相关标准计算后，确定各冷藏间聚氨酯硬泡的厚度。

5. 防水材料优先选用无机防水涂料，如水泥基渗透结晶型防水涂料、水泥基防水涂料等。防水材料性能必须达到相关标准的质量要求。

6. 喷涂聚氨酯硬泡必须为阻燃型，除各项技术性能应满足产品标准要求外，其中平面基层用泡体密度不宜小于$45kg/m^3$、墙面（立面）用泡体密度不宜小于$35kg/m^3$、室内顶面用泡体密度不宜小于$30kg/m^3$。

7. 聚氨酯硬泡厚度要求。聚氨酯硬泡热传导受施工等各方面因素影响，在计算时必须考虑足够的安全系数，作为聚氨酯硬泡层的厚度。聚氨酯硬泡保冷厚度设计值与实际施工厚度参见表5-1所示。

表5-1 聚氨酯硬泡保冷厚度

内部温度 (℃)	计算值（mm）		实际施工厚度 (mm)
	外部气温30℃，湿度为80%，露点为26.5℃	外部气温35℃，湿度为85%，露点为32.3℃	
+10	14	24	25～30
0	22	35	35～40
-10	30	45	45～50
-20	38	56	56～65
-30	47	66	66～80
-40	55	77	80～100
-50	63	78	100～120

注：聚氨酯硬泡的导热系数以0.023 [W/(m·K)]计。

8. 根据具体情况决定墙体中是否设空气层，当设置空气层时，主要目的是通过空气层切断液态水分的毛细渗透，防止保温材料受潮，同时外侧墙体结构层有吸水能力，其内侧表面由于温度低而出现的冷凝水，被结构材料吸入并不断向室外转移、散发，空气间层还增加一定的热阻。

9. 根据具体情况决定是否设覆盖材料。覆盖材料主要防止保温层受破坏，同时在一定程度上阻止室内水蒸气浸入保温层。

(二) 施工

1. 混凝土的防水工程施工

混凝土基层处于正常水位以下时，首先进行防水工程的施工。混凝土基层防水工程宜采用无机类刚性防水材料，例如以采用粉状水泥基渗透结晶型防水材料施工为例做简要施工介绍。

水泥基渗透结晶型防水材料（简称CCCW），广泛适用于混凝土的地下、墙体和屋面的防水工程，施工时直接作业在混凝土的基层上。不但可以采用迎水面施工法，也可用于背水面施工法。

CCCW施工功能上，不但使混凝土能承受强水压，具有永久防水、抗渗的功能，而且更突出特点体现在它虽是刚性防水材料，但当混凝土结构出现微裂时，它具有自身修复的特殊能力，提高混凝土的密实度和强度，使混凝土具有耐化学物质侵蚀和保护钢筋的作用，延长混凝土结构的使用寿命。

CCCW与水作用后，CCCW防水材料中含有的活性化学物质以水为载体向混凝土内部孔隙渗透迁移，催化水泥水化反应过程中析出的产物，在混凝土内部的孔隙中形成不溶于水的晶体，堵塞毛细通道，使混凝土致密、防水。

在水泥基渗透结晶型防水材料施工时，可根据土建工程完成具体情况，选用CCCW与适量水拌合的浆料涂刷或干撒（仅用于平面）。

(1) 施工准备

1) 技术准备

施工前，工程技术人员应认真会审设计图纸，掌握施工验收标准，依据施工技术要求和工期，结合现场等具体情况，应制订相应的施工方案。

2) 材料准备

按工程进度或材料总用量，准备CCCW，进入现场的CCCW材料应堆放在干燥和远离高温的固定位置。

拌合CCCW料所用水，不应含有杂质或污染的水，水质应符合《混凝土用水标准》(JGJ63) 规定。

3) 工具准备

清理基层用工具：扫帚、吹尘器、锤、凿子、铁锹等，应满足现场基层处理要求。

配料用工具：计量器具、低速手动电钻搅拌器（250r/min，带有搅拌叶片）、拌料容器。

涂刷或喷涂施工用工具：装料容器、硬棕刷（硬质塑料刷）等。

干撒法施工用工具：适用目数的细筛网、镘刀或抹光机。

测量用工具：量面积米尺、测厚卡尺。

润湿基层、养护涂层用工具：喷雾器或覆盖涂层用麻袋、草帘。

(2) 施工条件

1) 基层表面应无油渍（涂料）、气孔、蜂窝、缝隙、起砂、凹凸不平。

基层必须无尘土、砂、灰渣及其他浮物，应达到干净、平整、坚实、稳定的粗糙麻面，经充分润湿、润透而无明水。

2) 穿墙管道等已安装完毕，且所有细部节点部位应经验收合格。

3）施工现场如有油类、化学物质，不得污染基层和影响CCCW涂层正常固化。

4）施工环境温度应在5～35℃范围内，不得在雨中和五级以上大风天气施工。

5）施工现场应有适合拌料使用的电源。

（3）施工工艺

1）工艺流程

施工工艺流程如图5-2所示。

2）操作工艺要点

①检查基层

地面混凝土的基层按设计要求完成并经验收后，做防水层施工。

当基层有≥0.4mm宽度的裂缝时，涂刷CCCW不能达到自我修复的能力，应沿裂缝方向凿成宽≥20mm、深≥25mm的U形槽。

将槽内碎渣除净，并达到充分润湿而无明水后，在槽内及距U形槽周边不小于40mm宽度的范围内，连续涂刷CCCW灰浆，待槽内灰浆初步固化后，将CCCW与少许洁净水拌成半干料趁潮湿填平捣实。

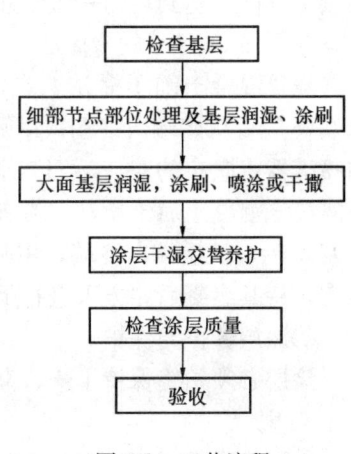

图5-2 工艺流程

基层残留有螺栓、钢筋头等突出物，应沿其周围向内刨出≥30mm圆锥形深度后，沿突出物底部割断，再用CCCW的半干料团或用不影响CCCW灰浆渗透性能的其他类堵漏密封材料填平、捣实、压光。

②基层润湿

混凝土结构施工完成24h左右，基层可稍加润湿；混凝土结构施工完成时间较长或既有混凝土结构，基层应连续反复喷水润湿，直至达到饱和、无明水为止。

③CCCW灰浆、半干料配制

目前市场有较多CCCW的同类产品，但各企业生产的产品，在密度等方面存在一定的区别，不能一律照搬固定比例配料，在配制施工料时，必须按具体产品说明所规定的比例配制，例如常用配比。

CCCW涂刷灰浆配制按说明书规定CCCW与水的比例。准确计量水泥基渗透结晶型防水涂料与水的各自比例后，将粉料徐徐加入盛水的容器中，用低速手动电钻搅拌器充分搅拌均匀，不得有干料球，用前稍微静止，使其达到最佳均质稠浆状。每次配料量不宜过多，随用随配，每次配料量应在30min内用完。

CCCW半干料配制按规定比例。将计量的CCCW粉料与水用馒刀拌合均匀。

④细部节点部位CCCW灰浆涂刷

在转角、穿墙管道、变形缝等细部构造的基层，用刷沾和好的浆料，在其干净、充分潮湿而无明水表面，反复交叉用力均匀涂刷，使浆料与浆料间、浆料与基层间达到充分结合。

不得有露刷、欠刷，尤其不得在阳角或凸出部位涂刷过薄、不得在阴角及凹处涂刷过厚而沉积。

细部构造CCCW防水涂层，应涂刷到规定最终厚度。

⑤平面和立面CCCW灰浆的涂刷法

地下墙体采用外防外涂法时,其涂刷(喷涂)顺序应先施工平面,后施工立面;当采用外防内涂法时,其涂刷(喷涂)顺序应先施工立面,后施工平面。

无论是立面施工还是平面施工,在第一遍(底层)涂刷完成后,应待其涂层仍潮湿且初凝前进行第二遍(面层)涂刷,如前遍涂层表面干燥,必须经喷湿后再进行后遍涂刷。

同层涂刷先后接茬宽度宜大于100mm,且同层先后涂刷接茬厚度、细部构造与大面涂层接茬厚度应达到均匀一致、连续,通过两遍或多遍涂刷达到规定总厚度。

⑥平面CCCW的干撒法

浇筑混凝土前干撒法:在浇筑混凝土前2~3h,在润湿的垫层上,经排尺准确定量CCCW后,从始端向终端,用筛网一次性均匀撒布到规定单位重量(或厚度)后,应及时用喷雾器将撒布的CCCW干粉润透,待干粉初凝后,方可进行混凝土浇筑。

浇筑混凝土后干撒法:在平面浇筑混凝土完成后,且在其终凝前,经排尺准确定量CCCW后,从始端向终端,用筛网一次均匀撒布到规定单位重量(或厚度)后,立即收浆压实,待其终凝后,方可进行下道工序施工。

⑦涂层养护与保护

涂层必须始终保持干燥、潮湿交替的养护方式。涂层在规定环境条件下,养护时间不得少于72h。

涂层终凝前,不得有任意踩踏,严禁砸碰、硬物刮划、重物撞击、雨淋等其他对涂层有危害的作业。

注意事项:

CCCW防水涂层施工完成后,立即进行检查,涂层厚度应均匀一致,严禁有漏涂、漏底,不得有涂层过薄、过厚现象。

发现涂层有不足现象、单位用料量少或涂层厚度不够,应再次按相应施工方法及时修补。

发现有开裂、爆皮现象,应将其彻底去除,再按其相应施工方法及时修补。

施工中发现浆料变稠时,应频繁搅动而不得另外加水,已凝固浆料不得掺混再用。

进入施工现场者,不得带入泥沙等脏物。

确认涂层合格并达到养护期后,方可进行下道工序施工。

2. 喷涂聚氨酯硬泡与保护层施工

(1) 喷涂聚氨酯硬泡

冷库的基层多数为混凝土结构或砌体结构,相对来说表面是粗糙麻面,在常温或干燥表面喷涂聚氨酯硬泡易于粘结发泡。

在主体工程完成(含需要作防水的工程)后,并通过验收合格,将基层灰渣等清除干净,在检查基层湿度、现场温度符合施工条件后,即可进行喷涂聚氨酯硬泡施工。

1) 喷涂聚氨酯硬泡的操作方法和技术要求与外墙外保温操作技术相同。

在深冷间设计所喷涂泡体较厚,在喷涂发泡中产生的热量,是由基层向泡体外表面释放,每次不宜喷涂过厚,以免泡体出现烧芯、开裂。

2) 根据室内高度可选用移动式升降脚手架或扣件钢管移动平台架、门式钢管移动平台架。

3) 在施工安全上应特别注意,除施工者必须穿戴全劳保用品外,当室内通风不畅时应采取排风或引风措施，保持良好的施工环境。

施工中严禁与焊接、明火等高温工种交叉作业，即使在完成喷涂聚氨酯硬泡工程后，有焊接明火等高温作业也必须采取有效的防火措施。

（2）根据设计要求做保护层施工

1）一般在基层平面无聚氨酯硬泡保温层的情况下，直接在垫层上铺设混凝土找平即可，而设有保温层时，应浇筑钢筋混凝土或细石混凝土，以保证承载重力的要求。

2）在墙体聚氨酯硬泡表面，为防止碰撞，可在泡体保温层上铺设热镀锌钢丝网，并按适当间距采用塑料膨胀钉固定，然后进行厚抹灰。具体操作技术要求同外墙外保温厚抹灰系统施工。

（三）工程验收

1. 水泥基渗透结晶型防水涂料工程的质量检验与验收

（1）水泥基渗透结晶型防水涂料的防水工程，施工质量检验数量应按下列要求进行：

1）大面涂层抽查，按涂层面积每 $100m^2$ 至少抽查一处，每处 $10m^2$，且不得少于 3 处。涂层面积不足 $100m^2$ 视为一批，应全数检查。

2）细部构造，应进行全部检查。

3）基层处理，应进行全部检查。

4）基层润湿，应进行全部检查。

5）涂层养护，应进行全部检查。

（2）质量验收标准及检验方法。

1）主控项目：

①水泥基渗透结晶型防水涂料性能应符合产品标准要求。

检验方法：检查出厂合格证、质量检验报告和现场抽样复验报告。

②用总量法控制，涂刷、喷涂施工，一般工程的单位 CCCW 用量不得小于 $1.0kg/m^2$；用干撒施工、在高水位或重要工程的单位 CCCW 用量不得小于 $1.2kg/m^2$。

检验方法：观察检查、单位用量检查和计量措施检查。

③涂层在桩基、裂缝、阴阳角及洞口等细部构造，涂层应达到单位用量，符合操作规范和设计要求。

检验方法：观察检查或检查隐蔽工程验收记录。

2）一般项目：

①基层应牢固、洁净、平整，不得有空鼓、松动、起砂和脱皮现象；基层阴阳角应成圆弧形。

检验方法：观察检查或检验隐蔽工程验收记录。

②基层应润湿、润透，无明水。

检验方法：观察检查。

③涂层与基层粘结牢固，不粉化，涂层涂布均匀、涂（喷）刷无流淌。

检验方法：观察检查。

④涂层达到充分养护。

检验方法：观察检查。

⑤浆料配合比应符合产品说明书的要求。

检验方法：观察检查，检查计量措施。

2. 喷涂聚氨酯硬泡工程的质量检验与验收

（1）聚氨酯硬泡阻燃性能、密度、导热系数等必须符合设计要求。

（2）各冷藏间、贮藏间聚氨酯硬泡厚度达到设计要求。

二、大型公共设施喷涂聚氨酯硬泡系统

因大型公共设施喷涂聚氨酯硬泡的基层材质有多种形式，且构造形状不等，往往在基层还存在或多或少的缝隙，如预制钢筋混凝土板与钢筋混凝土梁搭建屋顶、金属板与钢结构组装屋顶、角钢与木板组装，甚至还有全木质拼装等。这些材质、缝隙和形状复杂的特性，造成采取常规纤维保温材料、泡沫保温板等无法达到与基层固定、密封的效果，即使达到预定效果也会延长工期，同时也增大了总成本。因而，在结构特定的条件下，常利用喷涂聚氨酯硬泡的固有特性进行施工来补充以上的不足。

1. 喷涂聚氨酯硬泡基础液料要求

大型公共设施的屋顶占有较大面积，在室内顶层喷涂施工时，泡体由喷涂后的基层向下方发泡，与常规发泡方向相反，这就要求喷涂物料对顶层除能达到足够的粘结力，同时还能正常发泡，且物料不脱落。

根据现场施工温度、湿度及被喷涂基层材质粘结性等各种因素，经综合考虑后，制定聚氨酯硬泡基础液料，必要时对组合料掺入增黏聚酯等措施进行技术改性，使配制聚氨酯硬泡的液料，必须控制在最佳发泡时间。

2. 喷涂聚氨酯硬泡

根据工程量大小配置一台或多台喷涂聚氨酯硬泡发泡机，输料管线达到足够长度。根据工程现场的具体情况，可采用移动脚手架或桥式脚手架等搭设设施。

设备系统正常后，喷涂前应先试喷，达到正常后再正式喷。先在基层薄喷一层（打底层）低发泡聚氨酯硬泡料，以缓解基层因低温而吸热（尤其是钢结构基层，其次是混凝土基层），以免影响保温层的正常发泡，并将缝隙密封，同时有利于提高发泡体对基层的粘结强度。

当基层温度或环境温度较低时，应通过设备或管路适当加热液料再喷涂。

喷涂顺序应从一侧向另一侧连续喷涂，在顶层喷涂时喷枪应垂直朝上，在屋顶和墙体喷涂中，可随时用钢探针插入泡体测试，直至达到最终厚度。经检查泡体厚度、外观平整度和性能合格并验收后，方可进行下步工序施工。

第二节 聚氨酯硬泡板安装系统

一、冷藏库凹凸槽夹芯聚氨酯硬泡板拼装系统

夹芯聚氨酯硬泡板是一种多功能建筑保温板材，具有保温（冷）、轻体、防水和装饰等功能，主要用于公共建筑、工业厂房的屋面、墙体装修等，通过结构优化设计后，可有多种类型的夹芯保温材料和组装方式。

冷藏库凹凸槽聚氨酯硬泡夹芯板或插接式夹芯冷库板，从板材结构设计和安装方式均可

选择多种多样的面层材料。插接式夹芯冷库板如图 5-3 所示。

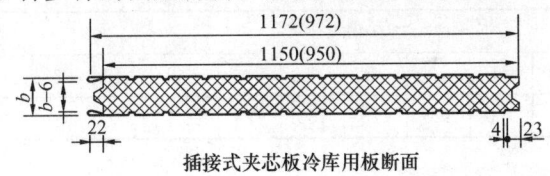
插接式夹芯板冷库用板断面

插接式夹芯板冷库用板连接大样

图 5-3　插接式夹芯冷库板

冷藏库板采用插接式或凹凸槽结构提高了板材接缝处的绝缘气密性，适用于为建造大中型冷库而设计的特别板型，它与轻钢框架结合拼装冷库，其外形、面积、容积能够根据不同的需求自由设计。

夹芯聚氨酯硬泡板板材均匀稳固，具有隔热性能极佳、防水性能好、自重轻、外观优美、经久耐用、安装简易快捷等特点，并彻底解决了冷藏工业的温差。在一定的模数内，库体可在长、宽、高三个方向自由变化，能够根据需要扩大或缩小，也可将拼装板拆开，异地再装，组装方便。

（一）聚氨酯硬泡板结构

采用较深的凹凸槽结构，且泡沫结合紧密，提高了板材接缝处的绝缘气密性。保温板材凸槽深入凹槽 25～30mm，使每块板企口相连，无论作为墙板，还是吊顶板，均具有良好的强度。

挂钩板（偏芯钩板）是专为组装中小型冷库及其他需要保温隔热的房间、箱体而设计的。每块预制板四周均埋有高强度锁具，组装十分方便。特别设计的角板、T 形板能十分方便地组合成不同库容、不同温度要求的隔断间、套间或数间连体冷库。

在一定的模数内，库体可在长、宽、高三个方向自由变化，能够依需要扩大或缩小，也可将拼装板拆开，异地再装。

（二）聚氨酯硬泡夹芯板规格

1. 夹芯板常用宽度及厚度

夹芯板常用宽度及厚度如表 5-2 所示。

表 5-2　夹芯板常用宽度及厚度

长度（mm）	不　受　限　制							
宽度（mm）	966							
厚度（mm）	60	80	100	125	150	175	200	250

2. 面层材料及厚度

夹芯板常用面层材料及厚度参见表 5-3 所示。

表 5-3　面层材料及厚度

夹芯板面层材料	涂塑镀锌彩钢板	涂塑镀铝锌彩钢板	铝合金压花板	铝合金磨花板	不锈钢板	玻璃钢板	ABS板、PVC板
厚度（mm）	0.5～0.8	0.5～0.8	0.6～1.0	0.6～1.0	0.5～1.0	1.3～2.5	1.0～2.5

3. 聚氨酯硬泡夹芯板厚度与使用温度范围

在导热系数和库内温度一定的条件下，选定夹芯板厚度，如表 5-4 所示。

表 5-4 聚氨酯硬泡夹芯板厚度与使用温度

导热系数[W/(m·K)]	0.024												
库内温度（℃）	10	0	−5	−10	−15	−20	−25	−30	−35	−40	−45	−50	−55
厚度（mm）	75	75	90	100	100	125	125	150	175	200	250	300	350

4. 聚氨酯硬泡夹芯板安装

墙板与顶板的搭接，墙板与钢架的加固，吊顶板与构架的吊装，均配有专用组合附件和特别形式，以确保冷库绝缘气密、牢固安全。每块预制板四周均埋有高强度锁具，组装十分方便。

聚氨酯硬泡夹芯板在实际应用中应考虑各种影响因素，为保证绝热效果，留有足够余地，导热系数应取高值。

在冷库工程中由于夹芯板长期受到潮湿环境和水蒸气渗透的影响，含湿量将会增加，在低温环境中，必然增大导热系数，为确保冷库能够正常使用，在进行热工设计时，对导热系数应加以修正。

安装时，屋面、墙面板材搭接阴阳角需要考虑配置配套的专用封边包角成型材料。安装完毕后，及时清理板面污物、铁屑、螺钉和杂物，及时撕掉面板上的薄膜。

二、聚氨酯硬泡板材粘结固定保温系统

聚氨酯硬泡板材粘结固定保温系统，必须在土建工程完成后，在基层采用粘贴板材的方式施工，常在上方采用吊顶。

采用普通聚氨酯硬泡板材粘贴完成后，再做保护层施工。采用这种施工方式较简单，施工环境较好，但在板缝处必须密封好，否则很容易产生冷桥。

第六章 聚氨酯硬泡屋面防水保温系统施工

屋面在建筑物外围护结构中所造成的室内外温差传热耗热量，大于任何一面外墙或地面的耗热量。在多层建筑围护结构中，屋面所占面积较小，但能耗约占总能耗的8%～10%。

在夏热冬冷个别地区年绝对最高与最低温差近50℃，有时日温差接近20℃，夏季日照时间长，而且太阳辐射强度大，通常水平屋面外表面的空气综合温度达到60～80℃，顶层室内温度比其下层室内温度要高出2～4℃，在北方严寒地区年绝对最高温与最低温差超过50℃。

平屋面与坡屋面结构特点比较，平屋面优势不如坡屋面。屋面除应具备保温或隔热功能外，还要具有很好的防水功能。

就防水要求比较而言，平屋面的防水施工综合成本相对低，但渗漏率高于坡屋面，且耗能较多。若将平屋面改为坡屋面（或新建坡面），内置的保温隔热材料，不仅可提高屋面的热工性能，还有可能提供新的使用空间（顶层面积可增加约60%），在出屋面的管口等细部作好的情况下，由于流水快、不滞水，所以渗漏率相对较低，并有检修维护费用低、耐久之特点。

特别是用于坡屋面的坡瓦材料，形式多、色彩选择广，对改变建筑千篇一律的平屋面单调风格，丰富建筑艺术造型，点缀建筑空间有很好的装饰作用。坡屋面在中小型建筑，如居住、别墅及城市大量平改坡屋面中被广泛使用。

屋面节能工程根据不同地域有所区别，对南方地区提高抵抗夏季室外热作用的能力，减少空调耗能，而对北方抵抗冬季室外冷作用的能力，降低采暖费用。通过提高屋面的保温隔热性能后，不仅节约能源，而且改善室内舒适环境。

聚氨酯硬泡在屋面的应用技术，克服了传统无机块状保温材料密度大、导热系数高、吸水率高和铺设易有热桥等缺点。

聚氨酯硬泡屋面防水保温系统，可广泛适用于防水等级为Ⅰ～Ⅳ级的工业与民用建筑的平屋面、斜屋面及大跨度的金属网架结构屋面、异形屋面与需防渗漏的构筑物的防水保温，也适用于旧建筑的维修和改造。

聚氨酯硬泡屋面防水保温系统分别由保温系统和防水系统共同构成，防水系统和保温系统相辅相成。

屋面节能系统可大体划分为两种方式：一种是保温屋面，另一种是隔热屋面。

保温屋面主要侧重用于严寒、寒冷地区，其次是夏热冬冷地区的建筑结构。保温屋面是使用聚氨酯硬泡保温材料，可封闭屋面，最大地减少室内的热量向室外传递。

保温屋面的施工方法可分为两种类型：一种是沿用多年的正置式施工法，另一种是倒置式施工法。

正置式施工有喷涂聚氨酯硬泡施工、浇注聚氨酯硬泡施工和粘贴聚氨酯硬泡板施工，正置法是聚氨酯硬泡保温层设在防水材料之下，在防水材料表面设置保护层。

倒置法是聚氨酯硬泡保温板设在防水材料之上，主要是为了延缓防水材料使用寿命，在聚氨酯硬泡表面设置保护层。

隔热屋面包括蓄水屋面、种植屋面和架空屋面。隔热屋面主要侧重用于我国南方炎热或夏热冬冷地区，隔热屋面节能的道理主要是采用建筑结构设计所采取的隔热的方式降低辐射热，能最大限度地杜绝室外的热量向室内传递。

第一节　聚氨酯硬泡屋面保温系统施工

聚氨酯硬泡保温屋面（正置、倒置式）主要有喷涂聚氨酯硬泡屋面、聚氨酯硬泡板材（如聚合物水泥板材）屋面和浇注聚氨酯硬泡（坡面）屋面。

喷涂聚氨酯硬泡施工在屋面应用较多，可适应屋面基层复杂形状、找坡喷涂；聚氨酯硬泡板材适用于平屋面；浇注法利用模具逐段浇注施工，泡体表面平整度好且一次成形，主要适用于坡形平瓦屋面。

一、屋面聚氨酯硬泡及配套材料性能

（一）喷涂聚氨酯硬泡保温防水系统材料性能

1. 喷涂聚氨酯硬泡性能

（1）《硬泡聚氨酯保温防水工程技术规范》（GB 50404—2007）规定，屋面现场喷涂聚氨酯硬泡的物理性能分为 3 种类型，各类型性能如表 6-1 所示。

表 6-1　屋面喷涂聚氨酯硬泡物理性能

项　目	性能要求			试验方法
	Ⅰ型 PU 硬泡	Ⅱ型 PU 硬泡	Ⅲ型 PU 硬泡	
密度（kg/m^3）	≥35	≥45	≥55	GB/T 6343
导热系数[W/（m·K）]	≤0.024	≤0.024	≤0.024	GB/T 3399
压缩性能（形变 10%）(kPa)	≥150	≥200	≥300	GB/T 8813
不透水性（无结皮）0.2MPa，30min	—	不透水	不透水	GB 50404
尺寸稳定性（70℃，48h）(%)	≤1.5	≤1.5	≤1.0	GB/T 8813
闭孔率（%）	≥90	≥92	≥95	GB/T 10799
吸水率（%）	≤3	≤2	≤1	GB/T 8810

注：(1) Ⅰ型喷涂聚氨酯硬泡：保温性能优异，主要用于屋面和外墙保温层。
　　(2) Ⅱ型喷涂聚氨酯硬泡：除具有保温性能优异外，还具有一定防水功能，与抗裂聚合物砂浆复合使用，构成复合保温防水层，用于屋面保温防水工程。
　　(3) Ⅲ型喷涂聚氨酯硬泡：除具有保温性能优异外，还具有较好的防水功能，称为防水保温一体化材料，用于屋面保温、防水层。
　　(4) 屋顶基层采用耐火极限不小于 1.00h 的不燃烧体的建筑，聚氨酯硬泡不应低于 B_2 级，其他情况下聚氨酯硬泡燃烧性能不应低于 B_1 级。

（2）喷涂聚氨酯硬泡质量（JC/T 998—2006）要求，如表 6-2 所示。

表 6-2 现场喷涂聚氨酯硬泡物理力学性能

序号	项目		指标	
			用于非上人屋面	用于上人屋面
1	密度(kg/m³)	≥	35	50
2	导热系数[W/(m·K)]	≤	0.024	
3	粘结强度(kPa)	≥	100	
4	尺寸变化率(70℃,48h)%	≤	1	
5	抗压强度(kPa)	≥	200	300
6	拉伸强度(kPa)	≥	—	—
7	断裂伸长率(%)	≥	10	
8	闭孔率(%)	≥	92	95
9	吸水率(%)	≤	3	
10	水蒸气渗透性[ng/(Pa·m·s)]	≤	5	
11	抗渗性(mm)(1000mm水柱×24h静水压)	≤	5	
12	阻燃性能		B_2 级(离火3s自熄)	

(二)抗裂聚合物砂浆原材料质量、性能及防火隔离带要求

1. 抗裂聚合物砂浆原材料质量要求:
(1)聚合物乳液外观均匀,固体含量应大于45%。
(2)水泥宜采用近期生产的强度等级不低于42.5级的普通硅酸盐水泥。
(3)砂应采用河采细砂,含泥量不应大于1%。
(4)水应采用不含有害物质的洁净水。
(5)增强纤维宜采用短切聚酯或聚丙烯等纤维。

2. 抗裂聚合物水泥砂浆物理性能(GB 50404—2007)要求(表6-3)。

表 6-3 抗裂聚合物水泥砂浆物理性能

项目	性能要求	试验方法
粘结强度(MPa)	≥1.0	JC/T 984
抗折强度(MPa)	≥7.0	JC/T 984
压折比	≤3.0	JC/T 984
吸水率(%)	≤6	JC 474
抗冻融性(−15~+20℃)25次循环	无开裂、无粉化	JC/T 984

3. 防火隔离带燃烧性能要求。施工现场应用的防火隔离带可为固态或膏(浆)状,但燃烧等级必须达到A级。

(三)板状聚氨酯硬泡质量要求

1. 板状聚氨酯硬泡保温材料应有出厂合格证,规格一致、外观整齐。
2. 板状聚氨酯硬泡表面应有耐老化保护层。保护层可提高防火性能,并防止板材在阳光下紫外线照射和臭氧、酸碱离子侵蚀,而导致保温层过早老化。
3. 板状聚氨酯硬泡物理性能:
(1)板状聚氨酯硬泡物理性能要求,参见表3-90外墙用聚氨酯硬泡板(GB 50404—2007)的物理性能。

(2) 屋面板状聚氨酯硬泡质量要求 (GB 50345—2004),如表 6-4 所示。

表 6-4 板状聚氨酯硬泡质量要求

项目	质量要求
表观密度(kg/m³)	≥30
压缩强度(kPa)	≥150
抗压强度(MPa)	—
导热系数[W/(m·K)]	≤0.027
70℃,48h 后尺寸变化率(%)	≤5.0
吸水率(%)	≤3.0
外 观	板面表面基本平整,无严重凹凸不平

注:聚氨酯硬泡氧指数应≥26%。

(四) 现场浇注聚氨酯硬泡性能

同第三章表 3-44。

二、屋面聚氨酯硬泡设计

(一) 聚氨酯硬泡设计基本规定

1. 聚氨酯硬泡工程设计方案,应根据设计屋面结构形状(如平屋面、坡屋面),结合我国各地区气候特征及各类建筑防水与保温隔热性能要求、区域气候条件、建筑结构特点、工程耐用年限、维修管理等因素考虑。

聚氨酯硬泡保温层依据相关设计标准,经建筑保温隔热性能要求计算后确定,使屋面的建筑热工要求满足所在地区现行节能标准的要求。

2. 建筑屋面的找平层或找坡层应坚实、平整,并通过隐蔽工程验收合格。

3. 聚氨酯硬泡中发泡剂会因扩散作用不断与环境中的空气进行置换,致使导热系数随时间而逐渐增大,外露使用聚氨酯硬泡会出现过早老化,导致各项物理性能指标下降。

根据上人或不上人要求,都应在完成聚氨酯硬泡施工后,及时在泡体表面上增加不透气、不燃材料做覆盖保护层将其密封,限制或减缓聚氨酯硬泡内空气置换,防止产生火灾和硬泡过早老化。

4. 屋顶与外墙交界处、屋顶开口部位四周的聚氨酯硬泡保温层,应设置水平防火隔离带。

5. 聚氨酯硬泡虽然吸水率较低,具有一定防水功能,但必须与其他防水材料复合使用构成防水层。

6. 伸出屋面的管道、设备、基座或预埋构件等,应在聚氨酯硬泡施工前安装牢固,并做好密封防水处理。

聚氨酯硬泡施工后,不得在其上凿孔、打洞或重物撞击,以免出现热桥而降低保温功能。

7. 采用聚氨酯硬泡板材粘贴的保温屋面,在屋面的檐口、泛水、水落口、出屋面管道等细部节点部位,当不易粘贴保温板时,宜采用无机保温浆料涂抹或采用喷涂聚氨酯硬泡施工到规定厚度和高度。

(二) 喷涂聚氨酯硬泡设计要点

1. 用于结构空腔、缝隙、冷桥等部位密封时，宜有保护层。
2. 平屋面的排水坡度不应小于2%，天沟、檐沟的纵向排水坡度不应小于1%。
3. 屋面防水保温首选结构找坡，屋面找坡时，为了减轻屋面板负荷，确定屋面单向坡长9m为界，当屋面单向坡长不大于9m时，可用轻质材料找坡，如单向坡长为3m左右，可用水泥砂浆找坡。

单向坡长为5m左右，可用细石混凝土找坡。

单向坡长为9m时，应采用陶粒混凝土或憎水珍珠岩等轻质材料作为找坡层。单向坡度长大于9m时，采用任何材料都会增加屋面负荷，应采用抬高室内柱头高度措施做结构找坡。

4. 当喷涂聚氨酯硬泡屋面基层为严重不平整的现浇混凝土屋面板时，应用水泥砂浆抹成16～20mm厚度进行找平。

装配式钢筋混凝土屋面板的板缝，应用强度等级不小于C20的细石混凝土将板缝灌浆填密实，当缝宽大于40mm时，应在缝中放置构造钢筋，同时板缝端也要做好密封处理。

5. 喷涂聚氨酯硬泡保温层（如Ⅰ型聚氨酯硬泡保温防水屋面基本构造）上的水泥砂浆找平层，为防止砂浆找平层裂缝拉断泡体，除掺入增强纤维，找平层还应设分隔缝，缝宽宜为5～20mm，纵横缝的间距不宜大于6m，在分隔缝内嵌填弹性密封材料。

6. 喷涂聚氨酯硬泡非上人屋面采用复合保温防水层，必须在聚氨酯硬泡（如Ⅱ型聚氨酯硬泡保温防水屋面基本构造）的表面，刮抹抗裂防护、抗冲击、抗冻融、防水、防火、耐穿刺作用的抗裂聚合物水泥砂浆。为了达到抗裂聚合物水泥砂浆功能，又不使其开裂，刮抹厚度宜为3～5mm，且可不设分格缝。

7. 上人屋面应采用细石混凝土、块体材料做保护层。当采用细石混凝土为保护层时，厚度宜为40mm，由于其收缩力大，应在其纵、横6m间距留设分隔缝。又由于喷涂聚氨酯硬泡表面凹凸不平，细石混凝土与泡体的膨胀、收缩应力不同，因此在细石混凝土保护层与聚氨酯硬泡之间应铺设隔离材料。

8. 上人屋面用的防水混凝土保护层应采用不低于42.5级的普通硅酸盐水泥、中砂、砾石、防水剂等材料，配制强度等级不低于C20的混凝土。

9. 屋面与山墙、女儿墙、天沟、檐沟以及突出屋面结构的连接处，以及基层的转角均应做成圆弧形连接，其圆弧半径宜为50～100mm。

10. 屋顶与外墙交界处、屋顶开口部位四周的聚氨酯硬泡保温层，应采用宽度不小于500mm的A级保温材料设置水平防火隔离带。

(三) 喷涂聚氨酯硬泡细部节点设计

1. 屋面聚氨酯硬泡施工应与山墙、女儿墙等所有外露部位与墙体保温层连续施工成整体保温层，避免形成热桥。
2. 在天沟、檐沟部位（宜铺有胎体增强材料的附加层，附加层收头应用柔性材料密封）应直接连续喷涂聚氨酯硬泡，其泡体厚度不应小于20mm（见图6-1）。泡体收头采用压条钉压固定后，再用密封材料封严实。
3. 屋面为无组织排水檐口时，聚氨酯硬泡应直接地连

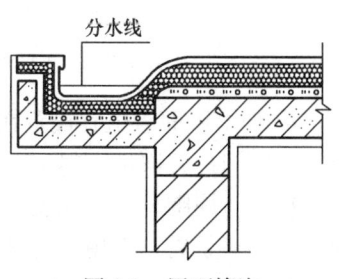

图6-1 屋面檐沟

续喷涂聚氨酯硬泡至檐口附近100mm处（檐口平面端部），喷涂厚度应逐步均匀减薄至20mm为止，檐口泡体收头采用压条钉压固定后，再用密封材料封严实。

4. 在山墙、女儿墙泛水的部位，应直接地连续喷涂聚氨酯硬泡，喷涂高度不应小于250mm。

当墙体为砖墙时，可直接连续喷涂至山墙凹槽部位（凹槽距屋面高度不应小于250mm）或至女儿墙压顶下，泛水收头采用压条钉压固定后，再用密封材料封严实。

当墙体为混凝土墙时，在泛水处可直接地连续喷涂至墙体距屋面高度不小于250mm处，泛水收头应采用金属压条固定和密封材料封固，并在墙体上用螺钉固定能自由伸缩的金属盖板（见图6-2）。

5. 在屋面与山墙间变形缝保温防水部位，应直接地连续喷涂至变形缝顶部（设计要求高度），在变形缝内宜填充泡沫塑料棒，上部填放衬垫材料，并宜用卷材封盖，在其顶部再加扣混凝土盖板或金属盖板。屋面变形缝构造如图6-3所示。

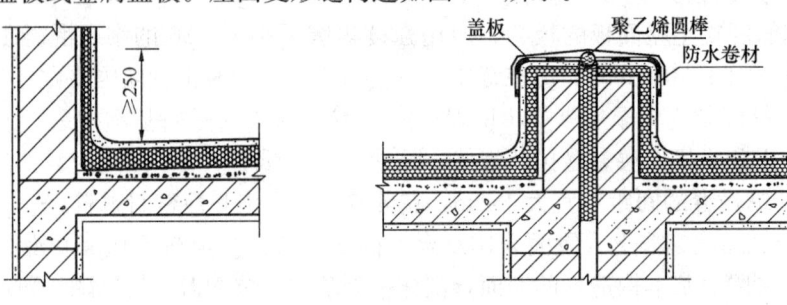

图6-2 山墙、女儿墙泛水　　　　图6-3 屋面变形缝

6. 在水落口保温防水部位，水落口周围直径500mm范围内的坡度不应小于5%，并在水落口与基层接触处应留宽20mm、深20mm凹槽，嵌填密封材料。

喷涂聚氨酯硬泡距水落口500mm的范围内应逐渐均匀减薄，最薄处厚度不应小于15mm，并直接喷涂至水落口内50mm（见图6-4和图6-5）。

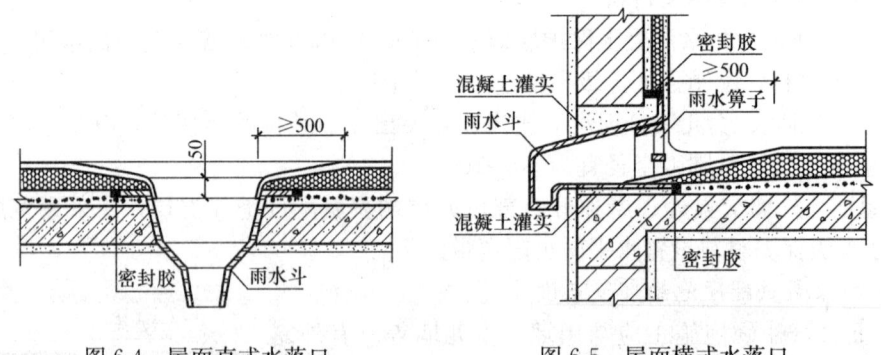

图6-4 屋面直式水落口　　　　图6-5 屋面横式水落口

7. 伸出屋面管道宜设置在结构层上，管道周围的找坡层应做成圆锥台，在管道与找平层间应留凹槽并嵌填密封。

在管道周围将聚氨酯硬泡直接连续喷涂至管道距屋面高度250mm处，聚氨酯硬泡收头处用金属箍紧后，再用密封材料封严（见图6-6）。

8. 在屋面垂直出入口或水平出入口处，聚氨酯硬泡直接地连续喷涂至出入口顶部或混凝土踏步下，收头处采用压条钉压固定后，再密封严实。

9. 女儿墙及伸出外墙或屋顶的混凝土构件，在距外墙或屋面的 1000mm 范围内，应全面做保温。

（四）喷涂聚氨酯硬泡基本构造

按《硬泡聚氨酯保温防水工程技术规范》（GB 50404—2007）中的基本规定，在非上人屋面构造中，将喷涂聚氨酯硬泡保温防水工程构造划分成三种类型，各类型屋面保温防水工程基本构造如表 6-5 所示。

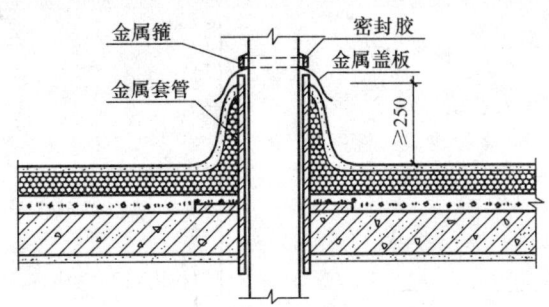

图 6-6　伸出屋面管道

表 6-5　喷涂聚氨酯硬泡保温防水工程构造

工程部位	屋　　面		
PU 硬泡类型	Ⅰ型	Ⅱ型	Ⅲ型
构造层次	保护层	抗裂聚合物砂浆	防护层
	防水层	Ⅱ型聚氨酯硬泡保温防水层	Ⅲ型聚氨酯硬泡保温防水层
	找平层		
	Ⅰ型 PU 硬泡保温层		
	找坡（兼找平）层	找坡（兼找平）层	找坡（兼找平）层
	屋面基层	屋面基层	屋面基层

1. 喷涂聚氨酯硬泡保温防水屋面基本构造

聚氨酯硬泡保温防水屋面基本构造由找坡（找平）层、聚氨酯硬泡保温（防水层）和保护层组成，各类型聚氨酯硬泡保温防水屋面基本构造如图 6-7～图 6-9 所示。

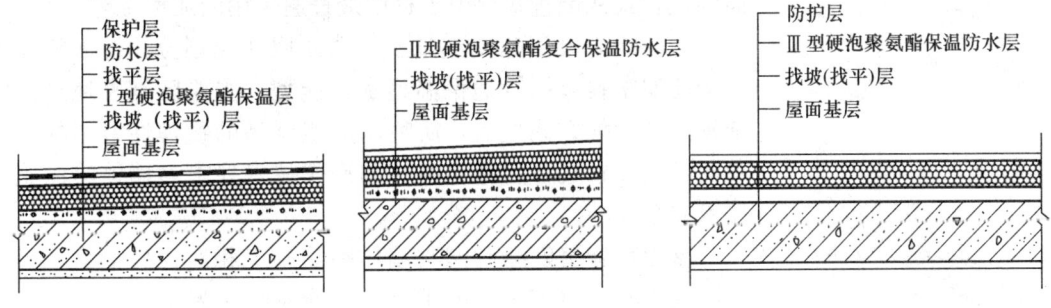

图 6-7　Ⅰ型聚氨酯硬泡保温防水屋面基本构造　　图 6-8　Ⅱ型聚氨酯硬泡保温防水屋面基本构造　　图 6-9　Ⅲ型聚氨酯硬泡保温防水屋面基本构造

2. 喷涂聚氨酯硬泡上人防水屋面，配筋混凝土保护层

喷涂聚氨酯硬泡上人屋面保温防水系统如图 6-10 所示。

3. 喷涂聚氨酯硬泡非上人屋面保温防水系统，涂料粒料保护层

喷涂聚氨酯硬泡非上人屋面保温防水系统如图 6-11 所示。

4. 喷涂聚氨酯硬泡平瓦屋面保温防水系统

喷涂聚氨酯硬泡平瓦屋面保温防水系统如图 6-12 所示。

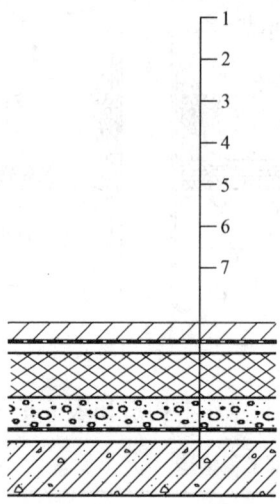

图 6-10 喷涂聚氨酯硬泡上人屋面保温防水系统
1—混凝土整体保护层（40 厚 C20 细石混凝土，配 $\phi6$ 或冷拔 $\phi4$ 的 I 级钢筋，双向中距 150，钢筋网片绑扎或点焊）；2—10 厚低强度等级砂浆隔离层；3—防水层；4—20 厚 1:3 水泥砂浆找平层；5—PU 硬泡保温层；6—找坡层（最薄 30 厚轻集料混凝土±2%）；7—结构层

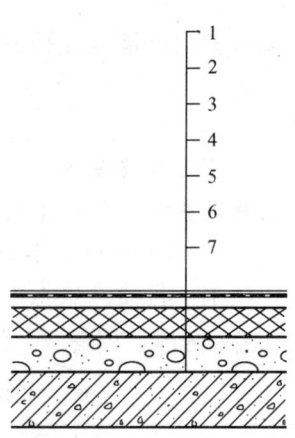

图 6-11 喷涂聚氨酯硬泡非上人屋面保温防水系统
1—涂料粒料保护层；2—防水层（如聚乙烯丙纶复合防水卷材，$\geqslant 150 g/m^2$）；3—找平层（5～10 厚聚合物抹面胶浆，或 20 厚 1:3 水泥砂浆层）；4—PU 硬泡保温层；5—找坡层（最薄 30 厚轻集料混凝土或水泥膨胀珍珠岩±2%）；6—隔汽层；7—结构层

三、屋面聚氨酯硬泡施工

（一）喷涂聚氨酯硬泡保温系统施工

屋面喷涂聚氨酯硬泡施工技术与前面介绍的外墙喷涂操作法相同，也是在平屋面、坡屋面的正置式或倒置式保温工程中最普遍采用的成型工艺。

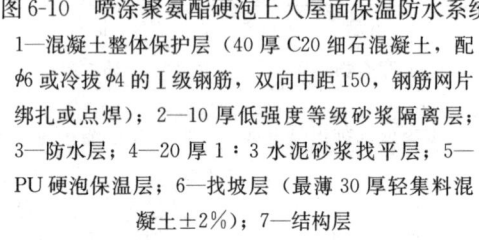

图 6-12 喷涂聚氨酯硬泡平瓦屋面保温防水系统
1—平瓦；2—1:3 水泥砂浆卧瓦层，最薄处 $\geqslant 20$（内配 $\phi6@500\times500$ 钢筋网与屋面板预埋 $\phi10$ 钢筋头绑牢）；3—PU 硬泡保温层；4—钢筋混凝土屋面板

屋面喷涂聚氨酯硬泡施工，从使用功能划分，屋面喷涂聚氨酯硬泡塑料包括普通保温型和功能型。主要区别是通过聚氨酯硬泡技术配方调配后，所喷涂成型制品的物理性能指标高低不同，但要求具备的施工条件和操作技术要求与墙体喷涂施工技术完全相同。

屋面喷涂聚氨酯硬泡与墙体喷涂施工相对比较而言，墙体喷涂聚氨酯硬泡施工作业垂直面，涉及喷涂聚氨酯硬泡与基层墙体的粘结力、聚氨酯硬泡表面的平整度，还有聚氨酯硬泡与外装饰层结合的牢固程度，以及墙体承重等系列技术问题，要求喷涂聚氨酯硬泡操作技术更加熟练。屋面喷涂技术在操作手法上和工程验收上相对容易些，但在整个屋面保温系统中涉及屋面细部节点施工严格。

1. 施工准备

(1) 技术准备

1) 熟悉和会审图纸，掌握和了解设计意图，掌握屋面构造、构造节点（防火带）处理及屋面坡度要求等。

2）施工前，有关负责人必须向操作人员进行技术交底和安全等内容培训。

3）确定质量目标和检验要求。

4）提出施工记录的内容要求。

5）根据总体工程情况，制订相应的具体施工方案。

(2) 材料准备

1）喷涂聚氨酯硬泡原料准备

①A 料（组合料）准备

根据喷涂厚度、面积和密度折算用料总量，并根据现场施工环境和具体技术要求预先调配出合格的小试配方，再按小试配方进行批次配料，供给大面积喷涂施工使用。

A 料有两种准备形式。一种方式是将构成 A 组分配方的各个单体料都分别运到施工现场，现用现配，即后配；另一种方式是将 A 料预先配好后再运进现场，即先配。

进入现场备用 A 料或各单体料一律用镀锌铁桶（氨水为起始剂生产的聚醚应选用铁桶）密封保存。

硬泡原料运到现场后，应细心检查在拉运过程中桶盖是否封严、有无碰坏包装，如出现泄漏应立即妥善处理。原料在贮存中不得雨淋、不得在高温或烈日下暴晒，远离火源，应存放在阴凉处待用。

现场随配（后配）A 料：按在试验室预调配方所用材料，各单体原料应按标准材料名称，为配料方便应将各原料运到现场后分别按序摆放，避免在现场配料时发生用料错误。根据施工现场环境等条件可随时调整配方，按工程进度或按工程总用料量配制。按预先小试调好各单体原料重量比，进行计量、混合，充分搅拌均匀。

现场随配随用 A 料能够保持原有的化学活性不损失，根据施工现场环境等条件可随时调整配方，按工程用料配制，不会造成组合料的剩余。但现场随配随用 A 组分料容易增加配料时的计量误差，每个配料次不易重复，并且不易搅拌均匀，易给喷涂施工带来质量问题；其次占用场地面积大，不利于现场管理。

使用预先配 A 料时，预先配的 A 料与 B 料按规定配比可直接喷涂施工。在工厂预先配好 A 料，可减少现场随用随配、计量、搅拌等不足环节，使用时比较方便。

使用 A 料不得超过贮存期，否则难以保证喷涂聚氨酯硬泡成品的质量。工程剩余的材料，在有效贮存期内应尽快用完，否则余料在规定期内不用、积压，超期存放再用，泡沫质量不合格，造成经济浪费。

②B 料（聚异氰酸酯）准备

B 料应存放在干燥、通风、阴凉处，严格密封保存，不得吸潮。尤其是曾经开桶使用余下的料，必须保证容器的干燥密封，有条件的最好允干燥氮气保护。

2）防火隔离带材料准备

屋面用防火隔离带材料相对于墙体用途广泛，可用无机板状（如酚醛树脂泡沫板、聚苯颗粒水泥复合保温板、泡沫玻璃板、高效发泡水泥板、膨胀珍珠岩板、海泡石等）或各类型无机保温膏（浆）等材料。

防火隔离带材料除必须达到 A 级燃烧性能外，在设计、使用时，尽可能选用导热系数低、材料易得、吸水率低、施工方便等因素，进行综合考虑后选用、准备。

(3) 机具准备

1) 高压发泡机或低压发泡机、空压机及喷枪应达到正常使用。

2) 送料管路长度够用、畅通（根据设备条件，当使用简易发泡机必要时，应备好加料容器、清洗液等）。

(4) 现场喷涂施工条件

1) 基层应牢固、干燥，基面应无锈、无油污、无浮尘、无污物。

2) 伸出屋面的管道等结构，根部应填塞密实，应在施工前安装牢固。

3) 基层坡度、细部构造等应符合设计要求，但不必作分隔缝和隔汽层。

4) 施工气温宜为 15～30℃；室外现场喷涂时，风力不宜大于 3 级；相对湿度宜小于 85%。

5) 具有安全、稳定的动力电源。

2. 喷涂聚氨酯硬泡施工工艺

(1) 喷涂聚氨酯硬泡工艺流程如图 6-13 所示。

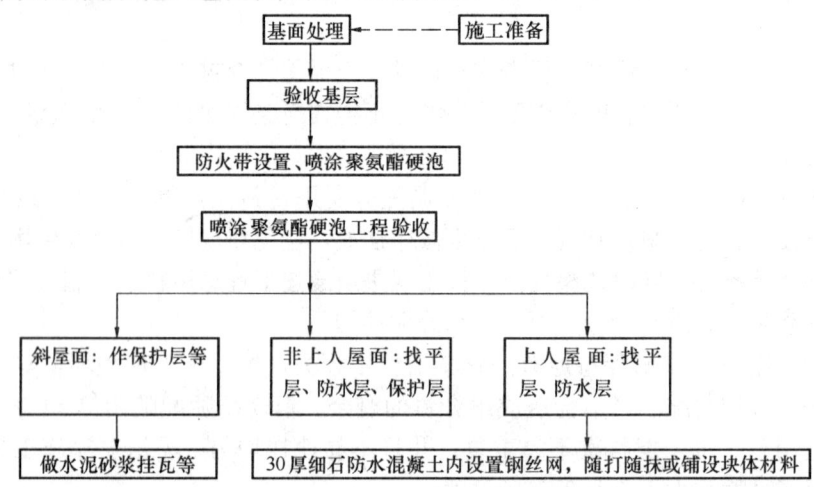

图 6-13 工艺流程

(2) 操作工艺要点：

1) 防火隔离带设置。按设计要求的部位进行防火隔离带设置。板材类防火隔离带材料在喷涂聚氨酯硬泡前，按设计规定的屋面水平位置、宽度和防火带厚度固定即可。

如使用膏浆类防火隔离带材料时，应在喷涂聚氨酯硬泡完成后，将预留防火隔离带的空位内，用膏浆类防火隔离带材料涂抹到硬泡同等厚度。

2) 发泡机试运行。在发泡机两个料罐内分别加入 A、B 料（或高压输料泵分别插入各自料桶内）后，首先进行试喷，原料经恒定计量流入喷枪混合，瞬间经空气压力作用，将混合物料"雾化"喷涂在基层表面发泡成型，经试喷确定机械系统正常，喷涂聚氨酯硬泡试块合格后，可以进行大面积正式喷涂施工。

3) 大面喷涂聚氨酯硬泡施工时，按设计坡度及流水方向，找出屋面坡度走向，采用弹线找坡，以确定保温层在规定的厚度范围内。

在无风天气环境下，原则上是宜由远起始至近喷涂，一遍接一遍连续喷涂。喷涂聚氨酯泡沫施工时，应走速均匀，达到泡体连续均匀。

通过逐遍喷涂的同时，必须保证设计规定的排水坡度，直至喷涂最终设计规定的厚度。喷涂中间随时用钢针插入法测试喷涂泡沫的厚度，喷涂中途发现厚度不够应及时补喷。

4）屋面细部构造处理。屋面细部是最容易出现质量问题的部位，主要涉及缝隙密封技术、屋面喷涂聚氨酯硬泡与防火隔离带、外墙喷成无接缝整体。控制喷涂聚氨酯硬泡的排水坡度，要求在达到节能效果的前提下，还必须达到不渗透水、排水顺畅。

在细部构造处喷涂聚氨酯硬泡时，必须按细部构造特点达到均匀；喷涂聚氨酯硬泡的厚度、平整度等具体技术要求，必须按设计要求的标准进行。

在完成喷涂聚氨酯硬泡施工后，聚氨酯硬泡长时间暴露在阳光下，泡体会逐渐氧化，不但外观颜色从浅黄色变化到深棕色，更主要的是会导致聚氨酯硬泡导热系数、强度等性能下降，应及时按设计要求进行上人屋面或非上人屋面的保护层施工。

(3) 聚氨酯硬泡成品保护：

1）喷涂聚氨酯硬泡施工完成后，不得随意踩踏。

2）严禁锐物刮伤和重物撞击。

3）保持表面清洁，不得堆放重物、垃圾、有突出尖锐物及化学物品。

4）严禁电焊、明火或其他高温接触等作业，必须时应采取绝对安全的防火有效保护措施。

5）在完成聚氨酯硬泡的表面，自然形成憎水表面薄膜，作保护层施工时，应尽可能做到不损坏泡体表面光滑的致密层，尤其在采用涂料防护层时要更加注意保护。不慎意外破损聚氨酯硬泡，应及时喷涂聚氨酯硬泡进行修补。

3. 保温工程质量控制

(1) 主控项目

1）聚氨酯硬泡防水保温层不应有渗漏水及露底和断裂等现象。

检验方法：观察检查。

2）聚氨酯硬泡的密度、抗压强度、导热系数、吸水率必须符合设计要求。

检验方法：检查出厂合格证、质量检验报告和现场抽样复验报告。

3）防火隔离带设置部位、宽度、厚度符合设计要求。

检验方法：观察检查。

(2) 一般项目

1）聚氨酯硬泡防水保温层的厚度应符合设计要求。

检验方法：用钢针插入或尺量。

2）聚氨酯硬泡防水保温层表面应平整，最大喷涂波纹应小于5mm。

检验方法：观察检查或用钢针插入。

3）平屋面、天沟、檐沟等的表面排水坡度应符合设计要求。

检验方法：观察检查。

4）屋面与山墙、女儿墙、天沟、檐沟以及突出屋面结构的连接处的连接方式与结构形式应符合设计要求。

检验方法：观察检查。

(二) 喷涂聚氨酯硬泡复合防水涂膜保温系统施工

在聚氨酯硬泡复合防水涂膜保温系统中，聚氨酯硬泡起主要防水保温作用，防水涂膜起防水和界面处理作用，纤维增强抗裂腻子（或抗裂聚合物砂浆）起找平和非上人屋面保护层作用。

通过聚氨酯硬泡与防水涂膜复合材料的结合使用后，聚氨酯硬泡与基层整体达到全粘结的状态，并形成柔性保护层，它们共同构成双道防水功能，使该系统防水抗渗达到最高性能的同时，又使系统的保温层与基层及保护层之间有极其突出的黏附力。该系统构造简单、施工比较方便。

适用防水等级为Ⅰ、Ⅱ、Ⅲ级的工业与民用建筑的屋面保温防水工程，由喷涂聚氨酯硬泡和防水涂膜施工方式特点所决定，特别适用于曲面和复杂形状的屋面的保温及防水。

1. 材料技术性能

（1）防水涂膜性能见表6-6。

表6-6 防水涂膜技术性能

项　　目		指　　标
固体含量（%）		≥65
干燥时间（h）	表干时间	≤4
	实干时间	≤8
拉伸强度	无处理拉伸强度（MPa）	≥1.2
	加热处理后保持率（%）	≥80
	碱处理后保持率（%）	≥70
	紫外线处理后保持率（%）	≥80
断裂伸长率	无处理（%）	≥200
	加热处理（%）	≥150
	碱处理（%）	≥140
	紫外线处理（%）	≥150
	低温柔性（10mm圆棒）	−10℃无裂纹
不透水性（0.3MPa，30min）		不透水
潮湿基面粘结强度（MPa）		≥0.5

（2）喷涂聚氨酯硬泡物理性能，见表6-1、表6-2。

（3）纤维增强抗裂腻子物理性能，见表6-7。

表6-7 纤维增强抗裂腻子物理性能

项　　目			指　　标
可操作时间（h）			≤4
拉伸粘结强度（MPa）	与水泥砂浆	原强度	≥0.6
		耐水	≥0.4
	与聚氨酯硬泡	原强度	≥0.2
		耐水	≥0.2

注：表中数据摘自193聚氨酯彩色防水保温系统构造中物理性能指标。

（4）配套材料。

1）玻纤瓦面层宜有彩砂等保护层，应能提高防火性能。

2）胶粘剂：非溶剂型合成高分子胶粘剂。

3）密封胶：聚氨酯建筑密封胶，丙烯酸酯建筑密封胶，氯磺化聚乙烯建筑密封胶。

4）无纺布（做防水涂膜与细石混凝土之间的隔离层）。

2．设计

（1）典型基本构造

1）防水等级Ⅲ级的保温屋面

①结构找坡上人屋面

设计不用块材或地砖面层时，采用 40mm 厚 C20 细石混凝土面随捣随抹光（内配双向 $\phi4@200$），如结构层浇捣混凝土表面平整度满足施工要求，可略去 20mm 厚 1∶3 水泥砂浆找平层。其构造如图 6-14 所示。

②轻集料混凝土找坡不上人屋面

水泥砂浆作保护层。坡度大于等于 2%，最薄处 30mm 厚。其构造如图 6-15 所示。

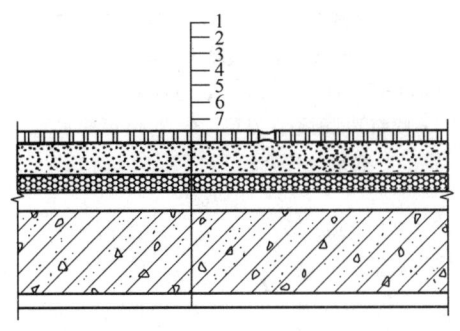

图 6-14 结构找坡上人屋面构造
1—块材或地砖面（1∶3 水泥砂浆结合层）；
2—40mm 厚 C20 细石混凝土保护层（内配双向 $\phi4@200$）；
3—无纺布或塑料薄膜隔离层；4—喷涂 PU 硬泡保温层；
5—防水涂膜；6—20mm 厚 1∶3 水泥砂浆找平层；
7—结构层

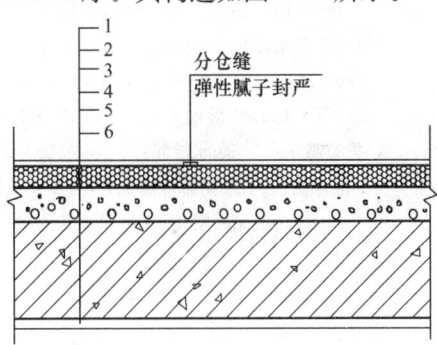

图 6-15 轻集料混凝土找坡不上人屋面
1—水泥砂浆保护层；2—防水涂膜；
3—喷涂 PU 硬泡保温层；4—防水涂膜；
5—轻集料混凝土（陶粒混凝土）找坡；
6—结构层

③木挂瓦条块瓦坡屋面

顺水条用预埋 $\phi6$ 钢筋固定，$\phi6$ 钢筋伸出结构层 110mm 以上、@1000×500～600。顺水条用 $\phi5$ 膨胀螺栓固定，膨胀螺栓伸出结构层 100@1000×500～600。其构造如图 6-16 所示。

2）防水等级Ⅱ级的保温屋面

①轻集料混凝土找坡上人屋面

设计不用块材或地砖面层时，采用 40mm 厚 C20 细石混凝土面随捣随抹光。坡度大于等于 2%，最薄处 30mm 厚。其构造如图 6-17 所示。

②水泥砂浆找坡上人屋面

设计不用块材或地砖面层时，采用 40mm 厚 C20 细石混凝土面随捣随抹光。该水泥砂浆找坡上人屋面构造，仅用于面积较小的平屋面。水泥砂浆找坡最薄处 20mm 厚；细石混凝土找坡最薄处 30mm 厚。其构造如图 6-18 所示。

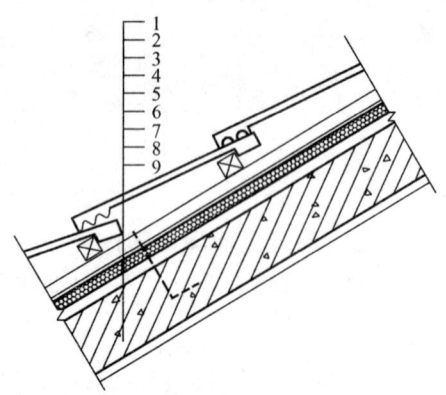

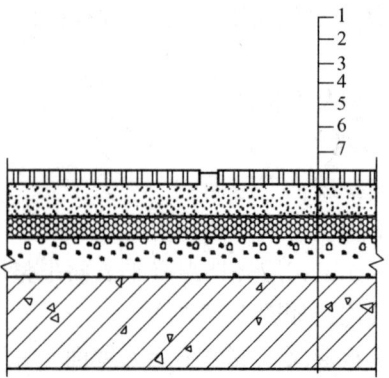

图 6-16 木挂瓦条块瓦坡屋面构造
1—彩色水泥瓦、彩陶瓦；2—挂瓦条 40×25 (h) (L30×4 挂瓦条)；3—顺水条 40×25 (h) (—400×5 顺水条)；4—3～5 纤维增强抗裂腻子；5—防水涂膜层；6—喷涂 PU 硬泡保温层；7—防水涂膜层；8—20mm 厚 1:3 水泥砂浆找平层；9—结构层

图 6-17 轻集料混凝土找坡上人屋面构造
1—块材或地砖面（1:3 水泥砂浆结合层）；2—40mm 厚 C20 细石混凝土保护层（内配双向 $\phi4@200$）；3—无纺布或塑料薄膜隔离层；4—喷涂 PU 硬泡保温层；5—2mm 厚防水涂膜；6—轻集料混凝土（陶粒混凝土）找坡；7—结构层

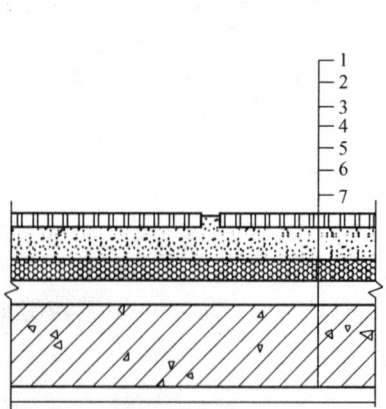

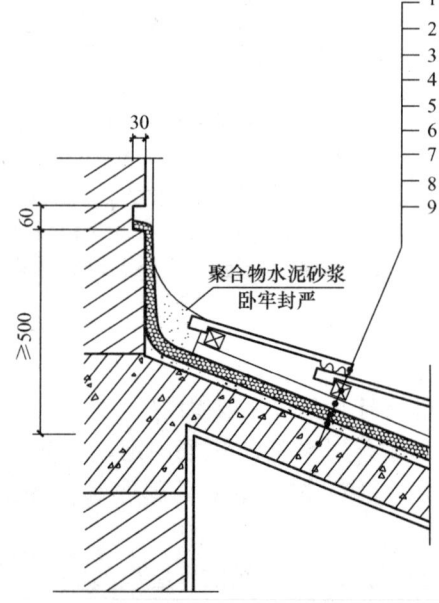

图 6-18 水泥砂浆找坡上人屋面构造
1—块材或地砖面（1:3 水泥砂浆结合层）；2—40mm 厚 C20 细石混凝土保护层（内配双向 $\phi4@200$）；3—无纺布或塑料薄膜隔离层；4—喷涂 PU 硬泡保温层；5—2mm 厚防水涂膜；6—1:3 水泥砂浆 C15 细石混凝土找坡；7—结构层

图 6-19 水泥瓦、陶瓦坡屋面阳角泛水
1—屋面瓦；2—挂瓦条；3—顺水条；4—3～5mm 厚纤维增强腻子；5—2mm 厚防水涂膜层；6—PU 硬泡保温层；7—2mm 厚防水涂膜层；8—20mm 厚 1:2.5 水泥砂浆找平层；9—现浇钢筋混凝土屋面板

3）防水等级Ⅰ级的保温屋面

①在防水等级Ⅰ级的木挂瓦条块瓦坡屋面或多彩玻纤瓦屋面，其基本结构与防水等级Ⅱ级相同，但其中要求防水涂膜必须达到 2mm 的厚度。

②在防水等级Ⅰ级的轻集料混凝土找坡上人屋面，其基本结构与防水等级Ⅱ级基本相同，只要求在喷涂聚氨酯硬泡工序完成后，在其表面增涂一道 2mm 厚防水涂膜工序。

③在防水等级Ⅰ级的结构找坡上人屋面，其基本结构与防水等级Ⅲ级基本相同，只要求在喷涂聚氨酯硬泡工序完成后，在其表面增涂一道 2mm 厚防水涂膜的工序。

(2) 细部节点构造

1）水泥瓦、陶瓦和玻纤瓦坡屋面阳角泛水，分别如图 6-19、图 6-20 所示。

2）坡屋面变形缝。水泥瓦、陶瓦坡屋面阳角、阴角变形缝（金属盖板）分别如图 6-21、图 6-22 所示。

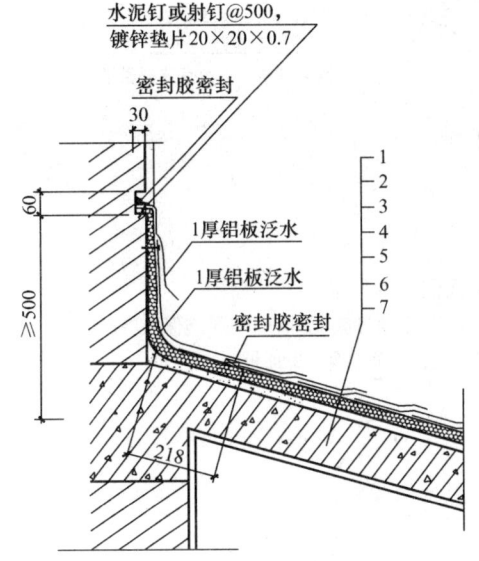

图 6-20 玻纤瓦坡屋面阳角泛水

1—玻纤油毡瓦；2—3～5mm 厚纤维增强腻子；3—2mm 厚防水涂膜层；4—PU 硬泡保温层；5—2mm 厚防水涂膜层；6—20mm 厚 1:2.5 水泥砂浆找平层；7—现浇钢筋混凝土屋面板

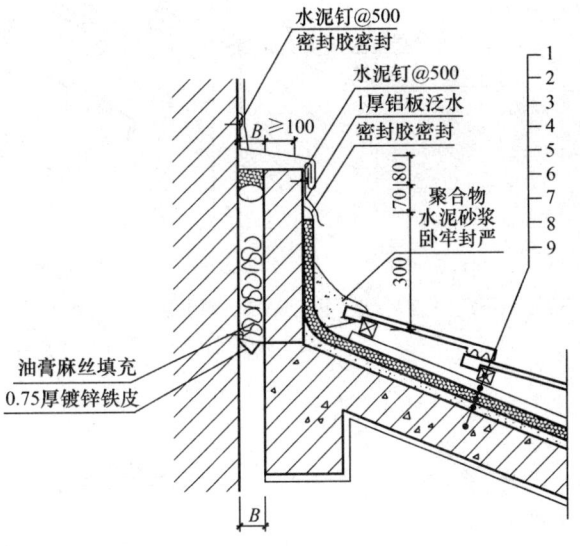

图 6-21 水泥瓦、陶瓦坡屋面阳角变形缝

1—屋面瓦；2—挂瓦条；3—顺水条；4—纤维增强腻子；5—防水涂膜层；6—PU 硬泡保温层；7—防水涂膜层；8—水泥砂浆找平层；9—现浇钢筋混凝土屋面板

3）坡屋面出屋面构造。

水泥瓦、陶瓦坡屋面和玻纤瓦坡屋面冷管道出屋面泛水构造，分别如图 6-23、图 6-24 所示。

4）水泥、陶瓦和玻纤瓦坡屋面檐沟挑檐构造，分别如图 6-25、图 6-26 所示。

5）平屋面落水口节点构造如图 6-27 所示。

3．施工工艺

(1) 喷涂聚氨酯硬泡复合防水涂膜保温系统，基本工艺流程如图 6-28 所示。

(2) 操作工艺。

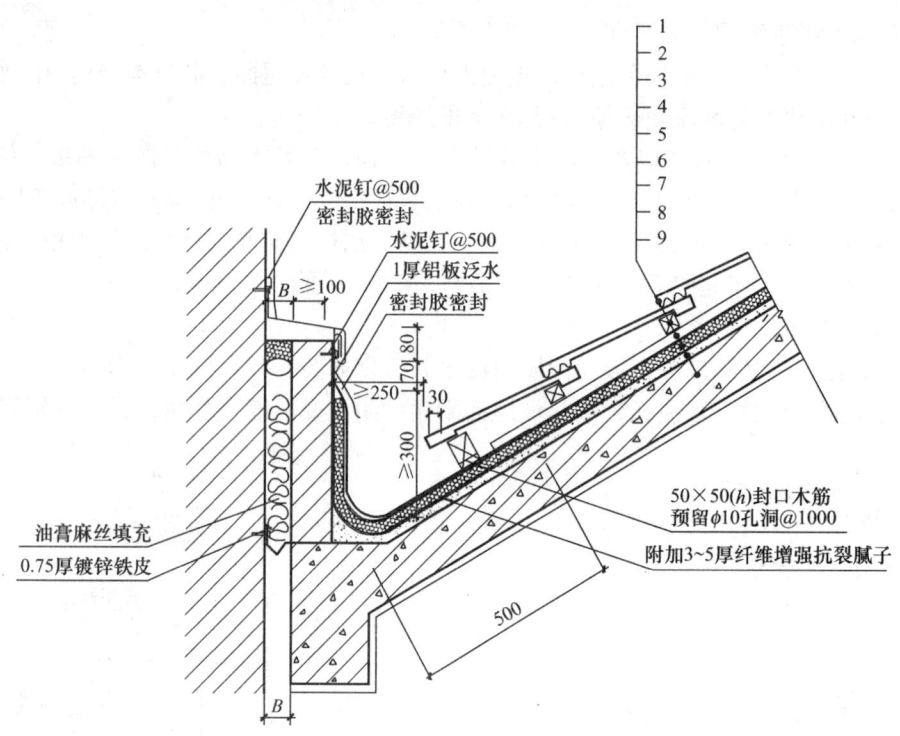

图 6-22 水泥瓦、陶瓦坡屋面阴角变形缝

1—屋面瓦；2—挂瓦条；3—顺水条；4—纤维增强腻子；5—防水涂膜层；6—PU 硬泡保温层；
7—防水涂膜层；8—水泥砂浆找平层；9—现浇钢筋混凝土屋面板

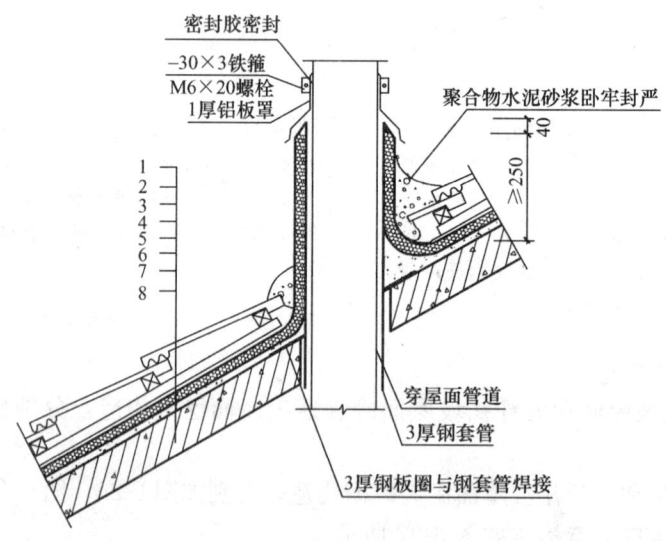

图 6-23 水泥瓦、陶瓦冷管道出屋面泛水构造

1—屋面瓦；2—挂瓦条；3—顺水条；4—防水涂膜层；
5—PU 硬泡保温层；6—防水涂膜层；7—水泥砂浆找平层；
8—现浇钢筋混凝土屋面板

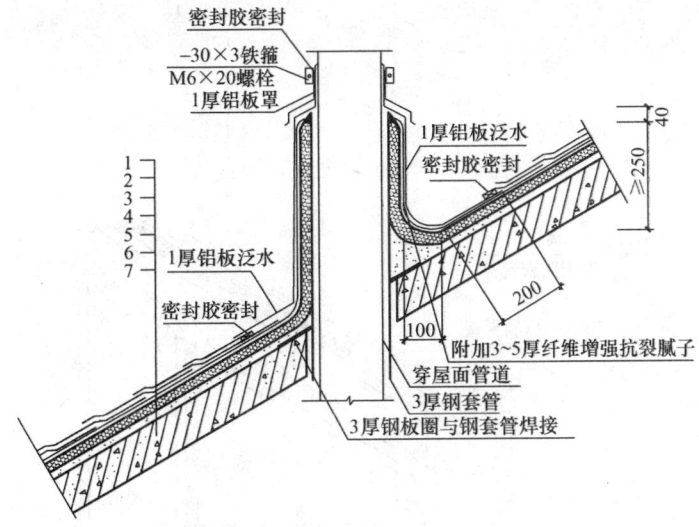

图 6-24 玻纤瓦冷管道出屋面泛水构造
1—玻纤瓦；2—纤维增强抗裂腻子；3—防水涂膜层；
4—PU硬泡保温层；5—防水涂膜层；6—水泥砂浆找平层；
7—现浇钢筋混凝土屋面板

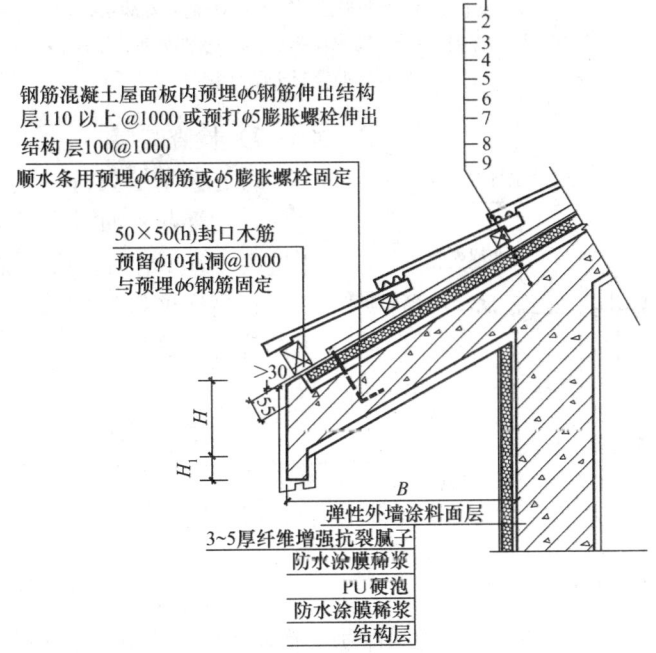

图 6-25 水泥、陶瓦坡屋面挑檐构造
1—屋面瓦；2—挂瓦条；3—顺水条；4—纤维增强抗裂腻子；
5—防水涂膜层；6—PU硬泡保温层；7—防水涂膜层；
8—水泥砂浆找平层；9—现浇钢筋混凝土屋面板

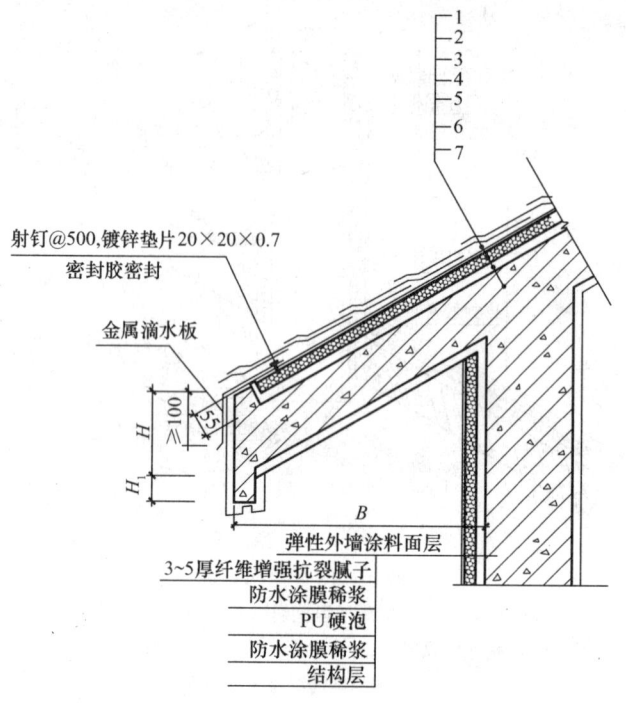

图 6-26 玻纤瓦坡屋面挑檐构造
1—玻纤瓦；2—纤维增强抗裂腻子；3—防水涂膜层；
4—PU硬泡保温层；5—防水涂膜层；6—水泥砂浆找平层；
7—现浇钢筋混凝土屋面板

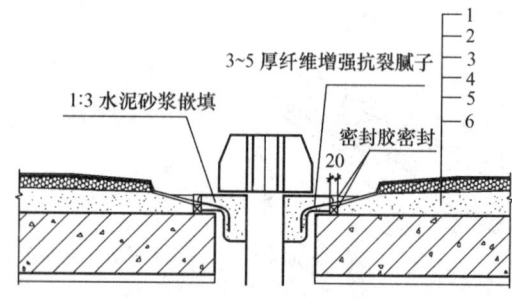

图 6-27 落水口构造
1—纤维增强抗裂腻子（3～5mm厚）；
2—防水涂膜（2mm厚）；3—PU硬泡层；
4—防水涂膜（2mm厚）；5—1:3水泥砂浆
找平层（20mm厚）；6—结构层

1) 检查基层。

首先做基层处理，使屋面（墙体）基层平整，无浮灰、油污。当基层（包括找坡层）平整度≤10mm时，可不加找平层。

在喷涂聚氨酯硬泡前，应将屋面及墙面上的管线、设施基础、预埋安装构件等预先施工到位。

2) 屋面防水保温首选结构找坡，当必须建筑起坡时应采用陶粒混凝土或憎水珍珠岩作为找坡层，坡度为≥2%，檐沟及天沟的坡度≥1%。

3) 基层涂刷防水涂层。

基层处理达到合格后，在其表面均匀涂刷一道防水涂料后，养护24h。

在屋面防水薄弱处（如阴脊、檐沟、阴角、洞口）需附加3～5mm厚纤维增强抗裂腻子，垂直面的泛水上翻250mm。

4) 喷涂聚氨酯硬泡。

喷涂聚氨酯硬泡现场施工温度不宜低于5℃，空气相对湿度不宜大于90%，风力宜小于3级，严禁在雨、雪、雾气候条件下施工。

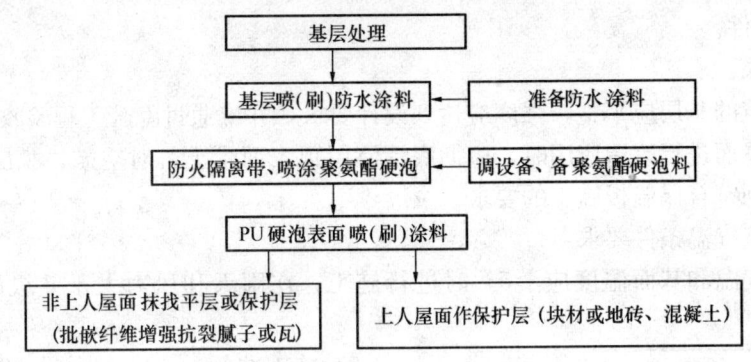

图 6-28 工艺流程

如 3 级以上风天施工，采取必要防护措施，控制雾料飞散，严格做好周边环境的防护。

当基层防水涂膜养护达到 24h 并干燥后，通过发泡设备将聚氨酯硬泡液料喷涂在基面上发泡成型。

根据保温层的厚度，一个施工作业面可分几遍喷涂，对当日施工的作业面，必须当日连续喷涂到设计厚度，在完成喷涂 24h 后，可用手提刨刀对局部进行修整。

5）聚氨酯硬泡表面涂刷防水涂层。

聚氨酯硬泡表面涂刷防水涂料时，为增加其粗糙度，可加入适量细砂搅拌均匀。然后在聚氨酯硬泡表面均匀涂刷一道防水涂料，涂刷完成后，约养护 24h，使其彻底干燥。

6）屋面保护层。

养护一周后，按设计构造要求进行非上人屋面瓦或上人屋面保护层等工序的施工。

4. 工程质量标准

参照本节三、（一）3. 中喷涂聚氨酯硬泡工程质量控制要求。

（三）聚氨酯硬泡板材屋面系统施工

在屋面聚氨酯硬泡板材保温系统中，主要用于平屋面的正置式、倒置式铺设施工。

1. 正置式聚氨酯硬泡板屋面保温系统施工

聚氨酯硬泡板（如聚氨酯水泥层增强复合板，简称水泥层增强复合板）粘在屋面的基层上，在屋面整体达到保温隔热效果后，再做水泥砂浆找平层，最后按设计要求，再进行上人屋面或非上人屋面作保护层或防水层施工。

普通形聚氨酯硬泡板只能用于平面的保温。应用在屋面的保温板材的厚度应通过计算确定，在坡屋面混凝土的檐口、平屋面女儿墙及所有不宜铺贴保温板的部位，均应涂抹无机保温浆料或采用粘贴方式保温，屋面保温板材应与相应防水材料复合施工后，共同构成屋面防水保温系统。

燕尾槽聚氨酯硬泡板应用在坡屋面保温系统上，能够充分发挥槽形保温板可防止下滑的优势。

（1）坡（瓦）屋面燕尾槽聚氨酯硬泡板施工。

燕尾槽聚氨酯硬泡板应用在屋面保温系统施工，当屋面坡度小于 15% 时，适用于单面槽型聚氨酯硬泡板材，当屋面坡度大于 15% 或瓦屋面防水保温时，应采用双面带槽聚氨酯硬泡板材。

1) 施工条件。

①基层要求：

对新建建筑的基层应平整，强度应达到设计要求，并应通过隐蔽工程验收。当采用槽形板对既有建筑屋面进行改造应用时，应彻底清除屋顶表面尘土，对空鼓、脱层的基层清理、修补，直至达到符合保温板施工的要求。

②施工环境气温条件要求：

施工环境气温和基面温度应≥5℃时进行施工，在雨天和风力大于5级的条件下不得施工。

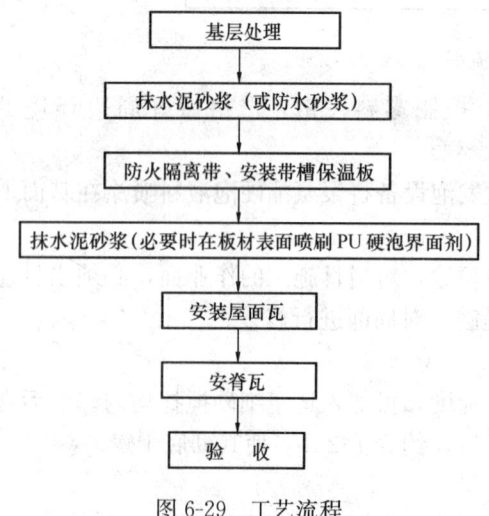

图 6-29 工艺流程

2) 施工准备：

①施工前制定周密的施工方案，对施工人员进行技术、安全方面的培训，对施工人员考核合格后，方可上岗操作。

②具有运送材料通道及保证安全的设施。

③严格按技术要求配制水泥砂浆或防水砂浆（或聚氨酯硬泡界面剂），进入现场板材防止与火焰、高温接触。

3) 施工工艺流程，如图6-29所示。

4) 操作工艺要点：

① 将基层上洒水润湿基面，但不得有明水，然后在潮湿基面抹水泥砂浆。

② 在双面槽聚氨酯硬泡板的一个表面上均匀涂满水泥砂浆，其厚度约为10mm，并使槽中都能压满水泥砂浆，然后将已抹水泥砂浆面的板材粘贴在屋顶的基层上。

③板材的槽应沿屋脊平行，由屋面最低处向上进行，宜采用叉接法粘贴，叉接缝应错开，并使接缝严密，粘贴后随即揉压，使板材表面达到平整，板材接缝间的聚氨酯发泡密封粘结牢固。

④在坡屋面的檐沟挑檐、阴角泛水和出屋面构造等不宜粘贴保温板的部位，应配合喷涂聚氨酯硬泡或涂抹保温浆料施工。采用喷涂聚氨酯硬泡或涂抹保温浆料施工完成后，在其表面再作保护层施工。

⑤按设计要求处理好防火带。

(2) 工程质量标准

1) 主控项目

①聚氨酯硬泡板材厚度、密度、导热系数，应符合设计要求。

检查方法：检查出厂合格证、检查质量报告和现场抽查复验报告。

②水泥砂浆拉伸粘结强度应达到质量要求。

检查方法：检查复试报告。

③瓦铺设牢固、无松动。

检查方法：敲击和观察检查。

④细部不便粘贴部位应涂抹保温浆料或采取其他措施，无渗水、不得产生热桥。

检查方法：观察检查。

⑤防火带宽度、厚度、设置部位符合设计要求。

检查方法：观察检查。

2）一般项目

①板材接缝间聚氨酯发泡密封粘结牢固、饱满。

检查方法：观察检查。

②板材间的铺设平整、拼缝严密。

检查方法：用2m靠尺或塞尺检查、观察检查。

③平瓦铺设应平整、瓦缝平直。

检查方法：观察检查。

④脊瓦安装间距均匀、封固严密、顺直无起伏。

检查方法：手扳和观察检查。

⑤泛水做法顺直平整、结合严密、无渗漏。

检查方法：观察检查、雨后或淋水检查。

2. 倒置式聚氨酯硬泡板屋面保温系统施工

倒置式屋面是与正置式屋面相对而言，所谓倒置式屋面，是将正置屋面构造中的聚氨酯硬泡保温层与防水层施工顺序颠倒，将保温层放置在防水层之上，是与正置式相反的一种施工方法。

在聚氨酯水泥层复合板的保温层上，可采用块体材料、水泥砂浆或卵石作保护层（卵石与聚氨酯硬泡保温层之间铺设隔离层），倒置式聚氨酯硬泡屋面保温基本构造示意如图6-30

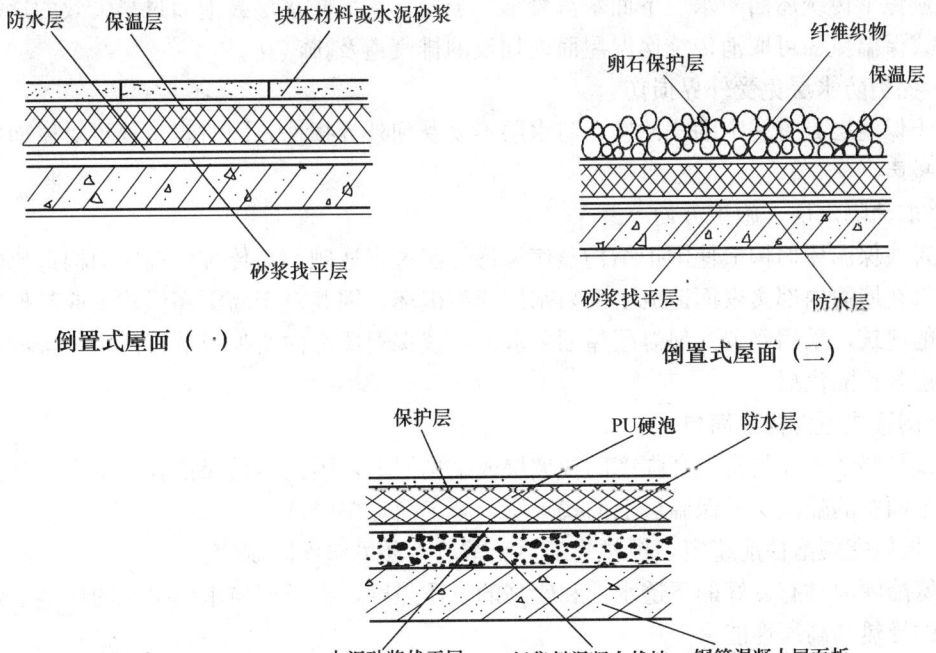

图6-30 倒置式聚氨酯硬泡屋面保温基本构造

所示。

(1) 倒置式保温屋面特点

1) 具有良好的隔热效果

倒置式屋面施工是屋面为外隔热保温形式,当在高温季节时,防水层上的聚氨酯硬泡、保护层隔热的热阻作用,对室外综合温度波首先进行了衰减,使其后产生在屋面材料上的内部温度分布低于传统保温隔热屋顶内部温度分布,减少太阳光的直接照射,也就是说,在夏季热量向室内传导,但传导至绝热层时,是绝热层阻挡热能向室内传送,继而产生隔热作用,所以屋面所蓄有的热量始终低于传统屋面保温隔热方式,向室内散热也小,降低空调费用。

2) 具有良好的保温效果

当在冬季时,倒置式屋面处在外冷内热状态,热能由内向外传导,因防水材料上层有保护层的保护,阻挡室内热量损失,外冷的低温又被保温层阻挡而不能进入室内,减少能耗。

3) 可有效延长屋面防水层寿命

保护层(保温层)设在防水层之上,大大减少了防水层受太阳直接照射的影响,使防水层表面温度变化明显减小、不易老化,并免受紫外线照射及外界撞击等因素而破坏,使防水层受到充分的保护,防水层能长期保持其柔软性,使其基本处于相对恒定状态,又相当于减少了防水材料的冻融循环次数,因而延长了使用年限。

据有关资料介绍,倒置式屋面施工法可延长防水材料使用寿命 2~4 倍,并可减少维修次数。

特别是应用在湿度结构,可使围护结构蒸汽渗透传湿过程通顺,不易使蒸汽在屋面内部集聚而避免了传统屋面防水层下面水汽凝结、蒸发,造成防水层鼓泡而过早失效的通病。因此倒置式保温屋面可取消传统保温屋面内加设的排汽道及排汽孔。

4) 保护防水层免受外界损伤

由于保温层具有一定的缓冲性,防水层不易受到外界损伤,同时衰减外界对屋面冲击而产生的噪声。

5) 取消隔汽层、施工方便

倒置式保温屋面构造使围护结构蒸汽渗透传湿过程通顺,与传统保温屋面构造比较,不易使蒸汽在屋面内部集聚而造成上部防水层起鼓破坏,因此对于高湿高温建筑或其他应设置隔汽层的建筑,采用倒置式保温层屋面可取消传统保温屋面内所加设的排汽道及排汽孔,可用防水层替代隔汽层。

6) 倒置式屋面构造简单

因找平层铺设在具有较高强度的找坡层或结构层上,因此容易保证施工质量。又由于省掉传统屋面中的隔汽层及保温层上的找平层,施工简化,经济。

7) 聚氨酯硬泡性能稳定,板材施工不受季节、环境温度限制

聚氨酯硬泡具有良好的不透水性和较高的抗压强度,在长期与水汽接触的环境下始终保持恒定的导热和高压性能。

保温层为板材拼铺,即使在负温下也可施工。一旦赶上下雨时也可施工,因其板材是憎水材料,落下雨水可按排水坡度正常排走。

(2) 适用范围

不但适用于民用住宅、工业建筑,也用于特别重要、重要的高层建筑屋面的防水保温工程,特别适合在我国南方地区采用。

适用于既有建筑屋顶保温节能改造工程,根据既有建筑屋面防水的情况,选用直接做倒置式保温屋面或翻修防水层后做倒置保温层屋面。

(3) 施工准备

1) 技术准备:

根据设计图纸内容,掌握施工图中的施工部位、细部构造做法、质量要求等,编制专项施工方案。

2) 材料准备:

①聚氨酯硬泡板。

聚氨酯硬泡聚合物水泥纤维增强板材(简称水泥层增强复合板)是在工厂生产线上,将聚氨酯硬泡板与水泥纤维材料复合,使水泥层增强复合板具有增强、耐老化、防火和易粘结的特点。

采用干铺或粘贴聚氨酯水泥层复合板可以是平头、企口或底面侧边开有凹槽板。

聚氨酯硬泡水泥层复合板在运输途中或进入施工现场存放,搬运应轻放,防止破损断裂、缺棱掉角,保证外形完整,注意保护防止污染。存放应远离高温及明火的安全位置,防止长期暴晒。

②保护层(或隔离层)材料。

根据所采用保护层施工方式选用保护层材料,如防火带材料、聚酯无纺布(隔离层)、卵石或其他刚性保护层材料。

按工程面积计算材料的总用量,备齐聚氨酯硬泡板、隔离层及保护层等材料,经检查材料性能指标合格后,方可进入现场,按类堆放。

3) 机具准备:

除垂直、平行运输工具外,还应备齐高压吹风机、平铲、扫帚、滚刷、剪刀、卷尺、粉线等工具。

4) 施工条件:

①屋面结构封顶后,首先将屋顶彻底清理干净。

②基层应达到变形小、基面牢固、平整、不开裂,坡度应符合排水要求。

③结构层现浇混凝土、屋面找平层厚度要求均应符合有关规定。

④天沟、檐口的排水坡度,必须符合设计要求。天沟、檐口、檐沟、水落口、泛水、变形缝和伸出屋面管道的防水构造,必须符合设计要求。

⑤防水层应平整,不得有积水、结冰、霜冻现象。对干檐口抹灰、薄钢板檐口安装等项,应严格按照施工顺序,在找平层施工前完成。

⑥采用倒置式屋面聚氨酯水泥层复合板屋面保温系统施工时,为防止屋面积水,屋面的坡度应增大到3%。

倒置式屋面的檐沟、水落口等部位,应采用现浇混凝土或砖砌堵头,并做好排水处理。

⑦干铺板材可在负温下施工,雨雪天、五级风以上天气不得施工。

(4) 施工工艺

倒置式聚氨酯水泥层复合板施工工艺流程,如图6-31所示。

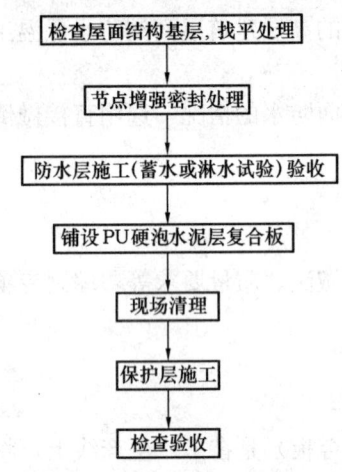

图 6-31 倒置式聚氨酯水泥层
复合板施工工艺流程

(5) 防水层施工操作工艺

屋面防水层的操作工艺,根据设计所选用防水材料的类型,按《屋面工程技术规范》(GB 50345)的要求进行,可参见本章第二节中防水材料的具体施工方法。

对于檐口抹灰、薄钢板檐口安放等,应严格按照施工顺序,在找平层施工前完成。

(6) 铺设聚氨酯水泥层复合板操作工艺

铺设聚氨酯水泥层复合板施工前,防水层施工已完成,经在防水层上存水24h试漏,检查防水层施工无渗漏或积水现象后,视为施工质量合格,确认防水层施工完全达到标准并经验收后,方可进行聚氨酯水泥层复合板铺设施工。

1) 在防水层表面铺设聚氨酯水泥层复合板。

2) 在非上人屋面可在基层采用干铺或粘贴聚氨酯水泥层复合板,在上人屋面应采用粘贴方式铺设保温板。

①当聚氨酯水泥层复合板采用粘贴方式铺设时,应采用对防水层无腐蚀并与防水层材性有相容性的胶粘剂(如聚合物水泥等)。

②聚氨酯水泥层复合板膨胀性极低,基本上不需留伸缩缝,可直接板接板铺设,或斜缝排列,遇到屋面突出处应将泡沫板量好尺寸并切割后再铺设。

一般聚氨酯水泥层复合板与防水层之间不需要做任何贴合处理,如果为了避免在后续施工过程中发生走位影响整体施工,可以在泡沫板与防水层间采用适当点粘或机械固定。铺板时应特别注意对已作好的防水层的保护,一旦发现防水层损坏,应立即进行修补。

③聚氨酯水泥层复合板拼接处,如是平头、企口或底面侧边开有凹槽,板材拼缝处可以灌入密封材料或用同类材料碎屑、单组分聚氨酯发泡剂密封使其连成整体,表面应达到平整无疵点(使渗流下来的雨水能够顺着凹槽或表面流向排水口,从而避免雨水的积存)。

④聚氨酯水泥层复合板铺设应平稳,紧粘(靠)防水卷材层,拼缝要严密,找坡正确。

(7) 保护层施工

聚氨酯硬泡水泥层复合板自身有一定的防火功能,为防止被风吹起、加强防火,或防止被人践踏而破坏设置保护层,保护层按上人屋面和非上人屋面要求进行施工。

在聚氨酯水泥层复合板保温层整体完工,检查合格并经验收后,再进行保护层施工。

1) 非上人屋面。

①采用水泥砂浆抹面。水泥砂浆抹面厚度宜为2cm。水泥砂浆保护层需要设置分格缝,分格缝间距2m,缝宽3~5mm,在聚氨酯水泥层复合板保温层上直接铺到所设计的厚度,在所设置的分格缝嵌填密封材料。

砂浆中宜掺入膨胀剂、纤维,即使用搅拌成的抗裂砂浆,防止砂浆表面出现裂纹。

②在非上人屋面可采用走道板或砾石做覆盖保护,当采用干铺卵石做保护层时,卵石粒径宜在10mm以上,满铺且厚度宜在50mm,檐口边做500mm×500mm×40mm预制混凝土挡板,四角用水泥砂浆固定。

卵石应分布均匀,卵石的质量和使用单位面积内的荷载量符合设计要求,防止过载。同时应保证在大风天气时，聚氨酯水泥层复合板不被刮起和保证保温层在积水状态下不浮起。在做保护层时，避免损坏聚氨酯水泥层复合板和已验收的防水层。

在卵石与聚氨酯水泥层复合板之间应加铺耐穿刺、耐久性及防腐性能好、不燃的纤维织物（如玻璃纤维布）衬垫材料为隔离层，在聚氨酯水泥层复合板之上覆盖一层，然后在不燃的纤维织物层上压一层卵石或铺设其他形式的刚性保护层。

在穿屋面管、女儿墙泛水的竖向防水层，收头高度超过填压层 25cm。

干铺卵石时檐口与排水口需做适当的堵头。水落管、排水管易被卵石堵塞，在进行聚氨酯水泥层复合板和保护层施工时，可用金属网罩对排水管和水落管等管口进行隔离，防止堵塞，要保证雨水口的畅通，或者按设计要求施工。

2) 上人屋面。

在上人屋面作保护层可采用两种方式，一种是铺砌块，如石材、瓷砖、预制混凝土砖等，另一种为现浇细石混凝土内加钢筋。

①当采用不配筋的细石混凝土为保护层时，应设置分格缝。厚度 4cm，分格缝间距 1.2～1.5m，缝宽 5mm，最后将分格缝用密封胶密封。捆钢筋时保护层厚度按设计要求确定，并在灌浆时钢筋网应适当垫高，确保抗拉作用。

②采用混凝土块材为保护层时，应用水泥砂浆坐浆平铺，板缝用砂浆勾缝处理。

(8) 施工质量标准

1) 主控项目

①聚氨酯水泥层复合板的强度、燃烧性能、导热系数、含水率，必须符合设计要求。

检验方法：检查出厂合格证、质量检验报告和现场抽样复验报告。

②防火隔离带、隔离层燃烧性能必须符合设计要求。

检查方法：现场抽样、检查检验报告。

③设置防水隔离带，其宽度、厚度、部位必须符合设计要求。

检查方法：观察检查。

2) 一般项目

①倒置式屋面保护层采用卵石铺压时，卵石应分布均匀，卵石单位质量应符合设计要求。

检验方法：观察检查和按堆积密度计算其质量。

②聚氨酯水泥层复合板紧贴（靠）基层，铺平垫稳，拼缝严密，找坡正确；铺设时应满铺不露底，边角搭接应符合设计要求。

检验方法：观察检查。

③聚氨酯水泥层复合板厚度允许偏差：+5%，且不得大于 4mm。

检验方法：用钢针插入或尺量检查。

(9) 聚氨酯水泥层复合板细部构造

聚氨酯水泥层复合板在倒置式屋面细部构造如图 6-32～图 6-36 所示。

(四) 瓦材屋面浇注聚氨酯硬泡施工

瓦材屋面浇注聚氨酯硬泡施工，是在专用模具内控制基层与模具间距离，即聚氨酯硬泡厚度，其过程相当于墙体模浇聚氨酯硬泡工艺过程，特殊部位处理与本节中坡屋面粘贴板材中的要求相同。

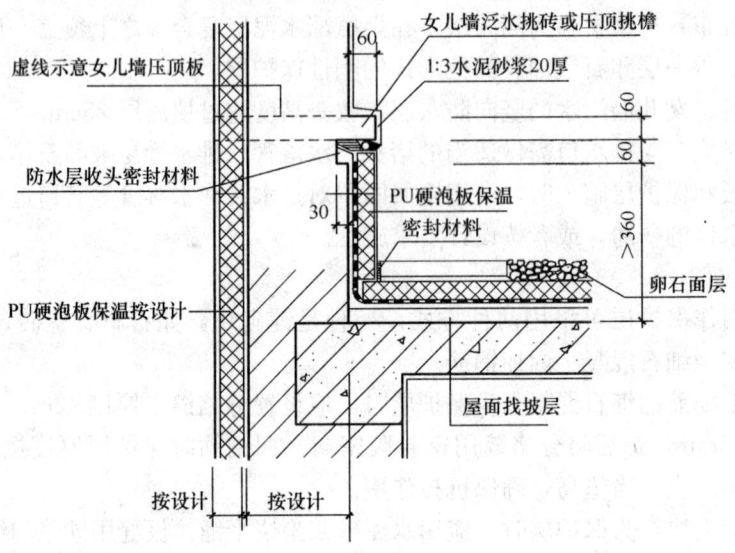

图 6-32 女儿墙泛水构造

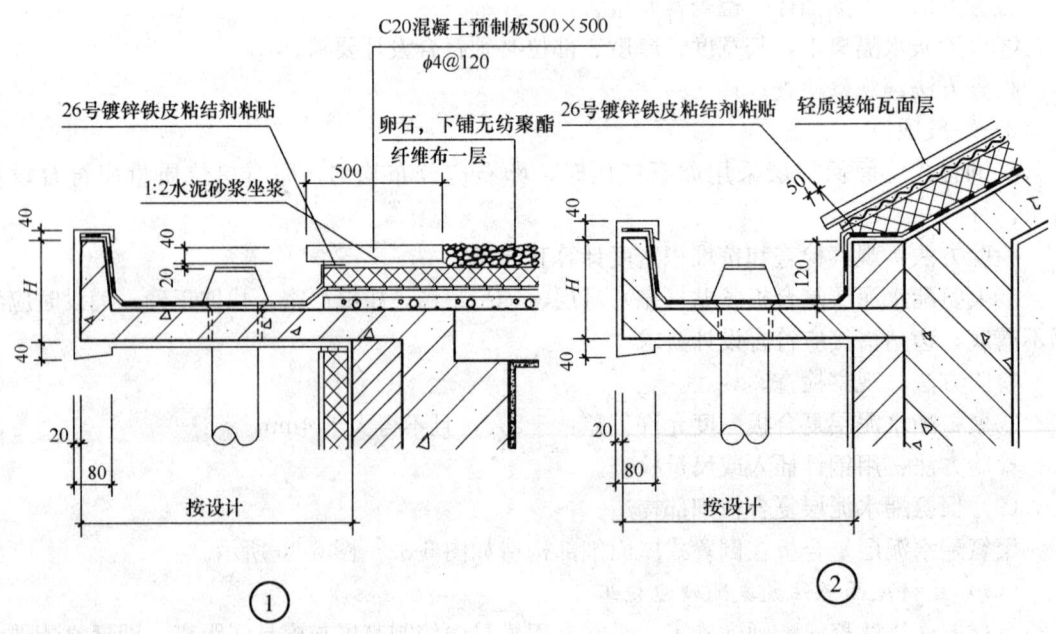

图 6-33 平、坡屋面檐口构造

第六章 聚氨酯硬泡屋面防水保温系统施工

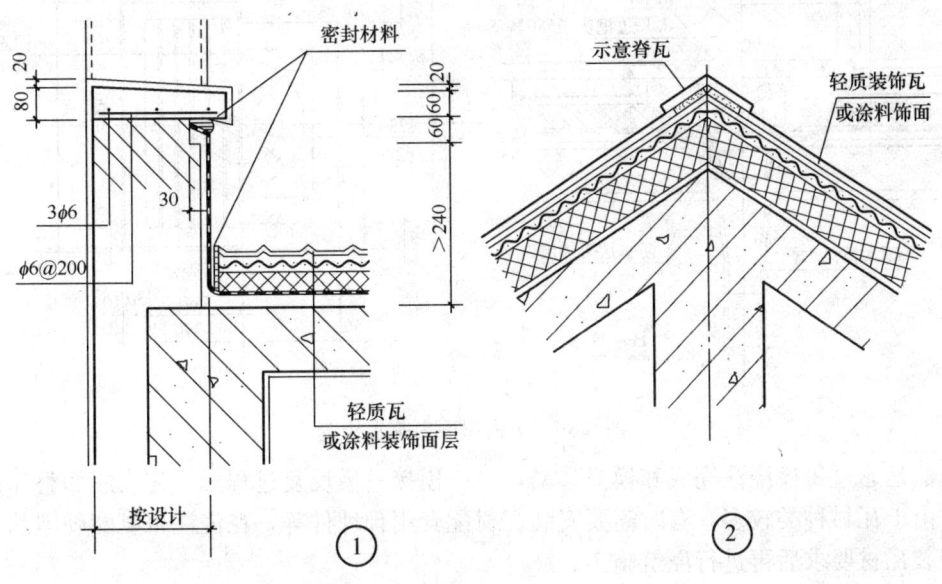

图 6-34 坡屋面山墙、屋脊构造

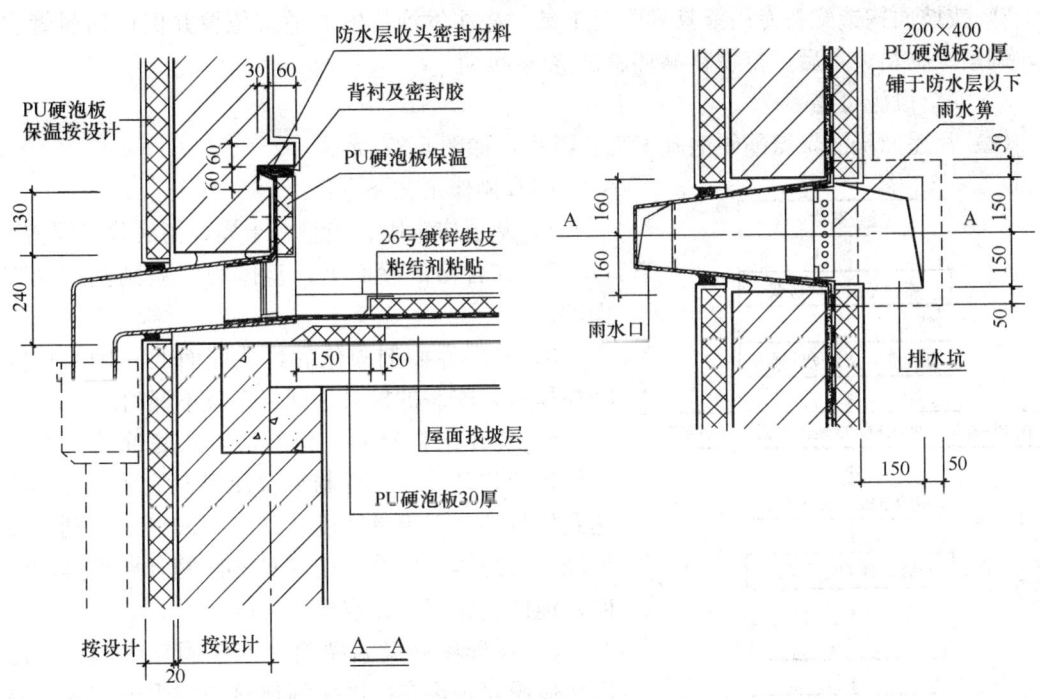

图 6-35 女儿墙外落口构造

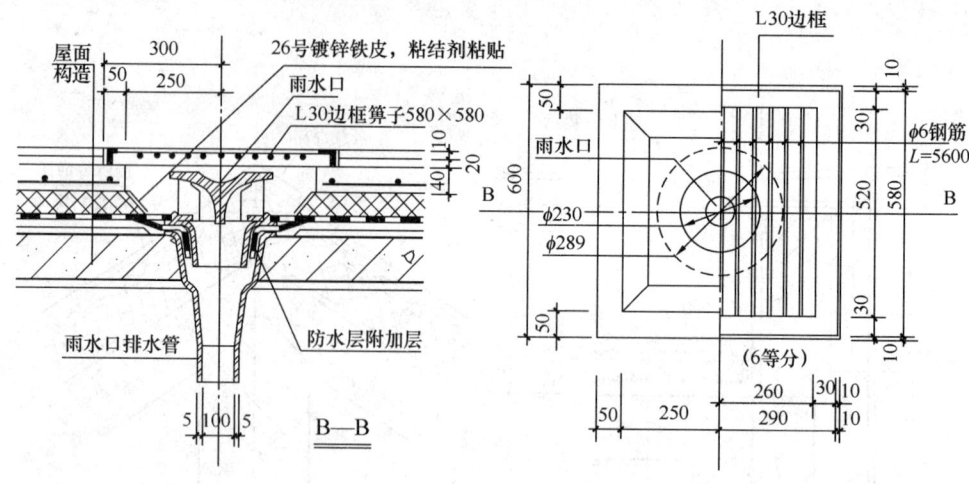

图 6-36 上人屋面内落水构造

该法是通过每模浇注完成和模具移动，经一模接一模反复过程后，完成屋面整体保温层施工。由于瓦材种类较多，有时需要安装瓦材配套用预埋件等，在浇注聚氨酯硬泡前，掌握设计安装瓦材要求后再进行浇筑施工。

1. 浇注聚氨酯硬泡施工

(1) 施工准备。

1) 认真熟悉设计图纸后，按现场施工环境温度，调整好发泡配方，准备全浇注聚氨酯硬泡材料。

2) 按坡面构造配备专用模具和配套工具。浇注发泡机安装适宜位置并保证输料管线长度，调整好物料流量后，打物料循环、试浇。

3) 安全设施可靠。

(2) 瓦屋面浇注聚氨酯硬泡施工工艺流程，如图 6-37 所示。

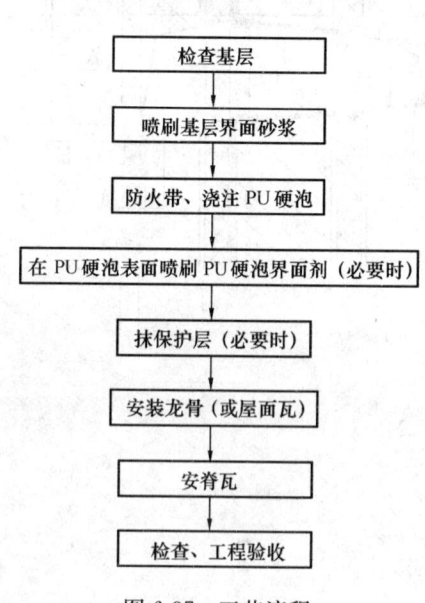

图 6-37 工艺流程

(3) 操作工艺要点：

1) 基层应牢固、平整、干燥，彻底除净浮渣。

2) 在合格的屋面上，整体均匀喷刷基层处理界面剂。

3) 基层界面剂固化后，从底面的一侧对位安装浇注模具，安装的模具达到稳定且不漏料。

4) 浇注出料枪插入模具后，从底部的一侧向另一侧匀速移动注料，控制每次注料发泡后，泡体胀满达到模具的（即模具宽度）80%～90%，以利于接下模浇注时泡体无接茬。在模具的两侧（即模具的长方向）泡体应胀满、无空隙。

5) 视现场环境温度确认泡体固化时间，当泡体固化后脱模，再在已固化泡体接向坡上方支模，再浇注、再拆模，如此反复完成浇注聚氨酯硬泡。

6) 浇注聚氨酯硬泡完成后，为有利于保护层施工，先在泡体喷涂聚氨酯硬泡界面剂，当界面剂固化后即做保护等后序施工。

2. 工程质量标准

参见本节中三、（三）1.（2）坡屋面粘贴板材工程质量标准要求。

第二节 聚氨酯硬泡屋面复合防水材料施工

在正置式（或倒置式）的平屋面（上人或非上人屋面）或坡屋面，聚氨酯硬泡保温层必须与防水层和保护层共同构成复合屋面。

在聚氨酯硬泡屋面复合防水材料系统工程中，可采用无机类防水剂、有机类防水涂料、复合防水涂料、防水卷材（片材），以及各种类型瓦（坡屋面）材等进行复合使用。

在坡屋面，聚氨酯硬泡多数与防水材料（防水涂料、瓦）复合；在上人平屋面聚氨酯硬泡主要与防水材料（防水涂料、卷材）和地砖等刚性承受荷载的保护层构成复合；而在非上人屋面，聚氨酯硬泡与防水材料（如防水卷材或防水涂料）和水泥砂浆、抗裂聚合物砂浆等非承荷载保护层复合等，通过各种方式复合施工后，使屋面达到具有防水、保温、防火的功能。本节以在非上人的喷涂聚氨酯硬泡保温平屋面（如表6-5中，喷涂聚氨酯硬泡保温防水工程构造中的Ⅰ型材料构造），通过水泥砂浆找平后为例，侧重介绍采用防水涂料和防水卷材施工技术。

一、保温屋面防水材料性能

（一）防水涂料技术性能

屋面防水涂料可大体分成高聚物改性沥青防水涂料、挥发固化型防水涂料和反应固化型防水涂料。

按《环境标志产品技术要求 防水涂料》（HJ 457—2009）技术要求，适用于中国环境标志产品认证挥发固化型防水涂料（双组分聚合物水泥防水涂料、单组分丙烯酸酯聚合物乳液防水涂料）和反应固化型防水涂料（聚氨酯防水涂料、改性环氧防水涂料、聚脲防水涂料）中，对于乙二醇醚及其酯类、邻苯二甲酸酯、二元胺、烷基酚聚氧乙烯醚、支链十二烷基苯磺酸钠烃类、酮类、卤代烃类溶剂不得人为添加。

对挥发性有机化合物、放射性、甲醛、苯、苯类溶剂、固化剂中游离甲苯二异氰酸酯等物质提出限值要求。

1. 喷涂聚脲防水涂料技术性能

喷涂聚脲防水涂料在Ⅲ型聚氨酯硬泡保温防水屋面（见表6-5和图6-9）具有防护层的功能。喷涂聚脲防水涂料技术性能要求（GB/T 23446—2009）如表6-8所示。

表6-8 喷涂聚脲防水涂料技术性能

序号	项目		技术指标	
			Ⅰ型	Ⅱ型
1	拉伸强度(MPa)	≥	10	16
2	断裂伸长率(%)	≥	300	450
3	撕裂强度(N/mm)	≥	40	50

续表

序号	项 目			技术指标	
				Ⅰ型	Ⅱ型
4	低温弯折性(℃)		≤	−35	−40
5	不透水性(0.4MPa×2h)			不透水	
6	固体含量(%)		≥	96	98
7	凝胶时间(s)		≤	45	
8	表干时间(s)		≤	120	
9	加热伸缩率(%)	伸长	≤	1.0	
		收缩	≤	1.0	
10	粘结强度(MPa)		≥	2.0 或底材破坏	
11	定伸时老化	加热老化		无裂纹及变形	
		人工气候老化		无裂纹及变形	
12	热处理	拉伸强度保持率(%)		80～150	
		断裂伸长率(%)	≥	250	400
		低温弯折性(℃)	≤	−30	−35
13	碱处理	拉伸强度保持率(%)		80～150	
		断裂伸长率(%)	≥	250	400
		低温弯折性(℃)	≤	−30	−35
14	酸处理	拉伸强度保持率(%)		80～150	
		断裂伸长率(%)	≥	250	400
		低温弯折性(℃)	≤	−30	−35
15	盐处理	拉伸强度保持率(%)		80～150	
		断裂伸长率(%)	≥	250	400
		低温弯折性(℃)	≤	−30	−35
16	人工气候老化[①]	拉伸强度保持率(%)		80～150	
		断裂伸长率(%)	≥	250	400
		低温弯折性(℃)	≤	−30	−35
17	邵氏硬度[②]		≥	70	80
18	耐磨性(750g/500r)(mg)[②]		≤	40	30
19	耐冲击性(kg·m)[②]		≥	0.6	1.0
20	吸水率(%)		≤	5	

① 用于长期外露使用人工气候老化累计辐照能量至少为 3150MJ/m² (约 1512h)，否则表面需加保护层。
② 仅对通行用途时，或根据工程和用户要求时测定。

2. 聚氨酯防水涂料技术性能

聚氨酯防水涂料包括单组分和多组分（或双组分）聚氨酯防水涂料，其中双组分以油溶性为主，单组分以水溶性为主，但两者均为反应固化型。

(1) 单组分聚氨酯防水涂料物理力学性能（GB 19250—2003），如表 6-9 所示。

表 6-9 单组分聚氨酯防水涂料物理力学性能

序号	项 目			I	II
1	拉伸强度（MPa）		≥	1.90	2.45
2	断裂伸长率（%）		≥	550	450
3	撕裂强度（N/mm）		≥	12	14
4	低温弯折性（℃）		≤	−40	
5	不透水性（0.3MPa30min）			不透水	
6	固体含量（%）		≥	80	
7	表干时间（h）		≤	12	
8	实干时间（h）		≤	24	
9	加热伸缩率（%）		≤	1.0	
			≥	−4.0	
10	潮湿基面粘结强度[①]（MPa）		≥	0.50	
11	定伸时老化	加热老化		无裂纹及变形	
		人工气候老化[②]		无裂纹及变形	
12	热处理	拉伸强度保持率（%）		80～150	
		断裂伸长率（%）	≥	500	400
		低温弯折性（℃）	≤	−35	
13	碱处理	拉伸强度保持率（%）		60～150	
		断裂伸长率（%）	≥	500	400
		低温弯折性（℃）	≤	−35	
14	酸处理	拉伸强度保持率（%）		80～150	
		断裂伸长率（%）	≥	500	400
		低温弯折性（℃）	≤	−35	
15	人工气候老化[②]	拉伸强度保持率（%）		80～150	
		断裂伸长率（%）	≥	500	400
		低温弯折性（℃）	≤	−35	

① 仅用于地下工程潮湿基面时要求。
② 仅用于外露使用的产品。

（2）多组分聚氨酯防水涂料物理力学性能（GB 19250—2003），如表 6-10 所示。

表 6-10 多组分聚氨酯防水涂料物理力学性能

序号	项 目		I	II
1	拉伸强度（MPa）	≥	1.90	2.45
2	断裂伸长率（%）	≥	450	450
3	撕裂强度（N/mm）	≥	12	14
4	低温弯折性（℃）	≤	−40	
5	不透水性（0.3MPa30min）		不透水	
6	固体含量（%）	≥	92	

续表

序号	项目		I	II
7	表干时间（h）	≤		8
8	实干时间（h）	≤		24
9	加热伸缩率（%）	≤		1.0
		≥		−4.0
10	潮湿基面粘结强度①（MPa）	≥		0.50
11	定伸时老化	加热老化		无裂纹及变形
		人工气候老化②		无裂纹及变形
12	热处理	拉伸强度保持率（%）		80~150
		断裂伸长率（%） ≥		400
		低温弯折性（℃） ≤		−30
13	碱处理	拉伸强度保持率（%）		60~150
		断裂伸长率（%） ≥		400
		低温弯折性（℃） ≤		−30
14	酸处理	拉伸强度保持率（%）		80~150
		断裂伸长率（%） ≥		400
		低温弯折性（℃） ≤		−30
15	人工气候老化②	拉伸强度保持率（%）		80~150
		断裂伸长率（%） ≥		400
		低温弯折性（℃） ≤		−30

① 仅用于地下工程潮湿基面时要求。
② 仅用于外露使用的产品。

3. 合成高分子防水涂料（挥发固化型）质量（GB 50345—2004）（表 6-11）

表 6-11 合成高分子防水涂料（挥发固化型）质量要求

项目		质量要求
拉伸强度（MPa）		≥1.5
断裂伸长率（%）		≥300
低温柔性（℃，2h）		−20，绕直径 10mm 圆棒无裂纹
固体含量（%）		≥65
不透水性	压力（MPa）	≥0.3
	保持时间（min）	≥30

4. 聚合物水泥防水涂料技术性能

聚合物水泥防水涂料（JS 复合防水涂料）以丙烯酸酯为主体液料、以水泥和细砂为粉料，共同构成现场混配的双组分防水涂膜材料。

(1) 聚合物水泥防水涂料质量（GB 50345—2004），如表 6-12 所示（参见表 6-7）。

表 6-12 聚合物水泥防水涂料质量要求

项目		质量要求
拉伸强度（MPa）		≥1.2
断裂伸长率（%）		≥200
低温柔性（℃，2h）		−10，绕直径10mm圆棒无裂纹
固体含量（%）		≥65
不透水性	压力（MPa）	≥0.3
	保持时间（min）	≥30

（2）聚合物水泥防水涂料技术性能。

聚合物水泥防水涂料产品标准（JC/T 894—2001）技术性能如表 6-13 所示。

表 6-13 聚合物水泥防水涂料质量要求

检验项目		性能指标	
		Ⅰ型	Ⅱ型
固体含量（%）		≥65	
干燥时间	表干时（h）≤	4	
	实干时（h）≤	8	
拉伸强度	无处理（MPa）	≥1.2	1.8
	加热处理后保持率（%）	80	80
	碱处理后保持率（%）	70	80
	紫外线处理后保持率（%）	80	80
断裂伸长率（%）	无处理（%）≥	200	80
	加热处理（%）≥	150	65
	碱处理（%）≥	140	65
	紫外线处理（%）≥	150	65
低温柔性，绕φ10mm圆棒		−10℃，无裂纹	—
潮湿基面粘结强度（MPa）≥		0.5	1.0
抗渗性（背水面）（MPa）≥		—	0.6
不透水性 0.3MPa，30min		不透水	

（二）防水卷材技术性能

1. 高聚物改性沥青防水卷材外观质量、技术性能

（1）弹性体改性沥青防水卷材和塑性体改性沥青防水卷材的技术性能，应分别符合产品标准要求（GB 18242—2008）、（GB 18243—2008）。

（2）《屋面工程技术规范》（GB 50345—2004），要求高聚物改性沥青防水卷材外观质量如表 6-14 所示。

表 6-14 高聚物改性沥青防水卷材外观质量

项 目	质 量 要 求
孔洞、缺边、裂口、	不允许
边缘不整齐	不通过 10mm
胎体露白、未浸透	不允许
撒布材料粒度、颜色	均匀
每卷的接头	不超过 1 处，较短边的一般不应小于 2500，接头处加长 150mm

（3）高聚物改性沥青防水卷材物理性能。

高聚物改性沥青防水卷材物理性能（GB 50345—2004），如表 6-15 所示。

表 6-15 高聚物改性沥青防水卷材物理性能

项 目		性 能 要 求				
		聚酯毡胎体	玻纤胎体	聚乙烯胎体	自粘聚酯胎体	自粘无胎体
可溶物含量 (g/㎡)		3mm 厚≥2100 4mm 厚≥2900	—	—	2mm 厚≥1300 3mm 厚≥2100	—
拉力 (N/50mm)		≥450	纵向≥350， 横向≥250	≥100	350	≥250
延伸率（%）		最大拉力时， ≥30	—	断裂时 ≥200	最大拉力时 ≥30	断裂时 ≥450
耐热度 (℃.2h)		SBS 卷材 90，APP 卷材 110， 无滑动、流淌、滴落		PEE 卷材 90， 无流淌、起泡	70，无滑动、 流淌、滴落	70，无起泡、 滑动
低温柔度 (℃)		SBS 卷材−18，APP 卷材−5，PEE 卷材−10			−20	
		3mm 厚 $r=15$mm；4mm 厚 $r=25$mm；3s 弯 180°， 无裂纹			$r=15$mm，3s 弯 180°，无裂纹	$\Phi20$mm，3s 弯 180°，无裂纹
不透水性	压力 (MPa)	≥0.3	≥0.2	≥0.3	≥0.3	≥0.2
	保持时间 (min)	≥30			≥120	

注：SBS 卷材——弹性体改性沥青防水卷材；
　　APP 卷材——塑性体改性沥青防水卷材；
　　PEE 卷材——高聚物改性沥青聚乙烯胎防水卷材。

2. 合成高分子防水卷材的外观质量及性能要求

（1）合成高分子防水卷材的外观质量（GB 50345—2004），如表 6-16 所示。

表 6-16 合成高分子防水卷材外观质量

项 目	质 量 要 求
折 痕	每卷不超过 2 处，总长度不超过 20mm
杂 质	大于 0.5mm 颗粒不允许，每 1m² 不超过 9mm²
胶 块	每卷不超过 6 处，每处面积不大于 4mm²
凹 痕	每卷不超过 6 处，深度不超过本身厚度的 30%；树脂类深度不超过 15%
每卷卷材的接头	橡胶类每 20m 不超过 1 处，较短的一段不应小于 3000mm，接头处应加长 150mm；树脂类 20m 长度内不允许有接头

(2) 合成高分子防水卷材物理性能 (GB 50345—2004),如表 6-17 所示。

表 6-17 合成高分子防水卷材物理性能

项 目		性 能 要 求			
		硫化橡胶类	非硫化橡胶类	树脂类	纤维增强类
断裂拉伸强度 (MPa)		≥6	≥3	≥10	≥9
扯断伸长率 (%)		≥400	≥200	≥200	≥10
低温弯折 (℃)		-30	-20	-20	-20
不透水性	压力 (MPa)	≥0.3	≥0.2	≥0.3	≥0.3
	保持时间 (min)	≥30			
加热收缩率 (%)		<1.2	<2.0	<2.0	<1.0
热老化保持率 (80℃,168h)	断裂拉伸强度	≥80%			
	扯断伸长率	≥70%			

(3) 高分子防水材料 (片材) (GB 18173.1—2006,第 1 部分:片材) 分类、物理性能。

1) 高分子防水材料分类:

高分子防水片材的分类如表 6-18 所示。

表 6-18 片材的分类

分 类		代 号	主 要 原 材 料
均质片	硫化橡胶类	JL1	三元乙丙橡胶
		JL2	橡胶 (橡塑) 共混
		JL3	氯丁橡胶、氯磺化聚乙烯、氯化聚乙烯等
		JL4	再生胶
	非硫化橡胶类	JF1	三元乙丙橡胶
		JF2	橡胶 (橡塑) 共混
		JF3	氯化聚乙烯
	树脂类	JS1	聚氯乙烯等
		JS2	乙烯乙酸乙烯、聚乙烯等
		JS3	乙烯乙酸乙烯改性沥青共混等
复合片	硫化橡胶类	FL	三元乙丙、丁基、氯丁橡胶、氯磺化聚乙烯等
	非硫化橡胶类	FF	氯化聚乙烯、三元乙丙、丁基、氯丁橡胶、氯磺化聚乙烯等
	树脂类	FS1	聚氯乙烯等
		FS2	聚乙烯、乙烯乙酸乙烯等
点粘片	树脂类	DS1	聚氯乙烯等
		DS2	乙烯乙酸乙烯、聚乙烯等
		DS3	乙烯乙酸乙烯改性沥青共混物等

2) 高分子防水片材物理性能:

高分子防水均质片材、复合片和点粘片的物理性能分别如表 6-19、表 6-20、表 6-21 所示。

表 6-19 均质片的物理性能

项目			指 标									
			硫化橡胶类				非硫化橡胶类			树脂类		
			JL1	JL2	JL3	JL4	JF1	JF2	JF3	JS1	JS2	JS3
断裂拉伸强度（MPa）	常温	≥	7.5	6.0	6.0	2.2	4.0	3.0	5.0	10	16	14
	60℃	≥	2.3	2.1	1.8	0.7	0.8	0.4	1.0	4	6	5
扯断伸长率（%）	常温	≥	450	400	300	200	400	200	200	200	550	500
	−20℃	≥	200	200	170	100	200	100	100	15	350	300
撕裂强度（kN/m）		≥	25	24	23	15	18	10	10	40	60	60
不透水性（30min）			0.3MPa 无渗漏		0.2MPa 无渗漏		0.3MPa 无渗漏	0.2MPa 无渗漏		0.3MPa 无渗漏		
低温弯折温度（℃）		≤	−40	−30	−30	−20	−30	−20	−20	−20	−35	−35
加热伸缩量（mm）	延伸	≤	2	2	2	2	2	4	4	2	2	2
	收缩	≤	4	4	4	4	4	6	10	6	6	6
热空气老化（80℃×168h）	断裂拉伸强度保持率（%）	≥	80	80	80	80	90	60	80	80	80	80
	扯断伸长率保持率（%）	≥	70	70	70	70	70	70	70	70	70	70
耐碱性(饱和 Ca(OH)$_2$ 溶液 常温×153h)	断裂拉伸强度保持率（%）	≥	80	80	80	80	80	70	70	80	80	80
	扯断伸长率保持率（%）	≥	80	80	80	80	90	80	80	90	90	90
臭氧老化（40℃×158h）	伸长率10% 500×10^{-8}		无裂纹	—	—	—	无裂纹	—	—	—	—	—
	伸长率20% 500×10^{-8}		—	无裂纹								
	伸长率20% 100×10^{-8}				无裂纹	无裂纹		无裂纹	无裂纹			
人工气候老化	断裂拉伸强度保持率（%）	≥	80	80	80	80	80	70	80	80	80	50
	扯断伸长率保持率（%）	≥	70	70	70	70	70	70	70	70	70	70
粘接剥离强度（片材与片材）	Nmm（标准试验条件）	≥	1.5									
	浸水保持率（常温×168h）（%）	≥	70									

注（1）人工气候老化和粘合性能项目为推荐项目；
（2）非外露使用可以不考核臭氧老化、人工气候老化、加热伸缩量、60℃断裂拉伸强度性能。
（3）均质片是以同一种或一组高分子材料为主要材料，各部位截面材质均匀一致的防水片材。

表 6-20 复合片的物理性能

项目			指标			
			硫化橡胶类 FL	非硫化橡胶类 FF	树脂类 FS1	树脂类 FS2
断裂拉伸强度 (N/cm)	常温	≥	80	60	100	60
	60℃	≥	30	20	40	30
扯断伸长率 (%)	常温	≥	300	250	150	400
	−20℃	≥	150	50	10	10
撕裂强度 (N)		≥	40	20	20	20
不透水性 (0.3MPa·30min)			无渗漏	无渗漏	无渗漏	无渗漏
低温弯折温度 (℃)		≤	−35	−20	−30	−20
加热伸缩量 (mm)	延伸	≤	2	2	2	2
	收缩	≤	4	4	2	4
热空气老化 (80℃×168h)	断裂拉伸强度保持率 (%)	≥	80	80	80	80
	扯断伸长率保持率 (%)	≥	70	70	70	70
耐碱性(质量分数为10%的 Ca(OH)$_2$ 溶液、常温、168h)	断裂拉伸强度保持率 (%)	≥	80	60	80	80
	扯断伸长率保持率 (%)	≥	80	60	80	80
臭氧老化 (40℃×168h)、200×10^{-8}			无裂纹	无裂纹	—	—
人工气候老化	断裂拉伸强度保持率 (%)	≥	80	70	80	80
	扯断伸长率保持率 (%)	≥	70	70	70	70
粘结剥离强度 (片材与片材)	(N/mm) 标准试验条件)	≥	1.5	1.5	1.5	1.5
	浸水保持率 (常温×168h)$^{-8}$	≥	70	70	70	70

注 (1) 人工气候老化和粘合性能项目为推荐项目;
(2) 非外露使用可以不考核臭氧老化、人工气候老化、加热伸缩量、60℃断裂拉伸强度性能。
(3) 复合片是以高分子合成材料为主要材料,复合织物等为保护或增强层,以改变其尺寸稳定性和力学特性,各部位截面结构一致的防水片材。

表 6-21 点粘片的物理性能

项目			指标		
			DS1	DS2	DS3
断裂拉伸强度 (MPa)	常温	≥	1	16	14
	60℃	≥	4	6	5
扯断伸长率 (%)	常温	≥	20	550	500
	−20℃	≥	15	350	300
撕裂强度 (kN/m)		≥	40	60	60
不透水性 (30min)			0.3MPa 无渗漏		
低温弯折温度 (℃)		≤	−20	−35	−35

续表

项　目			指　标		
			DS1	DS2	DS3
加热伸缩量（mm）	延伸	≤	2	2	2
	收缩	≤	3	6	6
热空气老化（80℃×168h）	断裂拉伸强度保持率（%）	≥	80	80	80
	扯断伸长率保持率（%）	≥	70	70	70
耐碱性（质量分数为10%的$Ca(OH)_2$溶液，常温×168h）	断裂拉伸强度保持率（%）	≥	80	80	80
	扯断伸长率保持率（%）	≥	80	90	90
人工气候老化	断裂拉伸强度保持率（%）	≥	80	80	80
	扯断伸长率保持率（%）	≥	70	70	70
粘结点	剥离强度（kN/m）	≥	—1		
	常温下断裂拉伸强度（N·cm）	≥	100	60	
	常温下扯断伸长率（%）	≥	150	400	
粘结剥离强度（片材与片材）	N·mm（标准试验条件）	≥	1.5		
	浸水保持率（常温×168h）（%）	≥	70		

注(1) 人工气候老化和粘合性能项目为推荐项目；

(2) 非外露使用可以不考核人工气候老化、加热伸缩量、60℃断裂拉伸强度性能。

(3) 点粘片是以均质片材织物等保护层多点粘结在一起，粘结点在规定区域内均匀分布，利用粘结点的间距，使其具有切向排水功能的防水片材。

(4) 配套材料。

1) 基层处理剂：施工性、耐候性、耐霉菌性好，其粘结后的剪切强度不小于$0.2N/mm^2$。

2) 基层胶粘剂：用于防水卷材与基层之间的黏合，应具有施工性好，有良好的耐候性、耐水性等。其粘结剥离强度应大于15N/10mm。浸水168h后粘结剥离强度不应低于70%。

3) 卷材接缝胶粘剂：用于卷材与卷材接缝的胶粘剂，应具有良好的耐腐蚀性、耐老化性、耐候性、耐水性等。其粘结剥离强度应大于15N/10mm。浸水168h后粘结剥离强度不应低于70%。

4) 卷材密封剂：用于卷材收头的密封材料。一般选用双组分聚氨酯密封胶、双组分聚硫橡胶密封胶等。

二、聚氨酯硬泡保温屋面防水材料设计

防水材料的类型应根据当地历年最高气温、最低气温、屋面坡度等因素，结合防水材料性能进行选择。

（一）防水工程设计基本要求

1. 必须遵守《屋面工程技术规范》（GB 50345）和《硬泡聚氨酯保温防水工程技术规范》（GB 50404）中对有关各类屋面的设计原则。

规范是根据我国多年工程实践的科学总结，按规范精心设计才能保证防水保温工程的质量。

2. 必须满足屋面防水功能要求。

按照屋面防水功能、防水等级、使用年限、构造层次和当地自然条件进行设计。

3. 充分考虑防排结合，保证屋面排水畅通。

屋面排水系统能力达到畅通而不积水，控制在细部或其他薄弱防水部位发生渗漏。

4. 施工图纸应有一定设计深度和完整系统。

设计图纸应有节点大样详图，能保证施工者照图顺利完成施工。

5. 有机防水材料表面应设保护层。

为使有机材料合成的防水卷材、防水涂膜达到防火要求，应在防水材料表面设置不燃材料为保护层，且屋面与外墙外保温的保护层应连接为一整体。

6. 防水卷材、涂膜与相邻材料间应有很好的结合性。

（二）涂膜防水保温屋面防水材料设计

1. 涂膜设计要点

（1）应选择耐热性和低温柔性相适当的防水涂料，应有较好的耐热（低温）性能，防止涂膜发生开裂而出现渗水。

（2）在易开裂、渗水的部位，应留凹槽嵌填密封材料，并应设置胎体增强材料的附加层。在找平层的分格缝处，应增设带有胎体增强材料的空铺附加层，其空铺宽度不宜小于100mm。

（3）在防水涂膜表面应设保护层，当采用水泥砂浆（厚度不宜小于20mm）、块体材料或细石混凝土为保护层时，应在防水涂膜与保护层之间设置隔离层。

（4）涂料采用胎体增强材料施工时，屋面坡度小于15%时，可平行屋面铺设；屋面坡度大于15%时，应垂直于屋脊铺设。

2. 细部构造设计要点

（1）天沟、檐沟与屋面交接处的胎体增强附加层宜空铺，空铺宽度不应小于200mm。

（2）无组织排水檐口的涂膜防水层收头，应用防水涂料多遍涂刷或用密封材料封严。檐口下端应做滴水处理。

（3）泛水处的涂膜层，应涂刷至女儿墙的压顶下，收头通过多遍涂刷密严而不得吊空，收头与压顶防水连成整体防水。

（4）水落口周围直径500mm范围内坡度不应小于5%，用防水涂料密封厚度不应小于2mm。水落口与基层接触处应留宽20mm、深20mm的凹槽，嵌填密封材料。

（三）卷材防水保温屋面防水材料设计

1. 卷材设计要点

（1）卷材坡度小于3%，宜平行于屋面铺贴；坡度小于3%～15%时，平行或垂直于屋脊铺贴；坡度大于15%时或屋面受振动，卷材应垂直于屋脊铺贴。

（2）当屋面设置设施基座与结构层相连时，防水层应包裹设施基座的上部，同时地脚螺栓周围做好密封处理。

在防水层上放置设施时，设施下部的防水层应做卷材增强层，必要时应在其上浇筑厚度不小于50mm的细石混凝土。

（3）当在屋面有需要经常维护的设施时，应在设施周围和屋面出入口至设施之间的人行道铺设刚性保护层。

2. 细部构造及其要求

（1）在天沟、檐沟采用高聚物改性沥青防水卷材或合成高分子防水卷材时，宜设置防水涂膜附加层。

在天沟、檐沟与屋面交接处的附加层宜空铺，且空铺宽度不应小于200mm；天沟、檐沟卷材收头应固定密封。

（2）无组织排水檐口800mm范围内的卷材应满粘，卷材收头应固定密封。檐口下端应做滴水处理。

（3）泛水处的卷材防水层应采用满粘法。泛水收头应铺贴至女儿墙压顶下或压入凹槽内固定密封，其中凹槽距屋面找平层高度不应小于250mm，在凹槽上部应做防水处理。

（4）防水卷材水落口构造及要求，同涂膜细部构造设计。

三、聚氨酯硬泡保温屋面防水材料施工

（一）聚氨酯硬泡保温屋面涂膜防水施工

在本章第一节中介绍喷涂聚氨酯硬泡施工的同时，已简要介绍了聚合物水泥防水涂料的施工内容。

在聚氨酯硬泡保温层上直接应用涂料时，所使用的涂料应与聚氨酯硬泡有很好的相容性，必要时在聚氨酯硬泡表面增加一层过渡层，然后再涂刷防水涂料，即完成涂膜施工后，不得出现起皮、脱层等不良现象。通过防水涂膜作用，应达到在保护聚氨酯硬泡性能的同时，还应达到屋面的防水功能。

在聚氨酯硬泡保温屋面涂膜防水施工中，侧重介绍在非上人喷涂聚氨酯硬泡保温的平屋面，且完成找平层后，防水涂料通用施工技术。

1. 施工准备

（1）技术准备

1）施工单位应组织相关技术人员对涂膜防水屋面施工图进行会审，通过会审掌握施工图中的各种细部构造及有关设计要求。

2）依据本项工程制订施工技术方案，包括每遍涂料应涂布的厚度和遍数、自检制度、记录等，并掌握工程验收标准。

（2）材料准备

1）所用丙烯酸防水涂料、硅橡胶防水涂料、聚脲防水涂料、聚氨酯防水涂料及聚合物水泥等防水涂料，胎体增强材料、密封材料等应有产品合格证书和性能检测报告，材料规格、性能等技术性能应符合现行国家产品标准和设计要求。

进场材料依据工程要求进行抽样复检，不合格材料不得使用。

2）进场材料堆放在防水、防高温场地。

聚合物水泥防水涂料液料、粉料的生产单位在出厂时已分别按液料与粉料配比计量好，各自单独包装。液料应在保质期内，粉料应密封包装不得有吸潮结块现象。

（3）工具准备

施工用工具有：扫帚、拌料桶、油漆刷（圆滚刷）、手提电动搅拌器、计量器具等。聚脲防水涂料采用喷涂施工时，应配备专用喷涂机。

（4）施工条件

聚氨酯硬泡保温层、基层、突出屋面结构转角、屋面坡度、细部构造密封施工经过合格验收。

当采用聚脲防水涂料、聚氨酯防水涂料、硅橡胶等反应型防水涂料施工时，基层应干燥，经验证明对基层含水率应在9%以下时方可进行施工。在不具备测试基层含水率仪器的情况下，可采用经验测定基层含水率的简易方法，即用$1m^2$胶板，在常温下，平坦铺在基面3~4h后，掀开胶板后在其上无水印就可视为基层含水率在9%以下，可以进行施工，否则继续干燥到合格为止。

当采用丙烯酸防水涂料、聚合物水泥等水溶性（挥发固化型）防水涂料施工时，基层可潮湿，但不得有明水。

施工避开雨天、雪天和五级大风天，溶剂型施工环境温度不低于-5℃，水乳型不低于5℃。

2. 施工工艺

(1) 防水涂膜防水施工工艺流程，如图6-38所示。

(2) 铺贴胎体增强涂膜的施工工艺流程，如图6-39所示。

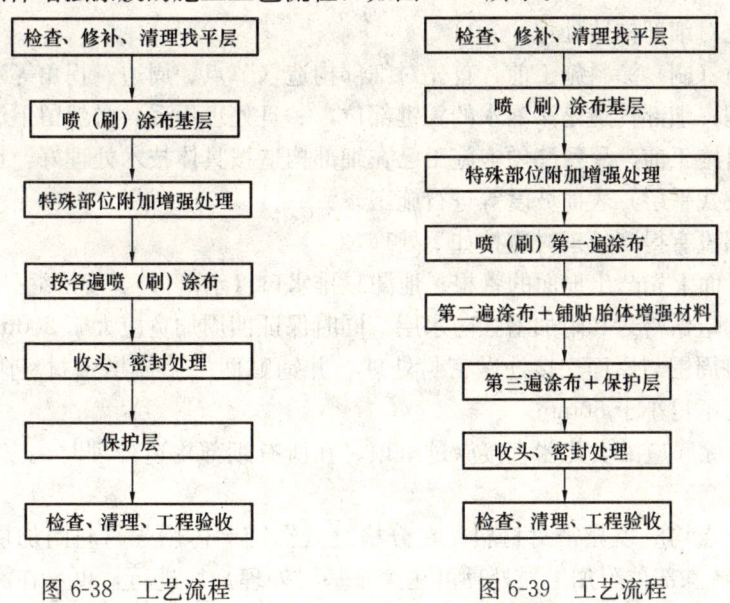

图6-38 工艺流程　　　　图6-39 工艺流程

(3) 操作工艺要点

1) 检查基层

在完成聚氨酯硬泡施工的基层或在水泥砂浆找平等保护的基层，都应经施工验收合格后，方可进行涂膜施工。

基层有残灰渣、起砂、起皮、预埋件固定不牢的缺陷，应及时修补并彻底清除干净。

基层湿度应符合涂膜施工要求，尤其在采用反应固化型的防水涂料，如采用单组分、双（多）组分聚氨酯（聚脲）防水涂料施工时，其反应固化成膜是化学反应（或湿化固化）成膜，当基层含水分偏高或环境周围湿度过大时，施工会使聚氨酯防水涂料中异氰酸根（—NCO)优先与水分、潮气反应，并放出二氧化碳，使聚氨酯防水涂膜出现气孔、气泡。

使用挥发固化型防水涂料时，其反应过程是湿固化过程，所以对基层含水率适当放宽，甚至使用聚合物水泥防水涂料或水泥基渗透结晶型防水涂料，在水泥砂浆找平作业的基层应为潮湿，基层干燥必须润湿，但不得有明水。

2）涂料搅拌（配制）

单组分聚氨酯防水涂料施工前应稍加搅拌，避免物料中的填料沉淀，桶内上下搅匀即可。

双组分聚氨酯（聚脲）防水涂料施工前，应将两个组分按供应商规定的重量比例放入圆桶内（在方桶内搅拌易有死角，搅拌时间相对延长），用带叶片的手电钻充分混合均匀后，进行刮涂施工。采用机械喷涂时，控制好各组分计量比例。

混匀后双组分的材料应在尽量短的时间内用完，物料应随拌随用；单组分开桶后也应在规定时间内尽快使用。

聚合物水泥防水涂料是按经销单位规定液料与粉料的比例配料。首先将定量的液料倒入圆型容器内（如需加水，先在液料中加水），然后在液料搅拌的情况下徐徐加入定量的粉料，边加料边搅拌，搅拌时间约在 5min 左右，彻底搅拌至混合物料中不含有料团、颗粒为止。

3）喷（刷）涂料

①施工前先对细部构造处理

在大面积喷（刷）涂料施工前，首先对细部构造（节点、周边、拐角等）涂刷、作附加增强层预先处理，细部构造是渗漏水的关键部位，一旦处理不妥，必然留下渗漏水的隐患。

一般在涂料施工前，聚氨酯硬泡施工已在细部构造按具体技术处理好，在涂料施工时随聚氨酯硬泡（或找平层）表面坡度等进行施工。

当原有细部没有得到处理时应按如下处理：

（a）同一屋面上先凸出地面的管根、地漏、排水口（水落口）、变形缝、天窗沟、檐口、天窗下等细部构造做密封和附加增强防水层，同时保证四周加宽应大于 200mm。

（b）水落口周围与屋面交接处做密封处理，并铺贴两层胎体增强材料附加层。涂膜伸入水落口的深度不得小于 50mm。

（c）泛水处涂膜应沿女儿墙直接涂过压顶，在所有细部构造处理时，应增涂 2~4 遍防水涂料。

（d）所有节点均应填充密封材料。在分格缝处空铺胎体增强材料附加层，铺设宽度为 200~300mm。特殊部位附加增强处理可在涂布基层处理剂后进行，也可在涂布第一遍防水涂层以后进行。

②大面积涂布防水涂料

大面积涂布施工时，首先进行立面、节点的涂布，后涂布平面。涂层按分条间隔式或按顺序倒退方式涂布。

涂布应分遍涂布。涂膜施工应分遍（分道）涂布，不得一次涂成，应待先涂的涂层干燥成膜后，再涂后一遍涂料，最后涂到规定涂膜厚度。

凡是防水涂料在涂刷时都有一个共性，即不论厚质涂料还是薄质涂料，防水涂膜在满足厚度要求的前提下，涂刷遍数越多对成膜的密实度越好，在涂刷时应多遍涂刷，不得一次或少次成膜。因此要求防水涂料在施工时，应该通过多遍数刮涂的方法来施工。

同层每道涂刷宜按一个方向，后遍涂刷应在前遍成膜固化后进行，前后二道涂刷方向应垂直，这样不仅增加了与基层的粘结力，也使涂层表面平整，减少渗漏机会。同层涂膜施工时，涂膜的先后搭茬宽度宜为30～50mm。

采用胎体增强材料施工时，胎体增强材料应在涂布第二遍涂料的同时（简称湿铺法）进行（简称湿铺法），即边涂布防水涂料边铺展胎体增强材料边用滚刷均匀滚压。也可在第三遍涂料涂布前（简称干铺法）进行，即在前一遍涂层成膜后，直接铺设胎体增强材料，并在其已展平的表面用橡胶刮板均匀满刮一遍防水涂料。

胎体长边搭接宽度不应小于50m，短边搭接宽度不应小于70m。胎体增强材料应加铺在涂层中间，下面涂层厚度不小于4mm；上层的涂层厚度不小于0.5mm。在铺贴时，不应将胎体拉伸过紧或太松，也不得出现皱折、翘边。

在刮涂施工时，当发现涂料出现明显交联反应，即混合物料变成稠度很大时，不得再继续使用，否则影响与前道涂层的粘结力，降低防水工程质量。

③收头处理

所有涂膜收头均应用涂料多遍涂刷密实或用密封材料压边封固，压边宽度不得小于10mm；收头处的胎体增强材料应裁剪整齐，如有凹槽应压入凹槽，不得有翘边、皱折、露白等缺陷。

4）保护层处理

为保证聚氨酯硬泡、防水涂膜的防火和耐老化性能，应在涂膜干燥（固化）后，按设计的具体要求，采用水泥浆等不燃材料作好保护层。

3. 工程质量标准

(1) 主控项目

1）防水涂料和胎体增强材料质量必须符合设计要求和规范规定。

检验方法：检查出厂合格证、质量检验报告和现场抽样复验报告。

2）涂膜不得有渗漏或积水现象。

检验方法：雨后或持续淋水24h以后观察检查、蓄水检验。

3）涂膜防水层在天沟、檐沟、檐口、水落口、泛水、变形缝和伸出屋面管道的防水构造，必须符合设计要求和规范规定。

检验方法：观察检查和检查隐蔽工程验收记录。

4）聚氨酯硬泡、防水涂膜基层必须设保护层。水泥砂浆、块材或细石混凝土保护层与涂膜防水层间必须设置隔离层；刚性保护层的分隔缝留置及嵌缝，必须符合设计和规范规定。

检验方法：观察检查。

(2) 一般项目

1）涂膜防水层的平均厚度应符合设计要求，最小厚度不应小于设计厚度的80%。

检验方法：针测法或取样量测，每处检测2点，取其平均值。

2）涂膜防水层与聚氨酯硬泡（或其他材质基层）应粘结牢固，涂刷均匀，无裂纹、无流淌、无漏喷、皱折、无鼓泡、脱皮等缺陷。当有胎体增强时，不得有露胎体和翘边等缺陷。

检验方法：观察检查或检查隐蔽工程验收记录。

3）排汽屋面的排汽道应纵横贯通，不得堵塞，排汽管应安装牢固，位置正确，密闭严密。

检验方法：观察检查，检查隐蔽工程验收记录。全数检查。

（二）卷材防水保温屋面工程施工

在喷涂聚氨酯硬泡的表面，应将水泥砂浆找平层压光成稳固的基层后，才能实施合成高分子卷材粘贴，或高聚物改性沥青防水卷材热熔、热粘法施工。

1. 高聚物改性沥青防水卷材防水层施工

（1）施工准备

1）技术准备

施工前应有技术交底，必须制订施工方案。

2）材料准备

按工程需用量备用卷材的规格、性能必须符合设计及规范要求；胶粘剂、橡胶改性密封胶、附加层用聚酯纤维无纺布、处理基层用冷底油（氯丁胶加入沥青及溶剂配制而成，简称基层处理剂）进场。

3）工具准备

搅拌冷底油用的电动搅拌器及涂刷用滚动刷、长把滚动刷；粘贴卷材用的喷灯或可燃性气体焰炬、铁抹子和尺、线等。

4）施工条件

①基层表面干净，无尘土、杂物；表面必须平整、坚实、干燥［经验测试方法同本节中三、（一）1.（4）测试方法］。

②找平层与突出屋面的女儿墙、烟囱等相连的阴角，应抹成光滑的圆角；找平层与檐口、排水沟等相连的转角，应抹成光滑一致的圆弧形。

伸出屋面的管道、设备或预埋件，应在防水层施工前安设完毕。

③施工避开雨天、雪天和五级大风天。热熔法施工气温不低于$-5℃$，环境温度不宜低于$-10℃$。

（2）施工工艺

1）高聚物改性沥青防水卷材施工工艺流程，如图6-40所示。

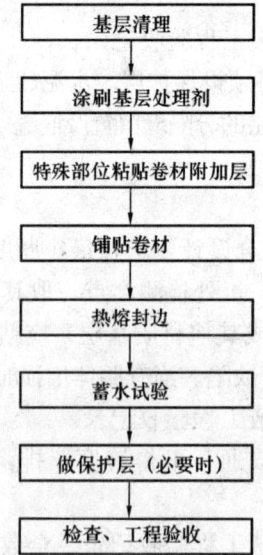

图6-40 高聚物改性沥青防水卷材施工工艺流程

2) 操作工艺要点

①涂刷基层处理剂：基层合格后，将搅拌均匀的基层处理剂，用长把滚刷均匀涂刷在基层表面上，要求涂刷均匀一致，切勿反复涂刷，当基层处理剂达到不粘脚时，方可铺贴卷材。

②特殊部位附加层施工：基层处理剂干燥后，先对女儿墙、水落口、管根、檐口、阴阳角等细部做附加层，在其中心200mm范围内，均匀涂刷1mm厚的胶粘剂，待胶粘剂干燥后再粘贴一层聚酯纤维无纺布，在其上再涂刷1mm厚的胶粘剂，干燥后形成一层无接缝和弹塑性的整体附加层。在其他部位附加卷材每边宽度（或高度）不小于250mm。

无组织排水口：在800mm宽范围内卷材应满粘，卷材收头固定封严。

屋面与突出屋面结构的连接处，铺贴在立墙上的卷材高度应不小于250mm，应用叉接法与屋面卷材相互连接，将上端头固定在墙上，可用薄钢板泛水覆盖上，然后做钢板泛水。

水落口连接的卷材应牢固地粘贴在杯口上，压接宽度不小于100mm。水落口周围500mm范围，泛水坡度不小于5%；基层与水落口杯接触处应留20mm宽、20mm深的凹槽，填嵌密封材料。

伸出屋面管道防水层收头处用钢丝箍紧，并嵌密封材料封严。

③铺贴卷材：严禁在聚氨酯硬泡保温材料上直接进行防水材料热熔、热粘法施工。

铺贴方向应从低坡度向高坡度、从历年主导风向的下风方向开始。铺贴时随放卷随用火焰加热器加热基层和卷材的交界处，火焰加热器距加热面控制在300mm左右，经往返均匀加热至卷材表面发出光亮黑色，即卷材面熔化时，将卷材向前滚铺、粘贴，搭接部位应满粘牢固，满粘法长边搭接宽度不小于80mm，短边搭接宽度不小于100mm。

④热熔封边：将卷材搭接处用火焰加热器加热，趁热使两者粘结牢固，以边缘溢出沥青为度，末端收头可用密封胶嵌填严密。

3) 保护层处理

为保证聚氨酯硬泡、防水卷材的防火和耐老化性能，在防水卷材基层按设计具体要求，设置不燃材料作好保护层。

2. 合成高分子防水卷材防水层施工

(1) 施工准备

1) 技术准备

施工前应有技术交底，必须制订施工方案。

2) 材料准备

按工程需用量备用卷材的规格、性能必须符合设计及规范要求；基层处理剂、基层胶粘剂、卷材接缝胶粘剂、密封剂进场。

材料应有合格证和性能检测报告，材料进场后，应进行抽样复试，必须达到要求后方可在工程中使用。

3) 工具准备

扫帚、电动搅拌器、刷、橡胶刮板、小铁桶、压辊、嵌缝挤压枪、皮卷尺、钢卷尺、弹线放样工具、粉笔等。

4) 施工条件

①基层表面干净，无尘土、杂物；表面必须平整、坚实、干燥［经验测试方法同本节中三、（一）1.（4）测试方法］。

②找平层与突出屋面的女儿墙、烟囱等相连的阴角，应抹成光滑的圆角；找平层与檐口、排水沟等相连的转角，应抹成光滑一致的圆弧形。伸出屋面的管道、设备或预埋件，应在防水层施工前安设完毕。

③施工避开雨天、雪天和五级大风天。冷粘法施工气温不低于5℃，热风焊接法不低于—10℃。

（2）施工工艺

1) 合成高分子防水卷材防水层施工工艺流程，如图6-41所示。

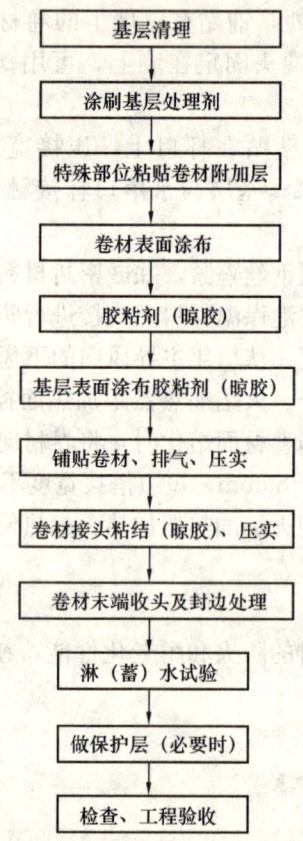

图6-41 合成高分子防水卷材防水层施工工艺流程

2) 操作工艺要点

①在合格的基层上涂刷基层处理剂：根据卷材性能选配基层处理剂，可用喷或刷的方法先在阴阳角、水落口、管道和出屋面结构的根部均匀涂布，然后再涂布大面。保持基层处理剂厚度均匀一致，切勿反复来回涂刷，不得漏刷、露底。

②特殊部位增强处理：在山墙、天沟、突出屋面的阴阳角，穿越屋面的管道根部等除采用涂膜防水材料做增强处理外，还应采取相应措施：

在卷材末端收头必须用与其配套的嵌缝胶封闭；在檐口卷材收头，可直接将卷材粘到距檐口边 20～300mm 处，采用密封胶封边或将卷材收头压入预留凹坑内用密封胶封固。

卷材在天沟处应顺天沟整幅铺贴，尽量减少接头且接头应顺流水方向搭接，卷材幅宽不够时应尽量在天沟外侧搭接，外侧沟低坡向檐口水落口处搭接缝和檐沟外侧卷材的末端均用密封胶封固，内侧应贴进檐口不少于50mm，并压在屋面卷材下面。

水落口处卷材铺贴时，水落口杯嵌固稳定后，在与基层接触处所预留的凹槽嵌填密封材料，并做成以水落口为中心比天沟低30mm的洼坑。在周围直径500mm范围内先涂基层处理剂，再涂2mm厚的密封胶，并宜加衬一层胎体增强材料，然后做一层卷材附加层，深入水斗不少于100mm，上部剪开将四周贴好，再铺天沟卷材层，并剪开深入水落口，用密封胶封上。

阴阳角卷材铺贴时，在圆弧半径约20mm涂刷底胶后再用密封胶涂封，其范围距转角每边宽200mm，再增铺一层卷材附加层，接缝处用密封胶封固。

高低跨墙、女儿墙、天窗下泛水收头处理时，屋面与立墙交接处的圆弧形或钝角处，涂刷基层处理剂后，再涂100mm宽的密封胶一层，铺贴大面积卷材前顺交角方向铺贴一层200mm宽的卷材附加层，搭接宽度不少于100mm。在高低跨墙、女儿墙、天窗下泛水收头应做滴水线及凹槽，卷材收头嵌入后，用密封胶封固。当卷材垂直于山墙泛水铺贴时，山墙泛水部位应另用一平行于山墙方向的卷材压贴，与屋面卷材向下搭接不少于100mm。当女儿墙较低时，应铺过女儿墙顶部，用压顶压封。

排汽洞根部卷材铺贴和立墙交接处相同，转角处应按阴阳角做法处理。待大面积卷材铺贴完，再加铺两层附加层，然后将端部绑扎后再用密封胶密封。

③冷粘法铺贴操作要点

在基层表面排好尺寸，弹出卷材铺贴标准线。

涂刷胶粘剂：在基层和卷材背面均匀涂刷胶粘剂，要求涂刷一致，不得在一处反复涂刷，当涂刷的胶粘剂触干时，即可铺设卷材，满粘法短边搭接和长边搭接均不应小于80mm。

将卷材反面展开摊铺在平整的基层上，在干净的卷材表面上均匀涂胶（当搭接缝采用专用胶时，在搭接缝80~100mm外不得涂胶），当涂胶达到触干时即可对位粘贴。视使用胶粘剂类型而定，有的胶粘剂仅在基层表面均匀涂刮后即可粘贴。

铺贴卷材时，依线将卷材一端固定，然后沿弹好的标准线向另一端铺展，铺展时不得将卷材拉得过紧（尤其在高温季节更应注意），应在松弛状态下铺贴，每隔1000mm左右对准标线粘贴一下，不得皱折。每铺完一幅卷材后，应立即用长把压辊从卷材一端开始，顺卷材横向依次滚压，排除卷材粘结层间的空气，然后用外包橡胶的大压辊滚压，使卷材与基层粘贴牢固。

铺贴立面泛水卷材时，应先留出泛水高度足够的卷材，先贴平面，再统一由下往上铺贴立面，铺贴时切忌拉紧，随转角压紧压实往上粘贴。最后用手持压辊从上往下滚压，使其粘牢。

卷材搭接缝粘贴有搭接法、对接法、增强搭接法和增强对接法，其中应用搭接法时，首先将搭接缝上层卷材表面每隔500~1000mm处点涂胶（如氯丁胶），待胶基本干燥后，将搭接缝卷材翻开临时反向粘贴固定在面层上，然后将搭接缝胶粘剂均匀涂刷在翻开的卷材接缝的两个粘结面上，涂刷时达到均匀、不堆积，胶面达到触干后，即可进行黏合。黏合从一端开始，边压合边驱除空气，然后用压辊依次滚压牢固，接缝口用密封胶封口，且宽度不小于10mm。

防止卷材收头翘边渗漏，应在收头处再涂刷一遍涂膜防水层。

3）保护层处理

为保证聚氨酯硬泡、防水卷材的防火和耐老化性能，在防水卷材基层按设计具体要求，设置不燃材料做好保护层。

水泥砂浆、块材或细石混凝土保护层与卷材防水层间必须设置隔离层；刚性保护层的分隔缝留置及嵌缝，必须符合设计和规范规定。

（三）质量标准

1. 主控项目

（1）卷材防水层所用卷材及其配套材料、卷材厚度必须符合设计要求或规范规定。

检验方法：检查出厂合格证和质量检测报告及现场抽样复试报告。

（2）卷材防水层严禁有渗漏或积水现象。

检测方法：雨后或持续淋水 24h 后观察检查、蓄水检验。

（3）卷材在天沟、檐沟、檐口、水落口、泛水、变形缝和伸出屋面管道的防水构造，必须符合设计要求和规范规定。

检验方法：全数观察检查和检查隐蔽工程验收记录。

（4）保护层必须符合设计要求。

检验方法：观察检查。

2. 一般项目

（1）卷材防水层搭接缝应粘（焊）结牢固，密封严密，不得有皱折、翘边和鼓泡等缺陷；防水层的收头应与基层粘结并固定牢固，缝口严密，不得翘边。

检验方法：观察检查。

（2）排汽屋面的排汽道应纵横贯通，不得堵塞，排汽管应安装牢固，位置正确，密闭严密。

检验方法：观察检查。

（3）卷材铺贴方向应正确并符合设计要求和规范规定。

检验方法：观察检查。

（4）卷材搭接宽度应符合设计要求和规范规定。

检验方法：观察和尺量检查和检查隐蔽工程验收记录，每处检查 2 点。

（5）卷材铺贴方向应正确，卷材搭接宽度的允许偏差为 −10mm。卷材收头处理符合要求，无空鼓、滑移、翘边、起泡、皱折、损伤等缺陷。

检验方法：观察、尺量检查。

第三节　彩钢夹芯聚氨酯硬泡保温板安装

彩钢夹芯聚氨酯硬泡保温板（简称彩钢夹芯板）是指上、下两层为金属薄板，芯材为有一定刚度的聚氨酯硬泡保温板（简称彩板），是在专业自动化生产线上复合而成且具有承载力的结构板材。

彩板聚氨酯硬泡（聚异氰脲酸酯，简称 PIR）夹芯板发展速度快、生产量较大，并且在技术性能和外观上均已达到或接近国外同类产品的水平。

一、彩钢夹芯板主要特点、适用范围

1. 金属面夹芯板主要特点

（1）自重轻、强度高、保温、隔声、耐火、耐老化和高效绝热性。

(2) 可施工性好，且可多次拆卸，可变换地点重复安装使用，施工方便、快捷。

(3) 带有防腐涂层的彩色金属面夹芯板有较高的耐久使用性。

(4) 特别适用于空间结构和大跨度结构的建筑。

2. 适用范围

金属面夹芯板在民用建筑上还很少采用，仅限于装配式冷库和工业建筑厂房等应用，如：公共建筑、工业厂房的屋面、墙壁和洁净厂房以及组合冷库、仓库、工厂车间、仓储式超市、商场、办公楼、旧楼房加层、活动房、战地医院、展览场馆和体育场馆及候机楼等建造。

二、彩钢夹芯板分类、性能和细部节点

1. 金属面夹芯板分类

(1) 按面层材料分有：镀锌钢板夹芯板、热镀锌彩钢夹芯板、电镀锌彩钢夹芯板、镀铝锌彩钢夹芯板和各种合金铝夹芯板。

(2) 按建筑结构的使用部位划分有：层面板、墙板、隔墙板、吊顶板等。

(3) 夹芯板系列划分有：拼接式、插接式、隐藏式、扣盖式、咬口式和阶梯式等。其中几种夹芯板构造如图 6-42 至图 6-46 所示。

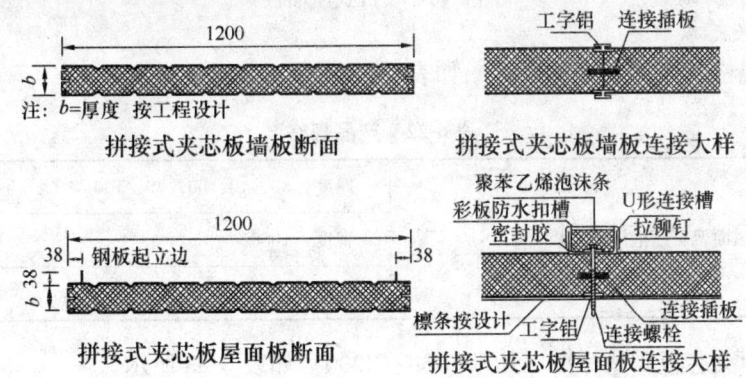

图 6-42 拼接式夹芯板墙板、屋面板

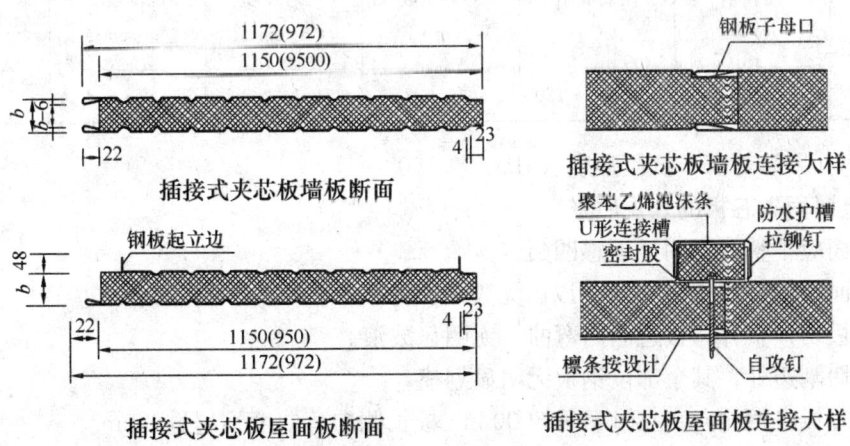

图 6-43 插接式夹芯板墙板、屋面板

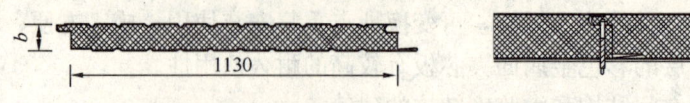

图 6-44 隐藏式夹芯板墙板

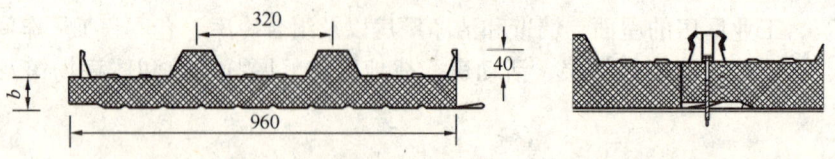

图 6-45 扣盖式屋面板

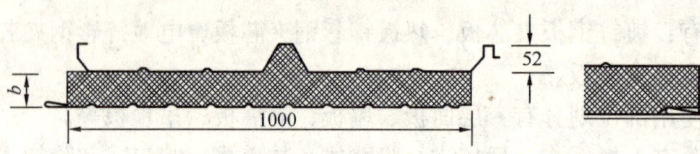

图 6-46 咬口式屋面板

2. 金属面夹芯板质量

(1) 产品规格（JC/T 868—2000）如表 6-22 所示。

表 6-22 产品规格 （mm）

金属面聚氨酯泡沫夹芯板	厚度：30、40、60、80、100
	宽度：1000
	长度：≤12000

(2) 金属面夹芯板质量标准（JC/T 868—2000）如表 6-23 所示。

表 6-23 金属面夹芯板质量标准

泡沫密度 (kg/m³)	闭孔率 (%)	耐高低温 (℃)	导热系数 [W/(m·K)]	抗弯强度 (kg/cm²)	抗拉强度 (kg/cm²)	燃烧性能
30~50	≥92	-185~+120	≤0.027	1.7~2.2	≥2~2.8	B2~B1

吸水率（%）≤45；抗压强度（kPa）≥150。

(3) 金属面夹芯板的外观质量

1) 板面应平整，无明显手感凹凸。
2) 表面清洁，离板边 30mm 以内无胶液。
3) 钢板切口整齐，板边内弯曲，无明显波浪。
4) 除切割边外，其余部位钢板无明显划痕。
5) 夹芯板自然侧向直立时，每 3000mm 板长侧向弯曲度不超过 3mm。
6) 金属面夹芯板的尺寸允许偏差如表 6-24 所示。

表 6-24 夹芯板的尺寸允许偏差

夹芯板尺寸	长度（mm）	宽度（mm）	厚度（mm）	对角线（%）
允许偏差	±5	±3	±2	2

3. 金属面聚氨酯硬泡夹芯板主要性能

（1）聚氨酯硬泡夹芯板的芯材密度

芯材的密度对导热系数、强度有直接影响。密度越大，强度越高，承重能力越强。但对导热系数而言，密度越大，导热系数也随之增大；同时原材料消耗量增加。相反，密度越小，原材料消耗量变小，成本则降低，但产品质地松软，强度也随之降低。

（2）聚氨酯硬泡夹芯板导热系数

聚氨酯硬质泡沫塑料的导热系数除受密度直接影响外，还与温度、吸湿、老化时间和闭孔率等因素有直接关系。

聚氨酯硬泡的导热系数随时间发生变化，经一定时效处理后，导热系数才基本趋于稳定。

（3）芯材与金属板的粘结力

金属面夹芯板的粘结力大小除选用粘结剂类型外，还与金属面板的类型、金属板粘结一侧的清洁度和粗糙程度有关。夹芯板受力破坏时，不得在粘结界面破坏，应为芯材破坏。

（4）隔声性与燃烧性

聚氨酯硬泡具有很好隔声性能，按国家建筑材料燃烧等级划分要求，聚氨酯硬泡的燃烧等级为 B_2 级。以它们的芯材复合而成的金属面聚氨酯硬泡夹芯板的燃烧等级应为 B_1 级。

（5）聚氨酯硬泡芯材强度及金属面夹芯板的物理性能

金属面聚氨酯硬泡夹芯板具有极好的抗弯承载力，金属面夹芯板强度除与金属板的强度有关外，还与芯材的密度有关，聚氨酯硬泡芯材强度及聚氨酯硬泡彩钢夹芯板的物理性能分别如表 6-25 和表 6-26 所示。

表 6-25 聚氨酯硬泡芯材的机械强度 （MPa）

抗压强度（在10%变形下的压缩应力）	抗弯强度	抗拉强度
0.15~0.40	0.25~0.60	0.25~0.70

表 6-26 聚氨酯硬泡彩钢夹芯板的物理性能

项 目	指 标	项 目	指 标
抗压性(MPa)	≥0.10	20℃时热稳定性(%)	≤2
弹性模量(MPa)	≥3	吸水率(28d后)(%)	<0.05
剪切负荷(MPa)	≥0.10	导热系数[W/(m·K)]	≤0.018
粘附性(MPa)	≥0.09	80℃时热稳定性(%)	≤2
密度(kg/m³)	30~45	平均隔声量 R(dB)	25~50
尺寸稳定性(70℃48h)(%)	<4	水蒸气透湿系数[ng/(Pa·m·s)]	<6.5
蓄热系数[W/(m²·℃)]	0.28	长期工作温度(℃)	−50~110

4. 细部节点构造

节点构造如图 6-47~图 6-54 所示。

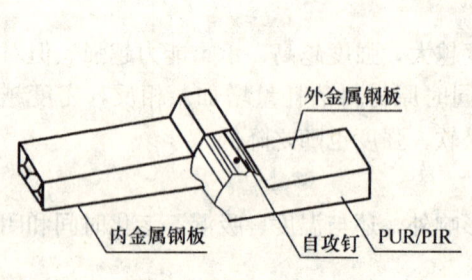

图 6-47 屋面连接大样

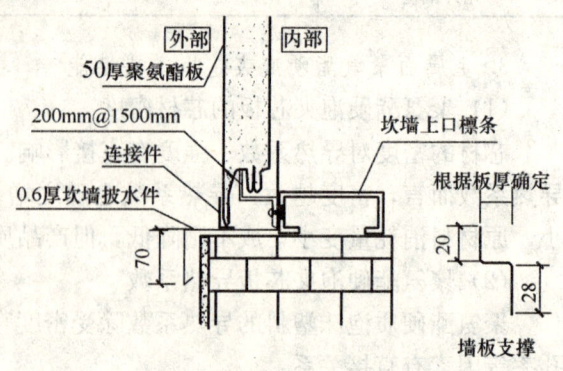

图 6-48 坎墙节点

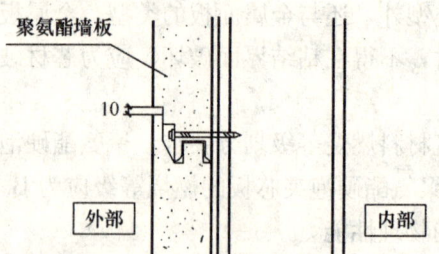

图 6-49 竖向搭接横缝详图（一）

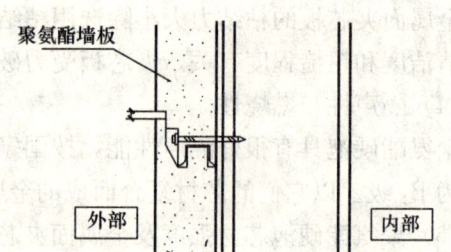

图 6-50 竖向搭接横缝详图（二）

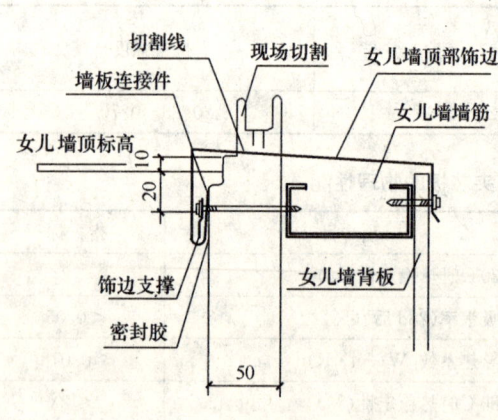

图 6-51 女儿墙顶部做法

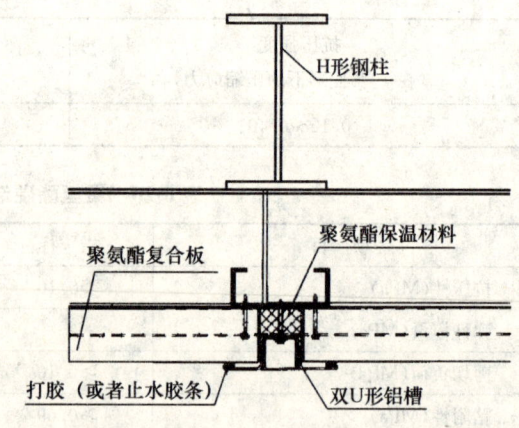

图 6-52 聚氨酯板对接竖缝双 U 形铝槽节点

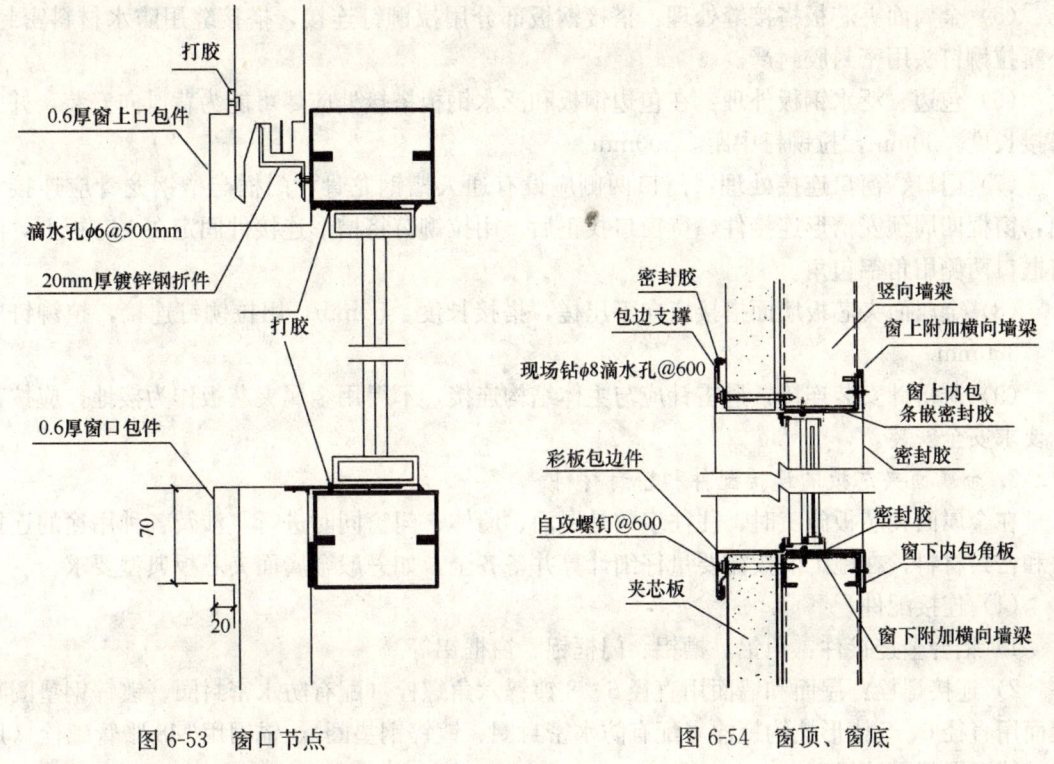

图 6-53 窗口节点　　　　图 6-54 窗顶、窗底

三、施工要点

彩钢夹芯板形状各异，有不同的安装方法。金属面夹芯板的安装，应由经过技术培训或有施工经验的专业队伍，用专业工具和机具施工，严格按照国家标准设计建筑构造安装。

1. 夹芯板的包装、运输和贮存

（1）包装：散装时，按板规格分类叠放，角铁护边用绳固定。捆装时，应用型钢及纤维板包装，包装高度不得超过 1300mm。

（2）汽车或集装箱运输，散包装或捆包装均可，火车或船运时，只允许捆包装。在运输中应防火、防雨。

（3）贮存：只允许不超过一个月的露天贮存时间，否则需加防雨措施。贮存场地必须坚实平整，散装板堆放高度不得超过 1500mm，下部用木条或泡沫板铺垫，垫木间距不得大于 2000mm。

2. 建筑构造和技术要求

（1）屋面坡度一般为 1/6～1/20。

（2）按设计要求的尺寸，尽可能采用较长尺寸板材，以便减少接缝。

（3）金属面夹芯板屋面固定及屋面防水构造：在横坡每两块屋面板拼缝处，上层钢板作翻边防水檐 30mm，内用槽形连接板相连，通过槽形连接板用连接螺栓与屋顶檩条固定，连接螺栓横向间距 1200，在防水檐上盖槽形盖口防水。

（4）金属面夹芯板搭接：夹芯板屋面顺坡长向搭接，上、下两块屋面板应均匀搭在支座上。其搭接长度为：当屋面坡度≤1/10 时，搭接长度为 300mm；屋面坡度>1/10 时，搭接长度可为 200mm。

(5) 金属面夹芯板搭接缝处理：搭接钢板部分用拉铆钉连接，搭接缝用防水材料密封，外露拉铆钉头用密封胶封严。

(6) 包边、泛水钢板外理：在包边钢板和泛水钢板搭接处应尽可能为背风向安装，并且搭接长度≥60mm，拉铆钉中距≤500mm。

(7) 门口、窗口连接处理：门口两侧应设有通天槽钢龙骨，门框与槽钢龙骨应连接牢固；窗框四周预安槽形连接件，待窗口找正后，用拉铆钉将槽形连接件固定在夹芯板上，门窗框口两侧用角铝包角。

(8) 金属面夹芯板墙面搭接应向下压槎，搭接长度≥50mm，用拉铆钉连接，拉铆钉中距≤300mm。

(9) 避雷针安装连接：避雷针应与主体结构连接，不得用金属夹芯板作为接地，应按设计要求安全安装。

3. 金属面夹芯板的连接配件和密封材料

在金属面夹芯板施工时，往往多数是屋面、墙体、门窗同时进行，涉及各种用途的连接件和密封材料，在施工前按需要量仔细计算并备齐全，如一般金属面夹芯板典型要求。

(1) 连接配件

1) 铝合金连接件：角铝、槽铝、门框铝、窗框铝等。

2) 连接螺栓：屋面和墙面用直径6、8镀锌六角螺栓（配有防水密封圈、镀锌钢垫圈）。屋面用直径6、8槽形挂钩螺栓（配有防水密封圈、镀锌钢垫圈）。锚固用M8胀管螺栓（用于砖墙及混凝土墙锚固）。

3) 铝质抽芯拉铆钉：直径4×12、直径5×12、直径5×18。

4) 泛水及天沟：选用彩色钢板或24#镀锌铁皮，镀锌铁皮表层刷防锈底漆一遍，刮腻子、调和漆两遍。

(2) 密封材料

丙烯酸、硅酮或聚硫类优质密封胶；现场浇注密封用聚氨酯硬泡料等。

4. 安全技术

(1) 施工人员操作时，必须穿胶鞋，防止滑伤。

(2) 施工现场严禁吸烟。

(3) 施工现场必须戴安全帽，高空作业必须戴安全带。

(4) 合理安排施工工艺流程，避免高低空同时作业。

(5) 屋面施工材料必须随时捆绑固定，做好防风工作。

(6) 电动工具必须设漏电保护装置。

(7) 屋面安装要采取齐全、有效的安全措施，严防高空坠落物体打击事故的发生。

四、质量标准

1. 主控项目

(1) 金属板材及保温材料等辅助材料进场后，其规格、品种、质量、颜色、线条必须符合设计要求。

检验方法：检查出厂质量证明书及技术性能检测报告。

(2) 金属板材安装时的连接、保温、密封处理必须符合设计要求，不得有渗漏现象。

检验方法：观察检查和雨后或淋水检验。

（3）压型金属板安装的主控项目：压型金属板、泛水板和屋脊沿等固定可靠、牢固，防腐涂层和密封材料敷设完好，连接件数量、间距应符合设计要求和现行国家钢结构及屋面施工规范有关标准的规定。

检查数量：全数检查。

检验方法：全数检查及尺量。

（4）压型金属屋面面板应在支承构件上可靠搭接，搭接长度应符合设计要求，且不应小于表 6-27 所规定的数值。

表 6-27 压型金属屋面面板应在支承构件上的搭接长度

项 目		搭接长度（mm）
相邻两块压型金属板搭接（截面高度≥70）		375
相邻两块压型金属板搭接（截面高度≥70）	屋面坡度<1/10	250
	屋面坡度≥1/10	200
屋面压型板与泛水板的搭接		200
压型钢板屋面的泛水板与突出屋面的墙体搭接高度		300

检查数量：按搭接部位总长度抽查 10%，且不应少于 10m。

检验方法：观察和用尺量。

2. 一般项目

（1）金属板材屋面安装应平整、顺直，固定方法正确，密封完整；板面不应有施工残留物和污物。不应有未经处理的错钻孔洞。排水坡度应符合设计要求。

检查数量：按面积抽查 10%，且不应小于 $10mm^2$。

检查方法：观察和尺量检查。

（2）金属板材屋面的檐口线的下端应呈直线，泛水段应顺直、无起伏现象。

检查数量：全数检查。

检验方法：观察检查。

（3）压型金属板屋面安装的允许偏差应符合表 6-28 的规定。

表 6-28 金属板屋面安装的允许偏差

	项 目	允许偏差（mm）
屋面	檐口与屋脊的平行度	12.0
	压型金属板波纹对屋脊的垂直度	$L/800$，且不应大于 25.0
	檐口相邻两块压型金属板端部错位	6.0
	压型金属板卷边板件最大波浪高	4.0

注：L 为屋面半坡与半坡长度。

检查数量：檐口与屋脊的平行度：按长度抽查 10%，且不应少于 10m；其他项目：每 20m 长度应抽查 1 处，不应少于 2 处。

检验方法：用拉线、吊线和钢尺检查。

第七章 聚氨酯硬泡保温管道系统安装

聚氨酯硬泡早已成熟用于热力供暖管道，也逐步开始用于通风管道。用在热力供暖管道时，钢管防腐处理后，采用浇注聚氨酯硬质泡沫为保温层，与聚乙烯树脂套为外保护层，在工厂按单元管材长度而加工制成的保温管材，到施工现场进行组装。

聚氨酯硬泡在通风管道使用时，采用阻燃较好的硬泡与铝箔复合而成，并可按需应用具体规格、尺寸进行切割加工，再按通风管道具体要求进行组装。

第一节 聚氨酯硬泡热力供暖管道安装

聚氨酯硬泡热力供暖直埋管道安装，是指公用与民用建筑庭院或小区热水（＜100℃）采暖管网、直埋管道、空调制冷管网等工程安装。

保温管道由保护层、聚氨酯硬泡和管道在工厂已预制完毕，其中对制造保温管所用的聚氨酯硬泡物理性能指标、保温壳原料的质量、采用阀门、焊条以及连接方式等都有很严格、细致的技术质量要求。高密度聚乙烯外护管聚氨酯泡沫塑料预制直埋保温管质量应符合 CJ/T 114 要求。

聚氨酯硬泡管道的钢管防锈、防腐层采用氰凝材料，保护层材质由单项设计确定（多数为聚乙烯树脂套），聚氨酯硬泡保温层厚度由设计确定，聚氨酯硬泡管道构造如图 7-1 所示。

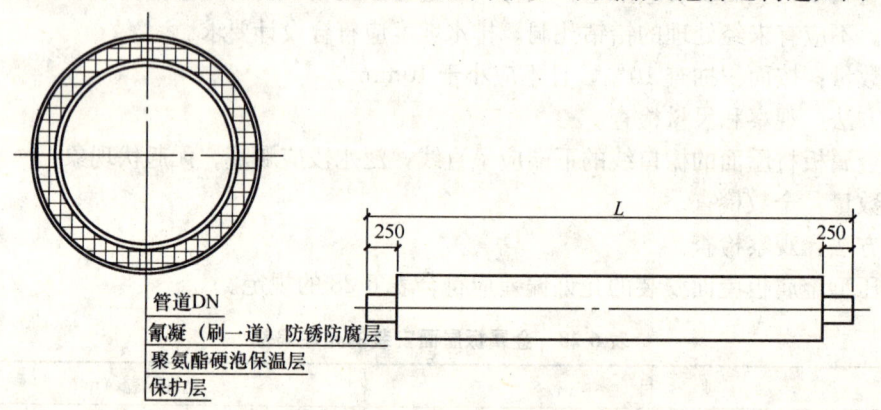

图 7-1 直埋预制聚氨酯硬泡保温管构造

直埋供热管道安装除阀门与直埋管道采用法兰连接外，其他均采用焊接，按《工业金属管道工程施工及验收规范》（GBJ 50235）、《现场设备、工业管道焊接工程施工及验收规范》（GBJ 50236）和《城市热网工程施工及验收规范》进行施工。

一、设计要点

（一）管设置

1. 安装时，为了防止破坏预制保温构造，所有三通、弯管、异径管、排气管、泄水管等，应在每段（或每根）预制保温管的端部设置。

2. 排气管、泄水管，宜在预制保温管端部未保温处开孔设置，应尽量躲开两管的连接焊缝处。

(二) 管道补偿设计应用

1. 当管道内介质工作温度与安装温度的温差小于75℃时，宜采用无补偿直埋方式（不预热）。

2. 当管道内介质工作温度与安装温度的温差大于75℃，且介质工作温度小于95℃时，采用无补偿直埋方式，但必须采用预热安装工艺。如采用一次性补偿法安装工艺，一次性补偿器宜采用E形接头。

3. 高温水热网管道可采用无补偿和有补偿直埋方式（当在介质温度≤130℃，且安装温度≥10℃的保温管道敷设工程，在采用无补偿器的直埋敷设方式时，节约施工用地和工程投资，减少维修工作量，同时降低运行成本）。当采用有补偿敷设方式时，在尽量利用自然补偿的前提下，补偿器宜采用∩形。有补偿直埋管道，应设置固定支架。

4. 直埋管道应充分利用管线的转角，但管道转角（即转角后管道与介质前进方向的夹角）不允许有31°～60°，但可由若干个5°～30°转角组成。

5. 选用各类型的补偿器时，其最大安装长度、短臂长度均应通过钢管外径、钢管的膨胀量进行计算确定。

6. 直埋热力管道无补偿敷设时，从干管接出的支线长度不超过8m时，可采用直线连接，如超过（出）8m，应在8m距离内的管段上设置Z形弯管。

二、管道安装

(一) 安装准备

1. 技术准备

施工时认真熟悉设计图，掌握管道走向、管道有否变径、坡度要求，管间对焊误差控制范围，套管安装质量要求以及法兰、阀门的安装顺序及质量控制要求，以及相关注意事项等。

施工者除应熟悉掌握安装技术要点外，还要求参加施工的施焊、吊装人员必须经过相应技术和安全操作等内容考核合格，取得证书后方可上岗作业。

2. 安装材料、配件准备

(1) 保温管道和接头所用聚氨酯硬泡技术性能如表7-1所示。

表7-1 技术性能指标

性　　能	指　　标	性　　能	指　　标
密度（kg/m³）	60～70	闭孔率（%）	>90
导热系数[W/(m·K)]	<0.035	抗压强度（MPa）	≥0.2
吸水率（%）	0.03～0.10		

(2) 预制保温管保护壳及其厚度选择。

预制保温管保护壳的厚度，是根据管道埋深、外压力、动荷载及地区土壤自然条件由设计部门来确定。

(3) 阀门选择。

分段阀和分支阀选用调节阀或蝶阀，采用法兰盘连接，法兰衬垫采用橡胶石棉垫、厚度为 2~3mm，耐温 150℃，泄水阀和排气阀均采用闸板阀，耐工程压力为 1.6MPa。

在施工中应用利于工程上的管道材料、焊条、阀门、管件等须符合设计要求，并有质量合格证。

3. 机具准备

焊机具备使用条件、焊条、吊装工具、尼龙或橡胶吊带、吊钩、撬杠等，还有密封接头用聚氨酯发泡浇注料、料桶及手电钻搅拌器等。

4. 安装条件

(1) 沟槽开挖的纵横断面应严格达到设计要求。管道接口处应设置工作坑，坑长不小于 1.5m；管底距坑底不小于 0.5m。

(2) 沟槽开挖施工必须做好排水，一般采用排水沟、集水井等办法处理，沟内不得有存水。

(3) 埋管沟槽深度、宽度符合要求，具备焊工施焊的基本条件。不得在雨天施工，施工时必须具有施焊安全等保障措施。

(4) 预制管安装前，沟底底铺 200mm 厚的细砂或中砂，按设计要求平整、找坡。

(二) 管道安装程序

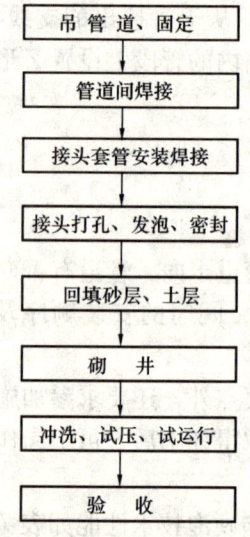

图 7-2 管道安装程序

1. 管道安装程序，如图 7-2 所示。

2. 操作程序。

(1) 吊管道。

首先宜采用先将管道焊成较长管道（按当地具体情况定），再吊入管沟就位的方法施工。

管道下沟前，应将管道内杂物清扫干净，不得有泥土、垃圾等脏物，整体管材质量应符合设计要求。

吊入管道时应按保温管的承重能力核算吊间距，并均布设置，吊点用尼龙或橡胶吊带进行吊装，吊装设备应在管段已正确就位后展开。

单根预制保温管或管件吊装时,吊点的位置应按平衡条件选择,用扩口吊钩或用柔性吊带起吊,稳起稳放保护管道不受损伤。

(2) 管道焊接。

在将管口内外清扫干净后方可进行管口周围均匀焊接,在焊接底面时要更加注意,防止出现漏焊和虚焊。

当间断施工时,管口应用堵板封闭,严禁将施工工具和焊条放入管内。雨季使用堵板堵严管口,应具有防止流砂进入管内的功能,清扫管道工作要建立清检记录。

检查焊接质量时,对焊缝除进行外观检查外,尚应进行无损探伤检验,检验程序和要求参照《城镇供热管网工程施工验收规范》(CJJ 28)中固定焊缝探伤比例10%~15%,转动焊缝为5%,探检时采用X射线探伤仪。焊缝应符合GB/T 3323中Ⅲ级为合格。如采用无损探伤应在质检人员参加下进行。

管道焊口保温的施工质量要与预制保温管质量相同,并达到设计要求。

(3) 聚乙烯硬质塑料保护壳作接头套管的安装和焊接。

接头套管安装是预制保温管施工安装的主要组成部分,由于套管形式和焊接方法不同,具有多种成熟的安装技术,其中热空气焊接方法如下:

1) 在接头套管安装前,首先将接头部分油污杂物等清理干净,并用工业乙醇再擦洗接头部分并使其晒干燥。

2) 外套管塑料壳与原管道塑料外壳的搭接长度每端不小于30m,安装前做好标记,以保持两端搭接均匀。

3) 外套管的焊接材料应与预制保温管材质相同,并应有焊接材料出厂合格证。焊接时,使焊条应与焊缝垂直,并给焊条施加约0.1MPa的压力。将焊接温度控制在200~220℃之间,保持焊接速度控制在9~15m/h进行。

4) 为防止局部过热而导致塑料分解,焊接时要不停摆动焊枪,以使焊条和母管同时均匀受热,从而保证焊接质量,焊条焊后的伸长,一般控制在15%以内。

5) 接头焊管质量达到焊接表面应饱满、均匀、平整光滑,不能有皱纹,裂缝和咬肉现象。当产生焊条烧焦时,必须用刀铲除,焊接完毕应自然冷却。

(4) 接头内浇注的聚氨酯硬泡原料发泡。

接头内聚氨酯硬泡发泡保温时,先在外套管两端上部适当各钻一孔,孔直径大小适当,既要考虑注料方便,又要考虑注料完成后封堵方便。其中一孔用于浇注聚氨酯发泡材料,另一孔为发泡时排出产生气体所用。注入聚氨酯硬泡原料时,套管内应达到干燥,发泡温度应保持在15~35℃之间,所浇注的聚氨酯硬泡原料应控制好发泡速度和流动指数,将双组分材料混合搅拌均匀后准确注入孔内发泡。

聚氨酯硬泡发泡完成后,泡沫应充满整个接头部位的环形空间,不应有空隙,且泡沫容重应控制在60~70kg/m³之间,发泡完成后,应用与外壳相同的材料堵严浇注料孔和发泡排气孔。

(5) 开槽回填。

验收合格后,在原有已填入砂层上继续在管道四周充填中、细砂的同时,控制好回填高度。管顶距地面不小于600mm,其中管顶部填砂厚度为200mm,不得小于100mm。

直埋地下供热管道的埋设深度,按当地的地质气象条件决定。在直埋管道底取素土夯实,然后铺细砂作柔性垫层,一般柔性垫层厚度为≥100mm。

无补偿直埋管道采用中砂（粒径不大于20mm）在管道周围200mm充填，细土回填夯实作覆盖层。有补偿直埋管道采用中砂或细土在管道周围200mm充填，设导向支架。固定支架不应设在阀门附近。固定支架采用钢制固定板，固定板两侧土壤应掺入石彻底夯实。

(6) 砌井。

按设计要求砌井。井内固定支架的横梁在砌井时应用C15混凝土预埋好。支架应预先做好防腐。固定支座（支架）底部先用素土夯实，然后打3：7灰土厚200mm。井内固定支架横梁及直埋管道预制混凝土件安装时应核对标高，并找平后稳固。

直埋管道固定节应按保温管外径规格配套选用。

(7) 管网冲洗、试运行。

管网工程全部完成后，管网采用全系统冲洗。先冲洗送水管，后冲洗回水管，送、回水管分别在分段阀前和末段设临时冲洗管头，试验结束后将水安全排至排水沟内。冲洗流速不应小于1.0m/s，管内冲洗至见清水为止。

水压试验时，管线长度和试验压力应符合设计要求。

外套管气密性试验是在接头套管安装完，尚未进行聚氨酯树脂发泡前进行，试验压力为20kPa，持续5min用肥皂水涂于接口处检查无漏气现象即为合格。

(8) 安全注意事项。

1) 在管沟开挖中，如遇有地质条件变化，施工单位应立即通知设计单位，并根据设计单位提出的处理措施进行施工。

2) 沟槽采用爆破施工时，应采取相应措施，防止对周围建筑物、构筑物、道路、管线的有害影响和防止塌方、滑坡等现象发生。

3) 吊装管道时，固定稳吊具、管道，防止作业时发生倾斜、滑落伤人。管道在夜间施工时，应设置照明设施，并设置标志。

4) 焊工必须戴好劳保用品施工作业。

三、质量标准

1. 管材、管件的坡口垂直、尺寸及组对的错口偏差不得超过管壁厚的1/5，且不大于2mm。管道焊口保温层施工的质量要与预制保温管质量相同，并达到设计要求。

2. 管道试漏、试压、回填等达到设计要求。

第二节　聚氨酯硬泡铝箔复合空调风管安装

聚氨酯硬泡铝箔复合空调保温风管（简称PU硬泡风管），可由难燃聚氨酯硬泡配以双面压型铝箔为主体材料，在连续生产线上通过一次压制成型的夹心板，其最大特点可直接用压制成型夹心板材的自身支撑通风管道。

聚氨酯硬泡风管系统安装，主要由风管板材按设计规格进行切割、风管附件及法兰专用胶和板材专用胶等构成。

聚氨酯（PU、PIR）硬泡风管各项指标均符合国家标准《通风与空调工程施工质量验收规范》（GB 50243）和《高层民用建筑设计防火规范》（GB 50045）里所要求的条款。

一、空调风管性能、应用范围

（一）聚氨酯硬泡风管性能

1. 良好的保温性能、环保节能。

可有效起到保温隔热功耗，防止风管表面结露，避免冷凝水对室内装饰及相关设施的危害，同时获得很高的节能效应。

2. 气密性能极佳，送风质量高，清洁卫生。

空调保温风管系统的专用法兰可保证极佳的气密性能，减少泄漏。法兰用量少，使得线形摩擦损失极低，表面光滑的铝箔和极佳低漏风量，不但能保证输送风介质卫生，也可避免造成二次污染。不吸水的保护层也不产生积水、不滋生细菌、不传播疾病等危害。

3. 安装方便、节省工期、更安全。

克服传统风管先制管后保温的烦琐过程，PU硬泡风管制作程序简单方便，制管保温一次完成，程序简捷、耗工量少，且安装速度快、施工效率是传统产品的几倍，节省人工成本。因安装工艺过程简单，减少烦琐操作过程，使得安装安全。

风管板材在有难燃效果的同时，又在双面复合铝箔，达到消防安全。

4. 运行吸声、隔声、远离噪声。

因采用夹芯板结构，具有良好的隔声吸声功能，震动和回声被隔热材料吸收，因而最大限度地减少噪声，因而增加环境的舒适度。

5. 维修保养方便、使用寿命长。

风管任何一端有意外损坏，均可随意进行切割粘结修补。使用寿命可达20年以上，是传统风管使用的3倍年限。

6. 质量轻，外形美观、轻巧。

风管板材重量是铁皮风管重量的10%，可有效地减低建筑负荷。搬运、安装变得更加方便和高效，不仅节约安装费用与投资，更缩小了安装空间。且风管棱角清晰、美观大方。

7. 阻燃效果好。

聚氨酯硬泡风管由难燃聚氨酯硬泡配以双面压型铝箔为主体材料，保温层阻燃等级达到B1级。

8. 抗压强度高。

采用压制成型夹心板材的自身支撑通风管道，夹心板材经相互黏合后，再与相关配件组合，板材、管道有很高的抗压强度。

9. 聚氨酯硬泡风管与玻纤风管、镀锌铁皮风管及玻璃钢风管之间的性能比较，如表7-2所示。

（二）聚氨酯硬泡风管应用范围

1. 适用于工业、民用建筑中各种空调通风工程安装的要求。

2. 适用于航天制造、食品加工、电子工业、医药业、购物中心、体育娱乐场馆、酒店等多个领域，还有配合净化设备广泛应用行业：如微生物环境，包括制药、生物基因、医院洁净设备、食品饮料。

3. 适用于电子仪表的半导体、集成电路、电子电器、精密仪器等。

4. 适用于航空、航天、光电、纺织和微型机械等。

表7-2 几种风管性能比较

性能	聚氨酯硬泡风管	玻纤风管	镀锌铁皮风管	玻璃钢风管	备注
保温	风管保温一体化,导热系数:≤0.022W/(m·K)	风管保温一体化,导热系数:≤0.038W/(m·K)	外加保温层,搭接处不严密,导热系数:≥0.05W/(m·K)	导热系数:≥0.05W/(m·K)	
防潮性能	吸水率≤2%,具有优异的防水性能	憎水率≤98%,但纤维间隙积水,不防水	因保温材料而改变	吸水率≤6.3%	
洁净卫生	无粉尘脱落,铝面层抑制细菌滋生,可用于超净化厂房及室外	不能用于超净化厂房、室外及潮湿区域	无粉尘脱落,不能用于室外	无粉尘脱落	
隔声、消声性能	不产生噪声,隔声、消声功能性能优越	不产生噪声且有消声功能	需加装消声器,消声弯(风)头等附件	需加装消声器,消声弯(风)头等部件	
漏风量	≤2%	≤4%	8%左右	6%~8%	
重量	3.5kg/m²(板厚25mm)	4~6kg/m²(板厚25mm)	14kg/m²(板厚0.8mm)	23kg/m²	1500×320规格计算,含连接件
系统综合阻力	粗糙度0.24mm,无消声部件阻力	粗糙度0.24mm,无消声部件阻力	粗糙度0.15mm,另加消声部件阻力	8m/s左右,风速风阻参照铁皮设计(粗糙度0.20mm,加消声部件阻力)	
工期	20m/人/日	15m/人/日	≤10m/人/日	≤4m/人/日	从原料到成品
寿命	20年以上	10年	3~6年锈蚀	6年开始老化	
观感	良好	良好	一般	一般	
影响净高	无须加工空间,无法兰边,无消声器所占空间	无须加工空间,无法兰边,无消声器所占空间	需加工车间,上下各5~10cm有法兰边2~3cm	有法兰边2~3cm	
外层强度	较好	一般	一般	好	一般碰撞不损坏
破损修复	易修复	不易修复	不易修复	不易修复	

二、空调风管性能参数、检验结果

1. 空调风管性能参数,如表7-3所示。

表 7-3 空调风管性能参数

名 称	参 数	名 称	参 数
平均密度（kg/m³）	40～50	弯曲弹性模量（MPa）	≥77.0
单位重量（kg/m²）	1.34～1.85	隔声量（dB）	≥18.0
压缩强度（kPa）	150～200	粘结抗拉强度（N）	≥400
导热系数[W/(m·K)]	0.022～0.027	保温层阻燃等级	难燃 B_1 级
弯曲强度（MPa）	≥1.00	风管耐温范围（℃）	−60～150

2. 经国家空调设备质量监督检验中心检验，聚氨酯硬泡风管性能如表 7-4 所示。

表 7-4 检 验 结 果

项目 \ 风管风速 V_d（m/s）		4	6	8	10	12	14	16	18
每米沿程摩阻（Pa/m）		1.02	2.03	3.86	6.03	8.49	11.4	14.5	18.14
沿程摩阻系数		0.0236	0.0236	0.0223	0.0223	0.0218	0.0215	0.0210	0.0207
风管内静压 P_s（Pa）		中 压 系 统							
		500		600	800	1000	1200		1500
漏风量 Q_a（m³/h·m²）	标准值	2.00		2.25	2.71	3.14	3.35		4.08
	标准值	0.56		0.60	0.70	0.78	0.86		0.98
耐压（Pa）	标准值	500			—		—		
风管内静压	标准值	526			1082		1562		
风管壁变形量（%）	标准值	1.0			—		—		
	标准值	0.02			0.05		0.10		

注：表中数据摘自北京杰兴聚氨酯公司聚氨酯硬泡风管检验结果。

三、空调风管制作安装

聚氨酯硬泡空调风管是在夹芯板基础上加工制作，其工艺过程主要用专用的刀具切割、直接粘贴、法兰连接组合而成。

（一）材料、附件及工具准备

1. 材料准备

风管板材、风管附件；法兰专用胶和板材专用胶等。

2. 风管系统安装附件准备

各种法兰、工字形插条、号码、铝保护碟、快速固定胶粒，补偿角等。板材专用胶不仅将板材粘结牢固，而且胶膜具有阻燃性；专用法兰胶具有阻燃和膨胀双重效果，可保证板材和法兰的牢固粘结。

3. 风管制作专用工具准备

铝质压尺、手动压槽机、V 形刀、45°左右开料刀、直型开料刀和工具箱等。

（二）安装过程

1. 拼接时先用专用工具切割，板材粘结前，所有需粘结的表面必须除尘去污，切割的坡口涂满粘结剂，并覆盖所有切口表面。

2. 风管黏合成型后，风管所有接缝必须封闭严实，风管加固应根据材料生产厂提供的具体要求正确使用。

四、质量标准

1. 管道防火性能、绝热材料的物理性能指标必须达到设计要求。

2. 绝热材料与风管、部件及设备表面应紧密贴合，无空隙。绝热层纵、横的接缝，应错开。

3. 板材所采用的专用连接构件，连接后板面平面度的允许偏差为5mm。采用法兰连接时，其连接应牢固，法兰平面度的允许偏差为2mm。

4. 风管的连接处，接缝应牢固，无孔洞和开裂。采用插连接的接口应匹配、无松动。采用法兰连接时，不得产生冷桥。支吊架安装符合设计要求。

5. 风管两端面应平行，无明显扭曲。

6. 矩形风管两条对角线长度之差不应大于3mm；圆形法兰任意正交两直径之差不应大于2mm。

第八章 聚氨酯硬泡系统工程项目管理

第一节 工程质量与控制管理

一、工程材料质量检验

所有进入施工现场的施工材料，均应按国家现行有关标准检验合格，有关强制性能要求由国家认可的检测机构进行检测，并出具有效证明文件、检测报告和抽样复试。材料进场时应做检查验收，并经监理工程师核查确认，不合格产品严禁使用。

（一）外保温系统材料现场抽样复试项目

外保温系统材料抽样复试项目，应按规定总量的比例进行抽样复试，外保温系统主要组成材料复检项目，如表8-1所示。

表8-1 外保温系统主要组成材料复检项目

组 成 材 料		复 检 项 目
防火隔离带		燃烧性能
锚栓		单个锚栓抗拉承载力标准值
镀锌钢丝网		热镀锌层面密度
面砖		厚度、单位面积质量、吸水率
面砖粘结砂浆		拉伸粘结强度、压折比、压剪粘结强度
复合用轻体无机保温浆料		湿密度、干密度、压缩性能
聚氨酯硬泡钢丝网架板		聚氨酯硬泡板密度、聚氨酯硬泡钢丝网架板外观质量
胶粘剂、抹面胶浆、抗裂聚合物砂浆（抗裂剂）、界面砂浆（剂）		干燥状态下拉伸粘结强度、耐水拉伸粘结强度
耐碱玻纤网格布		公称单位面积质量、耐碱拉伸断裂强力，耐碱拉伸断裂强力保留率
膜丝		镀锌层厚度
聚氨酯硬泡	浇注型	密度、导热系数、尺寸稳定性、断裂延伸率
	喷涂型	屋面用：密度、压缩性能、尺寸稳定性、不透水性 墙体用：密度、压缩性能、尺寸稳定性
	聚氨酯硬泡板	密度、抗拉强度、压缩强度。用于无网现浇系统时，加验界面砂浆喷刷质量
	饰面复合板	密度、抗拉强度、尺寸稳定性。用于无网现浇系统时，加验界面砂浆喷刷质量

注：胶粘剂、抹面胶浆、抗裂聚合物砂浆、界面砂浆（剂）制样后养护7d进行拉伸粘结强度检验。发生争议时，以养护28d为准。

(二) 防水材料现场抽样复验项目

防水材料现场抽样复验项目如表 8-2 所示。

表 8-2 防水材料现场抽样复验项目

序号	材料名称	现场抽样数量	外观质量检验	物理性能检验
1	抗裂聚合物水泥砂浆	每 10t 为一批,不足 10t 按一批抽样	混合后均质,应无结块粉末、分层	压折比、吸水率
2	高聚物改性沥青防水卷材	大于 1000 卷抽 5 卷,每 5000~1000 卷抽 4 卷,100~499 卷抽 3 卷,100 卷以下抽 2 卷,进行规格尺寸和外观质量检验。在外观质量检验合格的卷材中,任何一卷物理性能检验	孔洞、缺边、裂口、边缘不整齐、胎体露白、未浸透、撒布材料粒度、颜色、每卷卷材的接头	拉力、延伸率、耐热度、低温柔度、不透水性
3	合成高分子防水卷材	每 10t 为一批,不足 10t 按一批抽样	折痕、杂质、胶块、凹痕、每卷卷材的接头	断裂拉伸强度、扯断伸长率、低温柔度、不透水性
4	高聚物改性沥青防水涂料	每 10t 为一批,不足 10t 按一批抽样	包装完好无损,且标明涂料名称、生产日期、生产厂名、产品有效期;无沉淀、凝胶、分层	固含量、耐热度、柔性、不透水性、延伸率
5	合成高分子防水涂料	每 10t 为一批,不足 10t 按一批抽样	包装完好无损,且标明涂料名称、生产日期、生产厂名、产品有效期	固体含量、拉伸强度、断裂延伸率、柔性、不透水性
6	胎体增强材料	每 3000m² 为一批,不足 3000m² 按一批抽样	均匀,无团块,平整,无折皱	拉力、延伸率
7	改性石油沥青密封材料	每 2t 为一批,不足 2t 按一批抽样	黑色均匀膏状,无结块和未浸透的填料	耐热度、低温柔性、拉伸粘结性、施工度
8	合成高分子密封材料	每 1t 为一批,不足 1t 按一批抽样	均匀膏状物,无结皮、凝胶或不易分解的固体状物	拉伸粘结性、柔性
9	水泥基渗透结晶型防水材料(粉状)	每 20t 为一批,不足 20t 按一批抽样。在外观合格的材料中,任取 5kg 样品做物理力学试验	无杂质、无结块粉末	粘结强度、凝结时间、抗渗性(第一次抗渗压)
10	平瓦	同一批至少抽一次	边缘整齐,表面光滑,不得有分层	—
11	油毡瓦	同一批至少抽一次	边缘整齐,切槽清晰,厚薄均匀,表面无孔洞、硌伤、裂纹、折皱及起泡	耐热变,柔度
12	金属板材	同一批至少抽一次	边缘整齐,表面光滑,色泽均匀,外形规则,不得有扭翘、脱模、锈蚀	—
13	聚合物水泥防水涂料	每 10t 为一批,不足 10t 按一批抽样;在外观合格的涂料中,任取两组共 5kg 样品做物理力学试验	液体组分应为无杂质、无凝胶的均匀乳液;固体组分应为无杂质、无结块的粉末	Ⅰ型检验固体含量、干燥时间、无处理拉伸强度、无处理断裂延伸率、低温柔性和不透水性;Ⅱ型检验固体含量、干燥时间、无处理拉伸强度、无处理断裂延伸率、潮湿基面粘结强度和抗渗性

二、分项工程质量管理

（一）聚氨酯硬泡外墙外保温系统质量管理

1. 喷涂法聚氨酯硬泡外墙外保温系统质量管理

(1) 喷涂法聚氨酯硬泡外墙外保温系统质量控制见图 8-1。

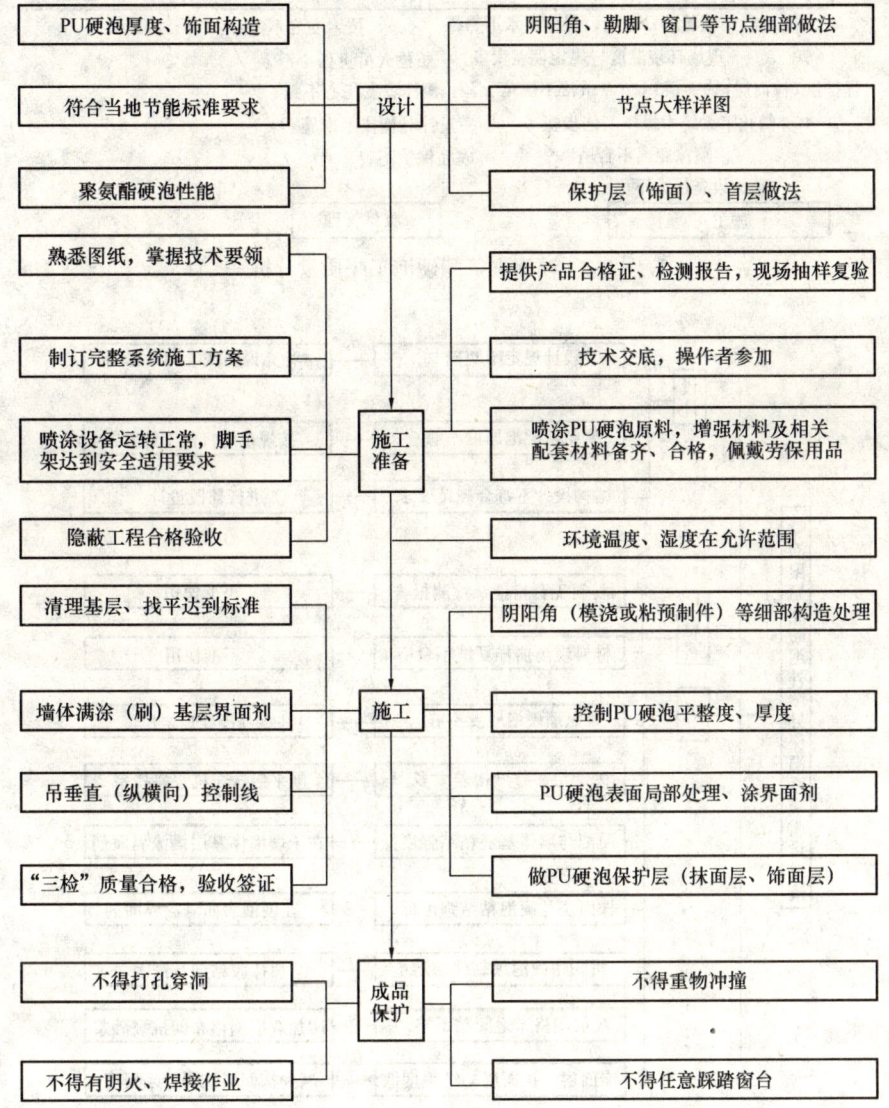

图 8-1 喷涂聚氨酯硬泡工序质量控制

(2) 喷涂法聚氨酯硬泡外墙外保温系统质量分析见图 8-2。

(3) 喷涂法聚氨酯硬泡外墙外保温系统质量对策见图 8-3。

2. 浇注法聚氨酯硬泡外墙外保温系统质量管理

(1) 浇注法聚氨酯硬泡外墙外保温系统质量控制见图 8-4。

(2) 浇注法聚氨酯硬泡外墙外保温系统质量分析见图 8-5。

(3) 浇注法聚氨酯硬泡外墙外保温系统质量对策见图 8-6。

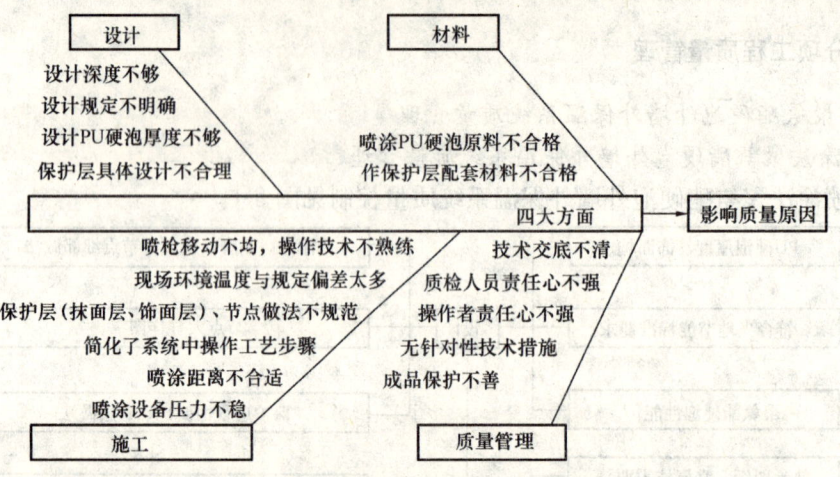

图 8-2 喷涂聚氨酯硬泡工序质量分析

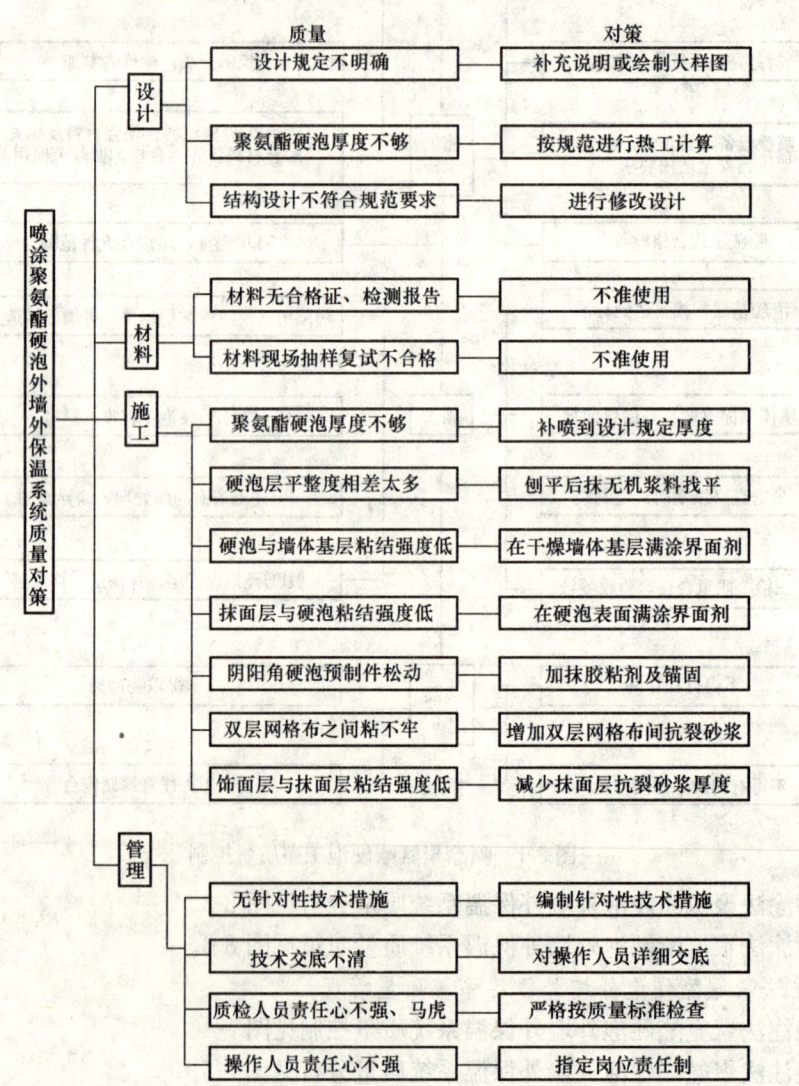

图 8-3 喷涂法聚氨酯硬泡外墙外保温系统质量对策

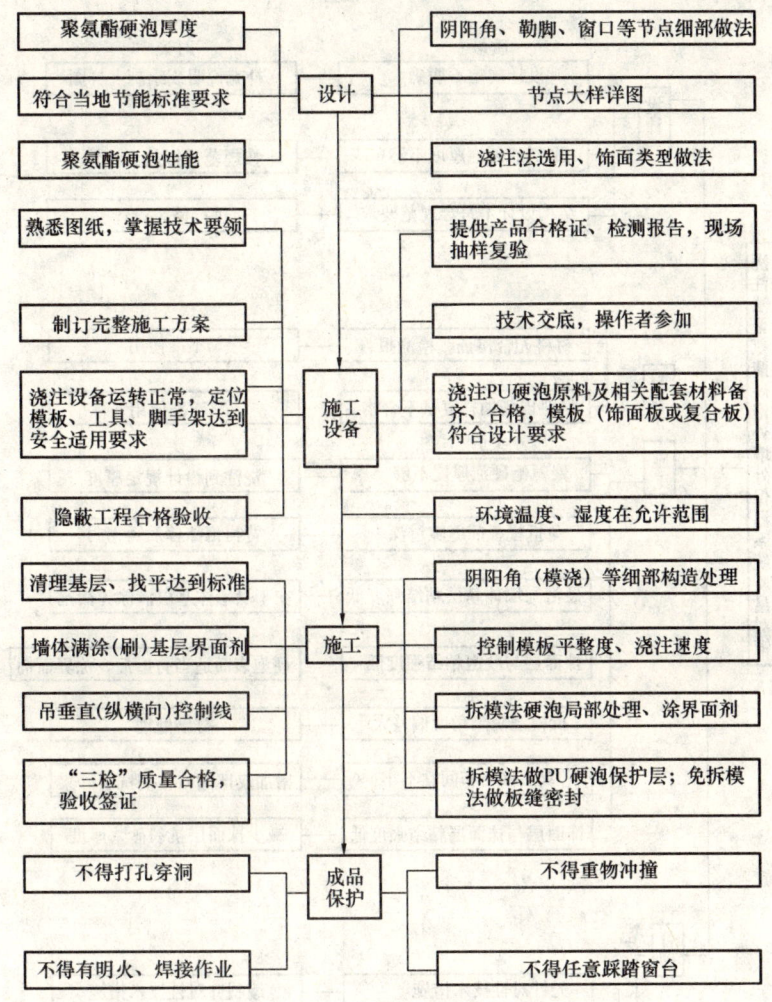

图 8-4 浇注法聚氨酯硬泡工序质量控制

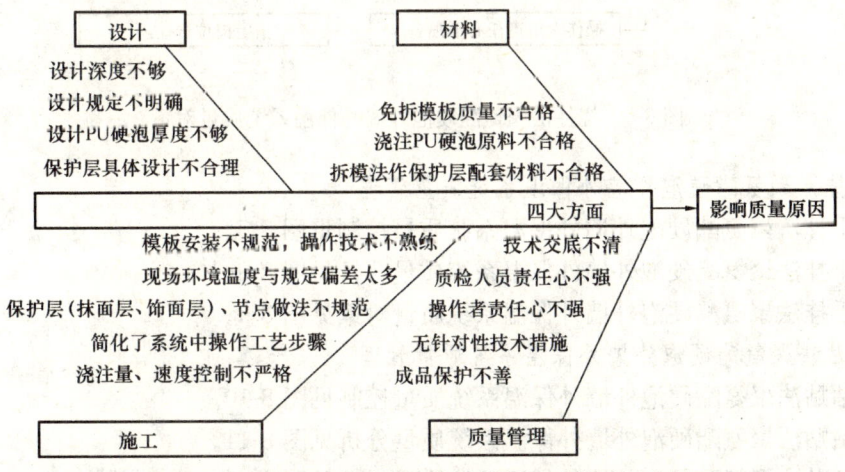

图 8-5 浇注法聚氨酯硬泡外墙外保温系统质量分析

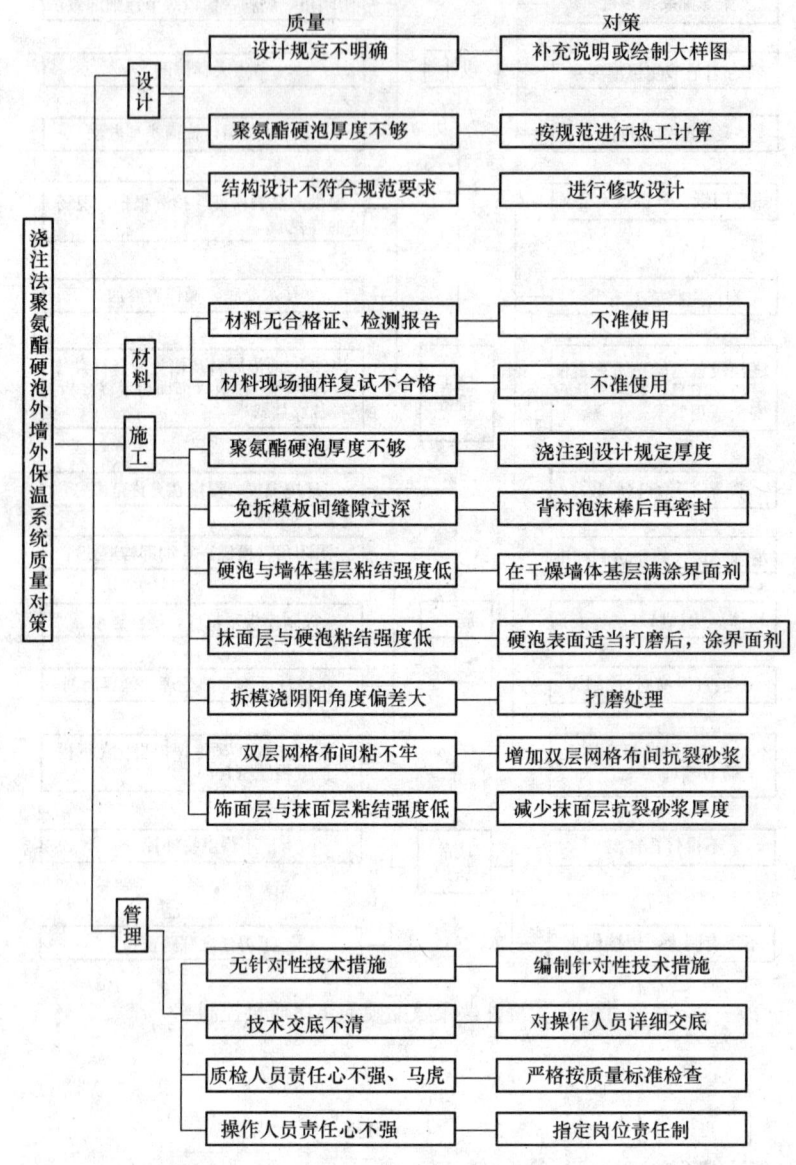

图 8-6　浇注法聚氨酯硬泡外墙外保温系统质量对策

3. 干挂法聚氨酯硬泡外墙外保温系统质量管理
(1) 干挂法聚氨酯硬泡外墙外保温系统质量控制见图 8-7。
(2) 干挂法聚氨酯硬泡外墙外保温系统质量分析见图 8-8。
(3) 干挂法聚氨酯硬泡外墙外保温系统质量对策见图 8-9。

4. 粘贴法聚氨酯硬泡外墙外保温系统质量管理
(1) 粘贴法聚氨酯硬泡外墙外保温系统质量控制见图 8-10。
(2) 粘贴法聚氨酯硬泡外墙外保温系统质量分析见图 8-11。
(3) 粘贴法聚氨酯硬泡外墙外保温系统质量对策见图 8-12。

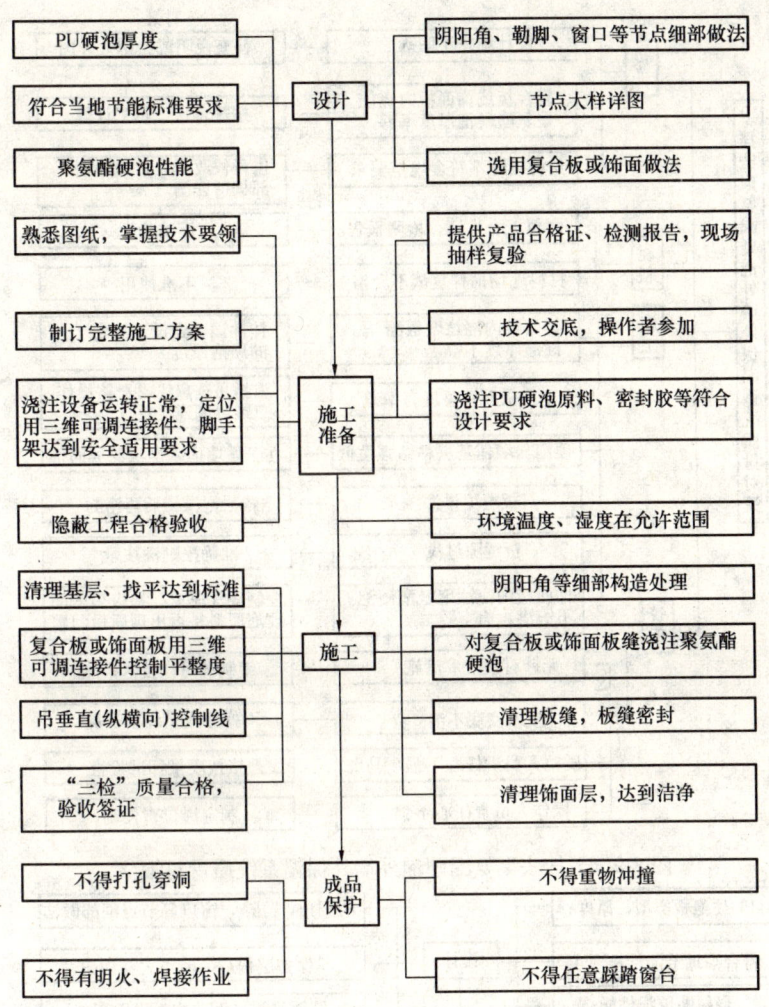

图 8-7 干挂法聚氨酯硬泡外墙外保温系统质量控制

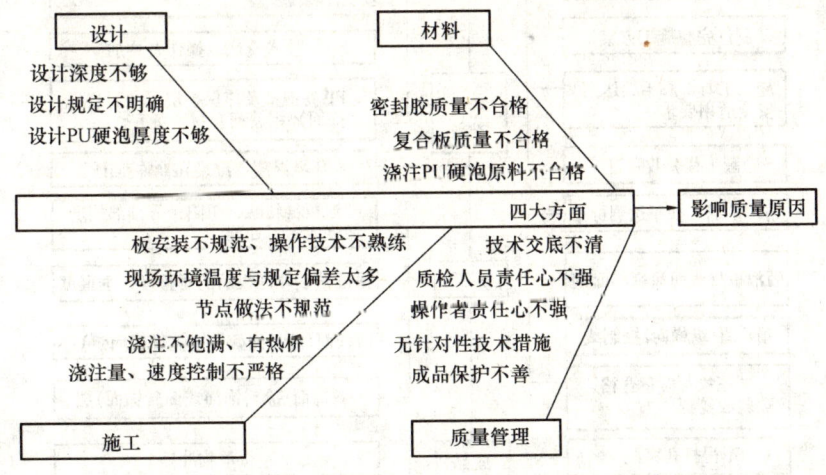

图 8-8 干挂法聚氨酯硬泡外墙外保温系统质量分析

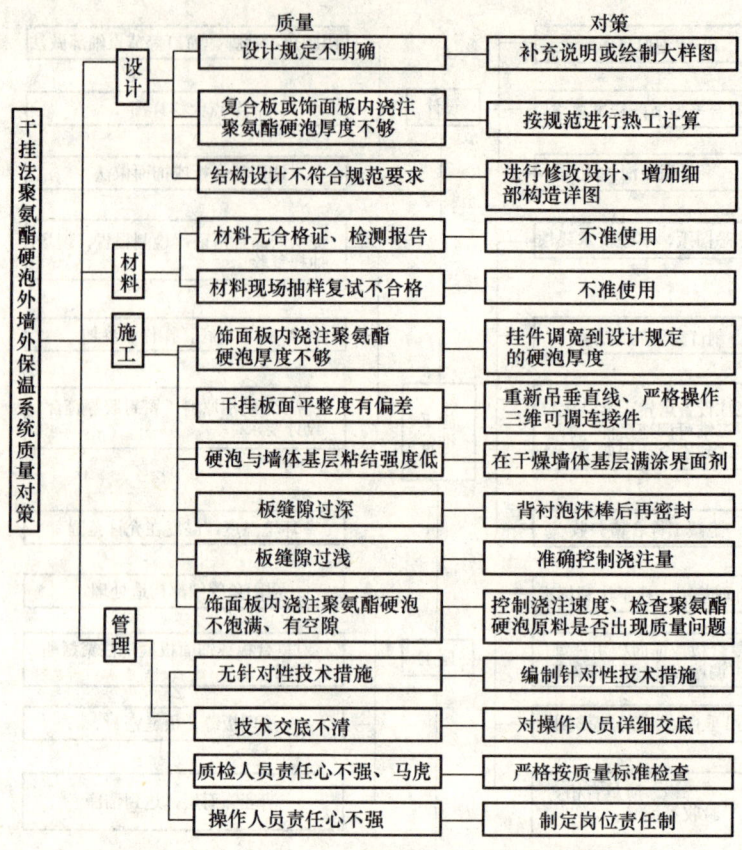

图 8-9 干挂法聚氨酯硬泡外墙外保温系统质量对策

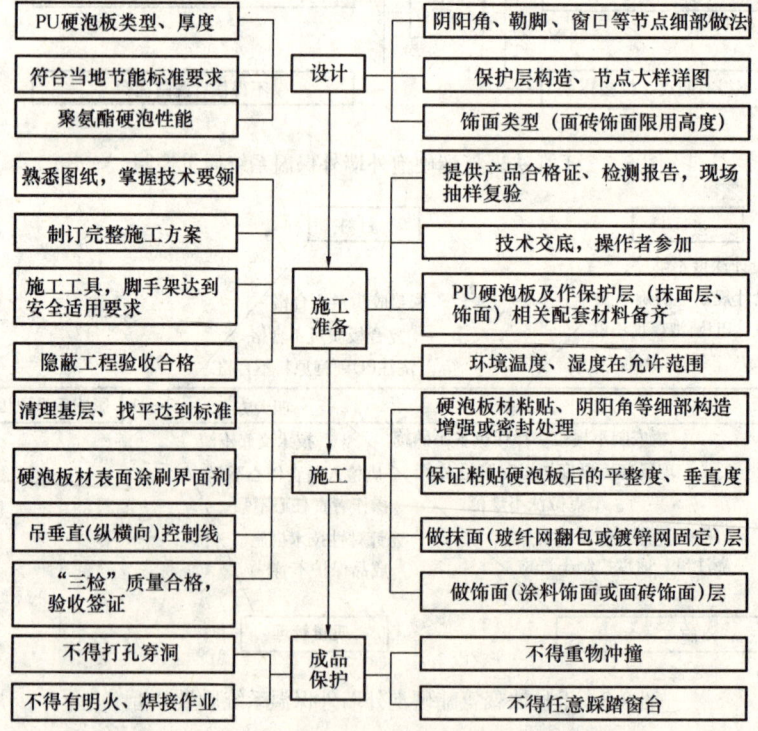

图 8-10 粘贴法聚氨酯硬泡外墙外保温系统质量控制

第八章 聚氨酯硬泡系统工程项目管理

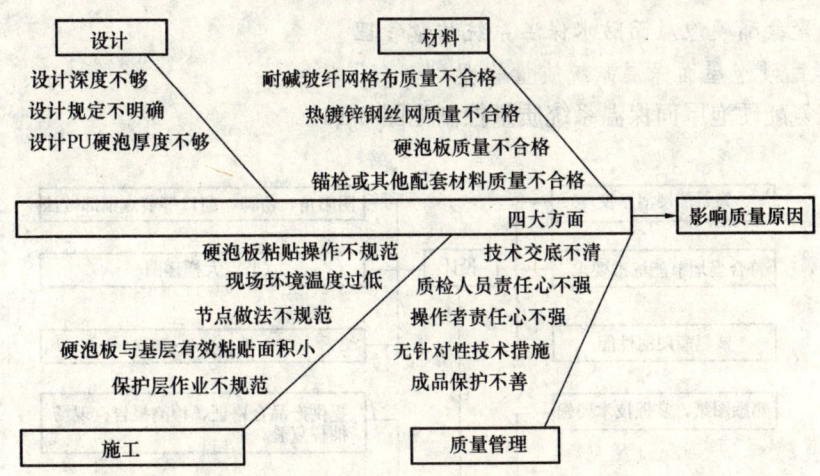

图 8-11　粘贴法聚氨酯硬泡外墙外保温系统质量分析

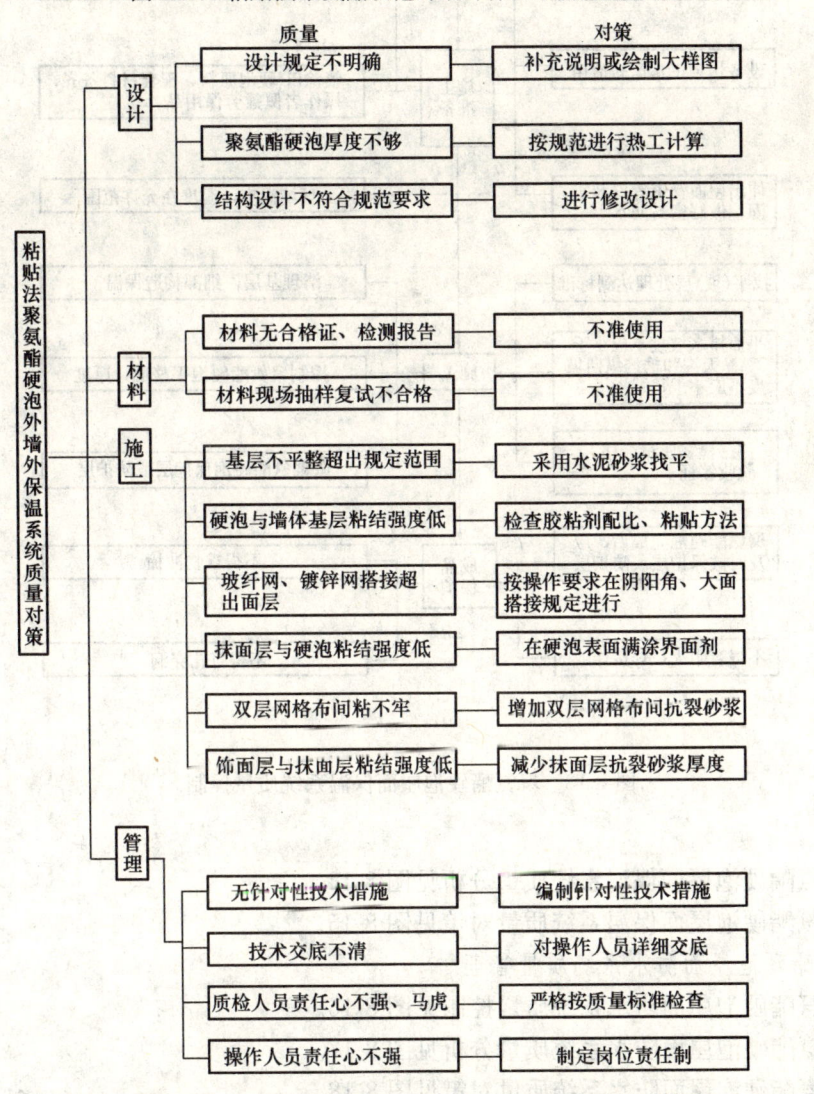

图 8-12　粘贴法聚氨酯硬泡外墙外保温系统质量对策

（二）聚氨酯硬泡屋面防水保温系统质量管理
1. 聚氨酯硬泡屋面保温系统质量管理
（1）聚氨酯硬泡屋面保温系统质量控制见图 8-13。

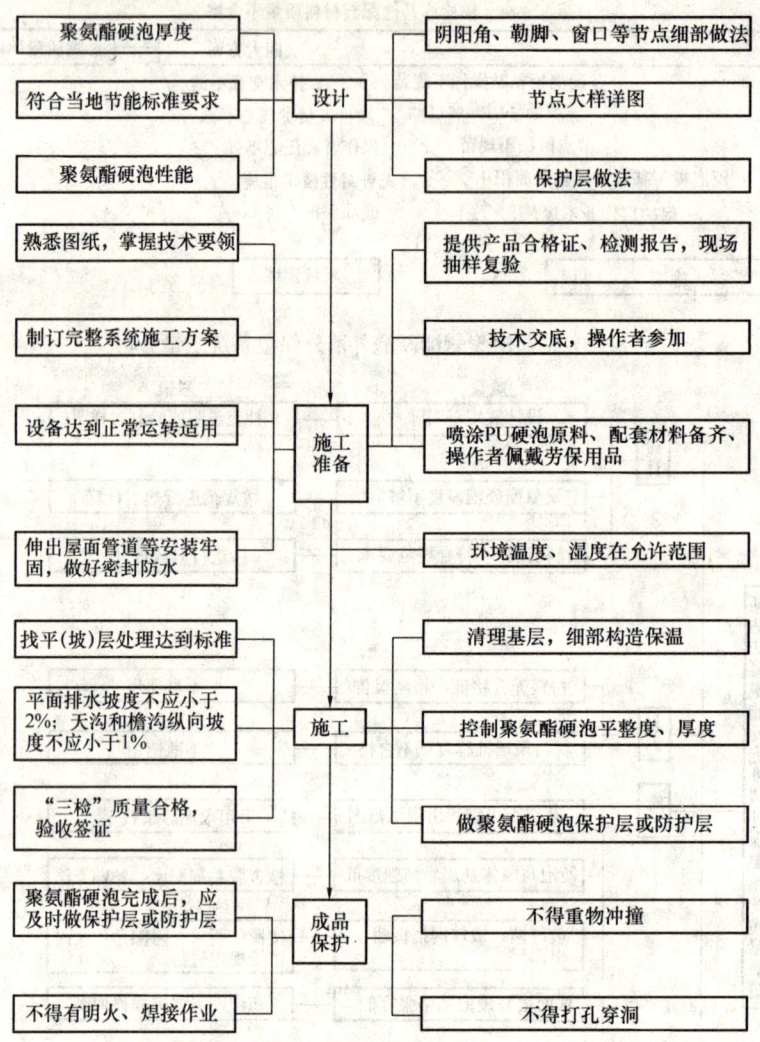

图 8-13 聚氨酯硬泡屋面保温系统质量控制

（2）聚氨酯硬泡屋面保温系统质量分析见图 8-14。
（3）聚氨酯硬泡屋面保温系统质量对策见图 8-15。
2. 聚氨酯硬泡屋面防水系统质量管理
（1）聚氨酯硬泡屋面防水系统质量控制见图 8-16。
（2）聚氨酯硬泡屋面防水系统质量分析见图 8-17。
（3）聚氨酯硬泡屋面防水系统质量对策见图 8-18。

第八章 聚氨酯硬泡系统工程项目管理

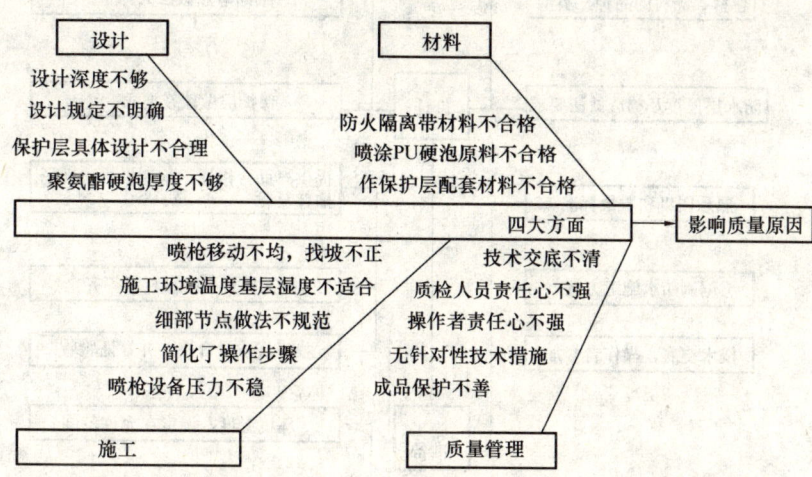

图 8-14 聚氨酯硬泡屋面保温系统质量分析

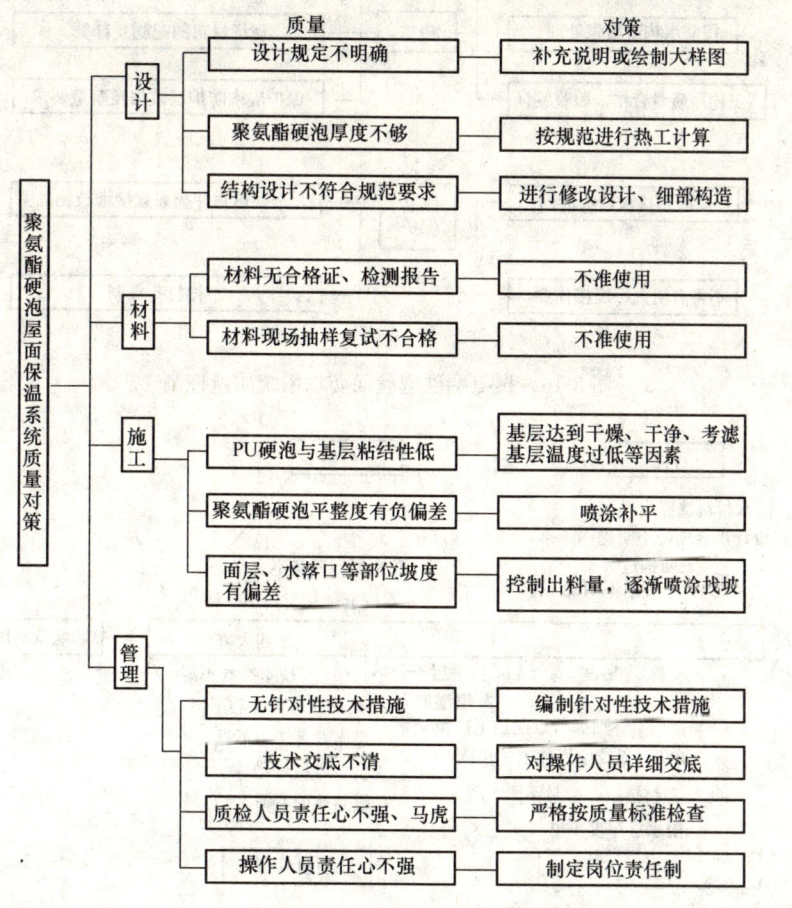

图 8-15 聚氨酯硬泡屋面保温系统质量对策

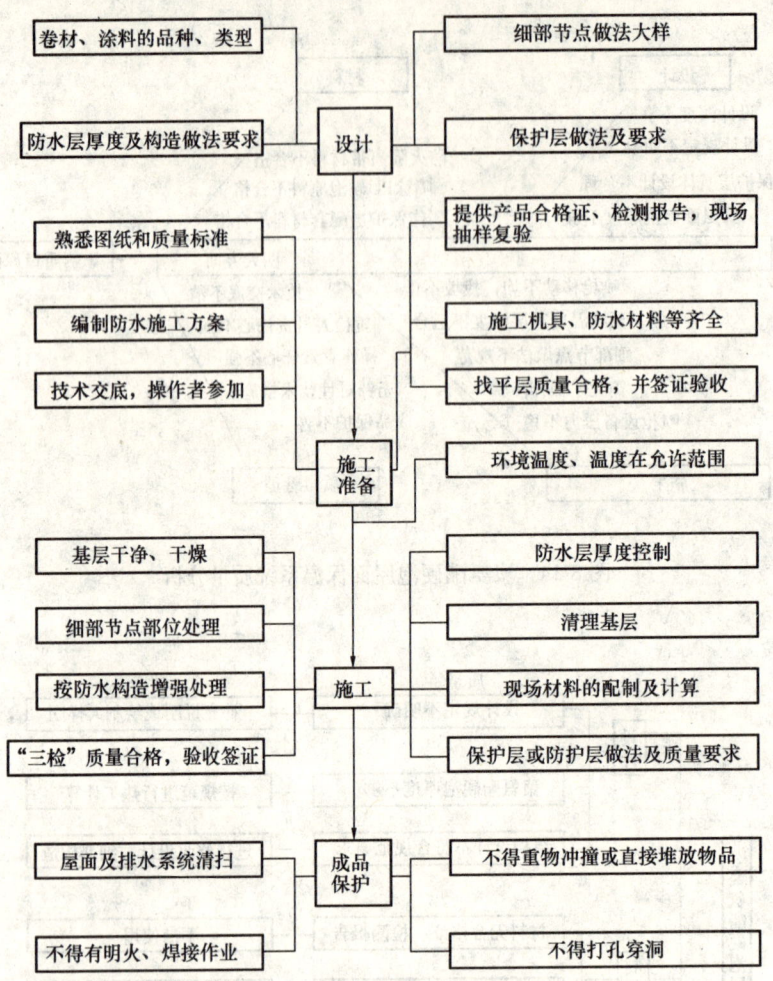

图 8-16　聚氨酯硬泡屋面防水系统质量控制

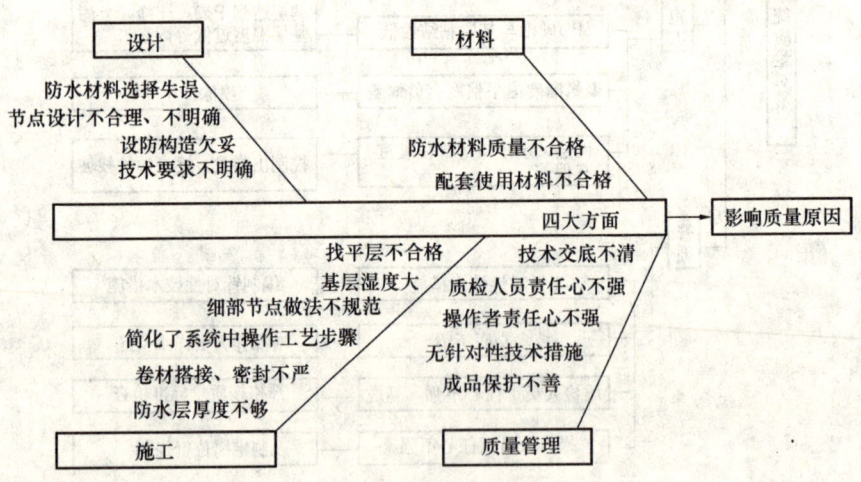

图 8-17　聚氨酯硬泡屋面防水系统质量分析

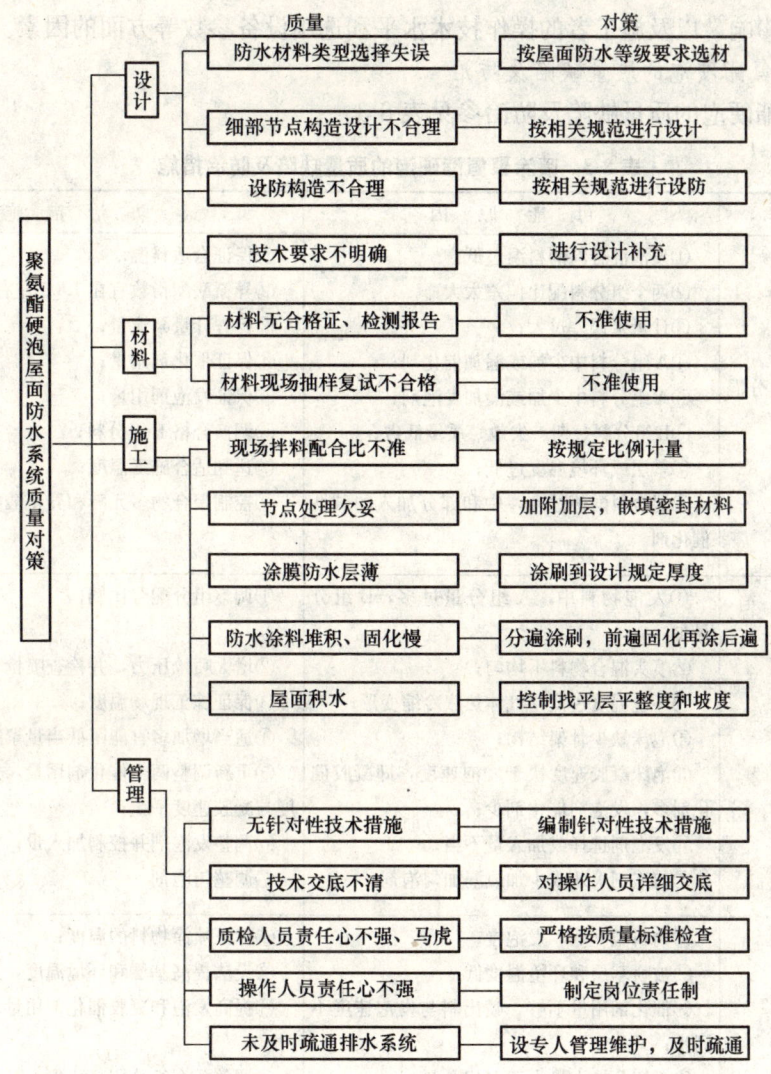

图 8-18 聚氨酯硬泡屋面防水系统质量对策

三、工程出现质量具体缺陷及防治措施

聚氨酯硬泡外保温节能技术推广、普及速度较快，但因设计、材料质量和施工经验不足等各个方面的因素，可能在外保温个别工程中出现面层裂纹、渗水、面砖脱落等工程质量问题。

（一）喷涂和浇注聚氨酯硬泡质量缺陷的原因及防治

聚氨酯硬泡发泡过程是非常复杂的化学过程，所以在聚氨酯硬泡喷涂和浇注施工中出现质量缺陷时，涉及因素也很多。

喷涂和浇注施工方法不同，所选择的原料及配比也有所区别，聚氨酯硬泡配方设计正确与否直接影响喷涂聚氨酯硬泡和浇注聚氨酯硬泡施工质量的决定因素。

特别是 A 料中主体材料（聚醚或聚酯）、助剂的选择非常重要，根据工程具体情况，经反复调整配方，在聚氨酯硬泡物理性能合格的条件下，还必须考虑在现场施工的环境温度、湿度等条件的影响,以及施工者的操作技术水平和选用设备参数等方面的因素。

1. 喷涂聚氨酯硬泡的质量缺陷及防治

喷涂聚氨酯硬泡的质量缺陷及防治参见表8-3。

表8-3 喷涂聚氨酯硬泡的质量缺陷及防治措施

缺 陷	可 能 原 因	防 治 措 施
将A、B两个组分混合后,不发泡	①发泡混合料的料温过低; ②两个组分料配比偏差太大; ③计量泵误差过大; ④A组分料中少加或漏加催化剂; ⑤A组分料中少加或漏加发泡剂; ⑥B组分料过期、失效、质量低劣; ⑦基层或环境温度过低; ⑧混合料酸值过高,中和部分加入的碱性催化剂	①保证合适料温; ②异氰酸酯指数宜在1.05左右; ③检查计量泵流量; ④保证催化剂用量; ⑤保证发泡剂用量; ⑥调换合格B组分料; ⑦达到适合施工温度; ⑧控制聚合物多元醇和异氰酸酯的酸值
泡体收缩	①发泡物料中,A组分量过多,B组分量少; ②喷头混合物料不均匀; ③环境温度过低,气体热胀冷缩变形; ④泡沫缺少骨架结构; ⑤泡体凝胶速度快于发泡速度,即凝胶催化剂多,发泡剂催化剂少; ⑥发泡剂选择或加入量不当; ⑦匀泡剂失效或少加或漏加匀泡剂	①调整组分配合比例; ②增大喷枪压力,并检查喷枪、设备; ③保证施工现场温度; ④适当增加多官能团低当量聚醚多元醇; ⑤重新调整两个催化剂用量,达到气体生成速度与凝胶速度平衡; ⑥调整发泡剂并控制加入量; ⑦调整匀泡剂
泡体下垂、脱落	①物料温度低,发泡慢; ②被喷基层和环境温度低; ③催化剂用量不够,喷出料与发泡速度不同步; ④A组分掺入量大于B组分量; ⑤喷涂压力过低	①保证喷涂物料的温度; ②设法提高基层和环境温度,达到施工条件; ③提高发泡和凝胶催化剂用量; ④调整两个组分用料比例; ⑤提高喷涂压力
泡沫酥脆	①B组分料过量太多; ②非水发泡体系下,物料中水分过高; ③B组分料酸值过高、杂质多; ④阻燃剂加入过量而影响; ⑤A组分料中聚合物多元醇类型不适用	①降低B组分料加入量; ②配制A组分料时,控制水分总量; ③调整合格B组分料; ④选择合适阻燃剂,控制加入量; ⑤调整聚合物多元醇,重新配制
泡沫软、熟化慢	①计量流量不准确。A料偏多,B料少; ②A组分料中凝胶催化剂少; ③气温、料温或落料工作面温度低; ④聚合物多元醇羟值过低	①调整流量比例; ②增加凝胶催化剂量; ③保证施工温度; ④调整聚合物多元醇牌号
泡体表面波纹太大	①喷涂机压力大; ②喷涂距离过近; ③前后喷涂间隔时间短	①调好最佳机械压力; ②控制喷枪与被喷基面距离; ③待前遍泡体固化后再喷后遍

续表

缺　陷	可　能　原　因	防　治　措　施
塌泡	①发泡气体产生过速； ②匀泡剂失效或有碱性； ③凝胶催化剂失效或漏加； ④物料中酸值高或聚合物多元醇类型不适	①降低A组分料中发泡催化剂用量； ②选择合适、合格匀泡剂； ③补加A组分料中凝胶催化剂； ④调配A组分料中合格、适用多元醇
泡孔粗大	①匀泡剂失效或漏加； ②在非水发泡体系中，发泡剂或多元醇中含水量超标； ③A、B组分料混合不均； ④B组分料纯度低，含总氯或酸值高； ⑤气体发生速度比凝胶快	①补加质量合格匀泡剂用量； ②按配方设计控制总含水量； ③充分混合均匀；调换合格料； ④增加凝胶催化剂或降低发泡催化剂
泡沫开裂或中心发焦	①物料温度过高； ②催化剂加量过大，发泡过快； ③一次喷量过大，泡体过厚； ④采用水做发泡剂时加量过大； ⑤物料中含有过多金属盐类杂质	①物料降温或增加发泡剂； ②降低催化剂用量； ③分层喷涂，排出热量； ④降低水量； ⑤选用合格原料
施工面的泡沫有蜂窝孔	①基层有挥发物、油、水或吸附性气体； ②阻燃剂或阻燃多元醇加入量或选用不当	①清理基层，达到施工要求条件； ②筛选阻燃剂或阻燃多元醇
泡沫脱落	①基层潮湿、温度低、有霜，底层泡沫酥、脆、粉末状； ②基层不洁，有油污，灰尘过多； ③发泡配方不合理，泡沫固化过快或过慢； ④物料与环境温度低，散热快，不符施工条件； ⑤异氰酸酯指数过高，泡体硬，附着力低；物料渗入水分，影响有效化学交链键形成； ⑥泡沫固化过慢	①基层必须干燥、无霜，温度适宜； ②基层应洁净； ③调整配方； ④若必须施工时，B组分料加温，设法提高环境温度； ⑤降低异氰酸酯或提高多元醇用量；料罐应盖好，防止物料长时间与外界水分、潮湿气体接触； ⑥适量提高凝胶催化剂加入量
泡沫逸出烟雾	①催化剂用量太大，物料反应过于激烈； ②配方中多元醇羟值偏高； ③环境适宜情况下，物料被加热温度过高	①降低催化剂用量； ②重新调配多元醇； ③停止加热
泡沫密度大	①组合物料中发泡剂量少； ②现场温度低	①适量增加发泡剂； ②应在适宜温度内施工

2. 浇注聚氨酯硬泡的质量缺陷及防治措施

浇注聚氨酯硬泡的质量缺陷及防治措施见表8-4。

表 8-4 浇注聚氨酯硬泡的质量缺陷及防治措施

缺 陷	可 能 原 因	防 治 措 施
泡沫外观色深、泡体脆	A组分料与B组分料混合料中，异氰酸酯(B组分料)含量偏高	检查设备在运转条件下异氰酸酯和多元醇输送泵的计量，调整计量比例
泡沫强度低、收缩	A组分料与B组分料混合料中，多元醇(A组分料)含量偏高	检查设备在运转条件下异氰酸酯和多元醇输送泵的计量，调整计量比例
泡沫结构不均匀，有条孔，泡孔粗糙	A组分料与B组分料混合不均匀、不充分，物料组分比例波动或变化大	增加搅拌时间，检查投料配方是否出现误差，检查计量器具是否准确，混合物中有无外来物的污染
泡沫有裂痕	①浇注物料重量不足，没能浇满空腔，模具失去作用； ②泡沫发泡不足，发泡剂用量低； ③发泡催化剂加入量过高	①适量提高物料浇注量，注意在模内物料的流动方式、注射点位置； ②补充发泡剂，检查是否达到标准泡沫的高度/密度； ③减少发泡剂用量
泡沫与基层、复合板(饰面板)粘结性差	①基层或板面温度过低； ②充模不足，不能保持与复合板、基层表面良好的粘结； ③物料中异氰酸指数偏高； ④基层、复合板有油污、潮气； ⑤硬泡固化太快	①在基层、模板温度适合下再浇注； ②增加填充量或检查物料是否发泡剂漏加或不足； ③降低异氰酸酯用量，控制好流量； ④粘结面应干净、干燥； ⑤降低催化剂用量
靠近边缘处密度小	①物料分布差或流动指数低，没充满边缘，出现空隙； ②浇注料中催化剂量多固化过快	①控制好往返浇料速度，增加发泡混合物在边缘处沉积，达到饱满； ②降低催化剂用量，调整配方提高物料流动指数
泡沫烧芯	①物料中催化剂加量过大或发泡剂太少，泡沫中热量没有及时散发； ②一次浇注量太大，泡中热量不能及时散发	①降低催化剂用量或增加发泡剂量； ②应分次浇注
泡沫容重偏高	物料中发泡剂加量不足，造成发泡倍数低	补加发泡剂
泡沫间分层	分次浇注时，间隔时间过长，期间落入过多灰尘、污物	在任何情况下，都应保持基层，干净、干燥，施工温度适宜

（二）外保温系统质量缺陷的原因及防治

在外墙外保温面砖和涂料饰面系统中，主要由保温层、抗裂砂浆保护层和饰面层（面砖饰面、涂料饰面）构成，该系统为湿作业过程，涉及材料质量、系统组合、环境气候、操作等因素，其中面砖饰面出现质量缺陷多于涂料饰面。

在聚氨酯硬泡外墙外保温系统粘贴面砖，首先考虑面砖自重，另外粘贴面砖应考虑保温层材料的粘结强度是否满足要求。

抗裂防护层是保护系统中非常重要的部分，发挥着承上启下的功效，它将密度小、强度低的保温层与面砖装饰层结合起来。

聚氨酯硬泡外墙外保温系统粘贴面砖与重质墙体基层不同，外保温系统由于是内置密度小、强度低的保温材料，其形成的复合墙体往往呈现软质基底的特性，这种柔性基底—刚性面层结构所造成的体系的变化更大，面砖与抗裂防护层、外饰面层之间产生更大的温湿剪切应力，影响面砖与抗裂防护层、外饰面层之间的附着安全性。

常见面砖掉落通常是成片发生，且多在墙边缘和顶层建筑女儿墙沿屋面板的底部，以及墙面中间大面积空鼓部位，主要受温度影响而发生胀缩时，产生累加变形应力将边缘面层的面砖挤掉或中间部分挤成空鼓，特别是当面砖粘结砂浆为刚性不能有效释放温度应力时，发生更普遍。主要是因为高水蒸气阻力形成的瓷砖背面的冷凝水即冻融循环造成。

由于外保温系统置于主体结构的外层，温度应力、雨水或水蒸气、风压、地震等外界作用力直接作用于其表面。需采取相应安全加固措施，使建筑物和保温系统本身保持必要的安全性，要针对材料的物理性能以及如何消除温度应力和水蒸气冷凝造成的冻胀，以及从构造设置措施上，防止饰面出现开裂、起鼓、渗漏、脱落等质量事故。

1. 保护层缺陷可能原因及防治措施参见表 8-5。

表 8-5　保护层缺陷可能原因及防治措施

缺陷	可 能 原 因	防 治 措 施
保护层开裂、渗漏	①温度、干缩及冻融破坏。温度变化时，材料和构件出现变形，如果变形受到约束，就会产生温度应力。当温度应力大于墙体的抗拉强度时，就会出现开裂。 ②设计不合理，如外饰面涂料选用平涂方法，而不选用复层涂料；分格缝和变形缝的设置和结构设计不合理。 ③外力如地基沉降不均匀引起的墙体变形、错位，造成墙体开裂，地震力等引起的机械破坏。 ④构成保护层的各层材料自身的柔性不匹配、相容性差。 使用了不合格或非耐碱性的玻纤网格布，由于断裂强度低、耐碱强度保持率低，造成短期或长期起不到有效分散应力的作用。 使用质量不合格的抹面胶泥，面层系统虽无裂纹，但本身抗渗性能较差，在持续的雨水作用下发生渗透。 聚氨酯硬泡施工后暴露时间过长而表面出现粉化，且未得到及时的处理进行保护层作业施工，因此降低结合强度；当聚氨酯硬泡施工后未得到足够熟化时即刻进行抹面施工时，保温层会对面层施加很大的应力，因保温层的不稳定，从而导致在板缝处出现裂纹。 ⑤在保温体系与未做保温的建筑结构部位的交接处（如阳台、雨罩、女儿墙、屋顶装饰造型等），两种体系的材料性能相差较大，温度变化使它们在界面之间产生缝隙。 ⑥使用质次价低不耐碱的玻纤网格布，在水泥的碱性作用下没有抗裂能力或铺设位置不适当等出现开裂	①采用"逐层渐变、柔性抗裂、以抗为辅、以放为主"的技术路线，防止外墙外保温体系的开裂。外墙外保温体系的各构造层外层的柔性应高于内层，逐层渐变。如各构造层变形量设计可采用：基层混凝土 0.02%（温差 20℃），保温隔热层 0.1%～0.3%，抗裂保护层 5%～7%，柔性腻子 10%～15%。 ②饰面选用复层柔性涂料。抹面层使用的聚合物砂浆应具有抗裂防渗功能。合理设计分格缝和变形缝。 ③地基必须按相关规定经验收合格。 聚氨酯硬泡板、块状材料，板缝必须嵌填、密封饱满。 在保温板的适当间距宜设有排潮气、水分构造。 尽量减少流向外墙上的雨。如可以通过各层设置屋檐、阳台等方式，减少流向墙上的降雨负荷。在高层住宅的最上层最好设置挑檐，挑檐下面设置滴水线或鹰嘴。 ④保护层的各层材料合格。 ⑤重视节点细部的防水处理。节点防水处理的基本原则是：聚氨酯硬泡板端头要粘贴翻包网格布；接缝采用适当的密封形式和密封胶。 ⑥必须使用质量合格的耐碱玻纤网格布

2. 聚氨酯硬泡施工缺陷可能原因及防治措施参见表8-6。

表8-6 聚氨酯硬泡施工缺陷可能原因及防治措施

缺 陷	可 能 原 因	防 治 措 施
喷涂、浇注、硬泡板材开裂、脱落	①硬泡未加锚栓锚固而沉降。 ②硬泡作业在冰冻、过低温度或在湿度过大未涂刷防潮剂的基层上，因冰冻面或低温春暖化水成为隔离层或气体膨胀。 ③胶粘剂质次（如聚合物添加量太少）价低、粘结面积太小、锚固质量差或配套使用界面剂的材料相容性不好，不能抵抗正负风压影响。 ④基层湿度大，PU硬泡板表面未喷界面剂或采用点框粘方式时，板框上胶粘剂未留设排气通道或基层未涂刷防潮底漆，受湿度影响。 ⑤基层强度太低或太脏，导致系统的粘结薄弱点在粘结砂浆层与基层的界面处。 ⑥粘贴板材使用久存的胶粘剂，导致与墙体基层的粘结强度过低	①按设计要求锚栓规格、数量安装。 ②基层湿度大应涂刷防湿底漆，保证基层干燥、环境温度符合施工条件。 ③必须保证配套使用材料质量，粘结面积、锚固质量符合施工规定。 ④粘硬泡板或喷涂PU硬泡施工时，基层湿度大应涂刷基层处理剂，或在板材四边框的胶粘剂留出一定宽度的排气通道。 硬泡表面涂刷专用界面剂以保证有足够的粘结强度。 ⑤粘贴板材的基层应牢固、平整、干燥和干净。 ⑥粘贴板材必须使用有效时间内的胶粘剂，超时、过期的严禁使用

3. 面砖饰面缺陷可能原因及防治措施参见表8-7。

表8-7 面砖饰面缺陷可能原因及防治措施

缺 陷	可 能 原 因	防 治 措 施
面砖开裂、鼓起、脱落	①材料的物理力学性能的差异，而复合夹芯墙体是温度变形应力。 ②严寒和寒冷地区复合夹芯保温墙体面层开裂、脱落除受温度应力影响外，墙体内部冷凝水冻胀也会引起面层裂纹、脱落。 ③采用透气性不好的釉面砖；使用了不带槽的平板面砖不易粘贴牢固而脱落；使用了吸水率大的面砖，吸水后易遭受冻融破坏引起开裂、空鼓、脱落。 ④在玻纤网为增强材料的抗裂防护层上粘贴面砖，由于玻纤网孔小，与砂浆握裹不好，玻纤网会形成隔离层，引起面砖饰面层开裂、脱落。	①基层胶粘剂应用42.5级强度的普通硅酸盐水泥，严禁用矿渣硅酸盐水泥。保温板与基层采用点条（框）粘结，有效粘贴面积不得小于30%（面砖饰面层不小于40%）；硬泡使用必须达到规定密度和足够的陈化时间；面砖宜用点粘，以提高面层的透气性能和分散面砖面层的温度应力，提高面层抗裂性能；瓷砖面层应设抗裂温度伸缩变形构造缝，面砖面层的勾缝胶粘剂应具有柔韧性、透气性，且必须设温度变形缝和蒸汽渗透转移扩散的构造；面砖面层的勾缝胶浆应具有柔韧、透汽性能，并应设置抗裂温度伸缩变形缝和留有部分面砖缝隙（不勾缝），使冷凝水蒸气能从不勾缝的"通道"有效转移出去。 ②复合墙体必须进行内部的冷凝验算，如内部出现冷凝现象应做隔汽处理。 ③按设计要求选用面砖。 ④应在热镀锌钢丝为增强材料的抗裂防护层上粘贴面砖。

续表

缺 陷	可 能 原 因	防 治 措 施
面砖开裂、鼓起、脱落	⑤使用了水泥砂浆或聚灰比达不到要求的聚合物砂浆粘贴面砖，砂浆柔韧性小满足不了柔性渐变释放应力的原则，面砖饰面层则易开裂、空鼓、脱落；使用了水泥砂浆或聚灰比达不到要求的聚合物砂浆进行面砖勾缝，砂浆柔韧性小无法释放面砖及砂浆本身由于温湿变化产生的变形应力，勾缝砂浆处也可能开裂，从而造成环境水或雨雪水渗漏，使面砖饰面层开裂、脱落；面砖勾缝及粘贴面砖所用的聚合物砂浆柔性不匹配，面砖粘结砂浆质量低劣；面砖的勾缝外出现开裂，雨水通过该处渗入保温系统。 ⑥冬天室内水分、水汽随同热一起从外墙的内表面通过墙体向室外迁移，由于粘贴饰面砖的砂浆和饰面砖的蒸汽渗透阻很大，湿迁移至饰面砖附近受阻，水、汽在负温区冻结、体积膨胀，并经数次冻融循环作用，造成饰面砖、保护层脱落。外墙外保温围护墙体内部冷凝冻胀致使面砖脱落。 ⑦设计施工未设面层抗变形缝，当面砖与PU硬泡保温层受温度影响时，在同样温度环境条件下，其变形及温度应力相差较大而造成面砖脱落	⑤粘贴面砖、勾缝聚合物砂浆柔性砂浆性能必须按设计要求选用。 ⑥在保温构造设计中不应忽视墙体内部冷凝。严寒地区节能建筑外墙外保温饰面不宜粘贴面砖，多层、高层建筑不应粘贴面砖。 ⑦面砖应设计抗变形缝，且面砖间勾缝宽度不应小于规定值；面砖饰面抹面层中的热镀锌钢丝网按规范规定施工外，面砖缝及面砖饰面与涂料饰面的交接处，必须达到有效合格密封

4. 涂料饰面缺陷可能原因及防治措施参见表8-8。

表8-8 涂料饰面缺陷可能原因及防治措施

缺 陷	可 能 原 因	防 治 措 施
涂料饰面开裂、渗漏、脱落	①采用了刚性腻子而造成腻子柔韧性不够，因而无法满足抗裂防护层的变形和开裂，导致出现饰面层开裂。 ②雨水通过面层裂缝渗入后，削弱了腻子和基层的粘结强度，最终表现为饰面层开裂和脱层；采用了不耐水的腻子：由于腻子不耐水，当受到水经常浸渍后起泡而开裂。采用了不耐老化的涂料：由于该类涂料不耐老化，经过短时间则会开裂、起皮。采用了与腻子不匹配的涂料：在聚合物改性腻子上面使用了溶剂涂料，致使溶剂对腻子中的聚合物产生溶解作用而引起开裂、起皮；聚合物干混砂浆中的可再分散乳胶粉加量不足，砂浆韧性差，甚至直接用水泥砂浆，导致外保护层易开裂；外饰面层所用的涂料质量不合格，适应基层变形能力差，年久脱落，失去保护和装饰作用。饰面涂料透气性差，造成内部水蒸气扩散受阻，涂料饰面起泡。 ③硬泡陈化时间短，用在墙体产生胀缩、翘曲变形，内应力集中拉裂抹面层。 ④耐碱玻纤网格布长期处于潮湿高碱度环境中，其断裂强度明显降低。或选用抗拉强度低的玻纤网格布，导致大面积出现水平和垂直方向微细裂纹。 ⑤薄抹面层聚合物砂浆厚度过厚，因其横向拉应力超过玻纤网格布抗拉强度而导致抹面层开裂	①涂料饰面应在聚氨酯硬泡上抹抗裂砂浆，压贴耐碱玻纤网格布（耐碱强度保持率不小于90%），然后用聚合物水泥砂浆找平，必要时使用柔性腻子，涂料最好选用复层涂料或真石漆。 抹面胶浆应具有柔韧、透汽、防水和耐冻融性能。 ②喷涂、模浇或粘贴硬泡后，必须达到足够陈化时间后，再进行下步工序。 设置保温层的湿转移"通道"将保温层的重量含湿量控制在规定的允许增量内，否则应设隔汽层。 ③应用硬泡必须达到规定陈化（固化）时间后，方可进行后序施工。 ④必须使用质量合格的耐碱玻纤网格布以保持面层的抗裂性能。 ⑤严格控制抹面层聚合物砂浆规定厚度范围

5. 其他原因引起缺陷可能原因及防治措施参见表8-9。

表8-9 其他原因引起缺陷可能原因及防治措施

缺　陷	可　能　原　因	防　治　措　施
窗户引起渗漏、裂缝	①窗户制作加工时，尺寸不准和螺丝钉口拼缝不严，泄水孔堵塞而不能正常排水；接头未填密封胶封闭，引起窗体自身结构渗漏，凸窗尤其严重。 ②外墙窗户周边窗框选用非耐候弹性密封胶，因温差变形或材料质量在窗框周边交接部位产生裂缝	①窗户制作加工时拼缝严；接头填密封胶封闭。 ②外墙窗户周边窗框选用耐候弹性密封胶
细部构造引起渗漏	①建筑物的背风面能形成很强的负风压和气流旋涡，因此雨水可以在风力的作用下，沿墙向上爬升，而外墙外保温体系与基层墙体交接处没有任何柔性密封处理。 ②窗户周边和墙体转折处没有铺设增强网格布以分散应力，由于应力集中而导致开裂渗漏。 ③外墙上有许多凸出外保护层的构件和设备如挑檐、雨棚、阳台、花槽、窗套等，这些构件没有设计滴水线或鹰嘴；门窗下口的保温层高于门窗泄水孔的高度，泄水孔内水直接进入保温层内。 ④外墙各种穿墙管道（如水电管、风管、空调管、排水管道等）与墙体交接部位未进行柔性密封，在管道周边产生渗漏；外表面有未密封的缝隙或排水管道的固定点处、表面有裂缝，雨水会渗入。 ⑤留设伸缩缝时，缝的宽度超过30mm，小于10mm，缝内未放置聚乙烯棒材等隔离材料、未填嵌密封胶，仅用金属压型板进行简单封闭，失去防水密封功能	①外保温体系与基层墙体交接处用柔性密封处理。 ②窗户周边和墙体转折处铺设增强网格布以分散应力防止开裂而出现渗漏。 ③在相关细部构造部位应设计滴水线、鹰嘴或泄水孔以便排出雨水。 ④在墙体交接部位和管道周边进行柔性密封。 ⑤伸缩缝放置聚乙烯棒材等隔离材料、填嵌密封胶密封
使用或维护不当引起渗漏	①住户在外墙上开洞进行装修，开洞后绝大多数都不做密封处理，不仅会使开孔处漏水，而且影响孔洞以下的房屋漏水（因为外墙外保温体系互相连通，导致窜水）；住户对外部结构进行改造，严重损害了外墙外保温体系。 ②有的落水口堵塞，未及时清除，造成排水不畅、积水，导致外保护层渗漏。 ③建筑物底层的外墙外保温体系，经常会受到一些外力（如汽车、搬运大型物件、铁器等）的非正常撞击而造成孔洞，这些孔洞不能得到及时修补	①不宜开洞装修，不应损坏原保温体系。 ②使用前按相关规定，应先进行排水系统验收。 ③在现场施工中应设有警示牌，发现有意外撞损部位及时修补

续表

缺　陷	可　能　原　因	防　治　措　施
施工不当引起渗漏、开裂	①在施工现场就地搅拌双组分聚合物砂浆，人工配料，配料不准；饰面砂浆抹面后，养护不好。 ②网格布拼接处没搭接、干搭接或搭接宽度不够（该处防护层出现开裂）；网格布铺设位置有误，使网格布紧粘PU硬泡保温层上然后抹抗裂砂浆（或胶浆），造成网格布没有被完全包裹，或网格布外面有超过3 mm厚的水泥砂浆；PU硬泡板粘贴不平整（在板缝处出现开裂）。 ③保护层施工时，太阳暴晒或高温天气未及时喷水养护，导致保护层失水过快。 ④窗框上的保护包装膜没有撕下，与水泥砂浆抹面层起隔离作用，即使用合适的密封胶接缝处仍然漏水。 塑钢窗框和墙体之间的空隙没有用聚氨酯发泡胶和弹性密封胶共同将其填实。窗台之间有空穴，由于涂胶不严或打胶处开裂，雨水直接进入这些空穴、渗入室内。 窗框周围的缝隙，由于封堵不严、所用的密封材料不配套或已老化而导致渗漏。 ⑤施工工序组织不合理，交接责任不明确，后续的工序对前面的工序造成破坏，或工作上有遗漏。 ⑥装饰缝不平直，砂浆等残渣在缝内未清除，使雨水积聚在装饰缝内；饰面砖粘贴施工不严谨，为求快捷，常常在饰面砖周边抹灰后便进行粘贴，造成饰面砖空鼓不饱满，下雨时形成蓄水空腔。 ⑦面砖缝宽度过小、缝隙密封胶质量或密封质量不合格，雨水渗入发生冻胀而造成面砖脱落；使用高度或地区超出限用范围	①专人负责计量配料，使用机械搅拌均匀、认真涂抹、养护。 ②严格执行网格布搭接宽度、搭接位置及抹面层厚度；对需加强的部位有规范操作，如门窗洞口的四角处沿45°加铺玻纤网格布。 ③太阳暴晒或高温天气保护层施工时，及时喷水养护。 ④塑钢窗框和墙体之间的空隙用聚氨酯发泡胶和弹性密封膏共同将其填实。窗框上的保护膜撕下后再抹面层。 对外露的金属件没有采取切实可行的除锈、密封措施，防止日后生锈破坏外保温层。 ⑤施工交接时，后续的工序不得对前面的工序造成破坏。 ⑥装饰缝施工必须先清除砂浆等残渣；面砖粘贴严谨。 ⑦面砖缝必须达到规定宽度且密封严实；使用面砖高度或地区应在规定范围
外墙内表面在冬季结露（尤其内保温更易形成），大大降低了外墙的保温性能	在外围护墙体结构混凝土构造柱、圈梁、门窗洞口、阳台、空调机混凝土悬挑板和屋面女儿墙根部等部位产生的结构性热桥。 在新建墙体干燥过程中，或在冬季条件下，室内温度较高的水蒸气向室外迁移时经常出现结露、长霉变黑等现象。 外墙上的热桥处理不当；其内表面在冬季会结露、室内过于潮湿容易结露、室内温度过低会结露。 热桥结露使墙受潮，保温层的保护层裂纹渗水浸湿保温层，且会不断扩大结露面积。 进入保温层的雨水进入粘结层的空腔中，没有排出的通道只能向墙内渗透。 聚氨酯硬泡保温装饰复合板采用粘贴（锚粘）法施工时未采用排气构造，使湿气向墙体渗透造成	在室内湿度较低，以及室内墙面隔湿状况良好时，可以避免由于室内水蒸气湿迁移所产生的结露。 通过结露计算，可以得出在一定气候条件下（室内外空气温度及湿度）某种构造的墙体在不同层处的水蒸气渗透状况。当外保温系统长期保持高湿度房间的外墙时，特别要做好墙体的构造设计，避免墙内形成结露。当在外墙面已很难处理时，只好在外墙内侧出现热桥（结露）处涂抹无机膏浆类保温材料补救。在湿度大的地区或墙体，在聚氨酯硬泡保温装饰复合板中按适当间距安装排气孔，以便使墙内湿气自然排出

（三）屋面保温防水系统质量缺陷的原因及防治

1. 喷涂聚氨酯硬泡保温防水系统质量缺陷的原因及防治见表8-10。

表8-10 喷涂聚氨酯硬泡保温防水系统质量缺陷的原因及防治

缺　陷	可　能　原　因	防　治　措　施
保温防水屋面排水不畅、渗漏	①在喷涂PU硬泡时没有进行正确找坡，导致做保护层（或找平层、防水层、防护层）难以挽救所造成排水不畅或细部节点构造部位施工不规范。 ②硬泡上水泥砂浆未加增强纤维进行找平而开裂，或在找平层上未设分格缝。 ③非上人硬泡屋面防水层涂刷厚度不够或过早失掉防水功能	①在喷涂PU硬泡工序必须进行逐步找坡，最终达到设计要求的排水坡度。平屋面排水坡度不应小于2%，天沟、檐沟的纵向坡度不应小于1%。 ②水泥砂浆找平料中加增强纤维，并在找平层设分隔缝，纵横缝的间距不宜大于6m，缝内嵌填密封。 ③非上人硬泡屋面防水屋面防护涂料必须选用耐紫外线的防护涂料

2. 金属板材保温屋面出现漏水的可能原因及防治。

轻钢结构金属板屋面漏水原因及防治见表8-11。

表8-11 轻钢结构金属板屋面漏水原因及防治

缺　陷	可　能　原　因	防　治　措　施
轻钢结构金属板屋面漏水	①材料固有特性引发漏水： 金属板自身导热系数大，当环境温度发生较大变化时，造成彩钢板收缩变形产生较大位移，在接口部位极易产生渗漏隐患；钢结构体系中，结构自身在温度变化、受风载、雪载等外力的作用下，易发生弹性变形，在彩钢板连接部位产生位移而造成漏水隐患；特殊部位所使用材料不同，热膨胀系数有极大差异，导致应力变化不同步，比如屋面采光带等部位，极其容易产生漏水；水分毛细渗透现象造成渗水。 ②密封（防水）材料选用不当引发漏水： 在连接部位密封施工质量欠缺，也是所用密封胶选用不当或质量不合格，使用寿命短，粘结力差，在胶凝固后粘接强度低，追随性差、易老化，在结构发生变形时极易撕裂，造成漏水。 ③金属屋面的防水主要是金属和搭接板缝密封胶密封，在搭接缝处、伸出屋面的管道根部（或风机口、空调系统进出口）、天沟处、金属板与混凝土连接处、屋面采光带等，该类金属屋面不同于有柔性防水层的屋面，因结构或安装不当，往往经常出现渗水。 ④屋面使用单层彩色钢板、外墙钢板之间没有扣接，只有碰接或搭接，又未用密封膏密封防水。 ⑤有些窗口金属盖板的设置没有找坡，甚至倒泛水，金属盖板下方没有处理。 ⑥在外墙顶部，屋面没有形成挑檐，屋顶彩色钢板虽然沿墙面下伸20~30cm，但彩色钢板和外墙涂料之间没有柔性密封，在负风压的作用下，水会进入保温层	①合理进行结构设计，充分考虑建筑物所在区域气候特征，采用适合的屋面坡度、房屋结构。 ②选用适合金属板屋面的防水材料，防水材料应具有较高的粘结强度、好的追随性、耐高温、能长年抵抗强烈紫外线及酸碱腐蚀，对板材无腐蚀。 ③采用优质粘结强度高的自粘型密封粘结胶带（如以丁基橡胶和聚异丁烯为主要原料共混而成的无溶剂的自粘胶带）进行处理。 在使用前，应将被粘物上的油、灰尘等污垢清除干净，控制基层含水率在≤10%。粘贴时对准应用部位且一次粘贴到位。单面防水胶带，应用于钢结构屋面防水修复工程

第二节 施 工 管 理

一、施工技术管理

1. 节能工程项目，施工前应认真编制施工组织设计或施工方案，且经批准后方可实施。
2. 施工组织设计包括内容如下：
(1) 工程概况；
(2) 工程项目综合进度计划；
(3) 重要实物量、劳动力计划；
(4) 主要施工方法和技术措施；成品保护措施；
(5) 安全消防技术措施；
(6) 计划各项经济技术指标；
(7) 明确建设、设计、施工三方面的协作配合关系；
(8) 总分包的工作范围。
3. 技术管理是企业管理的重要组成部分，技术管理水平的高低影响到企业综合管理水平，也是确保节能工程项目质量、进度和安全的必要途径。其内容包括：
(1) 图纸审核。

在开工之前，审核图纸、熟悉图纸，其目的是弄清楚设计意图、工程特点、材料要求等以求多发现问题。以便从图中发现问题或疑问。

(2) 图纸会审。

在技术人员自审的基础上，由技术部门（包括技术领导、施工工长、预算员、检查员）将在施工中出现不可预见的问题、施工矛盾或图纸中设计的内容不齐全、不符合国家现行相关标准和规范要求等进行汇总，并组织有关人员讨论提出的问题，对能实施的项目提出意见或建议交领导进行综合性考虑。

在会审图纸的基础上，将会审的建议和设计需要解决的问题，由设计、建设（或监理）、施工单位的有关人员参加，确实修改的方案，由三方办理一次性洽商。对问题较复杂，改动较大的问题应请设计人员另行出图并按规定程序审批后方可使用。对影响施工造价的应纳入施工预算。

参加会审的设计、建设、监理、施工单位负责人必须在图纸会审记录上签字并盖公章。

(3) 设计交底。

在设计交底内容中，包括施工要点、节点构造等特殊部位的施工要求，以及使用新工艺施工特点等内容，在施工前做详细掌握。接受交底各方代表签字。

(4) 施工交底。

分项施工前应由施工工长组织并向参与施工的班组交底。这是企业基层实施技术质量指标的一项重要措施，也是施工工长一项十分重要的任务。

交底的方法步骤是：根据工程进度，按单位工程、分部工程、分项工程，细致交底。每次交底既要交技术、质量，又要交安全注意事项。

(5) 设计变更通知单。

在工程中因某种特殊情况而发生变更设计时，为了保证设计变更的完整性，又便于查找，在工程交工时应详细填写设计变更通知单汇总目录和设计变更通知单。

设计变更通知单是经过设计、监理、建设单位审查同意后，发给施工和有关单位的重要文件，是竣工图编制的依据之一，是建设、施工双方结算的依据，其文字记录应清楚，时间应准确，责任人签署意见应简单明确。

（6）洽商管理。

建设单位、监理单位、施工单位在工程施工过程中，提出合理化建议，或由于条件、材料等诸多因素仍有可能再次变化。需对施工图进行修改时，由于专业的特殊性，一般专业洽商可由施工工长与设计、建设单位办理，应填写工程洽商记录，通知设计单位对施工图按程序进行修改。

涉及施工技术、工程造价、施工进度等方面问题时，提出方和设计单位应与其他相关各方协商取得一致意见后，可用工程洽商记录（技术核定联系单）的形式经各方签字后存档。但要注意洽商的严肃性。坚持做到：有变必洽，随变随洽。并应将洽商结果及时反映到竣工图上，洽商记录应编订成册，做好编号以备存档。

（7）施工现场质量管理检查记录。

施工现场质量管理检查记录应由施工单位填写，总监理工程师（建设单位项目负责人）进行检查，并作出结论。

检查内容包括：

1）现场质量管理制度：自检、交接检、专检制度，月底评比制度，质量与经济挂钩制度。

2）质量责任制：岗位责任制、施工技术质量安全交底制、挂牌制度。

3）主要专业工程操作上岗证书核查制度。

4）分包方资质与分包单位管理制度：审查分包资质及相应管理制度。

5）施工图审查情况：施工图审查批次号、图纸会审记录及设计交底记录。

6）施工组织设计、施工方案及审批：编制与审批程序和内容是否与施工相符。

7）施工技术标准：施工图所包含各专业施工技术标准。

8）工程质量检查检验制度：原材料检验制度、施工各阶段检验制度、工程抽检项目检验计划等。

施工现场质量管理检查记录应由施工单位填写，总监理工程师（建设单位项目负责人）进行检查，并作出结论。

（8）施工日志。

工长在施工中记录日志是对工作不足的分析和成功经验的总结，也是处理事务的备忘录和存档资料，施工日志应包括如下内容：

1）日期、气候温度；

2）当日、本人、班组的工作内容；

3）各班组操作人员的变动情况；

4）停工、待料或材料代用技术核定情况；

5）施工质量发现的问题，实际处理的情况；

6）检查技术、安全存在的问题与改正措施；

7) 施工会议的重要记事，技术交底、安全交底的情况；

8) 质量返工事故；

9) 安全事故等。

二、工程质量验收记录管理

工程质量应贯穿反映节能工程施工的全过程，它包括隐蔽工程验收和最终整体工程验收。按工程项目不同而验收过程不等，工程应分步分别验收，首先涉及隐蔽工程质量，然后是整体工程验收。整体工程的施工和验收必须在隐蔽工程验收合格的基础上才能进行，在施工中绝对不可忽视隐蔽工程验收。

1. 隐蔽工程和最终工程质量验收应对合格过程和不合格处理过程做详细记录，是工程项目验收的重要依据，必须认真填写，以便在施工过程中和施工完成后，对出现的施工质量问题作出准确的判断和处理。

2. 现场质量监理记录由施工单位按表内内容，由总监理工程师（建设单位项目负责人）进行检查，并作出检查结论。

3. 检验批质量验收记录由施工项目专业质量检查负责人填写，由监理工程师（建设单位项目专业技术负责人）组织专业质量检查员等进行验收。

4. 分部（子分部）工程质量验收记录，由总监理工程师（建设单位项目专业负责人）组织施工项目经理和有关勘察、设计单位项目负责人进行验收。

5. 聚氨酯硬泡工程验收。

（1）民用和公共节能建筑外围护墙体（屋面）采用聚氨酯硬质泡沫外保温的工程，分项各检验批的质量检验应全部合格。

（2）采用聚氨酯硬泡外保温的工程，在工程验收时，应检查下列文件和记录：

1) 设计图纸和变更文件；

2) 设计与施工执行标准、文件；

3) 材料、部品及配件出厂时的质量合格证、产品检验报告、进入施工现场的验收记录；

4) 材料、部品及配件的抽检复验报告；

5) 各检验批及隐蔽施工的验收记录；

6) 施工记录；

7) 质量问题处理记录；

8) 其他应提供的资料。

（3）外围护墙体（屋面）聚氨酯硬质泡沫外保温工程各检验批的验收记录应按表 8-11 要求内容填写；外围护墙体（屋面）保温分项工程的质量验收记录应按表 8-12 的要求内容填写。

表 8-11 和表 8-12 中强制性条文的主控项目，一般项目等内容均应按相应的施工规定内容填写。

（4）工程质量验收记录的填写。

工程结束应填写质量验收记录，该质量验收记录包括聚氨酯硬泡外保温质量验收记录和分项工程质量验收记录，它们是工程正式验收的重要依据，填好存入档案。

1) 外墙外保温工程各检验批次的验收记录格式，见表 8-12。

表 8-12 聚氨酯硬泡外保温检验批质量验收记录

工 程 名 称		分项名称		验收部位	
施工总包单位（全称）			项目经理		
分包单位（全称）			施工作业组长或分包人		
施工执行标准			专业工长		
项目	质量验收规定		施工单位检查评判记录		监理（建设）验收记录
强制性条文					
主控项目					
一般项目					
施工单位检查评定结果	项目专业质检员： 年　　月　　日		项目专业技术负责人： 年　　月　　日		
	监理（建设）负责人： 年　　月　　日				

2) 外保温分项工程的质量验收记录格式,见表 8-13。

表 8-13 聚氨酯硬泡外保温分项工程质量验收记录

工 程 名 称		节能要求		层 数	
施工总包单位（全称）			总包部门负责人		
分包单位（全称）			分 包负 责 人		
分包单位技术负责人			专业工长		
序号	本分项检验批名称	检验批数		监理（建设）验收记　　　录	
1					
2					
3					
4					
5					
质量控制资料（含复式）					
质量检测记录（厚度）					
观感质量记录					
验收单位	施工单位	项目经理： 年　月　日			
	设计单位	项目负责人： 年　月　日			
	监理单位	总监： 年　月　日			
	建设单位	项目专业负责人： 年　月　日			

6. 防水工程验收。

(1) 防水工程验收文件和记录，按表 8-14 要求进行。

表 8-14　工程验收文件和记录

序号	项目	文件和记录
1	防水设计	设计图纸及会审记录、设计变更通知单和洽商记录
2	施工方案	施工方法、技术措施、质量保证措施记录
3	技术交底记录	施工操作要求及注意事项
4	材料质量证明文件	出厂合格证、产品质量检验报告和试验报告
5	中间检查记录	分项工程质量验收记录、隐蔽工程验收记录、施工检验记录、淋水和蓄水检验记录
6	施工日志	逐日施工情况
7	工程检验记录	抽样质量检验及观察检查
8	其他技术资料	事故处理报告、技术总结

(2) 防水材料施工工程验收的文件和记录要体现施工全过程控制，必须做到真实、准确，技术负责人签字后方可生效。

(3) 防水材料施工工程各检验批（数量）的验收记录，应按表 8-15 中的内容要求填写；防水材料施工工程的质量验收记录，应按表 8-16 中的内容要求填写。

表 8-15 检验批的质量验收记录由施工项目专业质量检查员填写，监理工程师（建设单位项目专业技术负责人）组织项目质量检查员等进行验收，监理（建设）单位必须签署验收意见。

表 8-16 分项工程质量应由监理工程师（建设单位项目专业技术负责人）组织项目专业技术负责人等进行验收。

表 8-15 和表 8-16 的主控项目和一般项目等内容，应按相应规定内容填写。

表 8-15-1 涂膜防水屋面工程检验批质量验收记录

工程名称				分项工程名称									验收部位		
施工单位				专业工长									项目经理		
施工执行标准名称及编号															
分包单位				分包项目经理									施工班组长		

		项 目		施工单位检查记录										监理（建设）单位验收记录	
主控项目	1	防水涂料、胎体增强材料													
	*2	防水层渗漏、积水													
	3	细部构造处防水													
	4	保护层的设置													
一般项目	1	防水层与基层粘结													
	2	排汽道设置、排汽管安装													

		项 目		允许偏差	实测偏差（mm）										
				≮设计厚的80%且不小于(mm)	1	2	3	4	5	6	7	8	9	0	
一般项目	3	防水层厚度	Ⅰ级三道或三道以上设防	合成高分子涂料设计厚度（mm）	≮1.5										
				高聚物改性沥青设计厚度（mm）	≮3										
			Ⅱ级二道设防	合成高分子涂料设计厚度（mm）	≮1.5										
				高聚物改性沥青设计厚度（mm）	≮3										
			Ⅲ级一道设防	合成高分子涂料设计厚度（mm）	≮2										
			Ⅳ级一道设防	高聚物改性沥青设计厚度（mm）	≮2										

分包施工单位检查评定结果	专业质量检查员： 技术负责人： 年 月 日	承包单位检查认定结果	项目专业质量检查员： 年 月 日	监理（建设单位）验收结论	监理工程师： （建设单位专业技术负责人）： 年 月 日

表 8-15-2 卷材防水屋面工程检验批质量验收记录

工程名称				分项工程名称					验收部位		
施工单位				专业工长					项目经理		
施工执行标准名称及编号											
分包单位				分包项目经理					施工班组长		

		项目		施工单位检查记录						监理（建设）单位验收记录	
主控项目	1	卷材及配套材料、卷材厚度									
	*2	渗漏、积水									
	3	细部防水构造									
	4	保护层的设置									
一般项目	1	搭接缝和收头粘结									
	2	排汽道设置、排汽管安装									
	3	卷材铺贴方向									
	4 搭接宽度	项目	允许偏差 −10mm	实测偏差（mm）							
				1	2	3	4	5	6	7 8 9 0	
		高聚物改性沥青卷材	满粘 80								
			空、点、条粘 100								
		合成高分子防水卷材	胶粘剂 满粘 80								
			胶粘剂 空、点、条粘 100								
			胶粘带 满粘 50								
			胶粘带 空、点、条粘 60								
			单缝焊 60								
			双缝焊 80								

施工单位检查评定结果	技术负责人： 项目专业质量检查 年 月 日	项目专业 质量检查员： 年 月 日	监理（建设）单位验收结论	监理工程师： （建设单位专业技术负责人） 年 月 日

表 8-16 防水材料施工工程质量验收记录

工程名称			结构类型	
施工总承包单位（全称）			总包单位负责人	
分包单位（全称）			分包单位负责人	
分包单位技术负责人			专业工长	
序号	分项检验批名称	检验批数	监理（建设）验收记录	
1				
2				
3				
4				
5				
6				
7				
	质量控制资料（含复试）			
	质量检测记录			
	观感质量记录			
验收单位	分包单位：		项目经理： 年　月　日	
	设计单位：		项目负责人： 年　月　日	
	监理（建设）单位：		总监理工程师： 年　月　日	
	施工单位：		项目经理： 年　月　日	

第三节　安全技术管理

建筑工程的性质非常复杂，它涉及多个工种技术作业，甚至有时是交叉作业，作为工程管理者、施工者必须严格执行有关建筑工程的安全制度。

我们常讲要把安全放在一切工作的首位，但在建筑工程当中大小事故仍然屡次发生，特别是在出现伤亡事故时，给国家、集体和家庭都带来经济和精神损失，作为我们参与节能建筑工程的每位建设者必须高度重视安全。

一、安全管理

(一) 安全责任

1. 施工单位的安全责任

(1) 施工单位主要负责依法对本单位的安全生产工作全面负责。施工单位应当建立健全安全生产责任制度和安全生产教育培训制度,对所承担的建筑工程进行定期和专项安全检查,并做好安全检查记录。

(2) 施工单位应设安全生产管理机构,配备专职安全生产管理人员。

(3) 施工单位应在施工现场出入口通道处、临时用电设施、脚手架、孔洞口等易出现安全事故的部位,设置明显的安全警示标志。

(4) 施工单位应当根据建设工程的特点、范围,对施工现场易发生事故的部位、环节进行监控,制定施工现场可行的安全事故应急救援预案。

(5) 施工单位发生事故,应按国家有关伤亡事故报告和调查处理的决定,及时、如实地向负责安全生产监督管理的部门、建设行政主管部门或者其他有关部门报告。

(6) 发生生产安全事故后,施工单位应当采取措施防止事故扩大,保护事故现场。

2. 总承包单位的责任

(1) 实行施工总承包的建设工程,由总承包单位对施工现场的安全生产负总责。

(2) 总承包单位依法将建设工程分包给其他单位的,分包合同中应当明确各自的安全生产方的权力、义务。总承包单位和分包单位对分包工程的安全生产承担连带责任。

(3) 建设工程实行总承包的,如发生事故,由总承包单位负责上报事故。

(4) 分包单位应当服从总承包单位的安全生产管理,分包单位不服从管理导致生产安全事故的,由分包单位承担主要责任。

(二) 项目经理部人员安全职责

1. 项目经理安全职责

项目经理应当由取得相应执业资格的人员担任,对建设工程项目的安全施工负责,包括:

(1) 认真贯彻安全生产方针、政策、法规和各项规章制度,制定和执行安全生产管理办法,严格执行安全考核指标和安全生产奖惩办法,确保安全生产措施费用的有效使用,严格执行安全技术措施审批和施工安全技术措施交底制度。

(2) 建设工程施工前,施工单位负责项目管理的技术人员,应当对有关安全施工的技术要求向施工作业班组、作业人员作出详细说明,并由双方签字确认。施工中定期组织安全生产检查和分析,针对可能产生的安全隐患制定相应的预防措施。

(3) 当施工过程中发生安全事故时,项目经理必须及时、如实按安全事故处理的有关规定和程序及时上报和处理,并制定防止同类事故再次发生的措施。

2. 安全员的安全职责

(1) 对安全生产进行现场监督检查。发现安全事故隐患,应当及时向项目负责人和安全生产管理机构报告,对违章指挥、违章操作的,应当立即制止。

(2) 落实安全设施的设置。

(3) 对施工全过程的安全进行监督,纠正违章作业,配合有关部门排除安全隐患,组织安全教育和全员安全活动，监督检查劳保用品质量和正确使用。

3. 作业队长职责

（1）向本工种作业人员进行安全技术措施交底，严格执行本工种安全技术操作规程，拒绝违章指挥。

（2）组织实施安全技术措施。

（3）作业前应对本次作业所使用的机具、设备、防护用具、设施及作业环境进行安全检查，消除安全隐患，检查安全标牌是否按规定设置，标识方法和内容是否正确完整。

（4）组织班组开展安全活动，对作业人员进行安全操作规程培训，提高作业人员的安全意识，召开上岗前安全生产会。

（5）每周应进行安全讲评。当发生重大或恶性工伤事故时，应保护现场，立即上报并参与事故调查处理。

4. 作业人员安全职责

（1）认真学习并严格执行安全技术操作规程，自觉遵守安全生产规章制度，执行安全技术交底和有关安全生产的规定，不违章作业。服从安全监督人员的指导，积极参加安全活动，爱护安全设施。

（2）作业人员有权对施工现场的作业条件、作业程序和作业方式中存在的安全问题提出批评、检举和控告，有权对不安全作业提出意见。有权拒绝违章指挥和强令冒险作业，在施工中发生危及人身安全的紧急情况时，作业人员有权立即停止作业或者在采取必要的应急措施后撤离危险区域。

（3）作业人员应当遵守安全施工的强制性标准、规章制度和操作规程，正确使用安全防护用具、机械设备等。

（4）作业人员进入新的施工现场前，应当接受安全生产教育培训。未经教育培训或者培训不合格的人员，不得上岗作业。垂直运输机械作业人员，安装拆卸工、登高架设等特种作业人员，必须按照有关规定经过专门的安全作业培训，并取得特种作业操作资格证书后，方可上岗作业。

（5）作业人员应努力学习安全技术，提高自我保护意识和自我保护能力。

二、安全与文明施工措施

（一）现场安全措施

1. 新工人安全生产教育

凡从事外保温作业人员入场前必须进行安全生产教育，在操作中应经常进行安全技术教育，使新工人尽快掌握安全操作要求。

2. 进入施工现场

节能工程施工基本都是户外高空作业，施工现场应有安全网，进入施工现场必须戴好安全帽，登高空作业必须系安全带，并且必须使用合格的安全帽、安全带和架设可靠的安全网。

（1）安全帽

使用安全帽的质量应符合安全技术要求，耐冲击、耐穿透、耐低温。工人作业必须戴好安全帽。

(2) 安全带

使用安全带的长度不超过2m，佩穿防滑鞋。安全带应高挂低用，将保险钩挂在大横杆上后方可施工。

防止摆动和碰撞安全带上安全绳的挂钩，应挂在牢固地方，不得挂在带有剪断性的物体上。在使用前对安全带质量进行认真检查，但对安全带上的各种部件不得任意拆掉，发现安全带中有破损时严禁再用。

(3) 安全网

建筑安全网的形式及其作用可分为平网和立网两种。平网安装平面平行于水平面，主要用来承接人和物的坠落；立网安装平面垂直于水平面，主要用来阻止人和物的坠落。不得使用超期变质筋绳和安全网，安装的安全网确实达到有安全性。

3. 标语牌

施工现场应设有关安全生产内容的标语牌。

4. 登高作业

外保温工程施工离不开使用脚手架登高作业，通过脚手架设施安装使用，给运送材料和施工操作提供极大的方便，它既要满足施工的需要，又要为保证建筑工程质量和提高工作效率创造条件。应根据外保温工程具体结构、施工方式、工艺流程、安装成本和脚手架功能等各方面因素，确定最适用的脚手架，如：

(1) 吊篮脚手架

采用吊篮脚手架（简称吊篮）时，应将吊篮架子的悬挂点固定在建筑物顶部悬挑出来的结构上，通过设在每个吊篮上的简单提升机械和钢丝绳，使吊篮升降，以满足外装修施工的要求。

1) 手动吊篮结构

①手动吊篮由支承设施（建筑物顶部悬挑梁或桁架）、吊篮绳（直径13mm以上钢丝绳）、安全钢丝绳、手扳葫芦和吊篮架体组成，如图8-19所示。

支承设施要求：采用建筑物顶部的悬挑梁或桁架，必须按设计规定与建筑结构固定牢固，挑梁挑出长度应保证悬挂用篮的钢丝绳垂直地面。如挑出过长，应在其下面加斜撑。挑梁与吊篮吊绳连接端应有防止滑脱的保护装置，如图8-20所示。

吊篮结构要求：吊篮按设计施工图纸规定制作，采用焊接连接，禁止采用钢管扣件连接方法组装。吊篮结构经载荷试验应能承受2倍

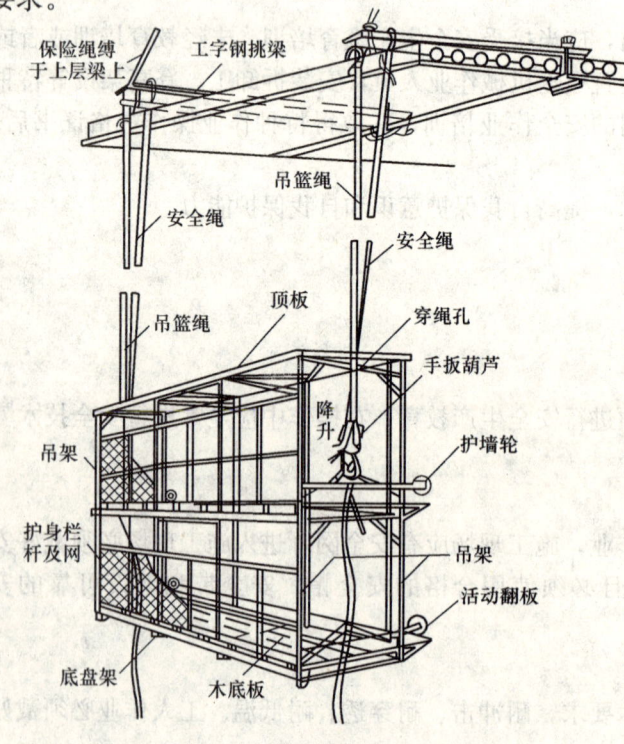

图 8-19 手动吊篮结构示意图

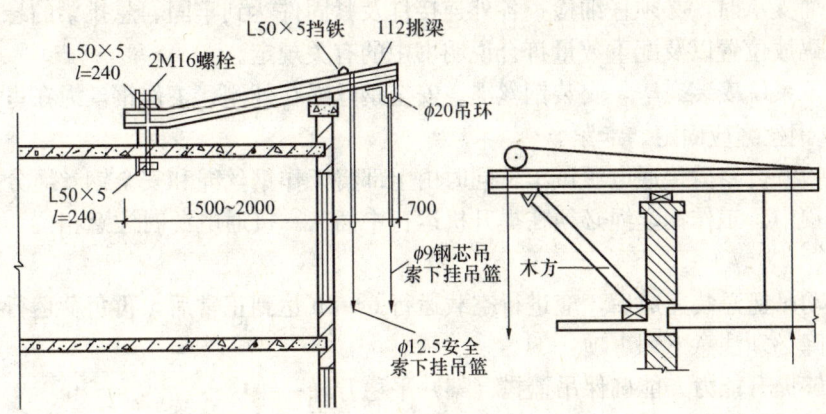

图 8-20 屋面悬挑结构示意图

均布额定荷载不少于 4h。吊篮的吊点不但采取加强措施,且吊点位置必须高于吊篮重心位置,防止人员操作时发生倾覆事故。

吊篮内侧两端应装有可伸缩的护墙轮等装置,使吊篮与建筑物在工作状态时能靠紧,以减少架体晃动。

② 手动吊篮安装要求

在安装前,检验吊篮变形、开焊,以及悬梁的稳定性,确认合格后方可投入使用。

先在屋顶挑梁上挂好承重钢丝绳和安全绳,然后将承重钢丝绳穿过手扳葫芦的导绳孔向吊钩方向穿入、压紧,往复扳动前进手柄,即可使吊篮提升,往复扳动倒退手柄即可下落,但不可同时扳动上下手柄。

安全绳采用直径不小于 13mm 的钢丝绳通长到底布置,并与吊篮架体、挑梁连接;保险绳将挑梁与上层结构拉牢。

安全锁固定在吊篮架体上,同时套在保险钢丝绳上,在正常升降时,安全锁随吊篮架体沿保险钢丝绳升降,万一吊篮脱落,安全锁能自动将吊篮架体锁在保险钢丝上。

③ 手动吊篮使用要求

吊篮升降到工作部位后,需与建筑物拉结牢固。吊篮顶盖不得上人,散落杂物应随时清理。上下吊篮用挂梯应拴牢,倒绳卸掉吊篮内的材料。工作中不得向外抛投任何物件。

2) 电动吊篮

① 吊篮架体结构要求

吊篮宽度为 0.7m,标准吊篮长度为 2m、2.5m 及 3m。吊篮四周设有 1.2m 的护栏,靠墙面的一侧护栏杆可以升降。吊篮上还装有可沿建筑物墙面滚动的托轮,以减少吊篮晃动。为便于移动,在吊篮底设有脚轮。吊篮顶部设有防护棚等。

吊篮提升机构:提升机构主要是电动葫芦,其由电动机、制动器、减速系统组成。

屋面支承系统:屋面支承系统由挑梁、支架、脚轮、配重及配重架组成。

安全锁:载人作业的电动吊篮应备有独立的安全绳和安全锁。安全锁可在吊篮任一工作位置进行手动闭锁或手动松开,当下降速度超过额定工作速度 2.5 倍时,安全锁便自动闭锁,停止吊篮下降,出现意外封锁可手动松开正常升降。

② 电动吊篮安装要求

安装屋面支承时，必须仔细检查各外连接件及紧固件达到牢固、悬挑梁的悬挑长度符合要求，配重码放位置以及配重数量符合说明书中的有关规定。

屋面支承系统安装完毕，安装钢丝绳。安全钢丝绳在外侧，工作钢丝绳在里侧，两绳相距 150mm，钢丝绳应固定、卡紧。

吊篮经检查合格后接通电源试车。同时由上部将工作钢丝绳和安全钢丝绳分别插入提升机构及安全锁中。工作钢丝绳必须在提升机运行中插入。接通电源时注意相位，使吊篮按正确方向升降。

新购电动吊篮总装完成后，应进行空载运行 6~8h 达到正常后，再负荷运行。

吊篮升降必须注意下列事项：

具有足够提升能力，能确保吊篮搭（架）平稳升降；

要有可靠的保险措施，确保使用安全；

提升设备易于操作并且可靠；

提升设备便于装卸和运输。

（2）附壁升降脚手架

附壁升降脚手架（简称也叫爬升式脚手架，简称爬架）是指预先组装一定高度后，将其附在建筑物的外侧，利用自身提升设备，从下至上逐层提升，每施工完一层主体后，即可提升一层。当主体施工完毕，再从上至下逐层下降进行外保温施工，每完成外保温施工一层下降一层，直至完成全工程。

爬架有多种类型，如套管式附壁升降脚手架、挑梁式附壁升降脚手架、互爬式附壁升降脚手架、导轨式附壁升降脚手架。爬架不但适用于高层、超高层建筑工程施工，而且爬架还可携带施工所用的外模板。仅以套管式附壁升降脚手架为例做简要介绍。

套管式爬架适用于剪力墙结构、框架结构及带阳台建筑。该架由脚手架系统和提升设备组成。

1）安装

安装前应根据工程特点进行脚手架布置设计，考虑脚手架高度、宽度、施工荷载等，还应具体绘制平、立面图，以及安全操作等作为指导安装的文件。

架子采用现场组装顺序为：地面加工组装升降框→检查建筑物预留点位置→吊装升降框就位→校正升降框并与建筑物固定→组装横杆→辅脚手板→组装栏杆、挂安全网。

组装上下两预留连接点的中心线应在一条直线上，垂直度偏差应在 5mm 内，升降框吊装就位时，应先连接固定框，然后固定滑动框。

连接好后应对升降框进行校正，其与地面及建筑物的垂直度偏差均控制在 5mm 内。校正好后立即固定，并随即组装横杆和其他附属件。

2）使用要求

在爬架升降前应进行全面检查，当确认都符合要求时，方可进行升降操作，检查应包括如下内容：

下一个预留连接点的位置、架子立杆的垂直度、吊钩及主要承力杆件等自身和连接焊缝的强度等是否符合要求。

所升降单元与周围的约束是否解除。

升降有无障碍。

架子上杂物是否清除。

提升设备是否处于良好状态等。

① 爬架升降操作

爬架升降操作应按步骤进行。先将葫芦挂在固定框上部横杆的吊钩上，其挂钩挂在滑动框的上吊钩上，并将葫芦张紧，然后松开滑动框同建筑物连接，在各提升点均匀同步地拉动葫芦，使滑动框同步上升。

当提升到位后，将滑动框建筑物固定，然后松开葫芦，将其摘下并挂至滑动框的下吊钩上，将其挂钩挂在固定框的下吊钩上，并将葫芦张紧，使其受力后，再松开固定框同建筑物的连接，同样在各提升点均匀同步地拉动葫芦，使固定框同步上升。到位后将固定框同建筑物固定，至此即完成一次提升过程。如此循环作业，即可完成架子的爬升，架子爬升到位后，应及时同建筑物及周围爬升单元连接。爬架下降步骤与上升相同，只反向操作，即先下降固定框，再下降滑动框。

② 拆除

爬梨拆除时，先清理干净架上垃圾杂物后，然后按自上而下顺序逐步拆除，最后拆除升降框。

(3) 脚手架使用安全要求

吊篮属于高空载人起重设备，吊篮操作人员必须身体健康，经过专业培训并取得上岗证。

1) 工作前，应对吊篮例行安全检查：

① 检查屋面支承系统钢结构、配重、钢丝绳及安全绳的技术状况，发现不合规定者，应立即纠正。

② 检查吊篮的机械设备及电气设备，应有可靠接地设施，且能到正常工作条件。

③ 开动吊篮反复进行升降，检查升降机构、安全锁、限位器、制动器及电机的工作情况，确认各项都达到正常后方可进入正式运行。对吊篮中的尘土、垃圾进行清扫。

2) 操作人员必须遵守操作规程，戴安全帽、系安全带。安全带应挂在保险绳上，不得挂在提升钢丝绳上，防止提升钢丝绳子断开失去作用。

3) 单跨吊篮升级操作时两吊点应相互协调，保持平稳，当手扳葫芦有卡紧现象时，应停止升降，锁定安全锁检查原因，不得采用加长手柄的方法操作手扳葫芦；多跨同时升降时，应有同步装置控制各跨之间的同步。

4) 吊篮升降过程中必须保证钢丝绳与地面垂直，不准斜拉。若吊篮需横向移位时，应将吊篮降至地面，调整悬挂点及钢丝绳位置后重新提升。

5) 吊篮上携带的材料和施工机具必须安置妥当，不得使吊篮倾斜和超载。

6) 遇有雷雨或超过 5 级大风天时，不得使用吊篮。

7) 吊篮停置于空中工作时，应将安全锁锁紧，需要移动时，再将安全锁放松。安全锁使用累计达到 1000h 必须进行定期检查和重新标定。

8) 电动吊篮在运行中如发生异常响声和故障，必须立即停机检查，故障未经彻底排除，不得继续使用。

9) 如必须采用吊篮进行电焊作业时，应对吊篮钢丝绳进行全面防护，以免钢丝绳受到损坏，更不得利用钢丝绳作为导体。

10) 在吊篮下降着地之前，应在地面上垫好方木，以免损坏吊篮底部脚轮。

11) 每日作业班后应注意检查并做好下列收尾工作：

吊篮内的建筑垃圾、杂物清扫干净。将吊篮悬挂于离地 3m 高处，撤去上下扶梯；

使用吊篮与建筑物拉结，以防大风刮坏吊篮和墙面；

作业完毕后应将电源断开；

将多余的电缆线及钢丝绳存放在吊篮内。

12) 应用脚手架（吊篮）时，吊篮使用期间应指定专职安全检查人员和专职电工，负责安全技术检查和电气设备的维修检查。在工作过程中应设有专人监护，同时警示闲杂人员勿接近或进入施工现场。

每完成一项工程后，均应由上述专职人员按有关技术标准对吊篮的各个部件进行全面大检查和保养维修。

严格脚手架质量及安装系统检查，发现脚手架有断裂严禁凑合使用。所搭设的脚手架必须稳定牢固、合理，防止倾斜、踏空。施工中的作业人员不准从各种脚手架上爬上爬下，专业人员安装、拆卸时必须严格按相关规定进行操作。

除构造措施和实施措施外，应加强和完善脚手架的安全防护措施，便于上架人员安全进行作业、防止人员和物品从架上坠落、防护作业人员受到外来作用的伤害。

若在交叉作业的情况下，在外保温施工区段的上方，必须用跳板加密目安全网进行全封闭，确保外架作业人员的安全。

在外脚手架上的操作人员需穿防滑鞋，有恐高症、心脏病的人员禁止上架，严禁酒后上架施工。

窗台边禁止站人和放置重物，以防松动脱落和造成事故。

13) 外架子上堆放材料不得过于集中，在同一跨度内不超过 2 人。严格控制脚手架施工荷载。

14) 不随意拆除、斩断脚手架软硬拉结，不拆除脚手架上的安全措施，经施工现场安全员允许后，才能拆除。

15) 高处作业所用工具、材料严禁投掷，上下立体交叉作业确有需要时，中间须设隔离设施。

16) 搭拆防护棚和安全设施，需设警戒区、有专人防护。

17) 分层施工的楼梯口和梯段边，必须安装临边防护栏杆：顶层楼梯口应随工程结构的进度，安装正式栏杆或者临时栏杆；梯段旁边亦应设置两道栏杆，作为临时护栏。

18) 电梯井口，根据具体情况设防护栏或固定栅门与工具式栅门，电梯井内每隔两层或最多 10m 设一道安全平网，也可以按当地习惯，在井口设固定的格栅或采取砌筑坚实的矮墙等措施。

5. 吊装材料

无论使用垂直式或其他任何方式运送材料时，必须上下配合，严禁野蛮、超载运送。作业人员禁止乘坐吊运模板、吊笼等非乘人的垂直运输设备上下。

(1) 禁用、限用吊装设备：

1) 井架简易塔式起重机、QTG20、QTG25、QTG30 等型号的塔式起重机、自制简易的或用摩擦式卷扬机驱动的钢丝绳式物料提升机，禁止用于建筑施工现场。

2）超过一定使用年限的施工升降机，限用建筑施工现场，出厂年限超过 8 年（不含 8 年）的 SC 型施工升降机，传动系统磨损严重，钢结构疲劳、变形、腐蚀等较严重，存在安全隐患。

3）出厂年限超过 5 年（不含 5 年）的 SC 型施工升降机，使用时间过长造成结构件疲劳、变形、腐蚀等较严重，运动件磨损严重，存在安全隐患，超过年限的由有资质的评估机构评估合格后，方可继续使用，否则不得使用。

（2）吊装材料设施安装应牢固、安全、可靠。施工现场应有安全防护设施，杜绝高空坠落。

（3）经常检查电动机具、设备有无漏电现象，并应作好安全保护措施。

6. 防火、防毒措施

安全防火、防毒制度上墙，作业人应掌握灭火、防毒知识，掌握消防器材使用方法。消防器材安置在固定位置，干粉灭火器不得超过贮存期。

要特别说明的是，聚氨酯硬泡施工不仅是高空作业，而特殊的一面是必须注意安全防火和增强自我保护的意识，在该类产品技术施工中，由于忽视安全技术，已发生许多火灾的沉痛教训。

（1）防火措施

1）聚氨酯硬泡原料、板材进场后，应远离高温、火源。露天存放时，应采用不燃材料完全覆盖。

施工现场应设置内外临时消火栓系统，并满足施工现场火灾扑救的消防供水要求。

2）聚氨酯硬泡进场发泡作业时，应避开高温环境。施工工艺、工具及服装等应采取防静电措施。

绝不允许在与聚氨酯硬泡接触部位进行电焊、切割等明火作业，不得在聚氨酯硬泡施工时与其他动火工程交叉作业。所有焊接作业应在聚氨酯硬泡保温层施工前完成。

聚氨酯硬泡施工完成后，如必须有焊接工序、进行明火作业时，必须采取隔热防火措施，应根据现场具体情况制定严密动火规范和安全使用规范，严禁任何火种与聚氨酯硬泡接触，确保万无一失安全施工，否则严禁动火施工。如在动火部位的周围，必须留出与聚氨酯硬泡有足够的距离或间隔，并防止焊渣流淌或飞溅电焊火星熔化损坏板材或引起火灾事故，并备好足够现场用的消防灭火器材，派专人严格监护。

3）在现场喷涂聚氨酯硬泡施工过程中或完成施工后的聚氨酯硬泡上面，绝不许乱丢火种，严禁吸烟、乱扔未熄灭的烟头。

4）施工用照明等高温设备靠近可燃保温材料时，应采取可靠的防火保护措施。

5）电气线路不应穿过聚氨酯硬泡，确需穿过时，应采取穿管等防火保护措施。

（2）防毒措施

1）聚氨酯硬泡原料防毒措施

聚氨酯硬泡生产或施工所用主要原料是聚异氰酸（如聚合 MDI）与聚合物多元醇，其次是发泡助剂。

医学上根据致毒的表现，限定了毒性反应的最低极限值（TLV），超过极限值便致毒或显示出毒性程度，因此，最低极限值就成为检验和显示毒性程序的标准。

一般使用聚合 MDI 毒性的最低极限值（TLV）是 0.02ppm。在施工中致毒物虽与多元醇、催化剂等助剂有关，但施工中聚合 MDI 用量相对较大。人体一般是通过接触、口腔和呼吸三种形式致毒。

① 聚合 MDI 致毒表现

聚合 MDI 因其挥发性气体少（蒸汽压小），属于低毒性材料，在室温下只有小的危害，但在较高温度时其挥发性加大，相对的蒸气压升高，这样便引起对呼吸道较大的毒性危害。

聚合 MDI 在低温放置时，人体呼吸吸入和皮肤吸收方面毒性较少，因其挥发性较低，使之在通常条件下短时间暴露接触（如：少量泄漏、撒落）所产生的毒害性很小。尽管如此，由于异氰酸酯系化合物，仍存在一定毒性，可导致中度眼睛刺激和轻微的皮肤刺激，可造成皮肤过敏。

在现场施工温度低，又必须施工的特殊情况下，当设备、输料管道不具备加热系统时，可能需将装有 B 组分物料的容器敞口加热物料，当物料温度被加热到 40℃ 以上时（如熔化时）或是工作环境通风不良，将会增加其蒸汽毒害性，应避开风向或采取控温加热等措施。

当聚合 MDI 结晶而须使用时，必须在最短的时间内将结晶加热熔化，当物料加热时，物料加热温度不得超过 70℃。严禁局部过热，并防止加热超过 230℃ 分解并产生大量有毒气体。

② 聚合物多元醇致毒表现

聚合物多元醇分子量大，而且没有聚合 MDI 的毒性大，但进入眼内或沾到皮肤上，也会引起刺激。

③ 其他催化剂、发泡剂等助剂

助剂在聚氨酯硬泡中占有比例较小，其中锡类、胺类催化剂食物接触后损坏人体脏器，不慎皮肤接触后，应立即用净水冲洗，再用肥皂彻底洗净。

发泡剂大量吸入易麻醉人体神经，一旦吸入过量应立即脱离现场，呼吸新鲜空气，必须时请医生治疗。

聚氨酯硬泡原料一旦溅在皮肤上或眼内，应立即用清水冲洗，皮肤用肥皂水洗净即可。

配料场所应以最低 TLV 为标准，有必要采用适当简便仪器，对空气进行监测，保证环境空气的净化。

操作人员，必须了解所用物料中各个产品的危害性，并熟悉正常管理和操作方法。配料时必须安装通（引）风设备，不得在通风不良的条件下操作进行。

2）现场喷涂聚氨酯硬泡施工防毒措施

① 在现场喷涂聚氨酯硬泡的操作中，所谓防毒主要是液体成分喷出后产生"雾化泡沫"。

在现场操作喷涂聚氨酯硬泡设备时，或进入设备工作区，必须戴好必要劳保用品（如手套、护目镜、一次性无纺布类防护衣）及呼吸器、听力保护装置等，以免受到伤害、吸入有毒烟雾、烧伤、听力损失、食入有毒液体或让它们溅到眼睛里或皮肤上，都会导致伤害。接触吸入后，易造成呼吸道的感染。

从喷枪、软管泄漏处或破裂的部件射出的高压液体会刺破皮肤。不要将喷枪指向任何人或身体的任何部位，不要将手或手指放在喷枪的液体喷嘴上，防止意外发生。

在喷涂设备操作前，要拧紧所有液体连接处。每天检查软管、吸料管和收头，发现已磨损或损坏的零部件要立刻更换，高压软管不得重新连接，应更换整根软管。

② 特别是在空气不流通的施工现场，喷涂聚氨酯硬泡会导致空气中悬浮粒子浓度增加而产生毒害。最好使用能与户外接通新鲜空气的面具，当使用活性炭过滤保护（只能对有机溶剂类的苯类、酮类等有吸附作用）呼吸罩时，必须经常更换活性炭。

在通风不畅的条件下施工时，工作场所必须加强通风，有过敏者应脱离接触。否则，反复吸入超标浓度的蒸气会引起呼吸道过敏，在操作时应小心谨慎。

③ 少量聚氨酯硬泡原料的泄漏、洒落物料可用砂土，铲入敞口容器中，移离工作区域后用5％的氨水分解，释液放入废水系统，不得随处乱倒，防止污染周围环境。当出现污染时后，除参考相关清除方法外，也可参考如下方法处理：

皮肤污染可用肥皂水洗净，再以1％～10％氨水淋洗，最后再用清水彻底洗净；

眼睛溅入后应立即用水洗3～5分钟，再请医师治疗；

清除衣物的污染可用液体除污剂处理，再用清水洗净。

如出现大量泄漏，将其收入容器并回收后，再在污染地区用氢氧化铵溶液或洗涤剂洗刷处理。

（二）现场文明施工措施

1. 现场管理

（1）工地现场设置大门和连续、密闭的临时围护设施，应牢固、安全、整齐。

（2）严格按照相关文件规定的尺寸和规格制作各类工程标志标牌，如：施工总平面图、工程概况牌、文明施工管理牌、组织网络牌、安全记录牌、防火须知牌等。其中，工程概况牌设置在工地大门入口处，标明项目名称、规模、开竣工日期、施工许可证号、建设单位、设计单位、施工单位、监理单位和联系电话等。

（3）施工区和生活、办公区有明确划分；责任区分片包干，岗位责任制健全，各项管理制度上墙，施工区内废料和垃圾及时清理。

（4）场内道路平整、坚实、通畅，有完善的排水系统。

2. 临时用电

（1）施工区、生活区、办公区的配电线路架设和照明设备、灯具的安装、使用应符合规范要求；特殊施工部位的内外线路按规范要求采取特殊的安全防护措施。

（2）机电设备的设置必须符合有关安全规定，配电箱和开关箱选型、配置合理，各种手持式电动工具、移动式小型机械等配电系统和施工机具，必须采用可靠的接零或接地保护，配电箱和开关箱应设两极漏电保护。

电动机具电源线压接牢固，绝缘完好，无乱拉、乱接电线现象。所有机具使用前应派专人对电器设备定期检查，对所有不合规范的现象应立即整改，杜绝隐患，检查确认性能良好，不准"带病"使用。

（3）电源开关使用要求

现场所用电源开关箱必须配置漏电保护器，专业人员必须持证上岗，操作者必须带绝缘手套进行操作。严禁非操作人员动用电器设施，停止作业时应立即切断电源。

施工现场内临时用电的施工和维修，必须由经过专门培训取得上岗证的专业电工完成，其等级应与工程的难度和技术复杂性相适应。

3. 操作机械

（1）操作机械设备时，严禁在开机时检修机具设备。不得随意在设备上放东西。

(2) 搅拌机应有专人操作、维修、保养,电器设备绝缘良好,并接地。

(3) 聚氨酯硬泡现场喷涂或浇注发泡时,在使用设备前,必须认真阅读和掌握所使用设备的操作要领说明(手册)、注意事项(警告),严格按照设备的操作说明书进行操作。未经培训者不得随意操作。

4. 材料管理

工地材料、设备、库房等按平面图规定地点、位置设置;材料按类存放整齐按序摆放固定位置,有标识,管理制度、资料齐全并有台账。

料场、库房整齐,易燃物、防冻、防潮、避高温物品单独存放,并设有防火器材。运入各楼层的材料堆放整齐。

(1) 液料存放

A 料(组合聚醚)与 B 料(聚异氰酸酯)原料运输时避免曝晒,应存放在室温下干燥、通风、阴凉处严格密封保存,不得吸潮。

贮存物料的容器,应盖紧以防溢出或挥发,防止物料与空气中潮气反应而造成物料失效。

贮存温度宜在 25℃以下,过高温度贮存易引起物料自聚而降低质量。

贮料容器应符合物料要求,防止容器出现腐蚀,容器外表面应明确注明材料名称、数量、存放或生产时间、注意事项。

(2) 板材存放

聚氨酯硬泡板材在搬运时,防止损伤断裂、缺棱掉角,保证板材外形完整;堆放现场及施工操作现场 10m 以内禁止明火或吸烟,防止堆压变形、划伤饰面。使用的板材,堆放整齐平稳,边用边运,不许乱扔。

(3) 配套部件、材料存放

存放配套部件、瓦砖、热镀锌焊接钢丝网或耐碱玻纤网格布不得堆压变形、损坏;现场搅拌用粉料不得受潮。

5. 环境保护

施工期间严禁向建筑物外抛掷垃圾,所产生飞撒物料、废料按规定集中存放、回收、装袋运出,清运处理或排放,随时做到工完场清。始终保持现场内部或工作面的干净整洁、无垃圾和污物,环境卫生好。

对于有些易产生灰尘的材料要制定切实可靠的措施,如水泥、细砂等的保管和使用等,需要遮盖,对现场施工产生泡沫碎块、碎渣、碎末应装袋,防止到处飘落。

施工期间尽量减少噪声,按当地规定时间内工作,以免影响居民休息。在工程施工中尽最大限度保持原来的环境。

第九章 聚氨酯硬泡系统材料及系统性能试验方法

第一节 聚氨酯硬泡性能试验方法

一、喷涂法聚氨酯硬泡材料性能试验方法

（一）大样板的制作

1. 喷涂法聚氨酯硬泡材料物理性能测试所用的样品，如无特殊说明，均要取自同一施工工艺条件下喷涂在基材表面上的聚氨酯硬泡保温层大样板，且如无说明均取芯材进行测试。

2. 大样板的尺寸为长×宽×厚=1200mm×600mm×60mm。样板的制作均用喷涂发泡机进行喷涂，喷涂要均匀、平整，喷涂3层（底层不计算在内）。喷涂时喷涂方向和样板的长度方向平行。

3. 喷涂完成后的大样板置于温度为(23±2)℃、相对湿度为(50±5)%的环境中熟化72h，之后再进行后续作业。

（二）表观密度（GB/T 6343）

1. 仪器

(1) 天平

称量误差在0.5%之内。

(2) 量具

普通直尺，读数精度为0.5mm。

2. 制样

(1) 在大样板上进行取样，可采用钢锯，注意切割整齐，不得采用电热丝进行切割。切割试样时，不得使原始泡孔结构产生变形。

(2) 试样尺寸为50mm×50mm×50mm，样品取自芯材，且不少于5个。

(3) 制备完成的试样，置于温度为(23±2)℃、相对湿度为(50±5)%的环境中进行状态调节24h。

3. 密度测试

(1) 测量试样的尺寸，读数精确到0.5mm。

按照如下方法测量尺寸：在样品50mm×50mm的某个表面上，沿平行于截面边长的两个方向各画出三条直线，测量直线的长度，两个方向各三条直线的长度平均值分别为试样长度和宽度值。在试样的一组对面上取5个测量位置，测量试样厚度，取5个数据的平均值作为厚度值（测试点分布示意图参见图9-2）。

（2）测试环境温度（23±2）℃、相对湿度为（50±5）%。对试样进行称重，称量时的环境不得受风力等外界因素影响。

4. 结果计算和表示

（1）由其质量及尺寸数据，按照下列公式进行表观密度计算，取其算术平均值，结果精确至 $0.1kg/m^3$，计算公式如下：

$$\rho=(m/V)\times 10^6$$

式中　ρ——密度（kg/m^3）；
　　　m——试样质量（g）；
　　　V——试样体积（mm^3）。

（2）当密度低于 $30kg/m^3$ 时，应用下列公式进行计算：

$$\rho=[(m+m_1)/V]\times 10^6$$

式中　ρ——密度（kg/m^3）；
　　　m——试样质量（g）；
　　　V——试样体积（mm^3）；
　　　m_1——排出空气质量（mm^3）。

m_1 指常压和一定温度时的空气密度乘以试样体积，空气密度取：$1.220\times 10^{-6} g/mm^3$。

5. 试验报告

试验报告包括：

（1）泡沫材料的名称、规格；

（2）测试环境的温度和相对湿度；

（3）有无表皮和缺陷；

（4）表观密度的平均值。

（三）导热系数

参考《塑料导热系数试验方法护热平板法》（GB/T 3399）中的试验方法。

1. 仪器

（1）带护热板平板导热仪；

（2）测微计或千分尺，精度 0.05mm。

2. 制样

（1）在大样板上取样。试样均取自芯材，厚度应均质，注意切割整齐，两表面应平整光滑且平行，无裂缝等缺陷；采用硬泡切样机制样，不得采用电热丝进行切割。

（2）试样截面为正方形，边长与护加热板相等，厚度不小于 5mm，最大厚度根据仪器确定，不超过直径或边长的 1/8；每组试样不少于 2 块。

（3）在（23±2）℃、相对湿度（50±5）%环境中进行状态调节 24h，于（23±2）℃、相对湿度（50±5）%环境中测试导热系数。

3. 测试

（1）测试条件：平均温度（23±2）℃。

（2）试验步骤：

采用精度不小于 0.05mm 的厚度测量工具，沿试样四周至少测量 4 处的厚度，取其算术平均值为试验前试样厚度。

1）将样品放入仪器中，并与冷热板紧密接触。

2）冷热板维持恒定温度，保持所选定的温度差，温度差应不小于10K，温度读数应精确至0.1K。

3）当主加热板和护加热板温差小于±0.1K时，认为温度达到平衡。

4）在加热功率不变的条件下，主加热板温度波动每小时不超过±0.1K，认为达到稳态，每隔30min连续三次测量通过有效传热面的热流、试样两面的温差，算出导热系数。各次测定值与平均值之差小于1%时，试验结束。

5）试验完毕后再按步骤（1）的规定测量试验后试样厚度，取试验前、试验后试样厚度的平均值为试样厚度。

4. 试验结果处理

试验完毕后，根据所取得的数据进行导热系数的计算，单平板法和双平板法各自按照公式进行计算，试验结果以每组试样的算术平均值表示，取3位有效数字。如果每一试样测试结果与平均值之差大于5%，试验应重新进行。

5. 试验报告

试验报告应包括：

（1）泡沫材料的名称、规格；

（2）测试环境温度和相对湿度及仪器型号；

（3）冷热板温度、平均温度、有效传热面积；

（4）导热系数的算术平均值和温度环境。

（四）拉伸强度和断裂延伸率（GB/T 9641）

参考《硬质泡沫塑料拉伸性能试验方法》（GB/T 9641）中的试验方法。

1. 仪器

（1）拉伸试验机；

（2）精度为0.02mm的量具；

（3）若使用伸长仪，精度为0.1mm。

2. 制样。

（1）试样尺寸如图9-1所示。

（2）制样。

在大样板上进行取样，切割的测试样品长和宽形成的平面平行于基材表面，且测试

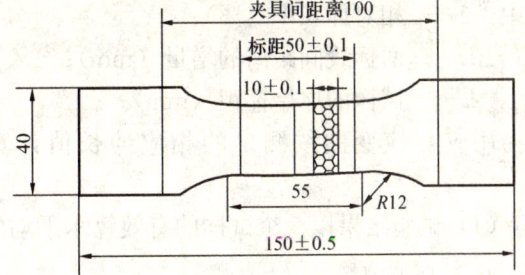

图9-1 试样尺寸

样品的长方向平行于喷枪喷涂时的移动方向。取样要不改变材料结构，取喷层在同一层上均质的样品，不得采用电热丝进行切割，切割整齐。先用切样机截取需要尺寸的小样品，然后用砂纸磨制成如图9-1所示的规定尺寸，试样两表面应平整光滑且平行，无裂缝等缺陷。试样在（23±2）℃、相对湿度（50±5）%环境中状态调节24h。测试时如试样断裂在标距之外应舍弃，取样另行测试，最终有效试样数量不少于5个。

制样方式应能保证测试时拉伸方向为垂直于喷涂基层表面的方向（即拉伸试样受力面为平行于喷涂基层表面）。

3. 测试

（1）在试样上标明标距，采用精度为0.02mm量具，测量试样两标距间的宽度和厚度

各3点，分别取算术平均值；

（2）夹持试样时，将引伸仪上两夹具钳口的距离调至规定的标距，且使试样纵轴与上下夹具中心连线相重合，松紧适宜，借助于可动夹具，使施加在试样上的力均匀的分布在试样上，夹具移动速度为(5 ± 1)mm/min；

（3）若不使用伸长仪，应在适当时间间隔记录力值和相应的伸长，画出应力-应变曲线。

4．试验结果计算

（1）最大拉伸应力。

$$\sigma=[F/(I\times h)]\times 10^3$$

式中　σ——最大拉伸应力（kPa）；

　　　F——最大拉力（N）；

　　　I——试样宽（mm）；

　　　h——试样厚度（mm）。

（2）断裂拉伸应力。

$$\sigma=[F/(I\times h)]\times 10^3$$

式中　σ——断裂应力（kPa）；

　　　F——断裂拉力（N）；

　　　I——试样宽（mm）；

　　　h——试样厚度（mm）。

（3）断裂延伸率。

相对伸长率由下式计算：

$$e=\Delta L/L\times 100\%$$

式中　e——相对伸长率（%）；

　　　ΔL——两标线间距离的增量（mm）；

　　　L——试样的原始标距（mm）。

用应力-应变曲线测出的相应伸长值计算得到断裂时的相对伸长率即为断裂延伸率（%）。

（4）试验结果以5个试样的有效算术平均值进行表示，应力取3位有效数字。

5．试验报告

（1）泡沫材料的名称、规格；

（2）测试环境温度和相对湿度及仪器型号；

（3）试样尺寸、数量；

（4）应力-应变曲线；

（5）最大应力下的延伸率及断裂时的延伸率。

（五）吸水率

参考《硬质泡沫塑料吸水率试验方法》（GB/T 8810—2005）中的试验方法。

1．仪器

浸泡液，存放48h以上的蒸馏水；

天平，精确至0.01g；

网笼；

圆筒容器，直径为 250mm，高度为 250mm；

低渗透性塑料薄膜，如聚乙烯薄膜；

切片器，能切至 0.1~0.4mm 厚的切片；

载片；

投影仪，适用于 50mm×50mm 标准试样的通用型 35mm 载片投影仪或有标准刻度的投影显微镜。

2. 制样

(1) 试样尺寸

长度为 150mm，宽度为 150mm，体积不小于 500cm³，推荐取高度为 25mm，两面之间平行公差不大于 1‰，数量不少于 3 块。

(2) 制样

在大样板上进行取样，取样时不能改变材料结构，不得采用电热丝进行切割。使用切样机制样，注意切割整齐，样品应均质，两表面应平整光滑且平行，无裂缝等缺陷。室温下在干燥器中干燥试样，每隔 12h 称重一次，直至两次连续称重之差不大于其平均值的 1%。

3. 测试

(1) 试验环境为 (23±2)℃，相对湿度 (50±5)%；

(2) 称量试样质量，精确至 0.01g；

(3) 测量试样尺寸；

(4) 在试验环境下，将温度为 (23±2)℃的蒸馏水注入圆筒容器内；

(5) 将网笼浸入水中，排除气泡挂到天平上，称其表观质量，精确至 0.01g；

(6) 将试样装入网笼，重新浸入水中，并使试样顶面距水面约 50mm，用软毛刷或搅拌赶出试样上的气泡；

(7) 将低渗透性塑料薄膜盖在圆筒容器上；

(8) 经 (96±1)h 后，移去塑料薄膜，称量浸在水中装有试样的网笼质量，精确至 0.01g；

(9) 目测试样溶胀现象。

4. 试验结果

(1) 试样经浸泡后无明显非均匀性溶胀现象时，计算公式如下：

$$W = \{[(m_3 + V_1\rho) - (m_1 + m_2 + V_c\rho)]/V_0\rho\} \times 100\%$$

式中　W——吸水率 (%)；

m_1——试样质量 (g)；

m_2——网笼浸入水中的表观质量 (g)；

m_3——浸入水中并装有试样的网笼质量 (g)；

V_1——试样浸泡后的体积 (cm³)；

V_0——试样初始体积 (cm³)；

V_c——切割面泡孔体积 (cm³)；

ρ——23℃时水的密度，0.9975g/mL。

(2) 试样经浸泡后有明显非均匀性溶胀现象时，计算公式如下：

$$W = \{[(m_3 + V_2\rho) - (m_1 + m_2 + V_3\rho)]/V_0\rho\} \times 100\%$$

式中 W——吸水率（%）；
　　m_1——试样质量（g）；
　　m_2——网笼浸入水中的表观质量（g）；
　　m_3——浸入水中并装有试样的网笼质量（g）；
　　V_2——加试样的网笼排水体积（cm³）；
　　V_0——试样初始体积（cm³）；
　　V_3——空网笼排水体积（cm³）。

(3) 取全部被测试样的吸水率的算术平均值。

5. 试验报告

试验报告应包括：
(1) 泡沫材料的名称、规格；
(2) 测试环境温度和相对湿度及仪器型号；
(3) 试样的尺寸、数量；
(4) 浸泡时间；
(5) 吸水率结果及平均值，用体积百分率表示。

（六）尺寸稳定性

参考《硬质泡沫塑料尺寸稳定性试验方法》（GB/T 8811—2008）中的试验方法。

1. 仪器

恒温恒湿试验箱；

量具，精确度为 0.2 的游标卡尺。

2. 制样

(1) 试样尺寸

长度(100±1)mm，宽度(100±1)mm，厚度(25±0.5)mm，试样数量不少于 3 个。

(2) 制备

在大样板上进行取样，取样要不改变材料结构，以大样板的长度方向或宽度方向为样品的长度方向和宽度方向，注意制样时 3 块样品方向一致，切割整齐，样品应均质，两表面应平整光滑且平行，无裂缝等缺陷。样品在（23±2）℃、相对湿度（50±5）%环境中状态调节 24h，分别进行试验。

3. 测试

(1) 测量每个试样 3 个不同位置的长度（L_1，L_2，L_3），宽度（W_1，W_2，W_3）及 5 个不同点的厚度（T_1，T_2，T_3，T_4，T_5），如图 9-2 所示。

(2) 按下列试验条件进行试验：

1) (-30±3)℃；

2) (80±2)℃。

(3) 调节试验箱温度至试验条件，将试样水平置于箱内，试件间隔至少 25mm，试件不能受加热元件的直接辐射。

(4) (20±1) h 后，取出试样。

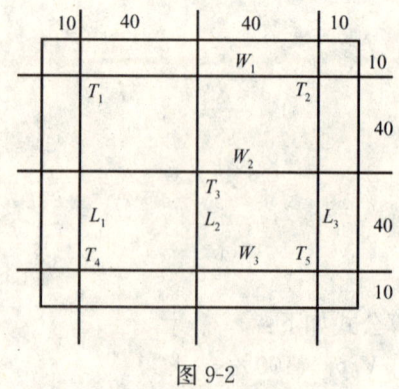

图 9-2

(5) 在 (23±2)℃下，放至1h，按步骤 (1) 的规定测量试件尺寸。

(6) 再将试件置于选定的条件下。

(7) 总时间 (48±2) h后，重复步骤 (5) 的操作。

4. 试验结果

按如下公式计算尺寸变化率：

$$\varepsilon_L = [(L_t - L_0)/L_0] \times 100\%$$

$$\varepsilon_W = [(W_t - W_0)/W_0] \times 100\%$$

$$\varepsilon_t = [(T_t - T_0)/T_0] \times 100\%$$

式中 ε_L、ε_W、ε_t——分别为试样的长度、宽度及厚度的尺寸变化率；

L_0、W_0、T_0——分别为试样试验前的平均长度、宽度及厚度；

L_t、W_t、T_t——分别为试样试验后的平均长度、宽度及厚度。

5. 试验报告

试验报告应包括：

(1) 泡沫材料的名称、规格；

(2) 测试环境温度和相对湿度及仪器型号；

(3) 每次试验后每件试样长度、宽度、厚度的尺寸变化率；

(4) 每次试验后三件试样长度、宽度、厚度的尺寸变化率绝对值的平均值。

（七）阻燃性能

1. 平均燃烧时间、平均燃烧范围

参考《泡沫塑料燃烧性能试验方法水平燃烧法》（GB/T 8332—2008）中的试验方法。

2. 烟密度等级

参考《建筑材料燃烧或分解的烟密度试验方法》（GB/T 8627—2007）中的试验方法。

（八）喷涂硬泡聚氨酯拉伸粘结强度试验方法

参考《硬泡聚氨酯保温防水工程技术规范》（GB 50404—2007）中附录B试验方法。

1. 试验仪器

粘结强度检测仪主要由传感器、穿心式千斤顶、读数表和活塞架组成，技术参数应符合国家现行标准《数显式粘结强度检测仪》（JG 3056）的规定。

2. 取样原则

现场检测应在已完成喷涂的硬泡聚氨酯表面上进行。按实际喷涂的硬泡聚氨酯表面面积：500m² 以下工程取一组试样，500～1000m² 工程取两组试样，1000m² 以上工程每1000m² 取两组试样。试样应由检测人员随机抽取，取样间距不得小于500mm。

3. 试样制备

(1) 现场试样尺寸为100mm×50mm，每组试样数量为3块。

(2) 表面处理：被测部位的硬泡聚氨酯表面应清除污渍并保持干燥。

(3) 切割试样：从硬泡聚氨酯表面向其内部切割100mm×50mm的矩形试样，切入深度为保温层厚度。

(4) 粘贴钢标准块：采用双组分粘结剂粘贴钢标准块。粘结剂的粘结强度应大于硬泡聚氨酯的拉伸粘结强度。钢标准块粘贴后应及时固定。如图9-3所示。

4. 试验过程

(1) 按照粘结强度检测仪生产厂提供的使用说明书，将钢标准块与粘结强度检测仪连接。如图9-4所示。

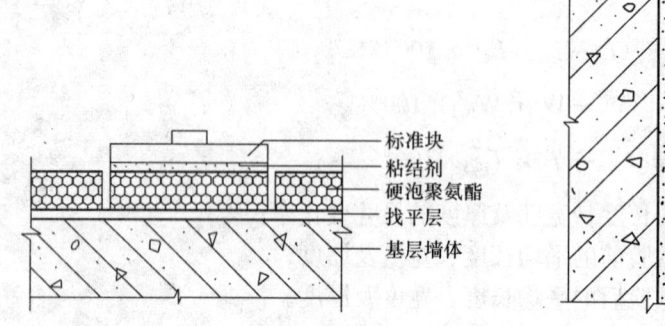

图9-3 粘钢标准块　　　　图9-4 喷涂硬泡聚氨酯粘结强度现场检测

(2) 以25～30N/s匀速加荷，记录破坏时的荷载值及破坏部位。

5. 试验结果

(1) 拉伸粘结强度计算，应精确至0.01MPa，计算公式如下：

$$f = P/A$$

式中　f——拉伸粘结强度；

P——破坏荷载；

A——试件面积（mm^2）。

(2) 每组试样以算术平均值作为该组拉伸粘结强度的试验结果，并分别记录破坏部位。

二、浇注法聚氨酯硬泡材料性能试验方法

（一）大样板的制作

1. 浇注法聚氨酯硬泡材料物理性能测试所用的样品，如无特殊说明，均要取自同一施工工艺条件下浇注的聚氨酯硬泡保温层大样板，且如无说明均取芯材进行测试。

2. 大样板的制作采用浇注机进行浇注。采用具有足够强度和刚度的板材（例如钢板）制成浇注模具，模具内腔尺寸为：长×宽×厚＝1200mm×600mm×大于60mm；浇注前，将一块尺寸略小于1200mm×600mm的聚氨酯硬泡浇注法施工专用模板置于模具腔内，紧贴模具一侧；为了便于脱模，可在模具腔内未置模板的各内表面贴覆一层塑料薄膜；经过上述处理之后模具内的净尺寸（即大样板的尺寸）应为：长×宽×厚＝1200mm×600mm×60mm；要求浇注3枪即充满模腔，浇注要均匀平整。

3. 大样板制作后在温度为（23±2）℃、相对湿度为（50±5）%的环境中熟化72h，之后再进行后续作业。

（二）表观密度

同本节中一、（二）测试方法。

（三）导热系数

同本节中一、（三）测试方法。

（四）拉伸强度和断裂延伸率

同本节中一、（四）测试方法，但是取样时，测试样品长和宽形成的平面应平行于模板表面，拉伸方向为平行于浇注模腔厚度方向（即拉伸试样受力面为垂直于浇注模腔厚度方向）。

（五）吸水率

同本节中一、（五）测试方法。

（六）尺寸稳定性

同本节中一、（六）测试方法。

（七）阻燃性能

1. 平均燃烧时间、平均燃烧范围

同本节中一、（七）1测试方法。

2. 烟密度等级

同本节中一、（七）2测试方法。垂直燃烧法试验中试样长和宽形成的平面应平行于浇注模表面。

三、粘贴法聚氨酯硬泡保温板材料性能试验方法

（一）大样板的制作

1. 聚氨酯硬泡保温板材料物理性能测试所用的样品，如无特殊说明，均要取自同一块板材且取芯材进行测试。

2. 大样板使用工厂实际生产的板材产品。

3. 大样板的最小尺寸为：长×宽×厚＝1200mm×600mm×大于30mm。如果生产设备达不到大样板的尺寸要求，可取产品的实际生产尺寸。

4. 大样板生产制作后，应在温度为（23±2）℃、相对湿度为（50±5）%的环境中熟化放置72h，之后再进行后续作业。

（二）表观密度

同本节中一、（二）测试方法。但试样尺寸为100mm×100mm×H_1，H_1为大样板去掉面层的厚度，且在大样板厚度方向的中心取样。

（三）导热系数

同本节中一、（三）测试方法。

（四）拉伸强度和断裂延伸率

同本节中一、（四）测试方法，但是制样时，对于连续生产的板材，试样长轴应与板材的前进方向垂直，对于间歇生产的板材，试样长轴应与板材的短轴即板材的宽度方向一致；应在大样板厚度方向中心取样。试样长和宽形成的平面平行于板材上表面。

（五）吸水率

同本节中一、（五）测试方法。但对于厚度不足以取25mm厚度试样的复合板材，测试方法待议。

（六）尺寸稳定性

同本节中一、（六）测试方法。但试样厚度为(15±0.5)mm。

（七）阻燃性能

1. 平均燃烧时间、平均燃烧范围

同本节中一、(七)1测试方法。

2. 烟密度等级

同本节中一、(七)2测试方法。对于烟密度试验中不足以取出25mm厚度板材试样时，测试方法待定。

(八) 硬泡聚氨酯板垂直于板面方向的抗拉强度试验方法 (GB 50404—2007)

参考《硬泡聚氨酯保温防水工程技术规范》(GB 50404—2007) 中附录C试验方法。

1. 试验仪器

(1) 试验机：选用1N、精度为1‰的试验机，并以250N/s±50N/s速度对试样施加拉拔力，同时应使最大破坏荷载处于仪器量程的20%～80%范围内。

(2) 拉伸用刚性夹具：互相平行的一组附加装置，避免试验过程中拉力不均衡。

(3) 游标卡尺：精度为0.1mm。

2. 试样制备

(1) 试样尺寸为100mm×100mm×板材厚度，每组试件数量为5块。

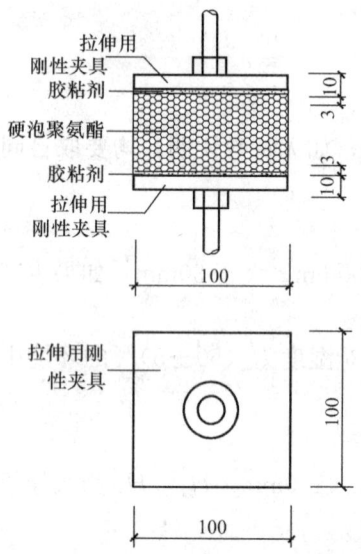

图9-5 硬泡聚氨酯板垂直于板面方向的抗拉强度试验试样尺寸 (mm)

(2) 在硬泡聚氨酯保温板上切割试样，其基面应与受力方向垂直。切割时需离硬泡聚氨酯板边缘15mm以上，试样两个受检面的平行度和平整度，偏差不大于0.5mm。

(3) 被测试样在试验环境下放置6h以上。

3. 试验过程

(1) 用合适的胶粘剂将试样分别粘贴在拉伸用刚性夹具上。如图9-5所示。

胶粘剂应符合下列要求：

1) 胶粘剂对硬泡聚氨酯表面既不增强也不损坏；

2) 避免使用损害硬泡聚氨酯的强力胶粘剂；

3) 胶粘剂中如含有溶剂，必须与硬泡聚氨酯材性相容。

(2) 试样装入拉力试验机上，以5mm/min±1mm/min的恒定速度加荷，直至试样破坏。最大拉力以N表示。

4. 试验结果

(1) 记录试样的破坏部位。

(2) 垂直于板面方向的抗拉强度计算时，以5个测试值的算术平均值表示，精确至0.01MPa，计算公式如下：

$$\sigma_{mt}=F_m/A$$

式中 σ_{mt}——抗拉强度 (MPa)；

F_m——破坏荷载 (N)；

A——试样面积 (mm^2)。

(3) 破坏部位如位于粘结层中，则该试样测试数据无效。

四、硬泡聚氨酯不透水性试验方法

参考《硬泡聚氨酯保温防水工程技术规范》(GB 50404—2007) 中附录 A 试验方法。

(一) 试验仪器

不透水仪主要由三个透水盘、液压系统、测试管路系统和夹紧装置等部分组成。透水盘底座内径为 92mm，透水盘金属压盖上有 7 个均匀分布、直径为 25mm 的透水孔。压力表测量范围为 0~0.6MPa，精确度等级 2.5 级，透水盘尺寸如图 9-6 所示。

(二) 试验条件

1. 送至实验室的试样在试验前，应在温度 (23±2)℃、相对湿度 45%~55% 的环境中放置至少 48h，进行状态调节。
2. 试验所用的水应为蒸馏水或洁净的淡水（饮用水），试验水温：(20±5)℃。

(三) 试样制备

1. 按直径 150mm、厚度 15±0.2mm 的尺寸加工试样，并要求试样平整无凹凸、无破损。每一样品准备 3 个试样。
2. 在准备的试样上按图 9-7 中阴影部分，正反两面均匀涂刷高分子弹性防水涂料，在第一遍涂料实干后再涂第二遍涂料，涂层厚度达到 1mm 以上，待试样完全实干后备用。

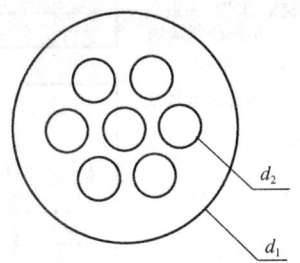
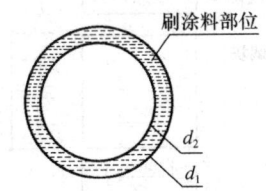

d_1=150mm d_2=25mm d_1=15mm；d_2=92mm

图 9-6 透水盘尺寸   图 9-7 试样涂刷涂料位置

(四) 试验过程

把试样放置在不透水仪的圆盘上，拧紧上盖螺丝，使其达到既不破坏试样，又能密封不漏水，随后加水压至 0.2MPa，保持 30min 后，卸下试样观察，检查试样有无渗透现象。

(五) 试验结果

有一个试样渗水即判为不合格。

第二节 聚氨酯硬泡配套材料性能试验方法

一、胶粘剂（抹面胶浆）拉伸粘结强度试验方法

参考《硬泡聚氨酯保温防水工程技术规范》(GB 50404—2007) 中附录 D 试验方法。

(一) 试验仪器

1. 试验机：选用示值为 1N、精度为 1% 的试验机，并以 5mm/min±1mm/min 速度对试样施加拉拔力，同时应使最大破坏荷载处于仪器量程的 20%~80% 范围内。

2. 冷冻箱：装有试样后能使箱内温度保持在 -20～-15℃，控制精度 ±3℃。

3. 融解水槽：装有试样后能使水温保持在 15～20℃，控制精度 ±3℃。

（二）试验条件

1. 试样养护和状态调节的环境条件温度应为 15～20℃，相对湿度不应低于 50%。

2. 所有试验材料（胶粘剂、抹面胶浆等）试验前应在环境温度为 15～20℃，相对湿度不低于 50% 的条件下放置至少 24h。

（三）试样制备

1. 水泥砂浆试块由普通硅酸盐水泥与中砂按 1:2.5（重量比），水灰比 0.5 制作而成，养护 28d 后备用。每组试样数量为 6 块，按图 9-8 和图 9-9 所示制备，并分别由 12 块水泥砂浆试块两两相对粘结而成。

2. 胶粘剂与水泥砂浆粘结的试样制备方法如下：按产品说明书制备胶粘剂并将其涂抹在水泥砂浆试块上，按图 9-8 粘结试样，粘结层的厚度为 3mm，面积为 40mm×40mm，粘结后的试样，在环境温度为 15～20℃，相对湿度不应低于 50% 的条件下养护 14d。试样数量为 2 组，分别测试拉伸粘结强度的原强度和耐水后的强度。

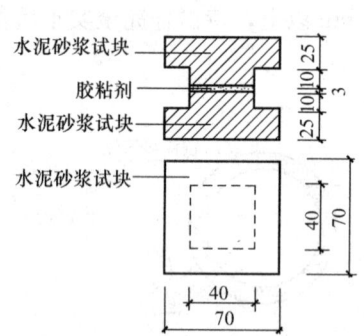

图 9-8 胶粘剂与水泥砂浆拉伸粘结强度试验试样尺寸（mm）

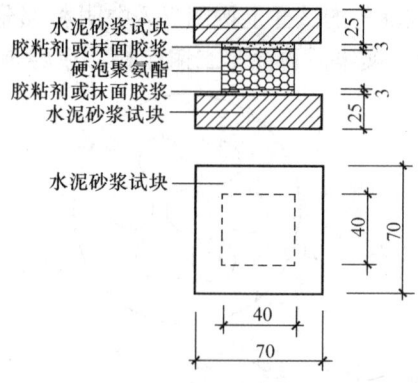

图 9-9 胶粘剂、抹面胶浆与硬泡聚氨酯拉伸粘结强度试验试样尺寸（mm）

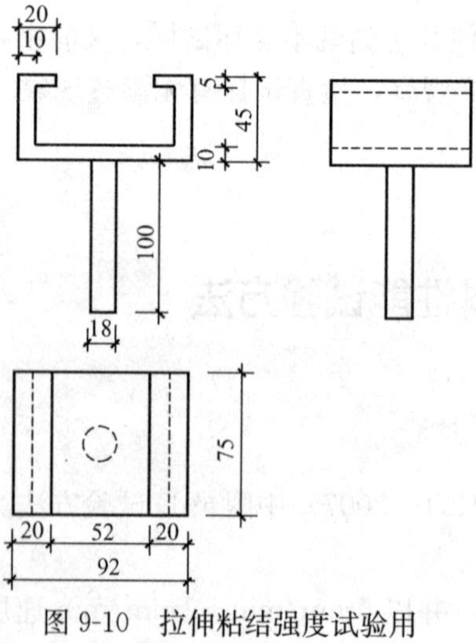

图 9-10 拉伸粘结强度试验用钢制夹具（mm）

3. 胶粘剂与硬泡聚氨酯粘结的试样制备方法如下：按产品说明书制备胶粘剂并将其涂抹在硬泡聚氨酯板上，按图 9-9 粘结试样，硬泡聚氨酯保温板的厚度为工程设计厚度，面积为 40mm×40mm，粘结层的厚度为 3mm。粘结时应在两块水泥砂浆试块上画对角线，并将保温板的四角与之对齐，以保证试样粘结准确受力均匀。粘结后的试样，在环境温度为 15～20℃，相对湿度不应低于 50% 的条件下养护 14d。试样数量为 2 组，分别测试拉伸粘结强度的原强度和耐水后的强度。

4. 抹面胶浆与硬泡聚氨酯粘结的试样制备方法如下：按照本节一、（三）试样制备中 3 款制作试样并养护。试样数量为 3 组，分别测试拉伸粘结强度的原强度、耐水后的强度和耐冻融后的强度。

（四）试验过程

1. 拉伸粘结强度（原强度）。试样养护期满后，进行拉伸粘结强度（原强度）试验。试验时采用上下两套抗拉用钢制夹具，其尺寸如图 9-10 所示。将试样放入抗拉用钢制夹具中，以 5±1mm/min 的速度拉伸至破坏。同时记录每个试样的测试值及破坏部位，并取 4 个中间值计算其算术平均值。

2. 拉伸粘结强度（耐水后）。试样养护期满后，放在 15～20℃ 的水中浸泡 48h，水面应至少高出试样顶面 20mm。试样取出后，试样在养护和状态调节的环境温度应为 15～20℃，相对湿度不应低于 50% 的条件下放置 2h，并按本节一、（四）1 款的方法进行试验。

3. 拉伸粘结强度（耐冻融后）。在试样养护期满前的 48h 取出试样，放在 15～20℃ 的水槽中浸泡 48h，水面应至少高出试样顶面 20mm。浸泡完毕后取出试样，用湿布擦除表面水分，放进冷冻箱中开始冻融试验。冻结温度应保持在 －20～－15℃ 之间，冻结时间不应小于 4h。

冻结试验结束后，取出试样并应立即放入水温为 15～20℃ 的水槽中进行融化。融化时水面应至少高出试样顶面 20mm，时间不应小于 4h。融化完毕后即为该次冻融循环结束，随后取出试样送入冻箱进行下一次循环试验。

试样经 25 次循环后，耐冻融试验结束，然后将试样在养护和状态调节的环境温度应为 15～20℃，相对湿度不应低于 50% 的条件下放置 2h，并按本节一、（四）1 款的方法进行试验。

二、耐碱玻纤网格布耐碱拉伸断裂强力试验方法

参考《硬泡聚氨酯保温防水工程技术规范》（GB 50404—2007）中附录 E 试验方法。

（一）试验仪器

拉伸试验机：选用示值为 1N、精度为 1% 的试验机，并以 100±5mm/min 的速度对试样施加拉拔力。

（二）试样制备

1. 试样尺寸为 300mm×50mm。
2. 试样数量：经向、纬向各 20 片。

（三）试验过程

1. 标准试验方法

（1）首先对 10 片经向试样和 10 片纬向试样测定初始拉伸断裂强力，其余试样放入（20±2）℃、4L 浓度为 5% 的 NaOH 水溶液中浸泡。

（2）浸泡 28d 后，取出试样，放入水中漂洗 5min，接着用流动水冲洗 5min，然后在（60±5）℃烘箱中烘 1h 后取出，在 10～25℃ 环境条件下至少放置 24h 后，测定耐碱拉伸断裂强力，并计算耐碱拉伸断裂强力保留率。

试验时，拉伸试验机夹具应夹住试样整个宽度，卡头间距为 200mm。以 100±5mm/min 的速度拉伸至断裂，并记录断裂时的拉力。试样在卡头中有移动或在卡头处断裂，其试验数据无效。

2. 快速试验方法

（1）混合碱溶液配比（pH 值为 12.5）。使用 0.88gNaOH，3.45gKOH，0.48g

$Ca(OH)_2$，1L 蒸馏水。

（2）试样在 80℃的混合碱溶液中浸泡 6h，其他步骤同本节二、（三）1 款。

（四）试验结果

耐碱拉伸断裂强力保留率计算：

$$B=(F_1/F_0)\times100\%$$

式中　B——耐碱拉伸断裂强力保留率（%）；

F_1——耐碱拉伸断裂强力（N/50mm）；

F_0——初始拉伸断裂强力（N/50mm）。

试验结果分别以经向和纬向各 5 个试样测试值的算术平均值表示。

三、免拆模浇注法施工专用模板性能试验方法

1. 厚度、表观密度、抗折强度、抗冻融性能、湿胀率和干缩率参照《纤维水泥制品试验方法》（GB/T 7019）中的规定进行测试。

2. 拉伸粘结强度参考《外墙外保温工程技术规程》（JGJ 144—2004）中的试验方法。

第三节　聚氨酯硬泡外保温系统性能试验方法

试验方法参照《外墙外保温工程技术规程》（JGJ 144—2004）附录 A 试验方法进行。

一、抗风荷载性能

（一）试样

试样应由基层墙体和被测外保温系统组成，试样尺寸应不小于 2.0m×2.5m。

基层墙体可为混凝土墙或砖墙。为了模拟空气渗漏，在基层墙体上每平方米应预留一个直径 15mm 的孔洞，并应位于保温板接缝处。

（二）试验设备

试验设备是一个负压箱。负压箱应有足够的深度，以保证在外保温系统可能的变形范围内能使施加在系统上的压力保持恒定。试样安装在负压箱开口中并沿基层墙体周边进行固定和密封。

（三）试验步骤

试验步骤中的加压程序及压力脉冲图形见图 9-11。

每级试验包含 1415 个负风压脉冲，加压图形以试验风荷载 Q 的百分数表示。试验以 1kPa 的级差由低向高逐级进行，直至试样破坏。

有下列现象之一时，可视为试样破坏：

1. 保温板断裂；

2. 保温板中或保温板与其保护层之间出现分层；

3. 保护层本身脱开；

4. 保温板被从固定件上拉出；

5. 机械固定件从基底上拔出；

6. 保温板从支撑结构上脱离。

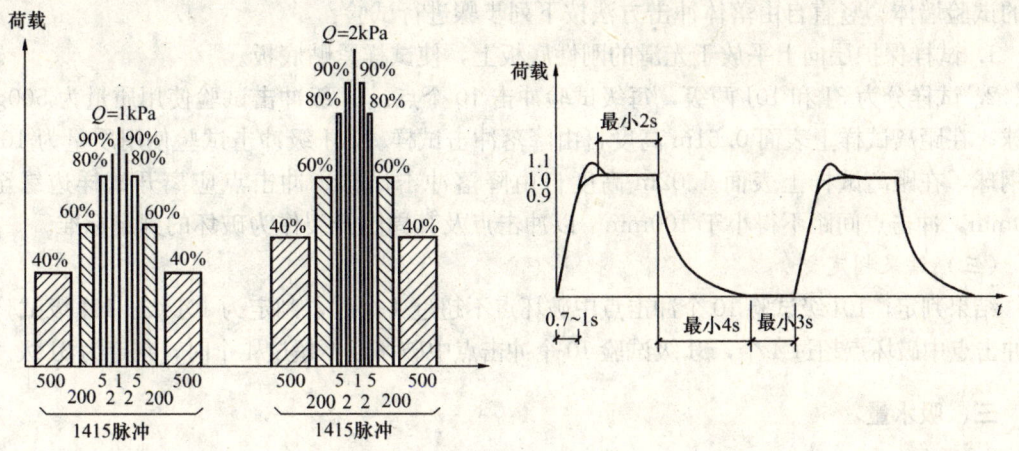

图 9-11 加压步骤及压力脉冲图形

（四）计算

系统抗风压值 R_d 按下式进行计算：

$$R_d = \frac{Q_1 C_s C_a}{K}$$

式中 R_d——系统抗风压值（kPa）；
Q_1——试样破坏前一级的试验风荷载值（kPa）；
K——安全系数，按第二章中表 2-2 选取；
C_a——几何因数，$C_a = 1$；
C_s——统计修正因数，按表 9-1 选取。

表 9-1 保温板为粘接固定时的 C_s 值

粘贴面积 B（%）	C_s	粘贴面积 B（%）	C_s
50≤B≤100	1	B≤10	0.8
10<B<50	0.9		

二、抗冲击

（一）试样构成、试样数量

1. 试样由保温层和保护层构成

试样尺寸不应小于 1200mm×600mm，保温层厚度不应小于 50mm，玻纤网不得有搭接缝。试样分为单层网试样和双层网试样。单层网试样抹面层中应铺一层玻纤网，双层网试样抹面层中应铺一层玻纤网和一层加强网。

2. 试样数量

(1) 单层网试样：2 件，每件分别用于 3J 级和 10J 级冲击试验。

(2) 双层网试件：2 件，每件分别用于 3J 级和 10J 级冲击试验。

（二）设备、试验步骤

试验可采用摆动冲击或竖直自由落体冲击方法。摆动冲击方法可直接冲击经过耐候性试验的试验墙体。竖直自由落体冲击方法按下列步骤进行试验：

1. 试样保护层向上平放于光滑的刚性底板上，使试样紧贴底板。
2. 试样分为 3J 和 10J 两级，每级试验冲击 10 个点。3J 级冲击试验使用质量为 500g 的钢球，在距离试样上表面 0.61m 高度自由降落冲击试样。10J 级冲击试验使用质量为 1000g 的钢球，在距离试样上表面 1.02m 高度自由降落冲击试样。冲击点应离开试样边缘至少 100mm，冲击点间距不得小于 100mm。以冲击点及其周围开裂作为破坏的判定标准。

（三）结果判定

结果判定，10J 级试验 10 个冲击点中破坏点不超过 4 个时，判定为 10J 级。10J 级试验 10 个冲击点中破坏点超过 4 个，3J 级试验 10 个冲击点中破坏点不超过 4 个时，判定为 3J 级。

三、吸水量

（一）试样制备

试样分为两种，一种由保温层和抹面层构成，另一种由保温层和保护层构成。

试样尺寸为 200mm×200mm，保温层厚度为 50mm，抹面层和饰面层厚度应符合受检外保温系统构造规定。每种试样数量各为 3 件。

试样周边涂密封材料密封。

（二）试验步骤

1. 测试试样面积 A。
2. 称试样初始重量 m_0。
3. 使试样抹面层或保护层朝下浸入水中并使表面完全湿润。分别浸泡 1h 和 24h 后取出，在 1min 内擦去表面水分，称量吸水后的重量 m。

（三）系统吸水量

系统吸水量应按下式进行计算：

$$M = \frac{m - m_0}{A}$$

式中　M——系统吸水量（kg/m^2）；

　　　m——试样吸水后的重量（kg）；

　　　m_0——试样初始重量（kg）；

　　　A——试样面积（m^2）。

试验结果以 3 个试验数据的算术平均值表示。

四、耐冻融性能

（一）试样

当采用以纯聚合物为粘结基料的材料做饰面涂层时，应对以下两种试样进行试验：

1. 由保温层和抹面层构成（不包含饰面层）的试样；
2. 由保温层和保护层构成（包含饰面层）的试样。

当饰面层材料不是以纯聚合物为粘结基料的材料时，试样应包含饰面层。如果不只使用一种饰面材料，应按不同种类的饰面材料分别制样。如果仅颗粒大小不同，可视为同种类材料。

试样尺寸为 500mm×500mm，试样数量为 3 件。

试样周边涂密封材料密封。

（二）试验步骤

1. 冻融循环 30 次，每次 24h。

1) 在（20±2)℃自来水中浸泡 8h。试样浸入水中时，应使抹面层或保护层朝下，使抹面层浸入水中，并排除试样表面气泡。

2) 在（-20±2)℃冰箱中冷冻 16h。

试验期间如需中断试验，试样应置于冰箱中在（-20±2）℃下存放。

2. 每 3 次循环后观察试样是否出现裂缝、空鼓、脱落等情况，并做记录。

3. 试验结束后，状态调节 7d，再检验抹面材料与保温材料拉伸粘结强度试验。

五、热阻

参照《绝热 稳态传热性质的测定 标定和防护热箱法》（GB 13475）中的试验方法进行测试。制样时聚氨酯硬泡板材拼缝缝隙宽度、单位面积内锚栓和金属固定件的数量应符合受检外保温系统构造规定。

六、抹面层不透水性

（一）试样制备

试样由聚氨酯硬泡板和抹面层组成，试样尺寸为 200mm×200mm，聚氨酯硬泡板厚度 60mm，试样数量 2 个。将试样中心部位的聚氨酯硬泡板除去并刮干净，一直刮到抹面层的背面，刮除部分的尺寸为 100mm×100mm。

（二）试验

将试样周边密封，抹面层朝下浸入水槽中，使试样浮在水槽中，底面所受压强为 500Pa。浸水时间达到 2h 时，观察是否有水透过抹面层（为便于观察，可在水中添加颜色指示剂）。

（三）结果判定

2 个试样浸水 2h 均不透水时，判定为不透水。

七、水蒸气渗透阻

参照《建筑材料水蒸气透过性能试验方法》（GB/T 17146）中试验方法进行测试。

（一）试样制备

1. 聚氨酯硬泡板试样在聚氨酯硬泡板上切割而成。

2. 胶粉 EPS 颗粒或其他无机保温浆料试样在其预制成型的板上切割而成。

3. 保护层试样是将保护层做在保温层上，经过养护后除去保温材料，并切割成规定的尺寸。

当采用以纯聚合物为粘结基料的材料作饰面涂层时，应按不同种类的饰面材料分别制样。如果仅颗粒大小不同，可视为同类材料。当采用其他材料作饰面涂层时，应对具有最厚饰面涂层的保护层进行试验。

（二）试验

保护层和保温材料的水蒸气渗透性能应按现行国家标准《建筑材料水蒸气透过性能试验方法》（GB/T 17146）中的干燥剂法规定进行试验。试验箱内温度应为（23±2）℃，相对湿度可为50%±2%（23℃下含有大量未溶解重铬酸钾或磷酸氢铵的过饱和溶液）或85%±2%（23℃下含有大量未溶解硝酸钾的过饱和溶液）。

八、系统耐候性

（一）试样制备

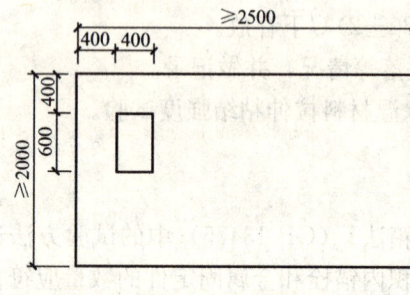

图9-12 试样

试样由混凝土墙和被测外保温系统构成，混凝土墙用做基层墙体。试样宽度不应小于2.5m，高度不应小于2.0m，面积不应小于6m²。混凝土墙上角处应预留一个宽0.4m、高0.6m的洞口，洞口距离边缘0.4m（图9-12）。外保温系统应包住混凝土墙的侧边。侧边保温板最大厚度为20mm。预留洞口处应安装窗框。如有必要，可对洞口四角做特殊加强处理。

（二）试验步骤

聚氨酯硬泡板薄抹灰系统和无网现浇系统试验步骤。

1. 高温—淋水循环80次，每次6h。

（1）升温3h。

使试样表面升温至70℃，并恒温（70±5)℃（其中升温时间为1h）。

（2）淋水1h。

向试样表面淋水，水温为(15±5)℃，水量为1.0～1.5L/(m²·min)。

（3）静置2h。

2. 状态调节至少48h。

3. 加热—冷冻循环5次，每次24h。

（1）升温8h。

使试样表面升温至50℃，并恒温在（50±5)℃（其中升温时间为1h）。

（2）降温15h。

使试样表面降温至-20℃，并恒温在（-20±5)℃（其中降温时间为2h）。

（三）规定

观察、记录和检验时，应符合下列规定：

1. 每4次高温—淋水循环和每次加热—冷冻循环后观察试样是否出现裂缝、空鼓、脱落等情况并做记录。

2. 试验结束后，状态调节7d，按现行行业标准《建筑工程饰面砖粘结强度检验标准》（JGJ 110）规定检验抹面层与保温层的拉伸粘结强度，断缝应切割至保温层表面。再检验系统抗冲击性。

附录1 居住建筑和公共建筑聚氨酯硬泡厚度选用表

附表1-1 喷涂聚氨酯硬泡外墙外保温系统厚度选用

墙体传热系数 K [W/(m²·K)]	基层墙体												
	钢筋混凝土墙(200)		混凝土空心砌块墙(190)		灰砂砖墙(240)		黏土多孔墙				黏土实心砖墙		
							DM(190)		KP1(240)		(240)		(370)
	厚度(mm)	D	厚度(mm)	D	厚度(mm)	D	厚度(mm)	D	厚度(mm)	D	厚度(mm)	D	厚度(mm)	D
0.40	60	2.92	55	2.25	55	3.66	50		50		55		50	
0.45	50	2.82	50		45		45		40		45		40	
0.50 (0.52)	45		40		40		35		35		40		35	
0.55 (0.56)	40		35		35		30		30		35		30	
0.60	35		35		30		30		25		30		25	
0.65 (0.68)	30		30	1.98	30		25		20		25		20	
0.70	30		25	1.93	25		20		20		25		20	
0.75 (0.78)	25	2.55	25		20		20		15		20		15	
0.80	25	2.55	20		20		15		15		20		15	
0.85	20	2.50	20		20		15		15		15		10	
0.90 (0.92)	20	2.50	15		15		10		15		10		10	
1.00	15	2.44	15		15		10		10		10		10	
1.10	15	2.44	10		10		10		10		10		10	
1.15 (1.16)	10	2.39	10		10		10		10		10		10	
1.20	10		10		10		10		10		10		10	>3.0
1.25 (1.28)	10		10		10		10	>3.0	10	>3.0	10		—	
1.40	10		10		10		—		—		10	>3.0	—	
1.50	10		10		10	>3.0	—		—		—		—	
1.80	10		10		—		—		—		—		—	
2.00	10		—		—		—		—		—		—	

附表 1-2 聚氨酯硬泡复合装饰板材外墙外保温系统厚度选用

墙体传热系数 K [W/(m²·K)]	钢筋混凝土墙(200) 厚度(mm)	D	混凝土空心砌块墙(190) 厚度(mm)	D	灰砂砖墙(240) 厚度(mm)	D	黏土多孔墙 DM(190) 厚度(mm)	D	黏土多孔墙 KP1(240) 厚度(mm)	D	黏土实心砖墙(240) 厚度(mm)	D	黏土实心砖墙(370) 厚度(mm)	D
0.40	65	2.97	60	2.25	60		55		55		60		55	
0.45	55		55		50		50		45		50		45	
0.50 (0.52)	50		45		45		40		40		45		40	
0.55 (0.56)	45		40		40		35		35		40		35	
0.60	40		40		35		35		30		35		30	
0.65 (0.68)	35		35		30		30		30		30		30	
0.70	35		30		30		25		25		30		25	
0.75 (0.78)	30		30		25		25		25		25		25	
0.80	30		25		25		20		20		25		20	
0.85	25		25		20		20		20		20		15	
0.90 (0.92)	25	2.50	20		20		15		15		20		15	
1.00	20		20		15		15		15		15		15	
1.10	20		15		15		10		10		15		10	
1.15 (1.16)	15		15		15		10		10		10		10	
1.20	15		15		15		10		10		10		10	>3.0
1.25 (1.28)	15		15		10		10		10		10		—	
1.40	15		10		10		10		10		10			
1.50	10		10		10		10	>3.0	10	>3.0	10			
1.80	10		10		10		—							
2.00	10		10		10	>3.0	—							

注：在附表 1-1 和附表 1-2 中：

1. 居住建筑和公共建筑聚氨酯硬泡厚度选用表（喷涂聚氨酯硬泡外墙外保温系统厚度选用表和聚氨酯硬泡复合装饰板材外墙外保温系统厚度选用表），分别摘录自《外墙外保温建筑构造（三）》（国家建筑标准设计图集 06J121-3）。
2. 表中墙体传热系数 K 值根据相关设计标准列出（括号内的 K 值，可套用相似 K 值），并据此计算出各种墙体所需的保温材料厚度（其中聚氨酯硬泡复合装饰板材的厚度均指净厚度，不含面板厚）。
3. 在表中列出各种墙体的部分热惰性指标 D 值，用于夏热冬冷地区和夏热冬暖地区确定 K 值选择。
4. 尚未制定节能设计标准的其他类建筑，可依据《民用建筑热工设计规范》（GB 50176）确定最小传热阻后套用表中相应的 K 值选用厚度。
5. 聚氨酯硬泡的厚度，凡计算结果不足 10 者，均可按 10 列入表内，表中厚度栏内"—"者，表示该墙体构造可不设聚氨酯硬泡。
6. 墙体聚氨酯硬泡选用厚度的最小限值定为 20，计算厚度不足 20 者，可按 20 选用，或选用其他类型的外墙外保温系统。

附录2 常用材料及施工构造名称缩写

缩写（代号）	名称
CCCW	水泥基渗透结晶型防水材料
CFC	氯氟烃（氟里昂）类发泡剂
CMC	羧甲基纤维
CL	复合轻型
DBTDL（或 T-12）	二月桂酸二丁基锡
DMCHA	N,N-二甲基环己胺
DMT	对苯二甲酸二甲酯
DMMP	甲基膦酸二甲酯
DMP-30	2,4,6-三（二甲胺基）苯酚（俗称三聚催化剂）
EC	乙基纤维素
EIFS	外墙外保温和装饰系统
EPS	模塑聚苯乙烯泡沫
FRP	玻璃纤维增强材料
GF	玻璃纤维
GPUF	灌注聚氨酯泡沫
GRC	玻璃纤维增强水泥（板）
GY	岩棉夹芯板
HCFC	氢氯氟烃
HEC	羟乙基纤维素
HFC	氢氟烃
HEMC	羟乙基甲基纤维素
HPMC	羟丙基甲基纤维素
MC	分子量、甲基纤维素
MDI（或聚合 MDI）	4,4'-二苯基甲烷二异氰酸酯
MOCA	3,3'-二氯-4,4'-二苯基甲烷二胺
—NCO	异氰酸酯基（俗称异氰酸根）
—OH	羟基

ODP	臭氧损耗潜值
OPF	单组分聚氨酯发泡胶、填缝剂
PA	聚酰胺(尼龙)
PAPI	多苯基多次甲基多异氰酸酯
PC	聚碳酸酯
PE	聚乙烯
PEF	聚乙烯泡沫
PET	聚酯
PF	酚醛树脂泡沫
PFA	全氟烷
PIR	聚异氰酸酯硬泡(或称聚异氰脲酸酯泡沫)
PMDETA	五甲基二乙烯三胺
PPU	浇注聚氨酯
PPUF	浇注聚氨酯泡沫
PS	聚苯乙烯
PU	聚氨酯
PUF	聚氨酯泡沫
PUR	聚氨酯橡胶、聚氨酯树脂、聚氨酯硬泡
PVA(或 PVOH,PVAL)	聚乙烯醇
RH	相对湿度
RIM	反应注塑成型
RPP	可分散聚合物胶粉
SDR	烟密度
SPU	喷涂聚氨酯
SPUF	喷涂聚氨酯泡沫
T-9	辛酸亚锡
TEA	三乙醇胺
TB-PA	四溴邻苯二甲酸酐(俗称四溴苯酐)
TCEP	磷酸三氯乙酯或称三(β-氯乙基)磷酸酯
TCPP	三(氯异丙基)磷酸酯
TDCP	三(2,3-二氯丙基)磷酸酯
TDCP-LV	改性三(2,3-二氯丙基)磷酸酯

TEDA-100（或 DABCO-100）	100%三乙烯二胺
TEDA-A33（或 DABCO-33LV）	33%三乙烯二胺溶液
TEDA-A20（或 DABCO-20LV）	20%三乙烯二胺溶液
TDI	甲苯二异氰酸酯
TLV	毒性反应的最低极限值
TPO	热塑性聚烯烃
UF	脲醛树脂泡沫
UP	不饱和聚酯
UV	紫外线
VOC	有机挥发物
XPS	挤出聚苯乙烯泡沫

附录3 住房和城乡建设部 公通字［2009］46号 《民用建筑外保温系统及外墙装饰防火暂行规定》

第一章 一般规定

第一条 本暂行规定适用于民用建筑外保温系统及外墙装饰的防火设计、施工及使用。

第二条 民用建筑外保温材料的燃烧性能宜为A级，且不应低于B_2级。

第三条 民用建筑外保温系统及外墙装饰防火设计、施工及使用，除执行本暂行规定外，还应符合国家现行标准规范的有关规定。

第二章 墙 体

第四条 非幕墙式建筑应符合下列规定：

（一）住宅建筑应符合下列规定：

1. 高度大于等于100m的建筑，其保温材料的燃烧性能应为A级。

2. 高度大于等于60m小于100m的建筑，其保温材料的燃烧性能不应低于B_2级。当采用B_2级保温材料时，每层应设置水平防火隔离带。

3. 高度大于等于24m小于60m的建筑，其保温材料的燃烧性能不应低于B_2级。当采用B_2级保温材料时，每两层应设置水平防火隔离带。

4. 高度小于24m的建筑，其保温材料的燃烧性能不应低于B_2级。其中，当采用B_2级保温材料时，每三层应设置水平防火隔离带。

（二）其他民用建筑应符合下列规定：

1. 高度大于等于50m的建筑，其保温材料的燃烧性能应为A级。

2. 高度大于等于24m小于50m的建筑，其保温材料的燃烧性能应为A级或B_1级。其中，当采用B_1级保温材料时，每两层应设置水平防火隔离带。

3. 高度小于24m的建筑，其保温材料的燃烧性能不应低于B_2级。其中，当采用B_2级保温材料时，每层应设置水平防火隔离带。

（三）外保温系统应采用不燃或难燃材料作防护层。防护层应将保温材料完全覆盖。首层的防护层厚度不应小于6mm，其他层不应小于3mm。

（四）采用外墙外保温系统的建筑，其基层墙体耐火极限应符合现行防火规范的有关规定。

第五条 幕墙式建筑应符合下列规定：

（一）建筑高度大于等于24m时，保温材料的燃烧性能应为A级。

（二）建筑高度小于24m时，保温材料的燃烧性能应为A级或B_1级。其中，当采用B_1级保温材料时，每层应设置水平防火隔离带。

（三）保温材料应采用不燃材料作防护层。防护层应将保温材料完全覆盖。防护层厚度不应小于3mm。

（四）采用金属、石材等非透明幕墙结构的建筑，应设置基层墙体，其耐火极限应符合现行防火规范关于外墙耐火极限的有关规定；玻璃幕墙的窗间墙、窗槛墙、裙墙的耐火极限和防火构造应符合现行防火规范关于建筑幕墙的有关规定。

（五）基层墙体内部空腔及建筑幕墙与基层墙体、窗间墙、窗槛墙及裙墙之间的空间，应在每层楼板处采用防火封堵材料封堵。

第六条 按本规定需要设置防火隔离带时，应沿楼板位置设置宽度不小于300mm的A级保温材料。防火隔离带与墙面应进行全面积粘贴。

第七条 建筑外墙的装饰层，除采用涂料外，应采用不燃材料。当建筑外墙采用可燃保温材料时，不宜采用着火后易脱落的瓷砖等材料。

第三章 屋 顶

第八条 对于屋顶基层采用耐火极限不小于1.00h的不燃烧体的建筑，其屋顶的保温材料不应低于B_2级；其他情况，保温材料的燃烧性能不应低于B_1级。

第九条 屋顶与外墙交界处、屋顶开口部位四周的保温层，应采用宽度不小于500mm的A级保温材料设置水平防火隔离带。

第十条 屋顶防水层或可燃保温层应采用不燃材料进行覆盖。

第四章 金属夹芯复合板材

第十一条 用于临时性居住建筑的金属夹芯复合板材，其芯材应采用不燃或难燃保温材料。

第五章 施工及使用的防火规定

第十二条 建筑外保温系统的施工应符合下列规定：

（一）保温材料进场后，应远离火源。露天存放时，应采用不燃材料完全覆盖。

（二）需要采取防火构造措施的外保温材料，其防火隔离带的施工应与保温材料的施工同步进行。

（三）可燃、难燃保温材料的施工应分区段进行，各区段应保持足够的防火间距，并宜做到边固定保温材料边涂抹防护层。未涂抹防护层的外保温材料高度不应超过3层。

（四）幕墙的支撑构件和空调机等设施的支撑构件，其电焊等工序应在保温材料铺设前进行。确需在保温材料铺设后进行的，应在电焊部位的周围及底部铺设防火毯等防火保护措施。

（五）不得直接在可燃保温材料上进行防水材料的热熔、热粘结法施工。

（六）施工用照明等高温设备靠近可燃保温材料时，应采取可靠的防火保护措施。

（七）聚氨酯等保温材料进行现场发泡作业时，应避开高温环境。施工工艺、工具及服装等应采取防静电措施。

（八）施工现场应设置室内外临时消火栓系统，并满足施工现场火灾扑救的消防供水要求。

（九）外保温工程施工作业工位应配备足够的消防灭火器材。

第十三条 建筑外保温系统的日常使用应符合下列规定：

（一）与外墙和屋顶相贴邻的竖井、凹槽、平台等，不应堆放可燃物。

（二）火源、热源等火灾危险源与外墙、屋顶应保持一定的安全距离，并应加强对火源、热源的管理。

（三）不宜在采用外保温材料的墙面和屋顶上进行焊接、钻孔等施工作业。确需施工作业的，应采取可靠的防火保护措施，并应在施工完成后，及时将裸露的外保温材料进行防护处理。

（四）电气线路不应穿过可燃外保温材料。确需穿过时，应采取穿管等防火保护措施。

主 要 参 考 文 献

[1] 中华人民共和国国家标准. 屋面工程技术规范. GB 50345—2004.
[2] 中华人民共和国国家标准. 硬泡聚氨酯保温防水工程技术规范 GB 50404—2007.
[3] 中华人民共和国行业标准. 外墙外保温工程技术规程. JGJ 144—2004.
[4] 国家建筑标准设计图集. 外墙外保温建筑构造（三）06J121-03 北京：中国建筑标准设计研究所出版，2007.
[5] 建设部聚氨酯建筑节能应用推广工作组. 聚氨酯硬泡外墙外保温工程技术导则[M]. 北京：中国建筑工业出版社，2006.
[6] 辽宁省地方标准. 硬质聚氨酯泡沫塑料外保温工程技术规程. DB21/T 1463—2006.
[7] 黑龙江省地方标准. TS模浇硬质聚氨酯外保温墙体建筑节能构造. DBJT07-177-06，2006.
[8] 韩喜林. 新型建筑绝热保温材料应用·设计·施工[M]. 北京：中国建材工业出版社，2005.
[9] 韩喜林. 节能建筑设计与施工[M]. 北京：中国建材工业出版社，2008.
[10] 哈尔滨天硕建材工业有限公司企业标准设计. TS干挂建筑外保温构造图集，2006.
[11] 万华节能建材股份有限公司. 万华硬泡聚氨酯复合板外墙外保温系统（一体化、薄抹灰），《辽宁省建设科技成果推广应用论证资料》，2009.
[12] 193聚氨酯彩色防水保温系统构造. 2004 沪 J/T-210，2004.
[13] 建筑构造专项图集. 88JZ35(2007)罗宝外墙保温装饰板.
[14] 建筑构造专项图集. 88JZ33(2007)JH金属压花面复合保温板.
[15] 韩喜林. 防水工程安全·操作·技术[M]. 北京：中国建材工业出版社，2007.
[16] 韩喜林. 聚氨酯硬泡绝热保温的经济效益[J]. 化学建材. 1999(5).
[17] 韩喜林. 聚氨酯硬泡施工中常见质量问题分析[J]. 化学建材. 2001(1).